Beuth Digitaltechnik

Elektronik 4

Klaus Beuth

Digitaltechnik

10., überarbeitete und erweiterte Auflage
unter Mitarbeit von Annette Beuth

Vogel Buchverlag

Die Deutsche Bibliothek – CIP-Einheitsaufnahme

Beuth, Klaus:
Digitaltechnik / Klaus Beuth. Unter Mitarb. von Annette Beuth. – 10., überarb. und erw. Aufl. – Würzburg:
Vogel, 1998
(Elektronik; 4)
(Vogel-Fachbuch: Elektronik)
ISBN 3-8023-1755-6

4. Beuth, Klaus: Digitaltechnik. – 10., überarb. u. erw. Aufl. – 1998

Elektronik. – Würzburg: Vogel.

ISBN 3-8023-1755-6
10. Auflage. 1998

Printed in Germany

Herstellung:
Friedrich Pustet, Regensburg

Vorwort

Die Digitaltechnik ist ein faszinierendes Gebiet der modernen Elektronik. Sie hat in den letzten Jahren eine stürmische Entwicklung genommen. Viele Elektroniker, aber auch Fachleute anderer Disziplinen, stehen vor der Aufgabe, sich mit diesem neuen Gebiet eingehend vertraut zu machen. Im Band «Elektronik 3» (Grundschaltungen der Elektronik) wurde in die wichtigsten Gebiete der Digitaltechnik kurz eingeführt. Das vorliegende Buch «Elektronik 4» soll eine umfassende Einarbeitung in die Digitaltechnik ermöglichen.
Vorausgesetzt werden Grundkenntnisse der Elektrotechnik und der Elektronik, die aber nur für einige Kapitel dieses Buches benötigt werden. Die meisten Kapitel können ohne besondere Vorkenntnisse erarbeitet und verstanden werden. An die in der Digitaltechnik übliche Gedankenführung muß sich der mit diesem Gebiet nicht Vertraute allerdings erst gewöhnen. Das vielleicht ungewohnte «digitale» Denken darf ihn keinesfalls abschrecken.
Auf eine klare, übersichtliche und leicht verständliche Darstellungsweise der Sachverhalte wurde großer Wert gelegt. Ausgehend von den Grundlagen werden die Strukturen schrittweise entwickelt, wesentliche Inhalte herausgestellt und die Zusammenhänge eingehend erläutert. Hierbei konnten die Erfahrungen langjähriger Lehrtätigkeit genutzt werden.
Das Buch ist sowohl als unterrichtsbegleitendes Lehrbuch als auch zum Selbststudium geeignet. Ein Lernziel-Test mit Fragen und Aufgaben am Ende eines jeden Kapitels gibt Auskunft über den Lernerfolg und den erreichten Grad des Verstehens. Die Lösungen der Lernziel-Test-Aufgaben sind auf den letzten Buchseiten angegeben.
Studierende elektrotechnischer und maschinenbautechnischer Fachrichtungen, in der Praxis stehende Ingenieure, Techniker und Meister sowie Angehörige anderer naturwissenschaftlicher Berufe dürften das Buch mit gutem Erfolg benutzen. Eine gründliche Schulung wird auch den vielen ernsthaften Elektronikern geboten, die die Digitaltechnik und die Computertechnik zu ihrem Hobby gewählt haben.
Allen, die am Zustandekommen dieses Buches mitgewirkt haben, danke ich herzlich; mein besonderer Dank gilt dem Vogel Buchverlag. Für Anregungen und Verbesserungsvorschläge aus dem Leser- und Benutzerkreis bin ich stets dankbar.

Waldkirch/Breisgau — Klaus Beuth

Zur Fachbuchgruppe «Elektronik» gehören die Bände:

Klaus Beuth/Olaf Beuth: Elementare Elektronik

Heinz Meister: Elektrotechnische Grundlagen
(Elektronik 1)

Klaus Beuth: Bauelemente
(Elektronik 2)

Klaus Beuth/Wolfgang Schmusch: Grundschaltungen
(Elektronik 3)

Klaus Beuth: Digitaltechnik
(Elektronik 4)

Helmut Müller/Lothar Walz: Mikroprozessortechnik
(Elektronik 5)

Wolfgang Schmusch: Elektronische Meßtechnik
(Elektronik 6)

Klaus Beuth/Richard Hanebuth/Günther Kurz: Nachrichtentechnik
(Elektronik 7)

Wolf-Dieter Schmidt: Sensorschaltungstechnik
(Elektronik 8)

Inhaltsverzeichnis

1 Grundbegriffe

1.1 Analoge und digitale Größendarstellung

Die Begriffe «analog» und «digital» kommen aus der Rechentechnik und wurden dann für die gesamte Elektrotechnik einschließlich der Meßtechnik übernommen.

1.1.1 Analoge Größendarstellung

Für die Darstellung von Größen nach dem Analogprinzip benötigt man eine *Analogiegröße,* das heißt eine «entsprechende» Größe. Bei Analogrechnern ist die Analogiegröße die elektrische Spannung. Für die Zahlendarstellung gilt zum Beispiel:

Der Zahl 1 wird der Wert 1 V zugeordnet.

1 $\triangleq$ 1 V ($\triangleq$ bedeutet «entspricht»).

Dann entsprechen 2 V der Zahl 2 und 3,6 V der Zahl 3,6. Will man die Zahl 4,365 darstellen, benötigt man eine Spannung von 4,365 V. Zur Darstellung größerer Zahlen muß eine andere Zuordnung, also ein anderer Maßstab gewählt werden, z.B. 1 $\triangleq$ 1 mV. Man käme sonst in Bereiche zu hoher Spannung.

Analoge Größen sind Werte der Analogiegröße, die innerhalb eines zulässigen Bereichs jeden beliebigen Wert annehmen dürfen.

Die Genauigkeit der Darstellung analoger Größen hängt davon ab, mit welcher Genauigkeit die Analogiegröße gemessen werden kann. Man stößt hier schnell an physikalische Grenzen. Eine Spannung kann mit normalem Aufwand auf ±1% genau, mit hohem Aufwand auf ±1‰ genau gemessen werden. Will man die Genauigkeit weiter steigern, wird der Aufwand extrem groß. Als weitere physikalische Grenze kommt die Temperaturabhängigkeit hinzu.

Analoge Größen werden normalerweise nur auf 3 Dezimalstellen genau dargestellt.

Ein einfacher Analogrechner ist der altbewährte Rechenschieber. Als Analogiegröße verwendet man die Länge. Die Länge ist den Zahlenwerten in logarithmischem Maßstab

zugeordnet. Die Zuordnung muß also nicht linear sein. Die Genauigkeit des Rechenschiebers hängt von der Möglichkeit der genauen Ablesung ab.
In der Meßtechnik nimmt die analoge Darstellung von Größen einen besonders großen Platz ein. Zeigermeßgeräte stellen Meßgrößen analog dar (Bild 1.1). Analogiegröße ist der Winkel, den der Zeiger mit seiner Null-Linie bildet oder der entsprechende Skalenbogen. Der Zeiger kann jeden beliebigen Wert auf dem Skalenbogen anzeigen.
Mit Zeigern ausgestattete Uhren (Bild 1.2) zeigen die Zeit analog an. Analogiegröße ist auch hier der Winkel bzw. der zugehörige Bogen. Zulässiger Bereich ist der Vollkreis von 360°.
Schaubilder nach Bild 1.3 sind ebenfalls analoge Darstellungen. Analogiegröße ist hier die Balkenlänge.
Die übliche Darstellung von Spannungsverläufen im rechtwinkligen Koordinatensystem (Bild 1.4) ist ebenfalls eine analoge Darstellung. Die Spannung kann alle Werte innerhalb eines zulässigen Bereiches annehmen.

Die analoge Größendarstellung hat den Vorteil großer Anschaulichkeit.

Bei der analogen Größendarstellung sind Aussagen über den Trend der Größenentwicklung möglich.

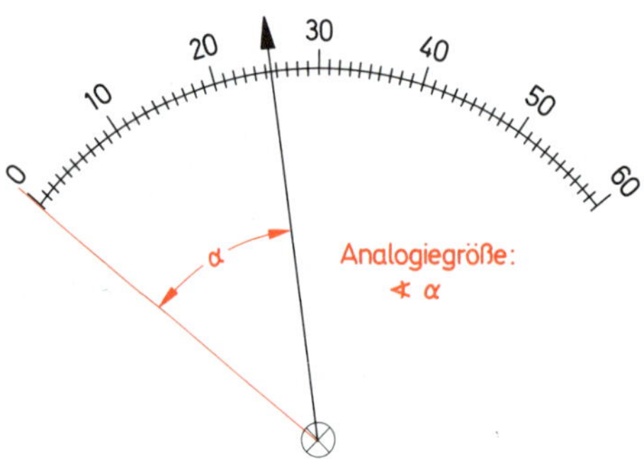

Bild 1.1 Analoge Darstellung von Meßgrößen

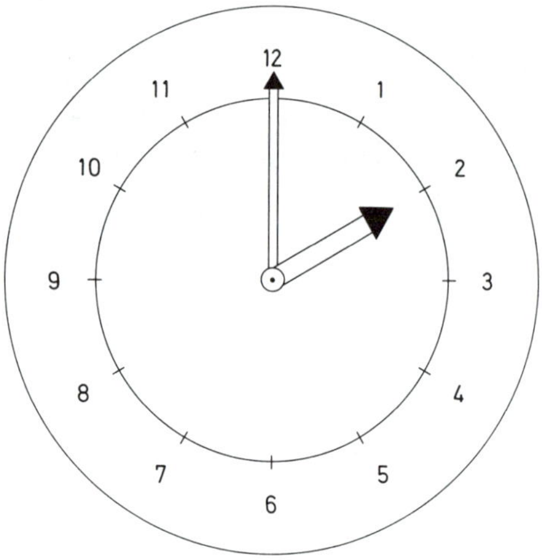

Bild 1.2 Analog anzeigende Uhr

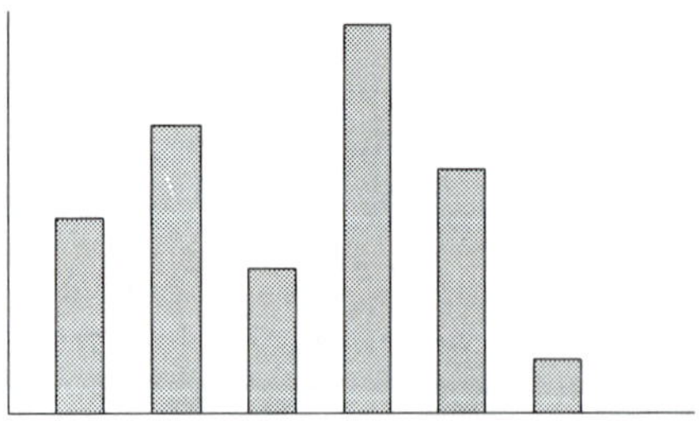

Bild 1.3 Analoge Darstellung, z.B. Einkommen verschiedener Berufe

Bild 1.4 Analoge Darstellung eines Spannungsverlaufs

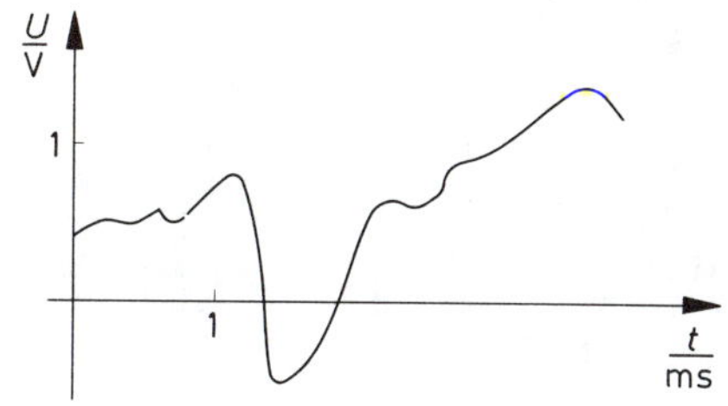

1.1.2 Digitale Größendarstellung

Bei der digitalen Größendarstellung verwendet man abzählbare Elemente. «Digital» kommt von digitus (lat.: der Finger). Eine Zahl kann z.B. durch eine Anzahl von Fingern dargestellt werden. Ein einfacher Digitalrechner ist der altbekannte Rechenrahmen (Bild 1.5). Eine Zahl wird durch die Anzahl der Kugeln dargestellt.

Bild 1.5 Rechenrahmen als einfacher «Digitalrechner»

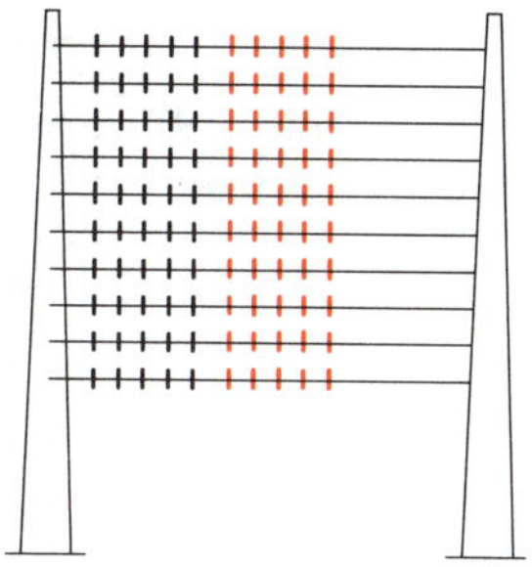

> *Digitale Größen bestehen aus abzählbaren Elementen.*

Ein Vorteil des Digitalprinzips wird hier bereits sichtbar. Der Genauigkeit der Darstellung von Zahlen und Größen ist keine physikalische Grenze gesetzt. Wenn man die Anzahl der Kugeln nur entsprechend erhöht, ist jede gewünschte Genauigkeit erreichbar.

> *Digitale Größen können mit beliebiger Genauigkeit dargestellt werden.*

Bei elektronischen Digitalrechnern verwendet man statt der Kugeln elektrische Impulse. Man könnte die Zahl 3 z.B. durch 3 Impulse darstellen und entsprechend die Zahl 37 durch 37 Impulse. Diese Darstellung ist aber sehr unwirtschaftlich und daher nicht üblich. Zur Darstellung der Zahl 100 000 würde man 100 000 Impulse benötigen.
Will man Zahlen mit digitalen Signalen darstellen, verwendet man bestimmte Verabredungen, sogenannte Kodes. Bild 1.6 zeigt den zeitlichen Verlauf eines digitalen Signals.

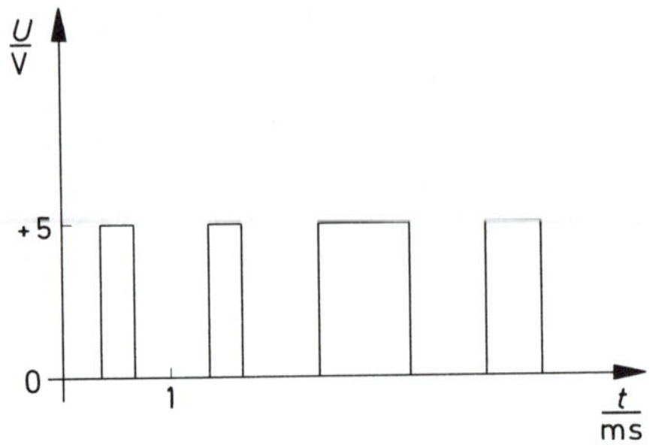

Bild 1.6 Zeitlicher Verlauf eines digitalen Signals

Da digitale Größen aus abzählbaren Elementen bestehen, verwendet man zur Veranschaulichung die Zahlendarstellung durch Ziffern.

> *Eine ziffernmäßige Anzeige wird «digitale Anzeige» genannt.*

Meßgeräte mit Ziffernanzeige heißen «digital anzeigende Meßgeräte» (Bild 1.7). Uhren mit Ziffernanzeige werden als «Digitaluhren» bezeichnet.

Bild 1.7 Digitalanzeige eines Meßgeräts

> *Digitale Anzeigen sind eindeutig.*

Der Ablesende braucht nicht die letzte Stelle, wie bei der analogen Anzeige, abzuschätzen.

1.2 Binäre und logische Zustände

Eine digitale Größe besteht, wie wir im vorhergehenden Abschnitt gesehen haben, aus abzählbaren Elementen. Diese Elemente können zwei, drei oder auch mehr Zustände haben. In Bild 1.8 ist ein digitales Signal mit 3 möglichen Zuständen dargestellt. Diese Zustände entsprechen 10 V, 5 V und 0 V.

> *Digitale Signale können zwei-, drei- oder auch mehrwertig sein; das heißt, sie können zwei, drei oder mehr vereinbarte Zustände haben.*

Bild 1.8 Digitales Signal mit drei möglichen Zuständen

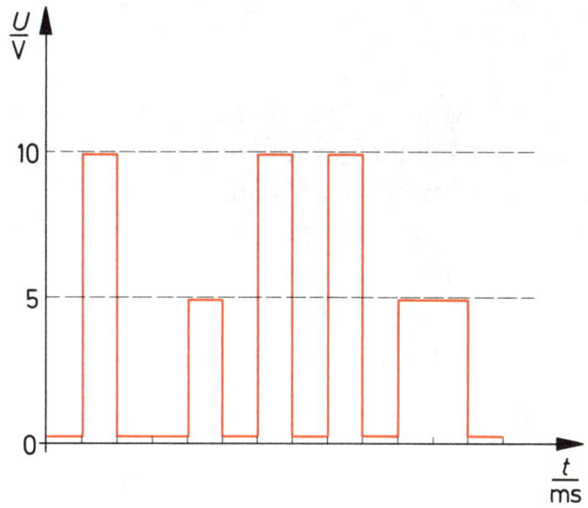

Man verwendet aber in der Digitaltechnik fast immer digitale Elemente mit nur zwei Zuständen. Eine Kugel im Rechenrahmen ist an bestimmter Stelle vorhanden oder nicht vorhanden. Es gibt nur diese beiden Möglichkeiten. Ein elektrischer Impuls ist vorhanden oder nicht vorhanden. Eine Spannung hat den vereinbarten oberen Wert oder den vereinbarten unteren Wert (mit einer gewissen Toleranz).

> *Die üblichen digitalen Elemente sind «zweiwertig», d.h., sie haben zwei mögliche Zustände.*

Für die Eigenschaft der Zweiwertigkeit ist die Bezeichnung «binär» (von lateinisch: bis = zweimal) üblich. Die in der Digitaltechnik verwendeten Elemente sind also *binäre Elemente.*

> *Da die Digitaltechnik nur binäre Elemente verwendet, müßte sie genauer «Binäre Digitaltechnik» genannt werden.*

Entsprechend müßte für Digitalschaltungen auch die Bezeichnung «Binäre Digitalschaltungen» verwendet werden. Da es jedoch zur Zeit – zumindest im technischen Bereich – keine andere Digitaltechnik gibt, kann die Zusatzbezeichnung «binär» entfallen.
In neuester Zeit hat man herausgefunden, daß es eine vierwertige Digital-«Technik» im Bereich der Lebewesen gibt. Diese wird vor allem für die Verschlüsselung, Speicherung, Auswahl und Weitergabe von Erbanlagen verwendet. Die zu erwartenden Forschungsergebnisse werden zeigen, ob die Digitaltechnik der Natur der von Menschen erdachten Digitaltechnik überlegen ist oder nicht.
Die in der Digitaltechnik üblichen beiden binären Zustände werden auch digitale Zustände genannt.
Beispiele für binäre Zustände:

Erster binärer Zustand	Zweiter binärer Zustand
Schalter geschlossen	Schalter geöffnet
Impuls vorhanden	Impuls nicht vorhanden
Transistor leitend	Transistor gesperrt
Diode leitend	Diode gesperrt
Spannung hoch	Spannung niedrig
Strom hoch	Strom niedrig
Werkstoff magnetisch	Werkstoff nicht magnetisch

Da man in der Digitaltechnik elektronisch arbeitet, werden vor allem Spannungszustände als binäre Zustände verwendet. Die Hersteller geben für ihre Digitalschaltungen die binären Spannungszustände in den Datenbüchern an.
Übliche binäre Spannungszustände:

+ 2 V	0 V (Masse)
+ 5 V	0 V (Masse)
+ 5 V	− 5 V
+12 V	0 V
0 V	−12 V

Für die binären Spannungszustände gibt es bestimmte Toleranzen (Bild 1.9). Der eine binäre Zustand kann z.B. eine Spannung von 4 bis 5,5 V haben. Die Spannung des anderen binären Zustands kann zwischen 0 V und +0,8 V liegen. Der niedrigere Spannungspegel wird mit L (von engl.: low = niedrig), der höhere Spannungspegel mit H (von engl.: high = hoch) bezeichnet.

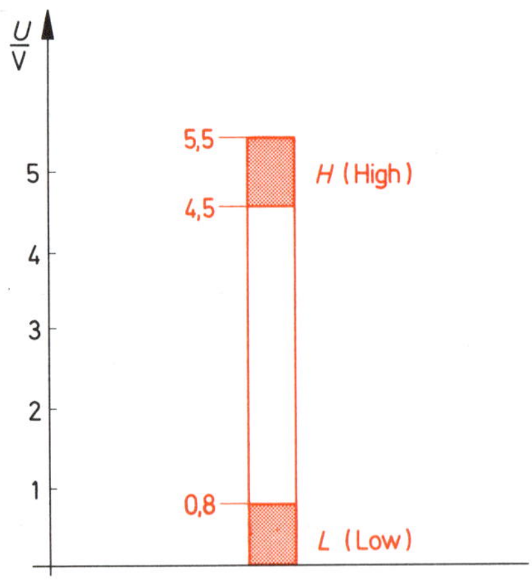

Bild 1.9 Toleranzfeld für binäre Spannungszustände

L = Low = niedriger Pegel

Pegel, der näher bei minus Unendlich ($-\infty$) liegt.

H = High = hoher Pegel

Pegel, der näher bei plus Unendlich ($+\infty$) liegt.

Die binären Zustände haben für sich genommen noch keine Aussagekraft. Ihnen müssen sogenannte *logische Zustände* zugeordnet werden.
Der logische Zustand 1 (1-Zustand) bedeutet in der mathematischen Logik «wahr» bzw. «zutreffend». Der logische Zustand 0 (0-Zustand) bedeutet «unwahr» bzw. «nicht zutreffend».

Die Zuordnung der binären Zustände zu den Logik-Zuständen ist beliebig.

Ist die Zuordnung einmal getroffen worden, muß sie konsequent beibehalten werden. Eine übliche Zuordnung ist:

$0 \triangleq L = 0\ V$ *(Masse)*
$1 \triangleq H = +5\ V$

Eine andere mögliche Zuordnung ist:

$0 \triangleq H = +5\ V$
$1 \triangleq L = 0\ V$ *(Masse)*

In Systemen, in denen die Logik-Zustände anderen Eigenschaften einer physikalischen Größe zugeordnet werden – z.B. positiven oder negativen Impulsen, dem Vorhandensein oder dem Nichtvorhandensein von Impulsen, zwei unterschiedlichen Frequenzen usw. –, dürfen H und L zum Darstellen dieser Eigenschaften verwendet werden. Selbstverständlich ist eine vorherige eindeutige Zuordnung erforderlich.

Es ist darauf zu achten, daß die binären Zustände (z.B. die Pegelangaben L und H) und die logischen Zustände nicht miteinander verwechselt werden. Die logischen Zustände werden auch «Werte» genannt. In diesem Zusammenhang wird auf DIN 40900 Teil 12 verwiesen.

1.3 Lernziel-Test

1. Wie unterscheidet sich eine digitale Größe von einer analogen Größe?
2. Nennen Sie Vor- und Nachteile der analogen Größendarstellung.
3. Was versteht man unter binären Größen?
4. Welche Genauigkeit ist bei der digitalen Größendarstellung erreichbar?
5. In den Datenbüchern der Hersteller digitaler Schaltungen werden oft die Bezeichnungen L und H angegeben. Welche Bedeutung haben diese Bezeichnungen?
6. Was sind logische Zustände, und durch welche Zeichen werden sie ausgedrückt?
7. Geben Sie an, wie Meßgrößen
   a) bei einem analog anzeigenden Meßgerät,
   b) bei einem digital anzeigenden Meßgerät
   dargestellt werden.

2 Logische Verknüpfungen

2.1 Grundfunktionen und Grundglieder (Grundelemente)

2.1.1 UND-Verknüpfung (Konjunktion) und UND-Glied (UND-Element)

Der Satz «Wenn morgen schönes Wetter ist und mein Bruder Zeit hat, gehen wir segeln» enthält eine *UND-Verknüpfung*. Die Aussage A (schönes Wetter) *und* die Aussage B (mein Bruder hat Zeit) müssen zutreffen, also wahr sein, damit die Aussage X (segeln gehen) wahr wird. Dieser Zusammenhang kann in einer Wahrheitstabelle dargestellt werden (Bild 2.1). Der Zustand 1 bedeutet «wahr» bzw. «zutreffend». Der Zustand 0 bedeutet «unwahr» bzw. «nicht zutreffend». Vier Fälle (Kombinationen) sind möglich. Die Reihenfolge der Fälle ist im Prinzip beliebig, sollte aber – wie später noch erläutert wird – einem bestimmten Schema entsprechen.

Fall	B	A	X
1	0	0	0
2	0	1	0
3	1	0	0
4	1	1	1

Bild 2.1 Wahrheitstabelle einer UND-Verknüpfung und eines UND-Glieds

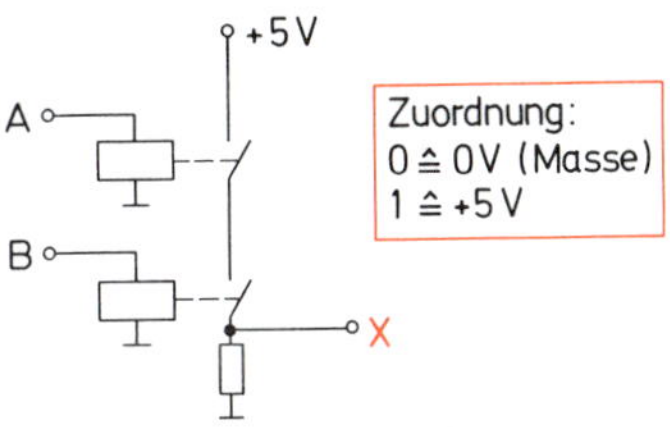

Bild 2.2 UND-Glied

Eine elektronische Schaltung, bei der am Ausgang X nur dann Zustand 1 anliegt, wenn am Eingang A *und* am Eingang B die Zustände 1 anliegen, wird *UND-Glied, UND-Element,* auch *UND-Gatter* genannt.

Ein UND-Glied kann durch eine Schaltung nach Bild 2.2 verwirklicht werden. Man verwendet heute jedoch fast ausschließlich integrierte Halbleiterschaltungen (siehe Abschnitt «Schaltkreisfamilien»).

> *Jede Schaltung, die die Wahrheitstabelle einer UND-Verknüpfung erfüllt, ist ein UND-Glied.*

Die UND-Verknüpfung kann mathematisch mit Hilfe der Schaltalgebra ausgedrückt werden:

$$X = A \wedge B$$

$\wedge$ Zeichen für die UND-Verknüpfung (genormt).

In der Literatur findet man noch andere Zeichen für die UND-Verknüpfung. Die vorstehende Gleichung wird dann wie folgt geschrieben:

$$X = A \cdot B \qquad X = A \& B$$

Die Schaltzeichen eines UND-Gliedes mit zwei Eingängen zeigt Bild 2.3. Die Bezeichnungen der Eingänge und des Ausgangs sind beliebig. Man verwendet für die Eingänge auch gern E_1, E_2 und für den Ausgang A.

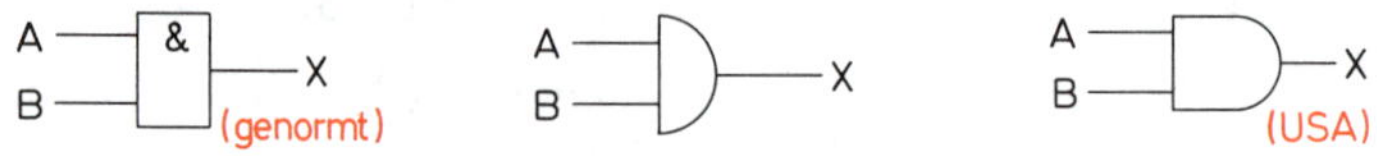

Bild 2.3 Schaltzeichen des UND-Gliedes mit 2 Eingängen

> *Am Ausgang eines UND-Gliedes liegt nur dann der Zustand 1, wenn an allen Eingängen der Zustand 1 liegt.*

2.1.2 ODER-Verknüpfung (Disjunktion) und ODER-Glied (ODER-Element)

Der Satz «Wenn ich eine Erbschaft mache oder im Lotto gewinne, mache ich eine Weltreise» führt auf eine *ODER-Verknüpfung*. Die Weltreise wird gemacht, wenn die Aussage A (Erbschaft) *oder* die Aussage B (Lottogewinn) *oder* beide Aussagen wahr werden. Man könnte darüber streiten, ob die Weltreise auch gemacht wird, wenn beide Aussagen wahr werden. Die sprachliche Ausdrucksweise ist hier nicht exakt genug. Bei einer ODER-Verknüpfung müßte die Weltreise aber auch gemacht werden, wenn A und auch B wahr werden. Den Zusammenhang zeigt die Wahrheitstabelle Bild 2.4 (Zustand 1 ≙ «wahr», Zustand 0 ≙ «unwahr»).
Eine elektronische Schaltung, bei der am Ausgang X immer dann 1 anliegt, wenn am Eingang A oder am Eingang B oder an beiden Eingängen 1 anliegt, wird ODER-Glied genannt.
Ein ODER-Glied kann durch eine Schaltung nach Bild 2.5 hergestellt werden.

Fall	B	A	X
1	0	0	0
2	0	1	1
3	1	0	1
4	1	1	1

Bild 2.4 Wahrheitstabelle einer ODER-Verknüpfung und eines ODER-Gliedes

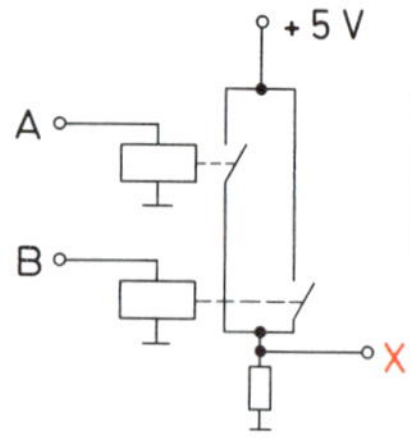

Zuordnung
0 ≙ 0 V (Masse)
1 ≙ +5 V

Bild 2.5 ODER-Glied

Die Relaisschaltung dient nur zur besseren Anschaulichkeit. ODER-Glieder werden heute fast ausschließlich als integrierte Halbleiterschaltungen aufgebaut.

Jede Schaltung, die die Wahrheitstabelle einer ODER-Verknüpfung erfüllt, ist ein ODER-Glied.

Die ODER-Verknüpfung kann mathematisch ebenfalls mit Hilfe der Schaltalgebra ausgedrückt werden:

$$X = A \vee B$$

$\vee$ Zeichen für die ODER-Verknüpfung (genormt).

Außer dem genormten Zeichen für die ODER-Verknüpfung wird vor allem in der älteren Literatur das Pluszeichen verwendet. Die Gleichung lautet dann:

$$X = A + B.$$

Die Schaltzeichen eines ODER-Gliedes mit zwei Eingängen zeigt Bild 2.6. Die Angabe im genormten Schaltzeichen $\geqq 1$ bedeutet, daß die Anzahl der 1-Zustände an den Eingängen $\geqq 1$ sein muß, wenn am Ausgang 1 anliegen soll.

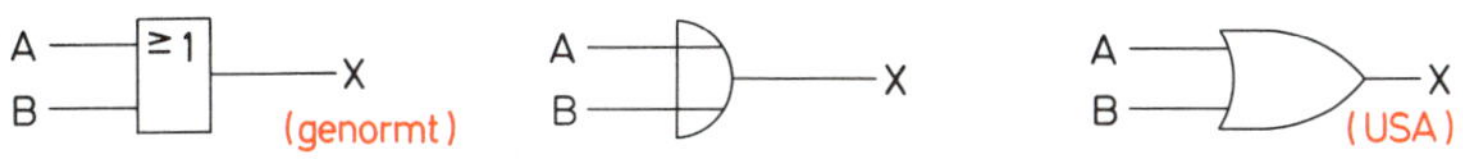

Bild 2.6 Schaltzeichen des ODER-Gliedes mit 2 Eingängen

Am Ausgang eines ODER-Gliedes liegt immer dann der Zustand 1, wenn wenigstens an einem Eingang der Zustand 1 anliegt.

2.1.3 Verneinung (Negation) und NICHT-Glied (NICHT-Element)

Der Satz «Wenn meine Schwiegermutter zu Besuch kommt, gehe ich heute abend nicht ins Theater» bedeutet eine *Verneinung*. Wenn die Aussage A (Schwiegermutter kommt zu Besuch) wahr ist, kann die Aussage X (ins Theater gehen) nicht wahr sein. Ist die Aussage A nicht wahr, wird die Aussage X wahr, und ich gehe ins Theater. Die zugehörige Wahrheitstabelle (Bild 2.7) hat nur 2 Fälle.
Eine elektronische Schaltung, bei der am Ausgang X immer der entgegengesetzte Zustand wie am Eingang A anliegt, heißt NICHT-Glied, Negationsglied oder Inverter (Umkehrer).

Fall	A	X
1	0	1
2	1	0

Bild 2.7 Wahrheitstabelle einer Verneinung bzw. eines NICHT-Gliedes

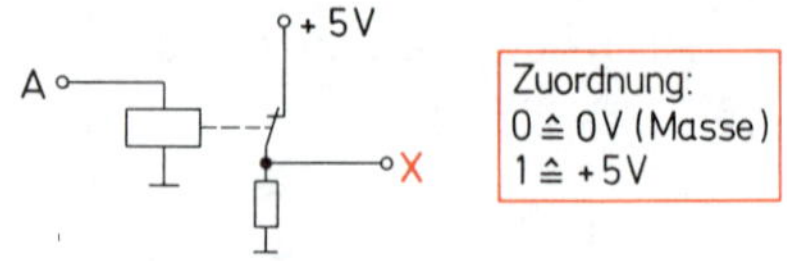

Bild 2.8 NICHT-Glied

Ein NICHT-Glied kann durch eine Schaltung nach Bild 2.8 aufgebaut werden. Auch hier muß wieder beachtet werden, daß übliche NICHT-Glieder in Halbleitertechnik aufgebaut werden.

> *Jede Schaltung, die die Wahrheitstabelle einer Verneinung erfüllt, ist ein NICHT-Glied.*

Auch die Verneinung kann mit Hilfe der Schaltalgebra ausgedrückt werden.

$$X = \overline{A}$$

Der übergesetzte Strich ist das Zeichen der Verneinung.

Die Schaltzeichen eines NICHT-Gliedes zeigt Bild 2.9.

> *Am Ausgang eines NICHT-Gliedes liegt stets der entgegengesetzte Zustand wie am Eingang.*

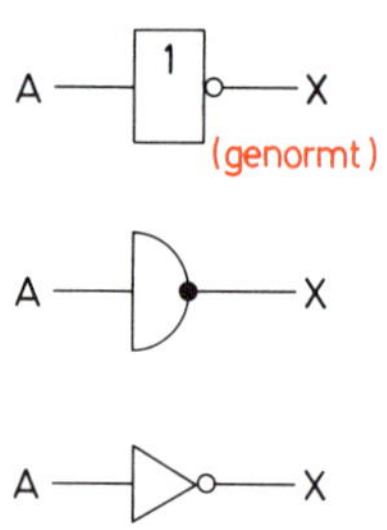

Bild 2.9 Schaltzeichen des NICHT-Gliedes (USA)

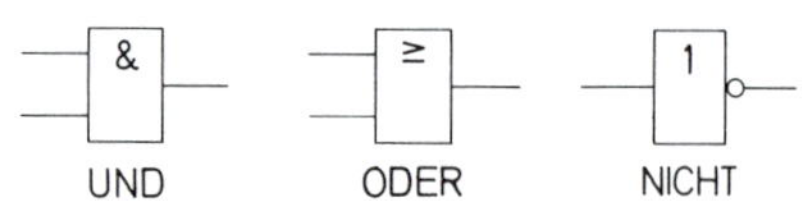

Bild 2.10 Genormte Schaltzeichen der Grundglieder

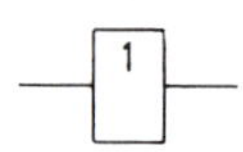

Bild 2.10a Pegelanhebeglied (Verstärkung ohne Negation), Buffer genannt.

2.1.4 Grundglieder (Grundelemente)

Die Verknüpfungen UND, ODER und NICHT stellen die drei Grundfunktionen der digitalen Logik dar. Mit genügend viel Gliedern UND, ODER und NICHT lassen sich alle nur denkbaren logischen Verknüpfungen aufbauen. Daher werden diese Glieder Grundglieder, oder auch Grundgatter, genannt (Bild 2.10). Zu den Grundgliedern gehört auch das Pegelanhebeglied (Bild 2.10a), das allgemein Buffer genannt wird. Liegt an seinem Eingang 1, so liegt auch an seinem Ausgang 1, sonst 0.

2.2 Zusammengesetzte Glieder (Elemente)

2.2.1 NAND-Glied (NAND-Element)

Schaltet man ein UND-Glied mit einem NICHT-Glied gemäß Bild 2.11 zusammen, werden alle Ausgangszustände X des UND-Gliedes negiert, wie die Wahrheitstabelle Bild 2.12 zeigt. Die Spalte X gibt die UND-Verknüpfung an. X ist nur dann 1, wenn A = 1 und B = 1 ist (Fall 4). X ist aber auch der Eingang des NICHT-Gliedes. Wenn am Eingang X des NICHT-Gliedes 0 liegt, ist der Ausgang Z = 1. Liegt am Eingang X des NICHT-Gliedes 1, ist der Ausgang Z = 0.
Die Spalte Z zeigt eine negierte UND-Verknüpfung. Aus dem englischen Ausdruck NOT-AND (NICHT-UND) wurde durch Zusammenziehen die Bezeichnung NAND gebildet. Eine deutsche Bezeichnung hat sich bisher nicht durchgesetzt.

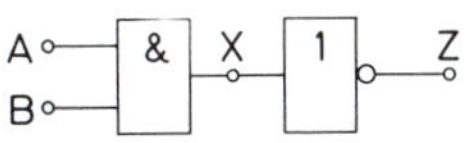

Bild 2.11 Entstehung einer NAND-Verknüpfung

Fall	B	A	X	Z
1	0	0	0	1
2	0	1	0	1
3	1	0	0	1
4	1	1	1	0

Bild 2.12 Wahrheitstabelle der Schaltung Bild 2.11

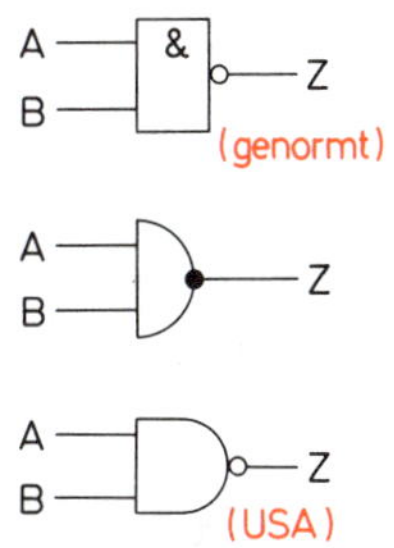

Bild 2.13 Schaltzeichen des NAND-Gliedes mit 2 Eingängen

Fall	B	A	Z
1	0	0	1
2	0	1	1
3	1	0	1
4	1	1	0

Bild 2.14 Wahrheitstabelle eines NAND-Gliedes

NAND-Glieder werden sehr häufig verwendet. Man hat für sie eigene Schaltzeichen entwickelt (Bild 2.13). Diese Schaltzeichen ergeben sich aus dem Schaltzeichen des UND-Gliedes mit am Ausgang nachgesetztem Kreis. Dieser Kreis kennzeichnet die Negation des Ausgangs.
Für die Verknüpfungswirkung des NAND-Gliedes gilt der Satz:

> *Am Ausgang eines NAND-Gliedes liegt dann Zustand 1, wenn nicht an allen Eingängen Zustand 1 liegt.*

Mit Hilfe der Schaltalgebra läßt sich die NAND-Verknüpfung wie folgt darstellen:

$$Z = \overline{A \wedge B}$$

Der lange Strich über der UND-Verknüpfung von A mit B gibt an, daß die *gesamte* UND-Verknüpfung negiert wird. Bild 2.14 zeigt die Wahrheitstabelle eines NAND-Gliedes.

2.2.2 NOR-Glied (NOR-Element)

Für die Zusammenschaltung eines ODER-Gliedes mit einem NICHT-Glied nach Bild 2.15 gilt die Wahrheitstabelle Bild 2.16. Aus den Eingangsgrößen A und B wird zunächst eine ODER-Verknüpfung gebildet:

$$X = A \vee B$$

X ist gleichzeitig der Eingang des NICHT-Gliedes. Alle Zustände von X erscheinen negiert in Spalte Z (Aus X = 0 wird Z = 1, aus X = 1 wird Z = 0).

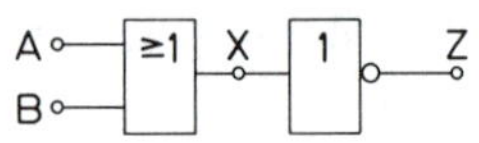

Bild 2.15 Enstehung eines NOR-Gliedes

Fall	B	A	X	Z
1	0	0	0	1
2	0	1	1	0
3	1	0	1	0
4	1	1	1	0

Bild 2.16 Wahrheitstabelle der Schaltung Bild 2.15

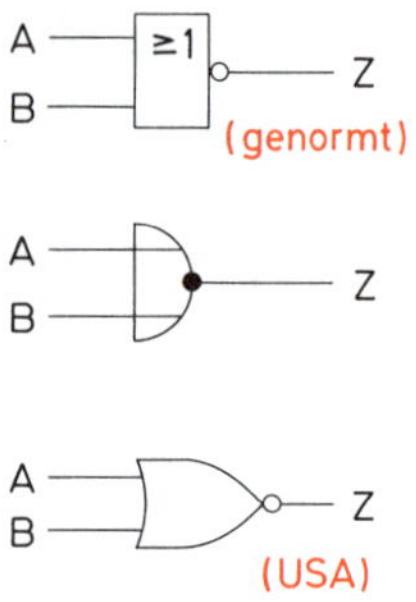

Bild 2.17 Schaltzeichen des NOR-Gliedes mit zwei Eingängen und zugehöriger Wahrheitstabelle

Z gibt die negierte ODER-Verknüpfung an. Aus dem englischen Ausdruck NOT-OR (NICHT-ODER) wurde durch Zusammenziehen die Bezeichnung NOR gebildet. Für NOR ist keine deutsche Bezeichnung üblich.

NOR-Glieder werden ebenso wie NAND-Glieder häufig eingesetzt. Für NOR-Glieder gibt es daher eigene Schaltzeichen (Bild 2.17). Die Schaltzeichen ergeben sich aus den Schaltzeichen des ODER-Gliedes. Die Negation wird durch den Negationskreis am Ausgang dargestellt.

Für die Verknüpfungswirkung des NOR-Gliedes gilt der Satz:

> *Am Ausgang eines NOR-Gliedes liegt nur dann der Zustand 1, wenn an keinem der Eingänge der Zustand 1 anliegt.*

Für die NOR-Verknüpfung gilt folgende schaltalgebraische Gleichung:

$$Z = \overline{A \vee B}$$

2.2.3 ÄQUIVALENZ-Glied (ÄQUIVALENZ-Element)

Häufig wird eine Verknüpfungsschaltung benötigt, bei der am Ausgang immer dann 1 anliegt, wenn die beiden Eingangszustände gleich sind – also entweder beide 0 oder beide 1 haben. Eine solche Schaltung wird ÄQUIVALENZ-Glied genannt (Äquivalenz = Gleichwertigkeit). Sie wird aus Grundgliedern entsprechend Bild 2.18 aufgebaut.

Bild 2.18 Aufbau eines ÄQUIVALENZ-Gliedes aus Grundgliedern

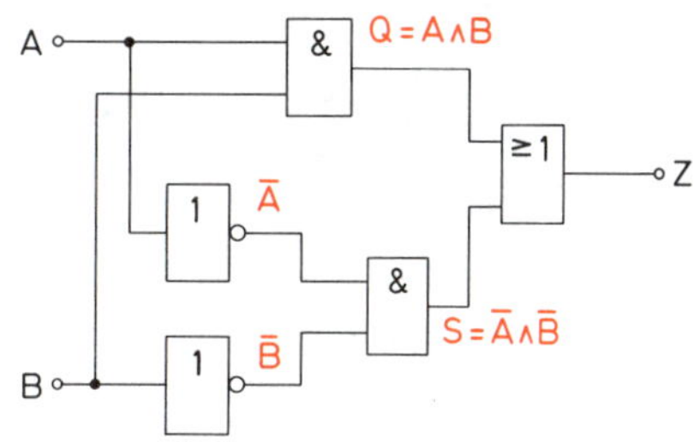

Bild 2.19 Entwicklung der Wahrheitstabelle eines ÄQUIVALENZ-Gliedes

	①	②	③	④	⑤	⑥	⑦
Fall	B	A	$\overline{B}$	$\overline{A}$	$Q = A \wedge B$	$S = \overline{A} \wedge \overline{B}$	$Z = Q \vee S$
1	0	0	1	1	0	1	1
2	0	1	1	0	0	0	0
3	1	0	0	1	0	0	0
4	1	1	0	0	1	0	1

Die Wahrheitstabelle des ÄQUIVALENZ-Gliedes wird schrittweise entwickelt. Zunächst werden die Eingangszustände für die vier Fälle nach dem bisher verwendeten Schema eingetragen (Bild 2.19, Spalte ① und ②). Dann werden die Ausgangszustände der NICHT-Glieder, also $\overline{A}$ und $\overline{B}$ eingetragen. Wenn, wie z.B. im Fall 1, A = 0 ist, so ist $\overline{A}$ = 1. Wenn, wie z.B. im Fall 4, A = 1 ist, so ist $\overline{A}$ = 0. Entsprechendes gilt für B und $\overline{B}$. So ergeben sich die Inhalte der Spalten ③ und ④ in Bild 2.19. Die Zustände von Q ergeben sich durch die UND-Verknüpfung von A mit B. Im Fall 1 sind A = 0, B = 0. Q muß also auch 0 sein (Spalte 5). In den Fällen 2 und 3 ist Q ebenfalls 0, da nicht beide Eingänge 1 sind. Nur im Fall 4 mit A = 1, B = 1 ist Q ebenfalls 1.

Für S in Spalte 6 erhält man die Zustände durch die UND-Verknüpfung von $\overline{A}$ mit $\overline{B}$. $\overline{A}$ und $\overline{B}$ sind die Eingänge des UND-Gliedes mit dem Ausgang S (Bild 2.18). Im Fall 1 sind $\overline{A}$ = 1 und $\overline{B}$ = 1. Somit wird auch S = 1. In den Fällen 2 und 3 der Wahrheitstabelle muß S = 0 sein, da jeweils nur ein Eingang den Zustand 1 hat. Im Fall 4 sind beide Eingänge 0 und damit auch S = 0.

S und Q sind die Ausgänge der beiden UND-Glieder und gleichzeitig die Eingänge des ODER-Gliedes. Das ODER-Glied erzeugt eine ODER-Verknüpfung der Zustände von S und Q. Im Fall 1 ist Q = 0 und S = 1. Der Ausgang Z (Spalte 7) ist somit ebenfalls 1. In den Fällen 2 und 3 sind beide Eingänge 0 und somit auch der Ausgang 0. Im Fall 4 ist Q = 1 und S = 0, was bei der ODER-Verknüpfung den Ausgangszustand 1 ergibt.

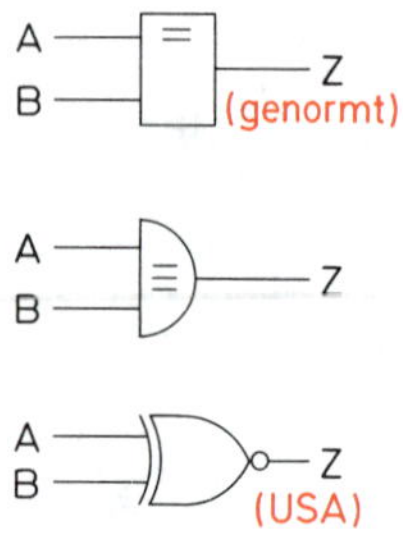

Fall	B	A	Z
1	0	0	1
2	0	1	0
3	1	0	0
4	1	1	1

Bild 2.20 Schaltzeichen des ÄQUIVALENZ-Gliedes mit Wahrheitstabelle

Für ÄQUIVALENZ-Glieder sind ebenfalls eigene Schaltzeichen üblich. Die Schaltzeichen und die Wahrheitstabelle zeigt Bild 2.20.

> *Am Ausgang eines ÄQUIVALENZ-Gliedes liegt immer dann der Zustand 1, wenn die Eingänge gleiche Zustände haben.*

Die schaltalgebraische Gleichung der ÄQUIVALENZ-Verknüpfung hat folgende Form:

$$Z = (A \wedge B) \vee (\overline{A} \wedge \overline{B})$$

Da in unserem Beispiel $Q = A \wedge B$ und $S = \overline{A} \wedge \overline{B}$ sind, könnte man auch $Z = Q \vee S$ schreiben. Man kann das ÄQUIVALENZ-Glied auch durch eine andere aus Grundgliedern gebildete Schaltung aufbauen. (Siehe Aufgaben am Ende des Kapitels 2.)

2.2.4 ANTIVALENZ-Glied (EXKLUSIV-ODER-Glied, XOR-Glied)

Wird der Ausgang des ÄQUIVALENZ-Gliedes durch Nachschalten eines NICHT-Gliedes negiert, so entsteht ein Glied, das am Ausgang immer dann 1 hat, wenn die Eingangszustände verschieden sind (Bild 2.21).
Ein solches Glied wird ANTIVALENZ-Glied (Antivalenz = Verschiedenwertigkeit) oder EXKLUSIV-ODER-Glied genannt. Der letztgenannte Name besagt, daß es sich bei

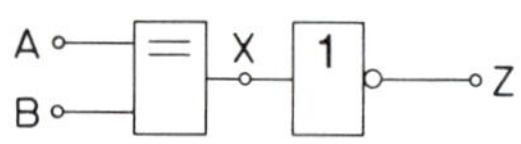

Fall	B	A	X	Z
1	0	0	1	0
2	0	1	0	1
3	1	0	0	1
4	1	1	1	0

Bild 2.21 Aufbau eines ANTIVALENZ-Gliedes und zugehörige Wahrheitstabelle

diesem Glied um ein ODER-Glied handelt, bei dem der Fall ausgeschlossen ist, daß 1 dann am Ausgang liegt, wenn beide Eingänge 1 haben (also Fall 4). Aus EXKLUSIV-ODER bzw. EXCLUSIVE-OR wurde für den englischen Sprachraum die Bezeichnung XOR gebildet, die auch im deutschen Sprachraum gelegentlich verwendet wird. ANTIVALENZ-Glieder werden ebenfalls häufig verwendet. Die Schaltzeichen und die Wahrheitstabelle sind in Bild 2.22 dargestellt.

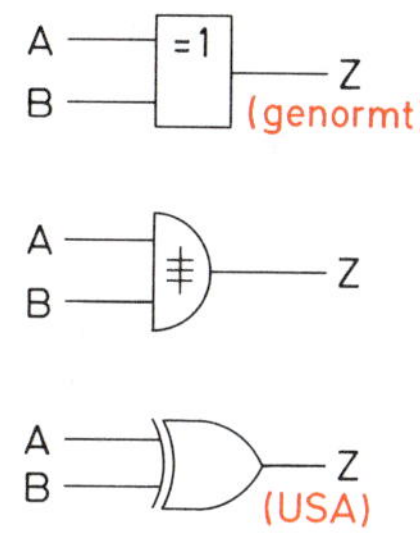

Fall	B	A	Z
1	0	0	0
2	0	1	1
3	1	0	1
4	1	1	0

Bild 2.22 Schaltzeichen des ANTIVALENZ-Gliedes mit Wahrheitstabelle

> *Am Ausgang eines ANTIVALENZ-Gliedes liegt immer dann der Zustand 1, wenn die beiden Eingänge ungleiche Zustände haben.*

Aus der Schaltung Bild 2.21 kann eine schaltalgebraische Gleichung folgender Form für die ÄQUIVALENZ entnommen werden:

$$X = (A \wedge B) \vee (\overline{A} \wedge \overline{B})$$

Dieser Ausdruck ist wegen des nachgeschalteten NICHT-Gliedes insgesamt zu negieren, so daß sich für die ANTIVALENZ die Gleichung ergibt:

$$Z = \overline{(A \wedge B) \vee (\overline{A} \wedge \overline{B})}$$

Diese Gleichung kann mit Hilfe der Regeln der Schaltalgebra umgeformt werden:

$$Z = (A \wedge \overline{B}) \vee (\overline{A} \wedge B)$$

Die Umformung wird in Kapitel 4 näher erläutert.

2.2.5 Verknüpfungsmöglichkeiten bei Gliedern mit zwei Eingängen

Nachdem die Verknüpfungsglieder UND, ODER, NICHT, NAND, NOR, ÄQUIVALENZ und ANTIVALENZ betrachtet wurden, erhebt sich die Frage nach weiteren möglichen Verknüpfungen und den zugehörigen Gliedern. Es gibt weitere mögliche Verknüpfungen, doch diese haben technisch keine große Bedeutung.
Bei Gliedern mit zwei Eingängen (z.B. A, B) sind 4 verschiedene Fälle der Kombination der Eingangszustände möglich, wie wir bei den bisher betrachteten Wahrheitstabellen gesehen haben (Bild 2.22). Zu den 4 Fällen gehören 4 mögliche Ausgangszustände, z.B. für einen Ausgang Z nach Bild 2.23. In jedes der roten Kästchen kann ein Ausgangszustand 0 oder 1 eingetragen werden.

Fall	B	A	Z
1	0	0	□
2	0	1	□
3	1	0	□
4	1	1	□

Bild 2.23 Wahrheitstabelle für Glieder mit 2 Eingängen. Die roten Kästchen sind Platzhalter für mögliche Ausgangszustände

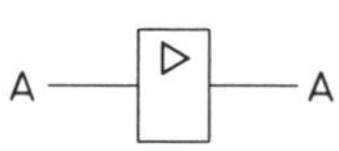

Bild 2.25 Schaltzeichen eines nicht negierenden Verstärkers

Fall	B	A	Z_1	Z_2	Z_3	Z_4	Z_5	Z_6	Z_7	Z_8	Z_9	Z_{10}	Z_{11}	Z_{12}	Z_{13}	Z_{14}	Z_{15}	Z_{16}
1	0	0	0	1	0	1	0	1	0	1	0	1	0	1	0	1	0	1
2	0	1	0	0	1	1	0	0	1	1	0	0	1	1	0	0	1	1
3	1	0	0	0	0	0	1	1	1	1	0	0	0	0	1	1	1	1
4	1	1	0	0	0	0	0	0	0	0	1	1	1	1	1	1	1	1
			Konstante 0	NOR	Inhibition B	NEGATION B	Inhibition A	NEGATION A	ANTIVALENZ	NAND	UND	ÄQUIVALENZ	Identität A	Implikation B	Identität B	Implikation A	ODER	Konstante 1

Bild 2.24 Zusammenstellung der 16 verschiedenen Verknüpfungsmöglichkeiten von Gliedern mit zwei Eingängen

Man kann 16 verschiedene Kombinationen von Ausgangszuständen zusammenstellen. Diese Zusammenstellung zeigt Bild 2.24. Es gibt also 16 verschiedene Verknüpfungsmöglichkeiten, die in Bild 2.24 mit Z_1 bis Z_{16} bezeichnet sind.
Bei der Betrachtung von Bild 2.24 stellt man zunächst fest, daß einige der möglichen Verknüpfungen ohne besondere Bedeutung sind. Für «Konstante 0» und «Konstante 1» benötigt man keine Glieder. «Konstante 0» bedeutet, daß der Ausgang stets 0 ist, völlig unabhängig davon, welche Eingangszustände vorliegen. Bei «Konstante 1» liegt am Ausgang stets 1, ebenfalls unabhängig von den Eingangszuständen.
«Negation A» und «Negation B» können jeweils mit einem NICHT-Glied verwirklicht werden. Für «Identität A» und «Identität B» kann man nicht negierende Verstärker verwenden (Bild 2.25).

> *Am Ausgang eines nicht negierenden Verstärkers liegt immer dann 1, wenn auch am Eingang 1 liegt.*

Verstärker dieser Art haben die Aufgabe, schwache Signale wieder aufzufrischen.
Die Inhibition ist eine besondere Art der UND-Verknüpfung. Ein Eingangszustand wird vor der UND-Verknüpfung negiert. Negiert man den Eingang A, so erhält die Verknüpfung «Inhibition A» (Bild 2.26). Negiert man den Eingang B, so erhält man die Verknüpfung «Inhibition B» (Bild 2.27).

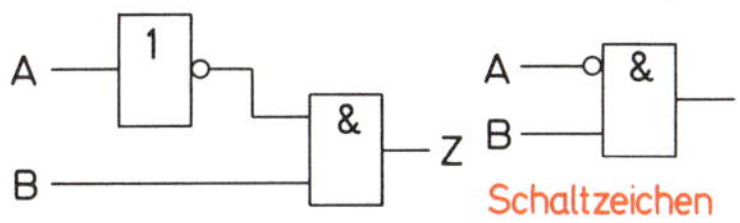

Bild 2.26 Entstehung der Verknüpfung «Inhibition A» und Schaltzeichen

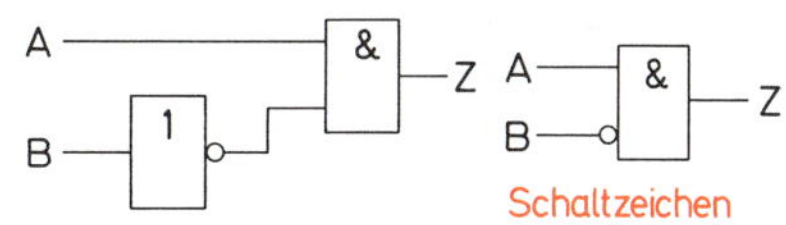

Bild 2.27 Entstehung der Verknüpfung «Inhibition B» und Schaltzeichen

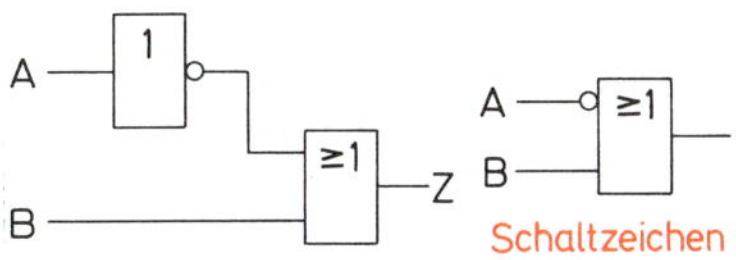

Bild 2.28 Entstehung der Verknüpfung «Implikation A» und Schaltzeichen

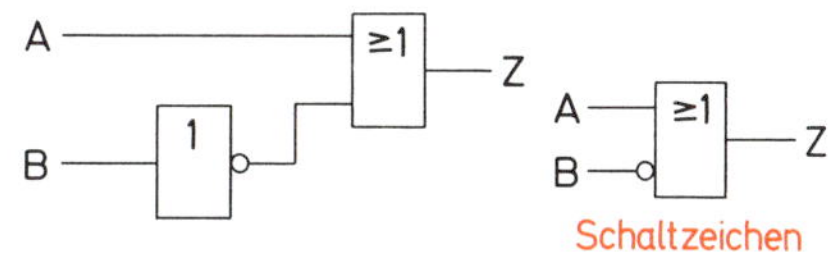

Bild 2.29 Entstehung der Verknüpfung «Implikation B» und Schaltzeichen

Die Implikation ist eine besondere Art der ODER-Verknüpfung. Ein Eingangszustand wird vor der ODER-Verknüpfung negiert. Negiert man den Eingang A, erhält man die Verknüpfung «Implikation A» (Bild 2.28). Negiert man den Eingang B, erhält man die Verknüpfung «Implikation B» (Bild 2.29).
Die Verknüpfungen Inhibition und Implikation haben nur geringe praktische Bedeutung. Inhibitions- und Implikationsglieder kann man kaum käuflich erwerben. Benötigt man sie, muß man sie aus Grundgliedern zusammenschalten.

2.3 Glieder mit drei und mehr Eingängen

Benötigt man drei oder mehr Eingänge, so kann man Glieder mit zwei Eingängen zusammenschalten (Bild 2.30).
Jedes Glied mit 2 Eingängen hat bekanntlich 4 Fälle. Für die Eingänge A und B ergibt sich die übliche Wahrheitstabelle. Kommt ein weiterer Eingang, z.B. C, hinzu, kann dieser entweder 0 oder 1 sein.
Die bisherigen 4 Fälle von A und B werden einmal mit C = 0 und ein weiteres Mal mit C = 1 kombiniert (Bild 2.31). Somit ergeben sich 8 Fälle.
Wenn jetzt zu den drei Eingängen, die z.B. A, B, C heißen sollen, ein vierter Eingang, z.B. D, hinzu kommt (Bild 2.32), ist D während der 8 Fälle der Wahrheitstabelle Bild 2.30 einmal 0. Da D aber auch 1 sein kann, sind die 8 Fälle von Bild 2.31 noch ein zweites Mal aufzuführen für D = 1. Ein Glied mit 4 Eingängen hat also 16 Fälle (Bild 2.33).

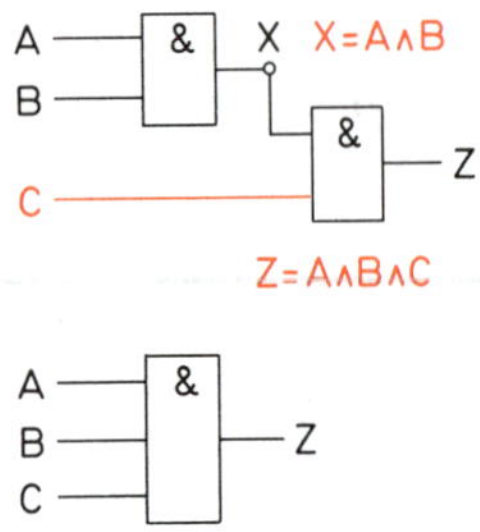

Bild 2.30 Zusammenschaltung von zwei UND-Gliedern mit je zwei Eingängen zu einer UND-Schaltung mit 3 Eingängen

Fall	C	B	A	Z
1	0	0	0	0
2	0	0	1	0
3	0	1	0	0
4	0	1	1	0
5	1	0	0	0
6	1	0	1	0
7	1	1	0	0
8	1	1	1	1

Bild 2.31 Wahrheitstabelle einer UND-Schaltung und eines UND-Gliedes mit 3 Eingängen

Fall	D	C	B	A
1	0	0	0	0
2	0	0	0	1
3	0	0	1	0
4	0	0	1	1
5	0	1	0	0
6	0	1	0	1
7	0	1	1	0
8	0	1	1	1
9	1	0	0	0
10	1	0	0	1
11	1	0	1	0
12	1	0	1	1
13	1	1	0	0
14	1	1	0	1
15	1	1	1	0
16	1	1	1	1

Bild 2.33 Wahrheitstabelle für ein UND-Glied mit 4 Eingängen

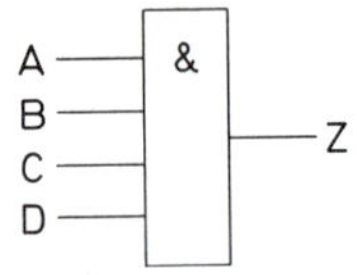

Bild 2.32 UND-Glied mit 4 Eingängen

Durch jeden hinzukommenden Eingang verdoppelt sich die Zahl der Fälle in der Wahrheitstabelle.

Bei 2 Eingängen ergeben sich 4 Fälle, bei 3 Eingängen 8 Fälle, bei 4 Eingängen 16 Fälle und bei 5 Eingängen 32 Fälle. Bei der Aufstellung von Wahrheitstabellen ist die Reihenfolge, in der die Fälle aufgeführt werden, grundsätzlich frei wählbar. Man muß aber alle Fälle berücksichtigen und darf keinen Fall doppelt haben. Damit man sich die Arbeit nicht unnötig schwer macht, empfiehlt sich folgendes Schema:
Der erste Eingang (z.B. A) wechselt von Fall zu Fall den Zustand. Der zweite Eingang (z.B. B) wechselt nach jeweils 2 Fällen den Zustand. Der dritte Eingang (z.B. C) wechselt nach jeweils 4 Fällen den Zustand. Wenn man in diesem Schema fortfährt, wechselt der 4. Eingang (z.B. D) nach jeweils 8 Fällen den Zustand und so fort. Dieses Schema hat sich in der Praxis bewährt. Die hier angegebenen Wahrheitstabellen werden stets nach diesem Schema geschrieben.
UND-Glieder und auch ODER-Glieder werden überwiegend mit 2 bis 4 Eingängen gebaut. Dies gilt ebenfalls für NAND- und NOR-Glieder. Gelegentlich stößt man jedoch auf Glieder mit 8 und mehr Eingängen.

2.4 Lernziel-Test

1. Stellen Sie die genormten Schaltzeichen für die Glieder UND, ODER, NICHT, NAND und NOR dar. Alle Glieder bis auf das NICHT-Glied sollen zwei Eingänge haben.
2. Gesucht ist die Wahrheitstabelle eines ODER-Gliedes mit drei Eingängen. Die Eingänge haben die Bezeichnungen A, B, C. Der Ausgang hat die Bezeichnung Z.
3. Ein NAND-Glied soll aus Grundgliedern aufgebaut werden. Geben Sie eine mögliche Zusammenschaltung von Grundgliedern an.
4. Skizzieren Sie die Wahrheitstabelle eines NICHT-Gliedes mit dem Eingang A und dem Ausgang Y.
5. Für ein ANTIVALENZ-Glied wird die Gleichung $Z = (A \wedge \overline{B}) \vee (\overline{A} \wedge B)$ angegeben. Es soll aus Gliedern UND, ODER und NICHT gemäß der Gleichung aufgebaut werden. Zeichnen Sie das Schaltbild.
6. Beschreiben Sie mit Worten die Funktionen eines UND-Gliedes und eines ODER-Gliedes.
7. Wie viele Fälle hat die Wahrheitstabelle eines ODER-Gliedes mit sechs Eingängen?
8. Was versteht man unter einem EXKLUSIV-ODER-Glied? Geben Sie für dieses Glied die Wahrheitstabelle an.
9. Wie heißt das Verknüpfungsglied, das eine Verknüpfung gemäß der Wahrheitstabelle Bild 2.34 erzeugt?

Fall	B	A	Z
1	0	0	1
2	0	1	0
3	1	0	0
4	1	1	0

Bild 2.34 Wahrheitstabelle

10. Welche Bedeutung hat die Verknüpfung INHIBITION? Wie kann ein INHIBITIONS-Glied aus Grundgliedern aufgebaut werden? Skizzieren Sie eine mögliche Schaltung.
11. Der zeitliche Verlauf der Eingangszustände A und B ist in Bild 2.35 dargestellt. Wie sieht der zeitliche Verlauf des Ausgangszustandes Z aus, wenn A und B
    a) durch ein UND-Glied,
    b) durch ein ODER-Glied verknüpft werden?

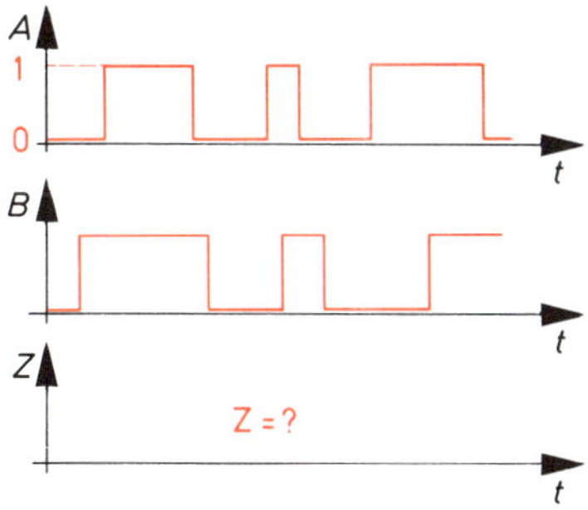

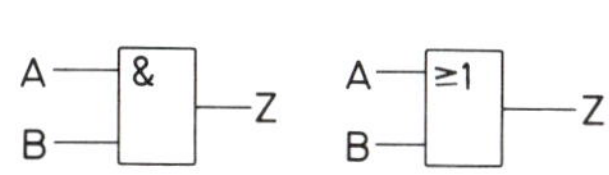

Bild 2.35 Verknüpfung von zwei Eingangssignalen A und B

12. Welche Verknüpfung erzeugt die Schaltung Bild 2.36?

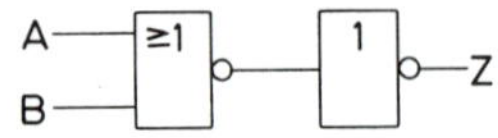

Bild 2.36 Verknüpfungsschaltung

13. Stellen Sie die Wahrheitstabelle eines NOR-Gliedes mit fünf Eingängen dar. Die Eingänge heißen E_1, E_2, E_3, E_4 und E_5. Der Ausgang heißt X.
14. In Bild 2.37 sind die Eingangssignale A und B und das Ausgangssignal Z eines Verknüpfungsgliedes dargestellt. Welche Verknüpfung erzeugt dieses Glied?

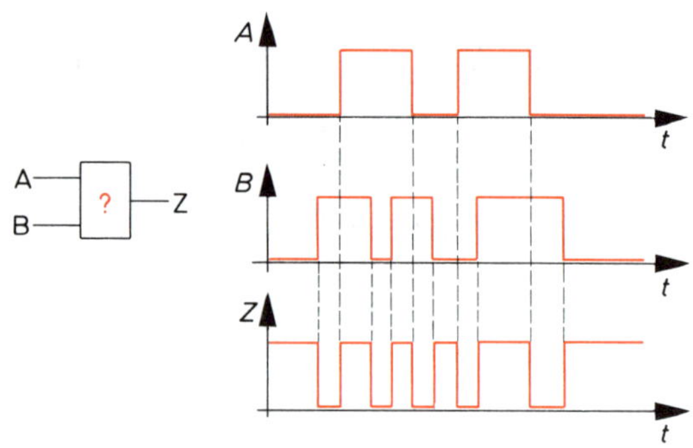

Bild 2.37 Verknüpfung von zwei Eingangssignalen A und B zu einem Ausgangssignal Z

3 Schaltungsanalyse

Verknüpfungsglieder - auch logische Glieder genannt - werden selten einzeln eingesetzt. Meist besteht eine Digitalschaltung aus recht vielen logischen Gliedern, die gemeinsam die gewünschte Verknüpfung erzeugen. Es ist also für die Praxis außerordentlich wichtig, Zusammenschaltungen von logischen Gliedern analysieren zu können. Das heißt, man muß feststellen können, welche Verknüpfungen erzeugen einzelne Schaltungsteile, und welche Verknüpfung erzeugt die Gesamtschaltung. Das Feststellen dieser Verknüpfungen bezeichnet man als *Schaltungsanalyse*.
Der Begriff «Digitalschaltung» ist hier als digitale Verknüpfungsschaltung zu verstehen, also als eine Digitalschaltung ohne irgendwelche Zeitabhängigkeiten. Digitalschaltungen mit Zeitabhängigkeiten werden in späteren Abschnitten behandelt.

3.1 Wahrheitstabelle und Digitalschaltung

Im Abschnitt 2.2 wurden die Verknüpfungen der aus mehreren Grundgliedern zusammengesetzten Glieder mit Hilfe von Wahrheitstabellen gefunden. Da man für mehrere zusammengeschaltete Glieder eine Wahrheitstabelle aufstellen kann, ist es auch möglich, eine Wahrheitstabelle für eine aus vielen Gliedern bestehende vollständige Digitalschaltung zu erstellen.

Für jede Digitalschaltung kann eine Wahrheitstabelle angegeben werden.

3.1.1 Wahrheitstabelle einer Digitalschaltung mit 2 Eingängen

Für die Digitalschaltung nach Bild 3.1 soll eine Wahrheitstabelle aufgestellt werden. Die Wahrheitstabelle gibt Auskunft darüber, welche Verknüpfung die Schaltung insgesamt erzeugt.
Da die Schaltung zwei Eingänge hat (A, B), kommen nur 4 Fälle in Frage. Die Fallnummern und die Kombinationen der Eingangszustände für A und B können nach dem vorstehend näher besprochenen Schema geschrieben werden (Bild 3.2).
Das Glied I ist ein NICHT-Glied. Wenn man die Eingangszustände mit A bezeichnet, werden die Ausgangszustände mit $\overline{A}$ bezeichnet. Eine weitere Spalte der Wahrheitstabelle erhält die Überschrift $\overline{A}$ (rote Darstellung in Bild 3.3). In den Fällen, in denen $A = 0$ ist, wird $\overline{A} = 1$. Dies sind die Fälle 1 und 3. In den Fällen, in denen $A = 1$ ist, wird $\overline{A} = 0$. Dies sind die Fälle 2 und 4.

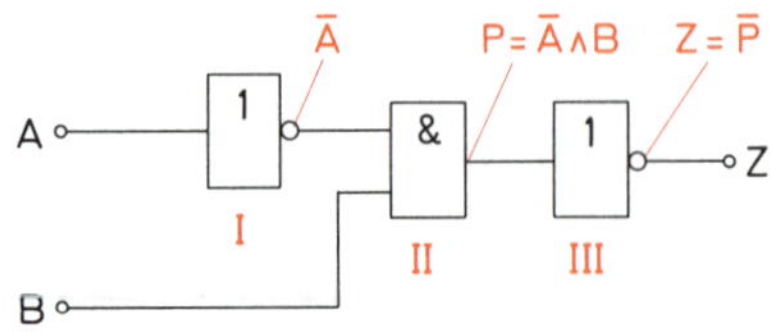

Bild 3.1 Digitalschaltung

Fall	B	A
1	0	0
2	0	1
3	1	0
4	1	1

Bild 3.2 Erster Schritt beim Aufstellen einer Wahrheitstabelle

Fall	B	A	$\overline{A}$	$P = \overline{A} \wedge B$	$Z = \overline{P}$
1	0	0	1	0	1
2	0	1	0	0	1
3	1	0	1	1	0
4	1	1	0	0	1

Bild 3.3 Weitere Schritte beim Aufstellen einer Wahrheitstabelle

Der eine Eingang des UND-Gliedes (Glied II) hat die Bezeichnung $\overline{A}$, der andere Eingang hat die Bezeichnung B. Die UND-Verknüpfung erfolgt also zwischen den Zuständen von $\overline{A}$ und den Zuständen von B. Die zugehörigen Spalten in der Wahrheitstabelle Bild 3.3 sind durch rote Striche gekennzeichnet. Der Ausgang des UND-Gliedes heißt P. Für P gilt die Gleichung:

$$P = \overline{A} \wedge B$$

P ist nur dann 1, wenn sowohl $\overline{A} = 1$ als auch $B = 1$ ist. Dies trifft nur für den Fall 3 zu. P ist also nur im 3. Fall 1, in allen anderen Fällen 0 (Bild 3.3).
Der Eingang des Gliedes III (NICHT-Glied) heißt P, der Ausgang heißt Z. Da das NICHT-Glied die Zustände von P negiert, ist $Z = \overline{P}$. Aus einer 0 in der P-Spalte wird eine 1 in der Z-Spalte. Die Z-Spalte ist die Ergebnisspalte. Sie gibt die Gesamtverknüpfung der Schaltung an.
Für Z kann man folgende Gleichungen angeben:

$$Z = \overline{P}$$

$$Z = \overline{\overline{A} \wedge B} \quad (\text{da } P = \overline{A} \wedge B)$$

Die Gleichungen beschreiben die Wirkungsweise der Schaltung, das heißt ihre Verknüpfungseigenschaft.

3.1.2 Wahrheitstabelle einer Digitalschaltung mit 3 Eingängen

Stellen wir nun die Wahrheitstabelle für eine Digitalschaltung mit drei Eingängen nach Bild 3.4 auf.
Eine Digitalschaltung mit drei Eingängen hat 8 Fälle. Die Fallnummern und die Kombinationen der Eingangszustände für A, B, C werden nach dem bekannten Schema (siehe Abschnitt 2.3) dargestellt (Bild 3.5). Dann werden zwei Spalten für $\overline{A}$ und $\overline{B}$ vorgesehen.

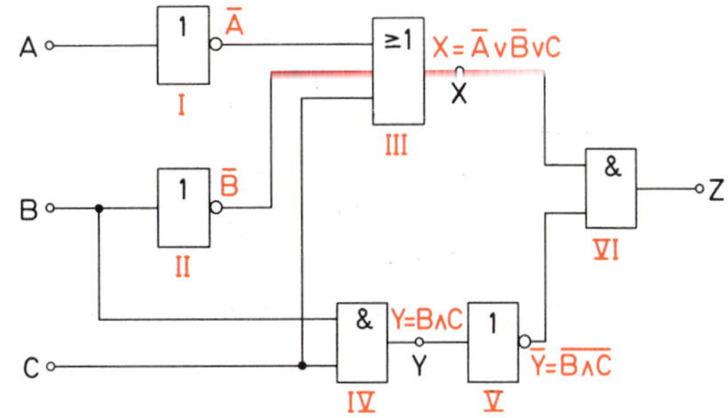

Bild 3.4 Digitalschaltung

Bild 3.5 Wahrheitstabelle der Digitalschaltung Bild 3.4

Fall	C	B	A	$\overline{A}$	$\overline{B}$	$X = \overline{A} \vee \overline{B} \vee C$	$Y = B \wedge C$	$\overline{Y}$	$Z = X \wedge \overline{Y}$
1	0	0	0	1	1	1	0	1	1
2	0	0	1	0	1	1	0	1	1
3	0	1	0	1	0	1	0	1	1
4	0	1	1	0	0	0	0	1	0
5	1	0	0	1	1	1	0	1	1
6	1	0	1	0	1	1	0	1	1
7	1	1	0	1	0	1	1	0	0
8	1	1	1	0	0	1	1	0	0

In der Spalte $\overline{A}$ erscheinen die für die einzelnen Fälle gültigen Zustände von A negiert. (Aus 0 wird 1, aus 1 wird 0.)

Die Eingänge des ODER-Gliedes heißen $\overline{A}$, $\overline{B}$, C. Die Zustände dieser drei Spalten erfahren eine ODER-Verknüpfung. Am Ausgang X liegt immer dann 1, wenn mindestens ein Eingangszustand 1 ist.

Die drei zu betrachtenden Spalten sind in Bild 3.5 durch rote Balken gekennzeichnet. Für den Fall 1 ist X = 1, da sowohl $\overline{A}$ = 1 als auch $\overline{B}$ = 1 sind. Ebenfalls ist X = 1 im Fall 2, da hier $\overline{B}$ = 1 ist. Gehen wir alle Fälle durch, stellen wir fest, daß X nur im Fall 4 den Zustand 0 hat. In allen anderen Fällen ist X = 1.

Eine weitere Spalte ist in der Wahrheitstabelle für Y vorzusehen. Y ist die UND-Verknüpfung von B mit C. Die Spalten von B und C sind jetzt nur zu betrachten. Sie sind in Bild 3.5 mit schwarzen Balken gekennzeichnet. Nur in den Fällen wird Y = 1, in denen sowohl B als auch C den Zustand 1 haben. Es sind dies die Fälle 7 und 8.

Y ist jetzt der Eingang des Gliedes V, und dieses Glied ist ein NICHT-Glied. Die Zustände von Y sind also zu negieren. Der Ausgang des Gliedes V wird $\overline{Y}$ genannt. Für $\overline{Y}$ ist eine weitere Spalte in der Wahrheitstabelle vorzusehen und die sich ergebenden Zustände einzutragen.

Das Glied VI ist ein UND-Glied mit den Eingängen X und $\overline{Y}$. Die Zustände von X und $\overline{Y}$ müssen also einer UND-Verknüpfung unterworfen werden. Zu betrachten sind die Spalten in Bild 3.5, die mit gestrichelten Balken gekennzeichnet sind. Der Ausgang Z ist nur dann 1, wenn X = 1 und $\overline{Y}$ = 1 sind. Das ist in den Fällen 1, 2, 3, 5 und 6 gegeben.

Für Z kann eine schaltalgebraische Gleichung angegeben werden, die wie folgt gebildet wird:

$$Z = X \wedge \overline{Y} \qquad X = \overline{A} \vee \overline{B} \vee C$$
$$\overline{Y} = \overline{B \wedge C} \quad (\text{da } Y = B \wedge C)$$

$$Z = (\overline{A} \vee \overline{B} \vee C) \wedge \overline{B \wedge C}$$

Diese Gleichung drückt die Verknüpfungseigenschaft der Schaltung aus.
Es wird empfohlen, das Erstellen von Wahrheitstabellen mit Aufgaben aus Abschnitt 3.4 zu üben.

3.2 Funktionsgleichung und Digitalschaltung

3.2.1 Bestimmung der Funktionsgleichung einer gegebenen Digitalschaltung

Die Verknüpfungseigenschaft einer Digitalschaltung kann durch eine Wahrheitstabelle ausgedrückt werden. Die einzelnen Schritte beim Erstellen der Wahrheitstabelle führen zu einer Gleichung für den Ausgang der Schaltung, in der nur die Eingangsgrößen oder ihre Negationen vorkommen (siehe Abschnitt 2.1.2). Eine solche Gleichung drückt die Funktion der ganzen Schaltung aus. Sie wird daher *Funktionsgleichung* genannt.

> *Für jede Digitalschaltung kann eine Funktionsgleichung angegeben werden.*

Die Funktionsgleichung kann aus der Digitalschaltung entnommen werden. Der Umweg über die Wahrheitstabelle ist nicht erforderlich.

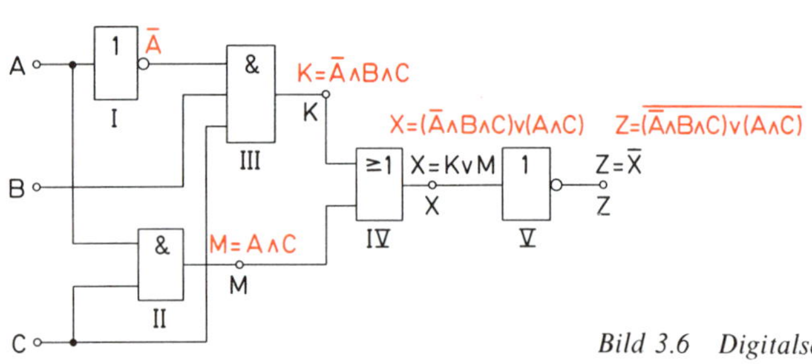

Bild 3.6 Digitalschaltung

Die Digitalschaltung Bild 3.6 besteht aus den Gliedern I bis V. Wenn der Eingang des Gliedes I A heißt, so ergibt sich für den Ausgang $\overline{A}$. Die Eingänge des Gliedes II heißen A und C. Der Ausgang bekommt die frei gewählte Bezeichnung M. Für M gilt:

$$M = A \wedge C$$

Die Eingänge des Gliedes III heißen $\overline{A}$, B, C. Der Ausgang bekommt den Namen K.

$$K = \overline{A} \wedge B \wedge C$$

M und K sind nun die Eingänge des Gliedes IV. Ihre Zustände erfahren eine ODER-Verknüpfung. Der Ausgang von Glied IV wird X genannt.

$$X = K \vee M$$

In diese Gleichung können die schon bekannten Verknüpfungen für K und M eingesetzt werden.

$$X = \overbrace{(\overline{A} \wedge B \wedge C)}^{K} \vee \overbrace{(A \wedge C)}^{M}$$

X ist auch der Eingang des Gliedes V. Da das Glied V die Zustände von X negiert, gilt:

$Z = \overline{X}$ und

$$\boxed{Z = \overline{(\overline{A} \wedge B \wedge C) \vee (A \wedge C)}}$$ (da $X = (\overline{A} \wedge B \wedge C) \vee (A \wedge C)$ ist).

Die gerahmte Gleichung für Z ist die gesuchte Funktionsgleichung.
Wenn man die Zusammenhänge durchschaut, kann man sich die Bezeichnungen K, M und X im vorstehenden Beispiel sparen. Ein Eingang kann auch z.B. $(A \wedge C)$ heißen, also durch einen schaltalgebraischen Ausdruck bezeichnet werden.

Bild 3.7 Digitalschaltung

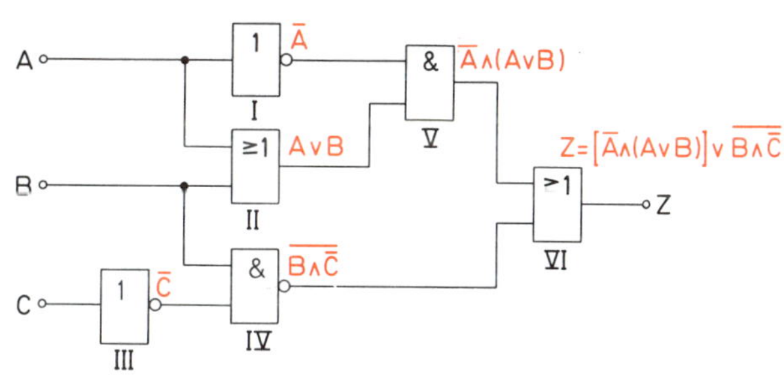

Suchen wir die Funktionsgleichung für die Schaltung nach Bild 3.7.
An die Ausgänge der Glieder werden die sich ergebenden Verknüpfungsausdrücke geschrieben, an den Ausgang von Glied I also $\overline{A}$, an den Ausgang von Glied II $A \vee B$ usw. Diese Ausdrücke sind gleichzeitig die Namen der Eingänge der folgenden Glieder. Glied IV hat die Eingänge $\overline{C}$ und B. Die UND-Verknüpfung führt auf $B \wedge \overline{C}$. Da das Glied IV aber ein NAND-Glied ist, muß der ganze Ausdruck nochmals negiert werden, so daß sich $\overline{B \wedge \overline{C}}$ am Ausgang ergibt.

Am Ausgang des Gliedes V muß dann $\overline{A} \wedge (A \vee B)$ stehen, da die Eingänge $\overline{A}$ und $A \vee B$ sind.
Zusammengehörige Ausdrücke sollten stets in Klammern gesetzt werden. In Kapitel 4 (Schaltalgebra) wird zwar gesagt, daß gemäß Verabredung das UND-Verknüpfungszeichen stärker bindet als das ODER-Verknüpfungszeichen. Sicherheitshalber sollte man jedoch – wenigstens in der Einarbeitungszeit – immer Klammern setzen. Durchgehende Negationsstriche wirken wie Klammern.
Ein Eingang des Gliedes VI ist mit dem Ausdruck $\overline{A} \wedge (A \vee B)$ bezeichnet. Dieser Ausdruck sollte insgesamt in Klammern gesetzt werden. Der zweite Eingang des Gliedes VI ist mit dem Ausdruck $\overline{B \wedge \overline{C}}$ bezeichnet. Hier ist keine Klammer erforderlich, da der Negationsstrich wie eine Klammer wirkt.
Für Z ergibt sich dann folgende Gleichung:

$$Z = [\overline{A} \wedge (A \vee B)] \vee \overline{B \wedge \overline{C}}$$

Diese Gleichung ist die gesuchte Funktionsgleichung.
Angenommen das Glied VI in Bild 3.7 sei ein NOR-Glied. Wie würde dann die Funktionsgleichung aussehen? Die für Z gefundene Gleichung müßte insgesamt negiert werden. Dies wird durch einen über den ganzen Ausdruck rechts vom Gleichheitszeichen gehenden Negationsstrich angegeben.

$$Z = \overline{[\overline{A} \wedge (A \vee B)] \vee \overline{B \wedge \overline{C}}}$$

Die gefundene Gleichung sieht komplizierter aus, als sie tatsächlich ist.

3.2.2 Darstellung einer Digitalschaltung nach gegebener Funktionsgleichung

In der Praxis kommt es sehr häufig vor, daß eine schaltalgebraische Gleichung nach Berechnungen gefunden wurde. Die Gleichung gibt eine Verknüpfung an. Gesucht ist die Schaltung, die diese Verknüpfung verwirklicht. Die Gleichung wird also zur Funktionsgleichung für eine noch zu bestimmende Schaltung.
Für die Gleichung

$$Z = \overline{A \vee \overline{B} \vee \overline{C}} \wedge (A \vee \overline{C})$$

soll eine entsprechende Schaltung gefunden werden.
Zunächst ist aus der Gleichung die Zahl der Eingänge abzulesen. Eingänge sind A, B und C. Zur Erzeugung von $\overline{B}$ und $\overline{C}$ sind zwei NICHT-Glieder erforderlich (Bild 3.8). Den Ausdruck $A \vee \overline{B} \vee \overline{C}$ erhält man durch ein ODER-Glied mit drei Eingängen. Diesem Glied muß ein NICHT-Glied nachgeschaltet werden.
Für $(A \vee \overline{C})$ ist ein ODER-Glied mit zwei Eingängen erforderlich. Die Ausgänge mit den Bezeichnungen $\overline{A \vee \overline{B} \vee \overline{C}}$ und $(A \vee \overline{C})$ werden auf die Eingänge eines UND-Gliedes geführt.
Statt eines ODER-Gliedes mit 3 Eingängen und nachgeschaltetem NICHT-Glied kann auch ein NOR-Glied mit drei Eingängen Verwendung finden (Bild 3.9).

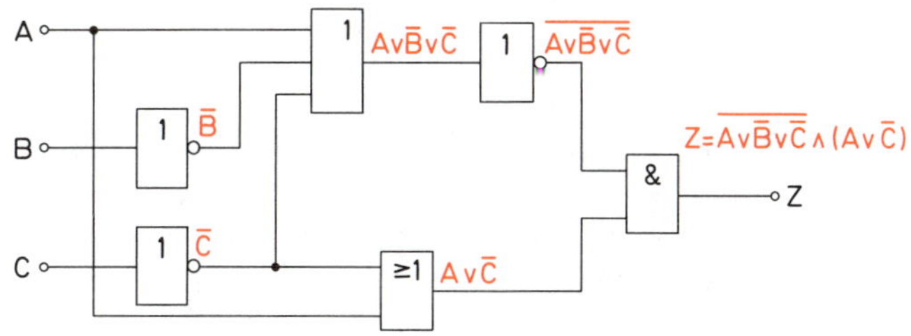

Bild 3.8 Schaltung zu gegebener Gleichung

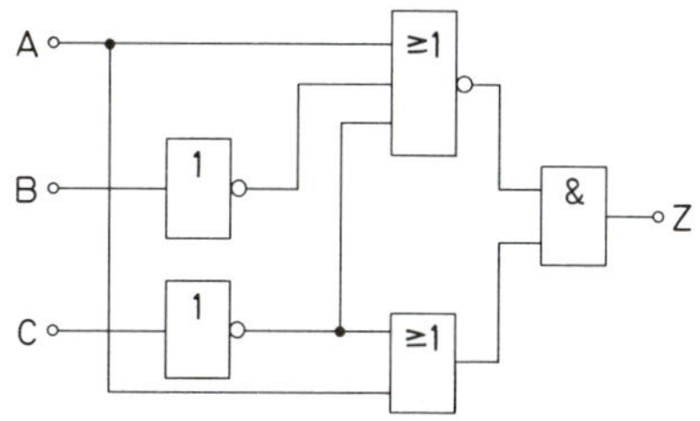

Bild 3.9 Schaltung zu gegebener Gleichung, Verwendung eines NOR-Gliedes

3.3 Soll-Verknüpfung und Ist-Verknüpfung

Unter der Soll-Verknüpfung versteht man die logische Verknüpfung, die eine Schaltung aufgrund ihres Aufbaus verwirklichen soll. Die Ist-Verknüpfung ist die Verknüpfung, die die Schaltung im praktischen Betrieb tatsächlich zeigt.

> *Bei einer einwandfrei funktionierenden Schaltung sind Soll-Verknüpfung und Ist-Verknüpfung gleich.*

Weicht die Ist-Verknüpfung von der Soll-Verknüpfung ab, so hat die Schaltung einen oder mehrere Fehler, die gefunden und behoben werden müssen.

3.3.1 Bestimmung der Ist-Verknüpfung

Die Soll-Verknüpfung ergibt sich aus der für die Schaltung aufzustellenden Wahrheitstabelle. Die Ist-Verknüpfung muß meßtechnisch bestimmt werden.

> *Vor Beginn der Messung ist die Zuordnung der Spannungspegel zu den logischen Zuständen 0 und 1 festzustellen.*

Zur Feststellung der 1- und 0-Zustände bzw. der zugehörigen Pegel benötigt man einen sogenannten Logiktester. Solche Geräte gibt es klein in Form eines Füllhalters. Sie enthalten einen kleinen Transistorverstärker und zur Anzeige eine oder zwei Leucht-

dioden. Geräte mit einer Leuchtdiode stellen nur die 1-Zustände, also die hohen Pegel (hier +5 V) fest. Wenn die Diode nicht leuchtet, heißt das 0. Mit einem solchen Gerät lassen sich Unterbrechungen von Leitungen, auf denen gerade der Zustand 0 liegt, nicht feststellen. Der Zustand 0 entspricht meist ja «Masse» und nicht einer offenen Leitung.
Besser sind Geräte mit zwei Leuchtdioden. Eine rote Diode zeigt z.B. den 1-Zustand an, eine grüne Leuchtdiode den 0-Zustand. Leuchtet keine Diode, liegt eine Leitungsunterbrechung vor. Man kann sich einen solchen Logiktester mit einem kleinen Transistorverstärker selbst bauen. Der Eingang sollte möglichst hochohmig sein.
Neben den kleinen Logiktestern gibt es auf dem Markt kompliziertere Geräte, die es gestatten, alle Eingänge und Ausgänge gleichzeitig zu testen. Die erforderliche Arbeitszeit wird dadurch wesentlich verringert. Der letzte Entwicklungsstand sind computergesteuerte Testgeräte, die eine ganze Platine vollautomatisch durchtesten und Art und Lage von Fehlern genau anzeigen.
Die Bestimmung der Ist-Verknüpfung soll an einem Beispiel gezeigt werden. Angenommen wird, daß die Schaltung nach Bild 3.10 praktisch aufgebaut vorhanden ist. Benötigt wird ein einfacher Logiktester, der 1- und 0-Signale bzw. hohe und niedrige Pegel anzeigt.

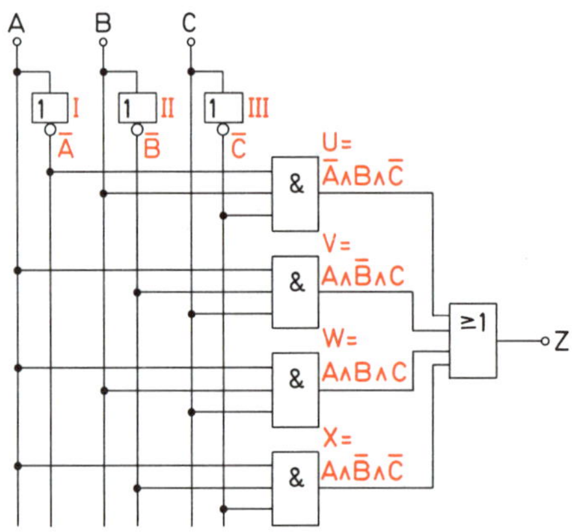

Bild 3.10
Digitalschaltung

Für die Zuordnung gilt:

0 ≙ 0 V (Masse)
1 ≙ +5 V

Als Meßprotokoll verwendet man eine Tabelle, die wie eine Wahrheitstabelle aufgebaut ist (Bild 3.11).
Zunächst wird der Fall 1 gemessen. Alle drei Eingänge erhalten den Zustand 0, werden

Bild 3.11

Fall	C	B	A	$\overline{C}$	$\overline{B}$	$\overline{A}$	U= $A \wedge B \wedge \overline{C}$	V= $A \wedge \overline{B} \wedge C$	W= $A \wedge B \wedge C$	X= $A \wedge \overline{B} \wedge \overline{C}$	Z
1	0	0	0	1	1	1	0	0	0	0	0
2	0	0	1	1	1	0	0	0	0	1	1
3	0	1	0								
4	0	1	1								
5	1	0	0								
6	1	0	1								
7	1	1	0								
8	1	1	1								

also an Masse gelegt. Jetzt werden an den Ausgängen der einzelnen Glieder – also $\overline{C}$, $\overline{B}$, $\overline{A}$, U, V, W, X, Z – die Zustände gemessen und eingetragen (rote Angaben in Bild 3.11).
Ist der Fall 1 gemessen, kommt der Fall 2 dran. An A wird 1 gelegt, an B und C wird 0 gelegt. Wieder werden die Ausgänge der einzelnen Glieder gemessen und die Zustände in die Tabelle eingetragen.
Diese Messung wird für alle 8 Fälle durchgeführt.

Die Meßtabelle zeigt die Ist-Verknüpfung.

Ist zu erwarten, daß die Schaltung fehlerfrei ist, kann man sich auf das Feststellen der Zustände Z beschränken. Sind die Zustände Z verschieden von denen der Soll-Verknüpfung, so muß die Messung aller Ausgangszustände nachgeholt werden.

3.3.2 Fehlerbestimmung

Liegen Wahrheitstabelle und Meßtabelle vor, können die Fehler bestimmt werden.

Die Fehlerbestimmung erfolgt durch Vergleich von Soll- und Ist-Verknüpfung.

Stimmen Soll- und Ist-Verknüpfung überein, liegt kein Fehler vor. Man vergleicht zunächst die Ausgangszustände der Gesamtschaltung. Stimmen hier die Zustände überein, braucht man nicht weiter zu vergleichen. Die Schaltung ist in Ordnung. Stimmen die Ausgangszustände nicht überein, muß schrittweise von den Eingängen her verglichen werden.
Bild 3.12 zeigt die Wahrheitstabelle der Schaltung nach Bild 3.10 und eine Meßtabelle. Welche Glieder arbeiten fehlerhaft?
Vergleicht man die Spalten von links her, so erkennt man bei $\overline{B}$ einen Fehler. Das NICHT-Glied, das $\overline{B}$ erzeugen soll (Glied Nr. II), hat immer den Ausgangszustand 1. Es ist also defekt.
Der Fehler von Glied II wirkt sich auf die Ausgänge V und X aus, denn nur diese Glieder

Fall	C	B	A	$\bar{C}$	$\bar{B}$	$\bar{A}$	U = $\bar{A} \wedge B \wedge \bar{C}$	V = $A \wedge \bar{B} \wedge C$	W = $A \wedge B \wedge C$	X = $A \wedge \bar{B} \wedge \bar{C}$	Z
1	0	0	0	1	1	1	0	0	0	0	0
2	0	0	1	1	1	0	0	0	0	**1**	**1**
3	0	1	0	1	0	1	**1**	0	0	0	**1**
4	0	1	1	1	0	0	0	0	0	0	0
5	1	0	0	0	1	1	0	0	0	0	0
6	1	0	1	0	1	0	0	**1**	0	0	**1**
7	1	1	0	0	0	1	0	0	0	0	0
8	1	1	1	0	0	0	0	0	**1**	0	**1**

Wahrheitstabelle

Fall	C	B	A	$\bar{C}$	$\bar{B}$	$\bar{A}$	U = $\bar{A} \wedge B \wedge \bar{C}$	V = $A \wedge \bar{B} \wedge C$	W = $A \wedge B \wedge C$	X = $A \wedge \bar{B} \wedge \bar{C}$	Z
1	0	0	0	1	1	1	0	0	0	0	0
2	0	0	1	1	1	0	0	0	0	**1**	**1**
3	0	1	0	1	1	1	**1**	0	0	0	**1**
4	0	1	1	1	1	0	0	0	**1**	**1**	**1**
5	1	0	0	0	1	1	0	0	0	0	0
6	1	0	1	0	1	0	0	**1**	0	0	**1**
7	1	1	0	0	1	1	0	0	0	0	0
8	1	1	1	0	1	0	0	**1**	**1**	0	**1**

Meßtabelle

Bild 3.12 Wahrheitstabelle und Meßtabelle einer Digitalschaltung

verknüpfen auch $\bar{B}$. Für V und X ergibt sich aus der Meßtabelle aber eine richtige Verknüpfung – unter der Berücksichtigung, daß $\bar{B}$ immer 1 ist. Die Glieder V und X sind also in Ordnung.

Ein weiterer Fehler zeigt sich bei W. Das Glied W ist ebenfalls defekt. Die fehlerhafte Verknüpfung ist nicht auf den Fehler von Glied II zurückzuführen, denn $W = A \wedge B \wedge C$ beinhaltet $\bar{B}$ nicht.

Die Glieder II und W müssen also ausgewechselt werden.

3.4 Lernziel-Test

1. Für die Schaltung Bild 3.13 ist die Wahrheitstabelle aufzustellen.

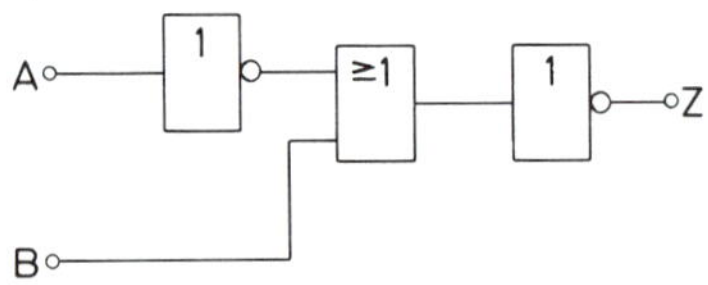

Bild 3.13 Digitalschaltung

2. Wie sieht die Wahrheitstabelle für die Schaltung Bild 3.14 aus?
3. In der Schaltung Bild 3.14 soll Glied II defekt sein. In allen Fällen liegt am Ausgang des Gliedes II 1-Signal. Welche Verknüpfung ergibt sich durch diesen Fehler? Stellen Sie die Ist-Verknüpfung in einer entsprechenden Tabelle dar.

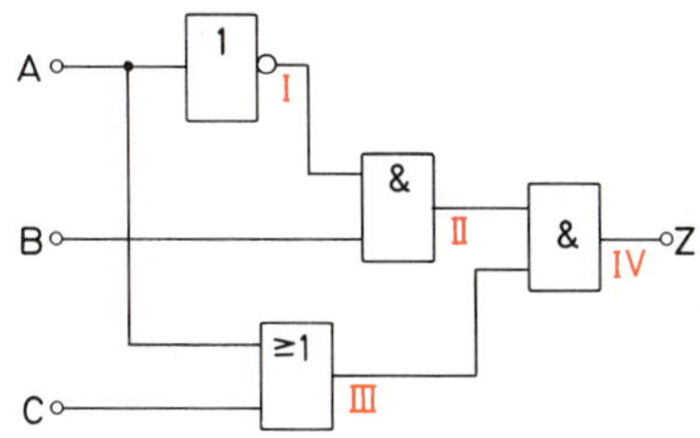

Bild 3.14
Digitalschaltung

4. Bestimmen Sie für die Schaltung Bild 3.15 die Funktionsgleichung, und stellen Sie die Wahrheitstabelle auf.

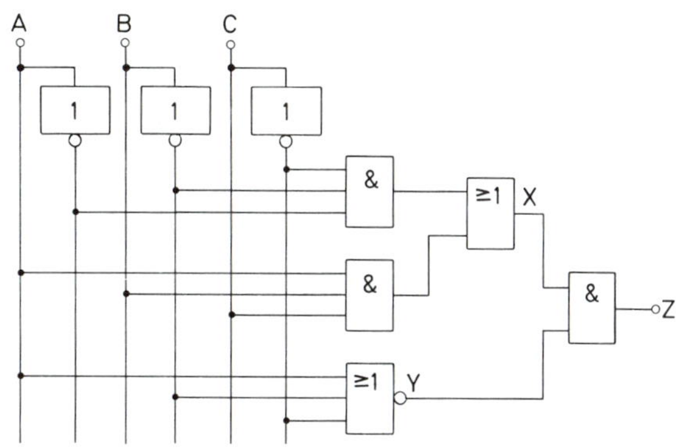

Bild 3.15
Digitalschaltung

5. Gesucht ist eine Digitalschaltung, die die folgende Funktionsgleichung erfüllt:

$$Z = \overline{A} \wedge B \wedge \overline{\overline{\overline{A} \wedge B} \wedge C}$$

6. Für eine Digitalschaltung wird folgende Gleichung angegeben:

$$Z = \overline{\overline{A} \vee B \vee C} \wedge \overline{\overline{A \vee \overline{B} \wedge \overline{C} \wedge D} \vee \overline{A \wedge D}}$$

Erstellen Sie das Schaltbild einer Schaltung, die die vorstehende Gleichung erfüllt, und geben Sie die zugehörige Wahrheitstabelle an.

7. Die Schaltung Bild 3.16 arbeitet fehlerhaft. Es wurde die Meßtabelle Bild 3.17 aufgenommen, die die Ist-Verknüpfung angibt. Bestimmen Sie die fehlerhaften Glieder.

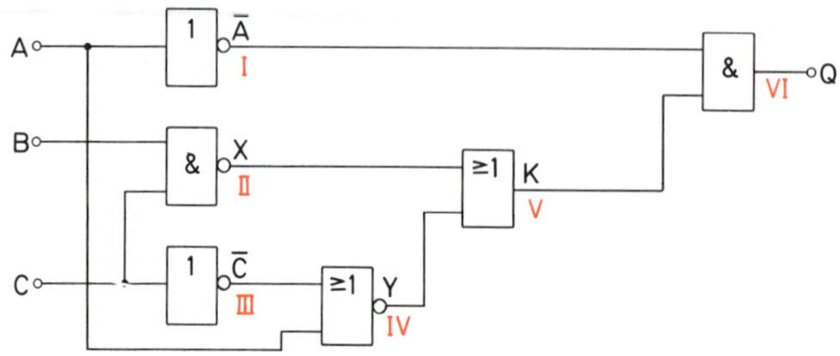

Bild 3.16 Fehlerhaft arbeitende Digitalschaltung

Fall	C	B	A	Ā	C̄	X	Y	K	Q
1	0	0	0	1	1	1	1	1	1
2	0	0	1	0	1	1	1	1	0
3	0	1	0	1	1	1	1	1	1
4	0	1	1	0	1	1	0	1	0
5	1	0	0	1	0	1	1	1	1
6	1	0	1	0	0	1	0	1	0
7	1	1	0	1	0	0	1	1	1
8	1	1	1	0	0	0	0	0	0

Bild 3.17 Meßtabelle der IST-Verknüpfung

4 Schaltalgebra

Will man mit Digitalschaltungen bestimmte Steuerungsaufgaben oder Rechenvorgänge ausführen, muß man Schaltungen finden, die das Gewünschte «können». Schaltungen für einfache Aufgaben lassen sich durch Probieren finden (siehe auch Kapitel 5). Das Probieren wird jedoch immer mühsamer und die Aussicht auf Erfolg immer geringer, je komplizierter die Anforderungen an die Schaltungen werden.
Selbst wenn man nach langer Mühe eine Schaltung durch Probieren gefunden hat, ist diese vielleicht unnötig umfangreich und daher unwirtschaftlich. Man müßte die einfachste mögliche Schaltung finden. Durch Probieren ist diese Aufgabe nicht zu lösen.
Die von Boole (engl. Mathematiker, 1815 bis 1864) entwickelte Algebra ist eine Mengenalgebra, von der sich die heute in den Schulen vermittelte «Mengenlehre» ableitet. Eine Sonderform der Booleschen Algebra ist die Schaltalgebra. Mit ihrer Hilfe lassen sich Digitalschaltungen berechnen und weitgehend vereinfachen.

4.1 Variable und Konstante

Die Schaltalgebra kennt *Variable* und *Konstante* wie die normale Algebra auch. Es gibt jedoch nur zwei mögliche Konstante, nämlich 0 und 1. Eine beliebige Variable kann entweder den Wert 0 oder den Wert 1 annehmen.

> *Die Schaltalgebra kennt nur zwei Konstante: 0 und 1*

Diese Konstanten entsprechen den logischen Zuständen 0 und 1.

Jede Größe, die entweder den Wert 0 oder den Wert 1 annehmen kann, stellt eine Variable dar. Die Eingangsgrößen einer Schaltung, z.B. A, B, C, sind Variable, denn sie können 1 oder 0 sein. Ebenso sind die Ausgangsgrößen einer Schaltung Variable. Ausdrücke wie $(A \wedge B)$, die an sich aus zwei Variablen bestehen, können wie eine Variable behandelt werden, denn ihr Wert kann ebenfalls nur 0 oder 1 sein.

> *Variable der Schaltalgebra sind Größen, die die Werte oder Zustände 0 oder 1 annehmen können.*

Eine Variable der Schaltalgebra ist also eine binäre Größe. Sie kann durch einen Schalter (Bild 4.1) veranschaulicht werden. Folgende Verabredung soll gelten:

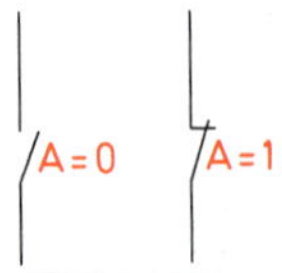

Bild 4.1 Veranschaulichung der Variablen A und ihrer möglichen Werte 0 und 1

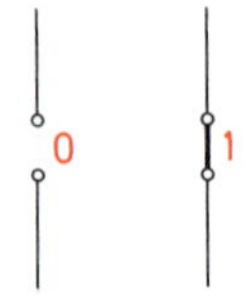

Bild 4.2 Veranschaulichung der Konstanten 0 und 1

Schalter offen:	*Variable 0*
Schalter geschlossen:	*Variable 1*

Diese Darstellung der Variablen ist sehr einfach zu verstehen. Kann man ähnlich einfach die Konstanten darstellen? Man könnte die Konstanten als «festgebundene Schalter» auffassen. Ist ein Schalter im geöffneten Zustand festgebunden, kann er nicht mehr schalten und hat stets den Wert 0. Bindet man den Schalter im geschlossenen Zustand fest, so kann er ebenfalls nicht mehr schalten und hat stets den Wert 1.
Ein dauernd geöffneter Schalter ist aber eine Leitungsunterbrechung. Ein dauernd geschlossener Schalter ist eine durchgeschaltete Leitung (Bild 4.2).

Leitung unterbrochen:	*0*
Leitung durchgeschaltet:	*1*

4.2 Grundgesetze der Schaltalgebra

Die Grundgesetze der Schaltalgebra, auch Postulate genannt, sind Regeln für die Verknüpfung von Konstanten.
Die Grundgesetze für die UND-Verknüpfung zeigt Bild 4.3. Schaltungsmäßig führt die UND-Verknüpfung auf eine Reihenschaltung. Zwei in Reihe geschaltete Leitungsunterbrechungen wirken nicht anders als eine Leitungsunterbrechung allein. Schaltet man eine Unterbrechung in Reihe mit einer Durchschaltung, bleibt die Wirkung der Unterbrechung erhalten. Zwei Durchschaltungen in Reihe ergeben eine Gesamtdurchschaltung (Bild 4.3).
Die ODER-Verknüpfung führt auf eine Parallelschaltung. Die Postulate der ODER-Verknüpfung zeigt Bild 4.4. Zwei Unterbrechungen parallel bedeuten eine Gesamtunterbrechung. Eine Unterbrechung parallel zu einer Durchschaltung bedeutet eine Gesamtdurchschaltung. Zwei Durchschaltungen parallel ergeben ebenfalls eine Gesamtdurchschaltung.
Bei einem NICHT-Glied führt eine 1 am Eingang zu einer 0 am Ausgang und eine 0 am Eingang zu einer 1 am Ausgang (Bild 4.5).

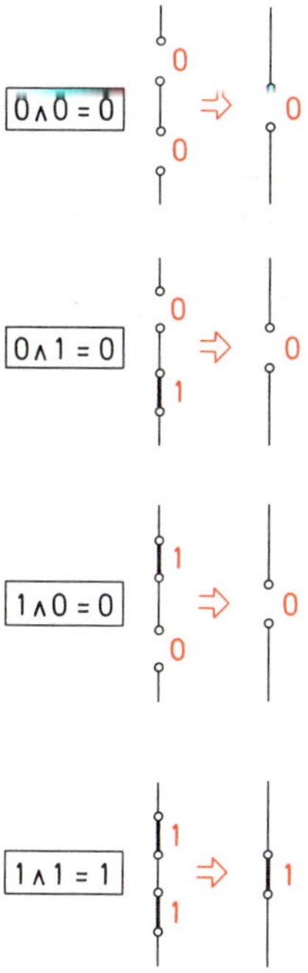

Bild 4.3 Postulate der UND-Verknüpfung

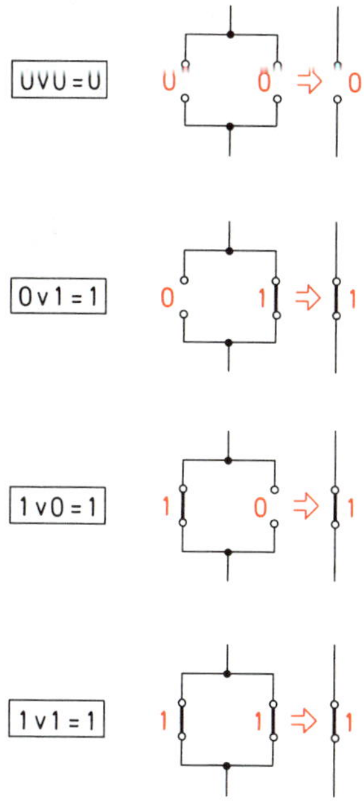

Bild 4.4 Postulate der ODER-Verknüpfung

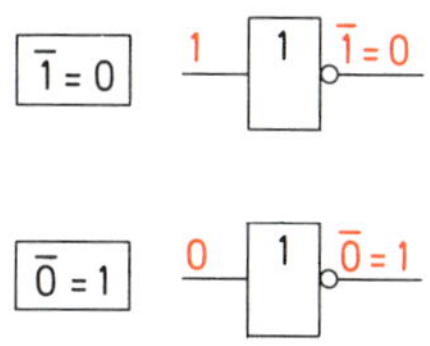

Bild 4.5 Postulate der NICHT-Verknüpfung

4.3 Rechenregeln der Schaltalgebra

4.3.1 Theoreme

Die Rechenregeln für die Verknüpfung einer Variablen mit einer Konstanten oder einer Variablen mit sich selbst oder ihrer Negation heißen *Theoreme.*

Für die Variable wird die Bezeichnung A gewählt. Was für A gilt, das gilt auch für jede andere Variable.

Bild 4.6 zeigt die vier möglichen Theoreme der UND-Verknüpfung. Zur Darstellung von $\overline{A}$ wird ein Ruhekontakt (Öffner) verwendet. Dieser ist immer geschlossen, wenn der Arbeitskontakt geöffnet ist. Er ist geöffnet, wenn der Ruhekontakt geschlossen ist. Somit ist bei $A \wedge \overline{A}$ immer ein Schalter offen, so daß sich eine Leitungsunterbrechung (0) ergeben muß.

Die Veranschaulichung der Theoreme durch die Kontaktschemata ist leicht verständlich. Die Gleichungen der Theoreme lassen sich jedoch auch mit Wahrheitstabellen finden (Bild 4.7).

Die Theoreme der ODER-Verknüpfung ergeben sich aus Bild 4.8. ODER-Verknüpfungen führen zu Parallelschaltungen von Kontakten.

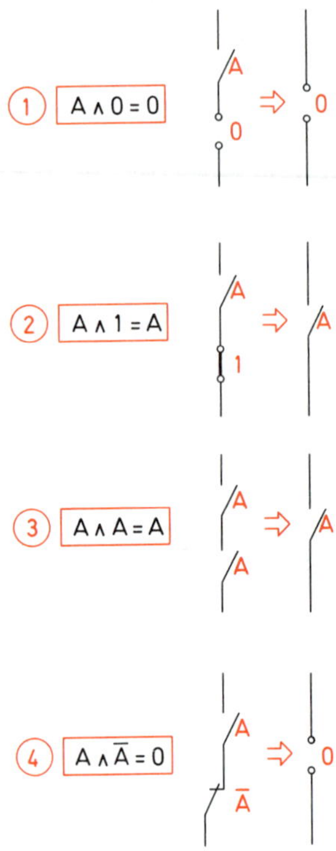

Bild 4.6 Theoreme der UND-Verknüpfung

Fall	A	0	Z=A∧0=0
1	0	0	0
2	1	0	0

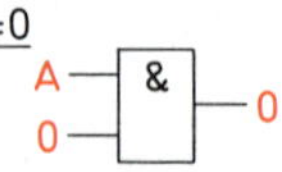

Fall	A	1	Z=A∧1=A
1	0	1	0
2	1	1	1

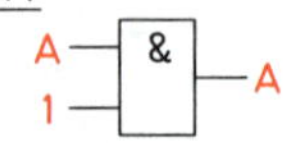

Fall	A	A	Z=A∧A=A
1	0	0	0
2	1	1	1

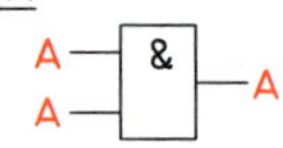

Fall	A	Ā	Z=A∧Ā=0
1	0	1	0
2	1	0	0

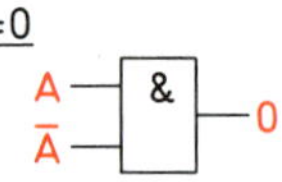

Bild 4.7 Ableitung der Theoreme der UND-Verknüpfung mit Wahrheitstabellen

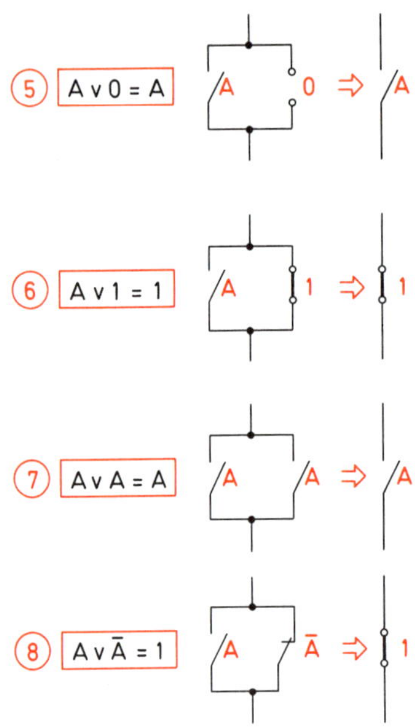

Bild 4.8 Theoreme der ODER-Verknüpfung

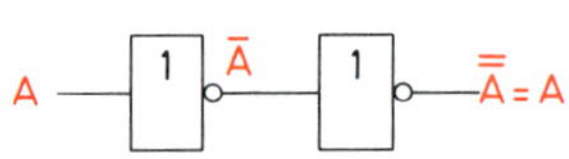

⑨ $\bar{\bar{A}} = A$

Fall	A	Ā	$\bar{\bar{A}}$
	0	1	0
	1	0	1

Bild 4.9 Theoreme der NICHT-Verknüpfung

Wird eine Variable einmal negiert und dann noch einmal, so hat sie wieder ihren alten Wert (Bild 4.9). Zwei Negationsstriche heben sich gegenseitig auf.
Die 9 möglichen Theoreme wurden von 1 bis 9 numeriert. Mit diesen Nummern sind sie in der Formelzusammenstellung erneut aufgeführt.

4.3.2 Kommutativgesetz und Assoziativgesetz

Das Kommutativgesetz heißt auf deutsch Vertauschungsgesetz. Es drückt eine Selbstverständlichkeit aus, wenn man die Kontaktschemata Bild 4.10 und Bild 4.11 betrachtet. Das Kommutativgesetz wird einmal für die UND-Verknüpfung und einmal für die ODER-Verknüpfung angegeben.

Bild 4.10 Kommutativgesetz der UND-Verknüpfung

(10) $Z = A \wedge B \wedge C = C \wedge A \wedge B$

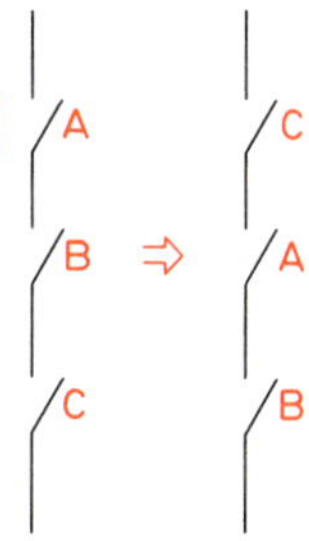

Bild 4.11 Kommutativgesetz der ODER-Verknüpfung

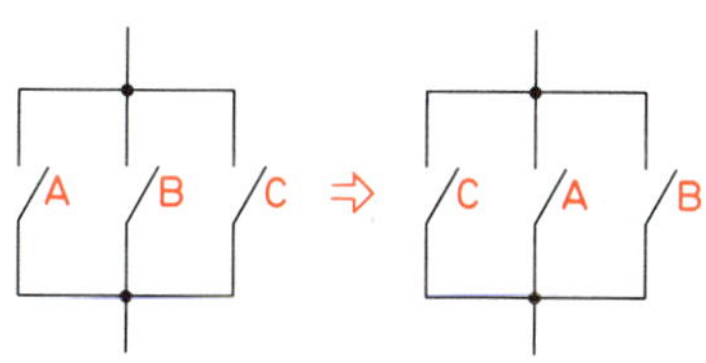

(11) $Z = A \vee B \vee C = C \vee A \vee B$

> *Die Reihenfolge, in der Variable der UND-Verknüpfung unterzogen werden, ist beliebig. Sie hat keinen Einfluß auf das Ergebnis.*

> *Die Reihenfolge, in der Variable der ODER-Verknüpfung unterzogen werden, ist beliebig. Sie hat keinen Einfluß auf das Ergebnis.*

Das Assoziativgesetz heißt auch Verbindungsgesetz oder Zuordnungsgesetz. Es wird ebenfalls einmal für die UND-Verknüpfung (Bild 4.12) und einmal für die ODER-Verknüpfung (Bild 4.13) angegeben.

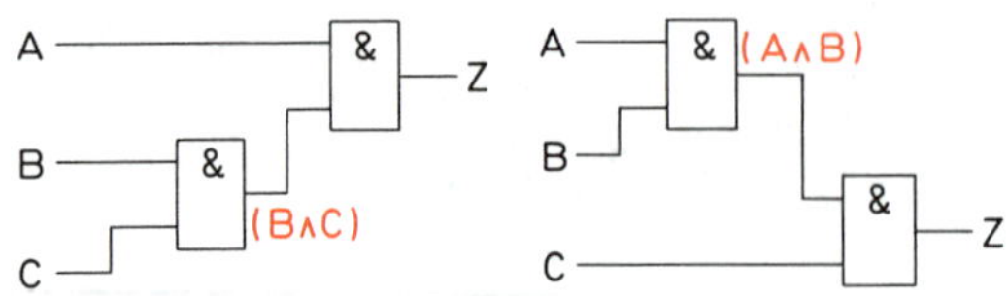

Bild 4.12 *Assoziativgesetz der UND-Verknüpfung*

⑫ $Z = A \wedge (B \wedge C) = (A \wedge B) \wedge C$

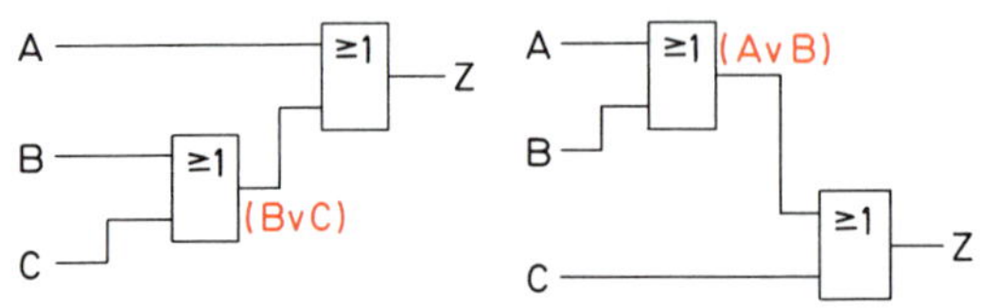

Bild 4.13 *Assoziativgesetz der ODER-Verknüpfung*

⑬ $Z = A \vee (B \vee C) = (A \vee B) \vee C$

Die Reihenfolge der Zuordnung der Variablen bei der UND-Verknüpfung ist beliebig. Sie hat keinen Einfluß auf das Ergebnis.

Die Reihenfolge der Zuordnung der Variablen bei der ODER-Verknüpfung ist beliebig. Sie hat keinen Einfluß auf das Ergebnis.

4.3.3 Distributivgesetz

Das Distributivgesetz heißt zu deutsch Verteilungsgesetz. Es hat eine große praktische Bedeutung bei der Umformung und Vereinfachung schaltalgebraischer Gleichungen. Das Distributivgesetz entspricht der Regel über das Ausmultiplizieren und Ausklammern eines Faktors in der normalen Algebra.
Man unterscheidet das *konjunktive Distributivgesetz* und das *disjunktive Distributivgesetz*. Das konjunktive Distributivgesetz lautet:

⑭ $$Z = A \wedge (B \vee C) = (A \wedge B) \vee (A \wedge C)$$

Die Variable A wird durch UND-Verknüpfung «verteilt» auf die Variablen B und C. Die Kontaktschemata Bild 4.14 zeigen die Richtigkeit des Gesetzes. Da die Kontakte A beide stets gleichzeitig schließen und öffnen, kann eine Verbindung ① nach ② geschaltet werden, ohne daß sich die Verknüpfung ändert.
Um die Zusammenhänge noch klarer zu zeigen, wird die Richtigkeit des Gesetzes durch eine Wahrheitstabelle überprüft (Bild 4.15). Die Zustände in den beiden Spalten X und Y sind gleich. Das konjunktive Distributivgesetz ist somit richtig.

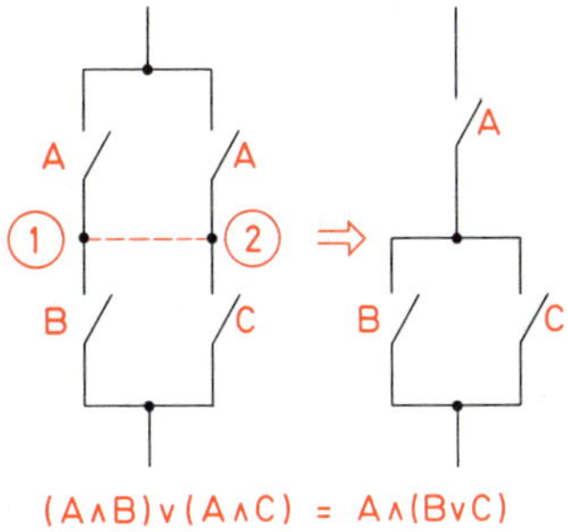

Bild 4.14 Konjunktives Distributivgesetz

Fall	C	B	A	$A \wedge B$	$A \wedge C$	(x) $(A \wedge B) \vee (A \wedge C)$	$B \vee C$	(y) $A \wedge (B \vee C)$
1	0	0	0	0	0	0	0	0
2	0	0	1	0	0	0	0	0
3	0	1	0	0	0	0	1	0
4	0	1	1	1	0	**1**	1	**1**
5	1	0	0	0	0	0	1	0
6	1	0	1	0	1	**1**	1	**1**
7	1	1	0	0	0	0	1	0
8	1	1	1	1	1	**1**	1	**1**

$(A \wedge B) \vee (A \wedge C) = A \wedge (B \vee C)$

Bild 4.15 Überprüfung der Richtigkeit des konjunktiven Distributivgesetzes mit Wahrheitstabellen

Für das disjunktive Distributivgesetz gilt die Gleichung:

⑮ $$Z = A \vee (B \wedge C) = (A \vee B) \wedge (A \vee C)$$

Die Variable A wird hier durch ODER-Verknüpfung auf die Variablen B und C «verteilt». Das Kontaktschema Bild 4.16 zeigt die Richtigkeit des Gesetzes. Da die Kontakte A stets zu gleicher Zeit schalten, kann die Schaltung, wie in Bild 4.16 gezeigt, abgeändert werden.

Bild 4.16 Disjunktives Distributivgesetz

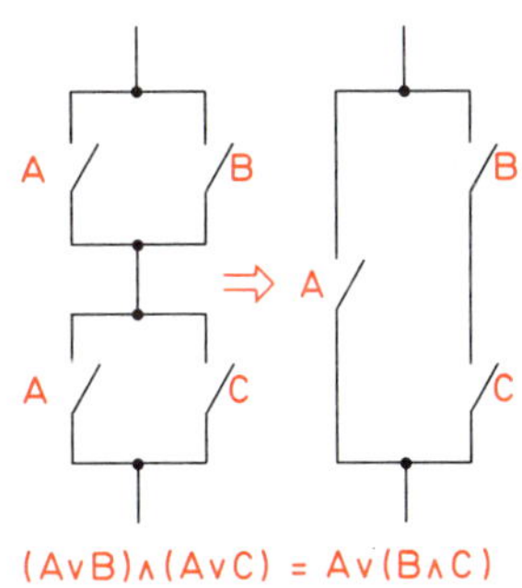

Es wird empfohlen, die Richtigkeit des Gesetzes mit einer Wahrheitstabelle entsprechend Bild 4.15 nachzuprüfen.

Die Anwendung des disjunktiven Distributivgesetzes soll an einem Beispiel gezeigt werden. Die Gleichung

$$Z = (K \vee \overline{M}) \wedge (K \vee M)$$

soll vereinfacht werden. Entsprechend der Gleichung ⑮ wird umgeformt:

$$\text{Gleichung ⑮:} \quad (A \vee B) \wedge (A \vee C) = A \vee (B \wedge C)$$

$$\downarrow \quad \downarrow \quad \downarrow \quad \downarrow \quad \downarrow \quad \downarrow \quad \downarrow$$

$$Z = (K \vee \overline{M}) \wedge (K \vee M) = K \vee (\overline{M} \wedge M)$$

Der Ausdruck $\overline{M} \wedge M$ ist die UND-Verknüpfung einer Variablen und ihrer Negation. Dieser Ausdruck gibt nach Gleichung 4 Bild 4.6 den Wert 0.

$$\text{Gleichung ④:} \quad A \wedge \overline{A} = 0$$

$$\downarrow \quad \downarrow$$

$$M \wedge \overline{M} = 0$$

Für Z gilt dann:

$$Z = K \vee (\overline{M} \wedge M)$$

$$Z = K \vee 0$$

$$\uparrow \quad \uparrow$$

$$\text{Gleichung ⑤} \quad A \vee 0 = A$$

Nach Gleichung ⑤ Bild 4.8 ist eine Variable $\vee$ 0 gleich der Variablen:

$$\underline{\underline{Z = K}}$$

4.3.4 Morgansche Gesetze

Der englische Mathematiker De Morgan (1806 bis 1871) hat die Boolesche Algebra erweitert und die nach ihm benannten Gesetze gefunden. Die Morganschen Gesetze haben eine große praktische Bedeutung bei der Auflösung von Ausdrücken, die insgesamt negiert sind, die also einen langen Negationsstrich haben. Sie werden viel benötigt zur Umrechnung auf NAND- und auf NOR-Verknüpfungen. Es gibt zwei Morgansche Gesetze.

Erstes Morgansches Gesetz:

⑯ $$Z = \overline{A \wedge B} = \overline{A} \vee \overline{B}$$

Mit Hilfe der Wahrheitstabelle in Bild 4.17 wird die Richtigkeit dieses Gesetzes nachgeprüft.

Zweites Morgansches Gesetz:

⑰ $$Z = \overline{A \vee B} = \overline{A} \wedge \overline{B}$$

Beim Vergleich mit dem 1. Morganschen Gesetz sieht man, daß beim 2. Morganschen Gesetz lediglich die Verknüpfungszeichen für UND und ODER ausgetauscht sind.

Fall	B	A	$A \wedge B$	$\overline{A \wedge B}$	$\bar{A}$	$\bar{B}$	$\bar{A} \vee \bar{B}$
1	0	0	0	1	1	1	1
2	0	1	0	1	0	1	1
3	1	0	0	1	1	0	1
4	1	1	1	0	0	0	0

$\overline{A \wedge B} = \bar{A} \vee \bar{B}$

Bild 4.17 Wahrheitstabelle zum Nachweis der Richtigkeit des 1. Morganschen Gesetzes

Fall	B	A	$A \vee B$	$\overline{A \vee B}$	$\bar{A}$	$\bar{B}$	$\bar{A} \wedge \bar{B}$
1	0	0	0	1	1	1	1
2	0	1	1	0	0	1	0
3	1	0	1	0	1	0	0
4	1	1	1	0	0	0	0

$\overline{A \vee B} = \bar{A} \wedge \bar{B}$

Bild 4.18 Wahrheitstabelle zum Nachweis der Richtigkeit des 2. Morganschen Gesetzes

Die Richtigkeit des 2. Morganschen Gesetzes soll ebenfalls mit einer Wahrheitstabelle gezeigt werden (Bild 4.18).

Die Wichtigkeit der Morganschen Gesetze soll folgendes Beispiel zeigen. Die Gleichung

$$P = \overline{R \wedge S} \vee \overline{\bar{R} \wedge S}$$

kann stark vereinfacht werden. Der erste Ausdruck $\overline{R \wedge S}$ ergibt nach dem 1. Morganschen Gesetz $\bar{R} \vee \bar{S}$. Der zweite Ausdruck $\overline{\bar{R} \wedge S}$ ergibt nach dem gleichen Gesetz $\bar{\bar{R}} \vee \bar{S}$. $\bar{\bar{R}}$ ist nach Gleichung ⑨ gleich R.

$$P = \overline{R \wedge S} \vee \overline{\bar{R} \wedge S}$$

$$P = \bar{R} \vee \bar{S} \vee \bar{\bar{R}} \vee \bar{S}$$

$$P = \bar{R} \vee \bar{S} \vee R \vee \bar{S}$$

Die Reihenfolge der Variablen wird geändert. Nach den Gleichungen ⑧, ⑦ und ⑥ wird vereinfacht:

$$P = \underbrace{\bar{R} \vee R}_{} \quad \vee \quad \underbrace{\bar{S} \vee \bar{S}}_{}$$

⑧ $\boxed{\bar{A} \vee A = 1}$ ⑦ $\boxed{A \vee A = A}$

$$P = 1 \vee \bar{S}$$

⑥ $\boxed{1 \vee A = 1}$

$$P = 1$$

Die Morganschen Gesetze gelten auch für Verknüpfungen von mehr als zwei Variablen:

$Z = \overline{A \wedge B \wedge C \wedge D \wedge \cdots} = \bar{A} \vee \bar{B} \vee \bar{C} \vee \bar{D} \vee \cdots$
$Z = \overline{A \vee B \vee C \vee D \vee \cdots} = \bar{A} \wedge \bar{B} \wedge \bar{C} \wedge \bar{D} \wedge \cdots$

Aufgabe:
Prüfen Sie die Richtigkeit der Morganschen Gesetze für 3 Variable mit Wahrheitstabellen nach.

4.3.5 Bindungsregel

Die Verknüpfung mehrerer Variabler durch UND und ODER kann zu Mehrdeutigkeiten führen. Die Gleichung

$$Z = A \vee B \wedge C$$

kann auf zwei verschiedene Weisen aufgefaßt werden. Einmal kann die Variable A mit der Variablen B durch ODER verknüpft sein. Das Ergebnis wird durch UND mit C verknüpft. Es ergibt sich eine Schaltung und die zugehörige Wahrheitstabelle nach Bild 4.19.

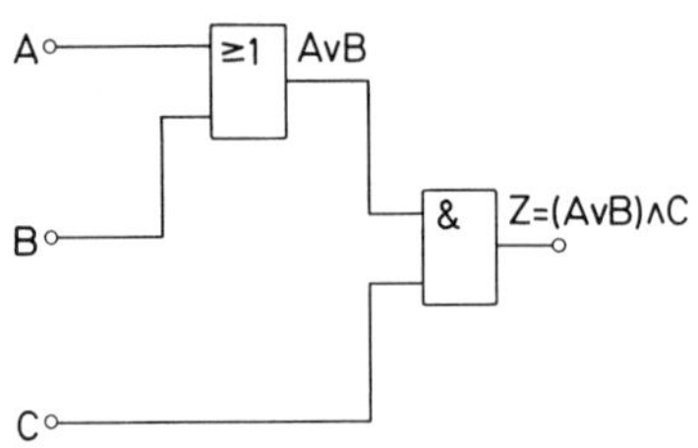

Fall	C	B	A	A∨B	Z
1	0	0	0	0	0
2	0	0	1	1	0
3	0	1	0	1	0
4	0	1	1	1	0
5	1	0	0	0	0
6	1	0	1	1	1
7	1	1	0	1	1
8	1	1	1	1	1

Bild 4.19 Schaltung und Wahrheitstabelle zur Funktionsgleichung $Z = (A \vee B) \wedge C$

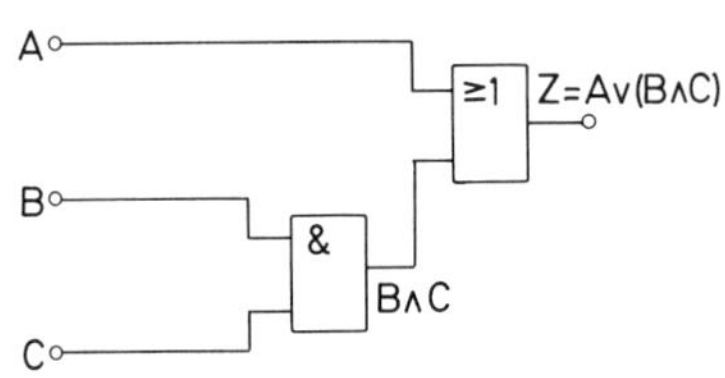

Fall	C	B	A	B∧C	Z
1	0	0	0	0	0
2	0	0	1	0	1
3	0	1	0	0	0
4	0	1	1	0	1
5	1	0	0	0	0
6	1	0	1	0	1
7	1	1	0	1	1
8	1	1	1	1	1

Bild 4.20 Schaltung und Wahrheitstabelle zur Funktionsgleichung $Z = A \vee (B \wedge C)$

Zum anderen kann aber auch die Variable B mit der Variablen C durch UND verknüpft sein. Das Ergebnis wird mit A durch ODER verknüpft. Für diese Interpretation der Gleichung ergibt sich die Schaltung mit zugehöriger Wahrheitstabelle nach Bild 4.20. Für Z ergeben sich in beiden Fällen völlig verschiedene Verknüpfungen. Die Mehrdeutigkeit kann mit Hilfe von Klammern beseitigt werden. Meint man den ersten Fall, so ist die Gleichung $Z = (A \vee B) \wedge C$ zu schreiben. Meint man den zweiten Fall, so lautet die Gleichung $Z = A \vee (B \wedge C)$.
Man kann auf Klammern verzichten, wenn man einer Verknüpfungsart eine Priorität

zuerkennt. Die Verknüpfungsart mit Priorität bindet dann stets stärker als die andere Verknüpfungsart. Solche Prioritäten kennt man in der normalen Algebra. Multiplikation und Division binden dort stärker als Addition und Subtraktion. Es gibt den Merksatz: «Punktrechnung geht vor Strichrechnung».
In der Schaltalgebra hat die UND-Verknüpfung Priorität. Man hat folgende Bindungsregel aufgestellt:

> *Eine UND-Verknüpfung bindet stets stärker als eine ODER-Verknüpfung.*

Mit dieser Festlegung wird die vorstehend betrachtete Gleichung eindeutig.

$$Z = A \vee B \wedge C \Longrightarrow A \vee (B \wedge C)$$

Treten in einer schaltalgebraischen Gleichung UND- und ODER-Verknüpfungen gemeinsam auf, ohne daß Klammern vorhanden sind, muß man sich die durch UND verknüpften Glieder in Klammern gesetzt denken.

4.4 NAND- und NOR-Funktion

Die Schaltalgebra ist auf den drei Grundfunktionen UND, ODER und NICHT aufgebaut. Mit Gliedern, die diese drei Funktionen erzeugen, können alle beliebigen Verknüpfungsschaltungen hergestellt werden. Die Glieder UND, ODER und NICHT werden daher Grundglieder genannt.
Eine genauere Betrachtung des 1. Morganschen Gesetzes zeigt jedoch, daß jede UND-Verknüpfung mit Hilfe einer ODER-Verknüpfung und mehreren NICHT-Funktionen gebildet werden kann:

> $\overline{A \wedge B} = \overline{A} \vee \overline{B}$ 1. Morgansches Gesetz

$$\overline{\overline{A \wedge B}} = \overline{\overline{A} \vee \overline{B}}$$

$$A \wedge B = \overline{\overline{A} \vee \overline{B}}$$

UND-Glieder sind also nicht unbedingt erforderlich. Hieraus ergibt sich:

> *Alle Verknüpfungsschaltungen können nur mit ODER-Gliedern und mit NICHT-Gliedern aufgebaut werden.*

ODER-Schaltungen und NICHT-Schaltungen lassen sich mit NOR-Gliedern herstellen (Bild 4.21). Schaltet man die Eingänge eines NOR-Gliedes zusammen, so erhält man ein NICHT-Glied. Das ODER-Glied ergibt sich durch Negieren des Ausganges eines NOR-Gliedes. Dem NOR-Glied wird ein weiteres NOR-Glied nachgeschaltet, das als NICHT-Glied wirkt (Bild 4.21).

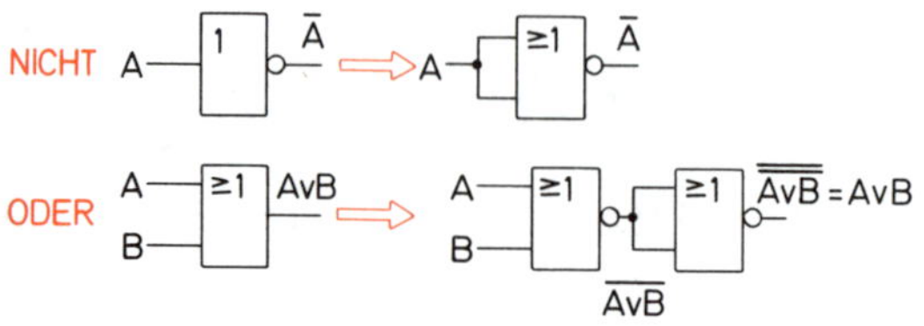

Bild 4.21 ODER-Schaltung und NICHT-Schaltung mit NOR-Gliedern aufgebaut

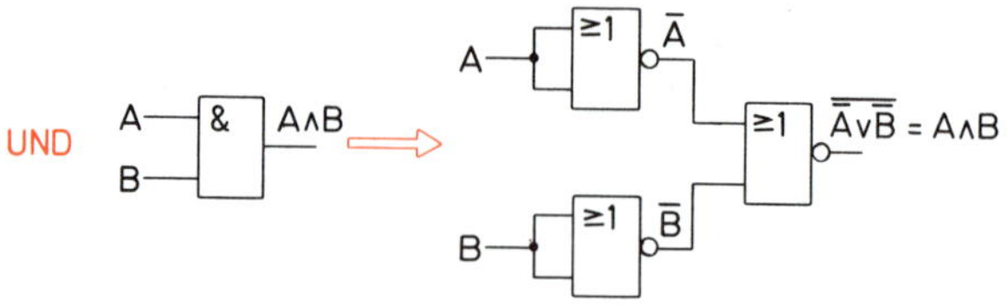

Bild 4.22 UND-Schaltung mit NOR-Gliedern aufgebaut

Die UND-Schaltung kann nach der aus dem 1. Morganschen Gesetz abgeleiteten Gleichung

$$A \wedge B = \overline{\overline{A} \vee \overline{B}}$$

aufgebaut werden. Zu Herstellung von $\overline{A}$ und $\overline{B}$ werden zwei NOR-Glieder benötigt. Zur Verknüpfung wird ein weiteres NOR-Glied gebraucht (Bild 4.22).
Wenn also Schaltungen für die UND-Verknüpfung, Schaltungen für die ODER-Verknüpfung und NICHT-Schaltungen nur mit NOR-Gliedern hergestellt werden können, ist es auch möglich, alle beliebigen Verknüpfungsschaltungen ausschließlich mit NOR-Gliedern aufzubauen.

> *Jede gewünschte Verknüpfungsschaltung läßt sich nur mit NOR-Gliedern aufbauen.*

NOR-Glieder können also als Universalglieder verwendet werden.
Aus dem 2. Morganschen Gesetz ergibt sich, daß jede ODER-Verknüpfung mit Hilfe einer UND-Verknüpfung und mehreren NICHT-Funktionen gebildet werden kann:

$\overline{A \vee B} = \overline{A} \wedge \overline{B}$	2. Morgansches Gesetz

$$\overline{A \vee B} = \overline{A} \wedge \overline{B}$$

$$A \vee B = \overline{\overline{A} \wedge \overline{B}}$$

ODER-Glieder sind also nicht unbedingt erforderlich. Hieraus ergibt sich:

> *Alle Verknüpfungsschaltungen können nur mit UND-Gliedern und mit NICHT-Gliedern aufgebaut werden.*

Eine NICHT-Schaltung läßt sich aus einem NAND-Glied herstellen. Die Eingänge werden zu einem Eingang zusammengefaßt (Bild 4.23). Eine UND-Schaltung ergibt sich durch Zusammenschalten eines NAND-Gliedes und eines weiteren NAND-Gliedes, das als NICHT-Glied arbeitet (Bild 4.23).

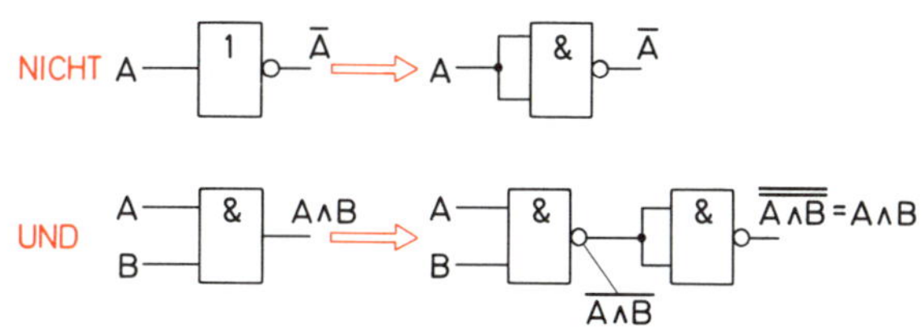

Bild 4.23 NICHT-Schaltung und UND-Schaltung mit NAND-Gliedern aufgebaut

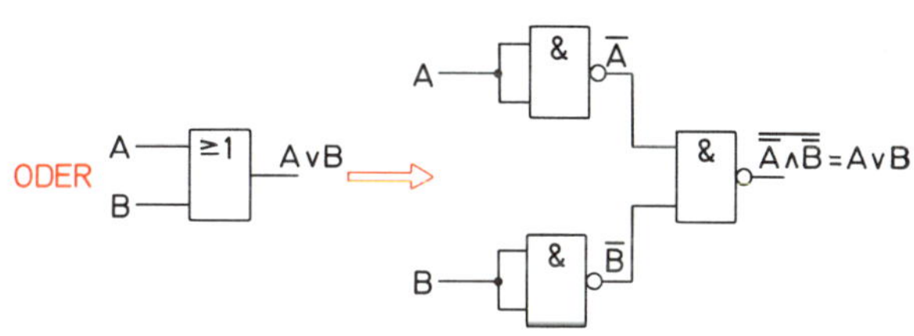

Bild 4.24 ODER-Schaltung mit NAND-Gliedern aufgebaut

Eine ODER-Schaltung läßt sich ebenfalls mit NAND-Gliedern aufbauen. Sie kann nach der aus dem 2. Morganschen Gesetz abgeleiteten Gleichung gebildet werden:

$$A \vee B = \overline{\overline{A} \wedge \overline{B}}$$

Für die Bildung einer ODER-Schaltung werden zwei NAND-Glieder benötigt, die als NICHT-Glieder geschaltet sind. Ein weiteres NAND-Glied benötigt man zur Verknüpfung (Bild 4.24).

Da sich also UND-Schaltungen, ODER-Schaltungen und NICHT-Schaltungen nur mit NAND-Gliedern verwirklichen lassen, ist es auch möglich, alle beliebigen Verknüpfungsschaltungen ausschließlich mit NAND-Gliedern aufzubauen.

Jede gewünschte Verknüpfungsschaltung läßt sich nur mit NAND-Gliedern aufbauen.

NAND-Glieder können also ebenso wie NOR-Glieder als Universalglieder verwendet werden.
Will man Digitalschaltungen nur mit NAND-Gliedern oder nur mit NOR-Gliedern aufbauen, ist es in vielen Fällen erforderlich, vorliegende schaltalgebraische Gleichungen entsprechend umzuformen. Solche Umformungen können auf verschiedenen Wegen durchgeführt werden. Ein Weg, der meist zum Ziel führt, beginnt mit der Vornahme einer Doppel-Negation. Eine Doppel-Negation ändert den Inhalt der Gleichung nicht.

Beispiel:
Die Gleichung $Z = (\overline{A} \wedge \overline{B} \wedge C) \vee (A \wedge \overline{B} \wedge \overline{C})$ soll so umgerechnet werden, daß die entsprechende Schaltung nur mit NAND-Gliedern aufgebaut werden kann.

$$Z = \overline{\overline{(\overline{A} \wedge \overline{B} \wedge C) \vee (A \wedge \overline{B} \wedge \overline{C})}}$$

$$Z = \overline{\overline{(\overline{A} \wedge \overline{B} \wedge C)} \wedge \overline{(A \wedge \overline{B} \wedge \overline{C})}}$$

Die sich aus der so umgeformten Gleichung ergebende Schaltung zeigt Bild 4.25.

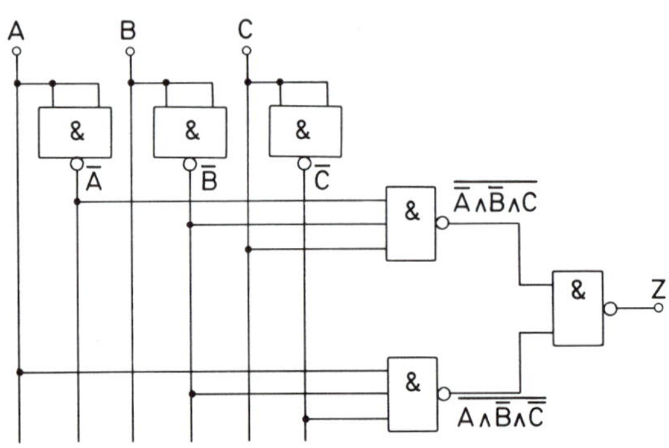

Bild 4.25 Digitalschaltung nur mit NAND-Gliedern aufgebaut

Beispiel:
Die Gleichung $Z = (\overline{A} \wedge \overline{B} \wedge C) \vee (A \wedge \overline{B} \wedge \overline{C})$ soll so umgeformt werden, daß die entsprechende Schaltung nur mit NOR-Gliedern aufgebaut werden kann.

$$Z = \overline{\overline{(\overline{A} \wedge \overline{B} \wedge C)}} \vee \overline{\overline{(A \wedge \overline{B} \wedge \overline{C})}}$$

$$Z = \overline{(\overline{\overline{A}} \vee \overline{\overline{B}} \vee \overline{C})} \vee \overline{(\overline{A} \vee \overline{\overline{B}} \vee \overline{\overline{C}})}$$

$$Z = \overline{\overline{\overline{(A \vee B \vee \overline{C})} \vee \overline{(\overline{A} \vee B \vee C)}}}$$

Die zu der Gleichung gehörende Schaltung ist in Bild 4.26 angegeben.
Praktiker haben oft Schwierigkeiten mit der Umrechnung von schaltalgebraischen Gleichungen auf NAND- und auf NOR-Verknüpfungen. Es gibt einen Weg, diese Umrechnungen zu vermeiden. In einer Schaltung, die mit Grundgliedern aufgebaut ist, kann man die einzelnen Grundglieder durch NAND- oder NOR-Schaltungen, wie sie in den Bildern 4.21, 4.22, 4.23 und 4.24 angegeben sind, ersetzen.

Bild 4.26 Digitalschaltung nur mit NOR-Gliedern aufgebaut

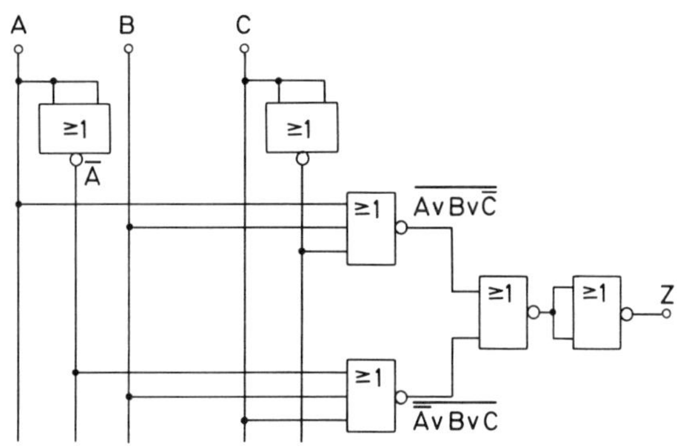

Es ergeben sich dann etwas kompliziertere Schaltungen, die sich jedoch vereinfachen lassen. Zwei aufeinanderfolgende NICHT-Schaltungen treten verhältnismäßig häufig auf. Diese NICHT-Schaltungen können weggestrichen werden, da sie sich in ihrer Wirkung gegenseitig aufheben (negiert man eine Variable zweimal, so ändert sich ihr Wert nicht). Die Gesamtumschaltung wird dadurch wesentlich vereinfacht.
Wie das im einzelnen gemacht wird, zeigt Bild 4.27. Im oberen Teil des Bildes ist entsprechend der Gleichung $Z = (\overline{A} \wedge \overline{B} \wedge C) \vee (A \wedge \overline{B} \wedge \overline{C})$ eine Schaltung mit Grundgliedern dargestellt. Diese Schaltung soll nur mit NAND-Gliedern verwirklicht werden. Jedes Grundglied wird durch die ihm entsprechende NAND-Schaltung ersetzt. Die aufeinanderfolgenden NICHT-Schaltungen können entfallen. Es ergibt sich die gleiche Schaltung, die auch rechnerisch gefunden wurde (siehe Bild 4.25). Dieses Verfahren läßt sich immer anwenden. Es erfordert jedoch etwas mehr Aufwand.

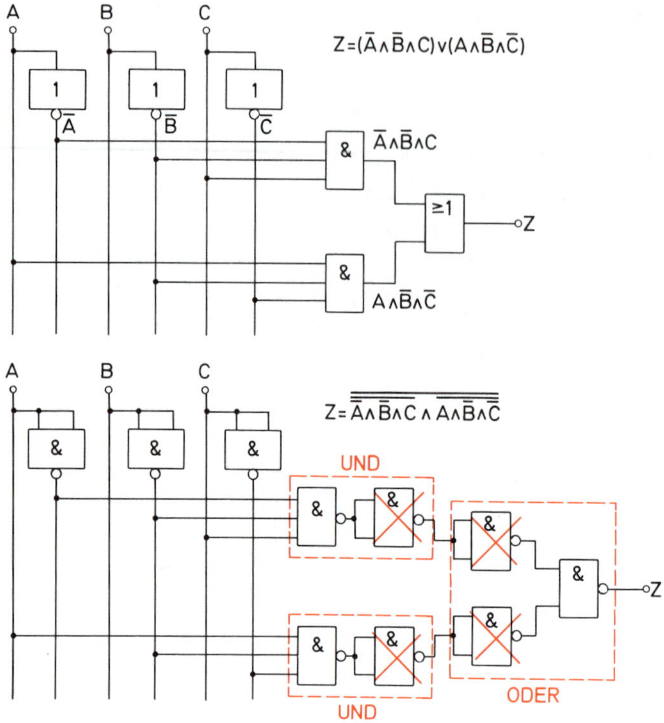

Bild 4.27 Digitalschaltung. Die Grundglieder werden durch entsprechende NAND-Schaltungen ersetzt

4.5 Rechenbeispiele

Zusammenstellung der Theoreme und der Gesetze der Schaltalgebra

Theoreme

① $A \wedge 0 = 0$
② $A \wedge 1 = A$
③ $A \wedge A = A$
④ $A \wedge \bar{A} = 0$

⑤ $A \vee 0 = A$
⑥ $A \vee 1 = 1$
⑦ $A \vee A = A$
⑧ $A \vee \bar{A} = 1$

⑨ $\bar{\bar{A}} = A$

Kommutativgesetze

⑩ $A \wedge B \wedge C = C \wedge A \wedge B$
⑪ $A \vee B \vee C = C \vee A \vee B$

Assoziativgesetze

⑫ $A \wedge (B \wedge C) = (A \wedge B) \wedge C$
⑬ $A \vee (B \vee C) = (A \vee B) \vee C$

Distributivgesetze

(14) $A \wedge (B \vee C) = (A \wedge B) \vee (A \wedge C)$

(15) $A \vee (B \wedge C) = (A \vee B) \wedge (A \vee C)$

(14a) $A \wedge (A \vee B) = A$

(15a) $A \vee (A \wedge B) = A$

Morgansche Gesetze

(16) $\overline{A \wedge B} = \overline{A} \vee \overline{B}$

(17) $\overline{A \vee B} = \overline{A} \wedge \overline{B}$

(16a) $\overline{A \wedge B \wedge C \wedge D} \wedge \cdots = \overline{A} \vee \overline{B} \vee \overline{C} \vee \overline{D} \vee \cdots$

(17a) $\overline{A \vee B \vee C \vee D} \vee \cdots = \overline{A} \wedge \overline{B} \wedge \overline{C} \wedge \overline{D} \wedge \cdots$

Die Gleichungen 14a und 15a sind Sonderfälle der Distributivgesetze. Sie ergeben sich wie folgt:

$$A \wedge (A \vee B) = (A \vee 0) \wedge (A \vee B) = A \vee (0 \wedge B) = A \vee 0 = A$$

$$A = A \vee 0 \qquad\qquad 0 \wedge B = 0$$

$$A \vee (A \wedge B) = (A \wedge 1) \vee (A \wedge B) = A \wedge (1 \vee B) = A \wedge 1 = A$$

$$A = A \wedge 1 \qquad\qquad 1 \vee B = 1$$

Die Gleichungen 16a und 17a sind Erweiterungen der Morganschen Gesetze auf beliebig viele Variable.

In den vorstehenden Gleichungen stehen die Variablen A, B, C und D für beliebige Variable. Sie haben eine Platzhalterfunktion für alle anderen Variablen. Als Variable können auch Klammerausdrücke und Verknüpfungen mehrerer Variabler angesehen werden.

Beispiele:

$$Z = R \wedge 0 = 0 \qquad \text{(Gl. 1)}$$

$$Z = \overline{S \wedge K} = \overline{S} \vee \overline{K} \qquad \text{(Gl. 16)}$$

$$Z = (X \wedge Y) \vee \overline{X \wedge Y} = 1 \qquad \text{(Gl. 8)}$$

Bei der letzten Gleichung handelt es sich um die ODER-Verknüpfung einer Variablen mit ihrer Negation. Als Variable gilt $(X \wedge Y)$. Nach Gleichung 8 $(A \vee \overline{A} = 1)$ ergibt sich daher für Z der Wert 1.

Rechenbeispiele

Vereinfachung von Gleichungen

Beispiel 1:

$$Z = \overline{A} \vee B \vee \overline{B} \vee C$$

$$B \vee \overline{B} = 1 \qquad \text{(Gl. 8)}$$

$$Z = \overline{A} \vee 1 \vee C$$

$$Z = (\overline{A} \vee C) \vee 1$$

Eine Variable ODER 1 ergibt 1 (Gl. 1). Die Klammer ($\overline{A} \vee C$) gilt als eine Variable.

$$\underline{Z = 1}$$

Beispiel 2:

$$X = (M \wedge \overline{N}) \vee (M \wedge N \wedge \overline{M})$$

$$X = (M \wedge \overline{N}) \vee (M \wedge \overline{M} \wedge N)$$

$$M \wedge \overline{M} = 0 \qquad \text{(Gl. 4)}$$

$$X = (M \wedge \overline{N}) \vee (0 \wedge N)$$

$$0 \wedge N = 0 \qquad \text{(Gl. 1)}$$

$$X = (M \wedge \overline{N}) \vee 0$$

Eine Variable ODER 0 ergibt die Variable (Gl. 5)

$$\underline{X = M \wedge \overline{N}}$$

Beispiel 3:

$$Z = B \vee (\overline{A} \wedge B \wedge C) \vee \overline{B}$$

Die Reihenfolge der ODER-Verknüpfung ist beliebig. Der Ausdruck $B \vee \overline{B}$ ergibt 1 (Gl. 8).

$$Z = B \vee \overline{B} \vee (\overline{A} \wedge B \wedge C) = 1 \vee (\overline{A} \wedge B \wedge C)$$

Der Klammerausdruck wird als eine Variable aufgefaßt. Eine Variable ODER 1 ergibt 1 (Gl. 6).

$$\underline{Z = 1}$$

Beispiel 4:

$$Z = X \wedge (\overline{X} \vee S)$$

Nach dem Distributivgesetz (Gl. 14) kann «ausmultipliziert» werden:

$$A \wedge (B \vee C) = (A \wedge B) \vee (A \wedge C)$$
$$Z = X \wedge (\overline{X} \vee S) = (X \wedge \overline{X}) \vee (X \wedge S)$$

Der Ausdruck $X \wedge \overline{X}$ ergibt 0 (Gl. 4).

$$Z = 0 \vee (X \wedge S)$$

Eine Variable ODER 0 ergibt die Variable (Gl. 5). $(X \wedge S)$ gilt als eine Variable.

$$\underline{Z = X \wedge S}$$

Mit Hilfe einer Wahrheitstabelle kann die Richtigkeit der Rechnung nachgeprüft werden (Bild 4.28).

Bild 4.28 Wahrheitstabelle zur Ergebniskontrolle

Fall	C	B	$\overline{B}$	$\overline{B} \vee C$	$Z = B \wedge (\overline{B} \vee C)$	$B \wedge C$
1	0	0	1	1	0	0
2	0	1	0	0	0	0
3	1	0	1	1	0	0
4	1	1	0	1	1	1

Beispiel 5:

$$Z = A \vee \overline{B} \wedge \overline{A \vee \overline{B} \vee C}$$

Der durchgehende Negationsstrich ist zunächst nach dem 2. Morganschen Gesetz aufzulösen.

$$Z = A \vee (\overline{B} \wedge \overline{A} \wedge \overline{\overline{B}} \wedge \overline{C})$$

$$Z = A \vee (\overline{B} \wedge \overline{A} \wedge B \wedge \overline{C})$$

Die Variablen werden anders sortiert:

$$Z = A \vee (\overline{B} \wedge B \wedge \overline{A} \wedge \overline{C})$$

$$\overline{B} \wedge B = 0 \qquad \text{(Gl. 4)}$$

$$Z = A \vee (0 \wedge \overline{A} \wedge \overline{C})$$

Eine Variable UND 0 ergibt 0. Der Ausdruck $\overline{A} \wedge \overline{C}$ gilt als eine Variable.

$$Z = A \vee 0$$

$$\underline{Z = A} \qquad \text{(Gl. 5)}$$

Beispiel 6:

$$Y = \overline{\overline{\overline{A \wedge X} \vee \overline{\overline{A} \wedge B \wedge X}} \vee \overline{\overline{B} \wedge X}}$$

Zunächst ist der obere Negationsstrich gemäß Gleichung 17 aufzulösen. Doppelte Negationsstriche gleicher Länge heben sich auf und können wegfallen (Gl. 9). Durchgehende Negationsstriche wirken wie Klammern. Wenn sie wegfallen, ist zu prüfen, ob Klammern gesetzt werden müssen oder nicht. Hier sind Klammern erforderlich.

$$Y = \overline{\overline{\overline{A \wedge X} \vee \overline{\overline{A} \wedge B \wedge X}} \vee \overline{\overline{B} \wedge X}}$$

$$Y = (\overline{A \wedge X} \vee \overline{\overline{A} \wedge B \wedge X}) \wedge \overline{B} \wedge X$$

Jetzt können die kleineren Negationsstriche aufgelöst und die Variablen sortiert werden.

$$Y = (\overline{A} \vee \overline{X} \vee \overline{\overline{A}} \vee \overline{B} \vee \overline{X}) \wedge \overline{B} \wedge X$$

$$Y = (\overline{A} \vee A \vee \overline{X} \vee \overline{X} \vee \overline{B}) \wedge \overline{B} \wedge X$$

$$\overline{A} \vee A = 1 \qquad \text{(Gl. 8)}$$

$$\overline{X} \vee \overline{X} = \overline{X} \qquad \text{(Gl. 7)}$$

$$Y = (1 \vee \overline{X} \vee \overline{B}) \wedge \overline{B} \wedge X$$

$$1 \vee (\overline{X} \vee \overline{B}) = 1 \qquad \text{(Gl. 6)}$$

$$Y = 1 \wedge \overline{B} \wedge X$$

$$\underline{Y = \overline{B} \wedge X}$$

Umrechnungen von Gleichungen

Beispiel 7:
Die nachstehende Gleichung soll so umgeformt werden, daß ein Schaltungsaufbau nur mit NAND-Gliedern möglich ist.

$$Z = [C \vee (N \wedge P \wedge S)] \wedge (\bar{A} \vee \bar{B})$$

$$Z = \overline{\overline{[C \vee (N \wedge P \wedge S)]}} \wedge \overline{\overline{(\bar{A} \vee \bar{B})}}$$

$$Z = \overline{\overline{C} \wedge \overline{N \wedge P \wedge S}} \wedge \overline{\overline{\overline{A}} \wedge \overline{\overline{B}}}$$

$$Z = \overline{\overline{C} \wedge \overline{N \wedge P \wedge S}} \wedge \overline{A \wedge B}$$

$$\underline{Z = \overline{\overline{\overline{\overline{C} \wedge \overline{N \wedge P \wedge S}} \wedge \overline{A \wedge B}}}}$$

Beispiel 8:
Folgende Gleichung ist auf NOR-Verknüpfungen umzurechnen.

$$X = \overline{A \wedge \overline{C}} \wedge \overline{\overline{B} \wedge \overline{R} \wedge \overline{S}}$$

$$X = (\overline{A} \vee \overline{\overline{C}}) \wedge (\overline{\overline{B}} \vee \overline{\overline{R}} \vee \overline{\overline{S}})$$

$$X = (\overline{A} \vee C) \wedge (B \vee R \vee S)$$

$$X = \overline{\overline{(\overline{A} \vee C) \wedge (B \vee R \vee S)}}$$

$$X = \overline{\overline{\overline{A} \vee C} \vee \overline{B \vee R \vee S}}$$

$$\underline{X = \overline{\overline{\overline{A} \vee C} \vee \overline{B \vee R \vee S}}}$$

4.6 Lernziel-Test

1. Nennen Sie die Anzahl der möglichen Konstanten in der Schaltalgebra.
2. Wie wird eine Variable in der Schaltalgebra dargestellt? Welche Beziehungen sind für Variable üblich?
3. Was sagt das Kommutationsgesetz aus?
4. Welche Bedeutung hat das Distributivgesetz?
5. Warum kann man alle möglichen Verknüpfungsschaltungen nur mit NAND-Gliedern aufbauen?
6. Welche der beiden Verknüpfungen UND oder ODER binden in einer Gleichung stärker?
7. Wie lauten die beiden Morganschen Gesetze?
8. Die Grundglieder UND, ODER und NICHT sollen
   a) nur mit NAND-Gliedern,
   b) nur mit NOR-Gliedern aufgebaut werden.
   Geben Sie die Schaltbilder an.

9. Folgende Gleichungen sind möglichst weitgehend zu vereinfachen.

a) $Z = \overline{A} \wedge B \wedge A \wedge A \wedge B \wedge \overline{C}$

b) $Y = \overline{A \wedge B} \vee \overline{A} \vee \overline{C} \vee \overline{A \wedge \overline{B} \wedge C}$

c) $X = (\overline{A} \wedge B \wedge \overline{C}) \vee (\overline{A} \wedge B \wedge C)$

d) $Q = \overline{A} \vee \overline{B} \vee \overline{C} \vee (\overline{A} \wedge \overline{B} \wedge \overline{C}) \vee (A \wedge B) \vee (\overline{A} \wedge \overline{C})$

e) $S = \overline{\overline{\overline{A \wedge B} \vee \overline{\overline{B} \wedge C}} \vee (A \wedge B)}$

10. Rechnen Sie die Gleichungen so um, daß die Schaltung a) nur mit NAND-Gliedern, b) nur mit NOR-Gliedern aufgebaut werden kann.

a) $Z = (A \wedge S \wedge R) \vee (Q \wedge \overline{C} \wedge \overline{B})$

b) $Y = \overline{A \vee B} \wedge \overline{C \vee D}$

c) $X = (A \vee B \vee C) \wedge (\overline{M} \vee \overline{N} \vee \overline{P}) \wedge (R \vee S)$

d) $Q = \overline{(\overline{A} \wedge B) \vee C \vee D} \wedge \overline{S \vee R}$

e) $Q = \overline{A \wedge \overline{B} \wedge \overline{C} \wedge D \vee P \wedge Q \wedge S}$

5 Schaltungssynthese

5.1 Aufbau von Verknüpfungsschaltungen nach vorgegebenen Bedingungen

Digitale Schaltungen werden als sogenannte logische Verknüpfungsschaltungen für die unterschiedlichsten Steuerungs- und Rechenzwecke benötigt. Der Entwurf solcher Schaltungen wird Schaltungssynthese genannt.
Vor Beginn der Schaltungssynthese muß die Aufgabe, die die Schaltung erfüllen soll, vollständig und widerspruchsfrei formuliert werden. Sprachliche Formulierungen geben oft Anlaß zu Mißverständnissen. Die Beschreibung muß daher sehr sorgfältig erfolgen.
Zunächst sind die Eingangsvariablen der benötigten Schaltung zu benennen. Man verwendet für die Eingangsvariablen große Buchstaben vom Anfang des Alphabets her mit oder ohne Indexzahlen.

> *Eingangsvariable: z.B.* $A, B, C, D, E, F, G, E_1, E_2, E_3$

Danach legt man die Ausgangsvariablen fest. Hier ist es üblich, große Buchstaben vom Ende des Alphabets her zu verwenden.

> *Ausgangsvariable: z.B.* Z, Y, X, V_1, V_2, V_3

Es muß dann unbedingt angegeben werden, unter welchen Bedingungen die Variablen 1 und 0 sein sollen.
Wenn die vorgenannten Festlegungen getroffen worden sind, kann mit dem Erstellen der Wahrheitstabelle begonnen werden. Jetzt zeigt es sich, ob die sprachliche Formulierung eindeutig war. Gibt es bei einigen der möglichen Fälle der Wahrheitstabelle Unklarheiten, müssen diese zunächst geklärt werden.

> *Die Wahrheitstabelle gibt eine eindeutige Aussage, wie die gesuchte Schaltung arbeiten soll.*

Nach dem Aufstellen der Wahrheitstabelle geht es darum, eine logische Verknüpfungsschaltung zu finden, die die Wahrheitstabelle erfüllt. Diese Schaltung sollte möglichst einfach und mit den zur Verfügung stehenden Verknüpfungsgliedern aufbaubar sein.

Man wird versuchen, die gefundene Schaltung möglichst weitgehend zu vereinfachen. Sollten z.B. nur NAND-Glieder zur Verfügung stehen, muß die Schaltung so umgeformt werden, daß sie mit NAND-Gliedern aufbaubar wird.
Man kann bei der Schaltungssynthese also fünf Schritte unterscheiden:

1. Beschreibung der Funktion der gesuchten Schaltung.
2. Festlegung der Eingangs- und Ausgangsvariablen und der Bedeutung von 0 und 1.
3. Erstellen der Wahrheitstabelle.
4. Bestimmen der logischen Verknüpfungsschaltung.
5. Vereinfachung und gegebenenfalls Umformung der Schaltung.

Diese Schritte sollen an einem Beispiel näher erläutert werden.

Beispiel:
Durch eine Sicherheitsschaltung soll das Abfahren eines Fahrstuhlkorbes unter bestimmten Bedingungen verhindert werden.

Schritt 1
Beschreibung der Funktion der gesuchten Schaltung.
Der Fahrstuhlkorb darf nicht abfahren, wenn die Tür noch geöffnet ist. Er darf ebenfalls nicht abfahren, wenn er überlastet ist. Zum Abfahren ist das Drücken des Fahrknopfes erforderlich.

Schritt 2
Festlegung der Eingangs- und Ausgangsvariablen.
Die Eingangsvariable A wird dem Türkontakt zugeordnet. A = 1 bedeutet Türkontakt geschlossen. A = 0 bedeutet Türkontakt offen.
Die Eingangsvariable B wird dem Überlastschalter zugeordnet (B = 1: Überlastung, B = 0: keine Überlastung).
Die Eingangsvariable C soll zum Fahrknopf gehören (C = 1: Fahrknopf gedrückt, C = 0: Fahrknopf nicht gedrückt).
Die Ausgangsvariable sei Z. Z = 1 bedeutet, daß der Fahrstuhlkorb fahren darf. Z = 0 bedeutet, daß der Fahrstuhlkorb nicht fahren darf.

Schritt 3
Erstellen der Wahrheitstabelle.

Fall	C	B	A	Z
1	0	0	0	0
2	0	0	1	0
3	0	1	0	0
4	0	1	1	0
5	1	0	0	0
6	1	0	1	1
7	1	1	0	0
8	1	1	1	0

Bild 5.1 Wahrheitstabelle der Fahrstuhl-Sicherheitsschaltung

Wir haben drei Variable. Die Wahrheitstabelle hat also 8 mögliche Fälle (Bild 5.1). Der Fahrstuhl darf nur abfahren, wenn die Tür geschlossen ist (A = 1) und wenn keine Überlastung besteht (B = 0) und wenn der Fahrtknopf gedrückt ist (C = 1).
Diese Bedingungen erfüllt nur der Fall 6 der Wahrheitstabelle Bild 5.1. Für diesen Fall muß Z = 1 sein. Alle anderen Fälle haben Z = 0.

Schritt 4
Bestimmen der logischen Verknüpfungsschaltung.
Ist die Wahrheitstabelle bekannt, so kann die Schaltung berechnet werden. Dieses Berechnungsverfahren wird etwas später erläutert. Bei diesen noch recht einfachen Zusammenhängen kann man durch Überlegen und Probieren zum Ziel kommen.
Z ist nur dann 1, wenn A = 1, B = 0 und C = 1 ist. Führt man den Eingang B auf ein NICHT-Glied, so liegt am Ausgang dieses NICHT-Gliedes der Zustand 1. Mit A = 1, $\overline{B}$ = 1 und C = 1 hat man jetzt drei 1-Zustände. Diese werden auf ein UND-Glied mit drei Eingängen gegeben (Bild 5.2). Am Ausgang des UND-Gliedes liegt nur dann 1, wenn A = 1, B = 0 und C = 1 ist. Dieser Ausgang ist der Z-Ausgang. Bild 5.2 zeigt somit die gesuchte Fahrstuhl-Sicherheitsschaltung. Z = 1 bedeutet z.B., daß am Ausgang Z eine Spannung von +5 V anliegt. Mit dieser Spannung kann ein Relais geschaltet werden, das den Fahrstuhlmotor anlaufen läßt.

Bild 5.2 Fahrstuhl-Sicherheitsschaltung

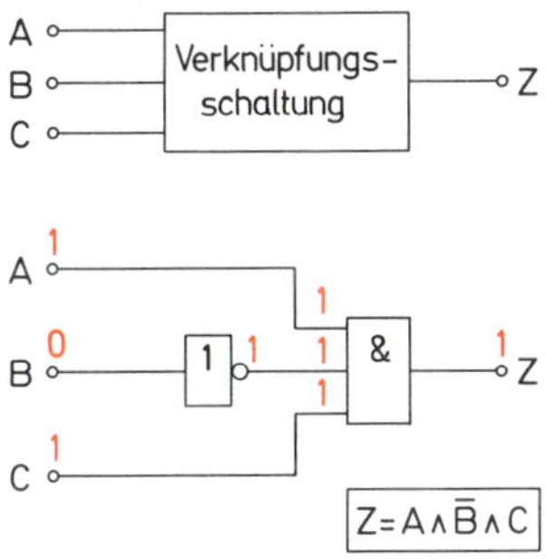

Für das Finden einer Schaltung durch Überlegen und Probieren gilt:

> *Die Verknüpfungen von Eingangsvariablen und ihrer Negationen durch UND bzw., wenn nötig, weitere Verknüpfungen durch ODER führen in den meisten Fällen zu einer möglichen Form der gesuchten Schaltung.*

Schritt 5
Vereinfachung und gegebenenfalls Umformung der Schaltung.
Die in Bild 5.2 gefundene Schaltung läßt sich nicht weiter vereinfachen. Sie läßt sich aber

sehr wohl umformen. Nehmen wir an, es stehen nur NOR-Glieder zur Verfügung. Die Gleichung $Z = A \wedge \overline{B} \wedge C$ kann dann wie folgt umgerechnet werden:

$$Z = A \wedge \overline{B} \wedge C = \overline{\overline{A \wedge \overline{B} \wedge C}} = \overline{\overline{A} \vee B \vee \overline{C}}$$

Die mit NOR-Gliedern aufgebaute Schaltung zeigt Bild 5.3.

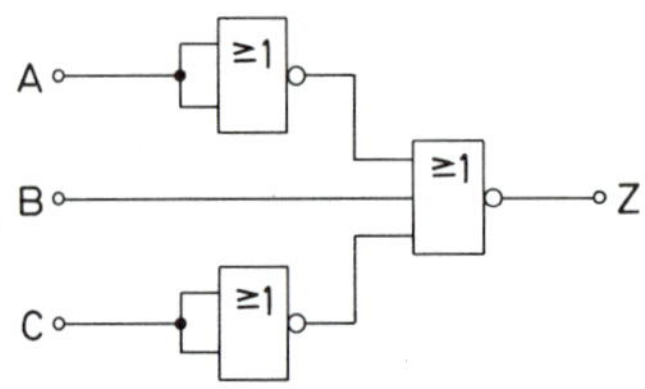

Bild 5.3 Fahrstuhl-Sicherheitsschaltung, mit NOR-Gliedern aufgebaut

5.2 Normalformen

Bestimmte vereinbarte Gleichungsformen werden in der Mathematik als Normalformen bezeichnet. Für bestimmte Zwecke sind Gleichungen in solche Normalformen zu überführen.

5.2.1 ODER-Normalform

Die ODER-Normalform, auch disjunktive Normalform genannt (von Disjunktion = ODER-Verknüpfung), ist die Form einer schaltalgebraischen Gleichung, in der sogenannte Vollkonjunktionen miteinander durch ODER verknüpft sind.

Unter einer Vollkonjunktion versteht man eine UND-Verknüpfung, in der alle vorhandenen Variablen einmal vorkommen – entweder negiert oder nicht negiert (Konjunktion = UND-Verknüpfung).

Sind die Variablen A und B vorhanden, so ergeben sich vier mögliche Vollkonjunktionen:

$A \wedge B$	$\overline{A} \wedge B$	$A \wedge \overline{B}$	$\overline{A} \wedge \overline{B}$

Eine ODER-Normalform besteht aus mehreren Vollkonjunktionen, die durch ODER verknüpft sind. Sie kann auch aus einer einzigen Vollkonjunktion bestehen.

Alle nur möglichen Verknüpfungsgleichungen lassen sich als ODER-Normalformen darstellen.

Jede ODER-Normalform hat eine enge Beziehung zu einer Wahrheitstabelle. Das soll an einigen Beispielen gezeigt werden. Gesucht ist die Wahrheitstabelle für $Z_1 = (A \wedge B) \vee (\overline{A} \wedge \overline{B})$. Sie ist in Bild 5.4 dargestellt. Wir stellen fest, Z_1 hat zwei 1-Zustände, und zwar in den Fällen 1 und 4.

Nun betrachten wir die Wahrheitstabelle für Z_2 $(A \wedge B) \vee (\overline{A} \wedge B) \vee (\overline{A} \wedge \overline{B})$ in Bild 5.5. Z_2 hat drei 1-Zustände.

Bild 5.4 Wahrheitstabelle für Z_1

Fall	B	A	$\overline{B}$	$\overline{A}$	$A \wedge B$	$\overline{A} \wedge \overline{B}$	$Z_1 = (A \wedge B) \vee (\overline{A} \wedge \overline{B})$
1	0	0	1	1	0	1	1
2	0	1	1	0	0	0	0
3	1	0	0	1	0	0	0
4	1	1	0	0	1	0	1

$Z_1 = (A \wedge B) \vee (\overline{A} \wedge \overline{B})$

Bild 5.5 Wahrheitstabelle für Z_2

Fall	B	A	$\overline{B}$	$\overline{A}$	$A \wedge B$	$\overline{A} \wedge B$	$\overline{A} \wedge \overline{B}$	$Z_2 = (A \wedge B) \vee (\overline{A} \wedge B) \vee (\overline{A} \wedge \overline{B})$
1	0	0	1	1	0	0	1	1
2	0	1	1	0	0	0	0	0
3	1	0	0	1	0	1	0	1
4	1	1	0	0	1	0	0	1

$Z_2 = (A \wedge B) \vee (\overline{A} \wedge B) \vee (\overline{A} \wedge \overline{B})$

Bild 5.6 Wahrheitstabelle für Z_3

Fall	B	A	$\overline{B}$	$\overline{A}$	$Z_3 = \overline{A} \wedge \overline{B}$
1	0	0	1	1	1 → $\overline{A} \wedge \overline{B}$
2	0	1	1	0	0
3	1	0	0	1	0
4	1	1	0	0	0

$Z_3 = \overline{A} \wedge \overline{B}$

Die Wahrheitstabelle für $Z_3 = \overline{A} \wedge \overline{B}$ zeigt Bild 5.6. Z_3 hat einen 1-Zustand. Hieraus können wir schließen:

> *Die Anzahl der 1-Zustände in der Ausgangsspalte einer Wahrheitstabelle (hier Z-Spalte) ist gleich der Anzahl der Vollkonjunktionen der ODER-Normalform.*

Zu jeder 1 in der Z-Spalte gehört also vermutlich eine Vollkonjunktion. Bild 5.8 zeigt das deutlich. Wir haben vier mögliche 1-Zustände und vier Vollkonjunktionen. Welche Vollkonjunktion gehört nun zu welchem 1-Zustand?

Der 1-Zustand der Vollkonjunktion $\overline{A} \wedge \overline{B}$ ergibt sich aus Bild 5.6. Die Wahrheitstabelle der Vollkonjunktion A ∧ B zeigt Bild 5.7. Wir können hieraus schließen:

> *Hat in einem betrachteten Fall der Wahrheitstabelle eine Variable den Wert 0, tritt sie in der zugehörigen Vollkonjunktion negiert auf. Hat eine Variable hier den Wert 1, tritt sie in der Vollkonjunktion nicht negiert auf.*

Fall	B	A	Z	
1	0	0	0	
2	0	1	0	
3	1	0	0	
4	1	1	1	⇒ A∧B

Bild 5.7 Wahrheitstabelle der Vollkonjunktion A ∧ B

Fall	B	A	Z	
1	0	0	1	⇒ $\overline{A} \wedge \overline{B}$
2	0	1	1	⇒ $A \wedge \overline{B}$
3	1	0	1	⇒ $\overline{A} \wedge B$
4	1	1	1	⇒ $A \wedge B$

Bild 5.8 Zuordnung der Vollkonjunktionen zu den möglichen 1-Zuständen

Die Zuordnung der Vollkonjunktionen zu den möglichen 1-Zuständen zeigt Bild 5.8.

> *Jeder 1-Zustand in der Ausgangsspalte (Z-Spalte) einer Wahrheitstabelle führt auf eine Vollkonjunktion.*

> *Bei mehreren Vollkonjunktionen ergibt sich die ODER-Normalform durch ODER-Verknüpfung der Vollkonjunktionen.*

Damit ist der Zusammenhang zwischen Wahrheitstabelle und ODER-Normalform geklärt. Mit diesen Kenntnissen kann man die zu einer beliebigen Wahrheitstabelle gehörende ODER-Normalform leicht aufstellen.

> *Die ODER-Normalform stellt den Informationsinhalt einer Wahrheitstabelle als schaltalgebraische Gleichung dar.*

Beispiel:
Gegeben ist die Wahrheitstabelle nach Bild 5.8a. Gesucht ist die zugehörige ODER-Normalform. Jeder 1-Zustand in der Z-Spalte führt auf eine Vollkonjunktion. Die 0-Zustände der Z-Spalte braucht man nicht zu beachten.
Betrachten wir den Fall 2 in Bild 5.8a. Die Variable A ist hier 1. Diese Variable erscheint

Bild 5.8a Wahrheitstabelle

Fall	C	B	A	Z	
1	0	0	0	0	
2	0	0	1	1	⇒ $A \wedge \overline{B} \wedge \overline{C}$
3	0	1	0	0	
4	0	1	1	0	
5	1	0	0	1	⇒ $\overline{A} \wedge \overline{B} \wedge C$
6	1	0	1	0	
7	1	1	0	0	
8	1	1	1	1	⇒ $A \wedge B \wedge C$

daher nicht negiert in der Vollkonjunktion. Die Variablen B und C haben den Wert 0. Sie erscheinen in der Vollkonjunktion in negierter Form. Die Vollkonjunktion für den Fall 2 lautet also:

$$A \wedge \overline{B} \wedge \overline{C}$$

Entsprechend ergibt sich für den Fall 5 die Vollkonjunktion $\overline{A} \wedge \overline{B} \wedge C$ und für den Fall 8 die Vollkonjunktion $A \wedge B \wedge C$.
Alle vorhandenen Vollkonjunktionen werden nun durch ODER verknüpft und ergeben die ODER-Normalform:

$$Z = (A \wedge \overline{B} \wedge \overline{C}) \vee (\overline{A} \wedge \overline{B} \wedge C) \vee (A \wedge B \wedge C)$$

Diese ODER-Normalform stellt den Informationsinhalt der Wahrheitstabelle Bild 5.8a dar. Man kann die ODER-Normalform wie eine beliebige schaltalgebraische Gleichung in eine Wahrheitstabelle zurückverwandeln. Für die oben angegebene ODER-Normalform muß sich die Wahrheitstabelle nach Bild 5.8a ergeben. Dies soll ausprobiert werden. Das Ergebnis zeigt Bild 5.9.

Bild 5.9 Rückverwandlung einer ODER-Normalform in eine Wahrheitstabelle

Fall	C	B	A	$\overline{B}$	$\overline{A}$	$A \wedge \overline{B} \wedge \overline{C}$	$\overline{A} \wedge \overline{B} \wedge C$	$A \wedge B \wedge C$	Z
1	0	0	0	1	1	0	0	0	0
2	0	0	1	1	0	1	0	0	1
3	0	1	0	0	1	0	0	0	0
4	0	1	1	0	0	0	0	0	0
5	1	0	0	1	1	0	1	0	1
6	1	0	1	1	0	0	0	0	0
7	1	1	0	0	1	0	0	0	0
8	1	1	1	0	0	0	0	1	1

Mit Hilfe der ODER-Normalform ist es also leicht möglich, für eine gegebene oder aus einer Problembeschreibung gefundene Wahrheitstabelle die zugehörige schaltalgebraische Gleichung zu erstellen. Ein Probieren ist nicht mehr nötig. Die Synthese auch recht komplizierter Verknüpfungsschaltungen ist nunmehr ohne größere Schwierigkeiten durchführbar.

5.2.2 UND-Normalform

Die UND-Normalform wird auch konjunktive Normalform genannt (von Konjunktion = UND-Verknüpfung). Sie ist eine schaltalgebraische Gleichung, in der sogenannte Volldisjunktionen durch UND verknüpft sind.

> *Unter einer Volldisjunktion versteht man eine ODER-Verknüpfung, in der alle vorhandenen Variablen einmal vorkommen – entweder negiert oder nicht negiert (Disjunktion = ODER-Verknüpfung).*

Bei zwei Variablen, z.B. A und B, sind vier Volldisjunktionen möglich:

$A \vee B$	$\overline{A} \vee B$	$A \vee \overline{B}$	$\overline{A} \vee \overline{B}$

> *Eine UND-Normalform besteht aus mehreren Volldisjunktionen, die durch UND verknüpft sind. Sie kann auch aus einer einzigen Volldisjunktion bestehen.*

Wenn man das Arbeiten mit der ODER-Normalform beherrscht, benötigt man die UND-Normalform nicht. Eine UND-Normalform kann leicht in eine ODER-Normalform umgerechnet werden.

Beispiel:
Die UND-Normalform $Z = (A \vee \overline{B}) \wedge (\overline{A} \vee B)$ soll in eine ODER-Normalform umgerechnet werden.

$$Z = (A \vee \overline{B}) \wedge (\overline{A} \vee B)$$

$$Z = \overline{\overline{(A \vee \overline{B}) \wedge (\overline{A} \vee B)}}$$

$$Z = \overline{\overline{A \vee \overline{B}} \vee \overline{\overline{A} \vee B}}$$

$$Z = \overline{\overline{A} \wedge B) \vee (A \wedge \overline{B})}$$

$$\underline{\overline{Z} = (\overline{A} \wedge B) \vee (A \wedge \overline{B})}$$

5.3 Vereinfachung und Umformung der ODER-Normalform mit Hilfe der Schaltalgebra

5.3.1 Vereinfachung der ODER-Normalform

Die ODER-Normalform gibt den Informationsinhalt einer Wahrheitstabelle als schaltalgebraische Gleichung wieder. Nach dieser Gleichung kann die gesuchte Schaltung aufgebaut werden.

> *Aus der ODER-Normalform ergibt sich eine Schaltung, die die zugehörige Wahrheitstabelle erfüllt.*

Diese Schaltung ist aber oft nicht die einfachstmögliche Schaltung. In vielen Fällen läßt sich die ODER-Normalform weiter vereinfachen. Diese Vereinfachung kann mit Hilfe der Schaltalgebra vorgenommen werden.

Beispiel 1:
Die ODER-Normalform $Z = (A \wedge B) \vee (A \wedge \overline{B})$ soll vereinfacht werden. Da beide Vollkonjunktionen die gemeinsame Variable A enthalten, kann A mit Hilfe des Distributivgesetzes ausgeklammert werden:

$$Z = (A \wedge B) \vee (A \wedge \overline{B})$$

$$Z = A \wedge (B \vee \overline{B})$$

Der Ausdruck $B \vee \overline{B}$ hat stets den Wert 1 (siehe Kapitel 4).

$$Z = A \wedge 1$$

Eine Variable durch UND verknüpft mit 1 ergibt die Variable. Das Ergebnis der Vereinfachung der ODER-Normalform ist:

$$\underline{\underline{Z = A}}$$

Beispiel 2:
Wie weit kann man die nachstehende ODER-Normalform vereinfachen?

$$Z = \underbrace{(\overline{A} \wedge B \wedge C)}_{①} \vee \underbrace{(\overline{A} \wedge B \wedge \overline{C})}_{②} \vee \underbrace{(\overline{A} \wedge \overline{B} \wedge C)}_{③} \vee \underbrace{(\overline{A} \wedge \overline{B} \wedge \overline{C})}_{④}$$

Zunächst lassen sich die Vollkonjunktionen ① und ② vereinfachen. $\overline{A} \wedge B$ wird als eine Variable aufgefaßt und ausgeklammert.

$$((\overline{A} \wedge B) \wedge C) \vee ((\overline{A} \wedge B) \wedge \overline{C})$$
$$= (\overline{A} \wedge B) \wedge (C \vee \overline{C})$$
$$= (\overline{A} \wedge B) \wedge 1$$
$$= (\overline{A} \wedge B)$$

Ebenfalls lassen sich die Vollkonjunktionen ③ und ④ vereinfachen. $\overline{A} \wedge \overline{B}$ wird als eine Variable aufgefaßt und ausgeklammert.

$$
\begin{aligned}
&((\overline{A} \wedge \overline{B}) \wedge C) \vee ((\overline{A} \wedge \overline{B}) \wedge \overline{C}) \\
&= (\overline{A} \wedge \overline{B}) \wedge (C \vee \overline{C}) \\
&= (\overline{A} \wedge \overline{B}) \wedge 1 \\
&= (\overline{A} \wedge \overline{B})
\end{aligned}
$$

Für Z gilt dann:

$$Z = (\overline{A} \wedge B) \vee (\overline{A} \wedge \overline{B})$$

Aus dieser Gleichung kann $\overline{A}$ als gemeinsam vorkommende Variable ausgeklammert werden.

$$Z = \overline{A} \wedge (B \vee \overline{B})$$

$$Z = \overline{A} \wedge 1$$

$$\underline{Z = \overline{A}}$$

Die recht umfangreiche ODER-Normalform konnte in diesem Fall sehr stark vereinfacht werden. Eine so starke Vereinfachung ist in vielen Fällen nicht möglich. Es gibt auch viele ODER-Normalformen, die sich nicht mehr vereinfachen lassen.

Beispiel 3:
Versuchen Sie, die ODER-Normalform $Z = (A \wedge B \wedge \overline{C}) \vee (\overline{A} \wedge \overline{B} \wedge \overline{C})$ zu vereinfachen.
Die Variable $\overline{C}$ kommt in beiden Vollkonjunktionen vor. Sie kann ausgeklammert werden.

$$Z = \overline{C} \wedge [(A \wedge B) \vee (\overline{A} \wedge \overline{B})]$$

Man kann sich jetzt darüber streiten, ob die Gleichung durch das Ausklammern von $\overline{C}$ einfacher geworden ist. Eine Entscheidung darüber kann man erst treffen, wenn es um die Verwirklichung der Schaltung mit realen Bausteinen geht. Ein wesentlicher Vorteil ergibt sich jedenfalls nicht.

5.3.2 Umformung der ODER-Normalform

Eine Schaltung, die nach der ODER-Normalform aufgebaut wird, muß mit Grundgliedern aufgebaut werden. In vielen Fällen möchte man andere Glieder verwenden, z.B. NAND-Glieder oder auch NOR-Glieder. Die ODER-Normalform muß in diesen Fällen umgeformt werden.
Die Umformung einer ODER-Normalform auf NAND-Verknüpfungen ist sehr einfach. Die ODER-Normalform wird zunächst doppelt negiert. Die doppelte Negation ändert ja bekanntlich den Inhalt der Gleichung nicht. Dann wird der untere Negationsstrich nach dem 2. Morganschen Gesetz aufgespalten.

Beispiel 1:

$$Z = (\bar{A} \wedge B \wedge \bar{C}) \vee (A \wedge \bar{B} \wedge C)$$

$$Z = \overline{\overline{(\bar{A} \wedge B \wedge \bar{C}) \vee (A \wedge \bar{B} \wedge C)}}$$

$$Z = \overline{\overline{\bar{A} \wedge B \wedge \bar{C}} \wedge \overline{A \wedge \bar{B} \wedge C}}$$

Die sich aus der Gleichung ergebende Schaltung ist in Bild 5.10 dargestellt.

Bild 5.10 Schaltung, nur mit NAND-Gliedern aufgebaut

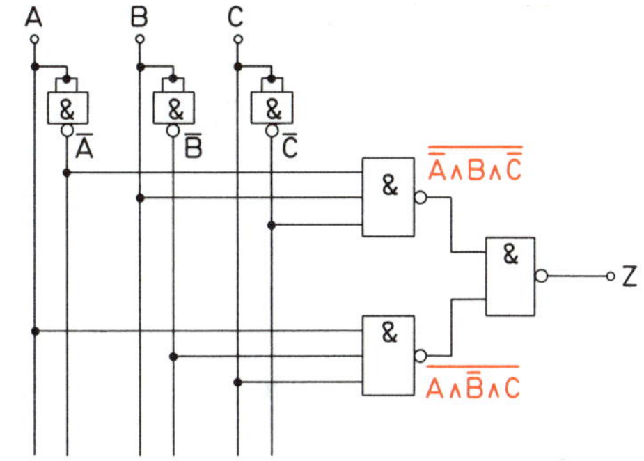

Soll die ODER-Normalform so umgeformt werden, daß ein Schaltungsaufbau nur mit NOR-Gliedern möglich ist, wird empfohlen, jede Vollkonjunktion für sich doppelt zu negieren und jeweils den unteren Negationsstrich nach dem 1. Morganschen Gesetz aufzulösen. Danach muß noch der gesamte Ausdruck doppelt negiert werden.

Beispiel 2:

$$Z = (\bar{A} \wedge B \wedge \bar{C}) \vee (A \wedge \bar{B} \wedge C)$$

$$Z = \overline{\overline{(\bar{A} \wedge B \wedge \bar{C})}} \vee \overline{\overline{(A \wedge \bar{B} \wedge C)}}$$

$$Z = \overline{A \vee \bar{B} \vee C} \vee \overline{\bar{A} \vee B \vee \bar{C}}$$

$$Z = \overline{\overline{\overline{A \vee \bar{B} \vee C} \vee \overline{\bar{A} \vee B \vee \bar{C}}}}$$

Die Schaltung zu dieser Gleichung zeigt Bild 5.11.

Bild 5.11 Schaltung, nur mit NOR-Gliedern aufgebaut

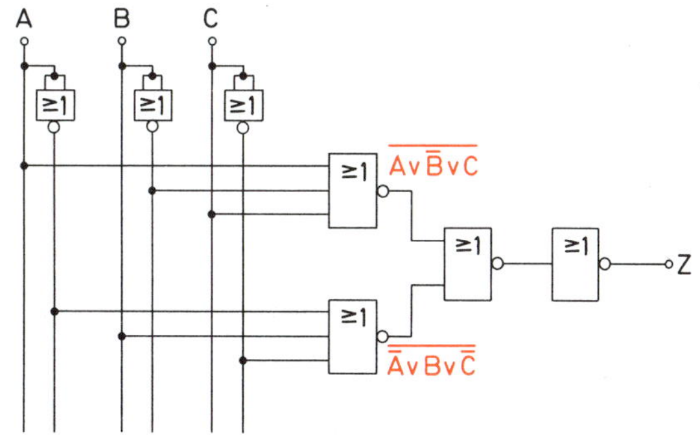

5.4 KV-Diagramme

KV-Diagramme dienen der übersichtlichen Darstellung und der Vereinfachung von ODER-Normalformen. Sie wurden von Karnaugh und Veitch entwickelt und werden auch als Karnaugh-Diagramme bezeichnet.

5.4.1 KV-Diagramme für 2 Variable

KV-Diagramme können auch als Wahrheitstabellen für Vollkonjunktionen aufgefaßt werden.

> *Ein KV-Diagramm hat stets so viele Plätze, wie Vollkonjunktionen möglich sind.*

Bei 2 Variablen sind 4 verschiedene Vollkonjunktionen möglich. Ein KV-Diagramm für 2 Variable muß also 4 Plätze haben (siehe Bild 5.12). An die Ränder des KV-Diagrammes werden die Variablen geschrieben. Jede Variable muß in negierter und in nichtnegierter Form dargestellt sein (Bild 5.12).

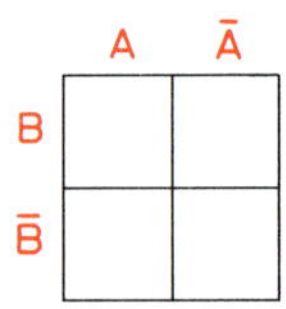

Bild 5.12 KV-Diagramm für 2 Variable (A, B)

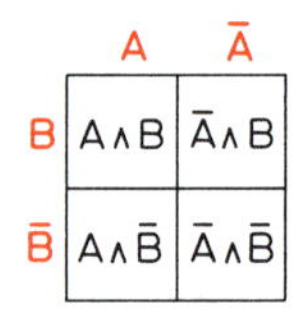

Bild 5.13 KV-Diagramm für 2 Variable (A, B) mit Eintrag der Vollkonjunktionen

Die an den Rändern eines KV-Diagrammes stehenden Variablen haben Koordinatencharakter. Sie bestimmen, welche Vollkonjunktion in welches Feld gehört. In Bild 5.13 sind die 4 Vollkonjunktionen in ihre Plätze eingetragen worden.
Der Platz für die Vollkonjunktion $A \wedge B$ ist durch die Koordinaten A und B gekennzeichnet (Bild 5.13). Entsprechend hat der Platz für die Vollkonjunktion $\overline{A} \wedge B$ die Koordinaten $\overline{A}$ und B. Da die Vollkonjunktionen durch die Koordinaten ihres Platzes festgelegt sind, ist es nicht erforderlich, sie, wie in Bild 5.13 geschehen, in vollständiger Schreibweise in ihre Plätze einzutragen. Das Vorhandensein einer Vollkonjunktion kann durch eine 1 auf dem entsprechenden Platz angegeben werden.

> *Eine 1 auf einem Platz eines KV-Diagrammes steht für eine Vollkonjunktion.*

Im KV-Diagramm nach Bild 5.14 sind die Vollkonjunktionen $A \wedge \overline{B}$ und $\overline{A} \wedge \overline{B}$ eingetragen. Das KV-Diagramm enthält die ODER-Normalform.

$$Z = (A \wedge \overline{B}) \vee (\overline{A} \wedge \overline{B})$$

Daß die Vollkonjunktionen zu Z gehören, wird durch die Einzeichnung von Z links oben in Bild 5.14 angegeben.
Nicht vorhandene Vollkonjunktionen werden durch eine Null auf dem entsprechenden Feld oder durch ein leeres Feld angegeben.

> *Die Zuordnung der Variablen zu den Koordinaten eines KV-Diagramms kann beliebig erfolgen.*

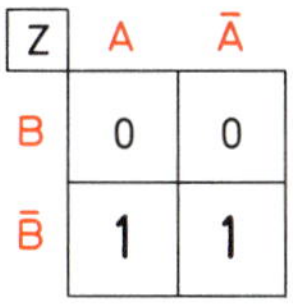

Bild 5.14 KV-Diagramm mit ODER-Normalform $Z = (A \wedge \bar{B}) \vee (\bar{A} \wedge \bar{B})$

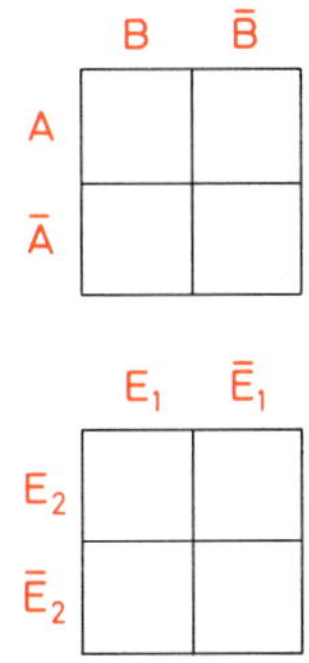

Bild 5.15 KV-Diagramme mit geänderten Koordinatenangaben

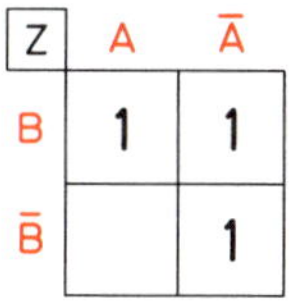

Bild 5.16 KV-Diagramm mit ODER-Normalform

Es ist also möglich, A und B im KV-Diagramm zu vertauschen (Bild 5.15). Selbstverständlich können die Variablen auch ganz andere Bezeichnungen haben, z.B. E_1 und E_2. Negierte und nicht negierte Form einer Variablen müssen jedoch an der gleichen Diagrammseite stehen.
Eine andere Zuordnung der Variablen zu den Koordinaten führt natürlich auch zu einer anderen Platzverteilung für die Vollkonjunktionen.
Es wird empfohlen, ein bestimmtes Zuordnungsschema beizubehalten und dieses nicht ohne Grund zu ändern. Man erleichtert sich die Arbeit, wenn man der ersten Variablen (z.B. A) und ihrer Negation stets die obere Diagrammseite zuweist. Die zweite Variable (z.B. B) und ihre Negation stehen dann an der linken Diagrammseite.
Das Eintragen einer ODER-Normalform in ein KV-Diagramm soll an einem Beispiel gezeigt werden, ebenfalls das Ablesen einer ODER-Normalform aus einem KV-Diagramm.

Beispiel 1:
Die ODER-Normalform $Z = (\overline{A} \wedge B) \vee (A \wedge B) \vee (\overline{A} \wedge \overline{B})$ ist in ein KV-Diagramm einzutragen.
Zunächst ist das KV-Diagramm mit den Koordinatenangaben zu zeichnen. Die Plätze der in der ODER-Normalform vorhandenen Vollkonjunktionen sind aufzusuchen und mit 1 zu kennzeichnen. Das Ergebnis zeigt Bild 5.16.

Beispiel 2:

Wie lautet die ODER-Normalform, die im KV-Diagramm Bild 5.17 dargestellt ist? Die ODER-Normalform hat 2 Vollkonjunktionen, die eine ist $\overline{A} \wedge B$, die andere $A \wedge \overline{B}$. Die ODER-Normalform lautet daher:

$$W = (\overline{A} \wedge B) \vee (A \wedge \overline{B})$$

Die in einem KV-Diagramm dargestellte ODER-Normalform kann bei Vorliegen bestimmter Bedingungen vereinfacht werden.

> *Sind Vollkonjunktionen «benachbart», können sie in «Päckchen» zusammengefaßt werden.*

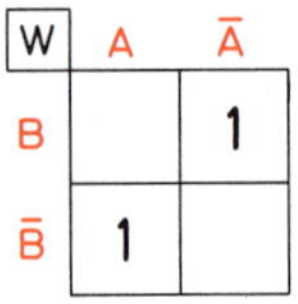

Bild 5.17 KV-Diagramm mit ODER-Normalform

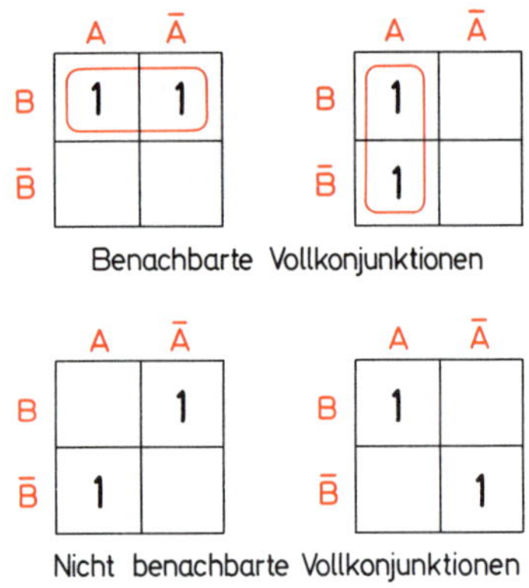

Bild 5.18 Benachbarte und nicht benachbarte Vollkonjunktionen

Als benachbart gelten Vollkonjunktionen, deren Plätze mit einer Seite aneinanderstoßen (Bild 5.18). Stoßen die Plätze nur mit einer Ecke aneinander, sind die zugehörigen Vollkonjunktionen nicht benachbart.

> *In einem Päckchen dürfen 2 oder 4 benachbarte Vollkonjunktionen zusammengefaßt werden.*

Jedes Päckchen hat bestimmte Koordinatenbezeichnungen. Das Päckchen im KV-Diagramm links oben in Bild 5.18 hat an einer Seite die Koordinatenbezeichnung B, an der anderen Seite die Koordinatenbezeichnungen A und $\overline{A}$.

> *Der Inhalt eines Päckchens ergibt sich aus seinen Koordinatenbezeichnungen. Variable, die als Koordinaten negiert und nichtnegiert auftreten, entfallen.*

Das in Bild 5.19 dargestellte Päckchen hat die Koordinaten A, B und $\overline{B}$. Die Variable B tritt negiert und nichtnegiert auf. Sie entfällt also. Der Inhalt des Päckchens ist A. Die ODER-Normalform $Y = (A \wedge B) \vee (A \wedge \overline{B})$ wurde vereinfacht zu $Y = A$.
Diese Vereinfachung kann mit Hilfe der Schaltalgebra überprüft werden:

$$Y = (A \wedge B) \vee (A \wedge \overline{B})$$

$$Y = A \wedge (B \vee \overline{B})$$

$$Y = A \wedge 1$$

$$\underline{Y = A}$$

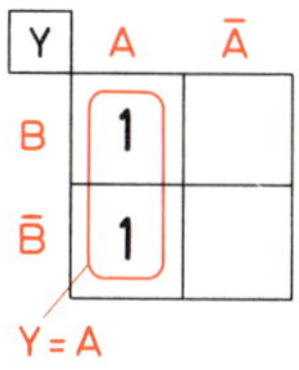

Bild 5.19 Päckchenbildung im KV-Diagramm

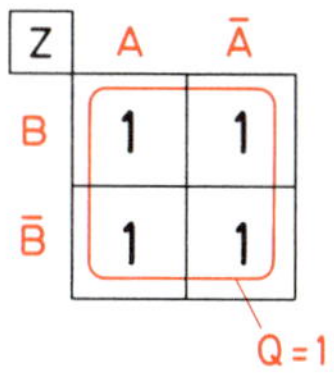

Bild 5.20 KV-Diagramm mit Viererpäckchen

Ein Sonderfall ist hier ein Päckchen mit 4 Vollkonjunktionen (Bild 5.20). Es hat die Koordinaten A, $\overline{A}$, B, $\overline{B}$. Das bedeutet, daß die Variablen A und B entfallen. Das Päckchen hat den Inhalt 1. Die Richtigkeit dieser Angabe läßt sich mit Hilfe der Wahrheitstabelle nachprüfen. Auch die Schaltalgebra führt zu diesem Ergebnis:

$$Z = (A \wedge B) \vee (A \wedge \overline{B}) \vee (\overline{A} \wedge B) \vee (\overline{A} \wedge \overline{B})$$

$$Z = [A \wedge (B \vee \overline{B})] \vee [\overline{A} \wedge (B \vee \overline{B})]$$

$$Z = (A \wedge 1) \vee (\overline{A} \wedge 1)$$

$$Z = A \vee \overline{A}$$

$$\underline{Z = 1}$$

In einem KV-Diagramm können mehrere Päckchen gebildet werden (Bild 5.21). Eine Vollkonjunktion kann in mehreren Päckchen vorhanden sein.

> *Bei mehreren Päckchen ergibt sich die vereinfachte Gleichung als ODER-Verknüpfung der einzelnen Päckcheninhalte.*

Für das KV-Diagramm in Bild 5.21 ergeben sich die Päckcheninhalte A und $\overline{B}$.
Die vereinfachte Gleichung lautet:

$$Z = A \vee \overline{B}$$

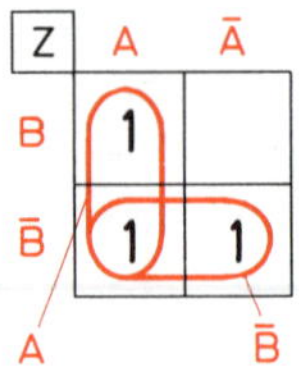

Bild 5.21 KV-Diagramm mit mehreren Päckchen

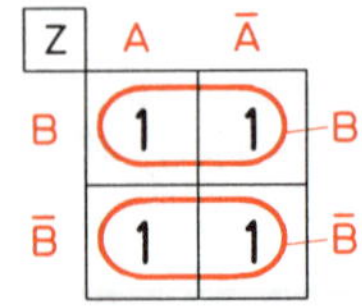

Bild 5.22 KV-Diagramm mit 2 Zweierpäckchen

In dem KV-Diagramm Bild 5.20 könnte man auch 2 Zweierpäckchen machen. Man bekäme dann eine vereinfachte Gleichung, die noch nicht die einfachste Form hat. Probieren wir es einmal. Bild 5.22 zeigt ein KV-Diagramm mit einer solchen Päckchenbildung. Die Päckchen haben die Inhalte B und $\overline{B}$. Die vereinfachte Gleichung lautet somit:

$$Z = B \vee \overline{B}$$

Verknüpft man eine Variable und ihre Negation durch ODER, so ergibt das nach den Regeln der Schaltalgebra 1. Die einfachste Form der Gleichung ist also $Z = 1$.

> *Um die größte Gleichungsvereinfachung zu erreichen, sind die Päckchen stets so groß wie möglich zu bilden.*

Zur Vertiefung der Kenntnisse soll folgendes Beispiel gelöst werden.

Beispiel 3:
Die ODER-Normalform $X = (\overline{A} \wedge \overline{B}) \vee (\overline{A} \wedge B) \vee (A \wedge \overline{B})$ soll in ein KV-Diagramm eingetragen und möglichst weitgehend vereinfacht werden. Wie lautet die vereinfachte Gleichung?
Zuerst werden die Vollkonjunktionen in das KV-Diagramm eingetragen (Bild 5.23).

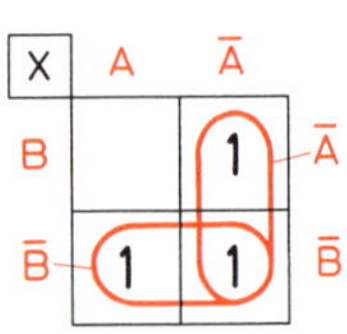

Bild 5.23 KV-Diagramm zu Beispiel 3

Danach werden 2 Zweierpäckchen gebildet. Diese haben die Inhalte $\overline{A}$ und $\overline{B}$. Die vereinfachte Gleichung lautet:

$$\underline{X = \overline{A} \vee \overline{B}}$$

5.4.2 KV-Diagramme für 3 Variable

Bei 3 Variablen sind insgesamt 8 verschiedene Vollkonjunktionen möglich (Bild 5.24). Ein KV-Diagramm für 3 Variable muß also 8 Plätze haben.
Die Zuordnung der Variablen zu den Koordinaten kann wie beim KV-Diagramm für 2 Variable prinzipiell beliebig erfolgen. Es ist aber zweckmäßig, der ersten Variablen die obere Diagrammseite und der zweiten Variablen die linke Diagrammseite zuzuweisen. Die dritte Variable erhält die untere Diagrammseite. Für die Variablen A, B und C ergibt sich dann ein KV-Diagramm nach Bild 5.25.

Fall	C	B	A	Z		
1	0	0	0	1	⇒	$\bar{A} \wedge \bar{B} \wedge \bar{C}$
2	0	0	1	1	⇒	$A \wedge \bar{B} \wedge \bar{C}$
3	0	1	0	1	⇒	$\bar{A} \wedge B \wedge \bar{C}$
4	0	1	1	1	⇒	$A \wedge B \wedge \bar{C}$
5	1	0	0	1	⇒	$\bar{A} \wedge \bar{B} \wedge C$
6	1	0	1	1	⇒	$A \wedge \bar{B} \wedge C$
7	1	1	0	1	⇒	$\bar{A} \wedge B \wedge C$
8	1	1	1	1	⇒	$A \wedge B \wedge C$

Bild 5.24 Mögliche Vollkonjunktionen bei 3 Variablen

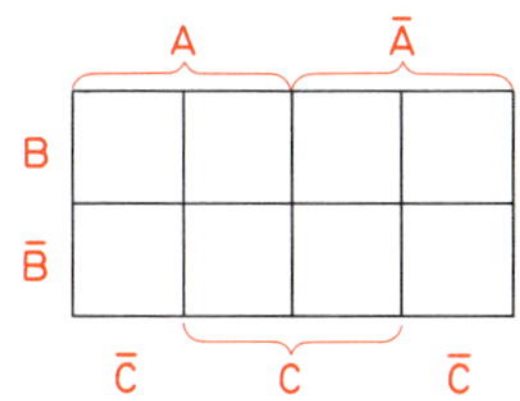

Bild 5.25 KV-Diagramm für 3 Variable

Die dritte Variable C muß so wie in Bild 5.25 angegeben eingetragen werden. Würde man die beiden linken Platzseiten mit C und die beiden rechten Platzseiten mit $\bar{C}$ beschriften, hätte man für einige Vollkonjunktionen doppelte Plätze und für andere gar keine. In Bild 5.26 sind die Vollkonjunktionen in ihre Plätze eingetragen.
Für KV-Diagramme mit 3 Variablen gelten die Regeln, die für KV-Diagramme mit 2 Variablen aufgestellt worden sind, mit folgenden Ergänzungen:

> *Ein Päckchen darf 2, 4 oder 8 benachbarte Vollkonjunktionen umfassen.*

> *Das KV-Diagramm für 3 Variable hat genaugenommen eine zylindrische Form (Bild 5.27). Daher sind Plätze, die an gegenüberliegenden Enden derselben Zeile liegen, benachbart.*

KV-Diagramme lassen sich zylindrisch sehr schlecht darstellen. Man wählt daher die Form von Bild 5.25, beachtet aber die erweiterten Nachbarschaftsbedingungen. In Bild 5.28 sind benachbarte Vollkonjunktionen dargestellt, die zu Päckchen zusammengefaßt werden können. Das Zweierpäckchen im oberen Diagramm ergibt $B \wedge \bar{C}$. Das Viererpäckchen im unteren Diagramm ergibt $\bar{C}$. Jedes Päckchen muß rechteckig oder quadratisch sein. Eine Päckchenbildung wie in Bild 5.28a ist nicht zulässig.

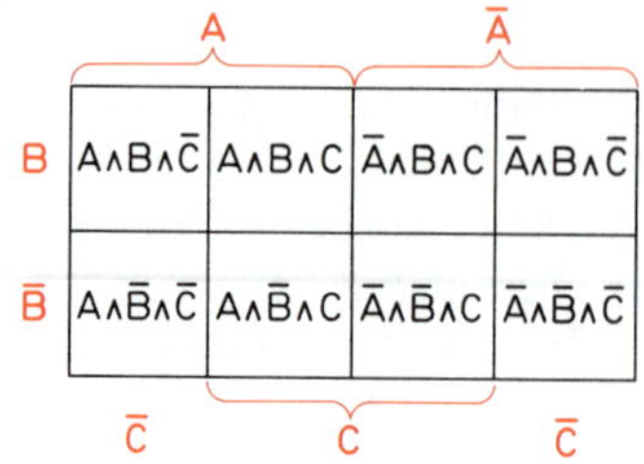

Bild 5.26 KV-Diagramm für 3 Variable mit eingetragenen Vollkonjunktionen

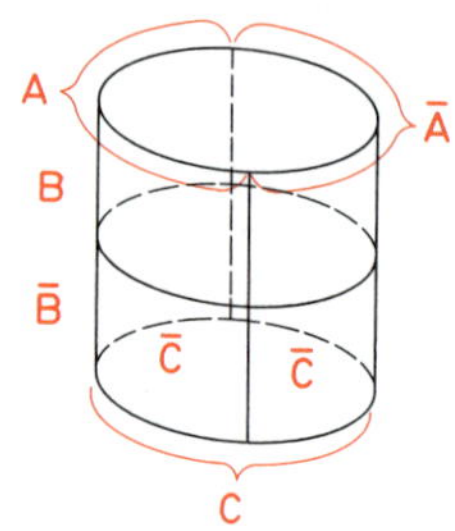

Bild 5.27 KV-Diagramm für 3 Variable, zylinderförmig gezeichnet

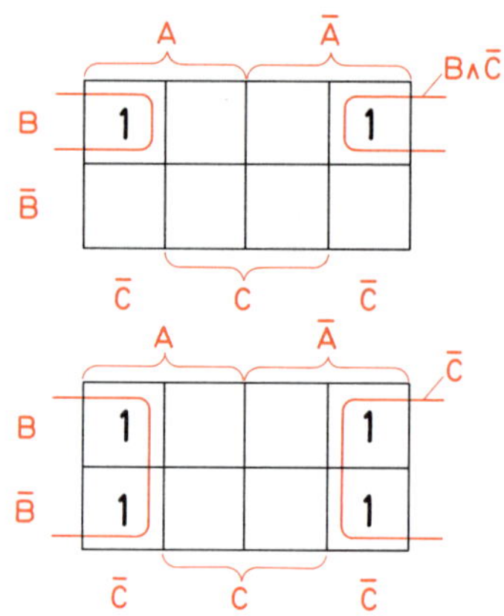

Bild 5.28 Bildung von Päckchen nach den erweiterten Nachbarschaftsbedingungen

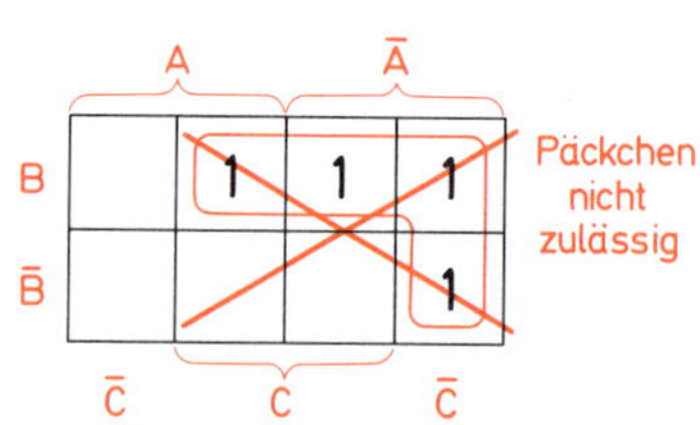

Bild 5.28a KV-Diagramm mit nicht zulässigem Päckchen

Der Umgang mit KV-Diagrammen für 3 Variable soll an einigen Beispielen erläutert werden.

Beispiel 1:
Die Vollkonjunktionen der Gleichung

$$Y = (\overline{A} \wedge B \wedge \overline{C}) \vee (A \wedge \overline{B} \wedge \overline{C}) \vee (\overline{A} \wedge \overline{B} \wedge \overline{C}) \vee (A \wedge B \wedge C)$$

sollen in ein KV-Diagramm eingetragen werden.
Zunächst sollen die Vollkonjunktionen mit ihrer schaltalgebraischen Bezeichnung auf die richtigen Plätze eingetragen werden. Man kann dann leicht kontrollieren, ob man tatsächlich die richtigen Plätze gefunden hat (Bild 5.29).

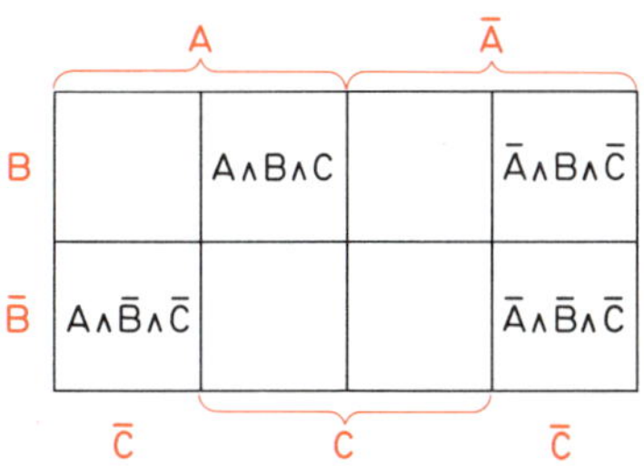

Bild 5.29 KV-Diagramm mit eingetragenen Vollkonjunktionen zu Beispiel 1

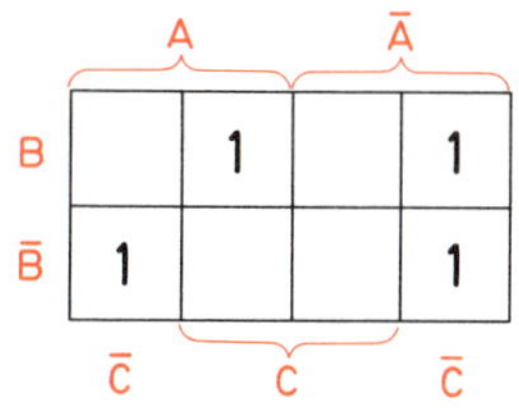

Bild 5.30 KV-Diagramm zu Beispiel 1

Jede Vollkonjunktion wird im üblichen KV-Diagramm durch eine 1 gekennzeichnet. Wer sicher ist, kann sofort das übliche KV-Diagramm (Bild 5.30) zeichnen.

Beispiel 2:
Die ODER-Normalform

$$Z = (\overline{A} \wedge B \wedge C) \vee (\overline{A} \wedge B \wedge \overline{C}) \vee (\overline{A} \wedge \overline{B} \wedge \overline{C}) \vee (A \wedge \overline{B} \wedge \overline{C})$$

ist in ein KV-Diagramm einzutragen und möglichst weitgehend zu vereinfachen.
Die vorhandenen Vollkonjunktionen werden durch 1-Angaben gekennzeichnet (Bild 5.31). Dann erfolgt die Päckchenbildung. Ein Viererpäckchen kann nicht gebildet werden. Es lassen sich aber 3 Zweierpäckchen bilden. Das gestrichelte Päckchen ist nicht

Bild 5.31 KV-Diagramm zu Beispiel 2

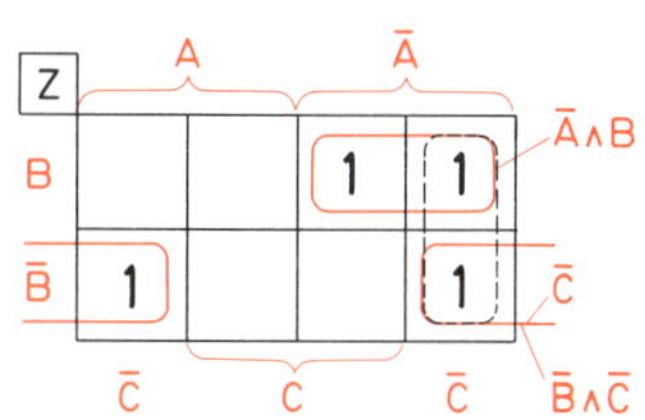

erforderlich, da mit den beiden roten Päckchen schon alle «1» erfaßt sind. Würde man das gestrichelte Päckchen bilden, hätte die gefundene Gleichung nicht die einfachstmögliche Form.
Das obere rote Päckchen (Bild 5.31) hat den Inhalt $\overline{A} \wedge B$. Der Inhalt des unteren roten Päckchens ist $\overline{B} \wedge \overline{C}$. (Die Variable A entfällt, da sie bei den Koordinaten dieses Päckchens sowohl als A als auch als $\overline{A}$ auftritt.) Die Päckcheninhalte werden durch ODER verknüpft. Damit ergibt sich die vereinfachte Gleichung:

$$Z = (\overline{A} \wedge B) \vee (\overline{B} \wedge \overline{C})$$

Beispiel 3:
Wie lautet die ODER-Normalform, die im KV-Diagramm (Bild 5.32) eingezeichnet ist?
Diese ODER-Normalform soll möglichst weitgehend vereinfacht werden. Wie sieht die vereinfachte Gleichung aus?

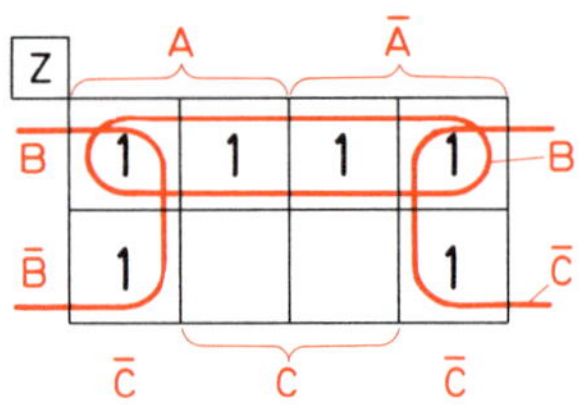

Bild 5.32 KV-Diagramm zu Beispiel

Die im KV-Diagramm eingetragene ODER-Normalform lautet:

$$Z = (A \wedge B \wedge \overline{C}) \vee (A \wedge B \wedge C) \vee (\overline{A} \wedge B \wedge C) \vee (\overline{A} \wedge B \wedge \overline{C}) \vee (A \wedge \overline{B} \wedge \overline{C}) \vee \overline{A} \wedge \overline{B} \wedge \overline{C}$$

Es können 2 Viererpäckchen gebildet werden. Das eine hat den Inhalt B, das andere hat den Inhalt $\overline{C}$. Damit ist die vereinfachte Gleichung:

$$Z = B \vee \overline{C}$$

Da 2 Viererpäckchen gebildet werden können, ergibt sich eine starke Vereinfachung der ODER-Normalform.

5.4.3 KV-Diagramme für 4 Variable

KV-Diagramme für 4 Variable müssen 16 Plätze haben, denn 16 verschiedene Vollkonjunktionen sind möglich. Die möglichen Vollkonjunktionen zeigt Bild 5.33.
Das KV-Diagramm für 4 Variable ist in Bild 5.34 dargestellt. Die Variablen sind wie bisher mit A, B und C bezeichnet. Hinzu kommt die Variable D. Selbstverständlich können die Variablen auch anders bezeichnet werden – z.B. als E_1, E_2, E_3 und E_4.
Die Plätze der 16 Vollkonjunktionen zeigt Bild 5.35.

Fall	D	C	B	A	Z		
1	0	0	0	0	1	⇒	$\bar{A} \wedge \bar{B} \wedge \bar{C} \wedge \bar{D}$
2	0	0	0	1	1	⇒	$A \wedge \bar{B} \wedge \bar{C} \wedge \bar{D}$
3	0	0	1	0	1	⇒	$\bar{A} \wedge B \wedge \bar{C} \wedge \bar{D}$
4	0	0	1	1	1	⇒	$A \wedge B \wedge \bar{C} \wedge \bar{D}$
5	0	1	0	0	1	⇒	$\bar{A} \wedge \bar{B} \wedge C \wedge \bar{D}$
6	0	1	0	1	1	⇒	$A \wedge \bar{B} \wedge C \wedge \bar{D}$
7	0	1	1	0	1	⇒	$\bar{A} \wedge B \wedge C \wedge \bar{D}$
8	0	1	1	1	1	⇒	$A \wedge B \wedge C \wedge \bar{D}$
9	1	0	0	0	1	⇒	$\bar{A} \wedge \bar{B} \wedge \bar{C} \wedge D$
10	1	0	0	1	1	⇒	$A \wedge \bar{B} \wedge \bar{C} \wedge D$
11	1	0	1	0	1	⇒	$\bar{A} \wedge B \wedge \bar{C} \wedge D$
12	1	0	1	1	1	⇒	$A \wedge B \wedge \bar{C} \wedge D$
13	1	1	0	0	1	⇒	$\bar{A} \wedge \bar{B} \wedge C \wedge D$
14	1	1	0	1	1	⇒	$A \wedge \bar{B} \wedge C \wedge D$
15	1	1	1	0	1	⇒	$\bar{A} \wedge B \wedge C \wedge D$
16	1	1	1	1	1	⇒	$A \wedge B \wedge C \wedge D$

◀ *Bild 5.33 Mögliche Vollkonjunktionen bei 4 Variablen*

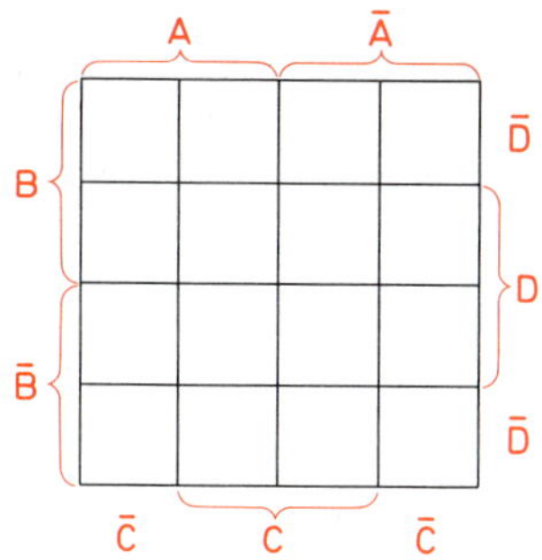

Bild 5.34 KV-Diagramm für 4 Variable

	A	A	Ā	Ā	
B	$A \wedge B \wedge \bar{C} \wedge \bar{D}$	$A \wedge B \wedge C \wedge \bar{D}$	$\bar{A} \wedge B \wedge C \wedge \bar{D}$	$\bar{A} \wedge B \wedge \bar{C} \wedge \bar{D}$	$\bar{D}$
B	$A \wedge B \wedge \bar{C} \wedge D$	$A \wedge B \wedge C \wedge D$	$\bar{A} \wedge B \wedge C \wedge D$	$\bar{A} \wedge B \wedge \bar{C} \wedge D$	D
$\bar{B}$	$A \wedge \bar{B} \wedge \bar{C} \wedge D$	$A \wedge \bar{B} \wedge C \wedge D$	$\bar{A} \wedge \bar{B} \wedge C \wedge D$	$\bar{A} \wedge \bar{B} \wedge \bar{C} \wedge D$	D
$\bar{B}$	$A \wedge \bar{B} \wedge \bar{C} \wedge \bar{D}$	$A \wedge \bar{B} \wedge C \wedge \bar{D}$	$\bar{A} \wedge \bar{B} \wedge C \wedge \bar{D}$	$\bar{A} \wedge \bar{B} \wedge \bar{C} \wedge \bar{D}$	$\bar{D}$
	$\bar{C}$	C	C	$\bar{C}$	

Bild 5.35 KV-Diagramm für 4 Variable mit eingetragenen Vollkonjunktionen

Die bisher erarbeiteten Regeln für KV-Diagramme gelten auch für KV-Diagramme mit 4 Variablen, allerdings mit folgenden Ergänzungen:

> *Ein Päckchen darf 2, 4, 8 oder 16 benachbarte Vollkonjunktionen umfassen.*

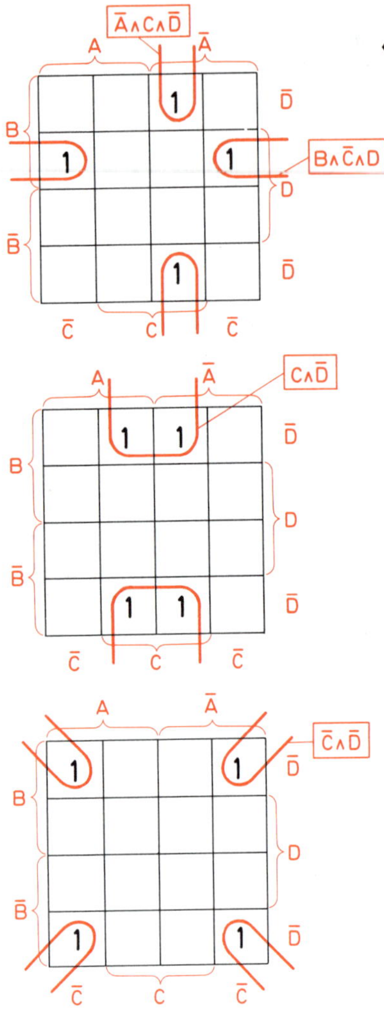

Bild 5.36 Bildung von Päckchen nach den erweiterten Nachbarschaftsbedingungen

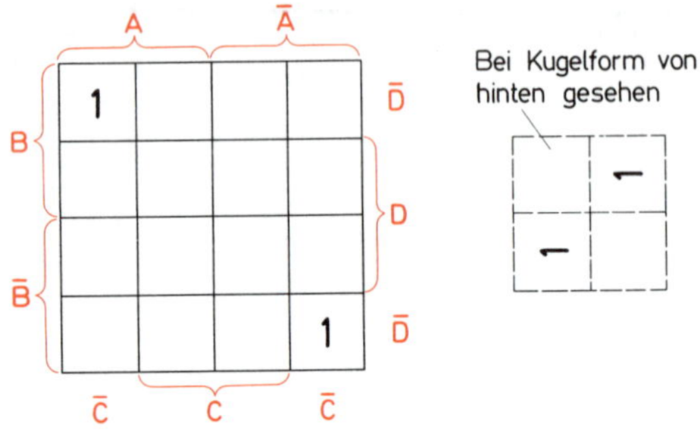

Bild 5.37 KV-Diagramm mit nicht benachbarten Vollkonjunktionen

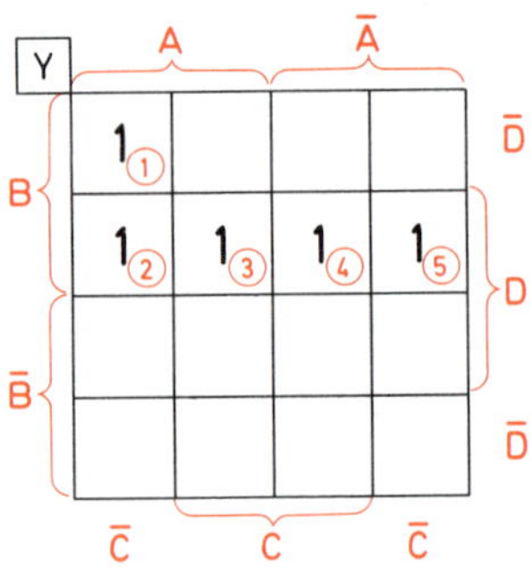

Bild 5.38 KV-Diagramm für Beispiel 1

> *Das KV-Diagramm für 4 Variable hat genaugenommen eine Kugelform. Daher sind Plätze, die sich an allen Außenseiten des Diagramms gegenüberliegen, einander benachbart.*

Die Erweiterung der Nachbarschaftsbedingungen soll näher erklärt werden. Betrachten wir Bild 5.36. Das obere KV-Diagramm zeigt, daß Zweierpäckchen nicht nur mit Vollkonjunktionen gebildet werden können, die sich am rechten und am linken Diagrammrand gegenüberliegen. Man kann auch zwei Vollkonjunktionen zusammenfassen, die sich am oberen und am unteren Diagrammrand gegenüberliegen.

Das mittlere KV-Diagramm zeigt die Bildung eines Viererpäckchens.
Im unteren KV-Diagramm ist ebenfalls die Bildung eines Viererpäckchens gezeigt. Die Einsen in den Ecken können zu einem Viererpäckchen zusammengefaßt werden, denn bei Kugelform der Diagrammfläche treffen die Felder hinten zusammen und sind einander benachbart.
Vorsicht ist bei dem in Bild 5.37 dargestellten KV-Diagramm geboten. Nur 2 Einsen an den Ecken können nicht zu einem Zweierpäckchen zusammengefaßt werden, denn sie sind nicht benachbart – wie ein «Blick» von hinten zeigt.
Das Arbeiten mit KV-Diagrammen für 4 Variable soll an einigen Beispielen gezeigt werden.

Beispiel 1:
Die folgende schaltalgebraische Gleichung in ODER-Normalform ist in ein KV-Diagramm einzutragen.

$$\begin{aligned} Y = {} & (A \wedge B \underset{\textcircled{1}}{\wedge} \overline{C} \wedge \overline{D}) \vee (A \wedge B \underset{\textcircled{2}}{\wedge} \overline{C} \wedge D) \vee (A \wedge B \underset{\textcircled{3}}{\wedge} C \wedge D) \\ & \vee (\overline{A} \wedge B \underset{\textcircled{4}}{\wedge} C \wedge D) \vee (\overline{A} \wedge B \underset{\textcircled{5}}{\wedge} \overline{C} \wedge D) \end{aligned}$$

Zur besseren Übersicht werden die Vollkonjunktionen mit roten Nummern versehen. Diese kennzeichnen auch die zugehörigen Diagrammfelder. Bild 5.38 zeigt das KV-Diagramm.

Beispiel 2:
Für eine Steuerungsaufgabe wird eine Schaltung gesucht, die die Wahrheitstabelle 5.39 erfüllt. Diese Schaltung soll möglichst einfach aufgebaut sein.
Aus der Wahrheitstabelle kann die ODER-Normalform entnommen werden. Sie lautet:

$$\begin{aligned} Z = {} & (\overline{A} \wedge \overline{B} \overset{\textcircled{1}}{\wedge} \overline{C} \wedge \overline{D}) \vee (A \wedge \overline{B} \overset{\textcircled{2}}{\wedge} \overline{C} \wedge \overline{D}) \vee (\overline{A} \wedge B \overset{\textcircled{3}}{\wedge} \overline{C} \wedge \overline{D}) \\ & \vee (A \wedge B \underset{\textcircled{4}}{\wedge} \overline{C} \wedge \overline{D}) \vee (A \wedge \overline{B} \underset{\textcircled{10}}{\wedge} \overline{C} \wedge D) \vee (A \wedge B \underset{\textcircled{12}}{\wedge} \overline{C} \wedge D) \end{aligned}$$

Die einzelnen Vollkonjunktionen wurden mit den Nummern der Fälle der Wahrheitstabelle gekennzeichnet. Die Vollkonjunktionen werden jetzt in ein KV-Diagramm eingetragen (Bild 5.40).
Der nächste Schritt ist die Vereinfachung der ODER-Normalform durch Päckchenbildung. Es können 2 Viererpäckchen gebildet werden, die die Inhalte $\overline{C} \wedge \overline{D}$ und $A \wedge \overline{C}$ haben. Die vereinfachte Gleichung lautet also:

$$Z = (\overline{C} \wedge \overline{D}) \vee (A \wedge \overline{C})$$

Fall	D	C	B	A	Z	
1	0	0	0	0	1	$\Rightarrow \overline{A} \wedge \overline{B} \wedge \overline{C} \wedge \overline{D}$
2	0	0	0	1	1	$\Rightarrow A \wedge \overline{B} \wedge \overline{C} \wedge \overline{D}$
3	0	0	1	0	1	$\Rightarrow \overline{A} \wedge B \wedge \overline{C} \wedge \overline{D}$
4	0	0	1	1	1	$\Rightarrow A \wedge B \wedge \overline{C} \wedge \overline{D}$
5	0	1	0	0	0	
6	0	1	0	1	0	
7	0	1	1	0	0	
8	0	1	1	1	0	
9	1	0	0	0	0	
10	1	0	0	1	1	$\Rightarrow A \wedge \overline{B} \wedge \overline{C} \wedge D$
11	1	0	1	0	0	
12	1	0	1	1	1	$\Rightarrow A \wedge B \wedge \overline{C} \wedge D$
13	1	1	0	0	0	
14	1	1	0	1	0	
15	1	1	1	0	0	
16	1	1	1	1	0	

Bild 5.39 Wahrheitstabelle zu Beispiel 2

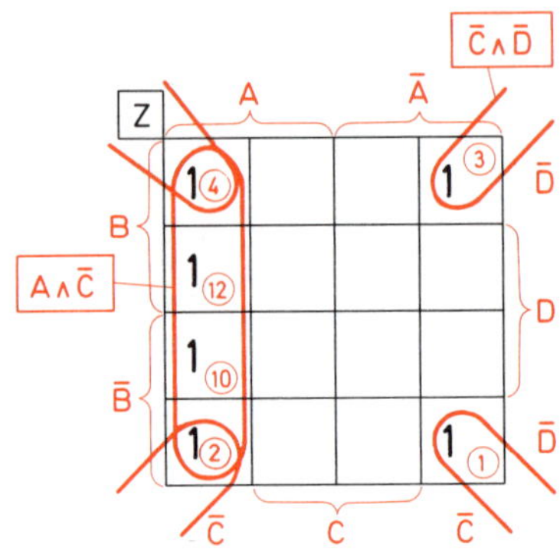

Bild 5.40 KV-Diagramm zu Beispiel 2

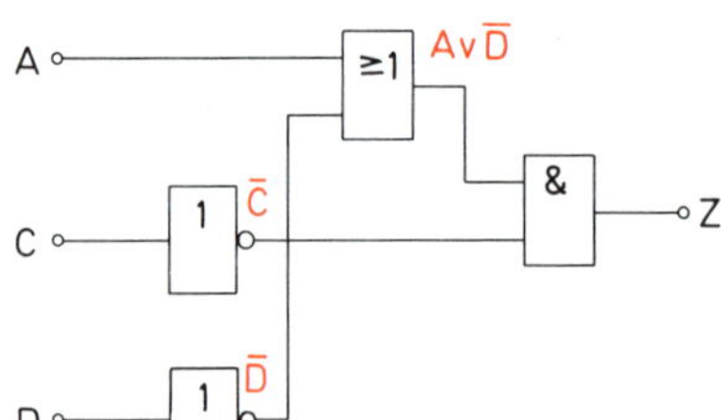

Bild 5.41 Schaltung zu Beispiel 2

Die Variable $\overline{C}$ kann ausgeklammert werden:

$$Z = (\overline{C} \wedge \overline{D}) \vee (A \wedge \overline{C}) = \overline{C} \wedge (A \vee \overline{D})$$

Die sich hieraus ergebende Schaltung ist in Bild 5.41 dargestellt.

5.4.4 KV-Diagramme für 5 Variable

Ein KV-Diagramm für 5 Variable benötigt 32 Plätze für die 32 möglichen Vollkonjunktionen. In der Ebene lassen sich an das KV-Diagramm für 4 Variable keine Plätze mehr «anbauen».

Es muß aufgestockt werden. Bild 5.42 zeigt, wie das gemeint ist. Die Variablen werden wie bisher mit A, B, C und D bezeichnet. Die Variable E kommt hinzu.

Dem unteren Stockwerk des KV-Diagramms wird die Koordinate E zugeordnet, dem oberen Stockwerk die Koordinate $\overline{E}$. Das Zeichnen eines solchen «zweistöckigen» Diagramms ist schwierig. Man hat daher vereinbart, das obere Stockwerk abzuheben und es

Bild 5.42 KV-Diagramm für 5 Variable

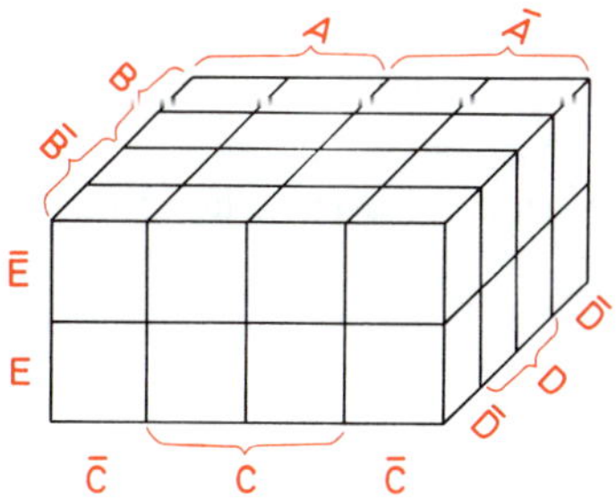

Bild 5.42a KV-Diagramm für 5 Variable, bestehend aus 2 Tafeln

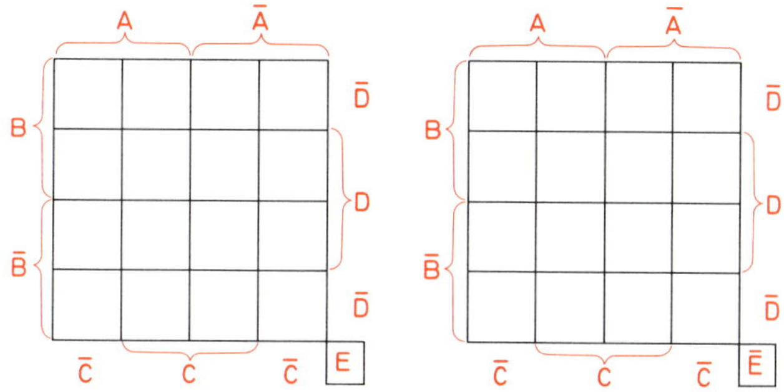

rechts neben das untere Stockwerk zu setzen. Ein KV-Diagramm für 5 Variable besteht also aus zwei Tafeln, die man sich übereinanderliegend vorstellen muß (Bild 5.42a). Ein solches KV-Diagramm hat somit Plätze für 32 Vollkonjunktionen.
Die für die anderen KV-Diagramme gültigen Regeln gelten auch für KV-Diagramme mit 5 Variablen, mit folgenden Ergänzungen:

> *Ein Päckchen darf 2, 4, 8, 16 oder 32 benachbarte Vollkonjunktionen umfassen.*

> *Benachbart sind auch Vollkonjunktionen, deren Felder man sich gemäß Bild 5.42 übereinanderliegend vorstellen muß.*

An einigen Beispielen sollen die Regeln näher erläutert werden.

Beispiel 1:
Die folgende ODER-Normalform soll in ein KV-Diagramm eingetragen und möglichst weitgehend vereinfacht werden.

$$Z = \overset{①}{(\overline{A} \wedge B \wedge C \wedge \overline{D} \wedge E)} \vee \overset{②}{(\overline{A} \wedge B \wedge C \wedge D \wedge E)} \vee \overset{③}{(\overline{A} \wedge B \wedge C \wedge \overline{D} \wedge \overline{E})}$$
$$\vee \underset{④}{(\overline{A} \wedge B \wedge C \wedge D \wedge \overline{E})} \vee \underset{⑤}{(\overline{A} \wedge \overline{B} \wedge C \wedge D \wedge \overline{E})} \vee \underset{⑥}{(\overline{A} \wedge \overline{B} \wedge C \wedge \overline{D} \wedge E)}$$

Zur besseren Nachprüfbarkeit werden die Vollkonjunktionen numeriert. Die roten Nummern finden sich in den Feldern des KV-Diagramms wieder. Es können 2 Päckchen gebildet werden. Das rote Päckchen auf der rechten Tafel hat den Wert $\overline{A} \wedge C \wedge \overline{E}$. Die Variablen B und D fallen bei diesem Päckchen weg.

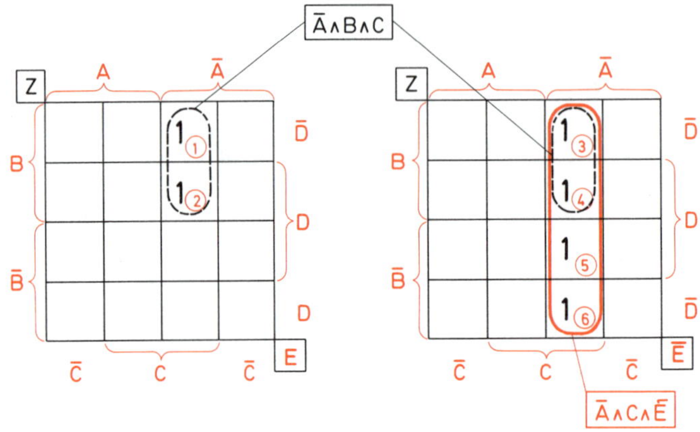

Bild 5.43 KV-Diagramm zu Beispiel 1

Das gestrichelt gezeichnete Päckchen ist ein Viererpäckchen, das über 2 «Stockwerke» geht. Man muß sich ja die beiden Tafeln des Diagramms Bild 5.43 als übereinanderliegend vorstellen. Der Inhalt dieses Päckchens ist $\overline{A} \wedge B \wedge C$. Da das Päckchen über 2 Stockwerke geht, fällt die Variable E heraus. Die Variable D entfällt ebenfalls. Die vereinfachte Gleichung lautet also:

$$Z = (\overline{A} \wedge B \wedge C) \vee (\overline{A} \wedge C \wedge \overline{E})$$

Beispiel 2:
Im KV-Diagramm Bild 5.44 ist eine ODER-Normalform angegeben. Diese ist möglichst weitgehend zu vereinfachen.
Die Einsen an den Ecken beider Tafeln können zu einem Achterpäckchen zusammengefaßt werden. Dieses Päckchen geht über 2 Stockwerke. Sein Inhalt ist $\overline{C} \wedge \overline{D}$.
Weiter können ein Viererpäckchen und ein Zweierpäckchen gebildet werden. Der Inhalt des Viererpäckchens ist $\overline{B} \wedge D \wedge \overline{E}$. Der Inhalt des Zweierpäckchens ist $B \wedge C \wedge D \wedge E$. Man erhält die vereinfachte Gleichung:

$$Y = (\overline{C} \wedge \overline{D}) \vee (\overline{B} \wedge D \wedge \overline{E}) \vee (B \wedge C \wedge D \wedge E)$$

Die Vereinfachung ist erheblich. Man kann das am besten beurteilen, wenn man die im KV-Diagramm Bild 5.44 enthaltene ODER-Normalform aufschreibt.

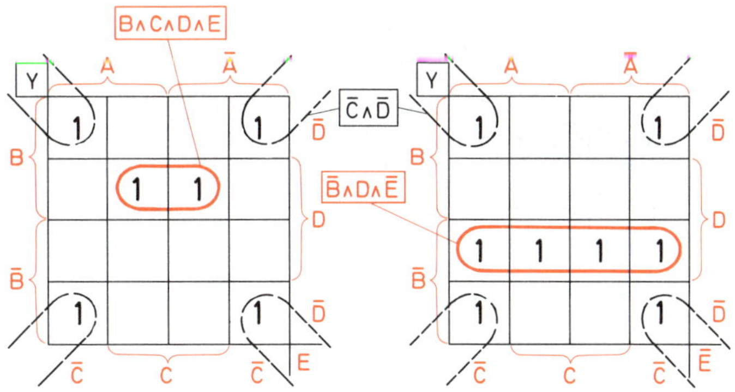

Bild 5.44 KV-Diagramm zu Beispiel 2

Beispiel 3:
Wie lautet die im KV-Diagramm Bild 5.44 enthaltene ODER-Normalform?
Die linke Tafel des KV-Diagramms enthält 6 Vollkonjunktionen, die rechte Tafel enthält 8. Somit ergibt sich eine ODER-Normalform mit 14 Vollkonjunktionen.

$$\begin{aligned} Y = {} & (A \wedge B \wedge \overline{C} \wedge \overline{D} \wedge E) \vee (\overline{A} \wedge B \wedge \overline{C} \wedge \overline{D} \wedge E) \vee (A \wedge B \wedge C \wedge D \wedge E) \\ & \vee (\overline{A} \wedge B \wedge C \wedge D \wedge E) \vee (A \wedge \overline{B} \wedge \overline{C} \wedge \overline{D} \wedge E) \vee (\overline{A} \wedge \overline{B} \wedge \overline{C} \wedge \overline{D} \wedge E) \\ & \vee (A \wedge B \wedge \overline{C} \wedge \overline{D} \wedge \overline{E}) \vee (\overline{A} \wedge B \wedge \overline{C} \wedge \overline{D} \wedge \overline{E}) \vee (A \wedge \overline{B} \wedge \overline{C} \wedge D \wedge \overline{E}) \\ & \vee (A \wedge \overline{B} \wedge C \wedge D \wedge \overline{E}) \vee (\overline{A} \wedge \overline{B} \wedge C \wedge D \wedge \overline{E}) \vee (\overline{A} \wedge \overline{B} \wedge \overline{C} \wedge D \wedge \overline{E}) \\ & \vee (A \wedge \overline{B} \wedge \overline{C} \wedge \overline{D} \wedge \overline{E}) \vee (\overline{A} \wedge \overline{B} \wedge \overline{C} \wedge \overline{D} \wedge \overline{E}) \end{aligned}$$

5.4.5 KV-Diagramme für mehr als 5 Variable

In der Praxis treten ODER-Normalformen mit mehr als 5 Variablen selten auf. KV-Diagramme für mehr als 5 Variable werden daher auch selten benötigt. Man kann aber solche Diagramme aufstellen. KV-Diagramme für 6 Variable sind noch einigermaßen übersichtlich. Bei 7 und mehr Variablen geht die Übersichtlichkeit weitgehend verloren.
Bei einem KV-Diagramm für 6 Variable benötigt man für die dann möglichen Vollkonjunktionen 64 Plätze. Geht man vom KV-Diagramm für 5 Variable aus, so muß man erneut «aufstocken». Auf die zwei Stockwerke kommt ein drittes und ein viertes Stockwerk (Bild 5.45).
Die vier Stockwerke kann man in einer Ebene ausbreiten (Bild 5.46). Bei der Päckchenbildung muß man dann stets daran denken, daß die vier Tafeln eigentlich übereinanderliegen.
Bei ODER-Normalformen mit 6 und mehr Variablen ist es zweckmäßig, zwei oder auch drei Variable durch eine neue Variable zu ersetzen. Die Vereinfachung kann dann in mehreren Schritten erfolgen.

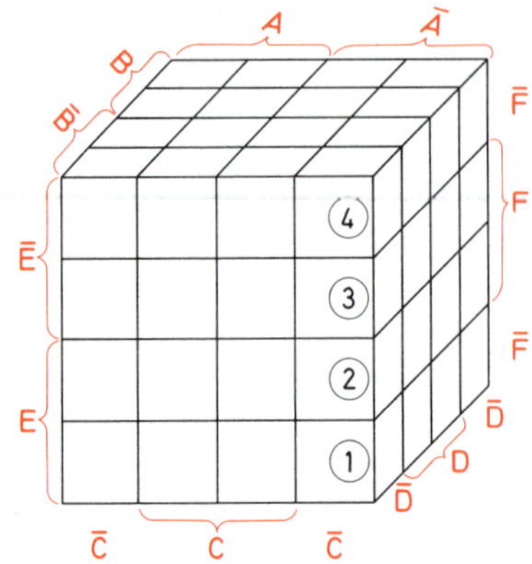

Bild 5.45 KV-Diagramm für 6 Variable

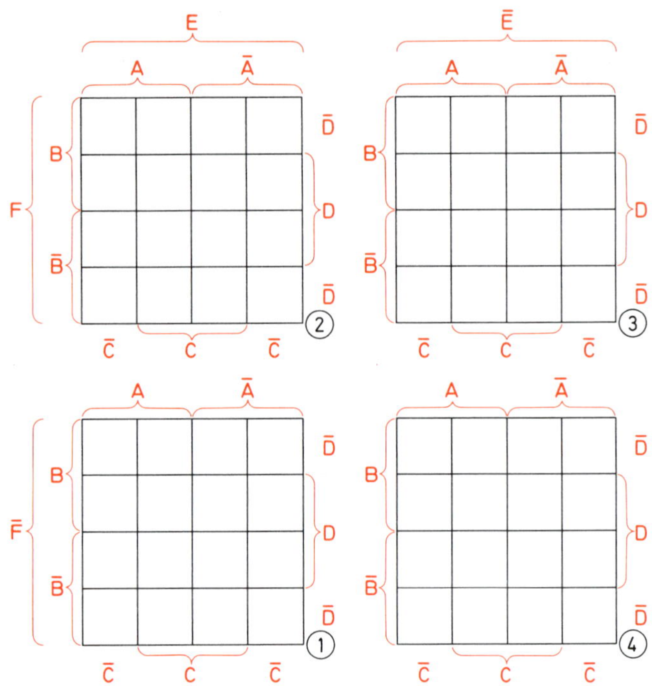

Bild 5.46 KV-Diagramm für 6 Variable, in einer Ebene gezeichnet

Beispiel:

$$Z = (A \wedge \overline{B} \wedge C \wedge D \wedge E \wedge \overline{F}) \vee (A \wedge \overline{B} \wedge \overline{C} \wedge D \wedge E \wedge \overline{F})$$
$$\vee (A \wedge B \wedge C \wedge \overline{D} \wedge E \wedge F) \vee (A \wedge B \wedge C \wedge D \wedge E \wedge F)$$

Alle vier Vollkonjunktionen enthalten die Variablen A und E in gleicher, also hier in nicht negierter Form. Man kann nun $A \wedge E$ als eine Variable auffassen:

$$A \wedge E = P$$

Damit erhält man eine ODER-Normalform mit nur 5 Variablen:

$$Z = (\overline{P} \wedge B \wedge C \wedge D \wedge \overline{F}) \vee (P \wedge \overline{B} \wedge \overline{C} \wedge D \wedge \overline{F})$$
$$\vee (P \wedge B \wedge C \wedge \overline{D} \wedge F) \vee (P \wedge B \wedge C \wedge D \wedge F)$$

Nach der Vereinfachung ist P wieder durch A ∧ E zu ersetzen.

5.5 Berechnung von Verknüpfungsschaltungen

5.5.1 Allgemeine Hinweise

Für die Synthese von Schaltungen wurden in Abschnitt 5.1 folgende Schritte angeführt:

1. Beschreibung der Funktion der gesuchten Schaltung.
2. Festlegung der Eingangs- und Ausgangsvariablen und der Bedeutung von 0 und 1.
3. Erstellen der Wahrheitstabelle.
4. Bestimmen der logischen Verknüpfungsschaltung.
5. Vereinfachung und gegebenenfalls Umformung der Schaltung.

Ist die Wahrheitstabelle bekannt, beginnt man in Schritt 4 jetzt zweckmäßigerweise mit der Aufstellung der ODER-Normalform. Diese wird mit Hilfe eines KV-Diagramms soweit wie möglich vereinfacht. Am Ende des Schrittes 4 liegt die vereinfachte Gleichung vor, nach der die Verknüpfungsschaltung aufgebaut werden kann.
In Schritt 5 ist zu prüfen, ob eine weitere Vereinfachung der gefundenen Gleichung mit Hilfe der Schaltalgebra möglich und sinnvoll ist. Wenn ja, ist diese Vereinfachung durchzuführen.
Jetzt muß man wissen, welche Verknüpfungsglieder tatsächlich zur Verfügung stehen. Die Gleichung ist dann so umzuformen, daß die zur Verfügung stehenden Glieder für den Schaltungsaufbau verwendet werden können. Danach kann die Schaltung aufgebaut werden.

5.5.2 Digitale Wechselschaltung

Mit Hilfe von Verknüpfungsgliedern soll eine Digitalschaltung aufgebaut werden, die wie eine Wechselschaltung funktioniert. Der Ausgangszustand soll sich stets dann ändern, wenn sich einer der beiden Eingangszustände ändert. Ändern sich beide Eingangszustände, so soll sich der Ausgangszustand nicht ändern. Die Schaltung soll mit NAND-Gliedern aufgebaut werden.
Die gesuchte Schaltung hat zwei Eingänge und einen Ausgang. Die Eingangsvariablen werden A und B genannt. Die Ausgangsvariable erhält die Bezeichnung Z (Bild 5.47).
Die Wahrheitstabelle einer Schaltung mit zwei Eingangsvariablen hat 4 Fälle (Bild 5.48). Der Ausgangszustand Z für den ersten Fall kann beliebig festgelegt werden. Es wird gewählt Z = 0.

Von Fall 1 nach Fall 2 ändert die Variable A ihren Zustand. Die Variable B ändert ihren Zustand nicht. Wenn nur eine Variable ihren Zustand ändert, muß sich der Ausgangszustand ändern. Z muß also 1 werden.
Beim Übergang von Fall 2 auf Fall 3 ändern sich die Zustände von A und B. Z ändert also seinen Zustand nicht. Beim Übergang von Fall 3 auf Fall 4 geht A von 0 auf 1. B bleibt auf 1. Somit muß sich Z von 1 auf 0 ändern. Damit wäre die Wahrheitstabelle fertig. Die Wahrheitstabelle könnte auch anders aussehen, wenn wir im Fall 1 Z = 1 gewählt hätten.

Bild 5.47 Blockschaltbild der digitalen Wechselschaltung

Fall	B	A	Z	
1	0	0	0	
2	0	1	1	$\Rightarrow A \wedge \overline{B}$
3	1	0	1	$\Rightarrow \overline{A} \wedge B$
4	1	1	0	

Bild 5.48 Wahrheitstabelle der digitalen Wechselschaltung

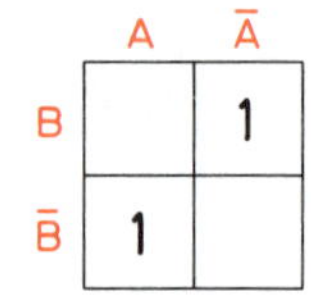

Bild 5.49 KV-Diagramm der digitalen Wechselschaltung

Für die Wahrheitstabelle Bild 5.48 ist nun die ODER-Normalform aufzustellen. Sie lautet:

$$Z = (\overline{A} \wedge B) \vee (A \wedge \overline{B})$$

Trägt man diese ODER-Normalform in ein KV-Diagramm ein, so zeigt sich, daß eine weitere Vereinfachung nicht möglich ist (Bild 5.49).
Da die Schaltung mit NAND-Gliedern aufgebaut werden soll, ist eine Umformung der Gleichung erforderlich:

$$Z = (\overline{A} \wedge B) \vee (A \wedge \overline{B})$$

$$Z = \overline{\overline{(\overline{A} \wedge B) \vee (A \wedge \overline{B})}}$$

$$Z = \overline{\overline{\overline{A} \wedge B} \wedge \overline{A \wedge \overline{B}}}$$

Die zu der umgeformten Gleichung gehörende Schaltung zeigt Bild 5.50.

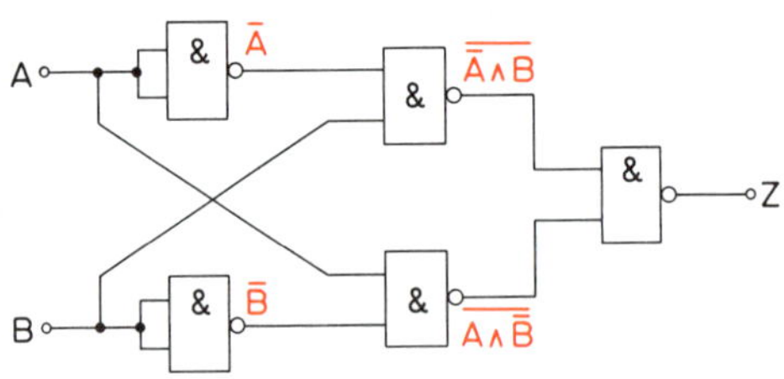

Bild 5.50 Digitalschaltung

5.5.3 Zwei-aus-Drei-Schaltung

Eine mit Risiken behaftete Anlage (z.B. ein Kernkraftwerk) soll im Gefahrenfall sofort abgeschaltet werden. Die Abschaltung soll automatisch erfolgen, und zwar mit Hilfe einer Digitalschaltung. In den Gefahrenmeldern, die die Abschaltung auslösen, können selbst Fehler auftreten. Man setzt daher an jeder kritischen Stelle drei gleichartige Gefahrenmelder ein (Bild 5.51).

Die Abschaltung soll nur dann erfolgen, wenn mindestens zwei der drei Gefahrenmelder die Gefahr anzeigen. Man verhindert so ein unnötiges Abschalten, das u.U. erhebliche Kosten verursachen kann. Die Gefahrenmelder geben bei Gefahr Zustand 1. Die Abschaltung der Anlage soll erfolgen, wenn am Ausgang der Digitalschaltung der Zustand 1 anliegt.

Gesucht wird also eine Schaltung, an deren Ausgang immer dann 1 auftritt, wenn an mindestens 2 der 3 Eingänge der Zustand 1 anliegt. Eine solche Schaltung heißt Zwei-aus-Drei-Schaltung.

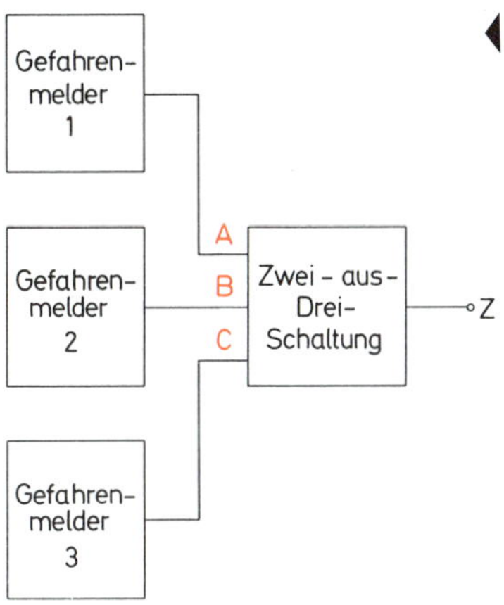

Bild 5.51 Gefahrenmelder und Zwei-aus-Drei-Schaltung

Fall	C	B	A	Z	
1	0	0	0	0	
2	0	0	1	0	
3	0	1	0	0	
4	0	1	1	1	$\Rightarrow A \wedge B \wedge \overline{C}$
5	1	0	0	0	
6	1	0	1	1	$\Rightarrow A \wedge \overline{B} \wedge C$
7	1	1	0	1	$\Rightarrow \overline{A} \wedge B \wedge C$
8	1	1	1	1	$\Rightarrow A \wedge B \wedge C$

Bild 5.52 Wahrheitstabelle der Zwei-aus-Drei-Schaltung

Die Eingangsvariablen erhalten die Namen A, B und C. Die Ausgangsvariable soll Z heißen. Nach den oben gemachten Angaben ist nun die Wahrheitstabelle aufzustellen. Immer, wenn zwei der Eingangsvariablen 1 sind, muß Z = 1 sein. Wenn alle drei Eingangsvariablen 1 sind, muß Z ebenfalls 1 sein. Die so gefundene Wahrheitstabelle zeigt Bild 5.52.

Nach der Wahrheitstabelle ist die ODER-Normalform aufzustellen. Sie lautet:

$$Z = (A \wedge B \wedge \overline{C}) \vee (A \wedge \overline{B} \wedge C) \vee (\overline{A} \wedge B \wedge C) \vee (A \wedge B \wedge C)$$

Die ODER-Normalform wird mit Hilfe eines KV-Diagramms vereinfacht (Bild 5.53). Es können drei Zweierpäckchen gebildet werden. Die vereinfachte Gleichung hat jetzt die Form:

$$Z = (A \wedge B) \vee (B \wedge C) \vee (A \wedge C)$$

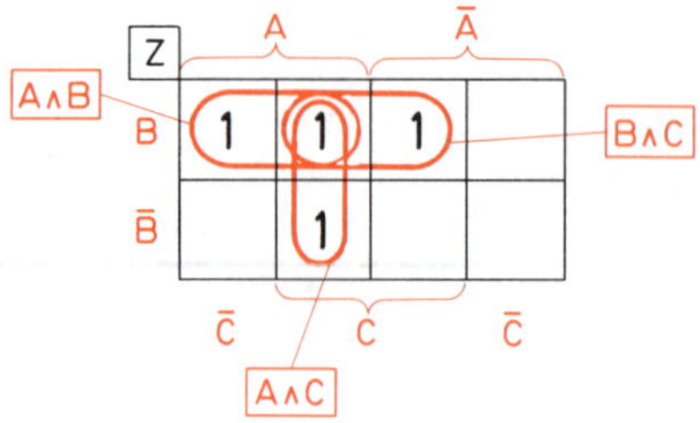

Bild 5.53 KV-Diagramm der Zwei-aus-Drei-Schaltung

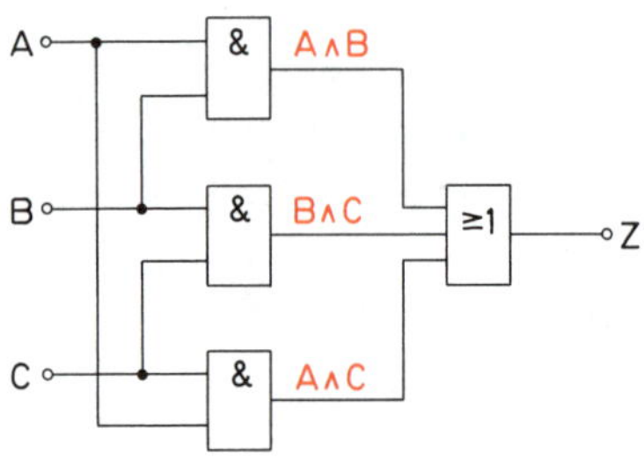

Bild 5.54 Zwei-aus-Drei-Schaltung

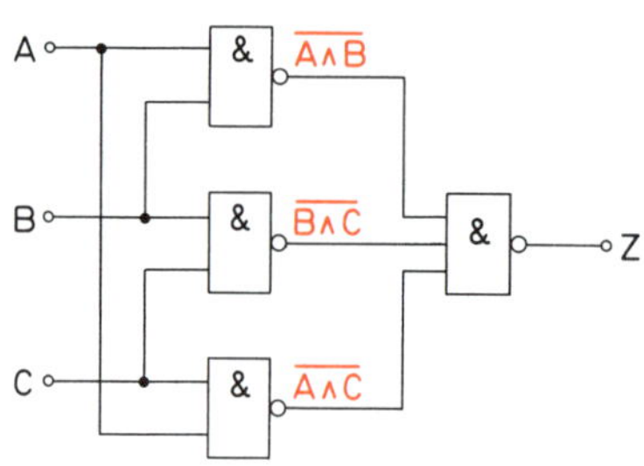

Bild 5.55 Zwei-aus-Drei-Schaltung, mit NAND-Gliedern aufgebaut

Nach dieser Gleichung kann die Schaltung aufgebaut werden (Bild 5.54).
Häufig sind nur NAND-Glieder vorhanden. Damit die Schaltung mit NAND-Gliedern aufgebaut werden kann, ist folgende Umrechnung erforderlich:

$$Z = (A \wedge B) \vee (B \wedge C) \vee (A \wedge C)$$

$$Z = \overline{\overline{(A \wedge B) \vee (B \wedge C) \vee (A \wedge C)}}$$

$$Z = \overline{\overline{A \wedge B} \wedge \overline{B \wedge C} \wedge \overline{A \wedge C}}$$

Die zugehörige Schaltung zeigt Bild 5.55.

5.5.4 Geradeschaltung

Für die Fehlererkennung in Kodes (siehe Abschnitte 8.7 und 8.8) und für allgemeine Überwachungsaufgaben wird häufig eine Schaltung benötigt, an deren Ausgang immer dann 1 anliegt, wenn eine geradzahlige Anzahl von Eingangsvariablen den Wert 1 haben. Eine solche Schaltung heißt Geradeschaltung.
Gesucht ist eine Geradeschaltung mit 4 Eingängen. Die Eingangsvariablen werden A, B, C und D genannt. Die Ausgangsvariable sei Y.
Zuerst ist eine Wahrheitstabelle aufzustellen. Y muß immer 1 sein, wenn 0, 2 oder 4 Eingangsvariable 1 sind (5.56).
Aus der Wahrheitstabelle ergibt sich die ODER-Normalform:

$$\begin{aligned} Y = {} & \underbrace{(\overline{A} \wedge \overline{B} \wedge \overline{C} \wedge \overline{D})}_{①} \\ & \vee \underbrace{(A \wedge B \wedge \overline{C} \wedge \overline{D})}_{④} \vee \underbrace{(A \wedge \overline{B} \wedge C \wedge \overline{D})}_{⑥} \\ & \vee \underbrace{(\overline{A} \wedge B \wedge C \wedge \overline{D})}_{⑦} \vee \underbrace{(A \wedge \overline{B} \wedge \overline{C} \wedge D)}_{⑩} \\ & \vee \underbrace{(\overline{A} \wedge B \wedge \overline{C} \wedge D)}_{⑪} \vee \underbrace{(\overline{A} \wedge \overline{B} \wedge C \wedge D)}_{⑬} \\ & \vee \underbrace{(A \wedge B \wedge C \wedge D)}_{⑯} \end{aligned}$$

Die einzelnen Vollkonjunktionen sind durch die Fallnummern gekennzeichnet.
Die ODER-Normalform soll mit einem KV-Diagramm vereinfacht werden (Bild 5.57).

Fall	D	C	B	A	Y	
1	0	0	0	0	1	⇒ $\overline{A} \wedge \overline{B} \wedge \overline{C} \wedge \overline{D}$
2	0	0	0	1	0	
3	0	0	1	0	0	
4	0	0	1	1	1	⇒ $A \wedge B \wedge \overline{C} \wedge \overline{D}$
5	0	1	0	0	0	
6	0	1	0	1	1	⇒ $A \wedge \overline{B} \wedge C \wedge \overline{D}$
7	0	1	1	0	1	⇒ $\overline{A} \wedge B \wedge C \wedge \overline{D}$
8	0	1	1	1	0	
9	1	0	0	0	0	
10	1	0	0	1	1	⇒ $A \wedge \overline{D} \wedge \overline{C} \wedge D$
11	1	0	1	0	1	⇒ $\overline{A} \wedge B \wedge \overline{C} \wedge D$
12	1	0	1	1	0	
13	1	1	0	0	1	⇒ $\overline{A} \wedge \overline{B} \wedge C \wedge D$
14	1	1	0	1	0	
15	1	1	1	0	0	
16	1	1	1	1	1	⇒ $A \wedge B \wedge C \wedge D$

Bild 5.56 Wahrheitstabelle einer Geradeschaltung

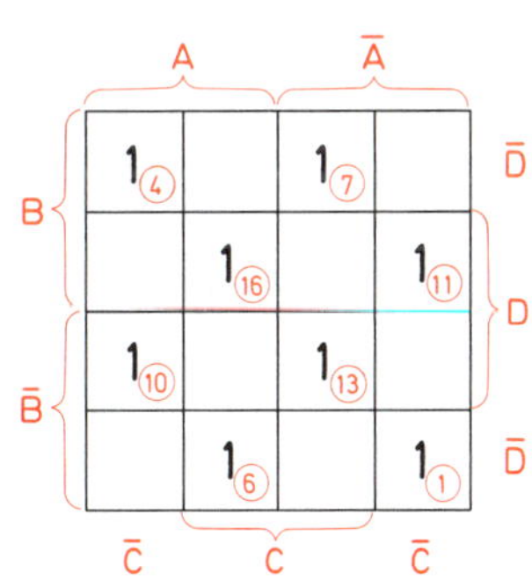

Bild 5.57 KV-Diagramm der Geradeschaltung

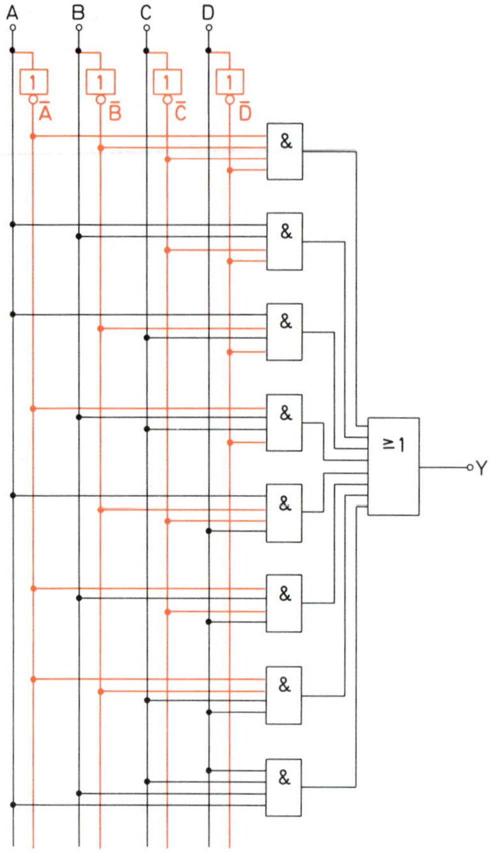

Bild 5.58 Geradeschaltung

Bild 5.59 Wahrheitstabelle einer Schwellwertschaltung

Fall	E	D	C	B	A	Z	
1	0	0	0	0	0	0	
2	0	0	0	0	1	0	
3	0	0	0	1	0	0	
4	0	0	0	1	1	0	
5	0	0	1	0	0	0	
6	0	0	1	0	1	0	
7	0	0	1	1	0	0	
8	0	0	1	1	1	0	
9	0	1	0	0	0	0	
10	0	1	0	0	1	0	
11	0	1	0	1	0	0	
12	0	1	0	1	1	0	
13	0	1	1	0	0	0	
14	0	1	1	0	1	0	
15	0	1	1	1	0	0	
16	0	1	1	1	1	1	$\Rightarrow A \wedge B \wedge C \wedge D \wedge \bar{E}$
17	1	0	0	0	0	0	
18	1	0	0	0	1	0	
19	1	0	0	1	0	0	
20	1	0	0	1	1	0	
21	1	0	1	0	0	0	
22	1	0	1	0	1	0	
23	1	0	1	1	0	0	
24	1	0	1	1	1	1	$\Rightarrow A \wedge B \wedge C \wedge \bar{D} \wedge E$
25	1	1	0	0	0	0	
26	1	1	0	0	1	0	
27	1	1	0	1	0	0	
28	1	1	0	1	1	1	$\Rightarrow A \wedge B \wedge \bar{C} \wedge D \wedge E$
29	1	1	1	0	0	0	
30	1	1	1	0	1	1	$\Rightarrow A \wedge \bar{B} \wedge C \wedge D \wedge E$
31	1	1	1	1	0	1	$\Rightarrow \bar{A} \wedge B \wedge C \wedge D \wedge E$
32	1	1	1	1	1	1	$\Rightarrow A \wedge B \wedge C \wedge D \wedge E$

Es tritt hier der seltene Fall auf, daß eine Päckchenbildung nicht möglich ist. Die ODER-Normalform kann also nicht vereinfacht werden. Die Schaltung muß daher nach der ODER-Normalform aufgebaut werden (Bild 5.58).

5.5.5 Schwellwertschaltung

Eine Schwellwertschaltung ist eine Schaltung, bei der eine bestimmte Mindestanzahl von Eingangsvariablen den Wert 1 haben muß, damit der Ausgang den Wert 1 hat.
Zu berechnen ist eine Schaltung mit 5 Eingangsvariablen. Am Ausgang soll nur dann 1 liegen, wenn an mindestens 4 Eingängen 1 anliegt.
Die Eingangsvariablen erhalten die Namen A, B, C, D und E. Die Ausgangsvariable wird mit Z bezeichnet. Zunächst ist die Wahrheitstabelle aufzustellen. Bei 5 Variablen ergeben sich 32 Fälle (Bild 5.59).
Die ODER-Normalform besteht aus 6 Vollkonjunktionen:

$$\begin{aligned} Z = {} & (A \wedge B \wedge C \wedge D \wedge \overline{E}) \\ & \vee (A \wedge B \wedge C \wedge \overline{D} \wedge E) \\ & \vee (A \wedge B \wedge \overline{C} \wedge D \wedge E) \\ & \vee (A \wedge \overline{B} \wedge C \wedge D \wedge E) \\ & \vee (\overline{A} \wedge B \wedge C \wedge D \wedge E) \\ & \vee (A \wedge B \wedge C \wedge D \wedge E) \end{aligned}$$

Die ODER-Normalform wird mit Hilfe eines KV-Diagramms vereinfacht (Bild 5.60). Es lassen sich 5 Zweierpäckchen bilden. Damit ergibt sich folgende vereinfachte Gleichung:

$$\begin{aligned} Z = {} & (A \wedge B \wedge C \wedge E) \vee (A \wedge B \wedge D \wedge E) \vee (A \wedge B \wedge C \wedge D) \\ & \vee (A \wedge C \wedge D \wedge E) \vee (B \wedge C \wedge D \wedge E) \end{aligned}$$

Die zu der vereinfachten Gleichung gehörende Schaltung ist in Bild 5.61 dargestellt. Man könnte überlegen, ob es sinnvoll ist, die Gleichung mit Hilfe der Schaltalgebra noch

Bild 5.60 KV-Diagramm der Schwellwertschaltung

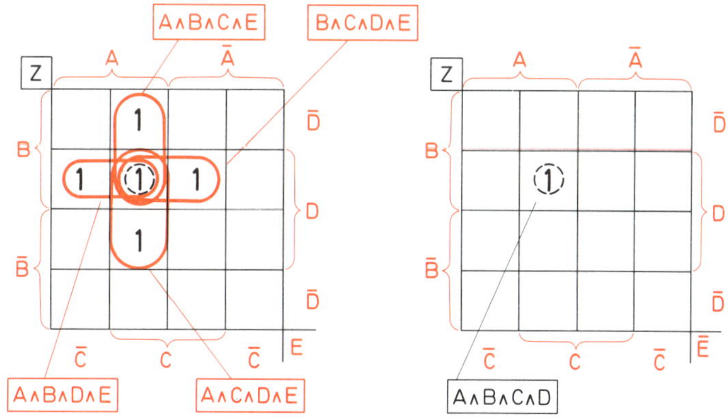

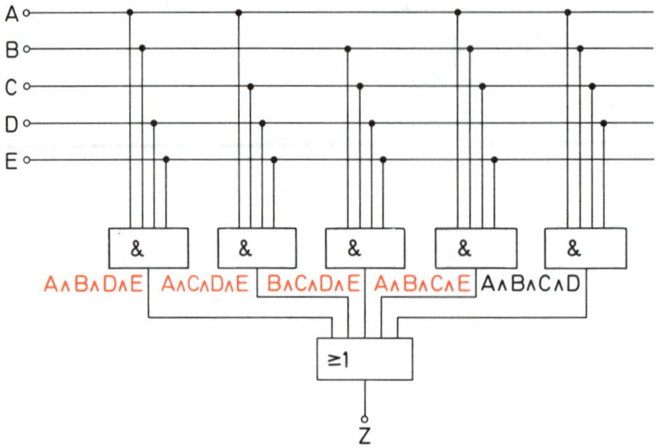

Bild 5.61 Schwellwertschaltung

etwas weiter zu vereinfachen. Es wäre möglich, aus den ersten 3 Vollkonjunktionen $(A \wedge B)$ auszuklammern. Aus den letzten beiden Vollkonjunktionen könnte $(C \wedge D)$ ausgeklammert werden. Damit ergäbe sich die Gleichung:

$$Z = [(A \wedge B) \wedge ((C \wedge E) \vee (D \wedge E) \wedge C \wedge D))] \\ \vee [(C \wedge D) \wedge ((A \wedge E) \vee (B \wedge E))]$$

Eine ins Gewicht fallende Vereinfachung ergibt sich aber nicht.

5.5.6 Vergleichsschaltung (Komparator)

In der Digitaltechnik sind häufig digitale Ausdrücke miteinander zu vergleichen. Die einfachste Vergleichsschaltung, der sogenannte Komparator, vergleicht die Zustände zweier Variabler miteinander.
Die beiden Variablen sollen A und B heißen. A und B können gleich sein. A kann größer als B sein und umgekehrt. Der Komparator hat für die drei Möglichkeiten drei Ausgänge. Sie sollen mit X, Y und Z bezeichnet und wie folgt zugeordnet werden:

$$A = B \Rightarrow X = 1$$
$$A > B \Rightarrow Y = 1$$
$$A < B \Rightarrow Z = 1$$

Gesucht wird also eine Schaltung mit den beiden Eingangsvariablen A und B und mit den Ausgangsvariablen X, Y und Z.
Bei der Aufstellung der Wahrheitstabelle ist zu beachten: A ist dann größer B, wenn $A = 1$ und $B = 0$ ist. Entsprechend ist B dann größer A, wenn $B = 1$ und $A = 0$ ist. Die Wahrheitstabelle zeigt Bild 5.62.
Aus der Wahrheitstabelle ergeben sich die Gleichungen:

$$X = (\overline{A} \wedge \overline{B}) \vee (A \wedge B)$$
$$Y = A \wedge \overline{B}$$
$$Z = \overline{A} \wedge B$$

			A=B	A>B	A<B
Fall	B	A	X	Y	Z
1	0	0	1	0	0
2	0	1	0	1	0
3	1	0	0	0	1
4	1	1	1	0	0

Bild 5.62 Wahrheitstabelle eines Komparators

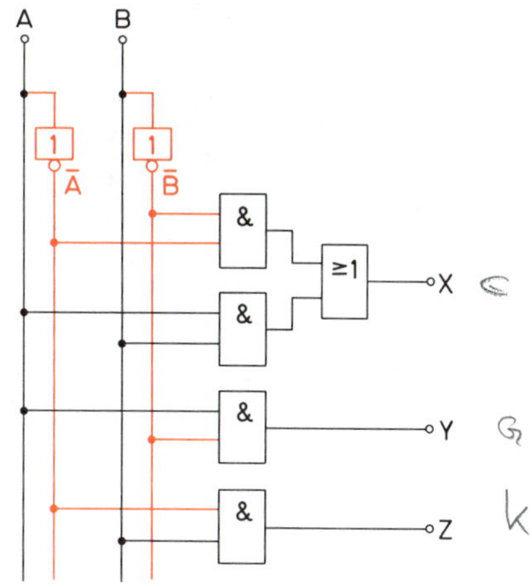

Bild 5.63 Schaltung eines Komparators

Diese Gleichungen lassen sich nicht weiter vereinfachen. Die gesuchte Schaltung zeigt Bild 5.63.

5.5.7 Transistor-Sortierschaltung

Transistoren sollen vor der Auslieferung daraufhin überprüft werden, ob die vier wichtigen Daten A, B, C, D innerhalb eines vorgeschriebenen Toleranzbereiches liegen. Zum Messen werden vier digitale Meßeinheiten verwendet. Jede Meßeinrichtung gibt dann 1, wenn der von ihr zu messende Wert innerhalb des Toleranzbereichs liegt. Liegt der Wert außerhalb des Toleranzbereichs, so gibt die Meßeinrichtung 0.
Das Sortieren der Transistoren soll mit Hilfe einer Digitalschaltung erfolgen. Liegen alle vier Daten innerhalb des Toleranzbereichs, soll ein Ausgang M der Schaltung 1 geben. Liegt nur B außerhalb des Toleranzbereichs, so soll ein Ausgang N den Zustand 1 geben. Liegen nur B und D außerhalb des Toleranzbereichs, so soll ein Ausgang U den Zustand 1 geben. In allen anderen Fällen muß ein Ausgang Z = 1 sein, was bedeutet, daß der Transistor Ausschuß ist.
Die gesuchte Schaltung soll berechnet und mit NAND-Gliedern aufgebaut werden.
Es sind vier Eingangsvariable vorhanden, nämlich A, B, C und D. Die Ausgangsvariablen heißen M, N, U und Z. M wird nur 1, wenn A = 1, B = 1, C = 1 und D = 1 sind. Das ist der Fall 16 in der Wahrheitstabelle Bild 5.64. N wird 1, wenn A = 1, B = 0, C = 1 und D = 1 sind (Fall 14). U wird 1, wenn A = 1, B = 0, C = 1 und D = 0 sind (Fall 6). In allen Fällen außer den Fällen 6, 14 und 16 wird Z = 1.
Es ergeben sich folgende Gleichungen:

$$M = A \wedge B \wedge C \wedge D$$
$$N = A \wedge \overline{B} \wedge C \wedge D$$
$$U = A \wedge \overline{B} \wedge C \wedge \overline{D}$$

Fall	D	C	B	A	M	N	U	Z	$\overline{Z}$
1	0	0	0	0				1	
2	0	0	0	1				1	
3	0	0	1	0				1	
4	0	0	1	1				1	
5	0	1	0	0				1	
6	0	1	0	1			1		1
7	0	1	1	0				1	
8	0	1	1	1				1	
9	1	0	0	0				1	
10	1	0	0	1				1	
11	1	0	1	0				1	
12	1	0	1	1				1	
13	1	1	0	0				1	
14	1	1	0	1		1			1
15	1	1	1	0				1	
16	1	1	1	1	1				1

Bild 5.64 Wahrheitstabelle einer Transistor-Sortierschaltung. Zur Erhöhung der Übersichtlichkeit wurden die 0-Zustände bei den Ausgangsvariablen nicht eingetragen

Die Gleichung für Z enthält 13 Vollkonjunktionen. Z ist immer dann 1, wenn weder M noch N noch U 1 ist. Es ist besser, die ODER-Normalform für $\overline{Z}$ aufzustellen (Bild 5.64).

$$\overline{Z} = (A \wedge B \wedge C \wedge D) \vee (A \wedge \overline{B} \wedge C \wedge D) \vee (A \wedge \overline{B} \wedge C \wedge \overline{D})$$

$$\overline{Z} = M \vee N \vee U$$

Damit ergibt sich für Z:

$$Z = \overline{M \vee N \vee U}$$

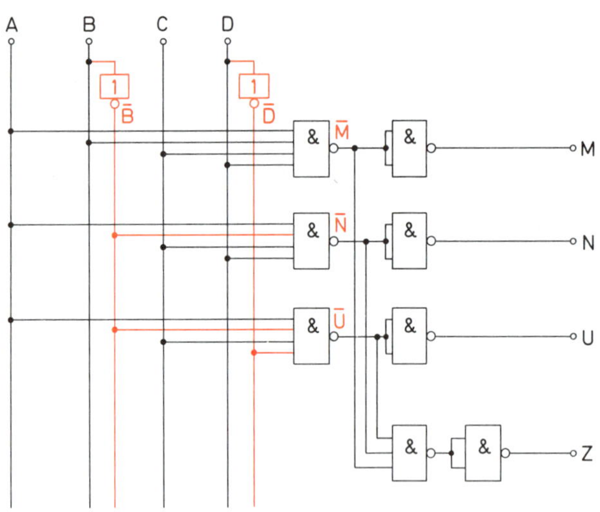

Bild 5.65 Transistor-Sortierschaltung

Die gefundenen Gleichungen für M, N und U lassen sich nicht mehr vereinfachen. Sie sollen zusammen mit der Gleichung für Z auf NAND umgerechnet werden:

$$M = \overline{\overline{A \wedge B \wedge C \wedge D}}$$

$$N = \overline{\overline{A \wedge \overline{B} \wedge C \wedge D}}$$

$$U = \overline{\overline{A \wedge \overline{B} \wedge C \wedge \overline{D}}}$$

$$Z = \overline{M \vee N \vee U} = \overline{M} \wedge \overline{N} \wedge \overline{U}$$

$$Z = \overline{\overline{\overline{M} \wedge \overline{N} \wedge \overline{U}}}$$

Aus diesen Gleichungen ergibt sich die in Bild 5.65 dargestellte Schaltung.
Durch die Ausgangszustände von M, N, U und Z kann eine mechanische Vorrichtung gesteuert werden, mit der die Transistoren in 4 verschiedene Behälter abgelegt werden.

5.6 Aufgaben zum Schaltungsentwurf

5.6.1 Steuerschaltung

Gesucht ist eine Steuerschaltung, die die Wahrheitstabelle Bild 5.66 erfüllt. Stellen Sie die ODER-Normalformen für X, Y und Z auf, und vereinfachen Sie diese soweit wie möglich mit Hilfe von KV-Diagrammen. Die gefundenen Gleichungen für X, Y und Z sind so umzurechnen, daß ein Aufbau der Schaltung nur mit NOR-Gliedern möglich ist. Die gesuchte Schaltung ist zu zeichnen.

Bild 5.66 Wahrheitstabelle der gesuchten Steuerschaltung

Fall	D	C	B	A	X	Y	Z
1	0	0	0	0	1	0	0
2	0	0	0	1	1	0	0
3	0	0	1	0	1	0	0
4	0	0	1	1	1	0	0
5	0	1	0	0	0	1	1
6	0	1	0	1	0	1	1
7	0	1	1	0	1	0	0
8	0	1	1	1	0	1	1
9	1	0	0	0	0	0	1
10	1	0	0	1	0	0	1
11	1	0	1	0	1	0	0
12	1	0	1	1	0	0	1
13	1	1	0	0	0	1	1
14	1	1	0	1	0	1	1
15	1	1	1	0	1	0	0
16	1	1	1	1	0	1	1

5.6.2 Ungeradeschaltung

Eine Ungeradeschaltung ist eine Schaltung, an deren Ausgang nur dann 1 liegt, wenn eine ungerade Anzahl von Eingangsvariablen den Wert 1 hat. Die Schaltung soll 3 Eingänge haben.

Gesucht ist eine möglichst einfache Schaltung, die mit NAND-Gliedern aufgebaut werden kann.

5.6.3 Majoritätsschaltung

Am Ausgang einer Majoritätsschaltung liegt nur dann 1, wenn die Mehrheit der Eingänge den Zustand 1 hat.
Stellen Sie die Wahrheitstabelle für eine Majoritätsschaltung mit 5 Eingängen auf. Aus dieser Wahrheitstabelle ist die ODER-Normalform zu entnehmen. Versuchen Sie, die ODER-Normalform möglichst weitgehend zu vereinfachen. Geben Sie eine möglichst einfache Schaltung an, die mit Grundgliedern aufgebaut ist.
Für den Aufbau der Schaltung stehen nur NOR-Glieder zur Verfügung. Die gefundene Gleichung ist so umzuformen, daß ein Aufbau mit NOR-Gliedern möglich ist.

5.6.4 Verriegelungsschaltung

Eine Kunststoffspritzmaschine darf zum Produktionsvorgang nur anlaufen, wenn der Startschalter für den Produktionsvorgang eingeschaltet ist, ein Füllstandmelder angibt, daß genug Spritzmaterial im Behälter ist, eine Sicherheitslichtschranke nicht unterbrochen ist, ein Temperaturmeßgerät die erforderliche Temperatur der Spritzformen meldet und der sogenannte Reinigungslauf nicht eingeschaltet ist.
Zum Reinigungslauf darf die Maschine nur anlaufen, wenn der Startschalter für den Reinigungslauf eingeschaltet ist, wenn der Füllstandsmelder angibt, daß kein Spritzmaterial im Behälter ist, die Sicherheitslichtschranke nicht unterbrochen ist und der Startschalter zum Produktionsvorgang nicht eingeschaltet ist. Die Temperatur der Spritzformen kann beliebig sein.
Die Einschaltung der vorgenannten Bedingungen soll mit Hilfe einer Digitalschaltung erreicht werden.
Festlegung der Variablen und der Bedeutung von 0 und 1:

Startschalter Produktionsvorgang ein:	A = 1
Füllstandsmelder meldet Füllung:	F = 1
Lichtschranke unterbrochen:	L = 0
Temperaturmelder meldet richtige Temperatur:	B = 1
Startschalter Reinigungslauf ein:	C = 1
Maschine darf zum Produktionsvorgang anlaufen:	Z = 1
Maschine darf zum Reinigungsvorgang anlaufen:	R = 1

Die gesuchte Schaltung hat also die Eingangsvariablen A, F, L, B, C und die Ausgangsvariablen Z und R (Bild 5.67).

Bild 5.67 Eingänge und Ausgänge der gesuchten Digitalschaltung

Sie arbeitet als sogenannte Verriegelungsschaltung, d.h., bestimmte Arbeitsweisen werden nur freigegeben, wenn bestimmte Bedingungen erfüllt sind.
Gesucht ist eine möglichst einfache Schaltung, die die beschriebenen Anforderungen erfüllt. Die Schaltung soll mit NAND-Gliedern aufgebaut sein.

5.6.5 Flugabwehr-Auslöseschaltung

Vier Radarmeßstellen liefern an eine digitale Verknüpfungsschaltung die Signale A, B, C und D, die 1 oder 0 sein können.
Das Signal A der Meßstelle 1 ist nur dann 1, wenn ein Flugkörper erfaßt ist. Bewegt sich der Flugkörper auf die Radarmeßstellen zu, gibt Meßstelle 2 das Signal B = 1, sofern der Flugkörper die Flughöhe von 2000 m nicht unterschreitet. Die Meßstelle 3 stellt die Kursänderung fest. Sie gibt nur dann C = 0, wenn sich der Kurs innerhalb einer Zeitdifferenz Δt ändert. Fliegt ein zweiter Flugkörper gleichzeitig in den Luftraum ein, gibt Meßstelle 4 D = 1.
Die Digitalschaltung soll nun so arbeiten, daß am Ausgang Z das Signal 1 erscheint, wenn ein Flugkörper erfaßt ist, der unter 2000 m Höhe fliegt, sich auf die Radarstellen zubewegt und seinen Kurs innerhalb Δt nicht ändert und ein zweiter Flugkörper nicht gleichzeitig einfliegt oder wenn ein Flugkörper über 2000 m auf die Meßstellen zu einfliegt, erfaßt ist und seinen Kurs innerhalb Δt nicht ändert und ein zweiter Flugkörper ebenfalls registriert wird.
Gesucht ist eine möglichst einfache Schaltung, die die beschriebenen Bedingungen erfüllt und mit NOR-Gliedern aufgebaut ist.

5.7 Lernziel-Test

1. Was versteht man unter einer Vollkonjunktion?
2. Wie sind ODER-Normalformen aufgebaut? Geben Sie ein Beispiel an.
3. Wie unterscheidet sich die UND-Normalform von der ODER-Normalform?
4. Die Wahrheitstabelle Bild 5.68 enthält die für eine Schaltung geforderten Verknüpfungseigenschaften. Stellen Sie die sich aus der Wahrheitstabelle ergebende ODER-Normalform auf.

Bild 5.68 Wahrheitstabelle

Fall	C	B	A	Z
1	0	0	0	0
2	0	0	1	**1**
3	0	1	0	0
4	0	1	1	**1**
5	1	0	0	**1**
6	1	0	1	0
7	1	1	0	**1**
8	1	1	1	0

5. Skizzieren Sie ein KV-Diagramm für die Variablen K, M, S und R.
6. Welche Nachbarschaftsbedingungen gelten für KV-Diagramme mit 4 Variablen?

7. Vereinfachen Sie mit Hilfe der Schaltalgebra die folgende ODER-Normalform und überprüfen Sie die erzielte Vereinfachung mit einem KV-Diagramm.

$$Z = (A \wedge B \wedge C) \vee (A \wedge \overline{B} \wedge C) \vee (\overline{A} \wedge \overline{B} \wedge C) \vee (\overline{A} \wedge \overline{B} \wedge \overline{C})$$

8. Im KV-Diagramm Bild 5.69 ist eine ODER-Normalform dargestellt. Vereinfachen Sie diese ODER-Normalform möglichst weitgehend und geben Sie die vereinfachte Gleichung an.

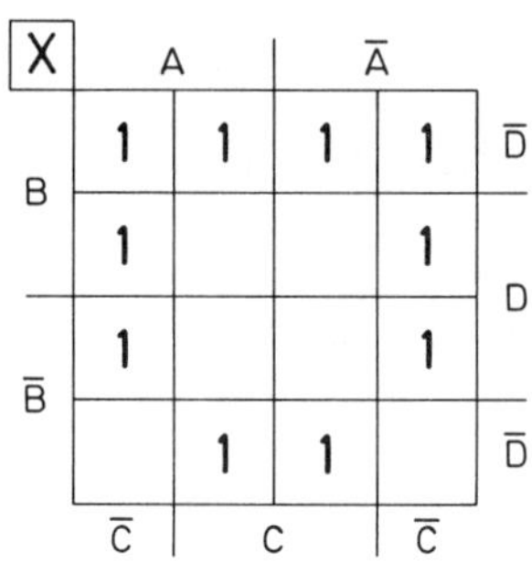

Bild 5.69 KV-Diagramm mit eingetragener ODER-Normalform

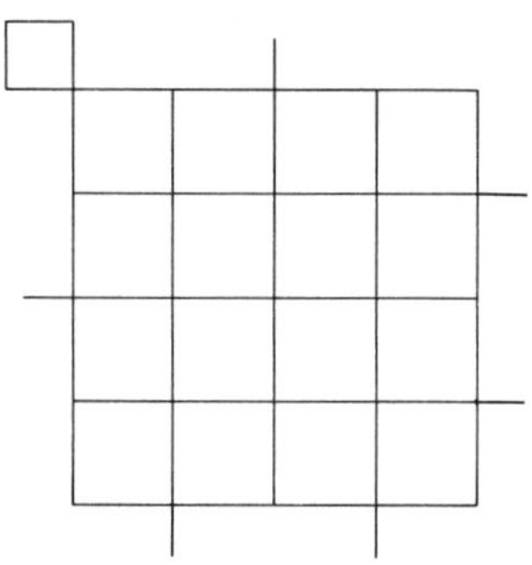

Bild 5.70 KV-Diagramm

9. Zeichnen Sie in das KV-Diagramm Bild 5.70 die Gleichung

$$Z = (\overline{A} \wedge B \wedge \overline{C} \wedge \overline{D}) \vee (A \wedge \overline{C}) \vee (\overline{A} \wedge \overline{B})$$

ein. Die Ausdrücke $(A \wedge \overline{C})$ und $(\overline{A} \wedge \overline{B})$ sind als Päckchen darzustellen.

10. Wie ist ein KV-Diagramm für 6 Variable aufgebaut?

6 Schaltkreisfamilien

6.1 Allgemeines

Verknüpfungsglieder, auch logische Glieder oder logische Elemente genannt, werden fast ausschließlich als Halbleiterschaltungen aufgebaut. Relaisschaltungen, wie sie in Abschnitt 2 zur besseren Verständlichkeit angeführt wurden, haben nur geringe Bedeutung. Sie werden heute vor allem für Steuerungen in der Starkstromtechnik als sogenannte Schützschaltungen verwendet. Unter einem Schütz versteht man ein Starkstromrelais, dessen Magnetspule für den Anschluß an 220-V-Wechselspannung ausgelegt ist.
Für den Aufbau von Verknüpfungsgliedern werden Halbleiter-Bauelemente verwendet. Ein Transistor kann bekanntlich als kontaktloser Schalter arbeiten. Solche kontaktlosen Schalter können mit bipolaren Transistoren und auch mit Feldeffekt-Transistoren verwirklicht werden. Auch Halbleiterdioden arbeiten schalterähnlich. Es ergibt sich somit eine Vielzahl von Möglichkeiten, Verknüpfungsglieder als Halbleiterschaltungen herzustellen.

Verknüpfungsglieder, die nach bestimmten Prinzipien aufgebaut sind, bilden eine Schaltkreisfamilie.

Verknüpfungsglieder einer Schaltkreisfamilie lassen sich ohne Schwierigkeiten zusammenschalten. Für den Aufbau einer digitalen Verknüpfungsschaltung verwendet man zweckmäßigerweise Glieder der gleichen Schaltkreisfamilie. Solche Glieder sind meist für einheitliche Speisespannungen ausgelegt und haben gleiche binäre Signalpegel. Die Schaltzeiten der einzelnen Glieder sind mit gewissen Toleranzen ebenfalls gleich.
Verknüpfungsglieder verschiedener Schaltkreisfamilien dürfen nur unter bestimmten Voraussetzungen miteinander kombiniert werden. Oft werden sogenannte Zwischenglieder zur Anpassung benötigt.
Die zuerst verwendeten Halbleiter-Verknüpfungsglieder wurden aus diskreten Halbleiter-Bauelementen aufgebaut. Unter diskreten Halbleiter-Bauelementen versteht man die üblichen auf dem Markt befindlichen Einzelhalbleiter-Bauteile mit Gehäusen und Anschlußdrähten, also übliche Dioden, Transistoren und andere Bauteile. Nicht diskret sind Halbleiter-Bauelemente in integrierten Schaltungen – also eingebaute Transistor- oder Diodensysteme.
Die Bedeutung der Schaltkreisfamilien, deren Glieder mit diskreten Halbleiter-Bauelementen aufgebaut sind, ist stark zurückgegangen. Solche Glieder haben verhältnismäßig große Abmessungen und sind in der Herstellung viel teurer als Glieder in integrierten Schaltungen. Sie haben nur den Vorteil, daß man sie leicht selbst herstellen kann.

Das RTL-System ist eine Schaltkreisfamilie, deren Glieder mit Widerständen und bipolaren Transistoren aufgebaut werden (Bild 6.1). Die Bezeichnung RTL bedeutet Resistor-Transistor-Logic. Eine andere «diskrete» Schaltkreisfamilie heißt DCTL-System – Direct Coupled Transistor Logic System, also direkt gekoppeltes Transistor-Logiksystem. Die Glieder bestehen aus direkt gekoppelten Transistor-Schalterstufen mit bipolaren Transistoren (Bild 6.2). Beide Schaltkreisfamilien werden heute kaum noch verwendet.

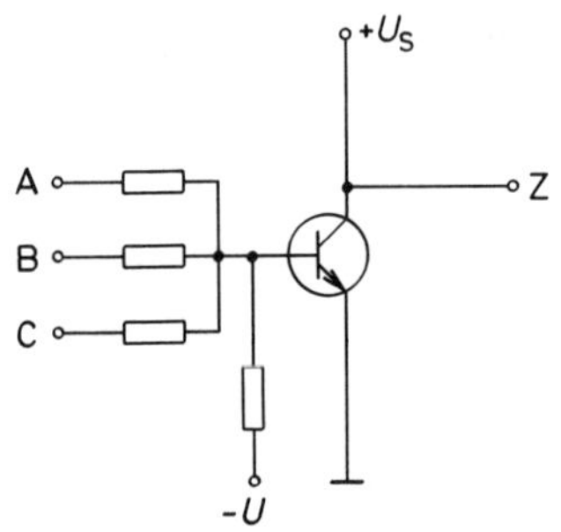

Bild 6.1 RTL-Schaltung

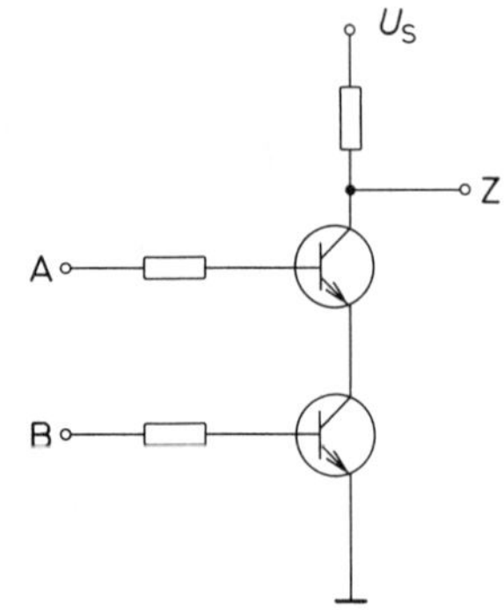

Bild 6.2 DCTL-Schaltung

Eine größere Bedeutung hat das DTL-System. DTL ist die Abkürzung für Dioden-Transistor-Logik. Dieser Schaltkreisfamilie ist der Abschnitt 6.5 gewidmet.

Sehr groß ist die Bedeutung der Schaltkreis-Familie TTL. TTL bedeutet Transistor-Transistor-Logik. Die Glieder sind als integrierte Schaltungen mit bipolaren Transistorsystemen aufgebaut (Abschnitt 6.6).

Eine weitere bedeutende Schaltkreisfamilie trägt die Bezeichnung ECL. Dies ist die Abkürzung für Emitter-Coupled Logik = emittergekoppelte Logik (Abschnitt 6.7). Die Transistor-Schalterstufen haben gemeinsame Emitterwiderstände. ECL-Glieder werden mit bipolaren Transistorsystemen als integrierte Schaltungen hergestellt.

MOS-Feldeffekt-Transistorsysteme werden in der MOS-Schaltkreisfamilie verwendet (Abschnitt 6.8). Die Schalterstufen sind mit selbstsperrenden MOS-FET vom N-Kanal-Typ (N-MOS) oder mit selbstsperrenden MOS-FET vom P-Kanal-Typ (siehe Beuth, Elektronik 2) als integrierte Schaltungen aufgebaut. Werden in einem Glied sowohl N-Kanal-MOS-FET als auch P-Kanal-MOS-FET eingesetzt, spricht man von komplementärer MOS-Technik. Die zugehörige Schaltkreisfamilie heißt CMOS oder COSMOS (Abschnitt 6.8.4).

6.2 Binäre Spannungspegel

Verknüpfungsglieder werden als elektronische Schaltungen aufgebaut. Elektronische Schaltungen aber «verstehen» keine digitale Logik. Sie reagieren auf Spannungen an ihren Eingängen und auf entsprechende Ströme und haben an ihren Ausgängen bestimmte Spannungen. Das heißt, sie arbeiten «elektrisch». Dieser Gedanke lag dem Plan zugrunde, die Arbeitsweise aller digitalen Schaltungen elektrisch – also unabhängig von irgendwelchen logischen Zuordnungen – zu beschreiben.
Es ist nun möglich, eine der Wahrheitstabelle ähnliche Tabelle aufzustellen und in diese Tabelle die Spannungen einzutragen. Betrachten wir die Schaltung Bild 6.3. Legt man an den Eingang A +5 V, so wird die Diode D_1 in Durchlaßrichtung betrieben. An der Diode fällt die Spannung von 0,7 V (Si-Diode) ab. Am Ausgang Z liegt eine Spannung von 4,3 V. Die Spannung von 4,3 V liegt auch am Ausgang, wenn an B oder an beide Eingänge +5 V angelegt wird (Bild 6.4).

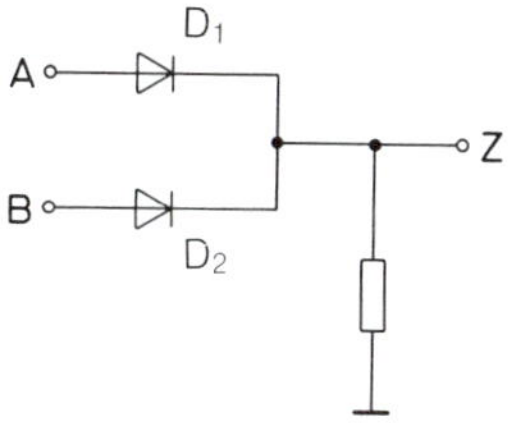

Bild 6.3 Verknüpfungsschaltung

Fall	B	A	Z
1	0 V	0 V	0 V
2	0 V	+5 V	+4,3 V
3	+5 V	0 V	+4,3 V
4	+5 V	+5 V	+4,3 V

Bild 6.4 Arbeitstabelle mit Spannungsangaben

Die in Bild 6.4 dargestellte Tabelle wird nach DIN 40700 Teil 14 Arbeitstabelle genannt. Sie darf nicht als Wahrheitstabelle bezeichnet werden, denn sie gibt keine Auskunft über die logische Verknüpfung.
Die Verknüpfungsschaltung Bild 6.3 kann aber auch z.B. mit 4 V oder mit 8 V betrieben werden. Dann gelten die Arbeitstabellen Bild 6.5. Es ist etwas umständlich, die Arbeitstabellen mit den Spannungen anzugeben. Auch ist oft nicht genau festgelegt, mit welcher Spannung eine Schaltung zu betreiben ist. Man kann in einem zulässigen Bereich verschiedene Spannungen wählen. Zweckmäßiger ist es, in den Arbeitstabellen nur zwischen hohen und niedrigen Spannungswerten zu unterscheiden. Man bezeichnet den hohen Spannungswert mit H (von «High», engl.: hoch) und den niedrigen Spannungswert mit L (von «Low», engl.: niedrig). H und L sind Spannungspegel.

L = Low = niedriger Spannungspegel

Pegel, der näher bei minus Unendlich ($-\infty$) liegt.

H = High = höherer Spannungspegel

Pegel, der näher bei plus Unendlich ($+\infty$) liegt.

Fall	B	A	Z
1	0 V	0 V	0 V
2	0 V	4 V	3,3 V
3	4 V	0 V	3,3 V
4	4 V	4 V	3,3 V

Fall	B	A	Z
1	0 V	0 V	0 V
2	0 V	8 V	7,3 V
3	8 V	0 V	7,3 V
4	8 V	8 V	7,3 V

Bild 6.5 Arbeitstabellen mit Spannungsangaben

Fall	B	A	Z
1	L	L	L
2	L	H	H
3	H	L	H
4	H	H	H

Bild 6.6 Arbeitstabelle mit Pegelangabe

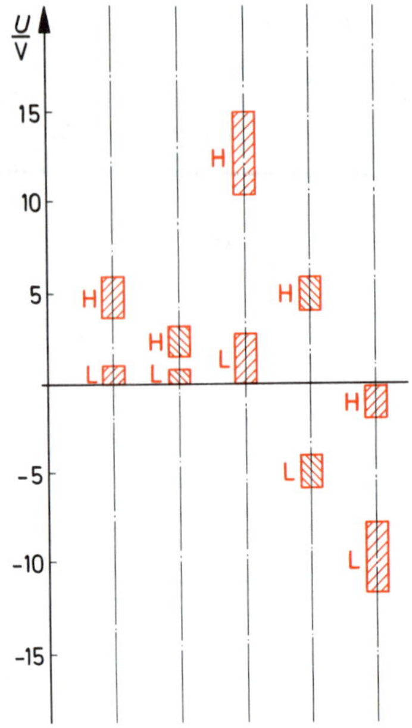

Bild 6.7 Mögliche Pegelbereiche L und H

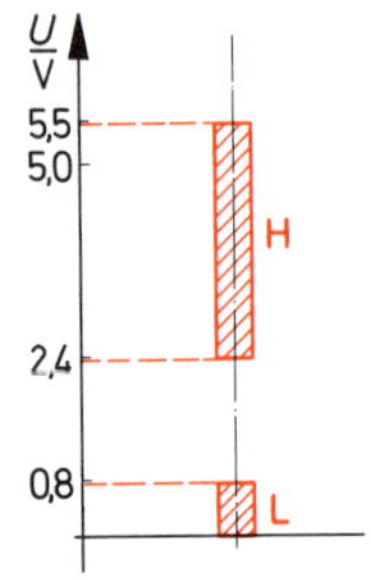

Bild 6.8 Pegelbereiche für L und H

Für die Schaltung Bild 6.3 ergibt sich die in Bild 6.6 dargestellte Arbeitstabelle mit Pegelangabe. Digitale Schaltungen können mit sehr unterschiedlichen Pegeln betrieben werden. Mögliche Pegel zeigt Bild 6.7.
Der H-Pegel darf nach Angaben des Herstellers einer Schaltung in einem bestimmten Spannungsbereich schwanken. Ebenfalls darf der L-Pegel in einem bestimmten Spannungsbereich schwanken. Diese Bereiche heißen Toleranzbereiche oder Pegelbereiche (Bild 6.8).

> *Die Angaben L und H sind keine logischen Zustände, sondern binäre Pegelangaben. Sie beschreiben die elektrische Arbeitsweise einer Schaltung.*

Welche logische Verknüpfung eine Schaltung erzeugt, kann erst gesagt werden, wenn die Pegel L und H den logischen Zuständen 0 und 1 zugeordnet worden sind.

6.3 Positive und negative Logik

Die binären Pegel L und H können den logischen Zuständen 0 und 1 auf zwei verschiedene Weisen zugeordnet werden:

L ≙ 0 H ≙ 1	L ≙ 1 H ≙ 0
(positive Logik)	(negative Logik)

Man spricht von positiver Logik, wenn dem niedrigeren Pegel der Zustand 0 und dem höheren Pegel der Zustand 1 zugeordnet ist.

In der Digitaltechnik wird heute überwiegend mit positiver Logik gearbeitet. Wenn bei Schaltungen keine näheren Angaben gemacht werden, kann man davon ausgehen, daß die positive Logik gilt.

Bei negativer Logik wird dem niedrigeren Pegel der Zustand 1 und dem höheren Pegel der Zustand 0 zugeordnet.

Die negative Logik hatte eine größere Bedeutung zu der Zeit, als nur PNP-Transistoren verfügbar waren. Bei negativen Spannungen für U_{CE} ergaben sich an den Ausgängen der Transistor-Schalterstufen negative Spannungswerte.

Beispiel: 0 ≙ − 0,3 V = H
1 ≙ −6 V = L

Die negative Logik wird heute vor allem bei bestimmten Steuerschaltungen aus Gründen der Störsicherheit verwendet.

Welche Verknüpfung erzeugt die Schaltung Bild 6.3 bei positiver Logik, welche Verknüpfung erzeugt sie bei negativer Logik?

Die Schaltung und die zugehörige Arbeitstabelle sind in Bild 6.9 dargestellt. Aus der Arbeitstabelle ist die Wahrheitstabelle abzuleiten. Bei positiver Logik ist für H der logische Zustand 1 und für L der logische Zustand 0 einzusetzen (Bild 6.10). Bei positiver Logik erzeugt die Schaltung eine ODER-Verknüpfung.

Bei negativer Logik wird aus L Zustand 1 und aus H Zustand 0 (Bild 6.11). Die Schaltung erzeugt eine UND-Verknüpfung. In der Wahrheitstabelle ist lediglich die Reihenfolge der Fälle etwas anders.

Beim Übergang von positiver zu negativer Logik und umgekehrt ändert eine Verknüpfungsschaltung ihre Verknüpfungseigenschaft.

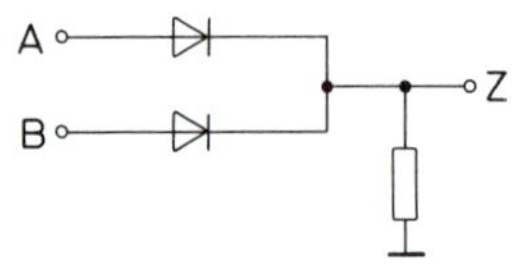

Bild 6.9 *Verknüpfungsschaltung mit Arbeitstabelle*

Fall	B	A	Z
1	L	L	L
2	L	H	H
3	H	L	H
4	H	H	H

Fall	B	A	Z
1	0	0	0
2	0	1	1
3	1	0	1
4	1	1	1

L ≙ 0
H ≙ 1

Bild 6.10 Wahrheitstabelle für positive Logik

Fall	B	A	Z
1	1	1	1
2	1	0	0
3	0	1	0
4	0	0	0

L ≙ 1
H ≙ 0

Bild 6.11 Wahrheitstabelle für negative Logik

Ein NICHT-Glied bleibt jedoch ein NICHT-Glied – bei positiver und negativer Logik (Bild 6.12).

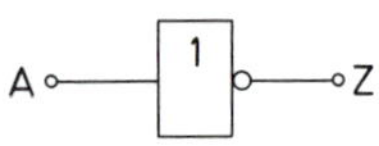

Fall	A	Z
1	0	1
2	1	0

Positive Logik

0 ≙ L
1 ≙ H

Fall	A	Z
1	L	H
2	H	L

Negative Logik

0 ≙ H
1 ≙ L

Fall	A	Z
1	H	L
2	L	H

Bild 6.12 Verhalten eines NICHT-Gliedes bei positiver und negativer Logik

Fall	B	A	Z
1	0	0	1
2	0	1	1
3	1	0	1
4	1	1	0

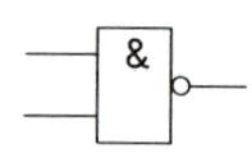

Bild 6.13 Wahrheitstabelle eines NAND-Gliedes

Fall	B	A	Z
1	L	L	H
2	L	H	H
3	H	L	H
4	H	H	L

Bild 6.14 Arbeitstabelle

Fall	B	A	Z
1	1	1	0
2	1	0	0
3	0	1	0
4	0	0	1

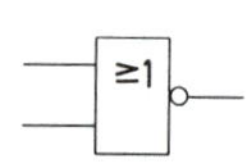

Bild 6.15 Wahrheitstabelle eines NOR-Gliedes

Beispiel

Eine Schaltung arbeitet bei positiver Logik als NAND-Glied. Welche Verknüpfung erzeugt die Schaltung bei negativer Logik?

Die Wahrheitstabelle eines NAND-Gliedes ist in Bild 6.13 dargestellt. Aus dieser Wahrheitstabelle kann die Arbeitstabelle, also die Tabelle mit L und H, abgeleitet werden. Bei positiver Logik entspricht 0 dem Pegel L und 1 dem Pegel H (Bild 6.14).

Die Verknüpfung bei negativer Logik zeigt die Wahrheitstabelle Bild 6.15. Sie wurde aus der Arbeitstabelle abgeleitet, in dem für H der Zustand 0 und für L der Zustand 1 eingesetzt wurde. Es ergibt sich eine NOR-Verknüpfung.

Eine Schaltung, die bei positiver Logik eine NAND-Verknüpfung erzeugt, erzeugt bei negativer Logik eine NOR-Verknüpfung.

6.4 Schaltungseigenschaften

Die Schaltungen der einzelnen Schaltkreisfamilien haben typische Eigenschaften. Aufgrund dieser Eigenschaften wird die für einen bestimmten Anwendungszweck günstigste Schaltkreisfamilie ausgewählt.
Wichtige Eigenschaften sind z.B. die Arbeitsgeschwindigkeit und die Störsicherheit. Bei Aufzugssteuerungen kommt es nicht so sehr darauf an, ob eine Schaltung in 0,1 µs oder in 0,5 µs schaltet. Wichtig ist, daß keine Fehlschaltungen vorkommen. Man wird eine langsamere, dafür aber sicherere Schaltkreisfamilie wählen. Für Computer hätte man gern Schaltkreise, die sehr schnell und auch sehr störsicher sind. Beide Forderungen schließen sich aber weitgehend aus, so daß man im Einzelfall einen Kompromiß zwischen Arbeitsgeschwindigkeit und Störsicherheit suchen muß.

6.4.1 Leistungsaufnahme

Bei umfangreichen Schaltungen ergibt sich oft ein recht hoher Leistungsbedarf. Selbst wenn ein einzelnes Verknüpfungsglied nur 10 mW benötigt, ist der Leistungsbedarf bei 100 000 Gliedern bereits 1 kW. Computer mit 10^6 Gliedern benötigen dann 10 kW – an einen Batteriebetrieb ist nicht mehr zu denken.
Setzt man den Leistungsbedarf der einzelnen Glieder einer Schaltkreisfamilie herab, so geht das auf Kosten der Arbeitsgeschwindigkeit und der Störsicherheit. Die Schaltzeiten werden größer, und die Störsicherheit nimmt wegen der zu verwendenden niedrigeren Pegel ab.
Die Glieder der einzelnen Schaltkreisfamilien haben sehr unterschiedlichen Leistungsbedarf. Bei der Besprechung der Schaltkreisfamilien in den Abschnitten 6.5 bis 6.8 wird der Leistungsbedarf erörtert.

6.4.2 Pegelbereiche und Übertragungskennlinie

Wünscht man eine niedrige Leistungsaufnahme, so wird man eine niedrige Betriebsspannung wählen. Die Betriebsspannung bestimmt weitgehend den Pegelbereich von H. Der Pegelbereich von L wird durch die Spannungsabfälle an durchgeschalteten Dioden und Transistoren bestimmt.
Wählt man eine Betriebsspannung von 3 V, so ist der obere Wert des H-Pegelbereichs ca. 3 V, Belastet man den Ausgang der Schaltung, d.h., entnimmt man dem Ausgang einen

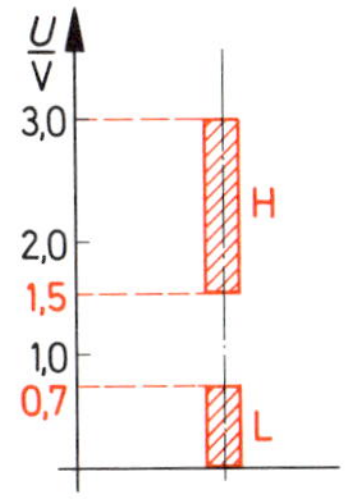

Bild 6.16 Pegelbereiche bei einer Betriebsspannung von 3 V

Steuerstrom für nachfolgende Glieder, so sinkt der H-Pegel ab. Man kann ihn höchstens auf 1,5 V absinken lassen, damit der Abstand zum L-Pegel nicht zu klein wird (Bild 6.16). Der Bereich des L-Pegels liegt wegen der Diodenspannung im durchgesteuerten Zustand und wegen der Transistor-Sättigungsspannungen zwischen 0 V und +0,7 V.
Für wichtige Schaltkreisfamilien ist eine Betriebsspannung von 5 V üblich. Für eine solche Schaltkreisfamilie wird eine sogenannte Übertragungskennlinie nach Bild 6.17 angegeben. Auf der senkrechten Achse ist die Ausgangsspannung U_2 aufgetragen, auf der waagerechten Achse die Eingangsspannung U_1.

Aus der Übertragungskennlinie kann der H-Bereich und der L-Bereich abgelesen werden.

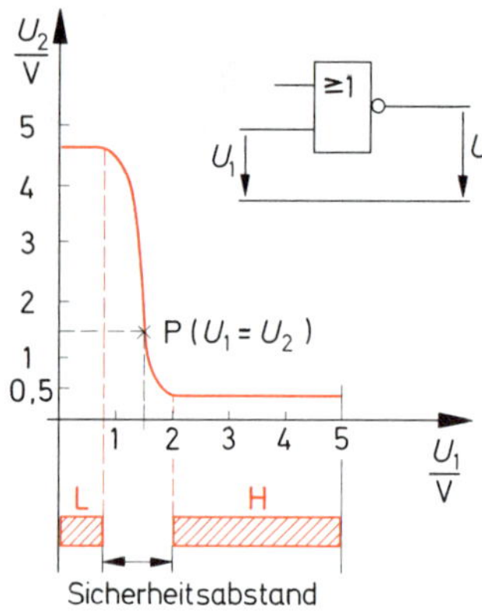

Bild 6.17 Übertragungskennlinie

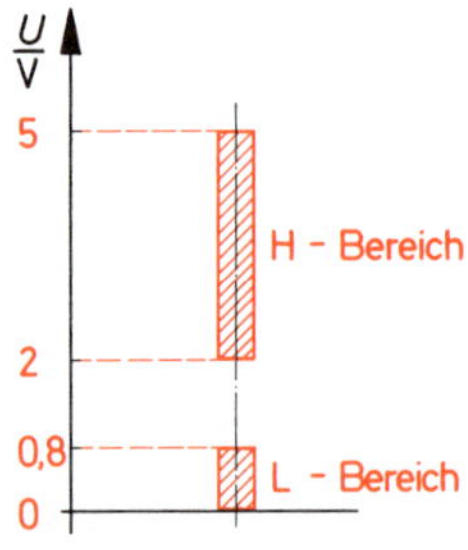

Bild 6.18 Pegelbereiche zur Übertragungskennlinie Bild 6.17

Der L-Pegel dürfte nach Bild 6.17 von 0 V bis 1,5 V (Punkt P) und der H-Pegel von 1,5 V bis 5 V gehen, wenn kein Sicherheitsabstand erforderlich wäre. Aus Gründen der Störsicherheit wünscht man sich den Sicherheitsabstand jedoch möglichst groß. Ohne Sicherheitsabstand könnten kleine Störspannungen Umschaltungen von L auf H und umgekehrt bewirken. Außerdem ist die Übertragungskennlinie temperatur- und laststromabhängig. Der Punkt P kann also etwas verschoben werden. Der U_1-Bereich der fallenden Kennlinie wird üblicherweise als Sicherheitsabstand gewählt. Somit geht der zulässige L-Bereich von 0 V bis 0,8 V und der zulässige H-Bereich von 2 V bis 5 V (Bild 6.18). Die Hersteller verringern die zulässigen Pegelbereiche meist noch etwas, um die Störsicherheit zu erhöhen.

6.4.3 Schaltzeiten

Die Arbeitsgeschwindigkeit einer Digitalschaltung wird durch die Schaltzeiten der Verknüpfungsglieder bestimmt. Man unterscheidet *Signal-Laufzeiten* t_P und *Signal-Übergangszeiten* t_T.

> *Die Signal-Laufzeit t_{PLH} gibt die Impulsverzögerung zwischen Eingangs- und Ausgangsspannung an, wenn der Ausgangszustand von L auf H geht.*

Entsprechend ist die Signal-Laufzeit t_{PHL} die Impulsverzögerungszeit bei Änderung des Ausgangszustandes von H auf L.
Zur Messung der Signal-Laufzeiten verwendet man einen Bezugspegel von 1,5 V. Bild 6.19 zeigt, daß die Signal-Laufzeit t_{PLH} die Zeit ist, die vergeht, bis eine Eingangsspannung von 1,5 V auch am Ausgang erscheint. Für die Signal-Laufzeit t_{PHL} gilt Bild 6.20.
Die mittlere Signal-Laufzeit t_P ist wie folgt festgelegt:

$$t_P = \frac{t_{PLH} + t_{PHL}}{2}$$

Statt der Bezeichnung Signal-Laufzeit wird auch die Bezeichnung Signal-Verzögerungszeit verwendet.

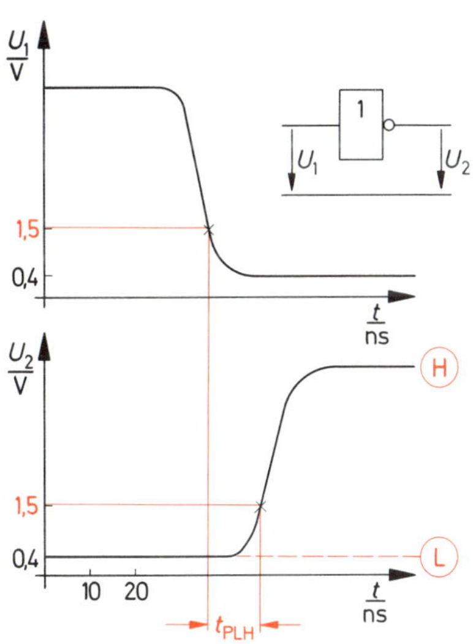

Bild 6.19 Signallaufzeit t_{PLH}

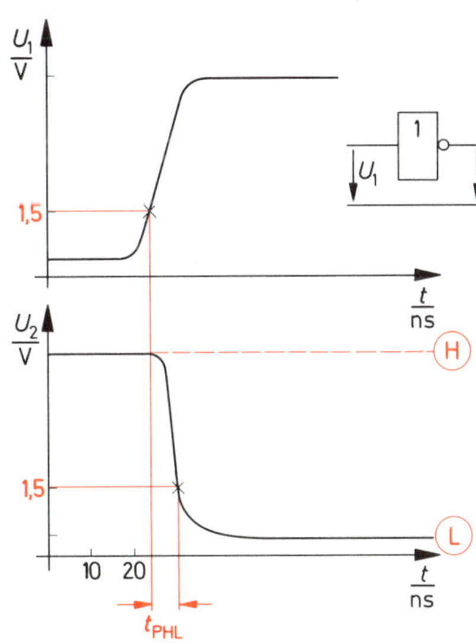

Bild 6.20 Signallaufzeit t_{PHL}

Die Signal-Übergangszeiten beziehen sich nur auf den Ausgang eines Gliedes. Sie geben die Steilheit der Anstiegs- und Abfallflanken der Ausgangsspannung an.

> *Die Signal-Übergangszeit t_{TLH} ist die Zeit, die vergeht, bis die Ausgangsspannung von 10% auf 90% des Unterschiedes zwischen L und H angestiegen ist.*

Die Zeit t_{TLH} ist in Bild 6.21 dargestellt. Die Signal-Übergangszeit t_{THL} ist die Zeit zwischen dem 90%- und dem 10%-Wert der abfallenden Flanke (Bild 6.22).

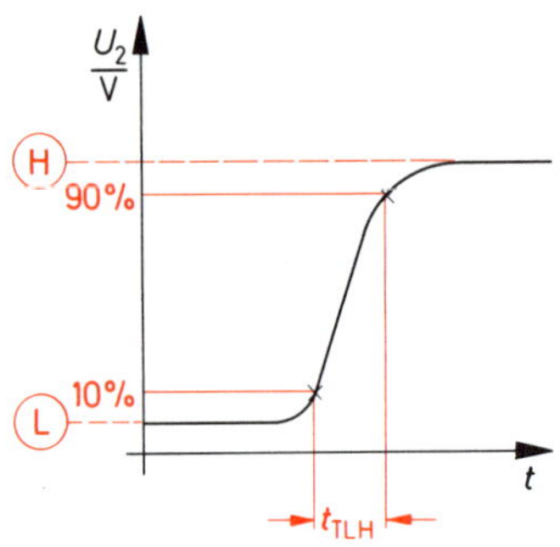

Bild 6.21 Signal-Übergangszeit t_{TLH}

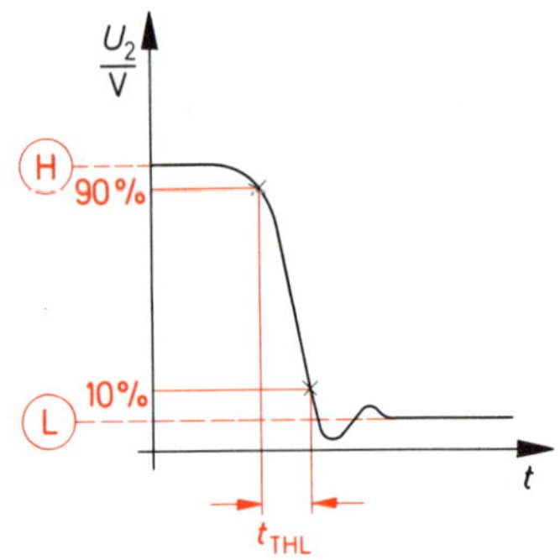

Bild 6.22 Signal-Übergangszeit t_{THL}

6.4.4 Lastfaktoren

Zum Steuern von Verknüpfungsgliedern werden bestimmte Spannungen und Ströme benötigt. An den Ausgang eines Gliedes darf nur eine bestimmte Anzahl von Eingängen angeschlossen werden. Schließt man mehr Eingänge an, sinkt der Ausgangspegel unzulässig stark ab. Das Glied wird überlastet. Die einwandfreie Funktion der Schaltung ist gestört.

Es gibt zwei definierte Lastfaktoren, den *Eingangslastfaktor* (Fan-in) und den *Ausgangslastfaktor* (Fan-out). Für jede Schaltkreisfamilie wird eine normale Eingangsbelastung, die sogenannte Lasteinheit, festgelegt. Für TTL-Glieder gilt:

L-Eingangszustand	0,4 V	−1,6 mA
H-Eingangszustand	2,4 V	40 µA

> *Der Eingang eines Gliedes hat den Eingangslastfaktor $F_I = 1$, wenn er die festgelegte normale Eingangsbelastung verursacht.*

Besondere Eingänge können die doppelte oder dreifache Eingangsbelastung verursachen. Sie haben dann den Eingangslastfaktor zwei bzw. drei. Eingangslastfaktoren von drei oder mehr kommen vor allem bei hochintegrierten Schaltungen vor.

Der Ausgangslastfaktor F_Q eines Gliedes gibt an, wieviel normale Eingänge maximal an den Ausgang dieses Gliedes angeschlossen werden dürfen.

Üblich sind Ausgangslastfaktoren von 10 für Standardglieder. Leistungsglieder haben meist einen Ausgangslastfaktor von 30.

Bild 6.23 Bestimmung der Ausgangsbelastung eines Gliedes

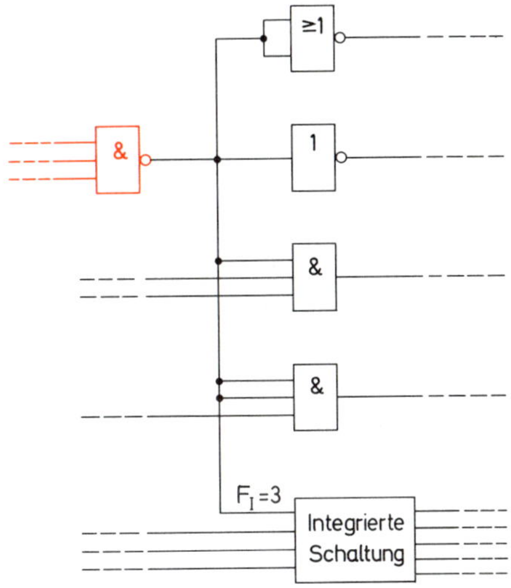

Beispiel:

Das NAND-Glied in Bild 6.23 hat einen Ausgangslastfaktor von 10. Wie viele weitere Eingänge dürfen angeschlossen werden?

Das obere NOR-Glied hat zwei zusammengeschaltete Eingänge. Jeder Eingang stellt eine Lasteinheit dar. Das Glied belastet den Ausgang also mit zwei Lasteinheiten. Das gleiche gilt für das untere UND-Glied. Insgesamt muß der Ausgang des NAND-Gliedes sechs normale Eingänge und einen Eingang mit $F_I = 3$ steuern. Das ergibt zusammen neun Lasteinheiten.

Ein weiterer Eingang mit $F_I = 1$ dürfte noch angeschlossen werden.

6.4.5 Störsicherheiten

Durch eingekoppelte Störspannungen können die Ausgänge von Gliedern von L auf H oder von H auf L geschaltet werden. Damit dies nicht geschieht, ist ein Sicherheitsabstand zwischen dem zulässigen L-Pegelbereich und dem zulässigen H-Pegelbereich erfor-

derlich. Je größer man diesen Sicherheitsabstand für eine Schaltkreisfamilie wählt, desto größer ist ihre Störsicherheit.
Man unterscheidet zwischen der *statischen Störsicherheit* und der *dynamischen Störsicherheit.*
Die statische Störsicherheit eines Gliedes gilt für Störspannungen, die länger als die mittlere Signal-Laufzeit t_P wirksam sind. Zu den statischen Störspannungen gehören auch langsam ansteigende Spannungsimpulse.

> *Die statische Störsicherheit gibt die höchstzulässige Spannungsänderung an den Eingängen eines Gliedes an, die seinen Ausgangszustand noch nicht ändert.*

Sie wird für den Normalfall und für den ungünstigsten Fall angegeben, der auftreten darf. Der ungünstigste Fall ist gegeben bei ungünstigster Variation der Betriebsspannungen von steuerndem und gesteuertem Glied, bei ungünstigsten Eingangssignalen, bei ungünstigster Betriebstemperatur und bei voll genutztem Ausgangslastfaktor. Man spricht auch von statischer Worst-case-Störsicherheit (worst case, engl.: ungünstigster Fall).
Die dynamische Störsicherheit gilt für Störspannungen, die kürzer als die mittlere Signal-Laufzeit t_P wirksam sind. Die eingekoppelte Störenergie – gegeben durch Impulsamplitude und Impulsdauer – darf einen bestimmten Grenzwert nicht überschreiten. Die dynamische Störsicherheit ist hauptsächlich abhängig von der Eingangsempfindlichkeit des betrachteten Gliedes. Sie wird durch Grenzkurven (Bild 6.24) beschrieben.

> *Die dynamische Störsicherheit gibt an, wie lange eine Störspannung bestimmter Größe an den Eingängen eines Gliedes liegen darf, ohne daß sich der Ausgangszustand des Gliedes ändert.*

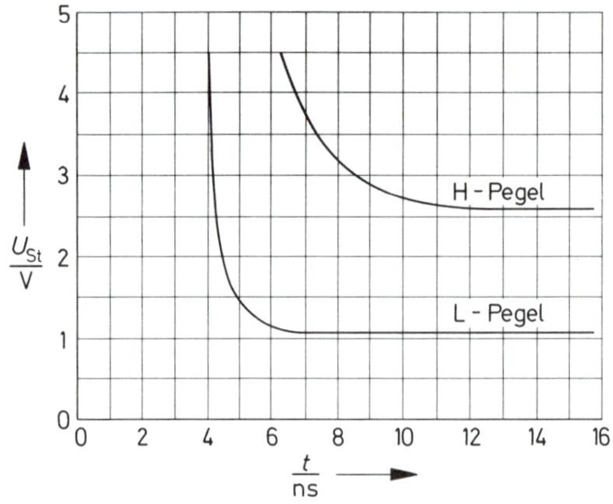

Bild 6.24 Grenzkurven der dynamischen Störsicherheit

Die genauen Werte für die höchstzulässige Amplitude der Störspannung und die höchstzulässige Einwirkungszeit sind Grenzkurven gemäß Bild 6.24 zu entnehmen.
Dabei gibt es eine Grenzkurve für den H-Pegel und eine Grenzkurve für den L-Pegel. Die Grenzkurve für den H-Pegel gilt, wenn der Eingang auf H-Pegel liegt. Entsprechend gilt die L-Pegel-Grenzkurve, wenn der Eingang auf L-Pegel liegt. H-Pegel sind schwerer zu stören; daher liegt die Grenzkurve für den H-Pegel höher.

6.4.6 Wired-Verknüpfungen

Verbindet man die Ausgänge von zwei Gliedern galvanisch, also durch einen einfachen Draht, so kann eine logische Verknüpfung entstehen, die je nach dem inneren Schaltungsaufbau der Glieder UND oder ODER ist.
Wenn ein Ausgang den Zustand H hat und der andere Ausgang den Zustand L (Bild 6.25), so ist der Zustand des Verbindungspunktes Q zunächst unbestimmt. Es kommt jetzt darauf an, welcher Zustand sich bei den gegebenen Schaltungen durchsetzt.
Es soll angenommen werden, daß der L-Pegel Masse bzw. 0 V und der H-Pegel der Speisespannung (z.B. +5 V) entspricht.
Hat der Ausgang, der L-Zustand führt, z.B. einen sehr geringen Widerstand gegen Masse bzw. 0 V, so wird der H-Zustand des anderen Ausgangs gegen 0 V gezogen. Q wird also den Pegel L annehmen. Man sagt, der Pegel L dominiert bei diesen Gliedern.
In diesem Fall kann Q nur dann H sein, wenn beide Ausgänge den Zustand H führen. Es entsteht durch die Drahtverbindung also eine UND-Verknüpfung (bei positiver Logik). Sie wird verdrahtete UND-Verknüpfung oder Wired-AND genannt (wire, engl.: Draht). Auch die Bezeichnung Phantom-UND ist üblich.

Dominiert bei Verknüpfungsgliedern der Pegel L, so entsteht bei der Drahtverbindung der Ausgänge eine UND-Verknüpfung (Wired-AND) – positive Logik vorausgesetzt.

Die Wired-AND-Verknüpfung oder Phantom-UND-Verknüpfung wird in Schaltbildern gemäß Bild 6.26 dargestellt. Es stehen zwei Darstellungsmöglichkeiten zur Auswahl.

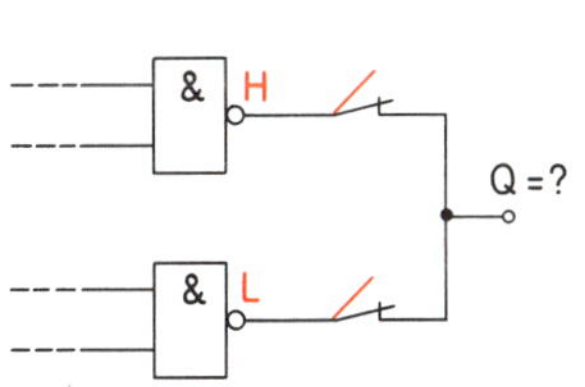

Bild 6.25 *Galvanische Verbindung der Ausgänge von zwei NAND-Gliedern*

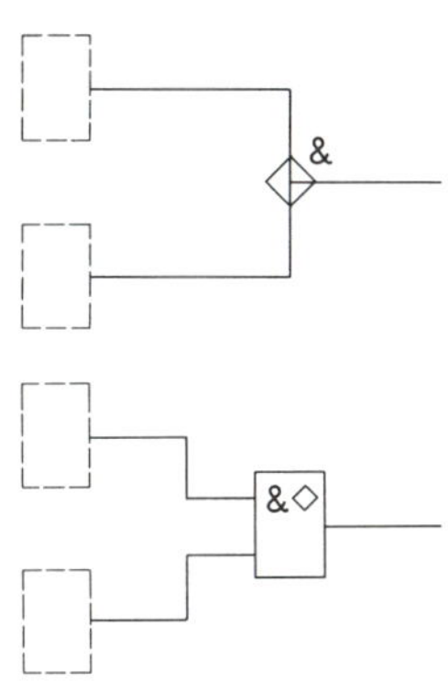

Bild 6.26 *Darstellung der Phantom-UND-Verknüpfung (Wired-AND) nach DIN 40900 Teil 12*

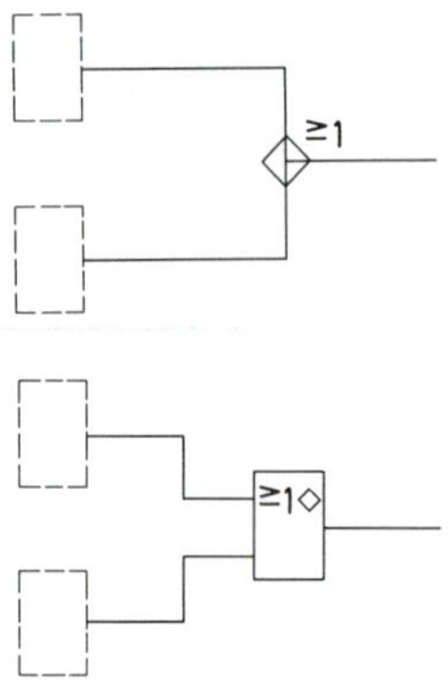

Bild 6.27 Darstellung der Phantom-ODER-Verknüpfung (Wired-OR) nach DIN 40900 Teil 12

Wenn der Ausgang, der H-Zustand führt, einen geringen Widerstand zum Speisespannungspol hat, kann der L-führende Ausgang auf H-Pegel angehoben werden. Wenn das geschieht, sagt man, der H-Pegel dominiert. Hat in diesem Fall ein Ausgang den Zustand H, so hat auch der Verbindungspol Q (Bild 6.25) den Zustand H. Für positive Logik ergibt sich eine ODER-Verknüpfung, Wired-OR oder Phantom-ODER genannt.

> *Dominiert bei Verknüpfungsgliedern der Pegel H, so entsteht bei der Drahtverbindung der Ausgänge eine ODER-Verknüpfung (Wired-OR) – positive Logik vorausgesetzt.*

Die beiden Darstellungsmöglichkeiten einer Wired-OR-Verknüpfung bzw. einer Phantom-ODER-Verknüpfung zeigt Bild 6.27. Der Verbindungspunkt Q kann bei bestimmten Verknüpfungsgliedern auch einen Pegel annehmen, der zwischen dem H-Pegelbereich und dem L-Pegelbereich liegt. Bei Verknüpfungsgliedern dieser Art darf eine Drahtverbindung der Ausgänge nicht angewendet werden. Wired-OR bzw. Wired-AND sind bei solchen Gliedern verboten.
Beim Herunterziehen eines Ausgangspegels von H auf L kann dem ursprünglich auf Zustand H liegenden Ausgang ein unzulässig hoher Strom entnommen werden. Ebenfalls kann beim Anheben des Pegels eines ursprünglich auf Zustand L liegenden Ausganges ein zu großer Strom fließen. Die Verknüpfungsglieder würden dadurch überlastet werden.

> *Drahtverbindungen von Ausgängen, die zu Wired-OR oder zu Wired-AND führen, dürfen nur vorgenommen werden, wenn der Hersteller der Verknüpfungsglieder dies ausdrücklich gestattet.*

Ob und unter welchen Bedingungen Wired-Verknüpfungen zugelassen sind, ist in den Datenblättern angegeben. Wired-Verknüpfungen führen zu einer Vereinfachung des Schaltungsaufbaus, zu einer Verringerung der Signallaufzeit und zu einer Verminderung der Herstellkosten.

6.5 DTL-Schaltungen

6.5.1 Allgemeines

DTL-Schaltungen sind mit Dioden und Transistoren aufgebaut. Natürlich werden auch Widerstände verwendet. Die Bezeichnung DTL kommt aus dem englischen Sprachraum und bedeutet «Diode Transistor Logic», auf deutsch also Dioden-Transistor-Logik. Schaltungen dieser Schaltkreisfamilie wurden zunächst diskret aufgebaut und dann als Dünnfilm- und Dickschichtschaltungen (siehe Beuth, Elektronik 2). Zur Zeit werden sie fast ausschließlich als monolithische IC hergestellt.

6.5.2 Standard-DTL-Schaltungen

Eine der drei Grundschaltungen der DTL-Schaltkreisfamilie zeigt Bild 6.28. Diese Schaltung haben wir bereits in Abschnitt 6.2 kennengelernt. Liegt an wenigstens einem Eingang der Pegel H, so hat auch der Ausgang den Pegel H. Bei positiver Logik arbeitet die Schaltung als ODER-Glied.

Die Schaltung in Bild 6.29 hat nur dann den Ausgangspegel H, wenn beide Eingänge H-Pegel haben. Hat nur ein Eingang L-Pegel (ca. 0 V, Masse), so wird der Ausgang auf den L-Pegel gezogen.

Betrachten wir die Schaltung Bild 6.29 etwas genauer. Die Speisespannung U_S sei 6 V. Ein Pegel von +6 V gehört somit zum H-Bereich. Die Pegel des L-Bereichs liegen in der Nähe von 0 V (Masse). Liegen an beiden Eingängen H-Pegel, so sind die Dioden gesperrt. Am Ausgang Z liegt ebenfalls H-Pegel (von $+U_S$ über R).

Wird nun an den Eingang B der Pegel L ($\approx$ 0 V) gelegt, so wird die in der Leitung von B liegende Diode leitend. Es fließt von $+U_S$ über R und die Diode nach 0 V (Masse) ein Strom. An der Diode wird eine Spannung von +0,7 V abfallen (Si-Diode). Diese Spannung von +0,7 V liegt auch am Ausgang Z. Sie gehört zum L-Bereich. An Z liegt also immer dann L, wenn ein Eingang L-Pegel hat. Nur wenn beide Eingänge H-Pegel haben, liegt auch an Z der Pegel H. Bei positiver Logik arbeitet die Schaltung also als UND-Glied.

Bild 6.28 DTL-Schaltung (ODER-Glied bei positiver Logik)

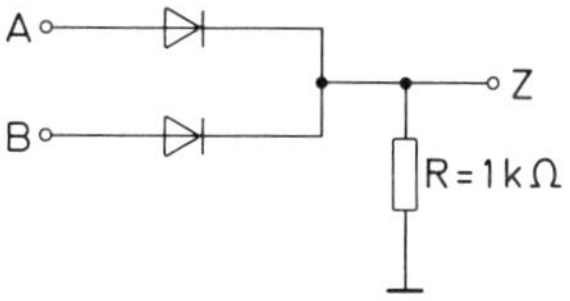

Fall	B	A	Z
1	L	L	L
2	L	H	H
3	H	L	H
4	H	H	H

Bild 6.29 DTL-Schaltung (UND-Glied bei positiver Logik)

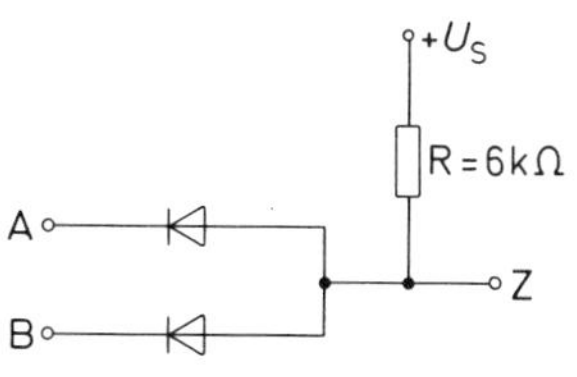

Fall	B	A	Z
1	L	L	L
2	L	H	L
3	H	L	L
4	H	H	H

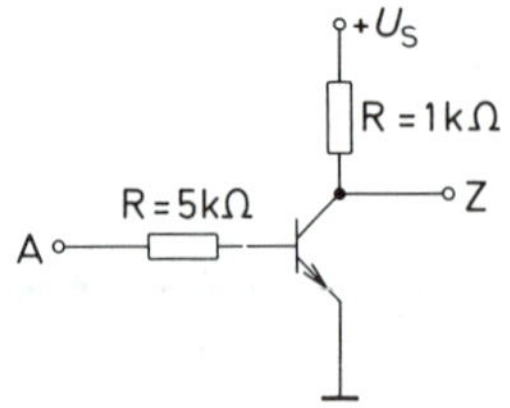

Fall	A	Z
1	L	H
2	H	L

Bild 6.30 DTL-Schaltung (NICHT-Glied)

Die Schaltung Bild 6.30 arbeitet als Inverter, also als NICHT-Glied. Liegt an Eingang A der Pegel H, so wird der Transistor durchgesteuert. Am Ausgang Z liegt eine Spannung von 0,2 bis 0,3 V, die zum L-Pegelbereich gehört. Liegt am Eingang A der Pegel L, so sperrt der Transistor. Seine Kollektor-Emitter-Strecke ist hochohmig (z.B. 10 MΩ). Am Ausgang liegt fast die volle Speisespannung, also der H-Pegel. Die zugehörige Arbeitstabelle ist in Bild 6.30 dargestellt.
Wie wirkt nun ein Eingang, der offen bleibt, an den also weder der Pegel H (≈ +6 V) noch der Pegel L (≈ 0 V, Masse) gelegt wird?
Bei der Schaltung Bild 6.28 wirkt ein offener Eingang wie L. Am Ausgang kann nur dann der Pegel H liegen, wenn an einem Eingang eine Spannung des H-Pegelbereichs liegt.
Bleibt der Eingang der Inverterschaltung Bild 6.30 offen, so ist das gleichbedeutend mit dem Anlegen des Pegels L. Der Transistor kann ja nicht durchsteuern, wenn der Basiseingang in der Luft hängt.

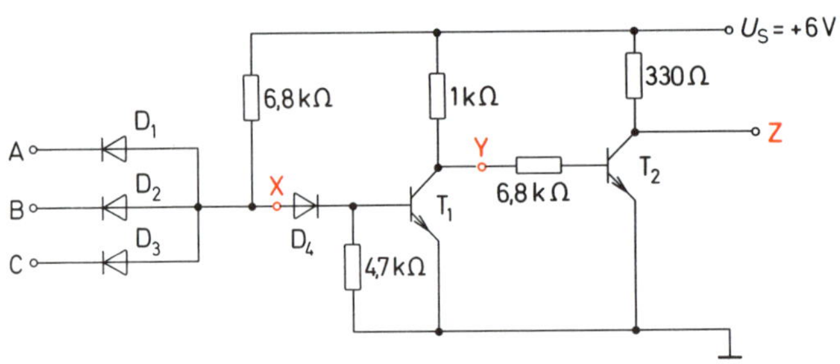

Bild 6.31 DTL-Schaltung (Aktives UND-Glied bei positiver Logik)

Fall	C	B	A	X	Y	Z
1	L	L	L	L	H	L
2	L	L	H	L	H	L
3	L	H	L	L	H	L
4	L	H	H	L	H	L
5	H	L	L	L	H	L
6	H	L	H	L	H	L
7	H	H	L	L	H	L
8	H	H	H	H	L	H

Bild 6.32 Arbeitstabelle zur Schaltung Bild 6.31

Bleibt ein Eingang der Schaltung in Bild 6.29 offen, so entspricht das dem Anlegen des H-Pegels. Über einen offenen Eingang kann der Ausgang nicht auf L gezogen werden. Bleibt also A offen und liegt an B der Pegel H, so liegt auch am Ausgang der Pegel H. Das ODER-Glied (Bild 6.28) und das UND-Glied (Bild 6.29) – bei positiver Logik – sind passive Glieder, d.h., sie enthalten keine verstärkenden Bauelemente. Schaltet man mehrere dieser Glieder zusammen, so besteht die Gefahr, daß die Pegel aus ihren zulässigen Bereichen herausfallen. Vor allem der H-Pegel kann unzulässig stark absinken. Um dieser Gefahr zu begegnen, baut man sogenannte aktive Glieder, also Glieder mit verstärkenden Bauelementen.

Bild 6.31 zeigt ein aktives Glied, das als UND-Glied für positive Logik arbeitet. An Punkt X erscheint eine UND-Verknüpfung. Nachgeschaltet ist eine Inverterstufe mit dem Ausgang Y. Es folgt eine weitere Inverterstufe mit dem Ausgang Z. Die beiden nachgeschalteten Inverterstufen heben sich in ihrer Wirkung gegenseitig auf, so daß am Ausgang Z wieder eine UND-Verknüpfung vorhanden ist. Die Arbeitstabelle Bild 6.32 zeigt das, wenn positive Logik angenommen wird.

Die Diode D_4 hat die Aufgabe, ein Aufsteuern des Transistors T_1 zu verhindern, wenn an Punkt X aufgrund der Schwellspannungen der Eingangsdioden ein L-Pegel von $\approx$ 0,7 V liegt. Man nennt eine so wirkende Diode Pegelverschiebungsdiode. Zum Aufsteuern des Transistors ist am Punkt X eine Mindestspannung von etwa 1,4 V erforderlich ($\approx$ 0,7 V Schwellspannung der Diode D_4 und $\approx$ 0,7 V Schwellspannung des Transistors T_1).

Läßt man in Schaltung Bild 6.31 eine Inverterstufe weg, so erhält man für positive Logik ein NAND-Glied. Eine interessante NAND-Schaltung in DTL-Technik zeigt Bild 6.33. Der Transistor T_1 arbeitet als Emitterfolger-Schaltung, also als Verstärker ohne Invertierung. Diesem Verstärker ist ein Inverter nachgeschaltet. Die DTL-Schaltung nach Bild 6.33 wird besonders häufig verwendet.

Die zur Zeit auf dem Markt verfügbaren DTL-Schaltungen sind den Katalogen und Datenbüchern der Hersteller zu entnehmen. DTL-Schaltungen werden in Standardausführung mit Speisespannungen von 5 bis 6 V angeboten (z.B. von Valvo).

Bild 6.33 DTL-Schaltung (NAND-Glied bei positiver Logik)

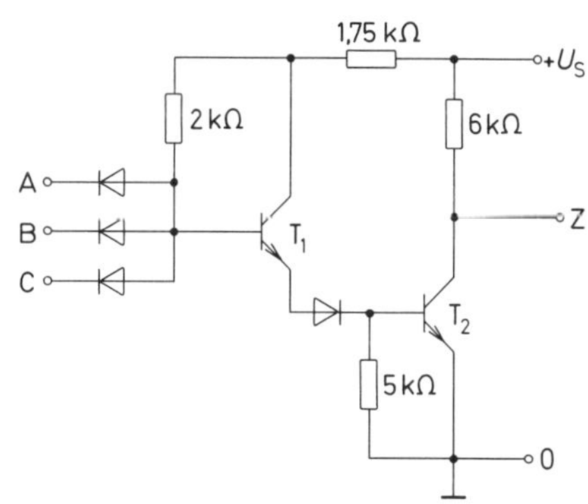

Die Schaltzeiten der DTL-Schaltkreisfamilie sind verhältnismäßig kurz. Die Signal-Laufzeit, auch Signal-Verzögerungszeit genannt, beträgt bei DTL-Gliedern ungefähr 30 ns (ns = Nanosekunden, 1 ns = 10^{-9} s). Die Glieder der TTL-Schaltkreisfamilie (Abschnitt 6.6) arbeiten jedoch etwa dreimal so schnell. Ihre typische Signal-Laufzeit liegt bei etwa 10 ns. Das bedeutet, daß DTL-Glieder vor allem dort eingesetzt werden, wo es auf eine besonders große Arbeitsgeschwindigkeit nicht ankommt. DTL-Schaltungen haben gegenüber TTL-Schaltungen den Vorteil der größeren Störsicherheit.
Für DTL-Schaltkreise nach Bild 6.33 gelten folgende typische Daten:

Speisespannung	6 V
Leistungsaufnahme je Glied	9 mW
Signal-Laufzeit t_P	30 ns
Statische Störsicherheit	1,2 V
Umgebungs-Temperaturbereich	0 bis +75 °C
Eingangs-Lastfaktor	1
Ausgangs-Lastfaktor	8
H-Eingangsspannung (untere Grenze)	3,6 V
L-Eingangsspannung (obere Grenze)	1,4 V
H-Ausgangsspannung (untere Grenze)	4,0 V
L-Ausgangsspannung (obere Grenze)	0,5 V

6.5.3 LSL-Schaltungen

Mit DTL-Schaltungen wurde eine sogenannte „langsame, störsichere Logik" entwickelt. Die Abkürzung lautet LSL. Die Pegelverschiebungs-Dioden in Bild 6.31 und 6.33 werden durch eine Z-Diode ersetzt (Bild 6.34). Der mindestens erforderliche H-Eingangspegel wird so um die Zenerspannung der Z-Diode erhöht. Außerdem erhöht die Z-Diode die Signal-Laufzeit. DTL-Schaltungen mit Z-Dioden werden auch DTLZ-Schaltungen genannt.

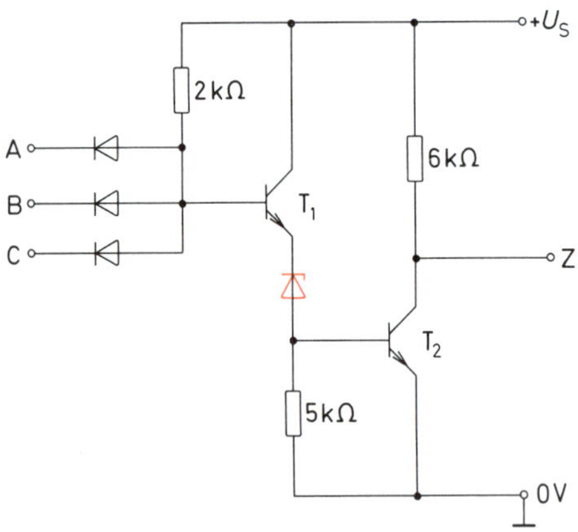

Bild 6.34 DTL-Schaltung mit Z-Diode (NAND-Glied bei positiver Logik)

Durch Erhöhung der Speisespannung können die H-Pegelbereiche erheblich angehoben werden. Es ergibt sich ein großer Abstand zwischen dem H-Pegelbereich und dem L-Pegelbereich und damit eine größere statische Störsicherheit. Die dynamische Störsicherheit wird durch die langsamere Arbeitsweise wesentlich vergrößert.
LSL-Glieder werden für Speisespannungen von 12 V und 15 V hergestellt. In Bild 6.35 ist die Schaltung eines typischen LSL-Gliedes dargestellt. Der H-Eingangspegelbereich geht von 7,5 V bis 15 V, der L-Eingangspegelbereich von 0 V bis 4,5 V (Bild 6.36).

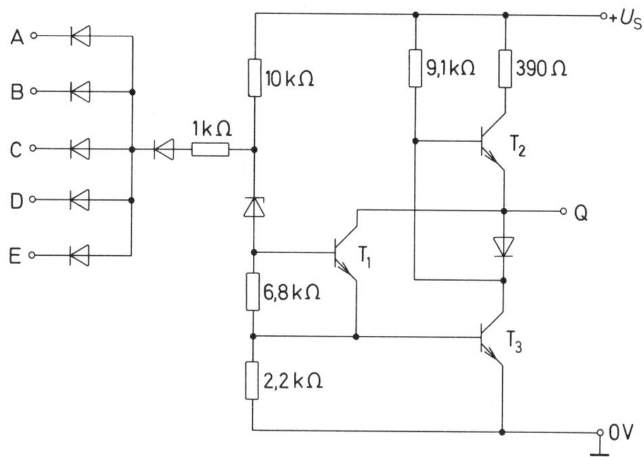

Bild 6.35 Schaltung eines LSL-Gliedes (FZH 125, Siemens)

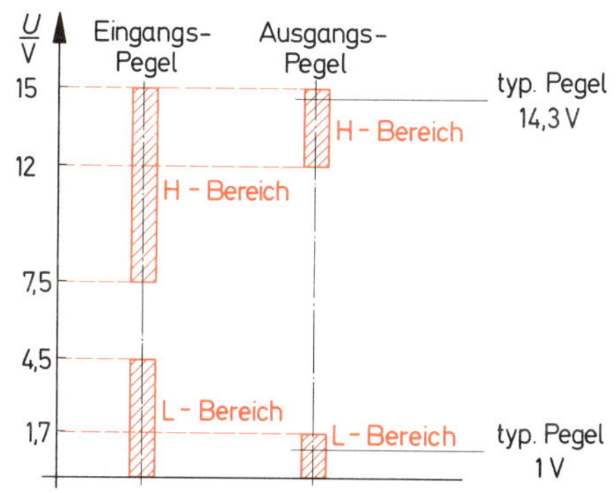

Bild 6.36 Pegelbereiche der Schaltung FZH 125

Der typische H-Pegel beträgt 14,3 V, der typische L-Pegel 1,0 V. Es müssen schon erhebliche Störspannungen eingekoppelt werden, um aus einem L-Pegel einen H-Pegel zu machen oder einen H-Pegel auf den L-Pegelbereich herunterzuziehen. Die Schaltung hat eine große Störsicherheit. Die Signalverzögerungszeit liegt bei etwa 200 ns. Sie ist also wesentlich größer als bei normalen DTL-Gliedern.
Die integrierte Schaltung FZH 125 enthält zwei NAND-Glieder (bei positiver Logik) mit je 5 Eingängen. Das Anschlußschema des 16poligen Dual-Inline-Gehäuses zeigt Bild 6.37.

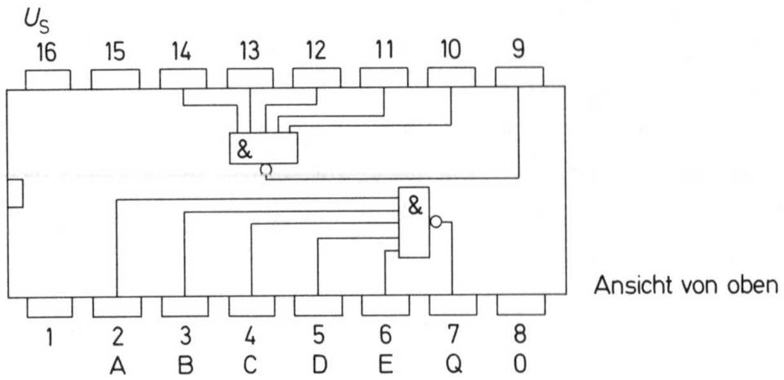

Bild 6.37 Anschlußschema der Schaltung FZH 125

Bild 6.38 Datenblatt der Schaltung FZH 125 (nach Siemens-Unterlagen)

FZH 121/125

Statische Kenndaten im 15-V-Bereich
im Temperaturbereich 1 und 5 (s. Seite 143)

1: 0 °C bis +70 °C 5: −25 °C bis +85 °C		Prüfbedingungen	Prüf-schal-tung	untere Grenze B	typ.	obere Grenze A	Ein-heit
Speisespannung	U_S			13,5	15,0	17,0	V
H-Eingangsspannung	U_{IH}	$U_S = U_{SB}$	1	7,5			V
L-Eingangsspannung	U_{IL}	$U_S = U_{SB}$ und U_{SA}	2			4,5	V
H-Ausgangsspannung	U_{QH}	$U_S = U_{SB}$ und U_{SA} $U_{IL} = 4{,}5$ V, $-I_{QH} = 0{,}1$ mA	2	12,0	14,3		V
L-Ausgangsspannung	U_{QL}	$U_S = U_{SB}$, $U_{IH} = 7{,}5$ V, $I_{QL} = 18$ mA	1		1,0	1,7	V
Statische Störsicherheit							
H-Signal	U_{ss}			4,6	8,0		V
L-Signal	U_{ss}			2,8	5,0		V
H-Eingangsstrom pro Eingang	I_{IH}	$U_S = U_{SA}$, $U_I = U_{IHA}$	3			1,0	µA
L-Eingangsstrom pro Eingang	$-I_{IL}$	$U_S = U_{SA}$, $U_{IL} = 1{,}7$ V	4		1,0	1,8	mA
Kurzschlußausgangsstrom pro Ausgang	$-I_Q$	$U_S = U_{SA}$, $U_I = 0$ V	5	15,0	37,0	60,0	mA
H-Speisestrom pro Glied	I_{SH}	$U_S = U_{SA}$, $U_I = 0$ V	6		1,2	2,1	mA
L-Speisestrom pro Glied	I_{SL}	$U_S = U_{SA}$, $U_I = U_{IHA}$	7		2,3	4,0	mA
Leistungsverbrauch pro Glied	P	$U_S = U_{SA}$ Tastverhältnis 1 : 1			27	52	mW

Schaltzeiten bei $U_S = 15$ V, $F_Q = 1$, $T_U = 25$ °C

Signal-Laufzeit	t_{PLH}	$C_L = 10$ pF bei 4,5 V über Masse	26		195		ns
	t_{PHL}				140		ns
Signal-Übergangszeit	t_{TLH}	$C_L = 10$ pF			410		ns
	t_{THL}				75		ns

Die Schaltung Bild 6.35 hat einen sogenannten Leistungsausgang. Ist der Transistor T_3 gesperrt, so ist der Transistor T_2 durchgesteuert. Bei gesperrtem Transistor T_3 liegt am Ausgang Q H-Pegel, also ungefähr 14,3 V. Zur Steuerung der nachfolgenden Glieder kann von U_S über den Widerstand von 390 Ω und T_2 ein verhältnismäßig großer Strom fließen. Die Schaltung kann also eine größere Anzahl nachfolgender Glieder mit H-Pegel versorgen.

Ist T_3 durchgesteuert, so muß T_2 sperren. Der Ausgang Q kann jetzt über die Diode und die Kollektor-Emitter-Strecke von T_3 einen verhältnismäßig großen Strom aufnehmen, ohne daß der Ausgangspegel zu stark ansteigt. Die Schaltung kann also eine größere Anzahl nachfolgender Glieder mit L-Pegel versorgen.

Für solche Schaltungen werden zwei verschiedene Ausgangslastfaktoren (Fan-out) angegeben, ein *H-Ausgangslastfaktor* und ein *L-Ausgangslastfaktor*. Der H-Ausgangslastfaktor gibt an, wie viele angeschaltete Eingänge mit H-Pegel versorgt werden können. Der L-Ausgangslastfaktor gibt an, wie viele angeschaltete Eingänge mit L-Pegel versorgt werden können.

Das Datenblatt für die Schaltung FZH 125 ist in Bild 6.38 wiedergegeben. Es enthält neben den Angaben der Spannungen und der Störsicherheit Angaben über den H-Eingangsstrom und über den L-Eingangsstrom. Aus diesen kann die in Abschnitt 6.4.4 näher erläuterte Eingangsbelastung, auch Lasteinheit genannt, entnommen werden:

L-Eingangszustand $-I_{IL} = 1 \text{ mA}$

H-Eingangszustand $I_{IH} = 1{,}0 \text{ µA}$

Ebenfalls ist in dem Datenblatt der Kurzschlußausgangsstrom angegeben. Dieser ist bei den verhältnismäßig hohen Spannungen sehr groß. Die maximale Kurzschlußdauer darf höchstens 1 s betragen. Dies ist ein Grenzwert, bei dessen Überschreiten der Baustein zerstört wird.

Zu beachten ist, daß der Speisestrom je Glied bei H-Ausgangszustand einen anderen Wert als bei L-Ausgangszustand hat. Der typische H-Speisestrom beträgt 1,2 mA, der L-Speisestrom 2,3 mA. Damit wird der Leistungsverbrauch von dem Verhältnis der H-Zustandszeiten zu den L-Zustandszeiten abhängig. Dieses Verhältnis nennt man Tastverhältnis. Der Leistungsverbrauch je Glied ist für ein Tastverhältnis 1 : 1 angegeben.

DTL-Schaltungen der LSL-Gruppe werden vor allem für Maschinensteuerungen verwendet. In Räumen mit motorischen Antrieben ist die Störsicherheit besonders wichtig. Hier treten oft erhebliche Störspannungen auf.

6.6 TTL-Schaltungen

6.6.1 Aufbau und Arbeitsweise von TTL-Gliedern

Die Bezeichnung TTL bedeutet *Transistor-Transistor-Logik*. Die Verknüpfungen werden bei dieser Schaltkreisfamilie ausschließlich durch bipolare Transistorsysteme erzeugt. Lediglich zur Verschiebung von Pegeln und zur Spannungsableitung werden Dioden verwendet. Widerstände dienen der Spannungsteilung und der Strombegrenzung.

> *TTL-Glieder werden nur als monolithisch integrierte Schaltungen hergestellt.*

Ein neu auftretendes Bauteil ist der sogenannte Multi-Emitter-Transistor. Den prinzipiellen Aufbau eines solchen Transistors zeigt Bild 6.39. An die gemeinsame Basiszone grenzen drei Emitterzonen. Es ergeben sich somit drei räumlich voneinander getrennte PN-Übergänge zwischen Basis und Emittern. Man kann diese PN-Übergänge als Dioden auffassen.

An der Basis liegt üblicherweise eine Spannung von etwas mehr als 0,7 V gegen Masse. Wird einer der Emitter an Masse gelegt, fließt ein Basisstrom. Die Größe des Basisstromes wird durch den Wert des Basisvorwiderstandes R_1 und durch die Speisespannung U_S bestimmt (Bild 6.40).

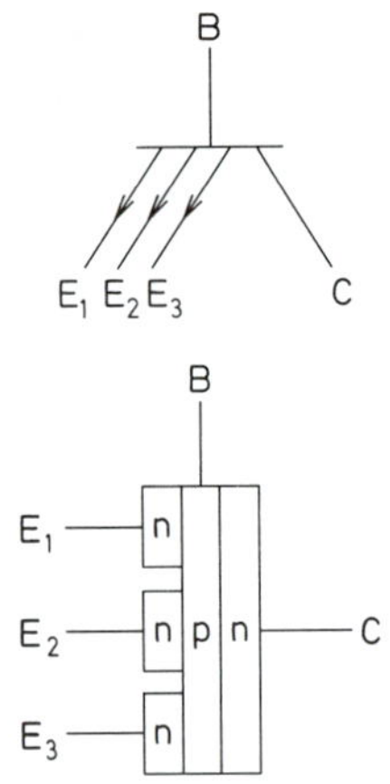

Bild 6.39 Multi-Emitter-Transistor

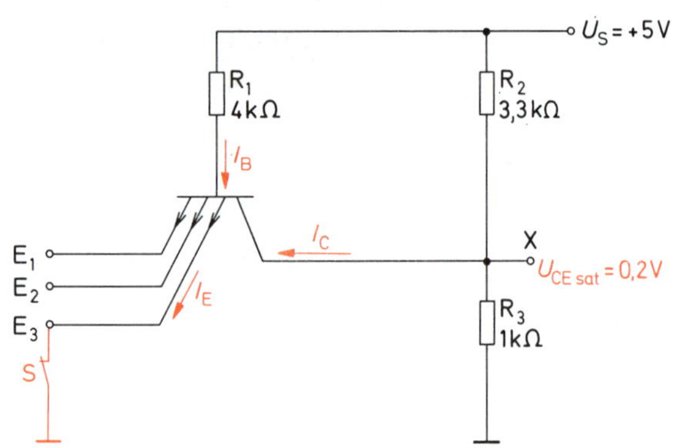

Bild 6.40 Schaltung mit Multi-Emitter-Transistor

> *Der Basisstrom wird stets so groß gewählt, daß der Multi-Emitter-Transistor mit Sicherheit in den Sättigungszustand gesteuert wird.*

Der Sättigungszustand ist der größtmögliche Übersteuerungszustand (siehe Elektronik 3, Transistor-Schalterstufen). Die Kollektorspannung U_{CE} sinkt auf die Kollektor-Emitter-Sättigungsspannung $U_{CE\,sat}$ ab. Diese beträgt etwa 0,2 V.

Der Widerstand R_2 in Bild 6.40 soll etwa 3,3 kΩ sein. Der Strom I_C wird dann klein. Der Emitterstrom I_E hat ungefähr die Größe von I_B. Üblich sind Emitterströme zwischen 1 mA und 1,6 mA.

Legt man zwei Emitter oder alle drei Emitter in der Schaltung Bild 6.40 an Masse, so ändert sich die Spannung an Punkt X praktisch nicht. X bleibt auf ungefähr 0,2 V. Was ändert sich, wenn man den Emitter E_3 auf 0 V liegen läßt und an die Emitter E_1 und E_2 die Speisespannung von +5 V anlegt? Die PN-Übergänge zwischen den Emitterzonen von E_1 und E_2 und der Basiszone sind dann gesperrt (Pluspol an N-Zone). Der PN-Übergang von E_3 zur Basis bleibt durchgeschaltet. Der Transistor ist weiterhin im Sättigungszustand. Die Spannung an X ändert sich nicht.
Ordnet man die Spannungen zwischen 0 V und 0,4 V dem L-Pegelbereich zu, so kann man sagen:
Liegt an mindestens einem Emitter der Schaltung Bild 6.40 der Pegel L, so liegt auch am Ausgang X der Pegel L.
Ganz anders verhält sich die Schaltung, wenn an alle Emitter die Speisespannung (H-Pegelbereich) angelegt wird (Bild 6.41). Die Emitterzonen liegen nun auf +5 V. Für Punkt X ergibt sich aufgrund des Spannungsteiler-Verhältnisses von R_2 und R_3 eine Spannung von ungefähr 0,45 V, also eine Spannung, die dem L-Pegel entspricht.
Der Kollektor liegt also auf etwa 0,45 V, die Emitter auf +5 V. Jetzt arbeitet der Multi-Emitter-Transistor invers, d.h., Emitter und Kollektor haben ihre Funktionen vertauscht. Die Emitter arbeiten als Kollektoren. Der Kollektor arbeitet als Emitter.

Liegen alle Emitter auf H-Pegel, so arbeitet der Multi-Emitter-Transistor invers.

Der Basisstrom fließt vom Speisespannungspunkt über R_1 und R_3 nach Masse (Bild 6.41). Ein üblicher Wert des Basisstroms ist 1 mA. Man erwartet nun entsprechend hohe Kollektorströme I_C von den Emitter-Eingängen E_1, E_2 und E_3 her. Doch die Ströme I_{C1}, I_{C2} und I_{C3} sind verhältnismäßig klein. Sie betragen nur etwa je 40 µA. Man hat durch eine besondere Technologie dafür gesorgt, daß die sogenannte inverse Stromverstärkung des Multi-Emitter-Transistors sehr klein ist. Damit wird erreicht, daß steuernde Glieder nur einen verhältnismäßig geringen Steuerstrom aufbringen müssen.

Bild 6.41 Schaltung mit Multi-Emitter-Transistor im inversen Betrieb

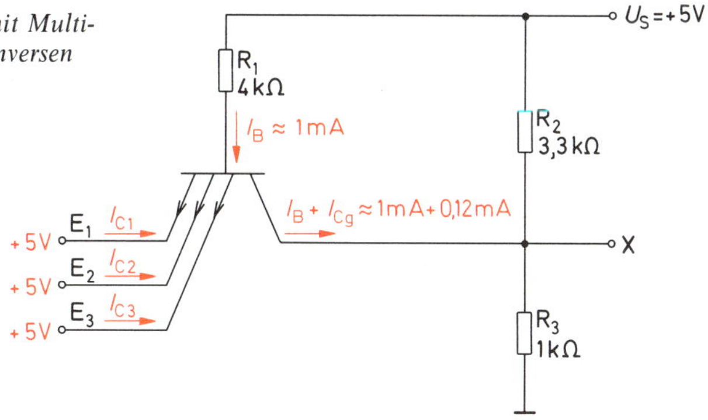

> *Die inverse Stromverstärkung des Multi-Emitter-Transistors ist sehr viel kleiner als 1.*

Am Ausgang X der in Bild 6.41 dargestellten Schaltung wird eine Spannung von etwa 1 bis 2 V auftreten. Diese Spannung läßt sich schlecht dem Pegelbereich H zuordnen. Sie ist etwas zu niedrig. Man kann aber mit dieser Spannung eine weitere Transistor-Schalterstufe ansteuern, wie in Bild 6.42 gezeigt wird. Die Spannungsteiler-Widerstände R_2 und R_3 können gespart werden. Die Funktion von R_3 übernimmt die Basis-Emitter-Strecke des Transistors T_2. Der hochohmige Widerstand R_2 wird durch R_C und die Kollektor-Basis-Strecke von T_2 ersetzt. Die Schaltung hat die Eingänge A, B, C und den Ausgang Z.

Liegt an den Eingängen A, B und C der Pegel H, so arbeitet T_1 invers. Der Transistor T_2 wird in den Sättigungsbereich hinein aufgesteuert. Am Ausgang Z liegt eine Spannung von etwa 0,2 V. Diese gehört zum Pegelbereich L.

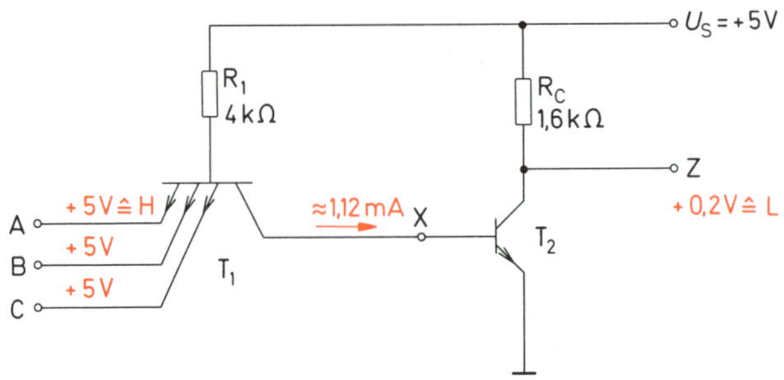

Bild 6.42 *Einfaches TTL-Glied (NAND bei positiver Logik)*

Fall	C	B	A	Z
1	L	L	L	H
2	L	L	H	H
3	L	H	L	H
4	L	H	H	H
5	H	L	L	H
6	H	L	H	H
7	H	H	L	H
8	H	H	H	L

Bild 6.43 Arbeitstabelle zur Schaltung Bild 6.42

Liegt an mindestens einem Eingang der Pegel L, so arbeitet der Multi-Emitter-Transistor T_1 normal im Sättigungsbereich. Seine Kollektorspannung sinkt auf etwa 0,2 V ab. T_2 muß sperren. Am Ausgang Z liegt H. Die Arbeitstabelle der Schaltung Bild 6.42 ist in Bild 6.43 dargestellt. Für positive Logik ergibt sich eine NAND-Verknüpfung.

Wie wirkt ein offener Eingang? Unter einem offenen Eingang versteht man einen Eingang, dessen Anschlußpunkt weder auf L-Pegel noch auf H-Pegel liegt. An den Anschlußpunkt eines offenen Eingangs ist nichts angeschlossen, er hängt in der Luft. Ein solcher Eingang ist nicht in der Lage, den Punkt X in der Schaltung Bild 6.42 auf etwa 0,2 V herunterzuziehen. Er kann also den Multi-Emitter-Transistor nicht durchsteuern. Wenn zwei Eingänge der Schaltung Bild 6.42 auf H-Pegel liegen und der dritte Eingang offen ist, wird der Multi-Emitter-Transistor invers durchsteuern – genauso als ob alle drei Eingänge auf H-Pegel liegen würden.

> *Bei TTL-Schaltungen wirkt ein offener Eingang so, als läge er auf H-Pegel.*

Betrachten wir Bild 6.42 etwas genauer. Es fällt auf, daß der Multi-Emitter-Transistor nie gesperrt ist. Entweder ist der Multi-Emitter-Transistor im Normalbetrieb durchgesteuert oder er ist im Inversbetrieb durchgesteuert. Der Basisstrom fließt immer. Im Normalbetrieb fließt er zu dem oder den Eingängen, die auf L-Pegel liegen. Im Inversbetrieb fließt er zur Basis des Transistors T_2. Das bedeutet, daß die Ladungsträger der Basiszone beim Umschalten nicht ausgeräumt werden müssen. Die für das Ausräumen sonst erforderliche Zeit entfällt. Das Umschalten von einem Zustand in den anderen erfolgt also sehr schnell.

> *Ein Multi-Emitter-Transistor schaltet sehr schnell vom Normalbetrieb in den Inversbetrieb und umgekehrt, da die Basisladung nicht ausgeräumt werden muß.*

Für den Transistor T_2 ergeben sich ebenfalls kurze Schaltzeiten. Die Basisladung von T_2 wird beim Umschalten vom übersteuerten Zustand in den Sperrzustand vom Multi-Emitter-Transistor T_1 geradezu abgesaugt.
Die in Bild 6.42 dargestellte TTL-Schaltung eignet sich nicht besonders gut zum Ansteuern weiterer TTL-Glieder. Der Ausgang Z muß im Zustand L von jedem angeschlossenen Eingang etwa 1,6 mA Strom aufnehmen (Bild 6.44). Bei zehn angeschlossenen Eingängen (Ausgangslastfaktor 10) sind das immerhin 16 mA. Diese 16 mA können über den durchgesteuerten Transistor T_2 zur Masse abfließen.

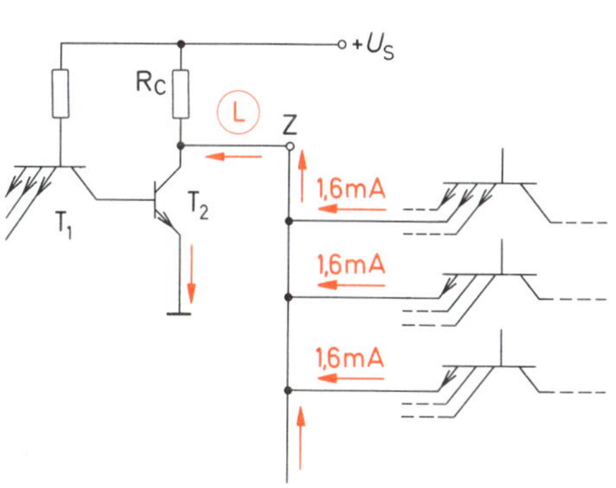

Bild 6.44 Aussteuerung von TTL-Gliedern mit Ausgangszustand L

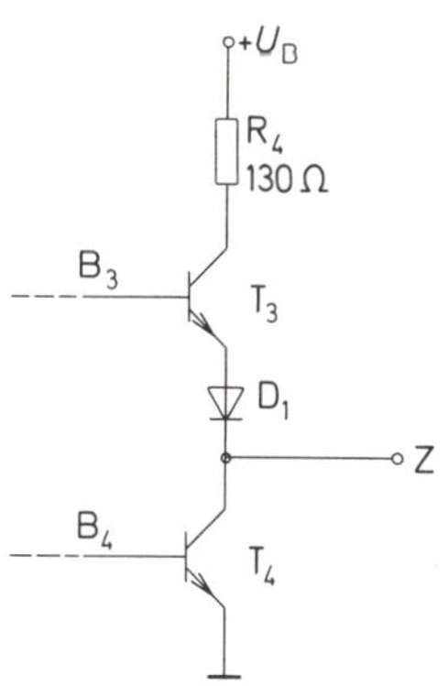

Bild 6.45 Gegentakt-Ausgangsstufe

Wenn aber der Ausgang Z H-Zustand hat und zehn angeschlossene Glieder steuern soll, wird das schon etwas schwieriger. Der aus dem Ausgang Z herausfließende Strom erzeugt einen Spannungsabfall an R_C. Um diesen Spannungsabfall sinkt der Ausgangspegel an Z ab. Das ist ungünstig. Man kann das Absinken des Ausgangspegels weitgehend verhindern, indem man eine Gegentakt-Ausgangsstufe verwendet. Solch eine Stufe ist in Bild 6.45 dargestellt. Sie wird auch Leistungsausgangsstufe genannt.

Einer der Transistoren T_3 und T_4 soll immer gesperrt sein, der andere soll durchgesteuert sein. Ist T_3 gesperrt und T_4 durchgesteuert, so liegt der Ausgang Z auf L. Der in den Ausgang Z hineinfließende Steuerstrom fließt über T_4 zur Masse ab.

Ist T_3 durchgesteuert und T_4 gesperrt, so liegt am Ausgang Z der Pegel H. Der für das Ansteuern der folgenden Glieder benötigte Steuerstrom fließt von $+U_B$ über R_4, T_3, die Diode D_1 zum Ausgang Z heraus. Wird der Ausgang Z stärker belastet, d.h., wird dem Ausgang Z ein größerer Steuerstrom entnommen, sinkt der Ausgangspegel nur um den an R_4 entstehenden zusätzlichen Spannungsabfall ab. An T_3 und D_1 entstehen bei Erhöhung des Stromes so gut wie keine zusätzlichen Spannungsabfälle.

Die Gegentakt-Ausgangsstufe kann einen verhältnismäßig großen Strom abgeben und einen verhältnismäßig großen Strom aufnehmen.

Beim Umschalten von einem Ausgangszustand in den anderen können die Transistoren T_3 und T_4 kurzzeitig beide leiten. Der Widerstand R_4 muß in diesem Fall den Strom begrenzen.

Die Diode D_1 dient der Pegelverschiebung. Man erkennt ihre Funktion am besten in der Gesamtschaltung Bild 6.46.

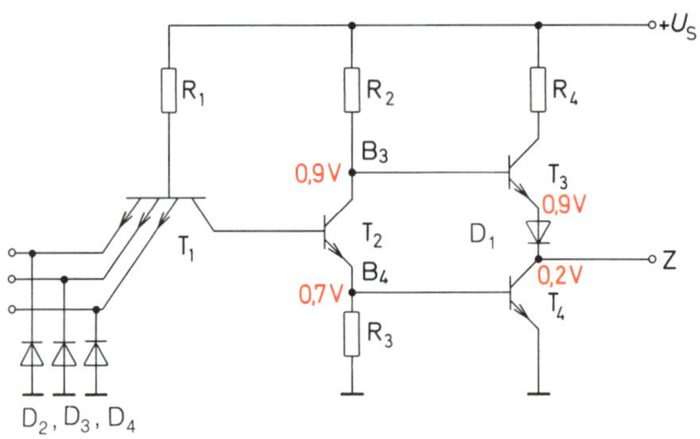

Bild 6.46 Typisches TTL-Glied mit Gegentakt-Ausgangsstufe

Ist der Transistor T_2 durchgesteuert, liegt am Punkt B_4 eine Spannung von etwa 0,7 V (Basis-Emitter-Spannung von T_4). Transistor T_4 wird voll durchgesteuert. An Z liegt etwa +0,2 V. Für T_2 gilt ebenfalls eine Kollektor-Emitter-Sättigungsspannung von 0,2 V, so daß an Punkt B_3 0,9 V gegen Masse liegen. Ohne die Diode D_1 würde sich für T_3 eine Spannung $U_{BE} \approx 0{,}7$ V ergeben (Emitter auf +0,2 V, Basis auf +0,9 V). Der Transistor T_3 würde ebenfalls durchsteuern.

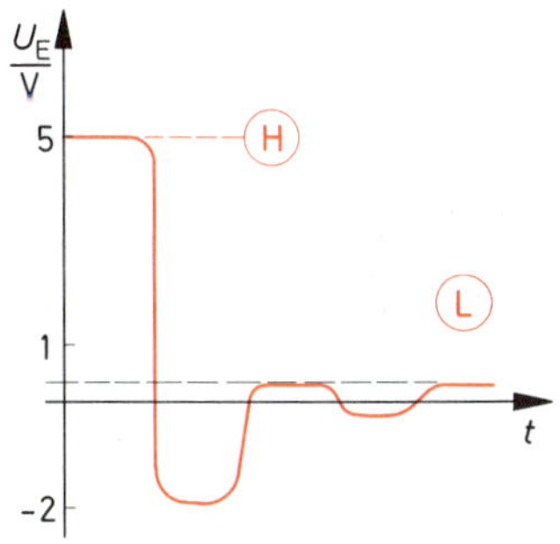

Bild 6.47 Überschwingen einer Eingangsspannung bei Übergang von H auf L

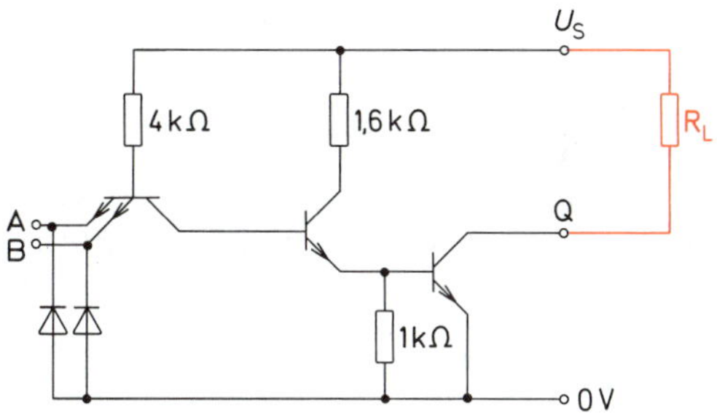

Bild 6.48 TTL-NAND-Glied mit offenem Kollektor

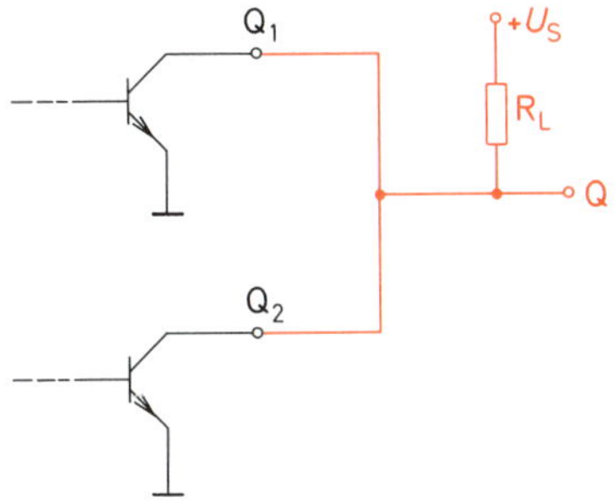

Bild 6.49 Zusammenschaltung von TTL-Gliedern mit offenem Kollektor

Da an der Diode D_1 etwa 0,7 V abfallen, wird der Emitter von T_3 auf einen Pegel von ungefähr 0,9 V angehoben. Damit wird U_{BE} von T_3 etwa 0 V, und T_3 sperrt sicher.
Beim Schalten von TTL-Gliedern ergeben sich an den Ausgängen recht steile Spannungsverläufe. Die Signal-Übergangszeiten (siehe Abschnitt 6.4.3) sind recht kurz – im Mittel etwa 5 ns. Dadurch kann es zum sogenannten „Überschwingen" kommen. Wird der Eingang eines TTL-Gliedes von H auf L gesteuert, kann sich ein Spannungsverlauf gemäß Bild 6.47 ergeben. Am Eingang kann kurzzeitig eine Spannung bis zu -2 V auftreten. Die Dioden D_2, D_3 und D_4 in der Schaltung Bild 6.46 haben die Aufgabe, das Überschwingen zu bedämpfen und die negativen Spannungen abzuleiten. Sie werden Spannungs-Ableitdioden genannt.
In der TTL-Schaltkreisfamilie gibt es Glieder mit sogenanntem «offenem Kollektor». Bei diesen Gliedern fehlt der sonst übliche Kollektorwiderstand. Der Kollektoranschlußpunkt des Ausgangstransistors ist an einen Anschlußpol des Gehäuses geführt (Bild 6.48).
Beim Aufbau von Schaltungen ist ein Kollektorwiderstand der richtigen Größe vorzusehen. Verknüpfungsglieder mit offenem Kollektor sind für Phantom-Verknüpfungen (Wired-Verknüpfungen) geeignet.
Man kann die offenen Kollektoren mehrerer Glieder zusammenschalten und den Verbindungspunkt über einen gemeinsamen Kollektorwiderstand an Speisespannung legen (Bild 6.49). Die Größe des gemeinsamen Kollektorwiderstandes ist nach Herstelleran-

gaben zu wählen. Die Anzahl der zusammengeschalteten Kollektoranschlüsse spielt dabei eine wichtige Rolle.
Die in Bild 6.49 dargestellte Schaltung führt zu einer Phantom-UND-Verknüpfung (Wired-AND) bei positiver Logik. Liegt ein Ausgang auf L-Pegel, d.h., ist ein Ausgangstransistor durchgesteuert, wird der Verbindungspunkt Q stets auf L-Pegel liegen. Nur wenn alle Ausgangstransistoren gesperrt sind, also alle Ausgänge H-Pegel führen sollen, liegt der Verbindungspunkt auch auf H-Pegel.
Die TTL-Schaltkreisfamilie hat sich in verschiedene Familienzweige aufgespalten, die als Unterfamilien bezeichnet werden. Die Schaltkreise der einzelnen Unterfamilien unterscheiden sich vor allem durch die Leistungsaufnahme und durch die Schaltzeiten. Die Störsicherheit ist ein weiteres Unterscheidungsmerkmal.

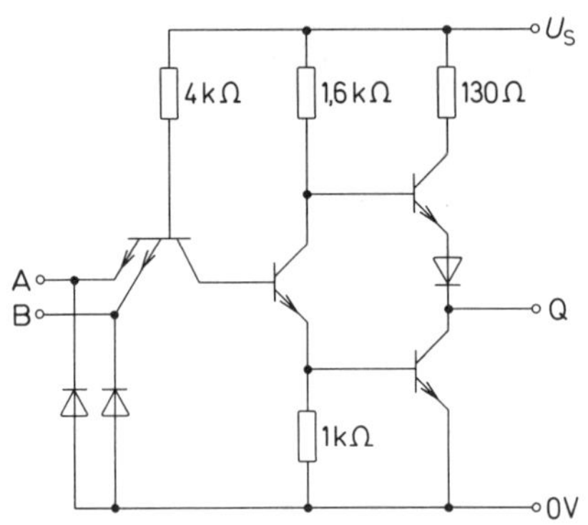

Bild 6.50 Standard-TTL-Glied der Schaltung FLH 101-7400 (NAND bei positiver Logik)

6.6.2 Standard-TTL

Die Unterfamilie «Standard TTL» hat eine große technische Bedeutung. Ein typisches Standard-TTL-Glied zeigt Bild 6.50. Das Glied erzeugt bei positiver Logik eine NAND-Verknüpfung.

6.6.2.1 Schaltungen

Bei einer integrierten Schaltung sind meist mehrere TTL-Glieder untergebracht. Die Schaltung FLH 101-7400 enthält z.B. vier NAND-Glieder, wie aus dem Anschlußschema Bild 6.51 ersichtlich ist. Verwendet wird fast ausschließlich das Dual-Inline-Gehäuse (Bild 6.52).
Für Phantom-UND-Verknüpfungen (Wired-AND) werden Glieder mit offenem Kollektor gebaut. Das Schaltbild eines NICHT-Gliedes mit offenem Kollektor zeigt Bild 6.53. Die integrierte Schaltung FLH 271-7405 enthält sechs solcher NICHT-Glieder (Bild 6.54).
NAND-Glieder mit zwei bis acht Eingängen sind in verschiedenen Versionen verfügbar, mit Gegentaktausgang, mit offenem Kollektor oder mit Leistungsausgang. Die Schal-

Bild 6.51 Anschlußschema der integrierten Schaltung FLH 101–7400

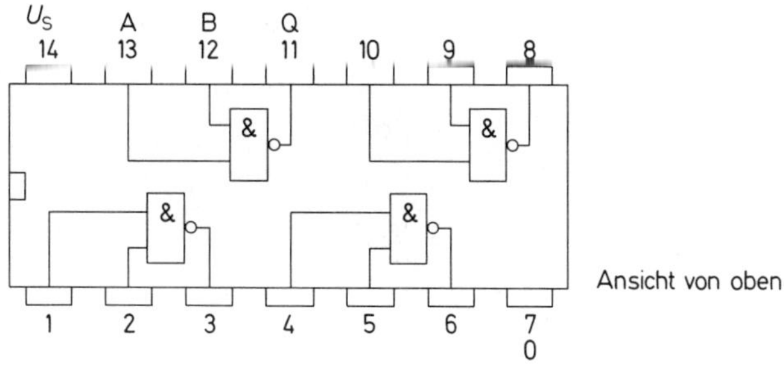

Bild 6.52 Dual-Inline-Gehäuse (DIL)

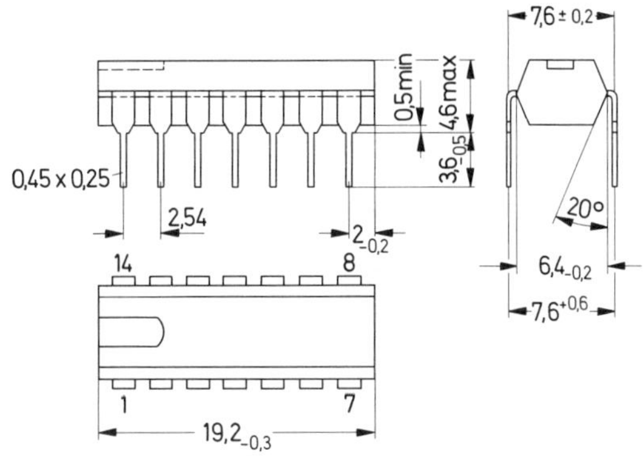

Bild 6.53 Schaltbild eines NICHT-Gliedes mit offenem Kollektor (Siemens)

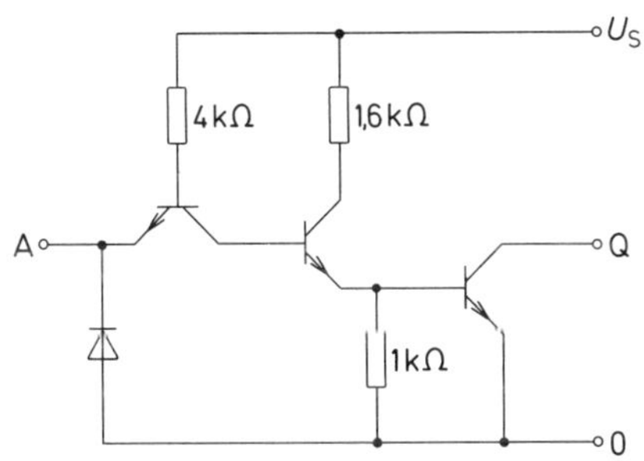

Bild 6.54 Anschlußschema der integrierten Schaltung FLH 271-7405 (Siemens)

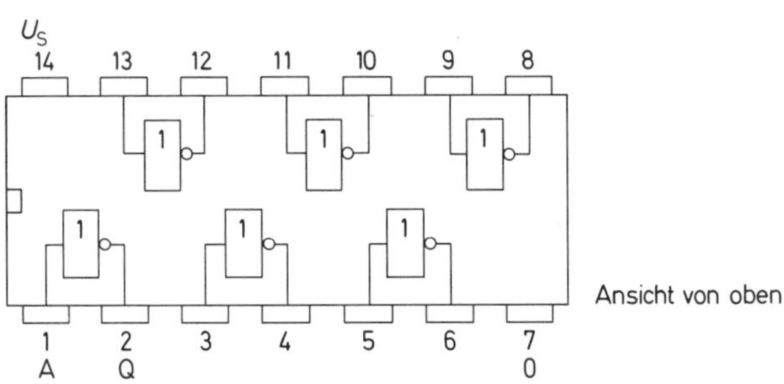

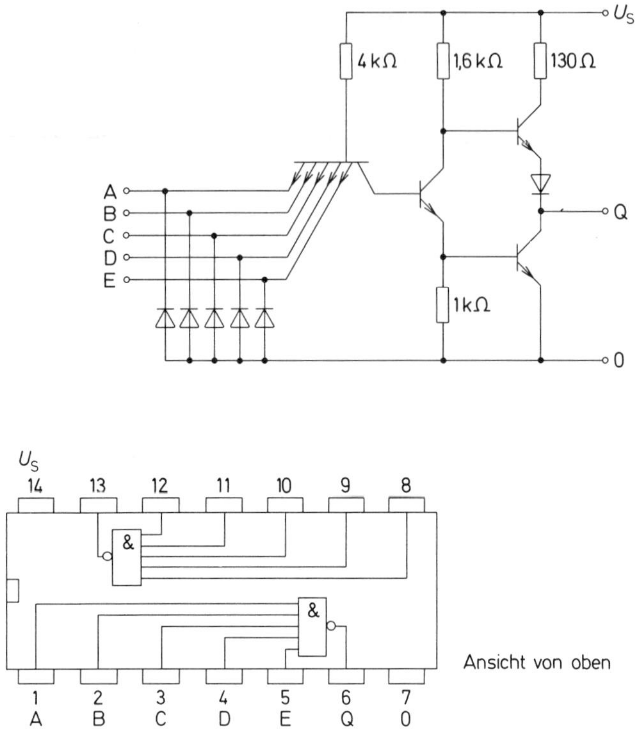

Bild 6.55 TTL-NAND-Glied mit 5 Eingängen und Anschlußschema der Schaltung FLH 331-4931

Bild 6.56 TTL-UND-Glied mit offenem Kollektor und Anschlußschema der Schaltung FLH 391-7409

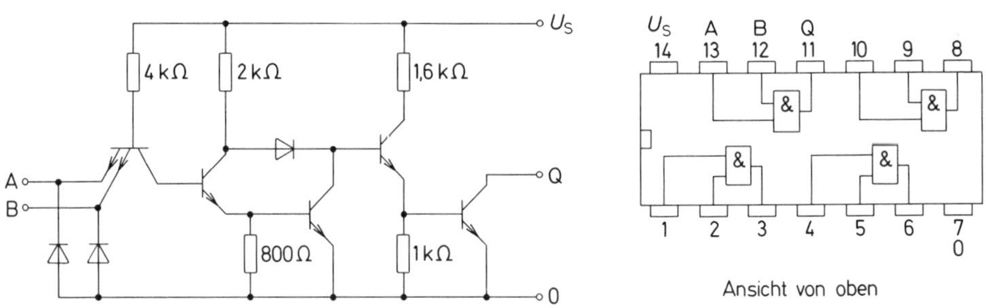

tung eines NAND-Gliedes mit fünf Eingängen ist in Bild 6.55 dargestellt. Die integrierte Schaltung FLH 331-4931 enthält zwei solcher Glieder.

UND-Glieder werden seltener benötigt. Man kann sie leicht aus NAND-Gliedern herstellen. Für einen einfachen Schaltungsaufbau wird jedoch gern die Schaltung FLH 391-7409 verwendet. Sie enthält vier UND-Glieder mit offenem Kollektor (Bild 6.56) und ist für Phantom-UND-Verknüpfungen (Wired-AND) geeignet.

6.6.2.2 *Grenzdaten und Kenndaten*

Grenzdaten sind Daten, die in keinem Fall überschritten werden dürfen. Kommt es trotzdem einmal zu einer Überschreitung der Grenzdaten, muß mit einer Zerstörung des Bauteils gerechnet werden. Für Standard-TTL-Schaltungen werden allgemein folgende Grenzwerte angegeben:

	untere Grenze	obere Grenze
Speisespannung U_S	– 0,5 V	7,0 V
Eingangsspannung U_I	– 1,5 V	5,5 V
Differenzspannung zwischen zwei Eingängen U_D		5,5 V
Ausgangsspannung U_Q	– 0,8 V	5,5 V
Betriebstemperatur T_U		
Bereich 1	0 °C	70 °C
Bereich 5	–25 °C	85 °C
Lagertemperatur T_S	–65 °C	150 °C

Bei den Kenndaten unterscheidet man statische Kenndaten, Schaltzeiten und logische Daten. Zu den Kenndaten gehört zunächst die Betriebsspannung. Sie darf zwischen 4,75 V und 5,25 V schwanken. Der typische Wert ist 5 V.

Für alle Verknüpfungsglieder wird eine untere Grenze der H-Eingangsspannung angegeben. Sie beträgt normalerweise 2 V. Bei der kleinsten H-Eingangsspannung U_{IH} von 2 V darf die – Ausgangsspannung U_{QL} ihren Höchstwert von 0,4 V nicht überschreiten – auch dann nicht, wenn der Ausgangsstrom I_Q seinen Höchstwert von 16 mA erreicht. Für die Ermittlung dieser Werte gelten Prüfbedingungen und die Prüfschaltung 1 Bild 6.57. Die Prüfbedingungen sind im Datenblattauszug Bild 6.58 angegeben.

Bei der höchsten L-Eingangsspannung U_{IL} von 0,8 V darf die H-Ausgangsspannung U_{QH} nicht unter 2,4 V absinken. Die Werte für die obere Grenze von U_{IL} und die untere Grenze von U_{QH} werden mit der Prüfschaltung 2 nach Bild 6.59 bestimmt. Alle weiteren Eingänge werden auf H-Pegel gelegt, da dies dem ungünstigsten Fall entspricht.

Bild 6.57 Prüfschaltung 1

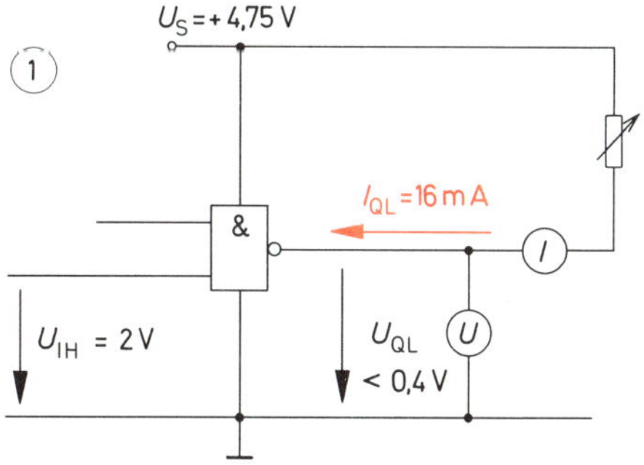

Statische Kenndaten		Prüfbedingungen	Prüf-schal-tung	untere Grenze B	Typ	obere Grenze A	Ein-heit
H-Eingangsspannung	U_{IH}	$U_S = 4{,}75$ V	1	2,0			V
L-Ausgangsspannung	U_{QL}	$U_S = 4{,}75$ V $U_{IH} = 2$ V, $I_{QL} = 16$ mA	1		0,22	0,4	V
L-Eingangsspannung	U_{IL}	$U_S = 4{,}75$ V	2			0,8	V
H-Ausgangsspannung	U_{QH}	$U_S = 4{,}75$ V $U_{IL} = 0{,}8$ V $-I_{QH} = 400\ \mu$A	2	2,4	3,3		V

Bild 6.58 Datenblattauszug

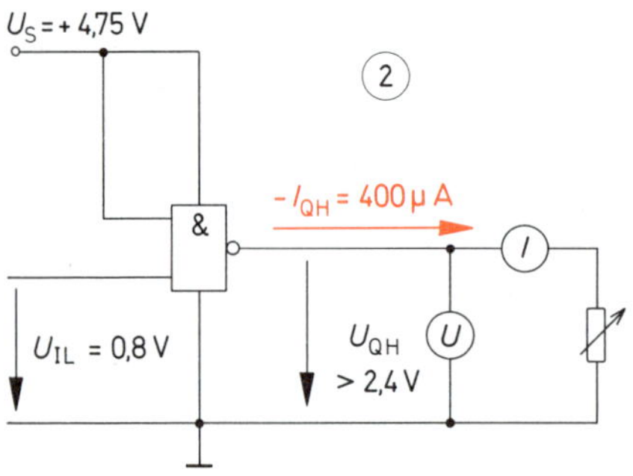

Bild 6.59 Prüfschaltung 2

Die Eingangsströme sind unterschiedlich, je nachdem, ob der Eingang H-Pegel oder L-Pegel führt. Der H-Eingangsstrom I_{IH} ist der Eingangsstrom je Eingang, der sich bei H-Pegel 2,4 V einstellt. Er darf maximal 40 µA sein. Gemessen wird er unter den Prüfbedingungen des Datenblattauszuges Bild 6.60 mit der in Bild 6.61 dargestellten Prüfschaltung 3. Bei der höchstzulässigen Eingangsspannung U_I von 5,5 V darf sich ein Eingangsstrom I_I von höchstens 1 mA ergeben.
Für die Ermittlung des L-Eingangsstroms gilt die Prüfschaltung 4. Bei U_{IL} von 0,4 V dürfen maximal 1,6 mA fließen (Bild 6.62).
Ein weiterer wichtiger Kennwert ist der Kurzschlußausgangsstrom. Er wird mit Prüfschaltung 5 ermittelt. Seine untere Grenze liegt bei 18 mA, die obere bei 55 mA (Bild 6.63). Alle Eingänge müssen auf L-Pegel liegen. Kurzgeschlossene Ausgänge sollten möglichst nicht auftreten. Bei einigen Verknüpfungsgliedern ist ein Kurzschluß des Ausgangs nicht erlaubt.

Statische Kenndaten		Prüfbedingungen	Prüf-schal-tung	untere Grenze B	Typ	obere Grenze A	Ein-heit
H-Eingangsstrom pro Eingang	I_{IH} I_I	U_{IH} = 2,4 V U_I = 5,5 V U_S = 5,25 V	3 3			40 1	µA mA
L-Eingangsstrom	$-I_L$	U_S = 5,25 V U_{IL} = 0,4 V	4			1,6	mA
Kurzschlußausgangsstrom pro Ausgang	$-I_Q$	U_S = 5,25 V	5	18		55	mA
H-Speisestrom	I_{SH}	U_S = 5,25 V U_I = 0 V	6		4	8	mA
L-Speisestrom	I_{SL}	U_S = 5,25 V U_I = 5 V	6		12	22	mA

Bild 6.60 Datenblattauszug

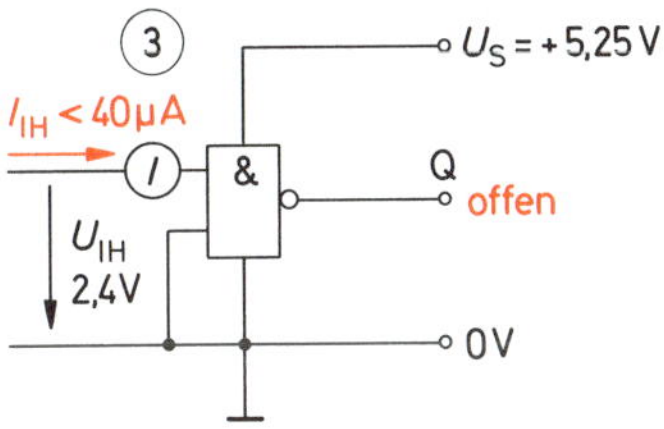

Bild 6.61
Prüfschaltung 3

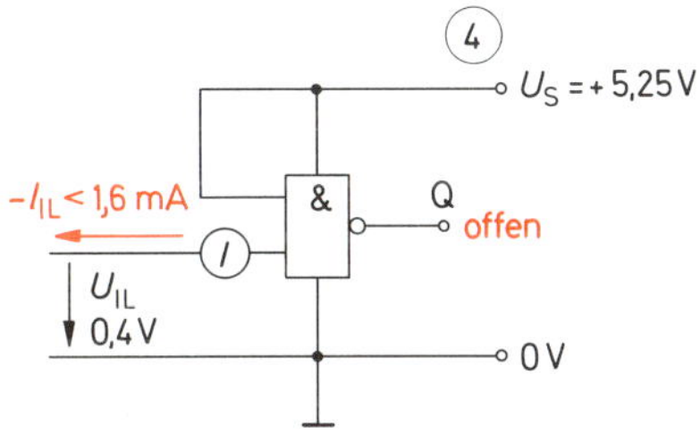

Bild 6.62
Prüfschaltung 4

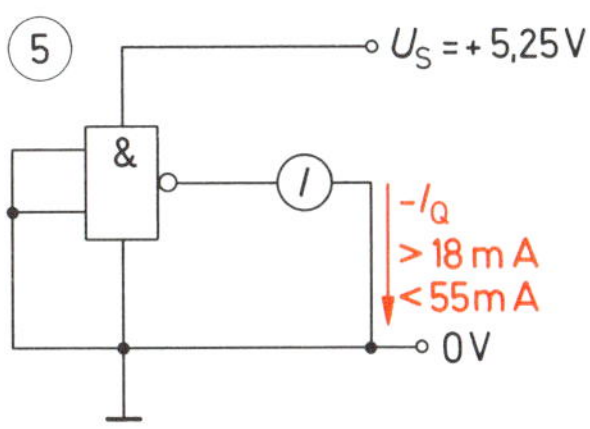

Bild 6.63
Prüfschaltung 5

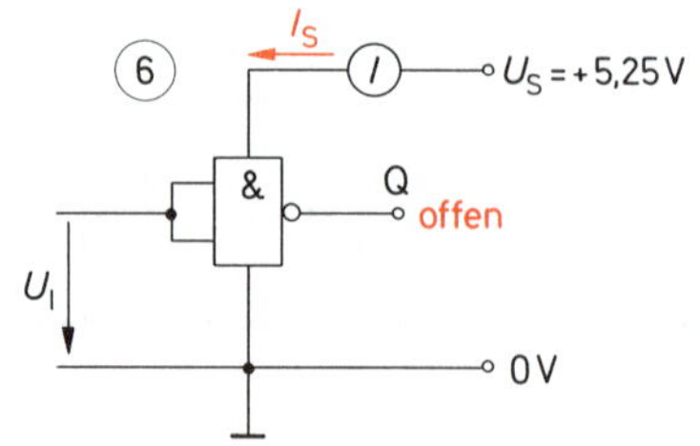

Bild 6.64 Prüfschaltung 6

Der Speisestrom, den ein Verknüpfungsglied aufnimmt, wird mit der Prüfschaltung 6 (Bild 6.64) gemessen. Er hat einen unterschiedlichen Wert, je nachdem, ob L-Pegel oder H-Pegel am Eingang liegt. Es wird die höchste zulässige Speisespannung von 5,25 V an das Glied gelegt. Im Datenblatt ist der gesamte Speisestrom der integrierten Schaltung angegeben und nicht der Speisestrom eines einzelnen Gliedes.
Die statische Störsicherheit ist ein weiterer Kennwert. Die Störsicherheiten sind in Abschnitt 6.4.5 näher erläutert. Für Standard-TTL-Glieder beträgt die statische Störsicherheit typisch 1 V – unter ungünstigsten Bedingungen aber mindestens 0,4 V.
Die Schaltzeiten wurden bereits in Abschnitt 6.4.3 besprochen. Sie sind im vollständigen Datenblatt Bild 6.65 angegeben.
Zu den logischen Daten gehören der Ausgangslastfaktor F_Q (Fan-out) und der Eingangslastfaktor F_I (Fan-in). Sie sind in Abschnitt 6.4.4 näher erläutert. Ebenfalls zu den logischen Daten gehört die sogenannte logische Funktion. Man versteht hierunter die schaltalgebraische Gleichung der Verknüpfung, die das Glied bei positiver Logik erzeugt.
In Bild 6.66 ist das Datenblatt der integrierten Schaltung FLH 201-7401 angegeben. Diese Schaltung enthält vier NAND-Glieder mit offenem Kollektor. Im Datenblatt sind die Gleichungen zur Berechnung des Kollektorwiderstandes und eine Widerstands-Wertetabelle enthalten.

6.6.2.3 Kennlinien

Für TTL-Glieder werden einige charakteristische Kennlinien angegeben, die über das Betriebsverhalten des Verknüpfungsgliedes Aufschluß geben. Besonders wichtig ist die Übertragungskennlinie. Typische Übertragungskennlinien für Standard-TTL-Glieder sind in Bild 6.67 dargestellt.

> *Die Übertragungskennlinie gibt an, welche Ausgangsspannung sich bei einer bestimmten Eingangsspannung einstellt.*

Aus der Übertragungskennlinie können außerdem der H-Eingangsspannungsbereich, der L-Eingangsspannungsbereich, der H-Ausgangsspannungsbereich und der L-Ausgangsspannungsbereich abgelesen werden. Für verschiedene Betriebstemperaturen ergeben sich unterschiedliche Übertragungskennlinien.

Vier NAND-Glieder mit je zwei Eingängen FLH 101—7400 FLH 105—8400

Statische Kenndaten im Temperaturbereich 1 und 5		Prüfbedingungen	Prüfschaltung	untere Grenze B	Typ	obere Grenze A	Einheit
Speisespannung	U_S			4,75	5,0	5,25	V
H-Eingangsspannung	U_{IH}	$U_S = 4{,}75$ V	1	2,0			V
L-Eingangsspannung	U_{IL}	$U_S = 4{,}75$ V	2			0,8	V
Eingangsklemmspannung	$-U_I$	$U_S = 4{,}75$ V, $-I_I = 12$ mA				1,5 V	
H-Ausgangsspannung	U_{QH}	$U_S = 4{,}75$ V, $U_{IL} = 0{,}8$ V, $-I_{QH} = 400$ µA	2	2,4	3,4		V
L-Ausgangsspannung	U_{QL}	$U_S = 4{,}75$ V, $U_{IH} = 2$ V, $I_{QL} = 16$ mA	1		0,2	0,4	V
Statische Störsicherheit	U_{ss}			0,4	1		V
H-Eingangsstrom	I_{IH}	$U_{IH} = 2{,}4$ V U_S	3			40	µA
pro Eing.	I_I	$U_I = 5{,}5$ V $= 5{,}25$ V	3			1	mA
L-Eingangsstrom pro Eing.	$-I_{IL}$	$U_S = 5{,}25$ V, $U_{IL} = 0{,}4$ V	4			1,6	mA
Kurzschlußausgangsstrom pro Ausgang	$-I_Q$	$U_S = 5{,}25$ V	5	18		55	mA
H-Speisestrom	I_{SH}	$U_S = 5{,}25$ V, $U_I = 0$ V	6		4	8	mA
L-Speisestrom	I_{SL}	$U_S = 5{,}25$ V, $U_I = 5$ V	6		12	22	mA

Schaltzeiten bei $U_S = 5$ V, $T_U = 25$ °C

Signal-Laufzeit	t_{PHL}	$C_L = 15$ pF,	22		7	15	ns
	t_{PLH}	$R_L = 400\ \Omega$			11	22	ns

Logische Daten

Ausgangslastfaktor pro Ausgang	F_Q		10
Eingangslastfaktor pro Eingang	F_I		1
Logische Funktion		$Q = \overline{A \wedge B}$	

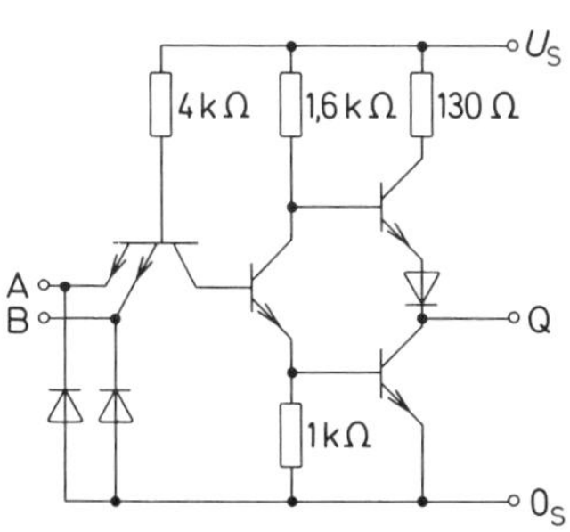

Schaltschema
(ein Glied)

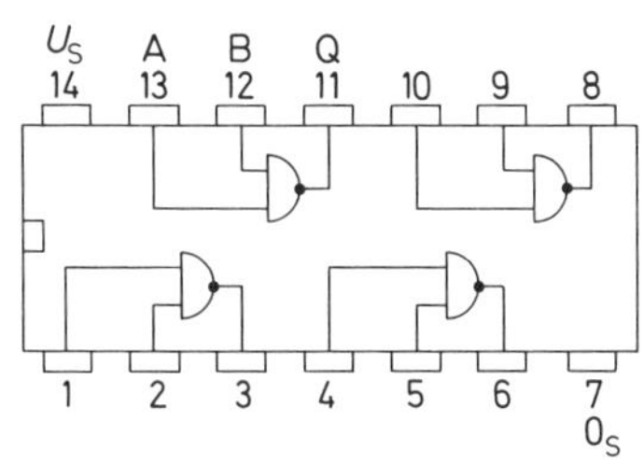

Anschlußanordnung
Ansicht von oben

Bild 6.65 Vollständiges Datenblatt der integrierten Schaltung FLH 101-7400 (nach Unterlagen der Fa. Siemens)

FLH 201 —7401
FLH 201 S—7401 S1
FLH 201 T—7401 S3

FLH 205 —8401
FLH 205 S—8401 S1
FLH 205 T—8401 S3

Vier NAND-Glieder mit je zwei Eingängen und offenem Kollektor
Die Schaltglieder FLH 201/205 sind für Phantom-UND-Verknüpfungen vorgesehen (wired-AND).

Statische Kenndaten im Temperaturbereich 1 und 5		Prüfbedingungen	Prüf-schal-tung	untere Grenze B	Typ	obere Grenze A	Ein-heit
Speisespannung	U_S			4,75	5,0	5,25	V
H-Eingangsspannung	U_{IH}	$U_S = 4{,}75$ V	1	2,0			V
L-Eingangsspannung	U_{IL}	$U_S = 4{,}75$ V	14			0,8	V
Eingangsklemmspannung	$-U_I$	$U_S = 4{,}75$ V, $-I_I = 12$ mA				1,5	V
L-Ausgangsspannung	U_{QL}	$U_S = 4{,}75$ V $U_{IH} = 2$ V, $I_{QH} = 16$ mA	1		0,2	0,4	V
Statistische Störsicherheit	U_{ss}			0,4	1,0		V
H-Eingangsstrom	I_{IH}	$U_{IH} = 2{,}4$ V	3			40	µA
pro Eingang	I_I	$U_I = 5{,}5$ V $U_S = 5{,}25$ V	3			1	mA
L-Eingangsstrom, pro Eingang	$-I_{IL}$	$U_S = 5{,}25$ V $U_{IL} = 0{,}4$ V	4			1,6	mA
H-Ausgangsstrom, pro Ausgang	I_{QH}	$U_S = 4{,}75$ V $U_{QH} = 5{,}5$ V, $U_{IL} = 0{,}8$ V	14			250	µA
H-Speisestrom	I_{SH}	$U_S = 5{,}25$ V $U_I = 0$ V	6		4	8	mA
L-Speisestrom	I_{SL}	$U_S = 5{,}25$ V $U_I = 5{,}0$ V	6		12	22	mA
Schaltzeiten bei $U_S = 5$ V, $T_U = 25\,°C$							
Signal-Laufzeit	t_{PHL}	$R_L = 400\,\Omega$	22		8	15	ns
	t_{PLH}	$R_L = 4\,k\Omega$ $C_L = 15$ pF			35	45	ns
Logische Daten							
L-Ausgangslastfaktor pro Ausgang	F_{QL}					10	
Eingangslastfaktor pro Eingang	F_I					1	
Logische Funktion		$Q = \overline{A \wedge B}$					

FLH 201 S, FLH 205 S: wie FLH 201/205 jedoch Ausgang 15 V/250 µA
FLH 201 T, FLH 205 T: wie FLH 201/205 jedoch Ausgang 5,5 V/50 µA

Berechnung des Kollektorwiderstandes R_L
Die Berechnung erfolgt nach folgenden Formeln

H-Zustand

$$R_{LA} = \frac{U_S - 2{,}4\,\mathrm{V}}{n\;250\,\mu\mathrm{A} + N\;40\,\mu\mathrm{A}}\;(\mathrm{M}\Omega)$$

L-Zustand

$$R_{LB} = \frac{U_S - 0{,}4\,\mathrm{V}}{16\,\mathrm{mA} - N\;1{,}6\,\mathrm{mA}}\;(\mathrm{k}\Omega)$$

Wobei:

U_S = Speisespannung
n = Anzahl der FLH 201 in UND-Verbindung
N = Anzahl der angeschlossenen Eingänge
(n und N: Werte siehe Tabelle)

Bei U_S = 5 V und entsprechender Variation der Werte für n und N ergeben sich nachfolgend aufgeführte Grenzen für R_L. Der tatsächlich in der Schaltung verwendete Widerstand muß zwischen diesen beiden Werten liegen.

N	n							n
	1	2	3	4	5	6	7	1 bis 7
	oberer Grenzwert R_{LA} in Ω							unterer Grenzwert R_{LB} in Ω
1	8965	4814	3291	2500	2015	1688	1452	319
2	7878	4482	3132	2407	1954	1645	1420	359
3	7027	4193	2988	2321	1897	1604	1390	410
4	6341	3939	2857	2241	1843	1566	1361	479
5	5777	3714	2736	2166	1793	1529	1333	575
6	5306	3513	2626	2096	1744	1494	1306	718
7	4905	3333	2524	2031	1699	1460	1280	958
8	4561	3170	2419	1969	1656			1437
9	4262	3023						2875
10	4000	nicht zulässig						4000

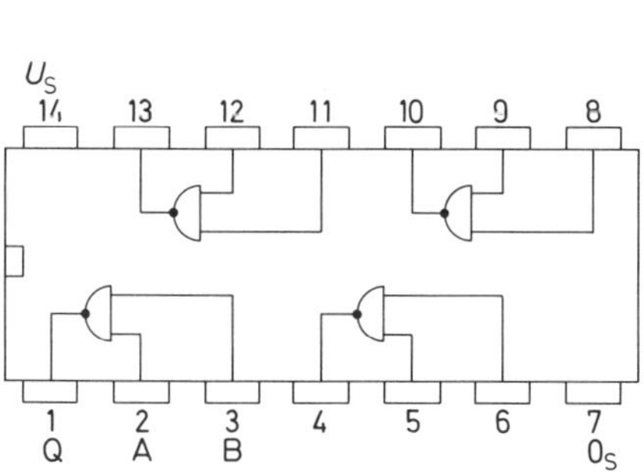

Anschlußanordnung
Ansicht von oben

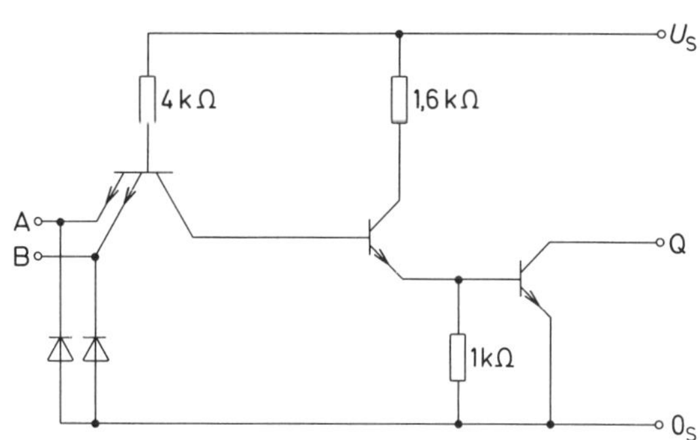

Schaltschema
(ein Glied)

Bild 6.66 Vollständiges Datenblatt der integrierten Schaltung FLH 201-7401 (nach Unterlagen der Fa. Siemens)

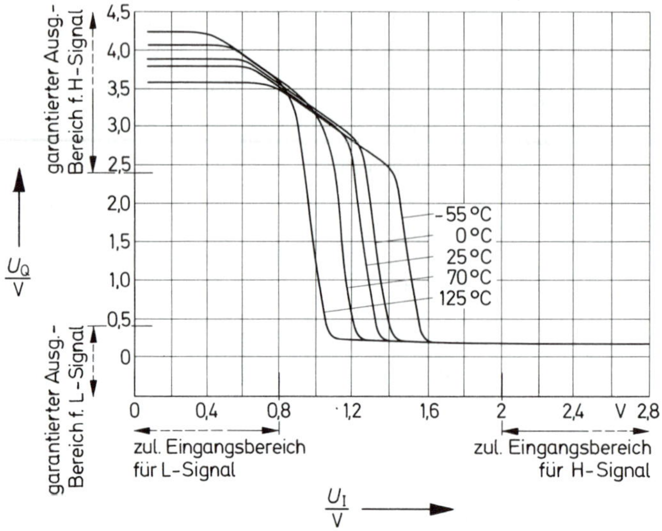

Bild 6.67 Übertragungskennlinien (bei $U_S = 5$ V, $F_Q = 10$ Siemens)

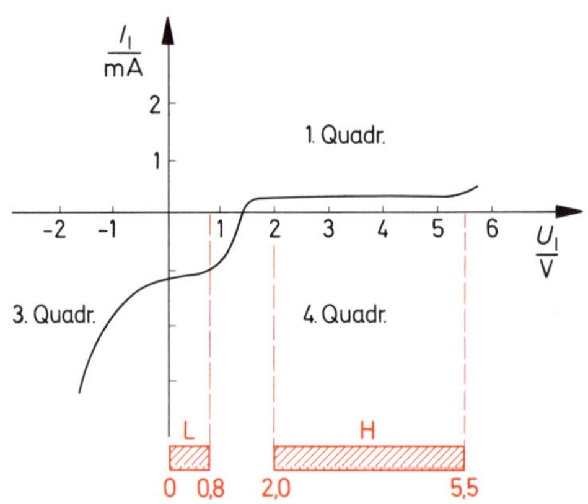

Bild 6.68 Eingangskennlinie (bei U_S = 5 V, Siemens) für 25 °C

Eine weitere wichtige Kennlinie ist die Eingangskennlinie (Bild 6.68).

> *Die Eingangskennlinie gibt den Zusammenhang zwischen Eingangsstrom und Eingangsspannung an.*

Ist die Eingangsspannung U_I etwa 1,5 V, könnte sie schon als H-Eingangsspannung gelten. In den Eingang fließt ein Strom von etwa 40 µA. Die Eingangsspannung gilt jedoch erst ab 2 V als H-Eingangsspannung.

Ist die Eingangsspannung kleiner als etwa 1,4 V, fließt ein Strom aus dem Eingang heraus. Dieser beträgt im Bereich der L-Eingangsspannung (0 V bis 0,8 V) etwa 1 mA. Er darf maximal 1,6 mA betragen. Die Eingangsspannung darf auch etwas negativ werden, und zwar bis $-1{,}5$ V. Bei $-1{,}5$ V liegt der untere Grenzwert für U_I. Die Eingangskennlinie Bild 6.68 gilt für eine Umgebungstemperatur von 25 °C. Bei höheren und tieferen Temperaturen verschiebt sich die Kennlinie etwas.

Der Zusammenhang zwischen Ausgangsstrom und Ausgangsspannung wird durch zwei Ausgangskennlinien-Arten dargestellt. Eine Ausgangskennlinien-Art gilt für den Ausgangszustand H, die zweite für den Ausgangszustand L. Bild 6.69 zeigt Ausgangskennlinien für den H-Zustand, die für unterschiedliche Temperaturen gelten. Die Spannung U_{QH} darf die H-Grenze (2,4 V) nicht unterschreiten. Bei einer Umgebungstemperatur von 25 °C dürfen dem Ausgang also maximal 8 mA entnommen werden.

Bild 6.70 zeigt Ausgangskennlinien für den L-Zustand. Der Strom I_{QL} fließt in den Ausgang hinein. Bei einer Umgebungstemperatur von 25 °C dürfen etwa maximal 34 mA in den Ausgang hineinfließen. Fließt ein größerer Strom, so überschreitet U_{QL} den L-Ausgangsspannungsbereich (obere Grenze 0,4 V).

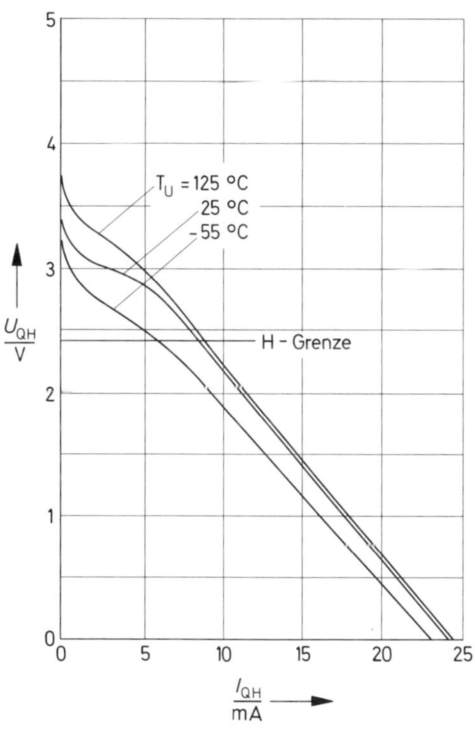

Bild 6.69 Ausgangskennlinie für H-Zustand bei $U_S = 5$ V und $U_I = 0{,}4$ V (Siemens)

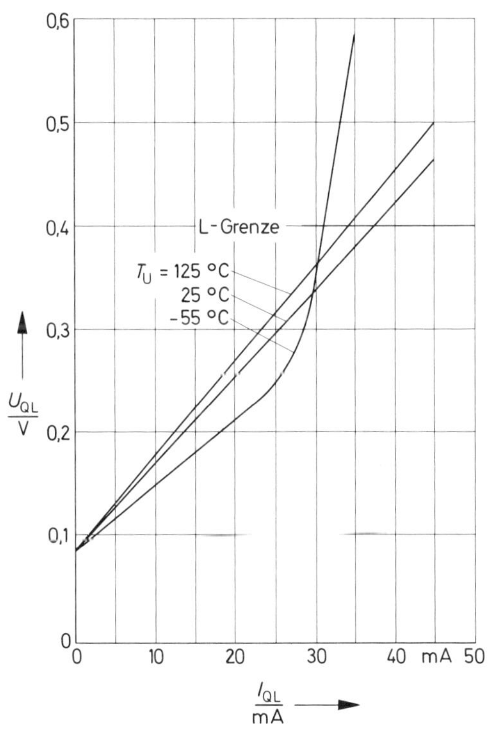

Bild 6.70 Ausgangskennlinien für L-Zustand bei $U_S = 5$ V, $U_I = 2{,}4$ V

6.6.2.4 Leistungsbedarf

Integrierte Schaltungen der Standard-TTL-Reihe nehmen verhältnismäßig viel elektrische Leistung auf. Die Schaltung FLH 101-7400 benötigt bei einer Speisespannung von 5,25 V einen mittleren Speisestrom von etwa 8 mA, was einer Leistung von 42 mW entspricht. Die Schaltung enthält vier NAND-Glieder. Jedes NAND-Glied benötigt also etwa 10 mW. Das ist für sich genommen keine große Leistung. Schaltungen mit 10 000 Gliedern benötigen jedoch eine Leistung von 100 W. An Batteriebetrieb ist bei einem solchen Leistungsbedarf nicht mehr zu denken.
Schaltungen mit Standard-TTL-Gliedern werden also vor allem ortsfest eingesetzt. Die Speisung erfolgt aus spannungsstabilisierten Netzteilen.

6.6.3 Low-Power-TTL (LTTL)

Die Bezeichnung «Low-Power» bedeutet «kleine Leistung». Low-Power-TTL-Glieder nehmen nur etwa 1/10 der Leistung auf, die Standard-TTL-Glieder benötigen. Man erreicht die geringe Leistungsaufnahme durch eine Vergrößerung der Widerstände im Inneren der Schaltung. Ein typisches Low-Power-TTL-Glied ist in Bild 6.71 dargestellt. Man stellt fest, daß sich der Schaltungsaufbau von einem Standard-TTL-Glied praktisch nicht unterscheidet. Betrachtet man jedoch die einzelnen Widerstandswerte, wird der Unterschied klar. In Bild 6.71 sind die Widerstandswerte des Standard-TTL-Gliedes rot und in Klammern angegeben. Die Werte einiger wichtiger Widerstände des Low-Power-TTL-Gliedes sind zehn- bis zwölfmal so groß.

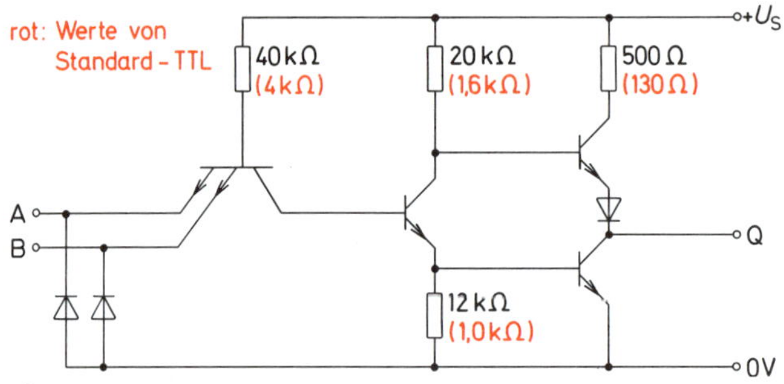

Bild 6.71 Typisches Low-Power-TTL-Glied (NAND bei pos. Logik)

Die Leistung, die ein NAND-Glied in Low-Power-Technik benötigt, ist etwa 1 mW.
Die Schaltzeiten eines TTL-Gliedes werden hauptsächlich durch die Ladungs- und Entladungs-Vorgänge der Transistor-Kapazitäten bestimmt. Vergrößert man die Widerstandswerte in den Stromkreisen, dauern die Ladungs- und Entladungsvorgänge entsprechend länger. Low-Power-TTL-Glieder haben also größere Schaltzeiten als Standard-TTL-Glieder.

> *Low-Power-TTL-Glieder nehmen nur etwa 10% der Leistung der Standard-TTL-Glieder auf. Die Schaltzeiten sind jedoch etwa dreimal so groß.*

Die mittlere Impulsverzögerungszeit t_P – auch mittlere Signal-Laufzeit genannt – beträgt bei einem Low-Power-TTL-Glied etwa 33 ns.

6.6.4 High-Speed-TTL (HTTL)

Bei High-Speed-TTL-Gliedern kommt es vor allem auf möglichst kurze Schaltzeiten an (High-Speed, engl: hohe Geschwindigkeit). Bei dieser Unterfamilie wurde wie bei der Low-Power-TTL der grundsätzliche Schaltungsaufbau der Standard-TTL-Familie beibehalten. Die Widerstandswerte in den Stromkreisen wurden jedoch erheblich verringert (Bild 6.72). Die Ladungs- und Entladungs-Vorgänge der Transistor-Kapazitäten verlaufen nun wesentlich schneller. Man erreicht kurze Schaltzeiten. Die mittlere Signallaufzeit t_p beträgt etwa 5 ns.

Die geringen Widerstandswerte haben jedoch eine recht hohe Leistungsaufnahme zur Folge. Sie ist mehr als doppelt so hoch wie bei Standard-TTL-Gliedern. Ein NAND-Glied, wie in Bild 6.72 dargestellt, benötigt etwa 23 mW.

Bild 6.72 Typisches High-Speed-TTL-Glied (NAND bei positiver Logik)

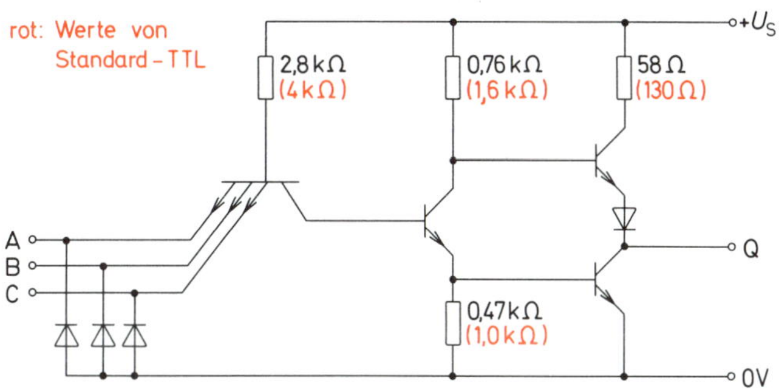

> *High-Speed-TTL-Glieder schalten etwa doppelt so schnell wie Standard TTL-Glieder. Sie benötigen aber mehr als das Doppelte an Leistung.*

Ein Computer, der mit High-Speed-TTL-Gliedern aufgebaut ist, arbeitet also doppelt so schnell wie ein Computer mit Standard-TTL-Gliedern. Er kann somit in gleicher Zeit die doppelte Arbeitsmenge bewältigen. Das ist sehr erwünscht. Weniger erwünscht ist der große Leistungsbedarf.

6.6.5 Schottky-TTL (STTL)

In dem Bemühen, eine schnelle und doch leistungssparende Schaltkreisfamilie zu entwickeln, erinnerte man sich daran, daß Transistoren, die nicht in den Übersteuerungszustand geschaltet werden, die also nicht im gesättigten Zustand arbeiten, kürzere Schaltzeiten haben (siehe Beuth/Schmusch, Elektronik 3). Durch Zuschalten einer Diode

gemäß Bild 6.73 kann ein Transistor daran gehindert werden, weit in den Übersteuerungszustand zu schalten. Die Diode muß allerdings eine kurze Schaltzeit haben. Man verwendet daher Schottky-Dioden (siehe Beuth, Elektronik 2). Diese haben eine extrem kurze Schaltzeit und eine Schwellspannung von etwa 0,35 V.
Der Transistor in der Schaltung Bild 6.73 kann nur soweit durchsteuern, bis U_{CE} auf etwa 0,4 V abgesunken ist. Dann verhindert die Schottky-Diode ein weiteres Durchsteuern. Sie wird leitend. Vom Basisanschluß fließt ein Strom über die Schottky-Diode und die Kollektor-Emitter-Strecke des Transistors zur Masse. Dieser Strom steht als Basisstrom nicht mehr zur Verfügung.
Der Anfang des Übersteuerungsbereichs eines Transistors wird erreicht, wenn U_{CE} auf den Wert von U_{BE} abgesunken ist. Bei $U_{CE} = 0{,}4$ V ist der Transistor schon leicht in den Übersteuerungsbereich hineingesteuert worden. Die Übersteuerung ist allerdings sehr schwach.

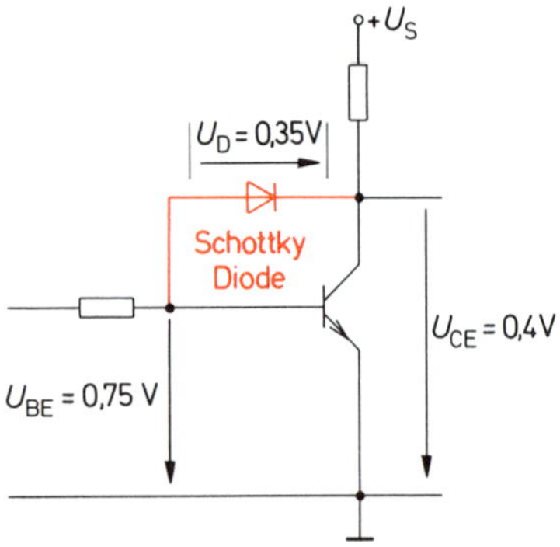

Bild 6.73 Transistor-Schalterstufe mit Schottky-Diode

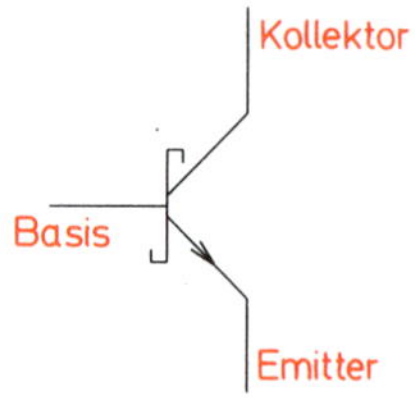

Bild 6.74 Schaltzeichen eines Schottky-Transistors

Die Schottky-Diode in Bild 6.73 wird «Antisättigungs-Diode» genannt. Für einen Transistor mit Schottky-Antisättigungs-Diode wurde die Bezeichnung Schottky-Transistor eingeführt. Für Schottky-Transistoren wird das in Bild 6.74 dargestellte Schaltzeichen verwendet. Das Zeichnen der Schottky-Dioden entfällt.
Die Schaltung eines typischen Schottky-TTL-Gliedes zeigt Bild 6.75. Das Glied ist ein NAND-Glied (bei positiver Logik).
Die Signallaufzeit t_P liegt zwischen 2,5 und 3 ns. Sie ist also nur halb so lang wie bei Gliedern der High-Speed-TTL-Unterfamilie.
Da die Schottky-Transistoren nur schwach durchsteuern, ist der L-Ausgangspegel höher als bei Standard-TTL-Gliedern. Der Abstand zwischen L-Pegelbereich und H-Pegelbereich wird dadurch geringer. Dies führt zu einer Verminderung der statischen Störsicherheit.

Bild 6.75 Schottky-TTL-Glied 74 S 00 (Texas Instruments)

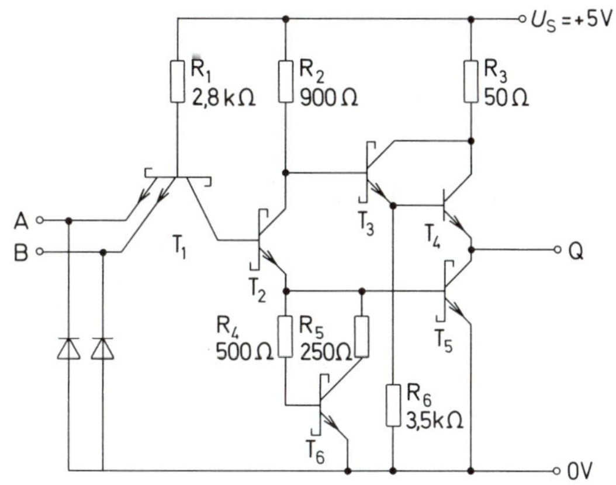

> *Schottky-TTL-Glieder haben sehr geringe Schaltzeiten und eine geringe statische Störsicherheit. Die Leistungsaufnahme ist recht groß.*

Ein NAND-Glied nach Bild 6.75 benötigt eine Leistung von etwa 20 mW und damit doppelt so viel wie ein Standard-TTL-NAND-Glied.

6.6.6 Low-Power-Schottky-TTL (LSTTL)

Schottky-TTL-Glieder nehmen weniger Leistung auf, wenn die Widerstände in den Stromkreisen der Schaltungen hochohmiger sind. Wir haben diesen Zusammenhang bereits bei der Unterfamilie Low-Power-TTL (Abschnitt 6.6.3) näher betrachtet. Leider laufen bei höheren Widerstandswerten auch die Ladungs- und Entladungsvorgänge der Transistorkapazitäten langsamer ab, so daß sich größere Schaltzeiten ergeben.

Bild 6.76 Low-Power-Schottky-TTL-Glied 74 LS 00 (Texas Instruments)

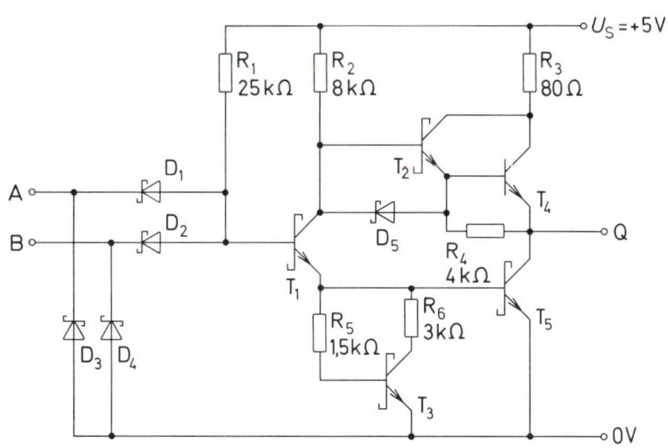

Die größeren Schaltzeiten nimmt man bei der Unterfamilie «Low-Power-TTL» in Kauf.
Der Schaltungsaufbau der Low-Power-Schottky-TTL-Glieder entspricht dem Schaltungsaufbau der Schottky-TTL-Glieder. Nur die Widerstandswerte wurden größer gewählt. Bild 6.76 zeigt die Schaltung eines typischen Low-Power-Schottky-TTL-Gliedes. Für dieses Glied wird eine mittlere Signallaufzeit t_P, auch mittlere Impulsverzögerungszeit genannt, von 9,5 ns angegeben. Die Leistungsaufnahme beträgt aber nur 2 mW.

> *Low-Power-Schottky-TTL-Glieder haben praktisch die gleichen Schaltzeiten wie Standard-TTL-Glieder. Doch benötigen sie nur 1/5 der Leistung.*

Der Nachteil gegenüber Standard-TTL-Gliedern liegt in der geringeren statischen Störsicherheit, die die Low-Power-Schottky-TTL-Glieder ebenso wie die Schottky-TTL-Glieder haben.

6.6.7 Zusammenstellung wichtiger Eigenschaften

Ein ideales Verknüpfungsglied muß außerordentlich schnell schalten, d.h., seine Signallaufzeit sollte fast Null sein. Die Leistungsaufnahme sollte ebenfalls sehr klein und der Störabstand, d.h. die statische Störsicherheit, sollte sehr groß sein. Diese drei Forderungen lassen sich nicht gemeinsam möglichst weitgehend verwirklichen. Sie schließen einander aus. Wünscht man eine kurze Schaltzeit, so muß man eine größere Leistungsaufnahme und meist auch einen kleineren Störabstand in Kauf nehmen. Will man die Leistungsaufnahme klein halten, so muß man sich mit längeren Schaltzeiten abfinden.
In dem Bestreben, kurze Schaltzeiten, geringe Leistungsaufnahme und großen Störabstand zu erreichen, muß man einen Kompromiß schließen. Dieser Kompromiß wird für jeden ins Auge gefaßten Anwendungsfall anders aussehen.

> *Bei jeder TTL-Unterfamilie wurde zwischen den Forderungen nach kurzer Schaltzeit, geringer Leistungsaufnahme und großer Störsicherheit ein anderer Kompromiß geschlossen.*

In neuerer Zeit wurden die TTL-Schaltkreise in kleinen Schritten weiter verbessert. Es werden nun „Advanced-Typen“ (advanced = engl.: fortgeschritten), also fortgeschrittene bzw. verbesserte Typen angeboten, bei denen es gelungen ist, die Signallaufzeit und die Leistungsaufnahme weiter zu verringern und dabei den typischen Störabstand fast gleich zu lassen. Dies wurde möglich durch Ausnutzung aller Fortschritte bei der Herstellung integrierter Schaltungen. Zwei zunehmend wichtiger werdende TTL-Unterfamilien sind *Advanced-Schottky-TTL* (ASTTL) und *Advanced-Low-Power-Schottky-TTL* (ALSTTL). Die wichtigsten Daten dieser Unterfamilien sind in der folgenden Tabelle angegeben.

Die Ergebnisse dieser Kompromisse zeigt die Zusammenstellung der wichtigsten Eigenschaften der Glieder der TTL-Unterfamilien:

TTL-Unterfamilien	Standard-TTL	Low-Power-TTL	High-Speed TTL	Schottky-TTL	Low-Power-Schottky-TTL	Advanced Schottky-TTL	Advanced Low-Power-Schottky-TTL
Serienbezeichnung	74 00	74 L00	74 H00	74 S00	74 LS00	74 AS00	74 ALS00
Betriebsspannung	5 V	5 V	5 V	5 V	5 V	5 V	5 V
Leistungsaufnahme (je Glied)	10 mW	1 mW	23 mW	20 mW	2 mW	8 mW	1,2 mW
Signallaufzeit	10 ns	33 ns	5 ns	3 ns	9,5 ns	1,7 ns	4 ns
größte Schaltfrequenz	40 MHz	13 MHz	80 MHz	130 MHz	50 MHz	230 MHz	100 MHz
typischer Störabstand	1 V	1 V	1 V	0,5 V	0,6 V	0,4 V	0,5 V

6.7 ECL-Schaltungen

Die Bezeichnung «ECL» ist die Abkürzung der englischen Bezeichnung «Emitter Coupled Logic». Dies bedeutet «emittergekoppelte Logik». Andere Bezeichnungen für diese Schaltkreisfamilie lauten «Current Mode Logic» (CML), «Emitter Emitter Coupled Logic» (E^2CL) und «Emitter Coupled Transistor Logic» (ECTL). «Current Mode Logic» heißt auf deutsch «stromgesteuerte Logik».

Die ECL-Schaltungen sind als integrierte Schaltungen mit bipolaren Transistoren aufgebaut. Bei der Entwicklung der ECL-Schaltungen verfolgte man das Ziel, eine möglichst «schnelle Schaltkreisfamilie» zu schaffen, also eine Schaltkreisfamilie mit sehr kurzen Schaltzeiten. Sehr kurze Schaltzeiten lassen sich aber nur erreichen, wenn die Transistoren in Durchlaßrichtung nicht voll in den Übersteuerungszustand geschaltet werden. Die sogenannte Sättigung darf nicht auftreten (siehe Beuth/Schmusch, Elektronik 3, Abschnitt 5.3).

Es wäre nun möglich, Schaltkreise in reiner Verstärkertechnik aufzubauen. In diesen Schaltkreisen werden die Transistoren nie voll gesperrt und nie ganz durchgesteuert. Das Hin- und Herschalten zwischen zwei derartigen Arbeitspunkten erfolgt außerordentlich schnell. Die reine Verstärkertechnik bringt aber große Probleme hinsichtlich der Störsicherheit mit sich. Die Unterschiede der Pegelbereiche L und H sind gering, und die Pegelwerte werden nicht gut gehalten. Bei Temperaturänderungen wandern die Pegel weg. Ein selbsttätiger Übergang von H nach L und umgekehrt wäre möglich.

Mit Verstärkerstufen nach dem Differenzverstärkerprinzip (siehe Beuth/Schmusch, Elektronik 3, Abschnitt 3.7.2) ist es jedoch möglich, stets einen Transistor sicher zu sperren und den anderen aufzusteuern. Für den aufgesteuerten Transistor ergibt sich eine starke Stromgegenkopplung. Diese bewirkt, daß kleine Basisspannungsänderungen am aufgesteuerten Transistor so gut wie keine Änderung des Kollektorstroms erzeugen. Der Ausgangspegel bleibt daher stabil, obwohl der aufgesteuerte Transistor nicht im Sättigungszustand ist.

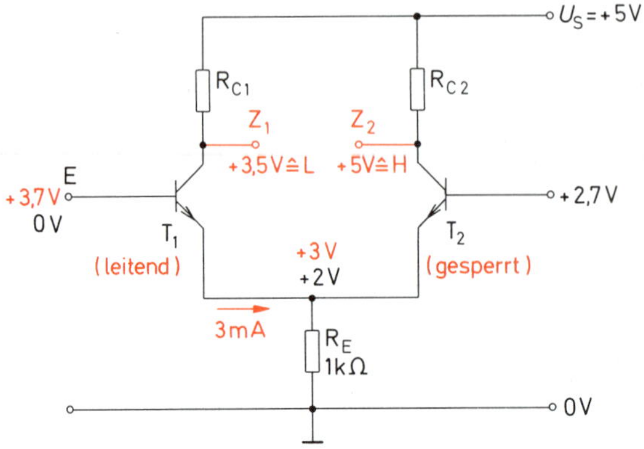

Bild 6.77 Differenzverstärkerschaltung

Betrachten wir die Schaltung in Bild 6.77. Sie stellt einen Differenzverstärker dar. Die Basis des Transistors T_2 liegt an einer festen Spannung, z.B. an +2,7 V. An der Basis von T_1 sollen znächst auch +2,7 V liegen. Beide Transistoren steuern soweit auf, wie es der gemeinsame Emitterwiderstand R_E erlaubt. Sie teilen sich den Emitterstrom von ca. 2 mA.

Wird die Spannung an der Basis von T_1 größer als +2,7 V, steuert T_1 weiter auf. Der Emitterstrom von T_1 wird größer. An R_E fällt eine größere Spannung ab. Der Transistor T_2 muß zusteuern.

Liegen 3,7 V an der Basis von T_1, kann ein Emitterstrom von etwa 3 mA fließen. R_{C1} muß so bemessen sein, daß die Kollektorspannung von T_1 nicht zu tief absinkt. T_1 darf nur soweit durchsteuern, daß die Übersteuerungsgrenze erreicht oder höchstens ein klein wenig überschritten wird. Der Transistor T_2 sperrt. Er benötigt keinen Emitterstrom.

Der Ausgang Z_2 des gesperrten Transistors T_2 wird auf +5 V liegen. Diese Spannung soll zum H-Pegelbereich gehören. Der Ausgang Z_1 des leitenden Transistors T_1 hat eine Spannung, die sich aus dem Spannungsabfall an R_E und der Spannung U_{CE} des leitenden Transistors ergibt. Sie ist etwa 3,5 V und soll zum L-Pegelbereich gehören.

Sinkt die Spannung an der Basis von T_1 geringfügig ab oder steigt sie geringfügig an (z.B. um ±0,1 V), so ändern sich die Pegel am Z_1 und Z_2 praktisch nicht. Sie bleiben stabil.

Sinkt die Spannung an der Basis von T_1 jedoch unter 2,7 V ab, erfolgt ein «Umkippen». Transistor T_2 beginnt aufzusteuern und zwingt Transistor T_1 zum Sperren. Der Ausgang Z_1 geht auf H-Pegel, der Ausgang Z_2 auf L-Pegel. Der Kollektorwiderstand R_{C2} muß so bemessen sein, daß T_2 nicht in die Sättigung durchsteuern kann.

Dem Transistor T_1 kann man weitere Transistoren parallel schalten (Bild 6.78). Die Parallelschaltung wirkt als Wired-OR-Verknüpfung. Die Schaltung erzeugt bei positiver Logik am Ausgang Z_1 eine NOR-Verknüpfung. Da der Ausgang Z_2 stets entgegengesetzten Zustand wie der Ausgang Z_1 hat, ist an Z_2 eine ODER-Verknüpfung vorhanden.

Die H-Pegel und die L-Pegel der Ausgänge Z_1 und Z_2 eignen sich schlecht zum Ansteuern weiterer Verknüpfungsglieder. Man schaltet daher jedem der beiden Ausgänge eine Emitterfolgerstufe (Kollektorschaltung) nach. Man erhält dadurch eine Pegelverschiebung und die Möglichkeit, eine größere Anzahl nachgeschalteter Glieder zu steuern. Die

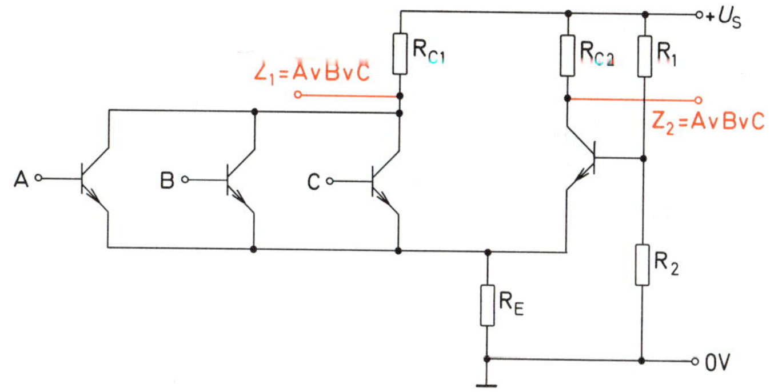

Bild 6.78 Grundschaltung eines ECL-Gliedes

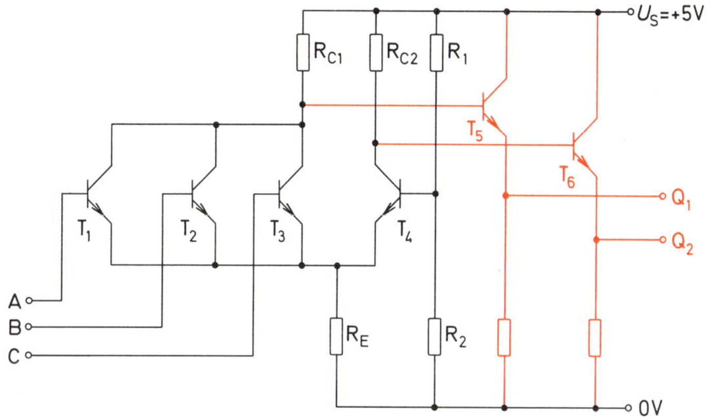

Bild 6.79 ECL-Glied mit Emitterfolgerstufe

üblichen Ausgangslastfaktoren (Fan-out) liegen zwischen 20 und 30. In Bild 6.79 ist die Schaltung eines ECL-Gliedes mit Emitterfolgerstufen dargestellt.

Die Festspannung für den Eingang des Transistors T_2 in Bild 6.77 kann mit Hilfe eines Spannungsteilers erzeugt werden. In der Schaltung FYH 124 (Bild 6.80) wird ein zusätzlicher Transistor verwendet, der dafür sorgt, daß die Festspannung besonders stabil bleibt. Durch die Festspannung wird die sogenannte Umschaltschwelle festgelegt.

Die Hersteller von ECL-Schaltungen verwenden meist eine negative Speisespannung von −5,0 V. Der positive Pol liegt an Masse. Für die H- und L-Pegel ergeben sich dann negative Spannungswerte. Die Pegelbereiche der Schaltung FYH 124 sind in Bild 6.81 angegeben. Die negative Speisespannung verbessert die Störsicherheit etwas. Die Eingangspegelbereiche für L und H liegen nur um 0,4 V auseinander. Die Störsicherheit ist dadurch gering. Die Hersteller geben in den Datenblättern eine statische Störsicherheit von 0,3 V an. Die Störsicherheiten sind in Abschnitt 6.4.5 näher erläutert.

Der besondere Vorteil der ECL-Schaltkreisfamilie ist durch die kurzen Schaltzeiten gegeben. Typische Signallaufzeiten liegen bei 2 ns. Eine verbesserte Technologie macht

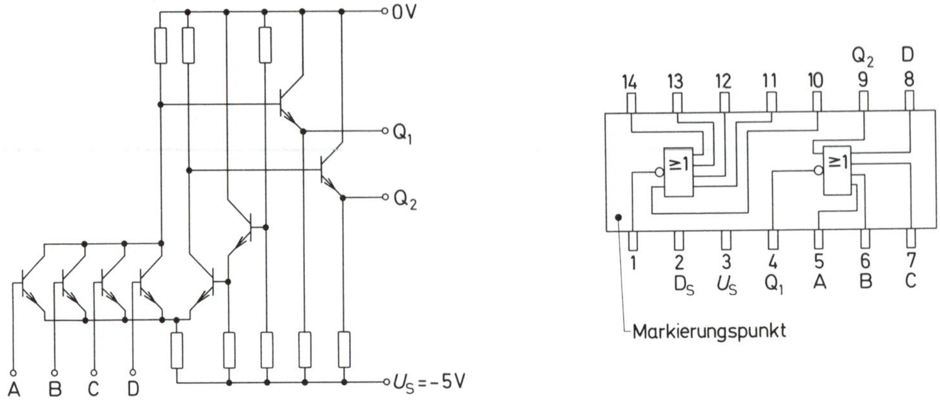

Bild 6.80 ECL-Glied FYH 124 (Siemens)

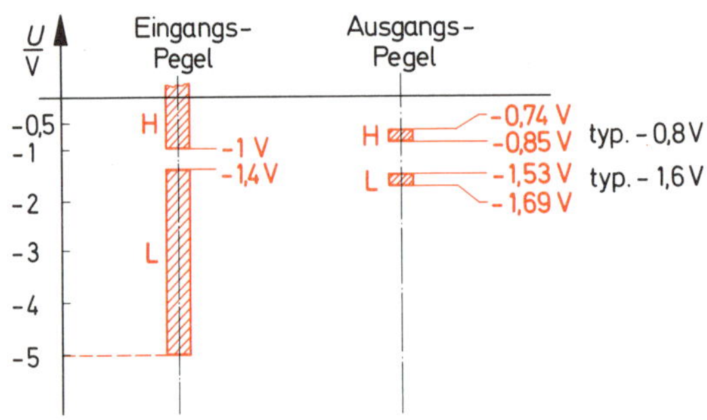

Bild 6.81 Pegelbereiche des ECL-Gliedes FYH 124

Signallaufzeiten von weniger als 1 ns möglich. An einer entsprechenden ECL-Unterfamilie wird gearbeitet.

> *Die Glieder der ECL-Schaltkreisfamilie sind die am schnellsten arbeitenden Verknüpfungsglieder, die es z.Z. überhaupt gibt.*

Die sehr hohen Schaltgeschwindigkeiten verursachen Leitungsprobleme. Bei Schaltzeiten von 2 ns liegen wir bereits im oberen Megahertz-Bereich (ca. 250 MHz). Die Leitungen strahlen in erhöhtem Maße hochfrequente Energie ab. Es kommt zu sogenanntem «Übersprechen» zwischen benachbarten Leitungen, d.h., von einer Leitung wird Energie in die andere übertragen und umgekehrt. Die Schaltzeiten liegen in der Größenordnung der Laufzeiten auf den Leitungen. Es gibt Anpassungsprobleme und Reflexionen auf den Verbindungsleitungen zwischen den Gliedern. Die Wellenwiderstände der Leitungen müssen bei der Schaltungsauslegung beachtet werden.

Schaltungen mit ECL-Gliedern müssen wie Hochfrequenzschaltungen aufgebaut werden.

Es sind besondere Abschirmmaßnahmen erforderlich. Notwendige längere Leitungen sind als Koaxialleitungen auszuführen. Günstig ist ein besonders kleiner Aufbau der integrierten Schaltungen, also eine hohe Packungsdichte. Die Leitungsverbindungen zwischen den Gliedern sollten möglichst kurz sein.
Bei jedem Betriebszustand sind in den ECL-Gliedern stets mehrere Transistoren leitend. Sie benötigen entsprechende Ströme.

Glieder der ECL-Schaltkreisfamilie haben einen hohen Leistungsbedarf.

Je Verknüpfungsglied müssen etwa 60 mW angesetzt werden. Das ist ein sechsmal so hoher Leistungsbedarf wie bei Standard-TTL-Gliedern.
Die folgende Tabelle gibt eine Zusammenstellung der wichtigsten Eigenschaften von ECL-Gliedern:

ECL-Schaltkreisfamilie	
Betriebsspannung	–5 V
Leistungsaufnahme (je Glied)	60 mW
Signallaufzeit	0,5 ns
größte Schaltfrequenz	1 GHz (Gigahertz)
typischer Störabstand	0,3 V

Der Anwendungsbereich der ECL-Glieder liegt dort, wo höchste Arbeitsgeschwindigkeit absolute Priorität hat. Neben wenigen Anwendungsgebieten der industriellen Steuerungstechnik sind es vor allem militärische Bereiche, in denen die ECL-Technik angewendet wird.

6.8 MOS-Schaltungen

Verknüpfungsglieder der MOS-Schaltkreisfamilie und der Unterfamilien sind mit MOS-Feldeffekt-Transistoren aufgebaut. Die MOS-Feldeffekt-Transistoren benötigen fast keine Steuerleistung. Sie sind sehr klein und verhältnismäßig einfach herzustellen. Integrierte Schaltungen mit hoher Packungsdichte sind möglich. Leider sind die Schaltzeiten verhältnismäßig lang. Hierfür sind die Kapazitäten der MOS-FET verantwortlich.

6.8.1 Gefahr durch statische Aufladung

MOS-Feldeffekt-Transistoren sind besonders empfindlich gegen statische Aufladungen (siehe Beuth, Elektronik 2, Abschnitt 8.2). Diese Empfindlichkeit ist allgemein auch bei vollständigen integrierten Schaltungen vorhanden.

> *Bei der Verarbeitung von MOS-Schaltungen sind besondere Sicherheitsmaßnahmen gegen statische Aufladungen zu treffen.*

Zur Sicherheit sollte im Verarbeitungsraum ein elektrisch leitfähiger Fußbodenbelag verwendet werden. Jeder Arbeitstisch muß mit einer leitfähigen und geerdeten Auflageplatte versehen sein. Die mit der Verarbeitung betrauten Kräfte sollten keine Kunststoffkleidung tragen, z.B. keine Nylonkittel. Zweckmäßig ist das Tragen einer elektrisch leitfähigen Manschette, die über eine flexible Leitung geerdet ist.
Ein weiterer Gefahrenpunkt ist das Löten. Lötkolben und Lötbäder haben zwischen Heizkörpern und Lötspitze bzw. Lötzinn im allgemeinen Übergangswiderstände von etwa 100 kΩ. Dieser Widerstand erscheint zunächst ausreichend hoch, ist aber sehr klein im Vergleich zu den Widerständen, die sich zwischen Gate und Substrat von MOS-Feldeffekt-Transistoren ergeben. Lötkolben und Lötbäder können Ladungsmengen liefern, durch die die MOS-Schaltungen beschädigt oder zerstört werden können.

> *Zum Einlöten und Auslöten von MOS-Schaltungen sind besondere Sicherheits-Lötkolben und Sicherheits-Lötbäder zu verwenden.*

MOS-Schaltungen, die gefährlich hohen Spannungen ausgesetzt worden sind, dies aber überlebt haben, sind mit großer Wahrscheinlichkeit beschädigt worden. Man nennt diese Art Beschädigung «Halbleiter-Streß». Durch Halbleiter-Streß wird die Lebensdauer herabgesetzt und die Ausfallrate erhöht. Was beim Halbleiter-Streß tatsächlich im Inneren der Kristalle passiert, ist weitgehend unbekannt.

6.8.2 PMOS

In Verknüpfungsgliedern der PMOS-Unterfamilie werden selbstsperrende P-Kanal-MOS-Feldeffekt-Transistoren als Schaltelemente verwendet. Das Schaltbild eines einfachen PMOS-Gliedes zeigt Bild 6.82. Am Ausgang Z liegt immer dann der Pegel L, wenn wenigstens einer der Feldeffekt-Transistoren gesperrt ist. Z führt nur dann den Pegel H, wenn an den Eingängen A und B L-Pegel liegt, die beiden Feldeffekt-Transistoren also durchgesteuert sind. Die zugehörigen Arbeitstabellen sind in Bild 6.83 dargestellt. Für positive Logik ergibt sich eine NOR-Verknüpfung.
Die Herstellung des Widerstandes R im Halbleiterkristall erfordert zusätzlichen Aufwand. Man ersetzt daher den Widerstand R durch einen Feldeffekt-Transistor mit besonderen Eigenschaften. Den üblichen Schaltungsaufbau eines PMOS-Gliedes zeigt Bild 6.84.

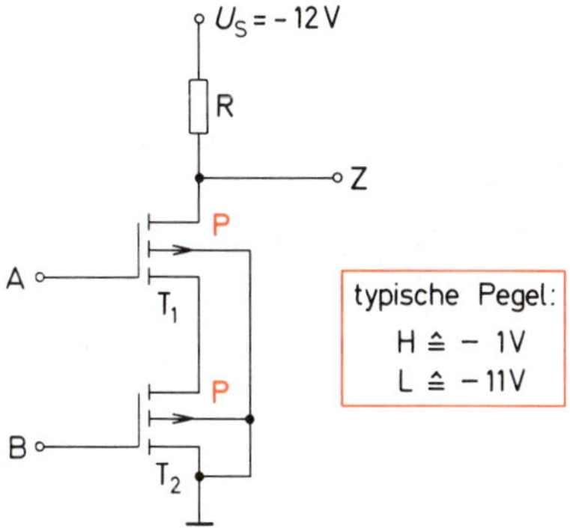

Bild 6.82 Einfaches PMOS-Glied (NOR bei positiver Logik)

Fall	B	A	Z
1	-11V	-11V	- 1V
2	-11V	- 1V	-11V
3	- 1V	-11V	-11V
4	- 1V	- 1V	-11V

Fall	B	A	Z
1	L	L	H
2	L	H	L
3	H	L	L
4	H	H	L

Bild 6.83 Arbeitstabellen zur Schaltung Bild 6.82

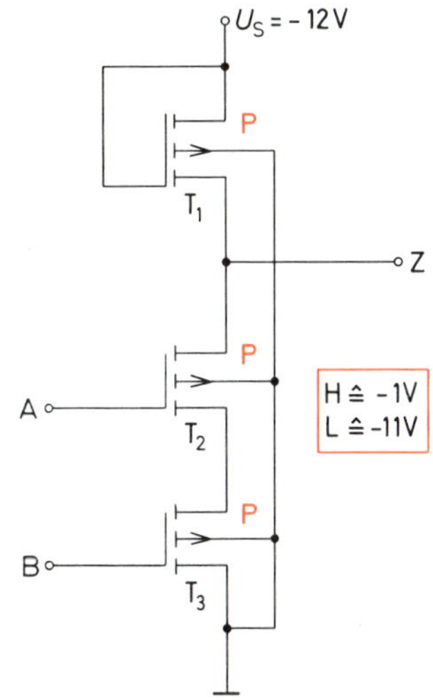

Bild 6.84 Übliche Schaltung eines PMOS-Gliedes (NOR bei positiver Logik)

Betrachten wir den Transistor T_1, der den Lastwiderstand ersetzt. Der Gateanschluß liegt auf Speisespannungs-Potential. Wenn die beiden Schalter-Transistoren T_2 und T_3 durchsteuern, liegt der Source-Anschluß von T_1 und damit der Ausgang Z auf etwa − 1 V. Der Transistor T_1 steuert also ebenfalls durch ($U_{DS} = -11$ V). Jetzt könnte ein zu großer Strom fließen, durch den der Pegel des Ausganges Z erheblich angehoben würde. Damit dies nicht geschieht, wird der Transistor T_1 so hergestellt, daß sein Kanalwiderstand im durchgesteuerten Zustand nicht unter etwa 100 kΩ absinkt. Die Transistoren T_2 und T_3 haben Kanalwiderstände von etwa 1 kΩ bis 2 kΩ im durchgesteuerten Zustand. Im Sperrzustand ist der Kanalwiderstand von T_1 geringer als der von T_2 und T_3. Er beträgt bei T_1 etwa 1 MΩ, bei T_2 und T_3 etwa 10 MΩ. Sind also T_2 und T_3 gesperrt oder ist nur einer von ihnen gesperrt, so liegt am Ausgang Z eine Spannung von etwa − 11 V, die zum L-Pegelbereich gehört.

Das PMOS-Glied Bild 6.85 erzeugt bei positiver Logik eine NAND-Verknüpfung. Liegt an Eingang A oder an Eingang B L-Pegel (z.B. − 11 V), so wird der Ausgang Z auf H-Pegel (− 1 V) gezogen. Das gleiche geschieht, wenn an beiden Eingängen L-Pegel liegt. Nur wenn an beiden Eingängen H-Pegel liegt, keiner der Transistoren T_2 und T_3 also durchsteuert, bleibt Z auf L-Pegel (Bild 6.86).

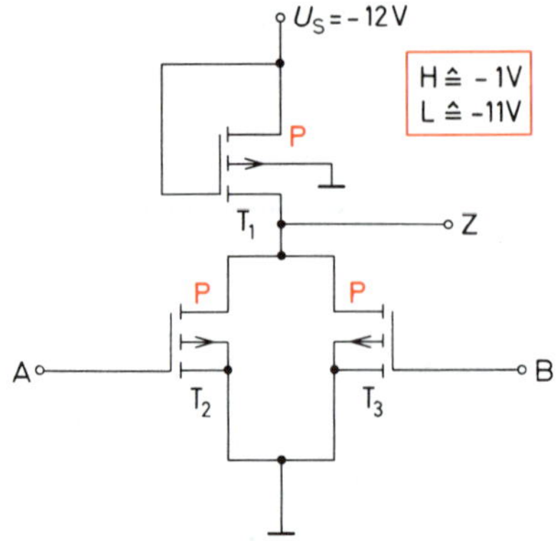

Bild 6.85 Übliche Schaltung eines PMOS-Gliedes (NAND bei positiver Logik)

Fall	B	A	Z
1	-11V	-11V	- 1V
2	-11V	- 1V	- 1V
3	- 1V	-11V	- 1V
4	- 1V	- 1V	-11V

Fall	B	A	Z
1	L	L	H
2	L	H	H
3	H	L	H
4	H	H	L

Bild 6.86 Arbeitstabellen zur Schaltung Bild 6.85

In Bild 6.87 ist die Schaltung eines PMOS-NICHT-Gliedes dargestellt. Der Transistor T_1 ersetzt den Lastwiderstand. Der Transistor T_2 arbeitet als Schalter. Am Ausgang liegt stets der entgegengesetzte Pegel wie am Eingang.

PMOS-Schaltkreise benötigen eine geringe Leistung. Die Speisespannung kann in einem größeren Bereich schwanken (z.B. zwischen −9 V und −20 V). Je größer die Speisespannung gewählt wird, desto größer wird die statische Störsicherheit, da mit wachsender Speisespannung der Abstand von L-Pegelbereichen und H-Pegelbereichen größer wird. Für eine Speisespannung von −12 V ergeben sich Pegelbereiche gemäß Bild 6.88.

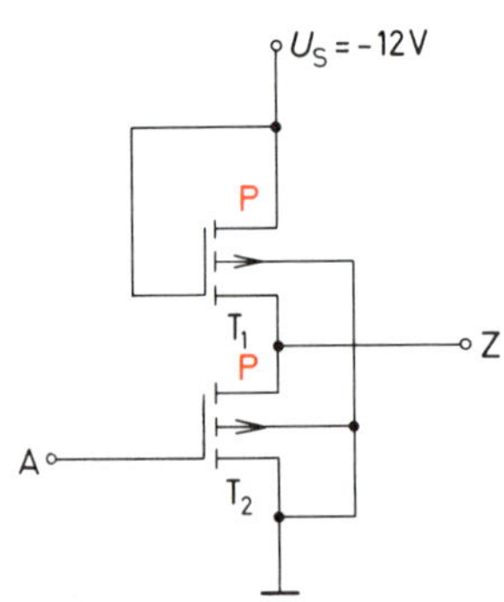

Bild 6.87 Schaltung eines PMOS-NICHT-Gliedes

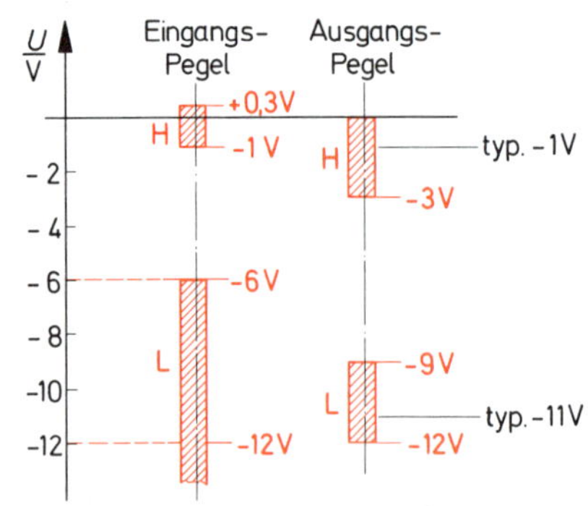

Bild 6.88 Pegelbereiche von PMOS-Gliedern ($U_S = -12$ V)

Die Grenzdaten und die Kenndaten sind den Datenblättern der Hersteller zu entnehmen. Die Herstellungstechnologien werden dauernd weiterentwickelt. Entsprechend ändern sich die Daten.

Wichtige ungefähre Daten von PMOS-Gliedern sind in folgender Tabelle zusammengestellt:

Betriebsspannung	−12 V	(−9 V bis −20 V möglich)
Leistungsaufnahme je Glied	6 mW	(bei Ausgangspegel H)
	0 mW	(bei Ausgangspegel L)
Signal-Laufzeit	40 ns	
größte Schaltfrequenz	10 MHz	
Störspannungsabstand	5 V	

> *PMOS-Glieder arbeiten langsam und störsicher. Sie benötigen eine recht große Speisespannung.*

PMOS-Glieder können überall dort eingesetzt werden, wo es auf hohe Schaltgeschwindigkeiten nicht ankommt. Integrierte Schaltungen können mit hoher Integrationsdichte hergestellt werden. Das verhältnismäßig einfache Herstellungsverfahren erlaubt eine wirtschaftliche Herstellung sogenannter kundenspezifischer integrierter Schaltungen. Das sind Schaltungen, die in kleinen Stückzahlen nach Kundenwünschen gefertigt werden.

6.8.3 NMOS

Verknüpfungsglieder der NMOS-Unterfamilie werden mit selbstsperrenden N-Kanal-MOS-Feldeffekt-Transistoren aufgebaut. Man verwendet eine andere Herstellungstechnologie, die noch kleinere Strukturen als bei der PMOS-Technik erlaubt. Es lassen sich wesentlich geringere Kanalwiderstände herstellen. Sie betragen etwa nur ein Drittel der Kanalwiderstände der PMOS-Technik. Die kleineren Kanalwiderstände und die geringeren Kapazitäten der in Mikrostruktur hergestellten Transistorsysteme führen zu verhältnismäßig kurzen Schaltzeiten.

> *NMOS-Glieder arbeiten etwa so schnell wie Standard-TTL-Glieder. Signallaufzeit etwa 10 ns.*

Die geringeren Kanalwiderstände erlauben eine Herabsetzung der Speisespannung auf 5 V. Damit wird es möglich, NMOS-Glieder zusammen mit TTL-Gliedern zu verwenden. Man sagt, sie sind kompatibel (verträglich).

> *NMOS-Glieder sind kompatibel zu TTL-Gliedern.*

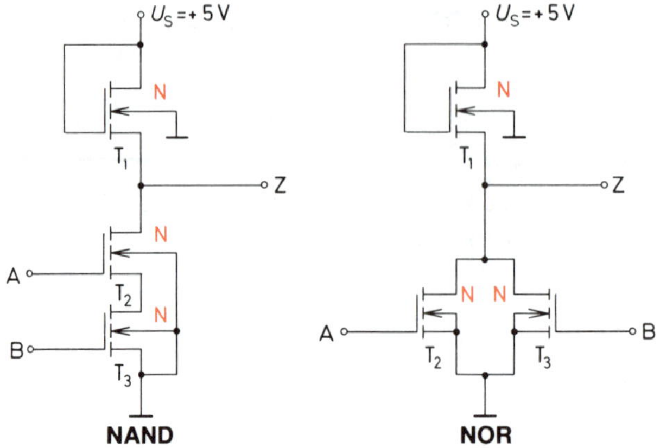

Bild 6.89 NMOS-Verknüpfungsglieder

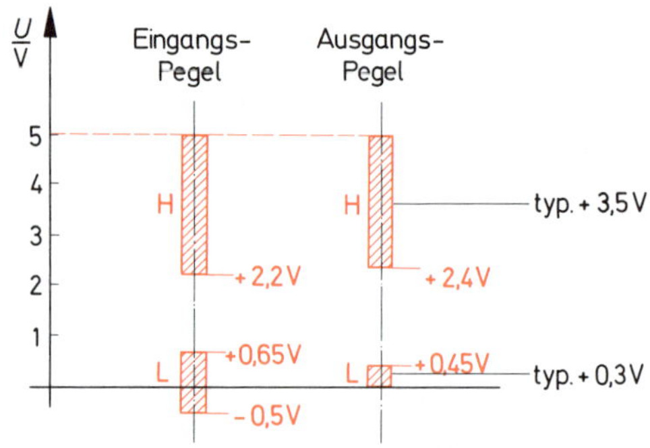

Bild 6.90 Pegelbereiche der NMOS-Verknüpfungsglieder in Bild 6.89

Die Schaltungen der NMOS-Glieder sind gleichartig aufgebaut wie die Schaltungen der PMOS-Glieder, nur werden eben N-Kanal-MOS-FET verwendet. In Bild 6.89 sind zwei typische Schaltungen angegeben. Die linke Schaltung erzeugt bei positiver Logik eine NAND-Verknüpfung, die rechte Schaltung eine NOR-Verknüpfung. Die zugehörigen Pegelbereiche zeigt Bild 6.90.

Einige wichtige Daten sind in der folgenden Tabelle angegeben:

Betriebsspannung	+5 V	
Leistungsaufnahme je Glied	2 mW	(bei Ausgangspegel L)
	0 mW	(bei Ausgangspegel H)
Signal-Laufzeit	5 ns	
größte Schaltfrequenz	80 MHz	
Störspannungsabstand	≈2,0 V	

Integrierte Schaltungen mit Einzelgliedern werden kaum noch in N-Kanal-MOS-Technik hergestellt. Man faßt in einer integrierten Schaltung größere Einheiten zusammen, z.B. Addierstufen, Umkodierer, Zähler. Die Herstellung größerer Einheiten ist besonders wirtschaftlich.

6.8.4 CMOS (COS-MOS)

Die üblichen Bezeichnungen «CMOS» oder «COS-MOS» sind Abkürzungen von «Complementary Symmetry-Metal Oxide Semiconductor». Die deutsche Übersetzung lautet «komplementär-symmetrischer Metall-Oxid-Halbleiter». Schaltglieder dieser MOS-Unterfamilie sind sowohl mit N-Kanal-MOS-Feldeffekt-Transistoren als auch mit P-Kanal-MOS-Feldeffekt-Transistoren aufgebaut. Der Schaltungsaufbau zeigt eine starke Symmetrie. Verwendet werden ausschließlich selbstsperrende MOS-FET (siehe Beuth, Elektronik 2, Abschnitt 8.2, MOS-Feldeffekt-Transistoren).

Den symmetrischen Schaltungsaufbau erkennt man besonders gut an der Schaltung eines NICHT-Gliedes (Bild 6.91). Legt man an den Eingang A den H-Pegel von z.B. +5 V, so steuert der Transistor T_2 durch. Source und Substrat liegen auf 0 V. Die Gate-Source-Spannung U_{GS} beträgt also +5 V. Source und Substrat von Transistor T_1 liegen auf +5 V. Wenn das Gate auch +5 V hat, ist die Gate-Source-Spannung U_{GS} = 0 V. Der Transistor T_1 sperrt. Wenn T_1 sperrt und T_2 durchgesteuert ist, liegt am Ausgang Z L-Pegel (Bild 6.92).

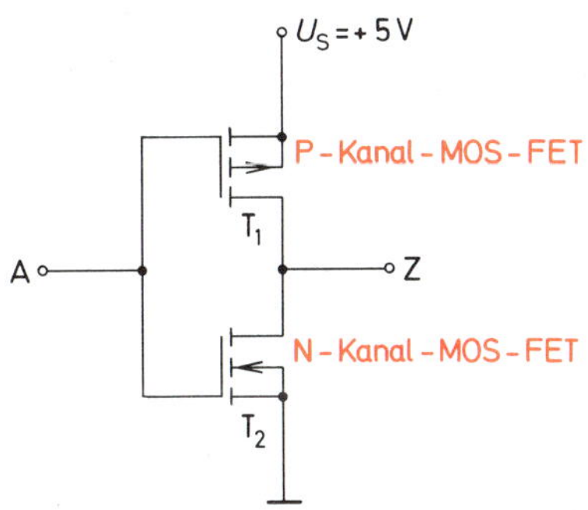

Bild 6.91 Schaltung eines CMOS-NICHT-Gliedes

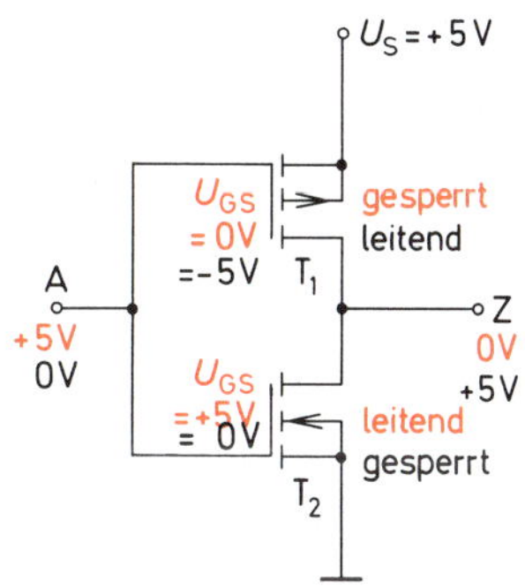

Bild 6.92 Arbeitsweise eines CMOS-NICHT-Gliedes

Legt man an den Eingang A den L-Pegel von 0 V, so muß T_2 sperren, denn U_{GS} ist jetzt 0 V. Für T_1 ergibt sich jedoch eine Gate-Source-Spannung von −5 V, da der Source-Anschluß auf +5 V und der Gate-Anschluß auf 0 V liegen. T_1 kann durchsteuern. Wenn T_1 durchgesteuert und T_2 gesperrt ist, liegt am Ausgang Z H-Pegel.

> *Beim CMOS-NICHT-Glied ist stets ein Transistor gesperrt und der andere durchgesteuert.*

Führt das NICHT-Glied den Ausgangspegel 0, fließt praktisch kein Strom, da T_1 gesperrt ist. Führt das NICHT-Glied den Ausgangspegel H, fließt ebenfalls kein Strom, da jetzt T_2 gesperrt ist. Zum Ansteuern nachgeschalteter Glieder wird auch kein Strom benötigt, da

Feldeffekt-Transistoren leistungslos gesteuert werden. Nur während des Umschaltens von einem Zustand in den anderen muß die Speisespannungsquelle einen geringen Strom liefern, da beide Transistoren eine kurze Zeit gleichzeitig schwach aufgesteuert sind. Der eine Transistor geht vom leitenden in den gesperrten Zustand über und ist noch nicht vollständig gesperrt. Der andere Transistor geht vom gesperrten in den leitenden Zustand über und ist nicht mehr vollständig gesperrt. Auch müssen die Transistorkapazitäten umgeladen werden.
Auch andere CMOS-Glieder sind stets so aufgebaut, daß – vom Umschaltaugenblick abgesehen – in jedem Stromzweig ein Transistor stets sperrt, während der andere leitend ist. Der Leistungsbedarf der CMOS-Glieder ist also extrem niedrig. Er hängt wesentlich von der Anzahl der Umschaltungen pro Sekunde, also von der Umschalthäufigkeit ab.

CMOS-Glieder benötigen eine extrem geringe Leistung.

Die Schaltung Bild 6.93 ist eine weitere typische CMOS-Schaltung. Liegt an beiden Eingängen L-Pegel, so werden die Transistoren T_1 und T_2 durchgesteuert, die Transistoren T_3 und T_4 sperren (T_1 und T_2 haben bei 0 V an A und an B $U_{GS} = -5$ V, T_3 und T_4 haben $U_{GS} = 0$ V). Am Ausgang Z liegt der Pegel H.
Liegt an A der Pegel H (+5 V) und an B der Pegel L (0 V), so sperrt T_1 und T_2 steuert durch. Der Weg vom Speisespannungspol zum Ausgang Z ist durch einen gesperrten Transistor blockiert. Außerdem steuert der Transistor T_3 durch und zieht Z auf ungefähr 0 V, also auf L-Pegel. T_4 ist gesperrt. Z liegt immer dann auf L-Pegel, wenn wenigstens ein Eingang H-Pegel führt. Für die Schaltung Bild 6.93 ergibt sich die in Bild 6.94 dargestellte Arbeitstabelle. Die Schaltung erzeugt bei positiver Logik eine NOR-Verknüpfung.
Welche Verknüpfung erzeugt nun die Schaltung Bild 6.95? Zunächst soll für diese Schaltung die Arbeitstabelle aufgestellt werden. Liegt an beiden Eingängen L (0 V),

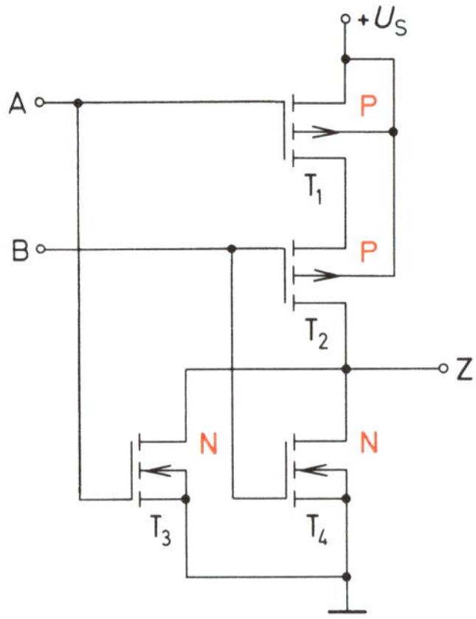

Bild 6.93 Schaltung eines CMOS-Gliedes (NOR bei positiver Logik)

Fall	B	A	Z
1	L	L	H
2	L	H	L
3	H	L	L
4	H	H	L

Bild 6.94 Arbeitstabelle der Schaltung Bild 6.93

werden die Transistoren T_1 und T_2 durchgesteuert ($U_{GS} = -5$ V). Die Transistoren T_3 und T_4 sperren ($U_{GS} = 0$ V). Am Ausgang liegt der H-Pegel.
Liegt an beiden Eingängen der H-Pegel (+5 V), steuern die Transistoren T_3 und T_4 durch. Die Transistoren T_1 und T_2 sperren. Der Ausgang Z wird auf L-Pegel gezogen.
Wenn ein Eingang H-Pegel führt und der andere Eingang L-Pegel, ist einer der oberen Transistoren in Bild 6.95 (T_1 oder T_2) durchgesteuert. Einer der unteren Transistoren (T_3 oder T_4) ist gesperrt. Über den durchgesteuerten Transistor wird der Ausgang an H-Pegel gelegt. Es ergibt sich die in Bild 6.96 dargestellte Wahrheitstabelle. Die Schaltung erzeugt bei positiver Logik eine NAND-Verknüpfung.

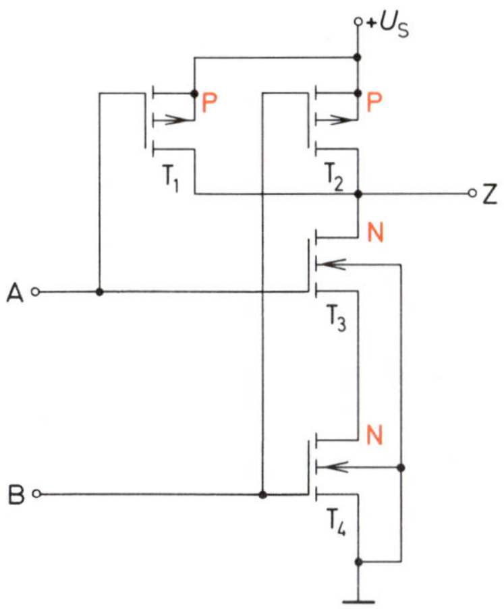

Bild 6.95 CMOS-Schaltung (NAND bei pos. Logik)

Fall	B	A	Z
1	L	L	H
2	L	H	H
3	H	L	H
4	H	H	L

Bild 6.96 Arbeitstabelle der Schaltung Bild 6.95

> *CMOS-Glieder werden vor allem als NAND- und NOR-Glieder hergestellt.*

Ein Glied besonderer Art ist das Transmissionsglied. Es besteht aus der Parallelschaltung eines N-Kanal-MOS-FET und eines P-Kanal-MOS-FET (Bild 6.97).

> *Ein Transmissionsglied arbeitet wie ein Schalter.*

Wird an G_1 der Pegel H (z.B. +5 V) und an G_2 der Pegel L (0 V) angelegt, sperren beide Transistoren. Beim P-Kanal-MOS-FET liegt zwischen Gate und Substrat die Spannung 0 V. Eine leitende Brücke zwischen Source und Drain kann sich nicht bilden. Auch beim N-Kanal-MOS-FET liegt zwischen Gate und Substrat die Spannung 0 V. Auch hier kann keine leitende Brücke entstehen. Zwischen den Punkten A und Z liegt ein Widerstand von einigen hundert MΩ.

Wird jedoch an G_1 der Pegel L (0 V) angelegt und an G_2 der Pegel H (+5 V), so bedeutet das, daß der P-Kanal-MOS-FET eine Gatespannung von −5 V gegen Substrat hat. Der N-Kanal-MOS-FET hat eine Gatespannung von +5 V gegen Substrat. Bei diesen Spannungen bilden sich gut leitfähige Brücken zwischen Source und Drain. Die Strecke zwischen A und Z wird niederohmig (etwa 200 Ω bis 400 Ω). Die Arbeitstabelle ist in Bild 6.98 dargestellt.

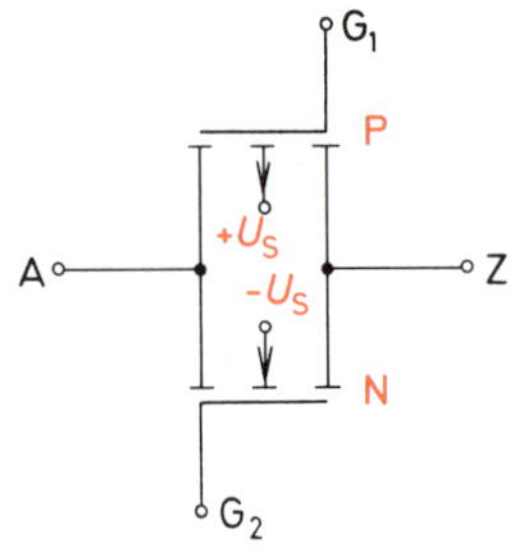

Bild 6.97 Schaltung eines Transmissionsgliedes

L ≙ 0V
H ≙ +5V

Fall	G_2	G_1	
1	L	H	R_{AZ} hochohmig
2	H	L	R_{AZ} niederohmig

Bild 6.98 Arbeitstabelle des Transmissionsgliedes

Die Anschlüsse G_1 und G_2 eines Transmissionsgliedes werden stets mit entgegengesetzten Pegeln angesteuert. Die Ansteuerung kann mit Hilfe eines NICHT-Gliedes erfolgen (Bild 6.99). Man erhält dann einen Zweirichtungsschalter. Bei den Feldeffekt-Transistoren des Transmissionsgliedes können Source und Drain ihre Funktion vertauschen. Es ist daher üblich, den Gateanschluß in die Mitte der Gatelinie zu zeichnen (Bild 6.99).

Integrierte CMOS-Schaltungen enthalten stets mehrere Verknüpfungsglieder, die einzeln einsetzbar sind oder bereits im Inneren zu großen Baugruppen zusammengefaßt wurden. Bild 6.100 zeigt den Aufbau der Schaltung CD 4000 A. Diese Schaltung enthält zwei NOR-Glieder mit je drei Eingängen und ein NICHT-Glied. Die Schaltung CD 4012 A (Bild 6.101) enthält zwei NAND-Glieder mit je vier Eingängen.

Baugruppenschaltungen enthalten sehr viele CMOS-Glieder in einem IC. In Bild 6.102 ist die Schaltung eines 4-Bit-Schieberegisters wiedergegeben. Diese Schaltung wird in Kapitel 8 genauer besprochen. Für die Durchschaltung der Verbindungswege verwendet man Transmissionsglieder.

Die integrierte Schaltung CD 4008 A enthält einen 4-Bit-Volladdierer. Volladdierer werden in Kapitel 10 näher betrachtet. Die Schaltung soll hier als Beispiel für eine CMOS-Baugruppenschaltung angegeben werden (Bild 6.103).

Integrierte Schaltungen in CMOS-Technik können mit sehr großer Integrationsdichte hergestellt werden.

Es ist möglich, ganze Rechnerschaltungen in einem IC unterzubringen. Die weitere Vervollkommnung der Technologie führt zu einer Steigerung der möglichen Integrationsdichte.

Bild 6.99 Transmissionsglied mit NICHT-Glied zur Aussteuerung ▶

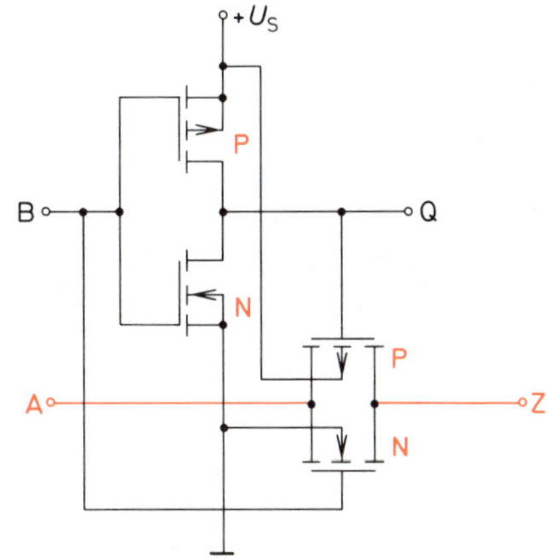

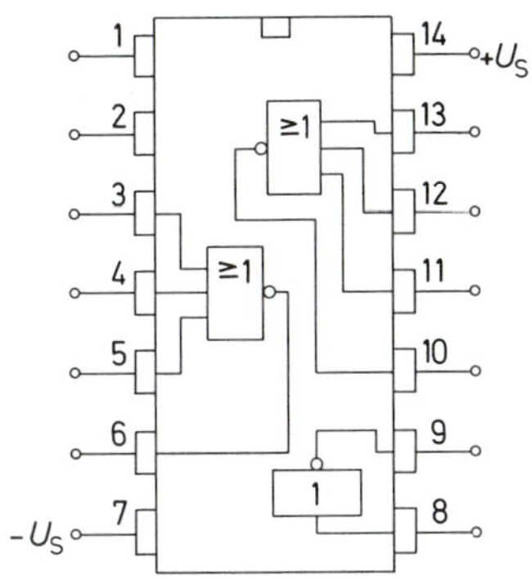

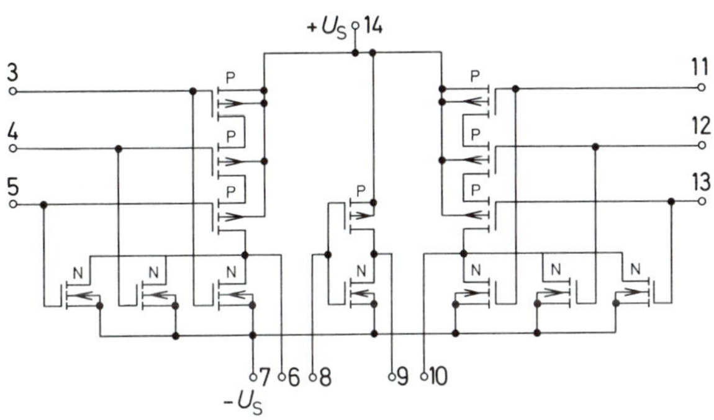

Bild 6.100 CMOS-Schaltung CD 4000 A (RCA)

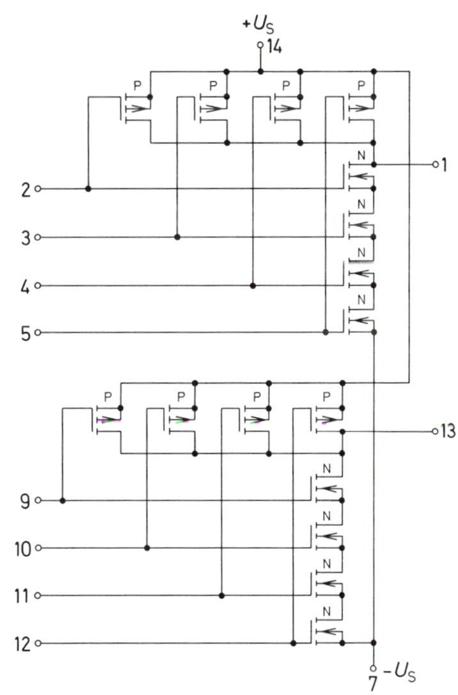

Bild 6.101 CMOS-Schaltung CD 4012 A (RCA)

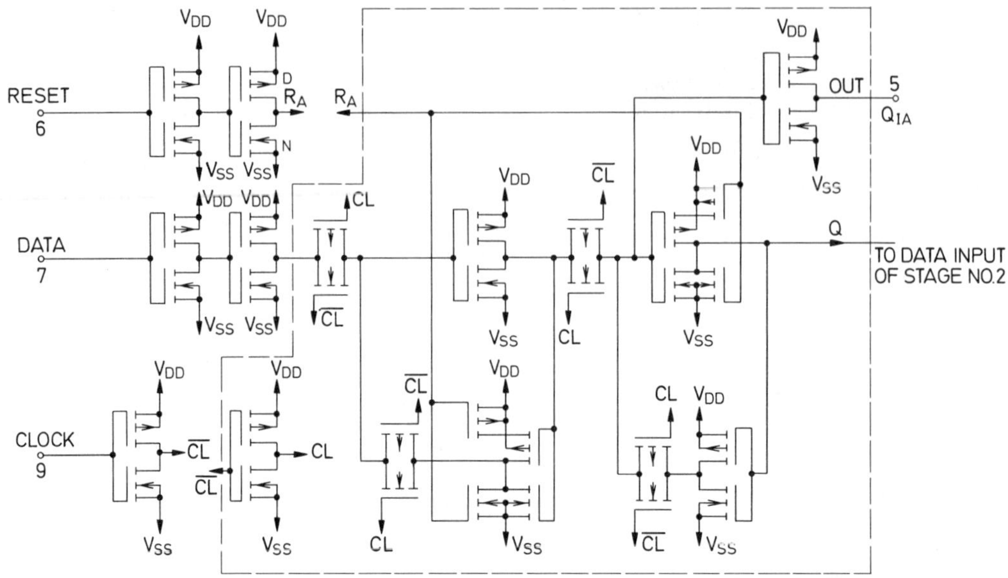

$V_{DD} = +U_S$ $V_{SS} = -U_S$ CL = Taktsignal $\overline{CL}$ = negiertes Taktsignal

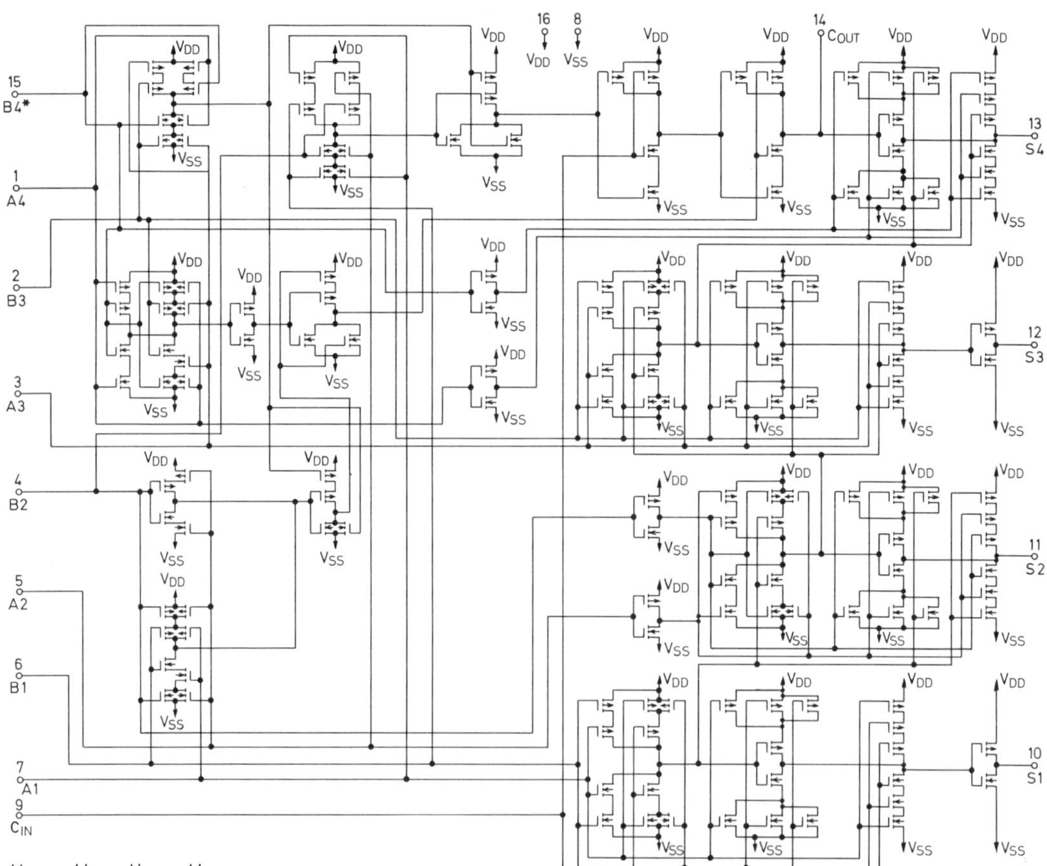

$V_{DD} = +U_S$ $V_{SS} = -U_S$

Alle Substrat-Anschlüsse der P-Kanal-MOS-FET liegen auf $+U_S$ bzw. V_{DD}
Alle Substrat-Anschlüsse der N-Kanal-MOS-FET liegen auf $-U_S$ bzw. V_{SS}

Bild 6.102 (links oben) Schaltung des CMOS-4-Bit-Schieberegisters CD 4015 A (RCA)

Bild 6.103 (links unten) Schaltung des CMOS-4-Bit-Volladdierers CD 4008 A (RCA)

> *Die Speisespannung kann bei CMOS-Gliedern in weiten Grenzen schwanken.*

Für die CD-4000-A-Serie (Bilder 6.100 bis 6.103) gibt RCA einen Speisespannungsbereich von 3 V bis 15 V an. Die sich bei den einzelnen Speisespannungen ergebenden typischen Übertragungskennlinien zeigt Bild 6.104.
Häufig werden Speisespannungen von +5 V und +10 V verwendet. Für diese Speisespannungen sind die Pegeldiagramme in den Bildern 6.105 und 6.106 angegeben.
Für größere Speisespannungen ergeben sich größere Störsicherheiten.

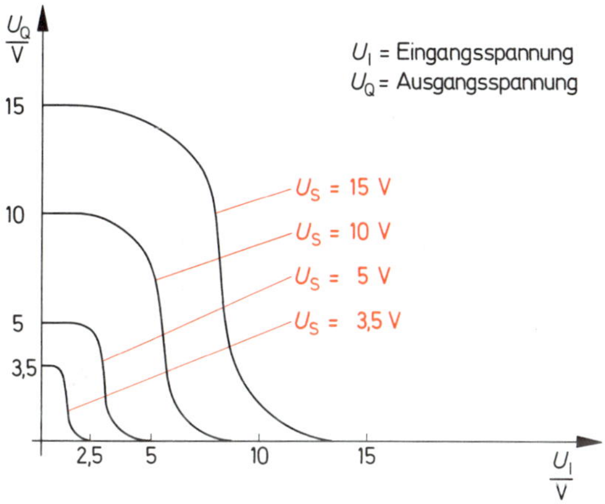

Bild 6.104 Übertragungskennlinien von CMOS-Gliedern für verschiedene Speisespannungen

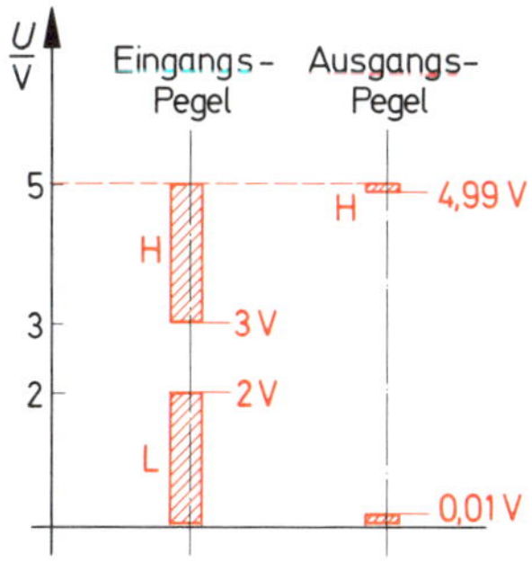

Bild 6.105 Pegeldiagramme für $U_S = 5$ V

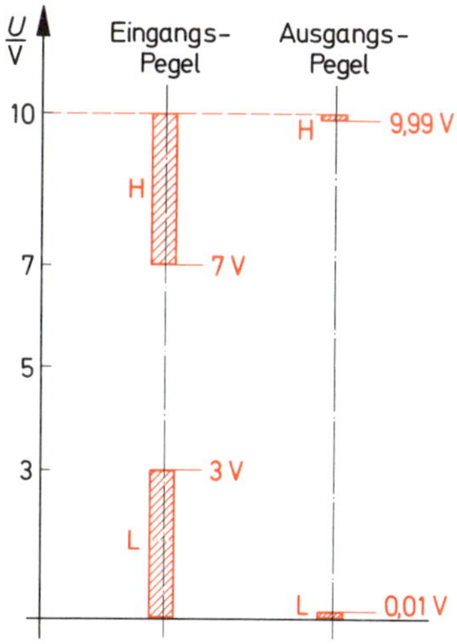

Bild 6.106 Pegeldiagramme für $U_S = 10$ V

Die Störabstände von CMOS-Schaltungen liegen bei etwa 30% bis 40% der Speisespannung.

Die wichtigsten Daten von CMOS-Schaltungen sind in nachstehender Tabelle zusammengefaßt:

Betriebsspannung	z.B. +5 V
Leistungsaufnahme je Glied	5 bis 10 nW (je nach Schalthäufigkeit)
Signallaufzeit	8 ns
größte Schaltfrequenz	50 MHz
typischer Störabstand	2 V
Eingangswiderstand	10^{12} Ω
Ausgangswiderstand	
bei H-Pegel	500 Ω
bei L-Pegel	200 Ω
Ausgangslastfaktor (Fan-out)	>50
Eingangsstrom	10 pA (maximal)

Die Eingänge moderner CMOS-Schaltungen sind heute überwiegend gegen statische Aufladungen geschützt. Man verwendet Diodenschaltungen nach Bild 6.107. Übersteigt die Eingangsspannung die Speisespannung um den Wert von etwa 0,7 V (Diodenschwellspannung), wird die Diode D_1 leitend und läßt die Ladungen vom Eingang zur Speisespannungsquelle abfließen. In der Schaltung Bild 6.107 geschieht das bei Eingangsspannungen ab +5,7 V. Bei negativen Eingangsspannungen öffnet die Diode D_2 ab −0,7 V.
Die Diodenkristallstrecken sind sehr schwach dotiert und haben hohe Bahnwiderstände.

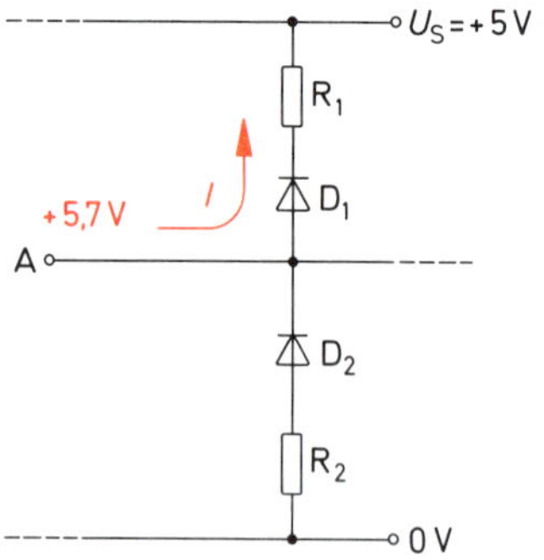

Bild 6.107 Schutzschaltung gegen statische Aufladung

Man erreicht dadurch, daß die sehr hohen Eingangswiderstände der CMOS-Schaltungen durch die Dioden nur geringfügig verringert werden. Bei geringen Bahnwiderständen würde überdies eine Falschpolung der Speisespannung zur sofortigen Zerstörung des Bauteils führen, da ein Kurzschlußstrom über D_1 und D_2 fließen würde.
Wird auf einen Eingang eine große Ladungsmenge gebracht, kann der zugehörige Feldeffekt-Transistor trotz der Schutzschaltung zerstört werden. Die Ladungen können wegen der großen Bahnwiderstände nicht schnell genug abfließen, so daß sich gefährlich hohe Spannungen aufbauen können. Die beim Arbeiten mit MOS-Schaltungen üblichen Vorsichtsmaßnahmen sollten in jedem Fall getroffen werden.
CMOS-Schaltungen haben sich ein großes Anwendungsgebiet erobert. Sie sind für viele Einsatzbereiche ausreichend schnell und benötigen nur eine geringe Leistung. Selbst sehr hochintegrierte Schaltungen lassen sich in großen Stückzahlen sehr preisgünstig herstellen.

6.9 Lernziel-Test

1. Was versteht man unter einer Schaltkreisfamilie?
2. Nennen Sie die Namen der wichtigsten Schaltkreisfamilien.
3. Was sind binäre Spannungspegel?
4. Was versteht man unter positiver Logik, was unter negativer Logik?
5. Wodurch unterscheidet sich eine Arbeitstabelle von einer Wahrheitstabelle?
6. Geben Sie für die Schaltung Bild 6.108 die Arbeitstabelle an.

Bild 6.108 Verknüpfungsschaltung

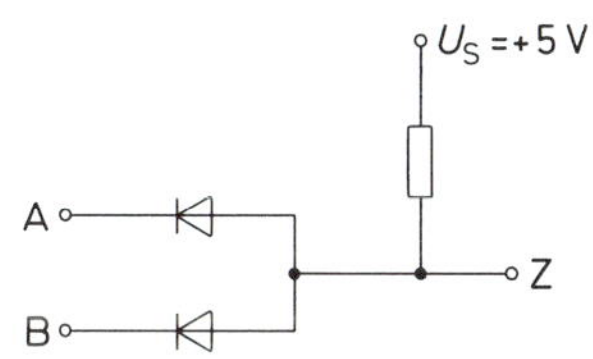

7. Welche Verknüpfung erzeugt die Schaltung Bild 6.108 bei positiver und bei negativer Logik?
8. Bild 6.109 zeigt zwei Pegelbereiche. Welches ist der H-Pegelbereich und welches der L-Pegelbereich?

Bild 6.109 Pegelbereiche

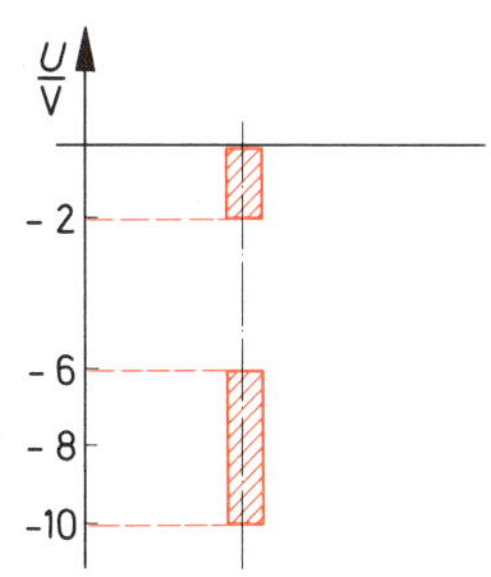

9. Was versteht man unter einer Übertragungskennlinie?
Skizzieren Sie eine mögliche Übertragungskennlinie.
10. Erläutern Sie die Begriffe «Signal-Laufzeiten» und «Signal-Übergangszeiten».
11. Was gibt der Eingangslastfaktor an?
12. Ein Verknüpfungsglied hat einen Ausgangslastfaktor $F_Q = 10$. Was bedeutet das?
13. Wie sind Verknüpfungsglieder der DTL-Schaltkreisfamilie im Prinzip aufgebaut?
14. Skizzieren Sie die Schaltung eines typischen TTL-Gliedes mit drei Eingängen und Gegentaktausgang.
15. Welche Verknüpfung erzeugt die Schaltung Bild 6.110 bei positiver Logik?

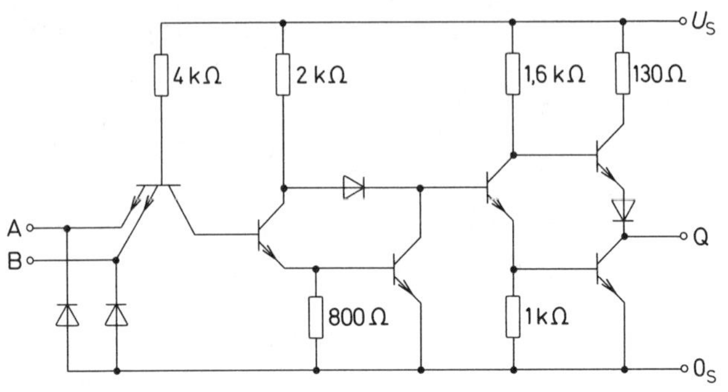

Bild 6.110

16. Man hört oft die Begriffe «gesättigte Schaltkreisfamilie» und «ungesättigte Schaltkreisfamilie». Was bedeuten diese Begriffe?
17. Welche Vorteile und welche Nachteile hat die Low-Power-TTL-Familie gegenüber der Standard-TTL-Familie?
18. Wie sind NMOS-Schaltglieder aufgebaut?
19. Ordnen Sie die Ihnen bekannten Schaltkreisfamilien
a) nach dem Leistungsbedarf,
b) nach den typischen Signal-Laufzeiten.
20. Skizzieren Sie die Schaltung eines CMOS-Gliedes mit zwei Eingängen, das bei positiver Logik eine NOR-Verknüpfung erzeugt, und erklären Sie die Arbeitsweise dieser Schaltung.

7 Zeitabhängige binäre Schaltungen

7.1 Allgemeines

Flipflops sind bistabile Kippstufen. Sie haben eine Speicherwirkung. Der Schaltungsaufbau bistabiler Kippstufen ist in Band Elektronik 3, Kapitel 7, näher beschrieben.

Flipflops werden heutzutage überwiegend als integrierte Schaltungen hergestellt.

Für ein einfaches Flipflop gilt das Schaltzeichen Bild 7.1. Die Seitenverhältnisse des Rechteckes können in weiten Grenzen beliebig gewählt werden (Bild 7.2).

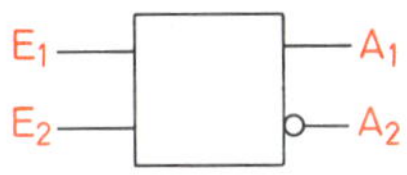

Bild 7.1 Schaltzeichen eines einfachen Flipflops

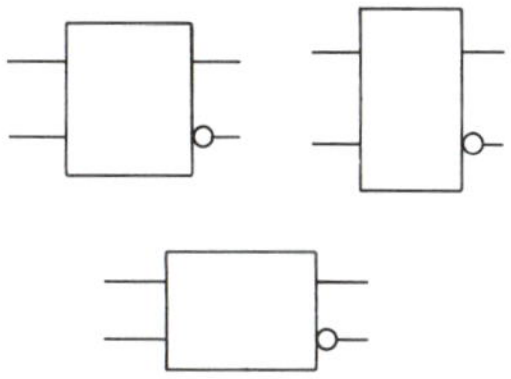

Bild 7.2 Schaltzeichen von Flipflops mit verschiedenen Seitenverhältnissen

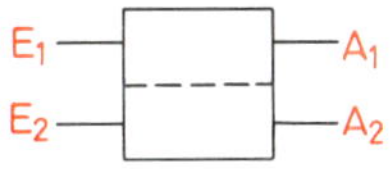

Bild 7.2a Schaltzeichen eines einfachen Flipflops mit Mittellinie

Die Darstellung entspricht DIN 40900 Teil 12. Hauptausgang ist der Ausgang A_1, der selbstverständlich beliebig benannt werden darf. Der Ausgang A_2, der das negierte Signal des Ausganges A_1 führt, wird durch einen Negationskreis gekennzeichnet. Für eine mehrjährige Übergangszeit ist die bisher übliche Darstellungsart mit Mittellinie (Bild 7.2a) nach DIN 40700 Teil 14 zulässig.

Es gelten folgende Vereinbarungen:

1. Anschlüsse für Speisespannungen werden grundsätzlich nicht gezeichnet.
2. An den beiden Ausgängen eines Flipflops liegen normalerweise entgegengesetzte Zustände.
3. Zur Beschreibung der Arbeitsweise eines Flipflops werden die logischen Zustände 0 und 1 verwendet. Es dürfen auch die Pegelangaben L und H benutzt werden. Wenn keine besonderen Angaben gemacht werden, gelten stets die Zuordnungen der positiven Logik (H ≙ 1, L ≙ 0).
4. Zustand 1 an E_1 schaltet das Flipflop auf $A_1 = 1$. Diesen Vorgang nennt man Setzvorgang. Hat das Flipflop bereits den Zustand $A_1 = 1$, so bewirkt die 1 am Eingang E_1 nichts. Es erfolgt dann keine Umschaltung des Flipflops.
5. Zustand 1 an E_2 schaltet das Flipflop auf $A_2 = 1$. Diesen Vorgang nennt man Rücksetzvorgang. Hat das Flipflop bereits den Zustand $A_2 = 1$, so bewirkt die 1 am Eingang E_2 nichts.
6. Zustände 0 haben normalerweise keine steuernde Wirkung.
7. Der Zustand von A_1 kennzeichnet den Speicherzustand des Flipflops. Ist $A_1 = 1$, so hat das Flipflop den Wert 1 gespeichert.

Selbstverständlich kann man auch Flipflops bauen, die durch 0-Zustände gesteuert werden. Diese Flipflops haben besondere, durch einen Negationskreis gekennzeichnete Eingänge (Bild 7.3) und werden nur in geringem Umfang eingesetzt.

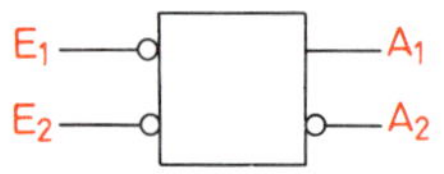

Bild 7.3 Schaltzeichen eines Flipflops, das durch 0-Zustände gesteuert wird

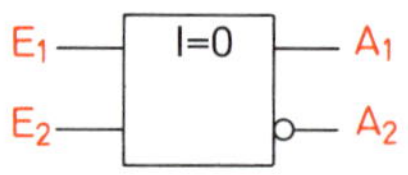

Bild 7.4 Schaltzeichen eines Flipflops mit festgelegter Grundstellung

Man verwendet häufig Flipflops mit einer festgelegten Grundstellung. Das Schaltzeichen eines solchen Flipflops zeigt Bild 7.4. Nach Anlegen der Speisespannung stellt sich dieses Flipflop stets auf den Zustand $A_1 = 0, A_2 = 1$ ein. Dieser Schaltzustand wird Ruhezustand, Ruhelage oder Rücksetzzustand genannt. Der Ausgang, der bei Ruhelage den Wert 1 hat, wurde früher durch einen dicken Balken gekennzeichnet.

> *Die Kennzeichnung der Grundstellung kann entfallen, wenn keine Unklarheiten entstehen.*

Der Zustand $A_1 = 1$ und $A_2 = 0$ wird Arbeitszustand oder Setzzustand genannt. Man kann Flipflops so bauen, daß sie nach Einschalten der Versorgungsspannung den Arbeitszustand ($A_1 = 1$, $A_2 = 0$) annehmen. Ein solches Flipflop wird durch die Angabe I = 1 gekennzeichnet (Bild 7.5).

Neuerdings gibt es Flipflops, die nach Einschalten der Versorgungsspannung den Zustand haben, den sie beim Ausschalten der Versorgungsspannung hatten. Sie verlieren also bei Spannungsverlust die gespeicherte Information nicht. Bei Flipflops dieser Art ist im Schaltzeichen NV einzutragen (non volatile, nullspannungsgesichert). Ein solches Flipflop zeigt Bild 7.6.

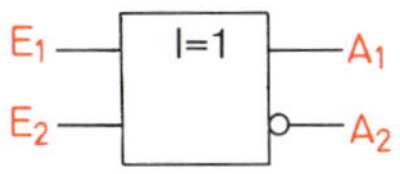

Bild 7.5 Schaltzeichen eines Flipflops, das nach Einschalten der Versorgungsspannung gesetzt ist

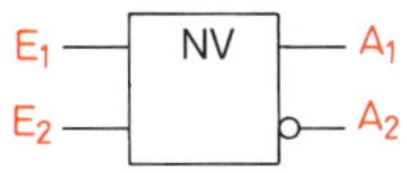

Bild 7.6 Schaltzeichen eines Flipflops, das nach Einschalten der Versorgungsspannung den Logik-Zustand hat, den es beim Abschalten der Versorgungsspannung hatte

Man unterscheidet statische und dynamische Eingänge. Die bisher betrachteten Eingänge sind statische Eingänge.

Statische Eingänge sprechen auf Eingangszustände an.

Dynamische Eingänge sprechen auf Eingangszustands-Änderungen an.

Es gibt nun zwei Arten dynamischer Eingänge. Die eine Art spricht an, wenn der Eingangszustand von 0 auf 1 ändert. Ein solcher Eingang heißt *dynamischer Eingang für die ansteigende Flanke* (Bild 7.7). Ein dynamischer Eingang der zweiten Art spricht an, wenn der Eingangszustand sich von 1 auf 0 ändert. Er wird *dynamischer Eingang für die abfallende Flanke* genannt (Bild 7.8).

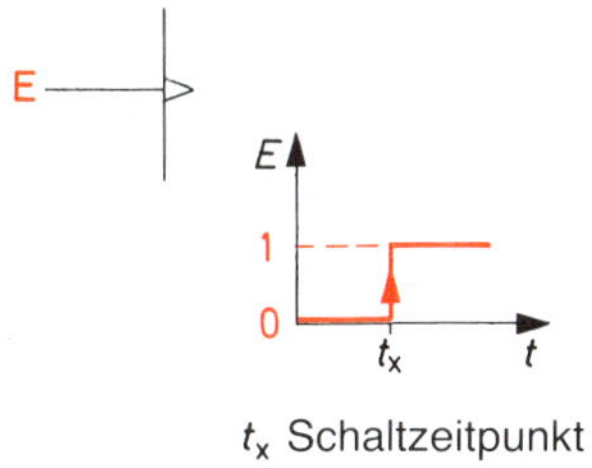

Bild 7.7 Darstellung eines dynamischen Eingangs für die ansteigende Flanke (0→1)

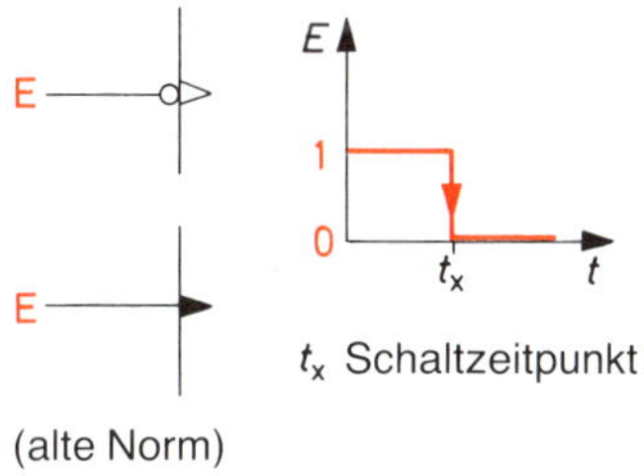

Bild 7.8 Darstellung eines dynamischen Eingangs für die abfallende Flanke (1→0)

Flipflops können mehrere Eingänge haben, die miteinander verknüpft sind.

Das Flipflop in Bild 7.9 hat die Eingänge E_1 und E_3, die durch UND verknüpft sind. Sind Eingänge durch ODER verknüpft, so ist die Angabe des ODER-Verknüpfungszeichens erforderlich (Bild 7.10).

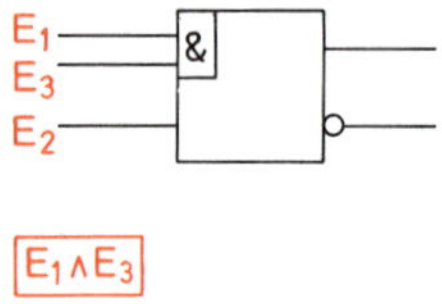

Bild 7.9 Schaltzeichen eines Flipflops, dessen Eingänge E_1 und E_3 durch UND verknüpft sind

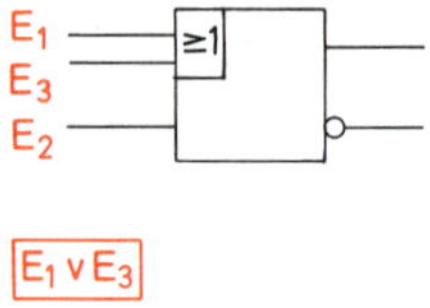

Bild 7.10 Schaltzeichen eines Flipflops, dessen Eingänge E_1 und E_3 durch ODER verknüpft sind

Die Verknüpfung von Eingängen kann durch eine sogenannte *Abhängigkeits-Notation* kenntlich gemacht werden. Es werden folgende Buchstaben für die Eingänge verwendet:

G ⇒ UND-Abhängigkeit
V ⇒ ODER-Abhängigkeit
C ⇒ Steuer-Abhängigkeit
S ⇒ Setz-Abhängigkeit
R ⇒ Rücksetz-Abhängigkeit

Die verknüpften Eingänge werden durch Zählnummern, durch sogenannte Kennzahlen gekennzeichnet.

Bei steuernden Eingängen steht die Kennzahl nach dem Buchstaben.

Bei gesteuerten Eingängen steht die Kennzahl vor dem Buchstaben.

Das soll an einem Beispiel erläutert werden. Ein Flipflop hat die Eingänge S und R, die mit einem dritten Eingang, wie in Bild 7.12 dargestellt, UND-verknüpft sind. Die UND-Glieder dürfen an das Flipflop-Rechteck direkt angesetzt oder in das Flipflop-Rechteck einbezogen werden. Das ist die bisher übliche Darstellung von Eingangsverknüpfungen.

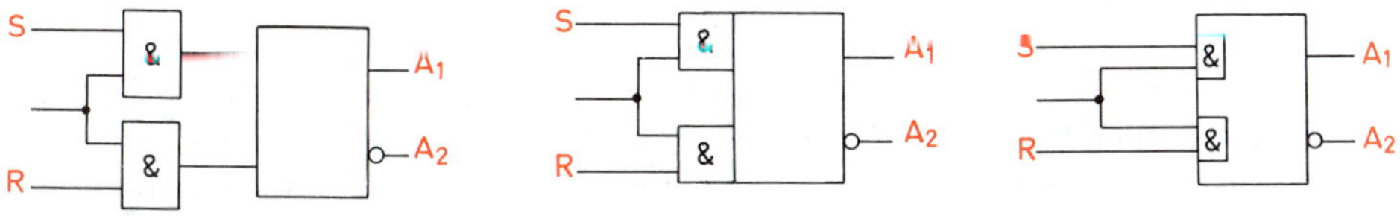

Bild 7.12 Übliche Darstellungen von Eingangsverknüpfungen

Bild 7.13 Darstellung von Eingangsverknüpfungen durch Abhängigkeits-Notation

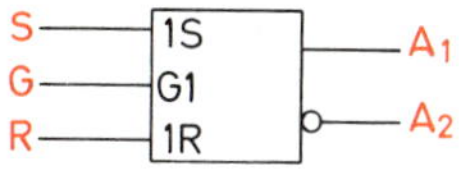

Mit Hilfe der Abhängigkeits-Notation wird die Darstellung wesentlich vereinfacht. Der dritte Eingang wird wegen der UND-Abhängigkeit G genannt. Da er mit den beiden anderen Eingängen verknüpft ist, wird er als der steuernde Eingang aufgefaßt.
Er erhält die Kennzahl 1 nachgestellt. Die gleiche Kennzahl – in diesem Fall 1 – erhalten die Eingänge S und R (Bild 7.13). Sie wird vor die Buchstaben geschrieben.
S ist der Setzeingang. Zustand 1 an S und Zustand 1 an G setzen das Flipflop (Schalten in die Arbeitsstellung). R ist der Rücksetzeingang. Zustand 1 an R und Zustand 1 an G setzen das Flipflop zurück (Schalten in die Ruhestellung).
Wenn nun gleichzeitig an den Eingängen S und R Zustand 1 anliegt, und der Eingang G auch Zustand 1 hat, wie schaltet das Flipflop dann? Bei den meisten Flipflops ist diese Zustands-Kombination verboten und führt zu unbestimmtem Schaltverhalten. Es gibt jedoch Flipflops, bei denen entweder der S-Eingang oder der R-Eingang bevorrechtigt (dominierend) ist.
Bild 7.13a zeigt ein Flipflop mit dominierendem S-Eingang. Eine steuernde UND-Abhängigkeit besteht nicht. Der G-Eingang fehlt. Bei S = 1 und R = 1 wird das Flipflop gesetzt. Die Kennzahl 1 gibt die sogenannte *S-Abhängigkeit* an. Statt der Kennzahl 1 könnte auch eine 2 oder eine andere Zahl stehen, wenn die 1 für eine andere Abhängigkeit verbraucht wäre.

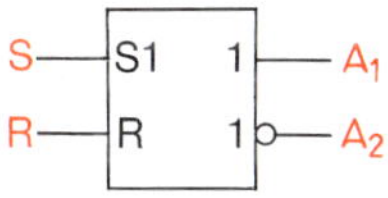

Bild 7.13a Flipflop mit dominierendem S-Eingang

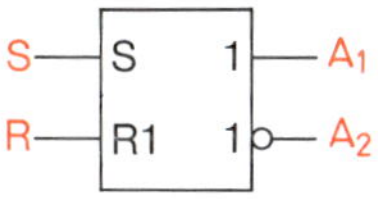

Bild 7.13b Flipflop mit dominierendem R-Eingang

In Bild 7.13b ist ein Flipflop mit dominierendem R-Eingang dargestellt. Bei S = 1 und R = 1 wird zurückgesetzt. Die Kennzahl 1 bei R und bei den Ausgängen drückt die *R-Abhängigkeit* aus.
Die *C-Abhängigkeit* ist die Steuerabhängigkeit. Sie wird insbesondere bei der Taktflankensteuerung von Flipflops angewendet. Siehe hierzu Abschnitt 7.5.2.

7.2 Klassifizierung der Flipflop-Arten

Man kann eine sehr große Anzahl verschiedenartiger Flipflops bauen. Zwar ist allen gemeinsam, daß sie zwei stabile Zustände haben. Die Bedingungen aber, unter denen sie von einem stabilen Zustand in den anderen schalten und wieder zurück, sind sehr vielfältig. Bisher ist eine so große Zahl von Flipflop-Arten bekanntgeworden, daß eine Einteilung in Gruppen nach bestimmten anwendungstechnischen Gesichtspunkten erforderlich ist.

Zunächst lassen sich zwei große Gruppen bilden. Die eine Gruppe umfaßt alle Flipflops, die nicht taktgesteuert sind. Alle taktgesteuerten Flipflops gehören zu der zweiten Gruppe. Was versteht man nun unter Taktsteuerung? Betrachten wir Bild 7.14. Ein Zustand 1 an E_1 kann nur wirksam werden, wenn auch an T Zustand 1 anliegt. Das wird durch die UND-Verknüpfung der Eingänge E_1 und T erreicht. Ebenfalls kann der Zustand 1 an E_2 nur wirksam werden, wenn gleichzeitig T = 1 ist. T ist das Taktsignal.

Das Flipflop nach Bild 7.14 kann also nur gesetzt oder zurückgesetzt werden, wenn das Taktsignal vorhanden ist. Man nennt die Eingänge E_1 und E_2 auch vorbereitende Eingänge. Zustand 1 an E_1 bereitet das Setzen vor. Das Setzen erfolgt aber erst, wenn der Takt kommt. Man kann so eine größere Zahl von Flipflops mit einem gemeinsamen Takt ungefähr gleichzeitig schalten. Diese Art der Taktsteuerung nennt man Taktzustandssteuerung. Die Takteingänge sind statische Eingänge.

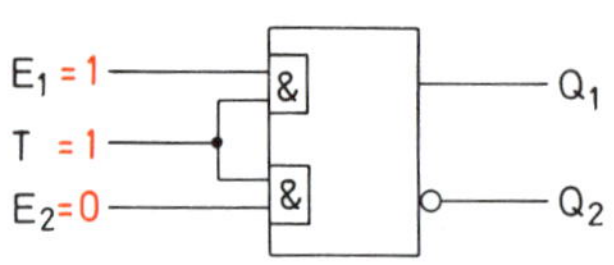

Bild 7.14 Taktzustandsgesteuertes Flipflop

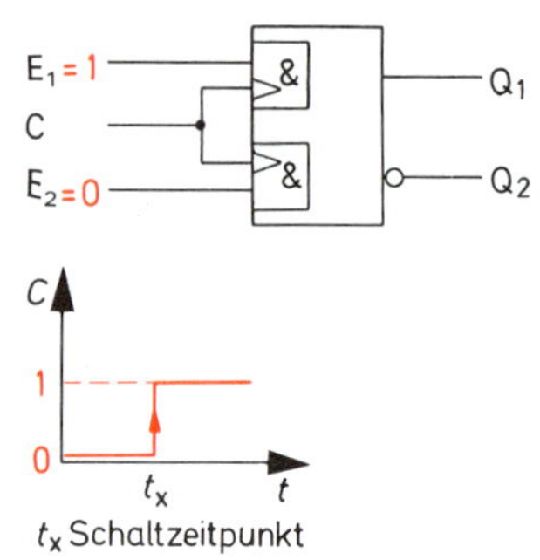

Bild 7.15 Taktflankengesteuertes Flipflop (0 → 1)

Das Flipflop in Bild 7.15 hat zwei dynamische Takteingänge, die zu einem Eingang C zusammengeschaltet sind. Diese dynamischen Takteingänge sprechen auf die ansteigende Flanke des Taktsignals an. Zustand 1 an E_1 kann nur wirksam werden, wenn das am Eingang C liegende Signal von 0 auf 1 ansteigt. Entsprechendes gilt für den Zustand 1 an E_2. Ein solches Flipflop ist taktflankengesteuert. Takteingänge, die auf beide Felder eines Flipflops wirken, werden üblicherweise in die Mitte zwischen beiden Feldern gezeichnet (Bild 7.16). Die Angabe der UND-Verknüpfung kann dann entfallen. Taktflankengesteuerte Flipflops lassen sich sehr genau gleichzeitig schalten.

Die taktflankengesteuerten Flipflops können als *Einspeicher-Flipflops* und als *Zweispeicher-Flipflops* aufgebaut werden. Einspeicher-Flipflops haben den Nachteil, daß Signale, z.B. 1-Werte, «durchrutschen» können.

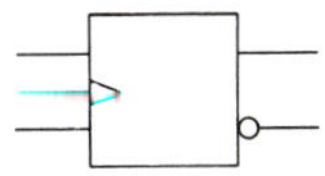

Bild 7.16 Taktflankengesteuertes Flipflop (0→1)

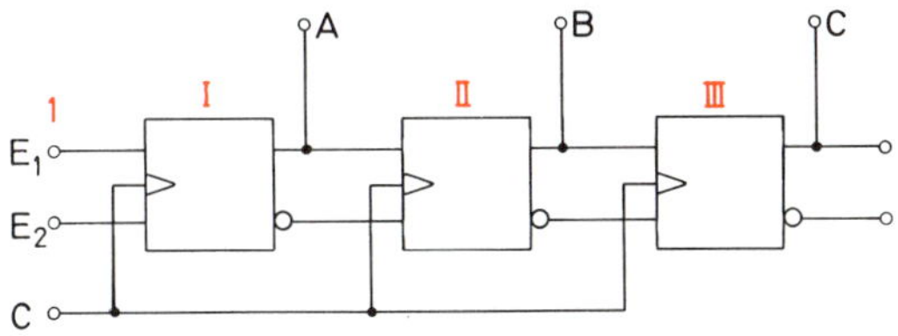

Bild 7.17 Zusammengeschaltete Einspeicher-Flipflops

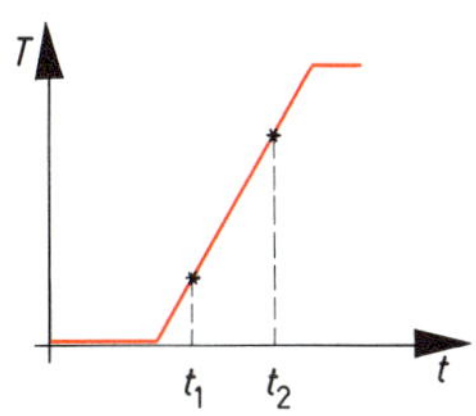

Bild 7.18 Taktsignal mit verhältnismäßig flachem Anstieg

Betrachten wir Bild 7.17. An E_1 liegt der Zustand 1. Kommt jetzt ein Taktsignal gemäß Bild 7.18, so schaltet das Flipflop I zum Zeitpunkt t_1. Einige Nanosekunden später liegt am Ausgang A der Zustand 1, z.B. zum Zeitpunkt t_2. Der Anstieg des Taktsignals ist aber noch nicht beendet. Das Flipflop II wird ebenfalls gesetzt (B = 1). Dies sollte jedoch nicht geschehen. Um ein solches Durchrutschen zu verhindern, muß man bei Einspeicher-Flipflops Taktsignale mit sehr steilen Flanken verwenden.
Zweispeicher-Flipflops bestehen im Prinzip aus zwei Speichergliedern. Es gibt Zweispeicher-Flipflops, die aus dem eigentlichen Flipflop und einem dynamischen Zwischenspeicher bestehen. Diese werden nur mit einer Taktflanke gesteuert, gehören also zu den einflankengesteuerten Flipflops.

Bild 7.19 Aufbau eines Zweispeicher-Flipflops

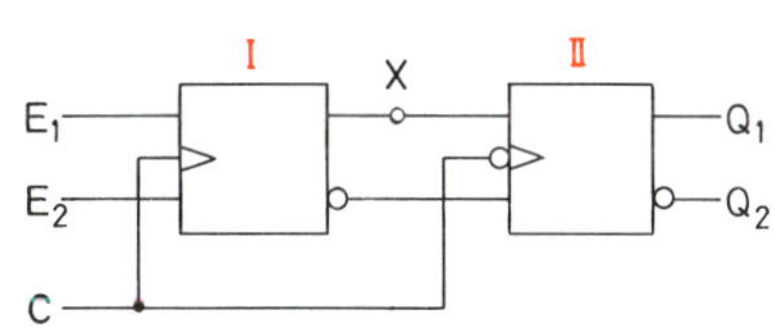

Die andere Gruppe der Zweispeicher-Flipflops besteht aus zwei zusammengeschalteten Flipflops (Bild 7.19). Das Flipflop I hat einen Takteingang, der auf die ansteigende Flanke des Taktsignals anspricht. Der Takteingang des Flipflops II spricht auf die abfallende Flanke des Taktsignals an. Flipflops dieser Art sind also zweiflankengesteuert. Sie werden Master-Slave-Flipflops genannt.
Am häufigsten werden einflankengesteuerte und zweiflankengesteuerte Flipflops verwendet. Bild 7.20 zeigt eine schematische Übersicht über die verschiedenen Flipflop-Gruppen.

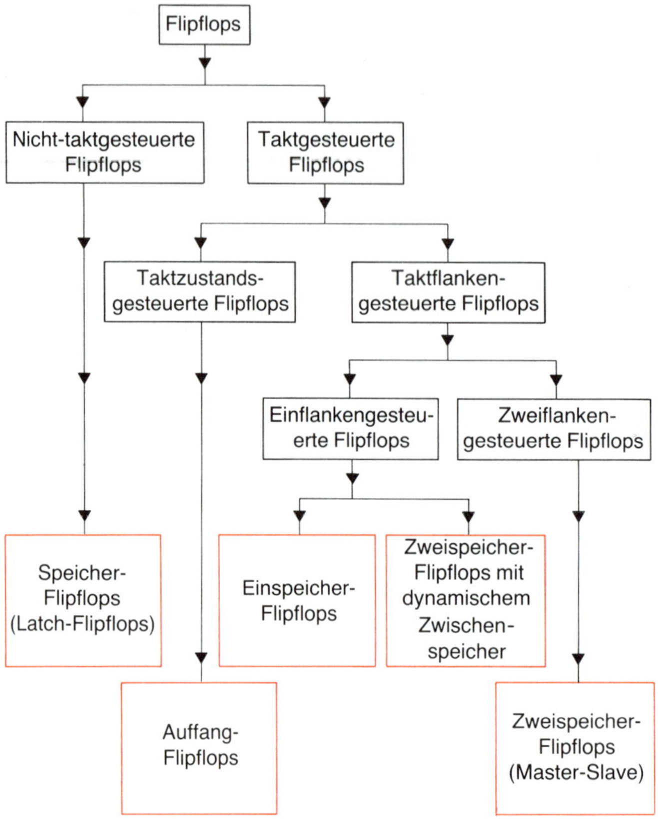

Bild 7.20 Schematische Übersicht über die Flipflop-Gruppen

7.3 Nicht-taktgesteuerte Flipflops

7.3.1 NOR-Flipflop (NOR-Latch)

Ein einfaches nicht-taktgesteuertes Flipflop kann aus zwei NOR-Gliedern aufgebaut werden (Bild 7.21). Es wird NOR-Latch genannt (latch, engl.: Klinke, einrasten). Am Ausgang eines NOR-Gliedes liegt immer dann 0, wenn an mindestens einem Eingang 1 anliegt (Bild 7.22). Wird also auf E_1 der Wert 1 gegeben, muß A_1 auf 0 gehen. Der Eingang E_2 soll 0 führen. An beiden Eingängen des NOR-Gliedes II liegt dann 0. Der Ausgang A_2 wird auf 1 gehen (Fall 2 der Wahrheitstabelle in Bild 7.21).
Für Fall 3 der Wahrheitstabelle ($E_1 = 0, E_2 = 1$) wird entsprechend A_2 auf 0 und A_1 auf 1 gehen.
Liegt an beiden Eingängen 0, bleibt der vorher vorhandene Zustand der Ausgänge erhalten. Man kann von Fall 2 nach Fall 1 oder von Fall 3 nach Fall 1 gehen. Die Signalzustände von Fall 2 sind in der Schaltung Bild 7.21 rot eingetragen. Ändert man E_1 auf 0, so ändert sich an den Ausgangszuständen nichts. Ein solcher Fall wird Speicherfall genannt.
Wenn an beiden Eingängen jedoch 1 liegt, müssen beide Ausgänge auf 0 gehen. Jetzt haben die Ausgänge keine entgegengesetzten Zustände mehr. Der Fall $E_1 = 1$ und $E_2 = 1$ ist irregulär, ein sogenannter verbotener Fall. Er sollte vermieden werden.

Nach den allgemeinen Regeln für Flipflops soll eine 1 an E_1 den Ausgang des gleichen Feldes auf 1 setzen. Eine 1 an E_2 soll entsprechend den Ausgang des gleichen Feldes, also hier des unteren Feldes, auf 1 setzen. Dies erreicht man durch Vertauschen der Ausgänge gemäß Bild 7.23. Daß A_2 zum oberen und A_1 zum unteren Feld gehören, ist ein kleiner Schönheitsfehler. Die Ausgänge werden daher wie folgt umbenannt:
$A_2 = Q_1$, $A_1 = Q_2$.
Der Eingang E_1 ist der Setzeingang. Er wird meist mit S bezeichnet. Der Eingang E_2 ist der Rücksetzeingang. Für ihn wird oft der Buchstabe R verwendet. Das Flipflop Bild 7.23 wird *SR-Speicher-Flipflop* genannt. Die Bezeichnung *RS-Speicher-Flipflop* ist ebenfalls gebräuchlich.

7.3.2 NAND-Flipflops (NAND-Latch)

Schaltet man zwei NAND-Glieder wie in Bild 7.24 zusammen, erhält man ebenfalls ein Flipflop. Wir wollen untersuchen, wie dieses Flipflop arbeitet. Zur Erleichterung ist in Bild 7.25 die Wahrheitstabelle eines NAND-Gliedes dargestellt. Führt mindestens ein Eingang eines NAND-Gliedes 0-Signal, so hat der Ausgang 1-Signal.

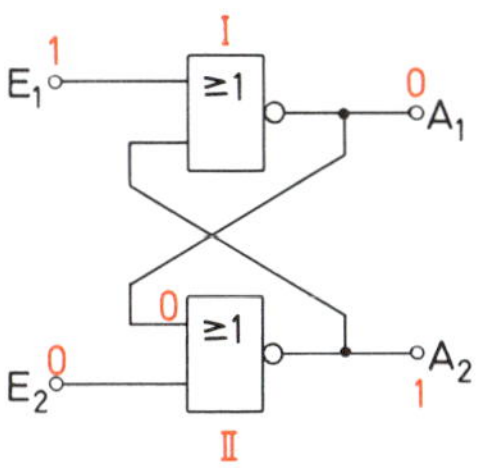

Fall	E_2	E_1	A_1	A_2	
1	0	0	X	X	Speicherfall
2	0	1	0	1	
3	1	0	1	0	
4	1	1	0	0	irregulär

Bild 7.21 Flipflops aus zwei NOR-Gliedern (NOR-Latch) mit Wahrheitstabelle

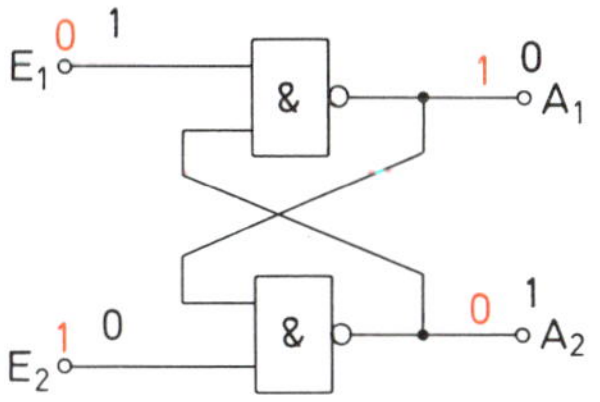

Fall	E_2	E_1	A_1	A_2	
1	0	0	1	1	irregulär
2	0	1	0	1	Rücksetzen
3	1	0	1	0	Setzen
4	1	1	X	X	Speichern

Bild 7.24 Flipflop aus zwei NAND-Gliedern (NAND-Latch) mit Wahrheitstabelle

Fall	B	A	A∨B	$Z=\overline{A \vee B}$
1	0	0	0	1
2	0	1	1	0
3	1	0	1	0
4	1	1	1	0

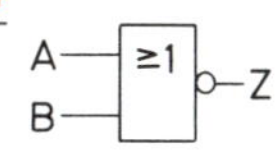

Bild 7.22 Wahrheitstabelle eines NOR-Gliedes

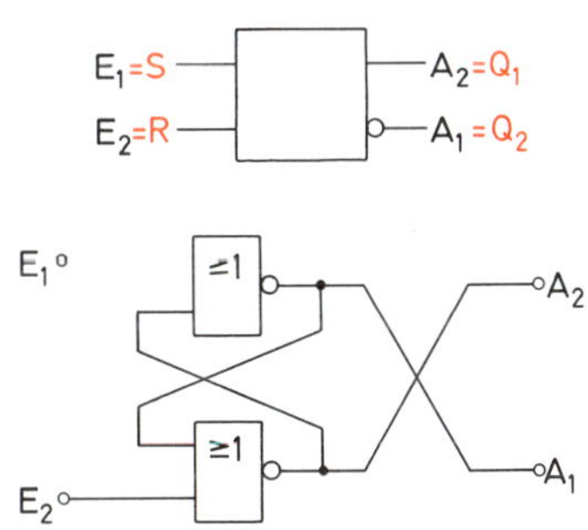

Bild 7.23 SR-Speicherflipflop aus zwei NOR-Gliedern

Fall	B	A	A∧B	$Z=\overline{A \wedge B}$
1	0	0	0	1
2	0	1	0	1
3	1	0	0	1
4	1	1	1	0

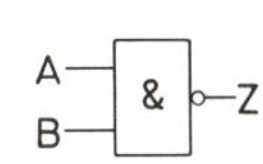

Bild 7.25 Wahrheitstabelle eines NAND-Gliedes

Bei $E_1 = 0$ und $E_2 = 1$ wird $A_1 = 1$ und $A_2 = 0$. Dies ist der Setzfall. Bei $E_1 = 1$ und $E_2 = 0$ wird $A_2 = 1$ und $A_1 = 0$. Dies ist der Rücksetzfall.
Führen beide Eingänge 1, so bleiben die vorher vorhandenen Ausgangszustände erhalten. Dieser Fall ist der Speicherfall.
Der Fall $E_1 = 0$ und $E_2 = 0$ sollte vermieden werden. In diesem Fall müssen beide Ausgänge auf 1 gehen. Das Flipflop aus zwei NAND-Gliedern wird durch 0-Signale geschaltet. Es ergibt sich das in Bild 7.26 dargestellte Schaltzeichen. Schaltet man vor jeden Eingang ein NICHT-Glied, erhält man ein SR-Speicherflipflop (Bild 7.27). Die

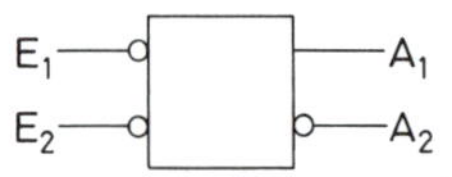

Bild 7.26 Schaltzeichen des Flipflops aus zwei NAND-Gliedern

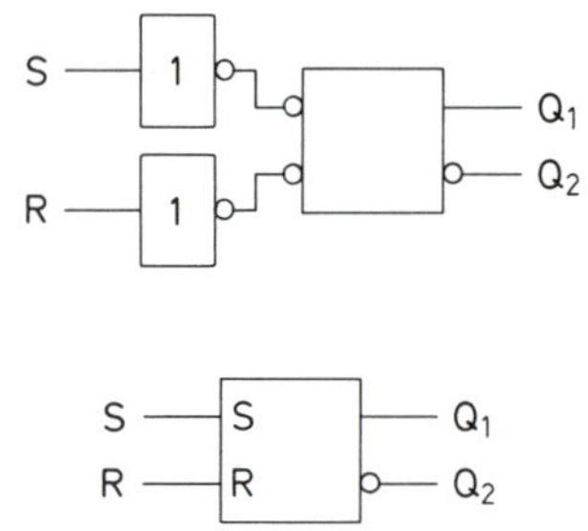

Bild 7.27 SR-Speicherflipflop

Fall	R	S	Q_{1m}	Q_{2m}	
1	0	0	$Q_{1(m-1)}$	$Q_{2(m-1)}$	Speichern
2	0	1	1	0	Setzen
3	1	0	0	1	Rücksetzen
4	1	1	1	1	verbotener Fall

Bild 7.28 Wahrheitstabelle des SR-Speicherflipflops Bild 7.27

zugehörige Wahrheitstabelle zeigt Bild 7.28. Sie ist gegenüber den bisher verwendeten Wahrheitstabellen etwas erweitert worden. Die Angabe im Fall 1, dem sogenannten Speicherfall, ist $Q_{1(m-1)}$ und $Q_{2(m-1)}$. Der Index m – 1 kennzeichnet die vorher vorhandenen Zustände der Ausgänge. Ist $Q_{1m} = Q_{1(m-1)}$ und $Q_{2m} = Q_{2(m-1)}$ so bedeutet dies, daß die jetzt vorhandenen Ausgangszustände (Q_{1m}, Q_{2m}) die gleichen sind wie die vorher vorhandenen Ausgangszustände ($Q_{1(m-1)}$, $Q_{2(m-1)}$). Der Speicherfall wird so exakt angegeben.
Die Flipflops Bild 7.21 und Bild 7.24 sind die einfachst möglichen Flipflops. Sie werden daher auch Basis-Flipflops genannt.

7.4 Taktzustandsgesteuerte Flipflops

Beim nichtgetakteten Flipflop ändert sich der Ausgangszustand einige Nanosekunden nach der Änderung des Eingangszustandes. Das ist in vielen Fällen unerwünscht. Man möchte die Änderung des Ausgangszustandes durch einen besonderen Befehl auslösen. Um dies zu erreichen, hat man taktzustandsgesteuerte Flipflops entwickelt. Diese Flipflops werden auch Auffang-Flipflops genannt, da sie vorwiegend zum Auffangen von Informationen verwendet werden.

7.4.1 SR-Flipflop

Schaltet man den Eingängen eines SR-Speicher-Flipflops je ein UND-Glied vor, erhält man ein taktzustandsgesteuertes SR-Flipflop (Bild 7.29). Ein Signal 1 an E_1 kann nur wirksam werden, wenn auch am Steuereingang T das Signal 1 liegt. Legt man Signal 1 an E_1, so bereitet man das Setzen lediglich vor. Das Setzen erfolgt erst, wenn das Taktsignal T kommt. Entsprechendes gilt für das Rücksetzen.

Die Schaltzeichen des taktzustandsgesteuerten SR-Flipflops sind in Bild 7.30 angegeben. Das obere Schaltzeichen ist das häufiger verwendete. Die UND-Glieder der Schaltung Bild 7.29 sind in das Flipflop-Rechteck integriert.

Das untere Schaltzeichen wurde mit Hilfe der Abhängigkeitsnotation (siehe Abschnitt 7.1.1) gebildet. Der Buchstabe G steht für die UND-Verknüpfung. Die Zählnummer 1 gibt an, welche Eingänge miteinander durch UND verknüpft sind.

Das taktzustandsgesteuerte SR-Flipflop (Bild 7.29) kann mit vier NAND-Gliedern aufgebaut werden. Das SR-Speicherflipflop wurde gemäß Bild 7.24 aus zwei NAND-Gliedern aufgebaut, denen zwei NICHT-Glieder vorgeschaltet wurden (Bild 7.27). Die beiden NICHT-Glieder und die beiden UND-Glieder für die Taktzustandssteuerung werden zu NAND-Gliedern zusammengefaßt (Bild 7.31).

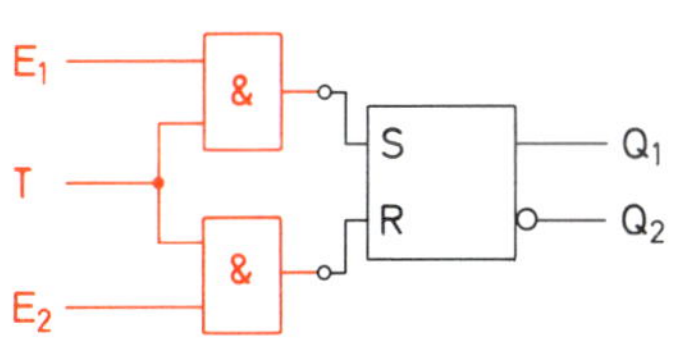

Bild 7.29 Taktzustandsgesteuertes SR-Flipflop

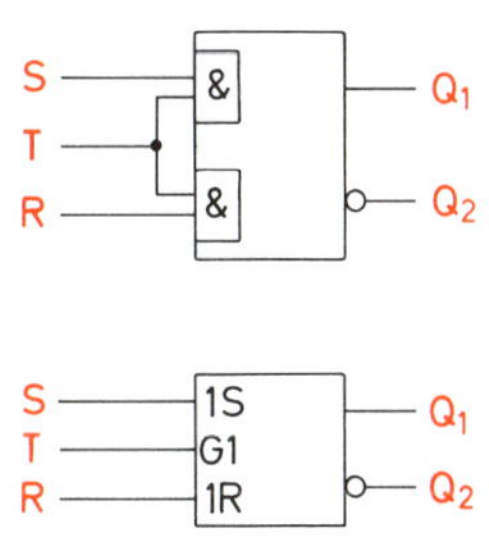

Bild 7.30 Schaltzeichen des taktzustandsgesteuerten SR-Flipflops

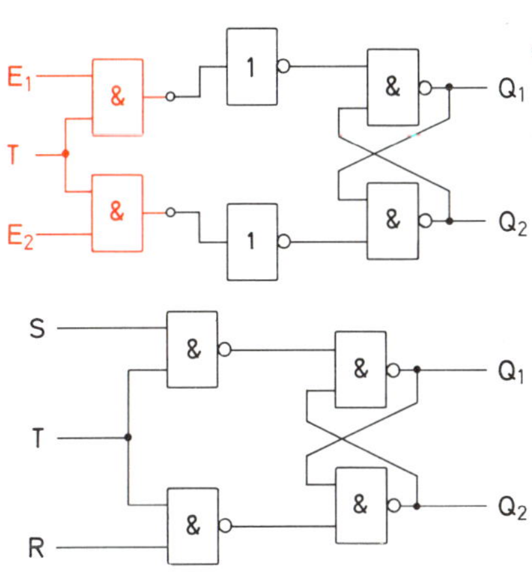

Bild 7.31 Aufbau eines taktzustandsgesteuerten SR-Flipflops mit vier NAND-Gliedern

Fall	T	R	S	Q_1	Q_2	
1	0	0	0			
2	0	0	1			keine
3	0	1	0			Signaländerung,
4	0	1	1			Speicherfälle
5	1	0	0			
6	1	0	1	1	0	Setzen
7	1	1	0	0	1	Rücksetzen
8	1	1	1	=	=	verbotener Fall

Bild 7.32 Mögliche Wahrheitstabelle eines taktzustandsgesteuerten SR-Flipflops

Eine mögliche Wahrheitstabelle des taktzustandsgesteuerten SR-Flipflops zeigt Bild 7.32. In den Fällen 1 bis 5 ändert sich der Ausgangszustand nicht. Es sind Speicherfälle. In den Fällen 1 bis 4 ist das Taktsignal 0. Daher kann sich am Ausgang nichts ändern. Im Fall 5 ist S = 0 und R = 0. Das Taktsignal ist zwar 1, doch wird weder gesetzt noch rückgesetzt.
Fall 6 ist der Setzfall, Fall 7 der Rücksetzfall. Der Fall 8 ist irregulär und sollte nicht auftreten.
Die Wahrheitstabelle wird jedoch meist ohne Taktsignal angegeben. Man führt statt dessen zwei Zeiten ein. Die Zeit t_n ist die Zeit nach dem n-ten Taktimpuls. Die Zeit t_{n+1} ist die Zeit nach dem folgenden Taktimpuls. Betrachtet man einen bestimmten Taktimpuls, so kann man auch sagen:

t_n ist ein Zeitpunkt vor einem bestimmten Taktimpuls, t_{n+1} ist ein Zeitpunkt nach einem bestimmten Taktimpuls.

Die Wahrheitstabelle wird in die Bereiche t_n und t_{n+1} aufgeteilt (Bild 7.33). Die Spalte für Q_2 kann wegfallen, da Q_2 immer entgegengesetzten Zustand hat wie Q_1. Diese Wahrheitstabelle ist allgemein üblich.
Für schaltalgebraische Berechnungen benötigt man jedoch eine Wahrheitstabelle, die über den tatsächlichen Zustand von Q_{1n} Auskunft gibt. Aus der Wahrheitstabelle Bild 7.33 erfahren wir nur, daß im Fall 1 der Ausgangszustand Q_1 so bleibt wie er war. Aber wie war er? Er kann 1 oder 0 gewesen sein. In der ausführlichen Wahrheitstabelle wird Q_{1n} als Variable hinzugenommen (Bild 7.34). Der Index n bei Q_{1n} kann entfallen, denn der Bereich t_n drückt aus, daß dieses Q_1 zu t_n gehört.

	t_n		t_{n+1}
Fall	R	S	Q_1
1	0	0	Q_{1n}
2	0	1	1
3	1	0	0
4	1	1	=

Bild 7.33 Übliche Wahrheitstabelle eines taktzustandsgesteuerten SR-Flipflops

	t_n			t_{n+1}	
Fall	R	S	$Q_{1(n)}$	Q_1	
1	0	0	0	0	Speicherfälle
2	0	0	1	1	
3	0	1	0	1	Setzfälle
4	0	1	1	1	
5	1	0	0	0	Rücksetzfälle
6	1	0	1	0	
7	1	1	0	=	verbotene Fälle
8	1	1	1	=	

Bild 7.34 Ausführliche Wahrheitstabelle eines taktzustandsgesteuerten SR-Flipflops

Im Fall 1 war Q_1 vor dem betrachteten Takt 0. Es ist auch nach diesem Takt 0. Im Fall 2 war Q_1 vor dem betrachteten Takt 1. Es ist auch nach dem betrachteten Takt 1. Die Fälle 1 und 2 sind die Speicherfälle.
Im Fall 3 war $Q_1 = 0$. Nach dem Takt ist Q_1 auf 1 gesetzt worden. Im Fall 4 war $Q_1 = 1$. Nach dem betrachteten Takt ist Q_1 auf 1 geblieben. Die Fälle 3 und 4 sind die *Setzfälle*. Welchen Zustand Q_1 auch vor dem Takt hatte, nach dem Takt ist Q_1 immer 1.

Die Fälle 5 und 6 sind die *Rücksetzfälle*. Hatte Q_1 den Zustand 0, so hat es den Zustand 0 auch nach dem Takt. Hatte Q_1 den Zustand 1, so wird auf $Q_1 = 0$ zurückgesetzt. Nach dem Takt ist Q_1 immer 0.
Die verbotenen Fälle 7 und 8 brauchen wir nicht näher zu betrachten. Sie dürfen bei diesem Flipflop nicht auftreten, da dann unbestimmt ist, welche Ausgangszustände auftreten würden.

7.4.2 SR-Flipflop mit dominierendem R-Eingang

Die verbotenen Fälle des taktzustandsgesteuerten SR-Flipflops geben Anlaß zu einigen Überlegungen. Könnte man nicht ein Flipflop bauen, das bei S = 1 und R = 1 grundsätzlich Q_1 auf 0 zurücksetzt, wenn der Takt kommt? Durch eine besondere Eingangsbeschaltung ist das möglich.
Bild 7.35 zeigt diese Eingangsbeschaltung. Bei S = 1 und R = 1 kann das 1-Signal von S nicht wirksam werden, denn am Ausgang des NICHT-Gliedes liegt 0. Das UND-Glied sperrt. Das 1-Signal an R löst ein Rücksetzen aus. Der normale Setzvorgang bei S = 1 und R = 0 wird nicht behindert, da jetzt am Ausgang des NICHT-Gliedes 1 liegt und das UND-Glied am Ausgang 1 hat. Ein solches Flipflop heißt *SR-Flipflop mit dominierendem R-Eingang*. Es wird auch R-Flipflop genannt. Das besondere Schaltverhalten wird durch das Schaltzeichen Bild 7.36 ausgedrückt (siehe auch Abschnitt 7.1). Es besagt: Haben bei diesem Flipflop die beiden Eingänge S und R und der Eingang T Signale 1, so stellt sich bei Taktsignal 1 Q_1 auf 0 und Q_2 auf 1 ein.

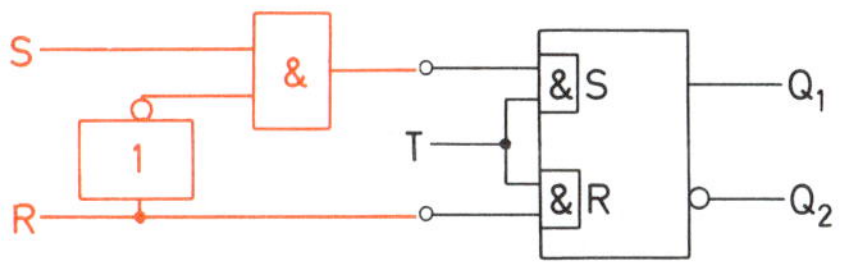

Bild 7.35 Taktzustandsgesteuertes SR-Flipflop mit dominierendem R-Eingang

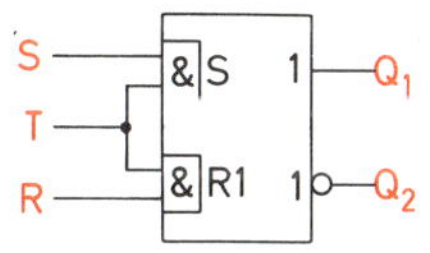

Bild 7.36 Schaltzeichen eines taktzustandsgesteuerten SR-Flipflops mit dominierendem R-Eingang

	t_n		t_{n+1}
Fall	R	S	Q_1
1	0	0	Q_{1n}
2	0	1	1
3	1	0	0
4	1	1	0

Bild 7.37 Wahrheitstabelle eines taktzustandsgesteuerten SR-Flipflops mit dominierendem R-Eingang

Die Wahrheitstabelle eines taktzustandsgesteuerten SR-Flipflops mit dominierendem R-Eingang ist in Bild 7.37 dargestellt. Selbstverständlich gibt es auch ein taktzustandsgesteuertes SR-Flipflop mit dominierendem S-Eingang (siehe Lernziel-Test).

7.4.3 E-Flipflop

Ein seltener verwendetes Flipflop ist das sogenannte taktzustandsgesteuerte E-Flipflop. Für dieses Flipflop wird die Wahrheitstabelle Bild 7.38 angegeben. Für $E_1 = 1$ und $E_2 = 1$ ergibt sich ein Speicherfall. Das E-Flipflop kann durch Zusatzbeschaltung der Eingänge aus dem SR-Flipflop abgeleitet werden. Die Zusatzbeschaltung muß für $E_1 = 1$ und $E_2 = 1$ den Eingängen S und R die Signale 0 zuführen. Sie darf aber den Setzfall (Fall 2) und den Rücksetzfall (Fall 3) nicht behindern.

	t_n		t_{n+1}	
Fall	E_2	E_1	Q_1	
1	0	0	Q_{1n}	Speichern
2	0	1	1	Setzen
3	1	0	0	Rücksetzen
4	1	1	Q_{1n}	Speichern

Bild 7.38 Wahrheitstabelle eines taktzustandsgesteuerten E-Flipflops

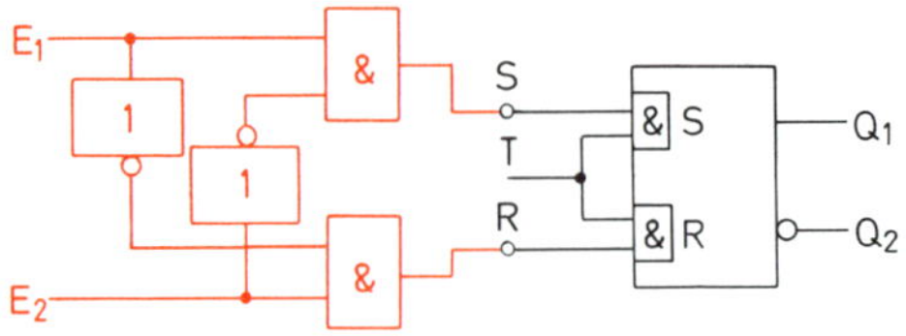

Bild 7.39 Entstehung eines taktzustandsgesteuerten E-Flipflops durch Zusatzbeschaltung

Das SR-Flipflop mit der erforderlichen Zusatzbeschaltung ist in Bild 7.39 dargestellt. Bei $E_1 = 1$ und $E_2 = 1$ sperren beide UND-Glieder, da an den Ausgängen der NICHT-Glieder 0 liegt. Bei $E_1 = 1$ und $E_2 = 0$ erhält der S-Eingang 1-Signal. Das Setzen kann also stattfinden. Bei $E_1 = 0$ und $E_2 = 1$ erhält der R-Eingang 1-Signal. Das Rücksetzen kann auch erfolgen.

7.4.4 D-Flipflop

Häufiger als das E-Flipflop wird das D-Flipflop verwendet. Das taktzustandsgesteuerte D-Flipflop kann ebenfalls aus dem SR-Flipflop abgeleitet werden. Das am S-Eingang anliegende Signal wird über ein NICHT-Glied dem R-Eingang zugeführt (Bild 7.41). Der R-Eingang wird nicht mehr von außen angesteuert.

Das D-Flipflop heißt auch Delay-Flipflop und Verzögerungs-Flipflop (delay, engl.: Verzögerung). Es dient dazu, ein Eingangssignal so lange zu verzögern, bis das Taktsignal kommt. Dann wird das Eingangssignal an den Ausgang Q_1 weitergegeben. Ein 1-Signal am D-Eingang setzt Q_1 auf 1. Ein 0-Signal am D-Eingang setzt Q_1 auf 0. Die Wahrheitstabelle des D-Flipflops ist in Bild 7.42 wiedergegeben. Da nur ein Eingang vorhanden ist, enthält die Wahrheitstabelle nur zwei Fälle.

Das Schaltzeichen des taktzustandsgesteuerten D-Flipflops zeigt Bild 7.43. Der Buchstabe G deutet auf die UND-Verknüpfung hin. Die Ziffer 1 ist die Kennzahl der durch UND verknüpften Eingänge.

Bild 7.41 Entstehung eines taktzustandsgesteuerten D-Flipflops durch Zusatzbeschaltung

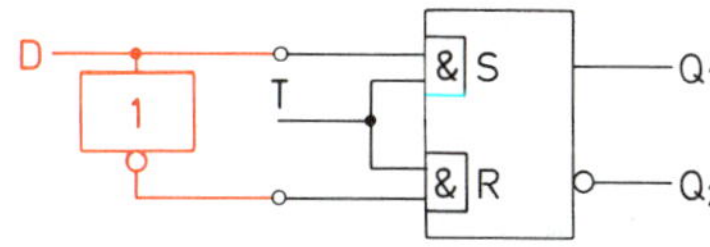

Bild 7.42 Wahrheitstabelle eines taktzustandsgesteuerten D-Flipflops

	t_n	t_{n+1}
Fall	D	Q_1
1	0	0
2	1	1

Bild 7.43 Schaltzeichen eines taktzustandsgesteuerten D-Flipflops

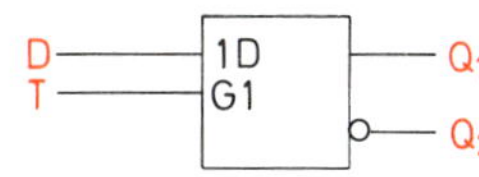

7.4.5 Datenblätter

Die Hersteller von Flipflop-Schaltungen geben ausführliche Datenblätter heraus, aus denen alle interessierenden Daten entnommen werden können. Im Rahmen dieses Buches können nur einige wenige Datenblätter als Beispiele vorgestellt werden.
Von den taktzustandsgesteuerten Flipflops werden zur Zeit überwiegend D-Flipflops eingesetzt. Die integrierte Schaltung FLJ 151-7475 ist eine TTL-Schaltung (siehe Schaltkreisfamilien, Abschnitt 6.6). Sie enthält vier D-Flipflops (Bild 7.44). Anschlußanordnung, innerer Aufbau und Wahrheitstabelle können Bild 7.45 entnommen werden.
Das Datenblatt Bild 7.44 enthält die üblichen statischen Kenndaten der TTL-Schaltkreisfamilie, die in Abschnitt 6.6.2.2 näher erläutert sind. Von den Schaltzeiten dürften die Signallaufzeiten bekannt sein (Abschnitt 6.4.3). Die Speisespannung beträgt 5 V.
Mit t_V bezeichnet man die sogenannte Vorbereitungszeit am Eingang D. Dies ist die Zeit, die ein Signal mindestens vor Eintreffen des Taktsignals an D anliegen muß. Sie beträgt 20 ns. Liegt das Signal weniger als 20 ns am Eingang D an, ist die Übernahme in den Speicher nicht gewährleistet.
Der Taktimpuls muß weiterhin mindestens 20 ns lang anliegen. Diese Zeit wird mit t_{pT} bezeichnet. Die Schaltzeiten sind verhältnismäßig kurz. Die Flipflops arbeiten schnell.
Die integrierte Schaltung FZJ 131 enthält ebenfalls vier taktzustandsgesteuerte D-Flipflops. Diese integrierte Schaltung gehört zur DTL-Schaltkreisfamilie und zur Unterfamilie «langsame störsichere Logik» (LSL). Dem Datenblatt Bild 7.46 kann man entnehmen, daß die Schaltzeiten wesentlich länger sind als bei der Schaltung FLJ 151-7475. Die statische Störsicherheit ist besonders groß. Das läßt auch die erforderliche Speisespannung von 12 V vermuten. Der innere Aufbau (Bild 7.47) der D-Flipflops ist besonders typisch für die DTL-Schaltkreisfamilie.

Das Flipflop FLJ 151 bzw. FLJ 155 hat zwei stabile Zustände, die mit dem Takt gesteuert werden können. Solange der Taktimpuls anliegt, wird jede am D-Eingang eingespeiste Information nach dem Q-Ausgang übertragen. Sie bleibt dort erhalten, auch wenn der Taktimpuls abfällt. Die Information wird gelöscht, wenn der Taktimpuls wiederkehrt.

Statische Kenndaten im Temperaturbereich 1 und 5		Prüfbedingungen	Prüfschaltung	untere Grenze B	typ.	obere Grenze A	Einheit
Speisespannung	U_S			4,75	5,0	5,25	V
H-Eingangsspannung	U_{IH}	$U_S=4{,}75$ V	36	2,0			V
L-Eingangsspannung	U_{IL}	$U_S=4{,}75$ V	37			0,8	V
Eingangsklemmspannung	$-U_I$	$U_S=4{,}75$ V, $-I_I=12$ mA				1,5	V
H-Ausgangsspannung	U_{QH}	$-I_{QH}=400$ µA; $U_S=4{,}74$ V	36, 37	2,4	3,4		V
L-Ausgangsspannung	U_{QL}	$I_{QL}=16$ mA; $U_S=4{,}74$ V	36,37		0,2	0,4	V
Statische Störsicherheit	U_{ss}			0,4	1,0		V
Eingangsstrom pro Eingang	I_I	$U_I=5{,}5$ V; $U_S=5{,}25$	38			1	mA
H-Eingangsstrom an D,	I_{IH}	$U_{IH}=2{,}4$ V; $U_S=5{,}25$	38			80	µA
an T	I_I	$U_I=5{,}5$ V; $U_S=5{,}25$	38			160	µA
L-Eingangsstrom an D,	$-I_{IL}$	$U_{IL}=0{,}4$ V; $U_S=5{,}25$	38			3,2	mA
an T	$-I_{IL}$	$U_{IL}=0{,}4$ V; $U_S=5{,}25$	38			6,4	mA
Kurzschlußausgangsstrom pro Ausgang	$-I_Q$	$U_S=5{,}25$ V	39	18		57	mA
Speisestrom	I_S	$U_S=5{,}25$ V	40		32	53	mA

Schaltzeiten bei $U_S=5$ V, $T_U=25$ °C

		Prüfbedingungen	untere Grenze B	typ.	obere Grenze A	Einheit
Taktimpulsdauer	t_{pT}	$C_L=15$ pF, $R_L=400\ \Omega$	20			ns
Vorbereitungszeit an D	t_v	$C_L=15$ pF, $R_L=400\ \Omega$	20			ns
Signal-Laufzeit von D nach Q	t_{PHL}	$C_L=15$ pF, $R_L=400\ \Omega$		14	25	ns
	t_{PLH}	$C_L=15$ pF, $R_L=400\ \Omega$		16	30	ns
von D nach $\overline{Q}$	t_{PHL}	$C_L=15$ pF, $R_L=400\ \Omega$		7	15	ns
	t_{PLH}	$C_L=15$ pF, $R_L=400\ \Omega$		24	40	ns
von T nach Q	t_{PHL}	$C_L=15$ pF, $R_L=400\ \Omega$		7	15	ns
	t_{PLH}	$C_L=15$ pF, $R_L=400\ \Omega$		16	30	ns
von T nach $\overline{Q}$	t_{PHL}	$C_L=15$ pF, $R_L=400\ \Omega$		7	15	ns
	t_{PLH}	$C_L=15$ pF, $R_L=400\ \Omega$		16	30	ns

Logische Daten

		obere Grenze A
Ausgangslastfaktor pro Ausgang	F_Q	10
Eingangslastfaktor an D	F_I	2
Eingangslastfaktor an T	F_I	4

Bild 7.44 Datenblatt der integrierten Schaltung FLJ 151-7475 (Siemens)

Bild 7.45 Anlage zum Datenblatt der integrierten Schaltung FLJ 151-7475 (Siemens)

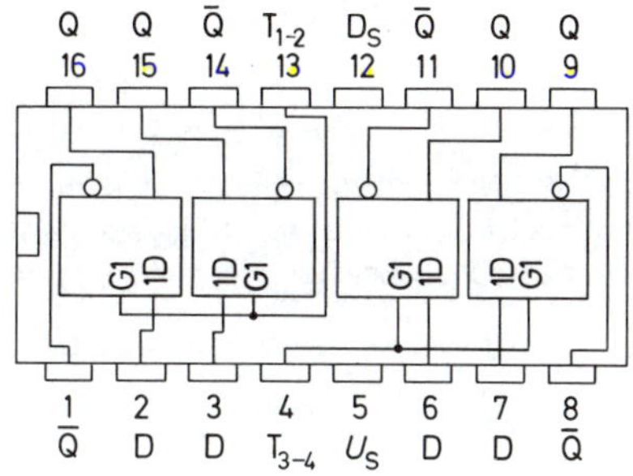

Anschlußanordnung
Ansicht von oben

D = Eingang
Q, Q̄ = Ausgänge
T = Takteingang

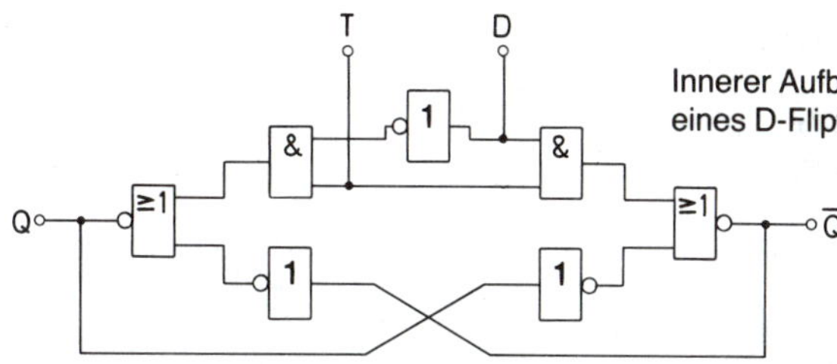

Innerer Aufbau
eines D-Flipflops

t_n	t_{n+1}	
D	Q	Q̄
H	H	L
L	L	H

t_n = Zeitpunkt vor dem Taktimpuls
t_{n+1} = Zeitpunkt nach dem Taktimpuls

7.5 Taktflankengesteuerte Flipflops

Mit der Taktflankensteuerung erreicht man ein sehr genaues gleichzeitiges Schalten vieler Flipflops. Selbst bei größeren Fertigungstoleranzen ergeben sich fast keine Abweichungen vom Soll-Schaltzeitpunkt.

Mit Taktflankensteuerung werden Flipflops synchron geschaltet.

Ein weiterer Vorteil der Taktflankensteuerung ist die Verminderung der Störanfälligkeit. Störsignale an den Eingängen können nur dann Störungen verursachen, wenn sie in dem sehr kurzen Zeitraum des Schaltens gerade anliegen. Vor und nach diesem Zeitraum haben Störsignale keinen Einfluß.

Durch Taktflankensteuerung wird eine größere Störsicherheit erreicht.

Vier-D-Flipflop

FZJ 131
FZJ 135

Der Baustein FZJ 131/135 enthält vier taktzustandsgesteuerte D-Flipflop. Informationen an D werden bei T = H nach Q übernommen. Bei T = L ist der D-Eingang gesperrt.
Typische Anwendung: 4-Bit-Zwischenspeicher.

Statische Kenndaten im 12-V-Bereich im Temperaturbereich 1 und 5

		Prüfbedingungen	untere Grenze B	typ.	obere Grenze A	Einheit
Speisespannung	U_S		11,4	12	13,5	V
H-Eingangsspannung	U_{IH}	$U_S=U_{SB}$	7,5			V
L-Eingangsspannung	U_{IL}	$U_S=U_{SB}$ und U_{SA}			4,5	V
H-Ausgangsspannung	U_{QH}	$U_S=U_{SB}$, $-I_{QH}=0{,}1$ mA, $U_{IH}=7{,}5$ V	10,0	11,3		V
L-Ausgangsspannung	U_{QL}	$U_S=U_{SB}$, $I_{QL}=15$ mA $U_{ID}=4{,}5$ V, $U_{IT}=7{,}5$ V		0,9	1,7	V
Statische Störsicherheit	U_{ssH}		2,5	5		V
	U_{ssL}		2,8	5		V
H-Eingangsstrom pro Eingang	I_{IH}	$U_I = U_{IHA}$, $U_S = U_{SA}$			1	µA
L-Eingangsstrom an D	$-I_{IL}$	$U_S = U_{SA}$, $U_{IL} = 1{,}7$ V			3	mA
L-Eingangsstrom an T	$-I_{IL}$	$U_S=U_{SA}$, $U_{IL}=1{,}7$ V			6	mA
Kurzschlußausgangsstrom pro Ausgang	$-I_Q$	$U_S=U_{SA}$, $U_I=U_Q=0$ V	9	15	25	mA
Speisestrom	I_S	$U_S=U_{SA}$, $U_I=0$ V		22	32	mA
Leistungsverbrauch	P	$U_S=U_{Sa}$, $U_I=0$ V		264	432	mW

Schaltzeiten bei $U_S=12$ V, $F_Q=1$, $T_U=25$ °C

		Prüfbedingungen	untere Grenze B	typ.	obere Grenze A	Einheit
Maximale Zählfrequenz	f_Z	Taktverhältnis 1:1	0,5			MHz
Taktimpulsdauer	t_{pT}	4,5 V über Masse	0,5			µs
Vorbereitungszeit an D						
H-Signal	t_s		300			ns
L-Signal	t_s		500			ns
Haltezeit an D						
H-Signal	t_H		150			ns
L-Signal	t_H		50			ns
Signal-Laufzeit		$C_L=10$ pF bei 4,5 V über Masse				
von D nach Q	t_{PLH}		90	175	310	ns
	t_{PHL}		30	70	150	ns
von D nach $\overline{Q}$	t_{PLH}		30	70	150	ns
	t_{PHL}		70	130	290	ns
von T nach Q	t_{PLH}		90	160	310	ns
	t_{PHL}		70	120	210	ns
von T nach $\overline{Q}$	t_{PLH}		90	150	310	ns
	t_{PHL}		70	120	210	ns
Signal-Übergangszeit an Q	t_{TLH}	$C_L=10$ pF	50	90	170	ns
	t_{THL}		15	35	60	ns

Bild 7.46 Datenblatt der integrierten Schaltung FZJ 131 (Siemens)

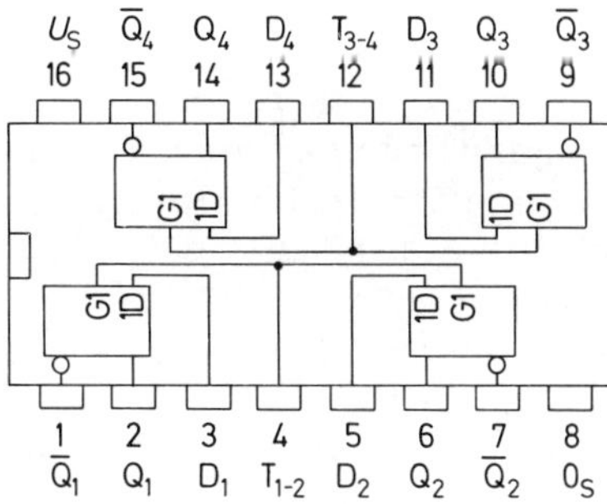

Anschlußanordnung
Ansicht von oben

D = Informationseingang
Q, $\overline{Q}$ = Ausgänge
T = Takteingang

Schaltschema (ein Flipflop)

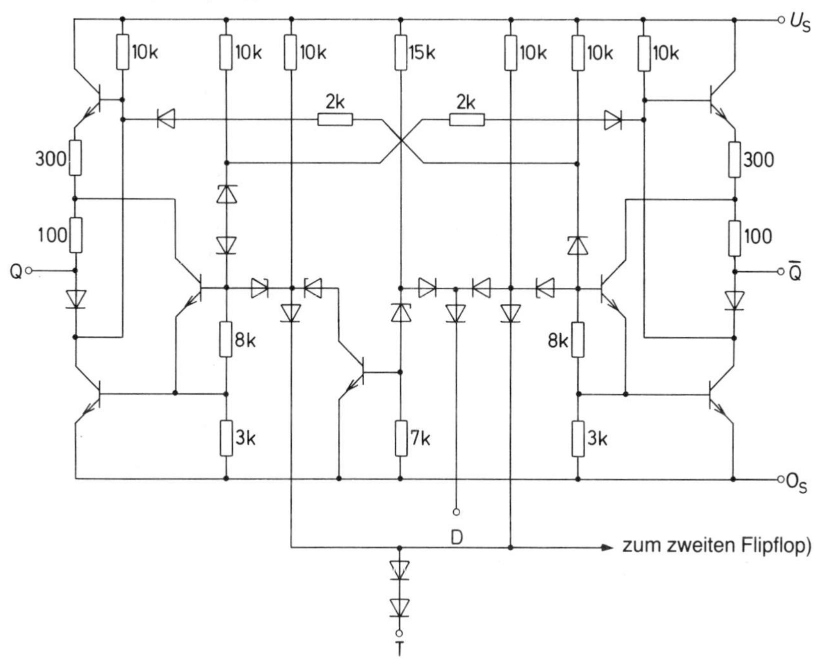

Bild 7.47 Anlage zum Datenblatt der integrierten Schaltung FZJ 131 (Siemens)

7.5.1 Impulsglieder

Für die Taktflankensteuerung werden Impulsglieder benötigt. Diese Glieder haben einen statischen und einen dynamischen Eingang und arbeiten im Prinzip wie UND-Glieder. Das Impulsglied nach Bild 7.48 liefert einen negativen Ausgangsimpuls nur dann, wenn A = 1 ist und das T-Signal von 1 nach 0 abfällt.
Eine mögliche innere Schaltung eines Impulsgliedes nach Bild 7.48 ist in Bild 7.49 dargestellt. Am Eingang A soll das Signal 1 liegen. Am Punkt X liegt dann das Signal 0, das 0 V entspricht. Am T-Eingang soll ebenfalls das Signal 1 (≙ +5 V) anliegen. Der Kondensator C wird jetzt auf 5 V aufgeladen. Springt das T-Signal auf 0 V zurück, hat der negative Pol des Kondensators im ersten Augenblick ein Potential von −5 V. Die Diode wird durchlässig. Am Ausgang Z liegt nach Abzug der Dioden-Schwellspannung eine Spannung von −4,3 V. Diese Spannung fällt mit der Entladung des Kondensators auf 0 ab.
Impulsglieder der zweiten Art liefern positive Ausgangsimpulse. Das Impulsglied nach Bild 7.50 liefert nur dann einen positiven Impuls, wenn am Eingang A das Signal 1 liegt und das Taktsignal T von 0 auf 1 springt.

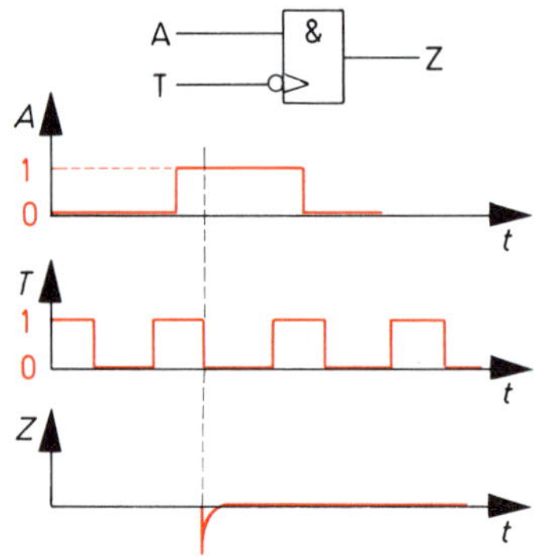

Bild 7.48 Schaltzeichen und Impulsdiagramm eines Impulsgliedes für negative Ausgangsimpulse

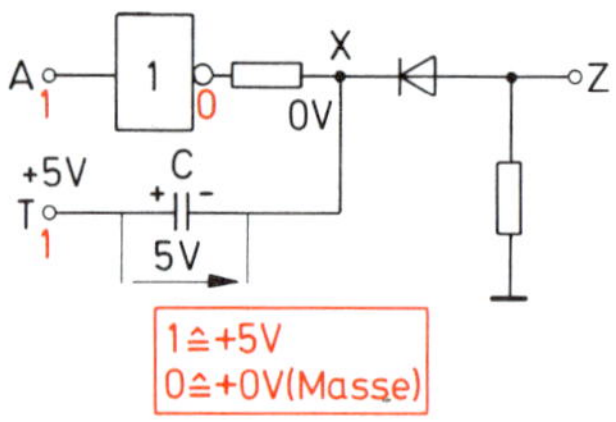

Bild 7.49 Innere Schaltung eines Impulsgliedes

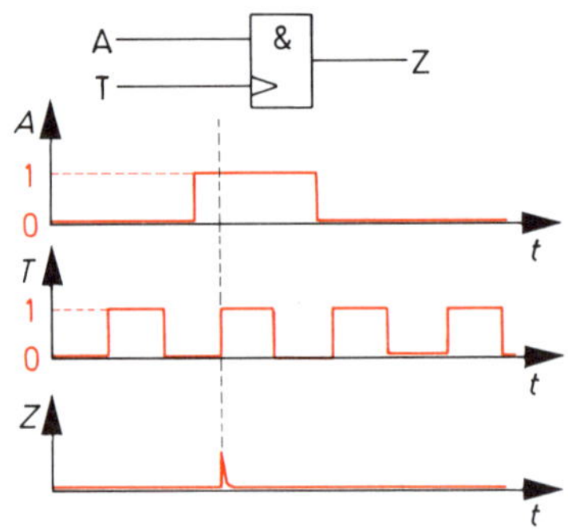

Bild 7.50 Schaltzeichen und Impulsdiagramm eines Impulsgliedes für positive Ausgangsimpulse

7.5.2 Einflankengesteuerte SR-Flipflops

Aus dem nicht-taktgesteuerten SR-Flipflop (Bild 7.27) wurde durch Vorschalten von zwei UND-Gliedern vor die Eingänge gemäß Bild 7.29 ein taktzustandsgesteuertes SR-Flipflop. Ersetzt man diese beiden UND-Glieder durch Impulsglieder, erhält man ein taktflankengesteuertes SR-Flipflop (Bild 7.51). Das Flipflop schaltet beim Übergang des Takt-Signals von 0 auf 1, also mit der ansteigenden Flanke. Für dieses Flipflop gilt das Schaltzeichen Bild 7.52. Für den Takteingang wird üblicherweise der Buchstabe C gewählt (C von «clock», engl.: Uhr, Taktgeber). Der C-Eingang wirkt auf beide Flipflop-Felder und wird daher in die Mitte gezeichnet.
Verwendet man Impulsglieder der anderen Art, erhält man ein SR-Flipflop, das mit abfallender Flanke schaltet (Bild 7.53). Man benötigt zwei zusätzliche NICHT-Glieder oder kann auch ein NAND-Latch gemäß Bild 7.26 verwenden.

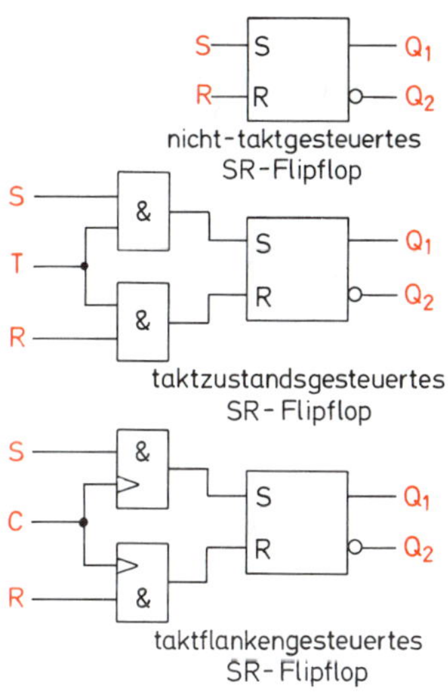

Bild 7.51 Entstehung eines taktflankengesteuerten SR-Flipflops

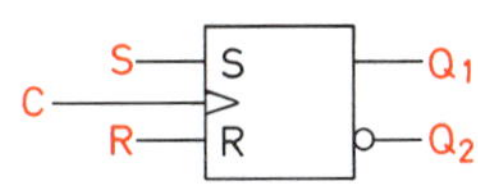

Bild 7.52 Schaltzeichen eines taktflankengesteuerten SR-Flipflops, das bei ansteigender Taktflanke schaltet

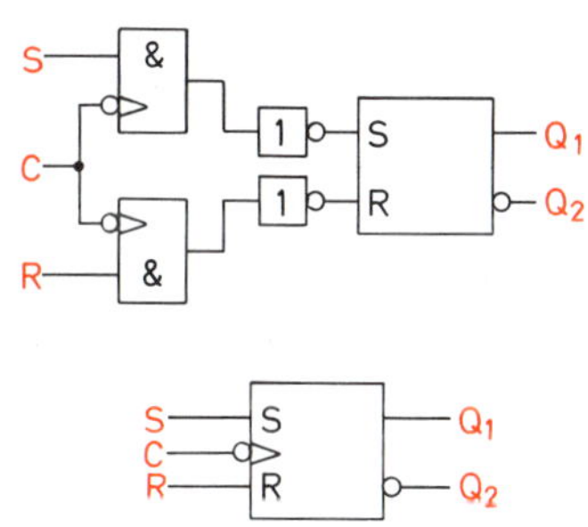

Bild 7.53 Aufbau und Schaltzeichen eines taktflankengesteuerten SR-Flipflops, das mit abfallender Flanke schaltet

Die im Bereich der integrierten Schaltungstechnik verwendeten Schaltungen sind meist komplizierter aufgebaut. Man ist bemüht, Störeinflüsse weitgehend auszuschalten und eine möglichst hohe Arbeitsgeschwindigkeit zu erreichen. Ein zusätzlicher Schaltungsaufwand erhöht die Kosten integrierter Schaltungen nur geringfügig. Für den Anwender spielt der interne Schaltungsaufbau eine untergeordnete Rolle. Wichtig sind gute Eigenschaften und Daten der angebotenen Flipflops.

Das betrachtete taktflankengesteuerte SR-Flipflop wird auch *einflankengesteuertes SR-Flipflop* genannt. Man will es damit von dem später zu besprechenden zweiflankengesteuerten SR-Flipflop unterscheiden.
Für das einflankengesteuerte SR-Flipflop gilt die gleiche Wahrheitstabelle wie für das taktzustandsgesteuerte SR-Flipflop, da in der Wahrheitstabelle die Art der Taktsteuerung nicht zum Ausdruck gebracht wird. Diese Wahrheitstabelle (Bild 7.54) ist daher sowohl für SR-Flipflops, die mit ansteigender Flanke gesteuert werden, als auch für SR-Flipflops, die mit abfallender Flanke gesteuert werden, gültig. Es können Schaltzeichen mit oder ohne Abhängigkeitsnotation verwendet werden (Bild 7.54).

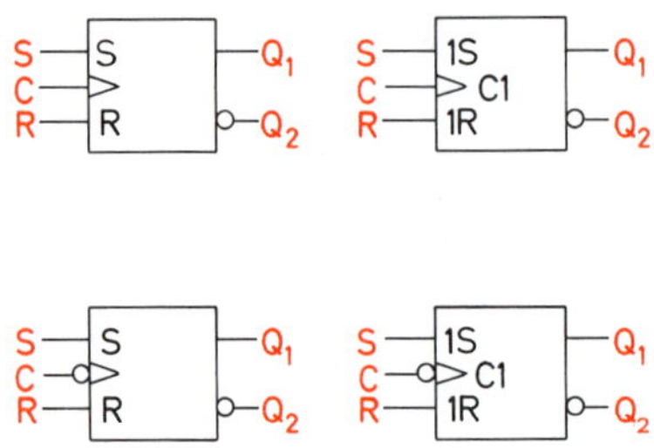

Darstellung ohne Abhängigkeitsnotation

Darstellung mit Abhängigskeitsnotation

	t_n		t_{n+1}
Fall	R	S	Q_1
1	0	0	Q_{1n}
2	0	1	1
3	1	0	0
4	1	1	=

Bild 7.54 Schaltzeichen von einflankengesteuerten SR-Flipflops und Wahrheitstabelle

Es ist im allgemeinen nicht erforderlich, die Grundstellung der SR-Flipflops besonders zu kennzeichnen. Einflankengesteuerte SR-Flipflops werden überwiegend mit festgelegter Grundstellung hergestellt. Diese ist $Q_1 = 0$, $Q_2 = 1$. Ist die Kennzeichnung der Grundstellung erwünscht, so sind die Zusatzangaben nach Abschnitt 7.1 zu verwenden (Bild 7.55).
Für viele Anwendungszwecke werden SR-Flipflops gewünscht, die zusätzlich taktunabhängig gesetzt und rückgesetzt werden können. Hierfür sind zusätzliche Eingänge erforderlich. Das Flipflop in Bild 7.56 hat einen taktunabhängigen Setzeingang S* und einen taktunabhängigen Rücksetzeingang R*. Die Negationsringe vor den Eingängen geben an, daß die Steuerung mit 0-Signalen erfolgt. 1-Signale sind unwirksam. Ein Signal 0 an R* setzt das Flipflop in die Grundstellung zurück. Der Takt ist hierzu nicht erforderlich. Entsprechend setzt ein 0-Signal an S* das Flipflop in die Arbeitsstellung ($Q_1 = 1$, $Q_2 = 0$).
Zur Kennzeichnung der gesteuerten Eingänge ist die Abhängigkeitsnotation erforderlich. Die taktflankengesteuerten Eingänge sind außer durch S und R durch die gleiche Kennzahl gekennzeichnet, die auch der steuernde Eingang C trägt. In Bild 7.56 ist die Kennzahl die 1. Die taktunabhängigen Eingänge sind im Flipflop-Rechteck nur mit S und R bezeichnet.
Alle SR-Flipflops haben einen wesentlichen Nachteil. Die Eingangssignal-Kombination S = 1 und R = 1 ist irregulär. Sie führt bei den einzelnen Schaltungen zu nichtdefinierten Ausgangszuständen und ist daher verboten.

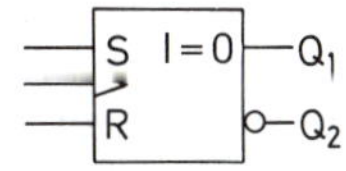

Bild 7.55 Schaltzeichen eines einflankengesteuerten SR-Flipflops mit Kennzeichnung der Grundstellung $Q_1 = 0$, $Q_2 = 1$

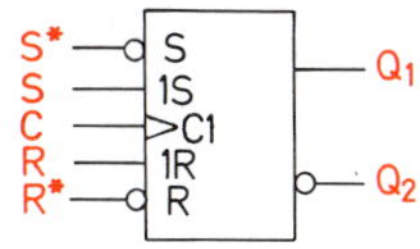

Bild 7.56 Schaltzeichen eines einflankengesteuerten SR-Flipflops mit taktunabhängigen Setz- und Rücksetzeingängen S und R**

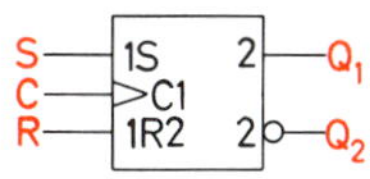

Bild 7.57 Schaltzeichen eines einflankengesteuerten SR-Flipflops mit dominierendem R-Eingang

Eine Schaltungsvariante, das SR-Flipflop mit dominierendem R-Eingang, wurde bei den taktzustandsgesteuerten Flipflops bereits besprochen. Ein solches SR-Flipflop kann auch mit Einflankensteuerung gebaut werden. Das entsprechende Schaltzeichen ist in Bild 7.57 dargestellt. Zur Kennzeichnung der R-Abhängigkeit wurde die Kennzahl 2 verwendet.

7.5.3 Einflankengesteuerte T-Flipflops

Sehr häufig benötigt man ein Flipflop, das bei jeder steuernden Taktflanke in den anderen Zustand kippt. Als steuernde Taktflanke soll zunächst einmal die ansteigende Taktflanke ($0 \rightarrow 1$) angenommen werden. Steht das Flipflop z.B. auf $Q_1 = 1$, so soll es bei der kommenden ansteigenden Taktflanke auf $Q_1 = 0$ schalten, bei der nächsten ansteigenden Taktflanke dann auf $Q_1 = 1$ und bei der danach folgenden ansteigenden Taktflanke wieder auf $Q_1 = 0$ usw. Ein solches Flipflop wird Trigger-Flipflop oder kurz *T-Flipflop* genannt. Es kann aus dem einflankengesteuerten SR-Flipflop abgeleitet werden.

Betrachten wir das SR-Flipflop in Bild 7.58. Es steht auf $Q_1 = 0$, $Q_2 = 1$ und soll bei der nächsten ansteigenden Taktflanke kippen. Das ist aber nur möglich, wenn am Eingang S ein 1-Signal liegt. Das 1-Signal kann vom Ausgang Q_2 geholt werden (schwarze Verbindung). Bei der ansteigenden Flanke des Taktsignals kippt das Flipflop jetzt.

Jetzt steht das SR-Flipflop auf $Q_1 = 1$, $Q_2 = 0$ (rote Eintragung in Bild 7.58). Es ist also jetzt gesetzt, d.h., es steht in Arbeitsstellung. Bei der nächsten ansteigenden Taktflanke

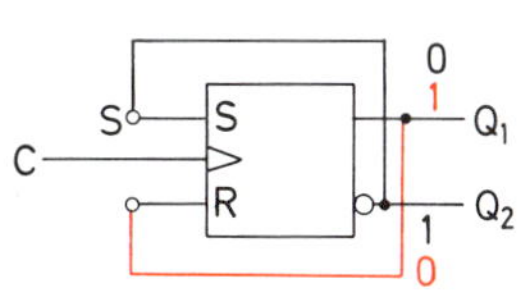

Bild 7.58 Einflankengesteuertes SR-Flipflop mit Zusatzbeschaltung

soll das Flipflop wieder in die Grundstellung $Q_1 = 0$, $Q_2 = 1$ zurückkippen. Hierzu ist ein 1-Signal an R erforderlich. Dieses Signal kann von Q_1 geholt werden (rote Verbindung). Jetzt kippt das Flipflop wunschgemäß in die Grundstellung. Damit führt Q_2 1-Signal. Dieses liegt jetzt auch an S. Bei der nächsten ansteigenden Taktflanke kippt das Flipflop wieder in den Arbeitszustand. Wir haben also das gewünschte T-Flipflop gefunden.
Für ein T-Flipflop, das jeweils bei ansteigender Taktflanke kippt, gilt das Schaltzeichen Bild 7.59. Eine zweite Art von T-Flipflops schaltet bei abfallender Taktflanke. Das zugehörige Schaltzeichen zeigt Bild 7.60. Da nur ein Eingang vorhanden ist, wird die Wahrheitstabelle für diese T-Flipflops recht einfach (Bild 7.61).

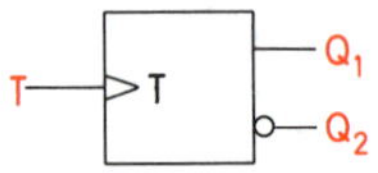

Bild 7.59 Schaltzeichen eines einflankengesteuerten T-Flipflops, das bei ansteigender Taktflanke schaltet

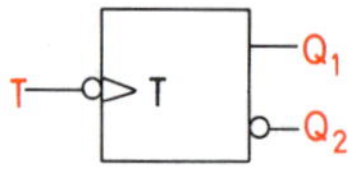

Bild 7.60 Schaltzeichen eines einflankengesteuerten T-Flipflops, das bei abfallender Taktflanke schaltet

	t_n	t_{n+1}
Fall	Q_1	Q_1
1	0	1
2	1	0

Bild 7.61 Wahrheitstabelle der T-Flipflops Bild 7.59 und Bild 7.60

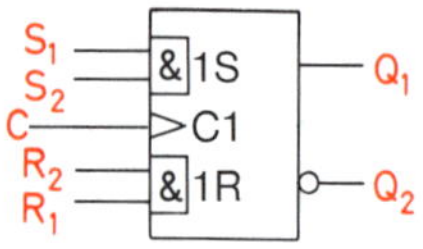

Bild 7.62 Einflankengesteuertes SR-Flipflop mit je zwei durch UND verknüpften S- und R-Eingängen

Gelegentlich werden T-Flipflops benötigt, die über einen zusätzlichen Eingang gesperrt oder freigegeben werden können. Ein solches Flipflop kann ebenfalls aus einem einflankengesteuerten SR-Flipflop abgeleitet werden. Das SR-Flipflop muß jedoch zwei S-Eingänge und zwei R-Eingänge haben, die jeweils durch UND verknüpft sind (Bild 7.62).
Ein S- und ein R-Eingang werden wie in Bild 7.58 mit den Ausgängen Q_1 und Q_2 verbunden. Der freie S-Eingang und der freie R-Eingang werden miteinander verknüpft. Sie bilden den neuen T-Eingang (Bild 7.63). Der Takteingang bekommt die Bezeichnung C. Diese Bezeichnungen sind bei diesem T-Flipflop üblich. Das T-Flipflop kippt nun mit dem C-Signal (hier mit der ansteigenden Flanke des C-Signals), wenn an T Signal 1

Bild 7.63 Bildung eines T-Flipflops mit T-Eingang und C-Eingang aus einem SR-Flipflop

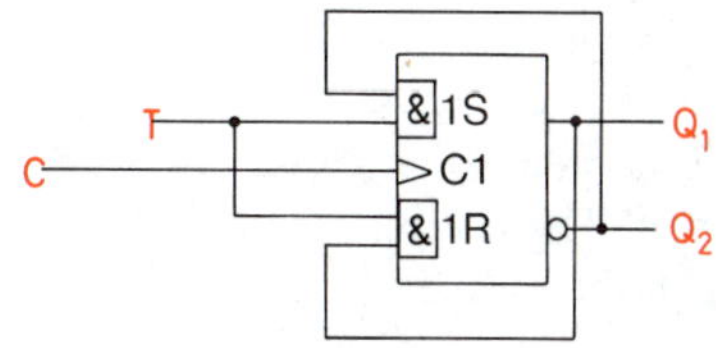

Bild 7.63a Schaltzeichen eines T-Flipflops mit T-Eingang und C-Eingang mit Wahrheitstabelle

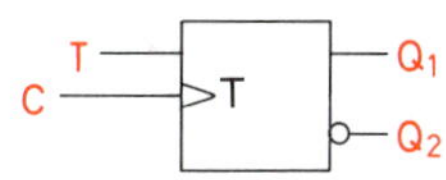

t_n	t_{n+1}
T	Q_1
0	Q_{1n}
1	$\overline{Q}_{1n}$

anliegt. Bei T = 0 ist das Flipflop gesperrt. Die Ausgangszustände ändern sich dann trotz weiterlaufendem C-Signal nicht mehr.

In Bild 7.63a sind das Schaltzeichen eines solchen T-Flipflops und die zugehörige Wahrheitstabelle angegeben. Bei T = 0 ist das Q_1 nach dem betrachteten Takt gleich dem Q_1 vor dem betrachteten Takt, nämlich gleich Q_{1n}. Bei T = 1 ist das Q_1 nach dem betrachteten Takt entgegengesetzt wie das Q_1 vor dem betrachteten Takt, nämlich $\overline{Q}_{1n}$.

7.5.4 Einflankengesteuerte JK-Flipflops

Bei der Suche nach einem möglichst vielseitig einsetzbaren Flipflop ist man vom einflankengesteuerten SR-Flipflop ausgegangen. Das Universal-Flipflop sollte den Speicherfall, den Setzfall und den Rücksetzfall des SR-Flipflops haben (siehe Wahrheitstabelle Bild 7.54). Der verbotene Fall 4 mit S = 1 und R = 1 sollte das Flipflop wie ein T-Flipflop zum Kippen bringen.

Das gesuchte Universal-Flipflop haben wir mit der Schaltung in Bild 7.63 bereits gefunden. Wir müssen nur die Verbindung von S-Eingang und R-Eingang zum T-Eingang wieder auflösen (Bild 7.64). Die neuen Eingänge werden J und K genannt.

Bei J = 0 und K = 0 ist der Speicherfall gegeben. Bei J = 1 wird das Setzen ausgelöst, wenn $Q_1 = 0$ und $Q_2 = 1$ ist. Das Rücksetzen erfolgt bei K = 1, wenn $Q_1 = 1$ und $Q_2 = 0$ ist, selbstverständlich alles taktflankengesteuert. Und bei J = 1 und K = 1 kippt das Flipflop wie ein T-Flipflop.

Die Bezeichnungen J und K sind weitgehend willkürlich dem Alphabet entnommen worden. Hinter ihnen steckt keine besondere Bedeutung. Die Schaltzeichen eines ein-

Bild 7.64 Bildung eines JK-Flipflops aus einem SR-Flipflop

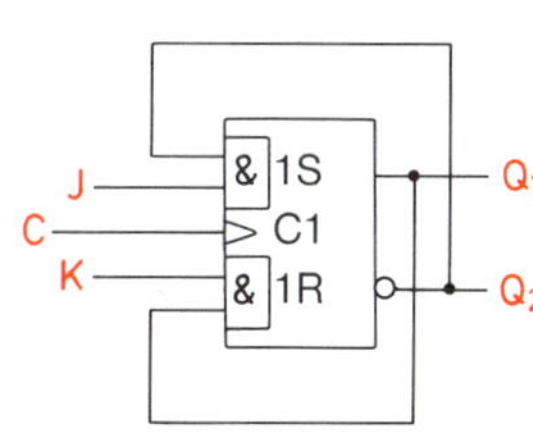

flankengesteuerten JK-Flipflops sind zusammen mit der zugehörigen Wahrheitstabelle in Bild 7.65 angegeben.
Selbstverständlich gibt es auch JK-Flipflops, die bei abfallender Flanke schalten. Meist haben die JK-Flipflops mehrere J-Eingänge und mehrere K-Eingänge, die durch UND verknüpft sind.

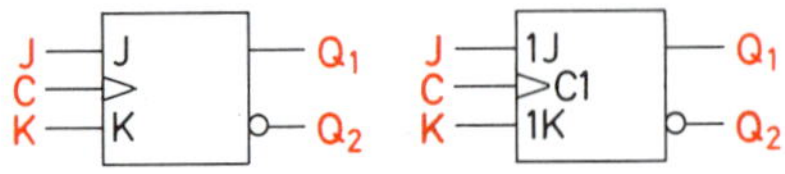

	t_n		t_{n+1}
Fall	K	J	Q_1
1	0	0	Q_{1n}
2	0	1	1
3	1	0	0
4	1	1	$\bar{Q}_{1n}$

Bild 7.65 Schaltzeichen und Wahrheitstabelle eines einflankengesteuerten JK-Flipflops (Steuerung mit ansteigender Taktflanke)

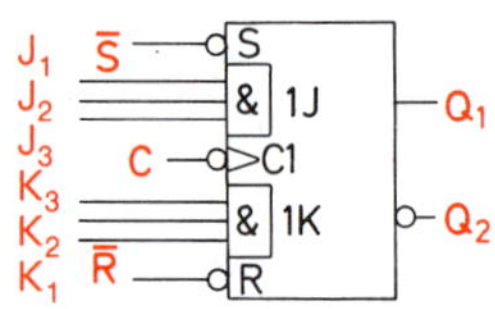

Bild 7.66 Schaltzeichen eines einflankengesteuerten JK-Flipflops mit 3 J- und 3 K-Eingängen, einem taktunabhängigen Setzeingang und einem taktunabhängigen Rücksetzeingang

Taktunabhängige Setz- und Rücksetzeingänge sind ebenfalls oft vorhanden. Bild 7.66 zeigt das Schaltzeichen eines solchen JK-Flipflops. Die taktunabhängigen Setz- und Rücksetzeingänge werden mit 0-Signalen geschaltet, daher wurden sie mit $\overline{S}$ und $\overline{R}$ bezeichnet.
In Bild 7.67 ist das Datenblatt der integrierten Schaltung FLJ 101-7470 wiedergegeben. Dieses IC enthält ein JK-Flipflop mit 3 J- und 3 K-Eingängen, einem taktunabhängigen Setzeingang und einem taktunabhängigen Rücksetzeingang. Die Anschlußanordnung Bild 7.68 zeigt, daß die Eingänge K_1 und J_1 mit 0-Signalen gesteuert werden.
Die integrierte Schaltung FLJ 101-7470 gehört zur TTL-Schaltkreisfamilie. Die Daten dieser Schaltkreisfamilie sind in Abschnitt 6.6.2.2 näher beschrieben. Zusätzlich spielt hier die sogenannte *Haltezeit* eine Rolle. Nach Erreichen des Schaltzeitpunktes der Taktflanke (1,5 V typisch bei TTL-Schaltkreisen) müssen die Eingangssignale eine bestimmte Zeit erhalten bleiben. Diese Zeit wird *Haltezeit* genannt. Nach der Haltezeit (typisch 5 ns) sind Eingangssignal-Änderungen wirkungslos. Störsignale können also nur während der Haltezeit Störungen verursachen. Je kürzer die Haltezeit einer Schaltung ist, desto geringer ist ihre Störmöglichkeit.
Als Anhang zum Datenblatt werden ein Blockschaltbild und eine Pegeltabelle angegeben (Bild 7.69). In der Pegeltabelle entspricht L dem 0-Signal und H dem 1-Signal. Die taktunabhängigen Setz- und Rücksetzeingänge haben die Bezeichnungen $\bar{S}$ und $\bar{R}$ erhalten. Dadurch soll ausgedrückt werden, daß diese Eingänge mit 0-Signalen gesteuert werden.

JK-Flipflop mit je 3 Eingängen — FLJ 101 – 7470, FLJ 105 – 8470

Der Baustein FLJ 101/105 ist flankengetriggert

Statische Kenndaten im Temperaturbereich 1 und 5		Prüfbedingungen	untere Grenze B	typ.	obere Grenze A	Einheit
Speisespannung	U_S		4,75	5,0	5,25	V
H-Eingangsspannung	U_{IH}	$U_S=4{,}75$ V	2,0			V
L-Eingangsspannung	U_{IL}	$U_S=4{,}75$ V			0,8	V
Eingangsklemmspannung	$-U_I$	$U_S=4{,}75$ V, $-I_I=12$ mA			1,5	V
H-Ausgangsspannung	U_{QH}	$U_S=4{,}75$ V, $-I_{QH}=400\ \mu$A $U_{IL}=0{,}8$ V, $U_{IH}=2{,}0$ V	2,4	3,4		V
L-Ausgangsspannung	U_{QL}	$U_S=4{,}75$ V, $I_{QL}=16$ mA $U_{IL}=0{,}8$ V, $U_{IH}=2{,}0$ V		0,2	0,4	V
Statische Störsicherheit	U_{ss}		0,4	1,0		V
Eingangsstrom pro Eingang	I_I	$U_S=5{,}25$ V, $U_I=5{,}5$ V			1	mA
H-Eingangsstrom an $\overline{R}$ oder $\overline{S}$	I_{IH}	$U_S=5{,}25$ V, $U_{IH}=2{,}4$ V			80	μA
an T, J oder K	I_{IH}				40	μA
L-Eingangsstrom an $\overline{R}$ oder $\overline{S}$	$-I_{IL}$	$U_S=5{,}25$ V, $U_{IL}=0{,}4$ V			3,2	mA
an T, J oder K	$-I_{IL}$				1,6	mA
Kurzschlußausgangsstrom pro Ausgang	$-I_Q$	$U_S=5{,}25$ V	18		57	mA
Speisestrom	I_S	$U_S=5{,}25$ V		13	26	mA
Schaltzeiten bei $U_S=5$ V, $T_U=25$ °C						
Haltezeit	t_H	$C_l=15$ pF, $R_L=400\ \Omega$	5			ns
Taktfrequenz	f_T		15	20		MHz
Signal-Laufzeit von $\overline{R}$	t_{PHL}				50	ns
oder $\overline{S}$ nach Q	t_{PLH}				50	ns
Signal-Laufzeit	t_{PHL}		10	18	50	ns
von T nach Q	t_{PLH}		10	27	50	ns
Logische Daten						
Ausgangslastfaktor pro Ausg.	F_Q				10	

Bild 7.67 Datenblatt der integrierten Schaltung FLJ 101-7470 (nach Siemens-Unterlagen)

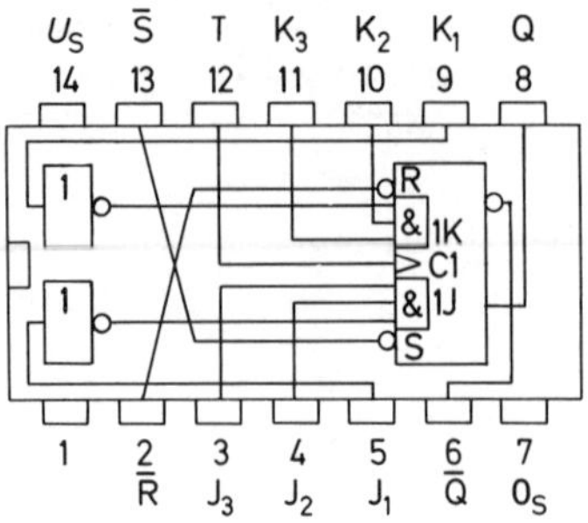

Bild 7.68 Anschlußanordnung der integrierten Schaltung FLJ 101-7470

Anschlußanordnung
Ansicht von oben

$Q, \overline{Q}$ = Ausgänge ($Q \triangleq Q_1$, $\overline{Q} \triangleq Q_2$)
$\overline{S}$ = Stelleingang
$\overline{R}$ = Rückstelleingang
T = Takteingang
U_S = Speisespannung pos. Pol
0_S = Speisespannung neg. Pol, Masse

Bild 7.69 Anhang zum Datenblatt der integrierten Schaltung FLJ 101-7470 (Siemens)

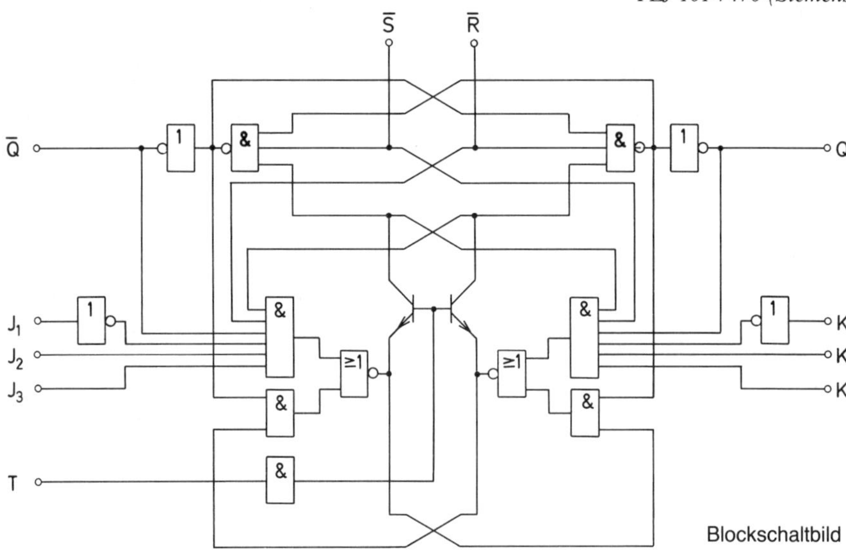

Logisches Verhalten

t_n		t_{n+1}
J	K	Q
L	L	Q_n
L	H	L
H	L	H
H	H	$\overline{Q}_n$

$J = \overline{J}_1 \wedge J_2 \wedge J_3$
$K = \overline{K}_1 \wedge K_2 \wedge K_3$
t_n = Zeitpunkt vor dem Taktimpuls
t_{n+1} = Zeitpunkt nach dem Taktimpuls

L-Potential an R bringt Q auf L-Signal
L-Potential an S bringt Q auf H-Signal
R und S arbeiten unabhängig von T

Einflankengesteuerte JK-Flipflops haben oft einen sogenannten *dynamischen Zwischenspeicher*. Dieser vergrößert die Signallaufzeit und verhindert, daß sich die gewünschten Ausgangszustände noch während der Anstiegsflanke des Taktsignals bzw. während der Haltezeit einstellen. Dies könnte zu einem ungewollten Schalten führen. Betrachten wir ein einflankengesteuertes JK-Flipflop, das mit ansteigender Taktflanke schaltet. Bei J = 1 und K = 1 wird dieses Flipflop dann kippen, wenn die Taktflanke den Schwellwert (z.B. + 1,5 V) erreicht hat. Wenn sich jetzt die gewünschten Ausgangszustände (z.B. $Q_1 = 1$, $Q_2 = 0$) sehr schnell an den Ausgängen zeigen, könnte es zu einem zweiten Kippen (z.B. auf $Q_1 = 0$ und $Q_2 = 1$) kommen. Der dynamische Zwischenspeicher besteht aus einer oder mehreren kleineren Kapazitäten, die umzuladen sind. Kapazitäten von Halbleitersperrschichten reichen dazu aus. Diese Flipflops muß man genaugenommen zu den Zweispeicher-Flipflops zählen.

7.5.5 Einflankengesteuerte D-Flipflops

Das einflankengesteuerte D-Flipflop ist sehr ähnlich aufgebaut wie das taktzustandsgesteuerte D-Flipflop. Die beiden Flipflop-Arten unterscheiden sich nur durch die Steuerung. Bei den einflankengesteuerten D-Flipflops gibt es solche, die bei ansteigender Flanke des Taktsignals schalten, und solche, die bei abfallender Flanke des Taktsignals schalten (Bild 7.70). Die zugehörige Wahrheitstabelle zeigt Bild 7.71.

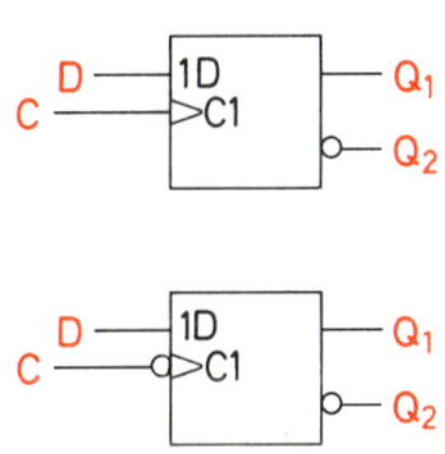

Bild 7.70 Schaltzeichen von einflankengesteuerten D-Flipflops

	t_n	t_{n+1}
Fall	D	Q_1
1	0	0
2	1	1

Bild 7.71 Wahrheitstabelle eines einflankengesteuerten D-Flipflops

Das Signal, das am D-Eingang liegt, wird bei Eintreffen der steuernden Taktflanke in den Flipflop-Speicher übernommen und ist dann am Ausgang Q_1 in normaler und am Ausgang Q_2 in negierter Form verfügbar.
Einflankengesteuerte D-Flipflops werden vor allem für Schieberegister verwendet (siehe Abschnitt 12). In Bild 7.72 ist das Datenblatt der integrierten Schaltung FLJ 141-7474 dargestellt. Dieses IC enthält zwei D-Flipflops mit Einflankensteuerung. Das Schalten erfolgt mit der ansteigenden (positiven) Taktflanke.
Die Anschlußanordnung und das Blockschaltbild eines der beiden D-Flipflops zeigt Bild 7.73.

Zwei-D-Flipflop

FLJ 141 – 7474
FLJ 145 – 8474

Das Flipflop FLJ 141 bzw. FLJ 145 besitzt taktunabhängige Stell- und Rückstelleingänge. Die Weiterleitung einer Information am D-Eingang zum Q-Ausgang erfolgt während der positiven Taktflanke, sobald der Schwellwert des Eingangstransistors erreicht ist. Anschließend ist der D-Eingang wieder gesperrt.

Statische Kenndaten im Temperaturbereich 1 und 5		Prüfbedingungen	Prüfschaltung	untere Grenze B	typ.	obere Grenze A	Einheit
Speisespannung	U_S			4,75	5,0	5,25	V
H-Eingangsspannung	U_{IH}	$U_S=4{,}75$ V	31	2,0			V
L-Eingangsspannung	U_{IL}					0,8	V
Eingangsklemmspannung	$-U_I$	$U_S=4{,}75$ V, $-I_I=12$mA				1,5	V
H-Ausgangsspannung	U_{QH}	$-I_{QH}=400$ µA, $U_S=4{,}75$ V	31	2,4	3,4		V
L-Ausgangsspannung	U_{QL}	$I_{QL}=16$ mA, $U_S=4{,}75$ V	31		0,2	0,4	V
Statische Störsicherheit	U_{ss}			0,4	1,0		V
Eingangsstrom							
pro Eingang	I_I	$U_I=5{,}5$ V; $U_S=5{,}25$ V	32			1	mA
H-Eingangsstrom an D,	I_{IH}	$U_{IH}=2{,}4$ V	32			40	µA
an $\overline{S}$ oder T	I_I	$U_I=2{,}4$ V	32			80	µA
an $\overline{R}$	I_{IH}	$U_{IH}=2{,}4$ V	32			120	µA
L-Eingangsstrom							
an D oder $\overline{S}$	$-I_{IL}$	$U_{IL}=0{,}4$ V	33			1,6	mA
an $\overline{R}$ oder T	$-I_{IL}$	$U_{IL}=0{,}4$ V	33			3,2	mA
Kurzschlußausgangs-		$U_S=5{,}25$ V					
strom pro Ausgang	$-I_{QH}$	$U_S=5{,}25$ V	34	18		57	mA
Speisestrom	I_S	$U_I=5$ V	32		17	30	mA

Schaltzeiten bei $U_S=5$ V, $T_U=25$ °C

		Prüfbedingungen	Prüfschaltung	untere Grenze B	typ.	obere Grenze A	Einheit
Taktimpulsdauer	t_{pT}			30			ns
Stellimpulsdauer	t_{pS}			30			ns
Rückstellimpulsdauer	t_{pR}			30			ns
Maximale Zählfrequenz	f_Z		30a	15	25		MHz
Minimale Vorbereitungszeit	t_V		30a		15	20	ns
Minimale Haltezeit	t_H		30a		2	5	ns
Signal-Laufzeit		$C_L = 15$ pF, $R_L = 400\ \Omega$					
von T nach Q	t_{PHL}		30	10	20	40	ns
	t_{PLH}		30a	10	14	25	ns
von $\overline{R}$ oder T nach Q	t_{PHL}		30			40	ns
	t_{PLH}		30a			25	ns

Logische Daten

Ausgangslastfaktor pro Ausgang	F_Q		10
Eingangslastfaktor			
an D	F_I		1
an $\overline{S}$ oder T	F_I		2
an $\overline{R}$	F_I		3

Bild 7.72 Datenblatt der integrierten Schaltung FLJ 141-7474 (Siemens)

Bild 7.73 Anschlußanordnung und Blockschaltbild zum Datenblatt der integrierten Schaltung FLJ 141-7474

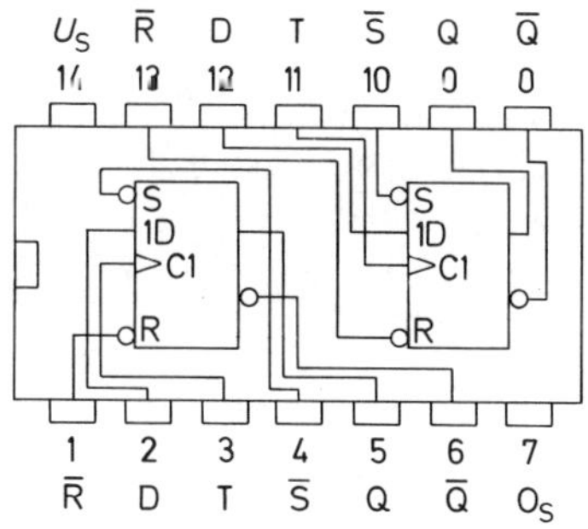

Anschlußanordnung
Ansicht von oben

D = Informationseingang
Q, Q̄ = Ausgänge
R = Rückstelleingang
S = Stelleingang
T = Takteingang

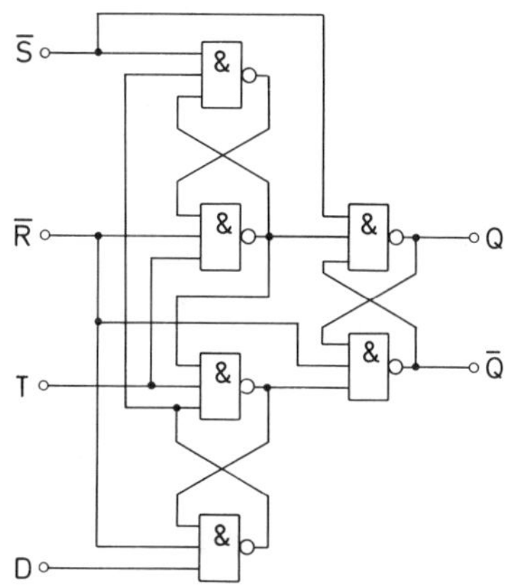

Blockschaltbild (ein Flipflop)

7.5.6 Zweiflankengesteuerte SR-Flipflops

Die zweiflankengesteuerten Flipflops nehmen bei der ansteigenden Taktflanke das Eingangssignal auf. Dieses wird zwischengespeichert und erscheint zunächst noch nicht am Ausgang. Erst wenn die Taktflanke wieder abfällt, wird das Signal zum Ausgang durchgeschaltet und ist dann dort verfügbar.

Man benötigt für dieses Verfahren zwei Speicher, also zwei zusammengeschaltete Flipflops. Das Flipflop, das die von außen kommende Information aufnimmt, wird *Master-Flipflop* oder kurz *Master* genannt (master, engl.: Herr). Das zweite Flipflop, das die Information vom Master übernimmt, heißt *Slave-Flipflop* oder kurz *Slave* (slave, engl.: Sklave) (Bild 7.74). Das Master-Flipflop schaltet mit ansteigender Taktflanke. Das Slave-Flipflop schaltet mit abfallender Taktflanke. Flipflops dieser Art werden *Master-Slave-Flipflops* genannt.

Master-Slave-Flipflops arbeiten besonders sicher. Ihre Ausgänge sind «retardiert». Man versteht darunter, daß die Ausgangsinformation erst dann verfügbar ist, wenn das Taktsignal wieder auf seinen ursprünglichen Zustand zurückgekehrt ist. In Bild 7.75 ist das

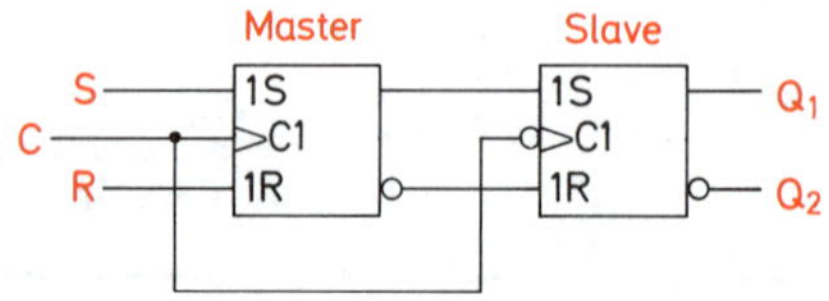

Bild 7.74 Aufbau eines SR-Master-Slave-Flipflops (Zweiflankensteuerung)

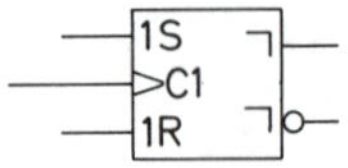

Bild 7.75 Schaltzeichen eines SR-Master-Slave-Flipflops

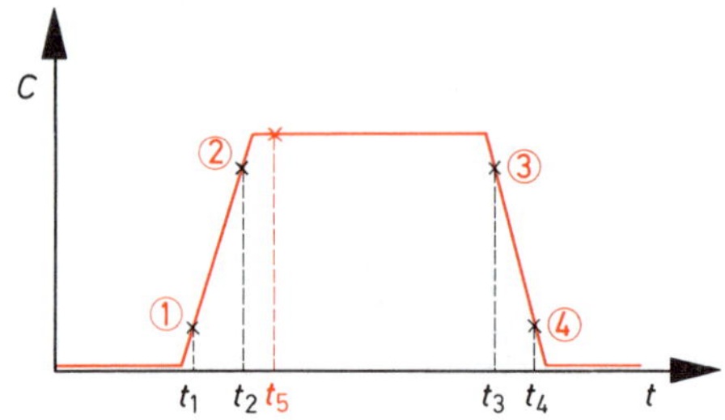

Bild 7.76 Schaltzeitpunkte bei Zweiflankensteuerung (Master-Slave-Flipflops). Bei Vorhandensein einer Eingangssperre werden die Eingänge zum Zeitpunkt t_5 gesperrt

Schaltzeichen eines SR-Master-Slave-Flipflops angegeben. Der gezeichnete C-Eingang ist der C-Eingang des Master-Flipflops (Steuerung mit ansteigender Taktflanke). Der C-Eingang des Slave-Flipflops wird nicht gezeichnet. Um zu kennzeichnen, daß die Information erst nach abgefallener Taktflanke an den Ausgängen verfügbar ist, verwendet man zwei Winkelzeichen, die vor die Ausgänge gesetzt werden.
Bei der ansteigenden Taktflanke gibt es zwei Schaltzeitpunkte, bei der abfallenden Taktflanke ebenfalls (Bild 7.76). In diesen Schaltzeitpunkten geschieht folgendes:

t_1: Slave-Flipflop wird vom Master-Flipflop getrennt.
t_2: Eingangsinformation wird vom Master-Flipflop aufgenommen.
t_3: Eingänge S und R werden gesperrt.
t_4: Information wird vom Master-Flipflop auf das Slave-Flipflop übertragen und ist an Q_1 und Q_2 verfügbar.

Zwischen den Zeitpunkten t_2 und t_3 kann das Master-Flipflop Störsignale aufnehmen und zwischenspeichern. Diese werden dann später an das Slave-Flipflop weitergegeben. Der Zeitraum zwischen t_2 und t_3 sollte also möglichst kurz sein, um die Störmöglichkeiten klein zu halten.
Durch einen besonderen Schaltungsaufwand kann man erreichen, daß das Sperren der Eingänge S und R zum Zeitpunkt t_5 (Bild 7.76) erfolgt. Dieser Zeitpunkt liegt etwa 5 ns nach t_2. Master-Slave-Flipflops, deren Eingänge frühzeitig zum Zeitpunkt t_5 gesperrt werden, heißen *Master-Slave-Flipflops mit Eingangssperre.*
Für das zweiflankengesteuerte SR-Flipflop gilt die gleiche Wahrheitstabelle wie für das einflankengesteuerte SR-Flipflop (Bild 7.54).

7.5.7 Zweiflankengesteuerte JK-Flipflops

Das zweiflankengesteuerte JK-Flipflop ist ebenso wie das zweiflankengesteuerte SR-Flipflop ein Master-Slave-Flipflop. Das Master-Flipflop muß ein JK-Flipflop sein, denn es muß bei J = 1 und K = 1 kippen. Als Slave-Flipflop genügt ein SR-Flipflop (Bild 7.77). Es kann ja nicht vorkommen, daß beide Ausgänge des JK-Flipflops gleichzeitig Zustand 1 haben. Das Schaltzeichen dieses JK-Master-Slave-Flipflops ist in Bild 7.78 dargestellt. Es unterscheidet sich vom Schaltzeichen des einflankengesteuerten JK-Flipflops nur durch die Winkelzeichen vor den Ausgängen. Die Wahrheitstabelle ist die gleiche wie beim einflankengesteuerten JK-Flipflop (Bild 7.65). Es gibt aber auch zweiflankengesteuerte JK-Flipflops, die mit der abfallenden Taktflanke das Master-Flipflop schalten. Dann schaltet die ansteigende Taktflanke das Slave-Flipflop (Bild 7.79).

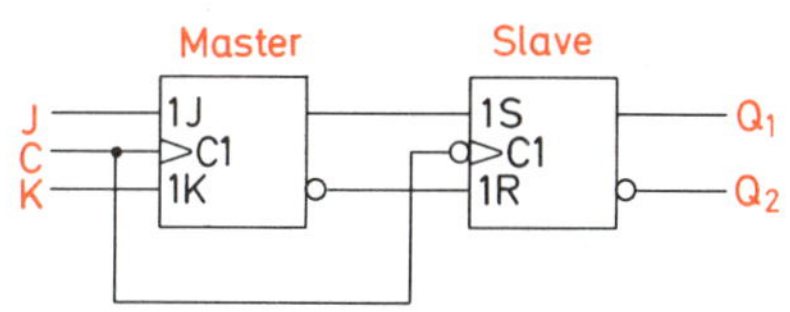

Bild 7.77 Aufbau eines JK-Master-Slave-Flipflops

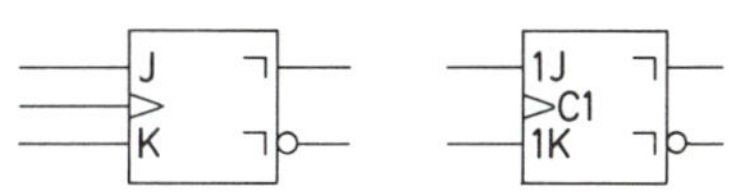

Bild 7.78 Schaltzeichen für JK-Master-Slave-Flipflops

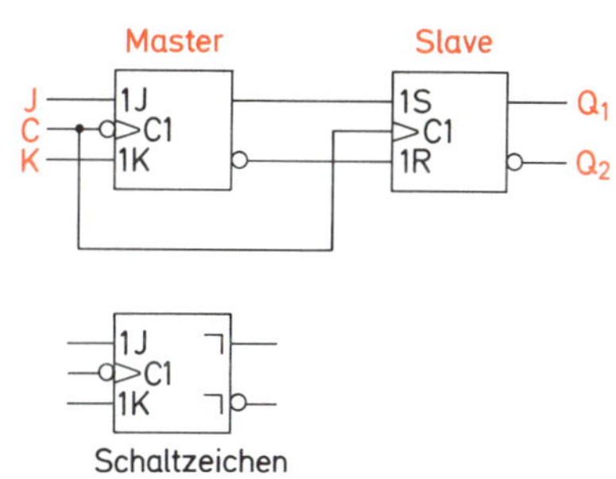

Bild 7.79 Aufbau und Schaltzeichen eines JK-Master-Slave-Flipflops, das bei abfallender Taktflanke die Information aufnimmt

> *In den Schaltzeichen zweiflankengesteuerter Flipflops (Master-Slave-Flipflops) wird stets die Taktflanke angegeben, mit der die Information* aufgenommen *wird. Die Weitergabe der Information an den Ausgang erfolgt dann mit der anderen Taktflanke (DIN 40900 Teil 12).*

In Bild 7.80 ist das Datenblatt der integrierten Schaltung FLJ 131-7476 dargestellt. Diese integrierte Schaltung enthält zwei JK-Master-Slave-Flipflops mit taktunabhängigem Stell- und Rückstelleingang. Sie gehört zur TTL-Schaltkreisfamilie. Die Anschlußanordnung mit dem Blockschaltbild vom Innenaufbau eines Flipflops zeigt Bild 7.81.

Statische Kenndaten im Temperaturbereich 1 und 5		Prüfbedingungen		Prüfschaltung	untere Grenze B	typ.	obere Grenze A	Einheit
Speisespannung	U_S				4,75	5,0	5,25	V
H-Eingangsspannung	U_{IH}	$U_S=4,75$ V		24	2,0			V
L-Eingangsspannung	U_{IL}	$U_S=4,75$ V					0,8	V
Eingangsklemmspannung	$-U_I$	$U_S=4,75$ V, $-I_I=12$ mA					1,5	V
H-Ausgangsspannung	U_{QH}	$-I_{QH}=400$ µA	$U_S=4,75$ V	24	2,4	3,4		V
L-Ausgangsspannung	U_{QL}	$I_{QL}=16$ mA	$U_S=4,75$ V	24		0,2	0,4	V
Statische Störsicherheit	U_{ss}				0,4	1,0		V
Eingangsstrom an	I_{IH}	$U_{IH}=2,4$ V	$U_S=5,25$ V	25			40	µA
J oder K	I_I	$U_I=5,5$ V	$U_S=5,25$ V	25			1	mA
H-Eingangsstrom an	I_{IH}	$U_{IH}=2,4$ V	$U_S=5,25$ V	25			80	µA
$\bar{R}$, $\bar{S}$ oder T	I_I	$U_I=5,5$ V	$U_S=5,25$ V	25			1	mA
L-Eingangsstrom an J, K,	$-I_{IL}$	$U_{IL}=0,4$ V	$U_S=5,25$ V	26			1,6	mA
an $\bar{R}$, $\bar{S}$ oder T	$-I_{IL}$	$U_{IL}=0,4$ V	$U_S=5,25$ V	26			3,2	mA
Kurzschlußausgangsstrom pro Ausgang	$-I_{QH}$	$U_S=5,25$ V		27	18		57	mA
Speisestrom	I_S	$U_S=5,25$ V, $U_I=5,0$ V		25		20	40	mA

Schaltzeiten bei $U_S=5$, V, $T_U=25$ °C

Taktimpulsdauer	t_{pT}			20			ns
Stellimpulsdauer	t_{pS}			25			ns
Rückstellimpulsdauer	t_{pR}			25			ns
Vorbereitungszeit	t_V		29	t_{pT}			
Haltezeit	t_H			0			
Maximale Zählfrequenz	f_Z	$C_L=15$ pF, $R_L=400\ \Omega$	29	15	20		MHz
Signal-Laufzeit von	t_{PHL}	$C_L=15$ pF, $R_L=400\ \Omega$	29	10	25	40	ns
T nach Q	t_{PLH}	$C_L=15$ pF, $R_L=400\ \Omega$	29	10	16	25	ns
Signal-Laufzeit von	t_{PHL}	$C_L=15$ pF, $R_L=400\ \Omega$	30		25	40	ns
$\bar{R}$ oder $\bar{S}$ nach Q	t_{PLH}	$C_L=15$ pF, $R_L=400\ \Omega$	30		16	25	ns

Logische Daten

Ausgangslastfaktor pro Ausgang	F_Q	10
Eingangslastfaktor		
an J oder K	F_I	1
an $\bar{R}$, $\bar{S}$ oder T	F_I	2

Bild 7.80 Datenblatt der integrierten Schaltung FLJ 131-7476 (Siemens)

Anschlußanordnung, Ansicht von oben

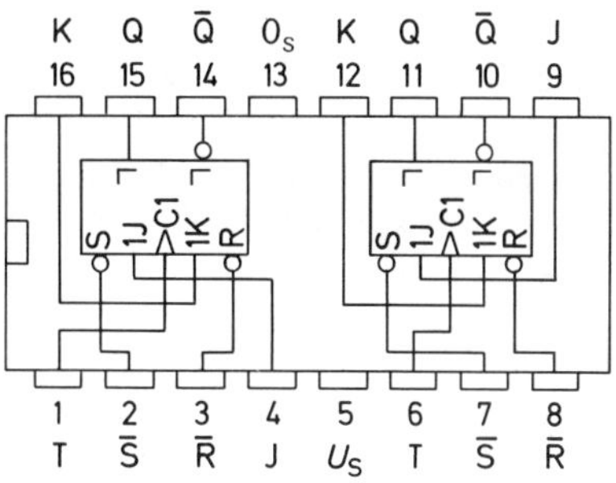

Taktimpuls

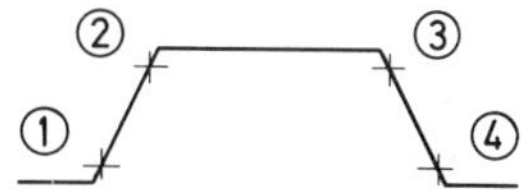

(1) Slave von Master trennen
(2) Signal von J und K in Master eingeben
(3) J- und K-Eingänge sperren
(4) Information von Master nach Slave übertragen

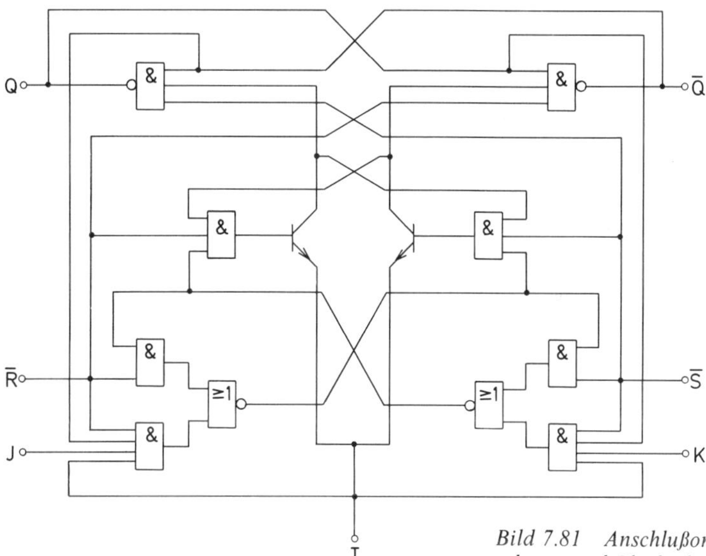

Q, Q̄ = Ausgänge
R̄ = Rückstelleingang
S̄ = Stelleingang
T = Takteingang

Blockschaltbild (ein Flipflop)

Bild 7.81 Anschlußordnung Taktimpulsschema und Blockschaltbild zum Datenblatt der integrierten Schaltung FLJ 131-7476

Die integrierte Schaltung FLJ 341-74110 enthält ein JK-Master-Slave-Flipflop mit Eingangssperre (Bild 7.82). Die Funktion der Eingangssperre wurde beim zweiflankengesteuerten SR-Flipflop näher erläutert. Sie bewirkt, daß die Eingänge eine bestimmte Zeit nach Erreichen des Signaleingabezeitpunkts auf der ansteigenden Flanke gesperrt werden. Diese sogenannte Haltezeit beträgt bei der Schaltung FLJ 341-74110 nur 5 ns. Störsignale können also nur während dieser kurzen Zeit zu Fehlschaltungen führen. Das Flipflop ist daher sehr störsicher.
Die drei durch UND verknüpften J-Eingänge und die drei ebenfalls durch UND verknüpften K-Eingänge erlauben einen wirtschaftlichen Aufbau von Synchronzählern (siehe Kapitel 11).

Der Baustein FLJ 341/345 hat eine Haltezeit t_H von nur 5 ns bezogen auf die ansteigende Taktflanke. Dies bedeutet, daß die JK-Signale bereits während des Taktimpulses wechseln dürfen, ohne Fehlinformationen hervorzurufen. Der FLJ 341/345 ist mit FLJ 111/115 austauschbar.

Statische Kenndaten im Temperaturbereich 1 und 5		Prüfbedingungen	untere Grenze B	typ.	obere Grenze A	Einheit
Speisespannung	U_S		4,75	5,0	5,25	V
H-Eingangsspannung	U_{IH}	U_S=4,75 V	2			V
L-Eingangsspannung	U_{IL}	U_S=4,75 V			0,8	V
Eingangsklemmspannung	$-U_I$	U_S=4,75 V, $-I_I$=12 mA			1,5	V
H-Ausgangsspannung	U_{QH}	U_S = 4,75 V, U_{IH} = 2,0 V $-I_{QH}$=800 µA	2,4	3,4		V
L-Ausgangsspannung	U_{QL}	U_S=4,75 V, U_{IL}=0,8 V I_{QL}=16 mA		0,2	0,4	V
Eingangsstrom pro Eingang	I_I	U_S=5,25 V, U_{IL}=5,5 V			1	mA
H-Eingangsstrom an J, K oder T	I_{IH}	U_S=5,25 V, U_{IH}=2,4 V			40	µA
an $\bar{R}$ oder $\bar{S}$	I_{IH}	U_S=5,25 V, U_{IH}=2,4 V			160	µA
L-Eingangsstrom an J, K oder T	$-I_{IL}$	U_S=5,25 V, U_{IL}=0,4 V			1,6	mA
an $\bar{R}$ oder $\bar{S}$	$-I_{IL}$	U_S=5,25 V, U_{IL}=0,4 V			3,2	mA
Kurzschlußausgangsstrom pro Ausgang	$-I_Q$	U_S=5,25 V	18		57	mA
Speisestrom	I_S	U_S=5,25 V		20	34	mA

Schaltzeiten bei U_S=5 V, T_U=25 °C

Taktimpulsdauer	t_{pT}	C_L=15 pF, R_L=400 Ω	25			ns
Stellimpulsdauer	t_{pS}		25			ns
Rückstellimpulsdauer	t_{pR}		25			ns
Vorbereitungszeit	t_V		20			ns
Haltezeit	t_H		5			ns
Maximale Zählfrequenz	f_Z		20	25		MHz
Signal-Laufzeit	t_{PLH}			12	20	ns
von $\bar{S}$ oder $\bar{R}$ nach Q	t_{PHL}			18	25	ns
Signal-Laufzeit	t_{PLH}		10	20	30	ns
von T nach Q	t_{PHL}		6	13	20	ns

Logische Daten

H-Ausgangslastfaktor pro Ausgang	F_{QH}				20	
L-Ausgangslastfaktor pro Ausgang	F_{QL}				10	
Eingangslastfaktor						
an JK	F_I				1	
an $\bar{R}$ und $\bar{S}$	F_I				2	
an T	F_I				3	

Bild 7.82 Datenblatt der integrierten Schaltung FLJ 341-74110 (Siemens)

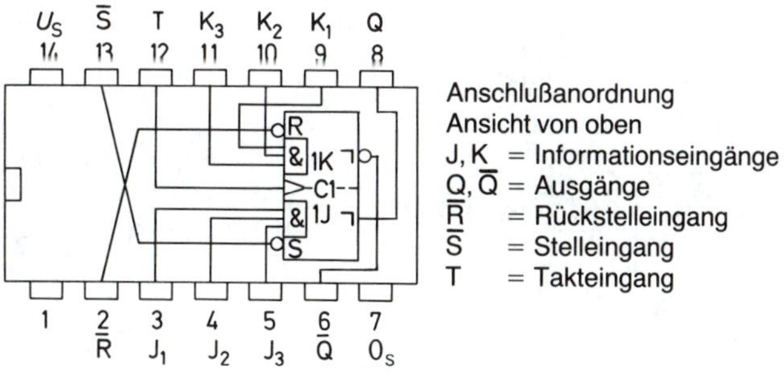

7.5.8 Weitere Flipflop-Schaltungen

Die Zahl der möglichen Flipflop-Schaltungen ist außerordentlich groß. Die schon besprochenen D-Flipflops und T-Flipflops werden auch als Master-Slave-Flipflops, also als zweiflankengesteuerte Flipflops, hergestellt. Man kann ihre Schaltungen von der Schaltung des JK-Master-Slave-Flipflops ableiten.

Die Eingänge des JK-Master-Slave-Flipflops in Bild 7.83 werden an 1 bzw. an Speisespannung gelegt. Bei jedem Takt wird das Flipflop jetzt kippen. Es stellt ein T-Master-Slave-Flipflop dar und ist für den Aufbau von Asynchronzählern (Kapitel 11) sehr gut geeignet.

Ein D-Master-Slave-Flipflop ist ebenfalls sehr leicht aus einem JK-Master-Slave-Flipflop zu entwickeln (Bild 7.84).

Ein weiteres interessantes Flipflop ist das DV-Flipflop. Für das DV-Flipflop gilt die Wahrheitstabelle Bild 7.85. Das Flipflop arbeitet als D-Flipflop, wenn am Vorbereitungs-

Bild 7.83 Entstehung eines T-Master-Slave-Flipflops aus einem JK-Master-Slave-Flipflop

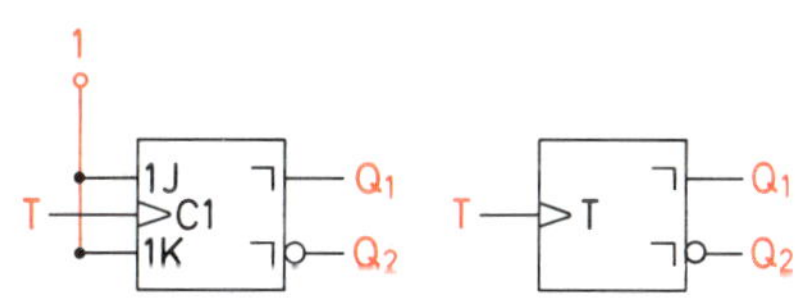

Bild 7.84 Entstehung eines D-Master-Slave-Flipflops aus einem JK-Master-Slave-Flipflop

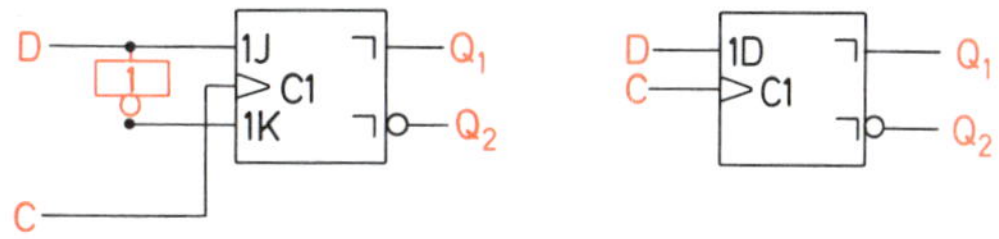

Bild 7.85 Wahrheitstabelle eines DV-Flipflops

	t_n		t_{n+1}	
Fall	D	V	Q_1	
1	0	0	Q_{1n}	Speichern
2	0	1	0	Rücksetzen
3	1	0	Q_{1n}	Speichern
4	1	1	1	Setzen

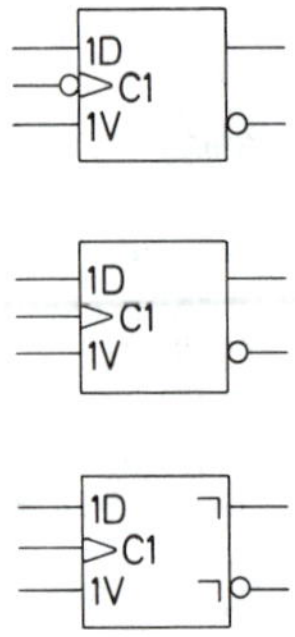

Bild 7.86 Schaltzeichen des DV-Flipflops

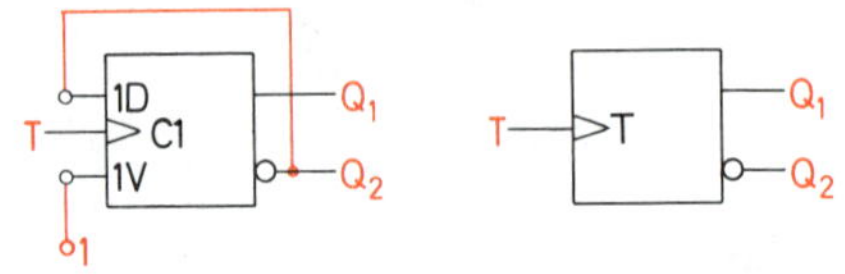

Bild 7.87 Umwandlung eines DV-Flipflops in ein T-Flipflop

eingang V ein 1-Signal liegt. Es ist gesperrt, d.h., es ergeben sich keine Ausgangszustandsänderungen, wenn an V das Signal 0 liegt.
Die Schaltzeichen des DV-Flipflops sind in Bild 7.86 angegeben. Das DV-Flipflop ist als einflankengesteuertes Flipflop und als zweiflankengesteuertes sogenanntes Master-Slave-Flipflop verfügbar. Es kann durch eine einfache Zusatzbeschaltung in ein T-Flipflop umgewandelt werden (Bild 7.87).

7.6 Zeitablauf-Diagramme

Zeitablauf-Diagramme, auch Impulsdiagramme genannt, sind Hilfsmittel, um die Funktion einzelner Flipflops oder ganzer Schaltungen einsichtig zu machen.

> *Die Eingangssignale eines Zeitablauf-Diagramms sind vorgegeben oder können beliebig gewählt werden. Die Ausgangssignale ergeben sich dann in Abhängigkeit von den Eingangssignalen.*

Ein einfaches Beispiel soll dies verdeutlichen. Bild 7.88 zeigt ein nicht-taktgesteuertes SR-Flipflop, ein sogenanntes SR-Speicherflipflop, mit Wahrheitstabelle und Zeitablauf-Diagramm. Die Wahrheitstabelle gilt für einen Zeitpunkt t_m.
Zum Zeitpunkt t_1 wird das Flipflop gesetzt, da an S das Signal 1 anliegt. Zum Zeitpunkt t_2 wird das Flipflop zurückgesetzt. Der Eingang R führt jetzt das Signal 1. Zum Zeitpunkt t_3 kommt es zu einem erneuten Setzen.
Besonders interessant ist der Zeitpunkt t_4. Von diesem Zeitpunkt an liegt an beiden Eingängen 1. Dieser Fall ist irregulär. Beide Ausgänge gehen jetzt auf 1. Wenn im Zeitpunkt t_5 der R-Eingang auf 0 geht, geht auch Q_2 auf 0.
Im Zeitpunkt t_6 geht das S-Signal auf 0. Das Flipflop bleibt gesetzt. Ein Rücksetzen ist nur mit R = 1 möglich. Zum Zeitpunkt t_7 könnte ein erneutes Setzen stattfinden. Das Flipflop ist aber noch gesetzt. Somit ändern sich die Ausgangszustände nicht.

Bild 7.88 SR-Speicherflipflop mit Wahrheitstabelle für den Zeitpunkt t_m und Zeitablauf-Diagramm

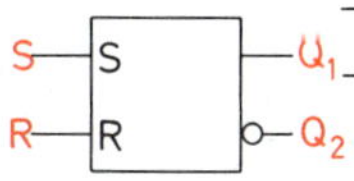

	t_m			
Fall	R	S	Q_1	Q_2
1	0	0	$Q_{1(m-1)}$	$Q_{2(m-1)}$
2	0	1	1	0
3	1	0	0	1
4	1	1	1	1

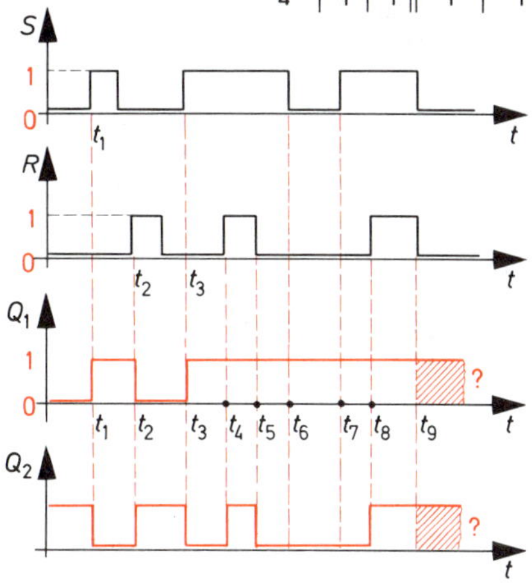

Zum Zeitpunkt t_8 geht das R-Signal auf 1. Das S-Signal bleibt aber auf 1. Jetzt haben wir wieder den irregulären Zustand $Q_1 = 1$ und $Q_2 = 1$. Besonders kritisch ist der Zeitpunkt t_9, in dem S-Signal und R-Signal gleichzeitig auf 0 abfallen. Jetzt bleibt es völlig offen, wie sich das Flipflop einstellt. Der irreguläre Fall sollte also vermieden werden.

Betrachten wir Bild 7.89. Die Eingangssignale S und R sind gegeben, ebenfalls das Taktsignal T. Zum Zeitpunkt t_1 ist zwar S = 1, aber T führt noch 0-Signal. Ein Setzen kann nicht stattfinden. Erst zum Zeitpunkt t_2 wird das Flipflop gesetzt. Zum Zeitpunkt t_3 erfolgt ein Rücksetzen.

Im Augenblick t_4 wird S = 1. Im Augenblick t_5 wird R = 1.

Da kein Takt vorhanden ist, können diese Signale nicht wirksam werden. Ein Wirksamwerden ist erst zum Zeitpunkt t_6 möglich. Jetzt müßte das Flipflop zurückgesetzt werden. Es ist aber schon zurückgesetzt, und somit erfolgt keine Änderung der Ausgangszustände.

Im Zeitpunkt t_7 wird das Flipflop gesetzt. Das Rücksetzen erfolgt im Zeitpunkt t_8, da jetzt der S-Eingang und der T-Eingang 1-Signal führen, der R-Eingang aber dominierend ist. Der Ausgang Q_2 hat immer den entgegengesetzten Zustand von Q_1.

Welcher zeitliche Verlauf würde sich bei gleichen Eingangssignalen für Q_1 und Q_2 ergeben, wenn das SR-Flipflop mit dominierendem R-Eingang eine Einflankensteuerung mit ansteigender Taktflanke hätte? Das zugehörige Zeitablauf-Diagramm ist in Bild 7.90 dargestellt. Schalten kann das Flipflop nur zu den Zeiten t_1, t_2 und t_3. Im Zeitpunkt t_1 wird das Flipflop gesetzt, da S = 1 ist. Im Zeitpunkt t_2 wird das Flipflop zurückgesetzt, da S = 1 und R = 1 ist. Im Zeitpunkt t_3 wird das Flipflop wieder gesetzt (S = 1). Für Q_1 und Q_2 ergibt sich ein ganz anderer zeitlicher Verlauf als in Bild 7.89.

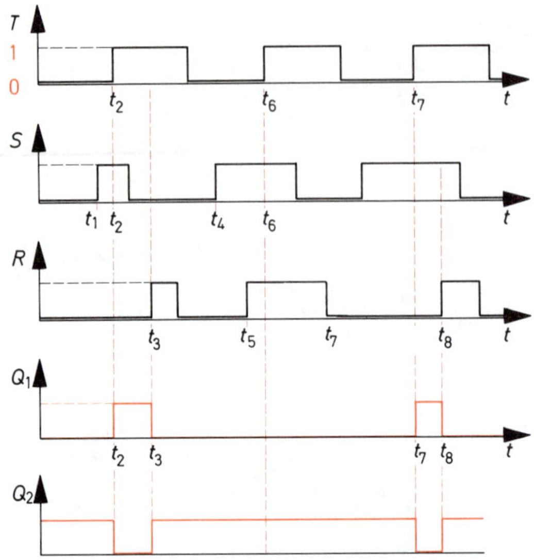

Bild 7.89 Taktzustandsgesteuertes SR-Flipflop mit dominierendem R-Eingang, Wahrheitstabelle und Zeitablauf-Diagramm

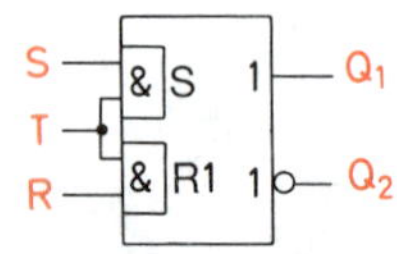

	t_n		t_{n+1}	
Fall	R	S	Q_1	Q_2
1	0	0	Q_{1n}	Q_{2n}
2	0	1	1	0
3	1	0	0	1
4	1	1	0	1

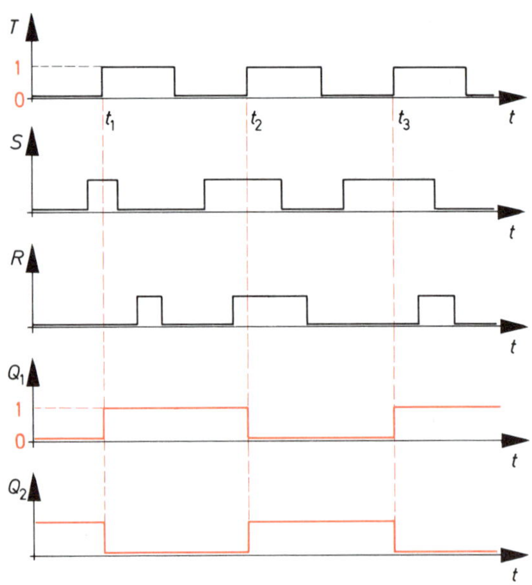

Bild 7.90 Einflankengesteuertes SR-Flipflop (ansteigende Taktflanke mit dominierendem R-Eingang, Wahrheitstabelle und Zeitablauf-Diagramm)

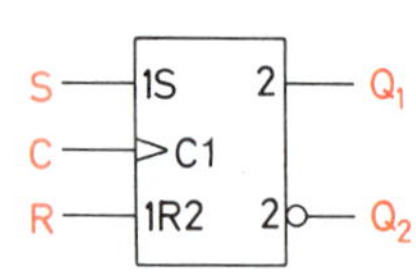

	t_n		t_{n+1}	
Fall	R	S	Q_1	Q_2
1	0	0	Q_{1n}	Q_{2n}
2	0	1	1	0
3	1	0	0	1
4	1	1	0	1

Bild 7.91 Einflankengesteuertes JK-Flipflop (abfallende Taktflanke) mit Wahrheitstabelle und Zeitablauf-Diagramm

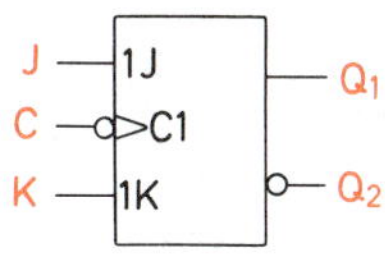

	t_n		t_{n+1}	
Fall	K	J	Q_1	Q_2
1	0	0	Q_{1n}	Q_{2n}
2	0	1	1	0
3	1	0	0	1
4	1	1	$\overline{Q}_{1n}$	$\overline{Q}_{2n}$

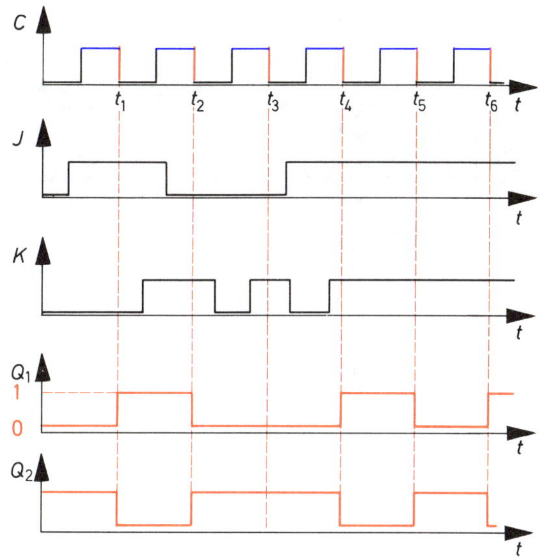

Für das einflankengesteuerte JK-Flipflop in Bild 7.91 ergibt sich das folgende Zeitablauf-Diagramm. Das Flipflop kann nur zu den Zeitpunkten t_1, t_2, t_3, t_4, t_5 und t_6 schalten. Nur zu diesen Zeitpunkten gibt es abfallende Flanken des C-Signals.

Im Zeitpunkt t_1 wird das Flipflop gesetzt, da J = 1. Im Zeitpunkt t_2 wird das Flipflop rückgesetzt, da K = 1. Im Zeitpunkt t_3 sollte das Flipflop rückgesetzt werden. Da es aber schon rückgesetzt ist, ergibt sich keine Änderung für Q_1 und Q_2.

Im Zeitpunkt t_4 ist J = 1 und K = 1. Das Flipflop kippt. Da vor dem Zeitpunkt t_4 $Q_1 = 0$ war, ist nach dem Zeitpunkt t_4 $Q_1 = 1$. In den Zeitpunkten t_5 und t_6 kippt das Flipflop in den jeweils entgegengesetzten Zustand. Q_2 ist immer $\overline{Q}_1$.

Als weiteres Beispiel soll das Zeitablauf-Diagramm eines zweiflankengesteuerten JK-Flipflops betrachtet werden (Bild 7.92). Im Zeitpunkt t_1 wird das Eingangssignal J = 1 in das Master-Flipflop übernommen. Erst im Zeitpunkt t_2 (also mit abfallender Taktflanke) erscheinen an den Ausgängen die zum Setzzustand gehörenden Signale $Q_1 = 1$ und $Q_2 = 0$.

Im Zeitpunkt t_3 ist J = 0 und K = 0. Das ist der Speicherfall. Im Zeitpunkt t_4 ergibt sich daher keine Änderung der Ausgangszustände.

Das Signal K = 1 wird im Zeitpunkt t_5 in den Masterspeicher übernommen. Erst zum Zeitpunkt t_6 erscheinen die zum Rücksetzzustand gehörenden Signale $Q_1 = 0$ und $Q_2 = 1$ an den Ausgängen.

Im Zeitpunkt t_7 ist J = 1 und K = 1. Durch diese Signale wird der Kippvorgang ausgelöst. Das Kippen erfolgt an den Ausgängen aber erst zum Zeitpunkt t_8.

Im Zeitpunkt t_9 wird K = 1 aufgenommen. Das Rücksetzen der Ausgangssignale erfolgt im Zeitpunkt t_{10}.

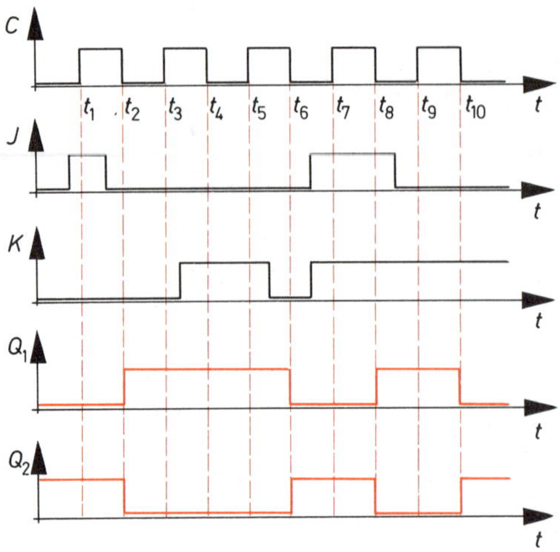

Bild 7.92 Zweiflankengesteuertes JK-Flipflop (Master-Slave-Flipflop) mit Wahrheitstabelle und Zeitablauf-Diagramm

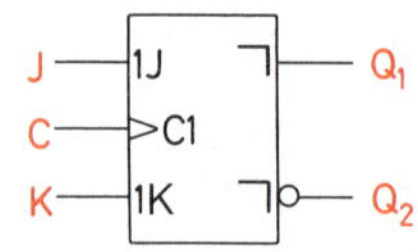

	t_n		t_{n+1}	
Fall	K	J	Q_1	Q_2
1	0	0	Q_{1n}	Q_{2n}
2	0	1	1	0
3	1	0	0	1
4	1	1	$\overline{Q}_{1n}$	$\overline{Q}_{2n}$

7.7 Charakteristische Gleichungen

Die Arbeitsweise von Flipflops wurde bisher in Worten erläutert und mit Wahrheitstabellen und Zeitablauf-Diagrammen beschrieben. Schaltungen, in denen Flipflops enthalten sind, sollten jedoch auch berechenbar sein. Es ist erwünscht, Flipflops mit Hilfe der Schaltalgebra zu erfassen. Da die Wahrheitstabellen von Flipflops bekannt sind, sollen aus diesen schaltalgebraische Gleichungen abgeleitet werden. Diese Gleichungen heißen *charakteristische Gleichungen.*

> *Eine charakteristische Gleichung beschreibt die Arbeitsweise eines Flipflops in schaltalgebraischer Form.*

Für jede Flipflop-Art lassen sich zugehörige charakteristische Gleichungen ableiten. Sie enthalten neben den Eingangsvariablen und der Ausgangsvariablen zwei Zeitangaben, die Zeitpunkte t_n und t_{n+1}.

> t_n *ist ein Zeitpunkt vor einem betrachteten Takt.*

> t_{n+1} *ist ein Zeitpunkt nach einem betrachteten Takt.*

Zunächst soll die charakteristische Gleichung eines taktflankengesteuerten JK-Flipflops abgeleitet werden. Die Wahrheitstabelle eines JK-Flipflops ist in Bild 7.93 dargestellt.

Bild 7.93 Schaltzeichen und Wahrheitstabelle eines taktflankengesteuerten JK-Flipflops

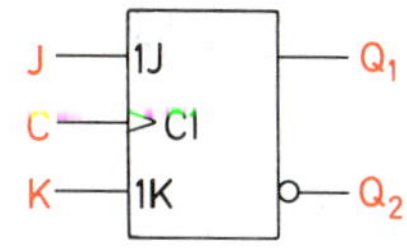

	t_n		t_{n+1}
Fall	K	J	Q_1
1	0	0	Q_{1n}
2	0	1	1
3	1	0	0
4	1	1	$\overline{Q}_{1n}$

Bild 7.94 Ausführliche Wahrheitstabelle eines taktflankengesteuerten JK-Flipflops

	t_n			t_{n+1}	
Fall	K	J	Q_1	Q_1	
1	0	0	0	0	Speichern ⇒ $Q_1 \wedge \overline{J} \wedge \overline{K}$
2	0	0	1	1	
3	0	1	0	1	Setzen ⇒ $\overline{Q}_1 \wedge J \wedge \overline{K}$
4	0	1	1	1	⇒ $Q_1 \wedge J \wedge \overline{K}$
5	1	0	0	0	Rücksetzen
6	1	0	1	0	
7	1	1	0	1	Kippen ⇒ $\overline{Q}_1 \wedge J \wedge K$
8	1	1	1	0	

Diese Wahrheitstabelle ist in eine *ausführliche Wahrheitstabelle* umzuformen. Ausführliche Wahrheitstabellen wurden in Abschnitt 7.4 näher erläutert. Sie enthalten die Variable Q_1 zur Zeit t_n. Es ergeben sich acht mögliche Fälle (Bild 7.94), die etwas näher betrachtet werden sollen.

Im Fall 1 ($J = 0$, $K = 0$) ist Q_1 vor dem Takt 0. Q_1 ist auch nach dem Takt 0. Im Fall 2 ($J = 0$, $K = 0$) ist Q_1 vor dem Takt 1. Q_1 ist auch nach dem Takt 1. Die Fälle Q_1 und Q_2 sind die *Speicherfälle*. Die Ausgangszustände ändern sich nicht.

Im Fall 3 ($J = 1$, $K = 0$) ist Q_1 vor dem Takt 0. Es wird mit der steuernden Taktflanke auf 1 gesetzt. Nach dem Takt ist also $Q_1 = 1$. Im Fall 4 ($J = 1$, $K = 0$) ist Q_1 vor dem Takt 1. Das Flipflop ist also schon gesetzt. Die steuernde Taktflanke bewirkt keine Änderung. Q_1 bleibt auf 1. Die Fälle 3 und 4 sind die *Setzfälle*. Welches Signal Q_1 vor dem Takt auch geführt hat, nach dem Takt führt Q_1 stets 1-Signal. Das Flipflop ist also gesetzt.

Im Fall 5 ($J = 0$, $K = 1$) ist Q_1 vor dem Takt 0. Das Flipflop sollte rückgesetzt werden. Da es schon rückgesetzt ist, ändert sich mit der steuernden Taktflanke das Ausgangssignal von Q_1 nicht. Im Fall 6 ($J = 0$, $K = 1$) ist $Q_1 = 1$. Das Flipflop ist vor dem Takt gesetzt. Es wird mit der steuernden Taktflanke auf $Q_1 = 0$ rückgesetzt. Die Fälle 5 und 6 sind die *Rücksetzfälle*. Welches Signal Q_1 vor dem Takt auch geführt hat, nach dem Takt führt Q_1 stets 0-Signal. Das Flipflop ist also rückgesetzt.

Im Fall 7 ($J = 1$, $K = 1$) ist Q_1 vor dem Takt 0. Mit der steuernden Taktflanke wird der Ausgang jetzt in den entgegengesetzten Zustand geschaltet (Kippen). Nach dem Takt ist also $Q_1 = 1$. Im Fall 8 ($J = 1$, $K = 1$) ist Q_1 vor dem Takt 1. Mit der steuernden

Taktflanke wird das Flipflop gekippt. Nach dem Takt ist Q_1 also 0. Die Fälle 7 und 8 sind die *Kippfälle*.
Aus der ausführlichen Wahrheitstabelle wird nun die ODER-Normalform gebildet (siehe auch Abschnitt 5.2.1). In den Fällen 2, 3, 4 und 7 ist zu der Zeit t_{n+1} $Q_1 = 1$. Es ergeben sich vier Vollkonjunktionen (Bild 7.94). Die ODER-Normalform lautet:

$$Q_{1(n+1)} = [(Q_1 \wedge \overline{J} \wedge \overline{K}) \vee (\overline{Q}_1 \wedge J \wedge \overline{K}) \vee (Q_1 \wedge J \wedge \overline{K}) \vee (\overline{Q}_1 \wedge J \wedge K)]_n$$

Die Variablen K, J und Q_1 vor dem betrachteten Takt bekommen den Index n. Die Variable Q_1 nach dem betrachteten Takt bekommt den Index n + 1. Sie lautet also $Q_{1(n+1)}$.
Die gefundene ODER-Normalform kann nun mit Hilfe der Schaltalgebra oder mit KV-Diagramm vereinfacht werden (siehe auch Abschnitt 5.4). Das zugehörige KV-Diagramm zeigt Bild 7.95. Aus dem KV-Diagramm kann die vereinfachte Gleichung entnommen werden:

$$\boxed{Q_{1(n+1)} = [(J \wedge \overline{Q}_1) \vee (\overline{K} \wedge Q_1)]_n} \quad \text{(JK-Flipflop)}$$

Die vorstehende Gleichung ist die charakteristische Gleichung eines taktflankengesteuerten JK-Flipflops. Für die Gleichung ist es nicht von Bedeutung, ob das Flipflop mit der ansteigenden oder mit der abfallenden Flanke schaltet. Die charakteristische Gleichung gilt also für beide taktflankengesteuerten JK-Flipflop-Arten. Sie gilt ebenfalls für zweiflankengesteuerte JK-Flipflops, da die Zeitpunkte t_n und t_{n+1} Zeitpunkte vor und nach einem betrachteten Takt und nicht Zeitpunkte vor und nach einer betrachteten Taktflanke sind.
Leiten wir nun die charakteristische Gleichung eines taktflankengesteuerten SR-Flipflops ab. Die Wahrheitstabelle in üblicher Form zeigt Bild 7.96. Die Wahrheitstabelle wird zur ausführlichen Wahrheitstabelle umgeformt (Bild 7.97).
Aus der ausführlichen Wahrheitstabelle wird die ODER-Normalform entnommen. Sie lautet:

$$Q_{1(n+1)} = [(Q_1 \wedge \overline{S} \wedge \overline{R}) \vee (\overline{Q}_1 \wedge S \wedge \overline{R}) \vee (Q_1 \wedge S \wedge \overline{R})]_n$$

Die ODER-Normalform wird mit Hilfe eines KV-Diagramms vereinfacht (Bild 7.98). Man erhält die folgende charakteristische Gleichung:

$$Q_{1(n+1)} = [(S \wedge \overline{R}) \vee (Q_1 \wedge \overline{R})]_n$$

$$\boxed{Q_{1(n+1)} = [\overline{R} \wedge (S \vee Q_1)]_n} \quad \text{(SR-Flipflop)}$$

Die verbotenen Fälle 7 und 8 in Bild 7.97 haben wir bei der Ableitung der charakteristischen Gleichung weggelassen. Wir können diese Fälle jedoch im KV-Diagramm berücksichtigen.

Bild 7.95 KV-Diagramm der ODER-Normalform eines taktflankengesteuerten JK-Flipflops

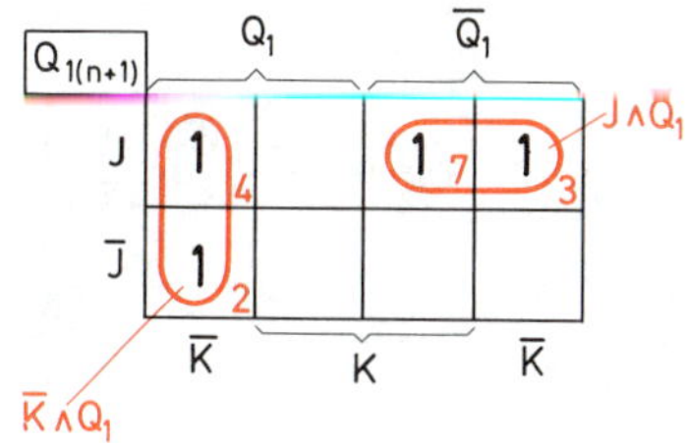

Bild 7.96 Schaltzeichen und Wahrheitstabelle eines taktflankengesteuerten SR-Flipflops

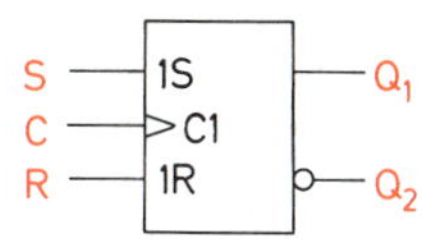

	t_n		t_{n+1}
Fall	R	S	Q_1
1	0	0	Q_{1n}
2	0	1	1
3	1	0	0
4	1	1	=

Bild 7.97 Ausführliche Wahrheitstabelle eines taktflankengesteuerten SR-Flipflops

	t_n			t_{n+1}	
Fall	R	S	Q_1	Q_1	
1	0	0	0	0	Speichern
2	0	0	1	1	
3	0	1	0	1	Setzen
4	0	1	1	1	
5	1	0	0	0	Rücksetzen
6	1	0	1	0	
7	1	1	0	=	verboten
8	1	1	1	=	

$\Rightarrow Q_1 \wedge \overline{S} \wedge \overline{R}$
$\Rightarrow \overline{Q}_1 \wedge S \wedge \overline{R}$
$\Rightarrow Q_1 \wedge S \wedge \overline{R}$

Bild 7.98 KV-Diagramm der ODER-Normalform eines taktflankengesteuerten SR-Flipflops

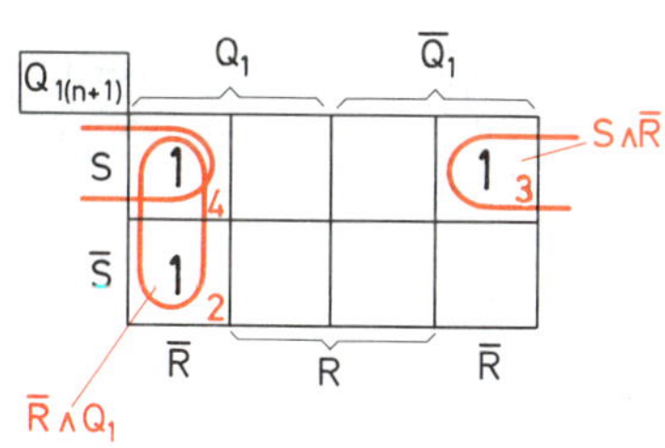

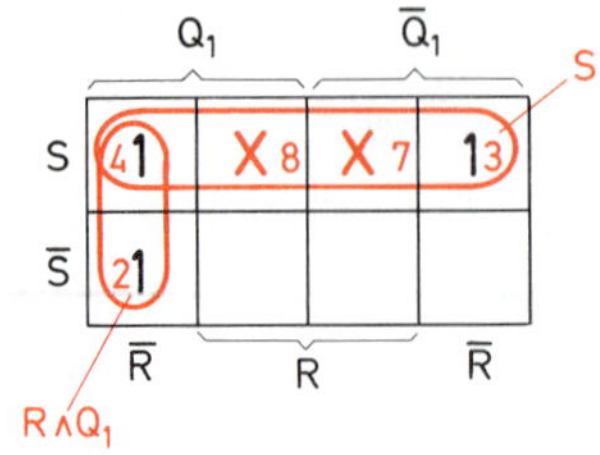

Bild 7.99 KV-Diagramm der ODER-Normalform eines taktflankengesteuerten SR-Flipflops mit Kennzeichnung der Felder, die nach Wunsch 0 oder 1 sein dürfen

Wenn sie ohnehin nicht auftreten dürfen, kann man sie so behandeln, als ob in diesen Fällen $Q_{1(n+1)}$ 0 oder 1 sein könnte.
Die Plätze der den Fällen 7 und 8 entsprechenden Vollkonjunktionen im KV-Diagramm werden mit einem Kreuz gekennzeichnet (Bild 7.99). Für Fall 7 würde sich die Vollkonjunktion ($\overline{Q}_1 \wedge S \wedge R$) ergeben. Der zugehörige Platz erhält ein Kreuz. Die Vollkonjunktion für Fall 8 lautet ($Q_1 \wedge S \wedge R$). Auch ihr Platz erhält ein Kreuz.

> *Plätze im KV-Diagramm, die durch ein Kreuz gekennzeichnet sind, dürfen nach Wunsch so behandelt werden, als enthielten sie eine 1 oder auch eine 0.*

Mit den Plätzen, die ein Kreuz enthalten, lassen sich größere «Päckchen» bilden. Die Gleichungen werden dadurch einfacher. Für das KV-Diagramm Bild 7.79 ergibt sich die charakteristische Gleichung:

$$Q_{1(n+1)} = [S \vee (\overline{R} \wedge Q_1)]_n \quad \text{(SR-Flipflop)}$$

Wie sieht nun die charakteristische Gleichung eines taktflankengesteuerten T-Flipflops aus, das einen T-Eingang und einen C-Eingang hat? In Bild 7.100 sind die Wahrheitstabelle und das Schaltzeichen angegeben. Aus der Wahrheitstabelle kann die ausführliche Wahrheitstabelle abgeleitet werden (Bild 7.101).
Die ODER-Normalform lautet:

$$Q_{1(n+1)} = [(Q_1 \wedge \overline{T}) \vee (\overline{Q}_1 \wedge T)]_n$$

Das KV-Diagramm in Bild 7.102 zeigt, daß eine Vereinfachung dieser ODER-Normalform nicht mehr möglich ist. Die charakteristische Gleichung des taktflankengesteuerten T-Flipflops lautet also:

$$Q_{1(n+1)} = [(Q_1 \wedge \overline{T}) \vee (\overline{Q}_1 \wedge T)]_n \quad \text{(T-Flipflop)}$$

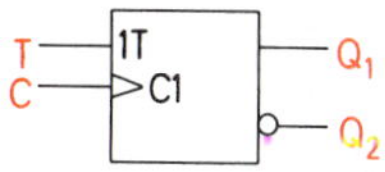

t_n	t_{n+1}
T	Q_1
0	Q_{1n}
1	$\bar{Q}_{1n}$

Bild 7.100 Schaltzeichen und Wahrheitstabelle eines taktflankengesteuerten T-Flipflops mit T-Eingang und C-Eingang

	t_n		t_{n+1}	
Fall	T	Q	Q_1	
1	0	0	0	Speichern ⇒ $Q_1 \wedge \bar{T}$
2	0	1	1	
3	1	0	1	Kippen ⇒ $\bar{Q}_1 \wedge T$
4	1	1	0	

Bild 7.101 Ausführliche Wahrheitstabelle eines taktflankengesteuerten T-Flipflops

$Q_{1(n+1)}$	Q_1	$\bar{Q}_1$
T		1
$\bar{T}$	1	

Bild 7.102 KV-Diagramm der ODER-Normalform eines taktflankengesteuerten T-Flipflops

Für taktzustandsgesteuerte Flipflops lassen sich auch charakteristische Gleichungen angeben. Leitet man eine charakteristische Gleichung für einen taktzustandsgesteuertes SR-Flipflop ab, erhält man dieselbe Gleichung wie für ein taktflankengesteuertes SR-Flipflop. Das liegt daran, daß die Zeitpunkte t_n und t_{n+1} als Zeitpunkte vor und nach einem betrachteten Taktimpuls definiert sind. Der eigentliche Schaltzeitpunkt, wie er im Zeitablauf-Diagramm auftritt, wird mit der charakteristischen Gleichung nicht erfaßt.

> *Die für taktflankengesteuerte Flipflops gefundenen charakteristischen Gleichungen gelten auch für entsprechende taktzustandsgesteuerte Flipflops.*

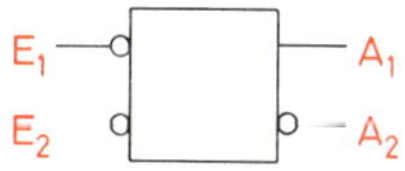

	t_m		
Fall	E_2	E_1	A_{1m}
1	0	0	1
2	0	1	0
3	1	0	1
4	1	1	$A_{1(m-1)}$

Bild 7.103 Schaltzeichen und Wahrheitstabelle eines nichttaktgesteuerten NAND-Flipflops

Fall	E_2	E_1	A_1	A_{1m}	
1	0	0	0	1	Irregulär
2	0	0	1	1	
3	0	1	0	0	Rücksetzen
4	0	1	1	0	
5	1	0	0	1	Setzen
6	1	0	1	1	
7	1	1	0	0	Speichern
8	1	1	1	1	

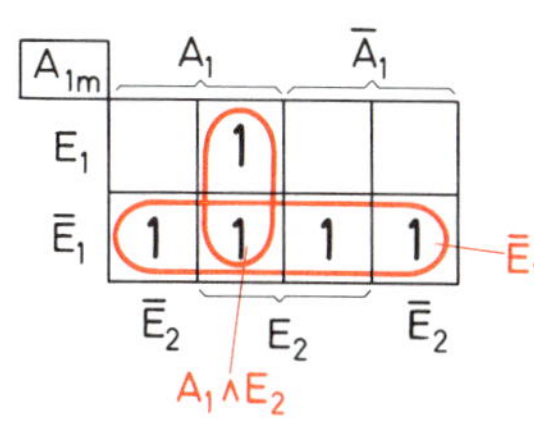

Bild 7.104 Ausführliche Wahrheitstabelle und KV-Diagramm eines nichttaktgesteuerten NAND-Flipflops

Die Arbeitsweise nicht-taktgesteuerter Flipflops kann auch durch charakteristische Gleichungen beschrieben werden. Die Zeitpunkte sind nur anders festzulegen. Der Zeitpunkt t_m ist der betrachtete Zeitpunkt, in dem Eingänge und Ausgänge die in der Wahrheitstabelle angegebenen Signale führen. Der Zeitpunkt t_{m-1} ist ein vorher liegender Zeitpunkt, in dem andere Eingangssignale vorhanden waren.
Für ein Flipflop aus zwei NAND-Gliedern gilt das Schaltzeichen und die Wahrheitstabelle in Bild 7.103. Die ausführliche Wahrheitstabelle und das KV-Diagramm zeigt Bild 7.104. Es ergibt sich folgende charakteristische Gleichung:

$$A_{1m} = [\overline{E}_1 \vee (A_1 \wedge E_2)]_{m-1}$$

Mit Hilfe von charakteristischen Gleichungen lassen sich Schaltungen, die Flipflops und Verknüpfungsglieder enthalten, berechnen (siehe Kapitel 11).

7.8 Monostabile Kippstufen

Monostabile Kippstufen haben zwei Schaltzustände. Der eine Schaltzustand wird *stabiler Zustand* genannt.

Im stabilen Zustand führt der Hauptausgang Q einer monostabilen Kippstufe 0-Signal.

Der stabile Zustand stellt sich nach Anlegen der Speisespannung ein. Er bleibt so lange erhalten, bis durch ein Steuersignal am Eingang die Kippstufe in den zweiten Schaltzustand, den sogenannten *nichtstabilen Zustand,* gekippt wird.

Im nichtstabilen Zustand führt der Hauptausgang Q einer monostabilen Kippstufe 1-Signal.

Die Dauer des nichtstabilen Zustandes wird durch extern anzuschließende Bauteile bestimmt. Meist verwendet man einen Kondensator (C_T) und einen Widerstand (R_T). Die Verweildauer oder Verweilzeit im nichtstabilen Zustand ergibt sich durch die Gleichung:

$$t_Q = 0{,}69 \cdot R_T \cdot C_T$$

(t_Q Verweilzeit)

Der innere Aufbau bistabiler Kippstufen ist in Beuth/Schmusch, Elektronik 3, Abschnitt 7.2, näher erläutert. Bistabile Kippstufen werden in großem Umfang als integrierte Schaltungen hergestellt. Die integrierten Schaltungen gehören meist zur TTL-Schaltkreisfamilie. Bild 7.105 zeigt das Schaltzeichen und das Zeitablauf-Diagramm einer monostabilen Kippstufe. Zum Zeitpunkt t_X erscheint ein 1-Signal am Eingang. Die Kippstufe kippt auf Q = 1. Nach Ablauf der Zeit t_Q kippt sie selbsttätig in den stabilen Zustand (Q = 0) zurück.

Eine Änderung des Eingangssignals während der Zeit t_Q bleibt ohne Wirkung auf den Schaltzustand der monostabilen Kippstufe.

Ändert sich während der Zeit t_Q das Eingangssignal erneut von 0 auf 1, so führt das bei normalen bistabilen Kippstufen auch nicht zu einer Verlängerung der Zeit t_Q.

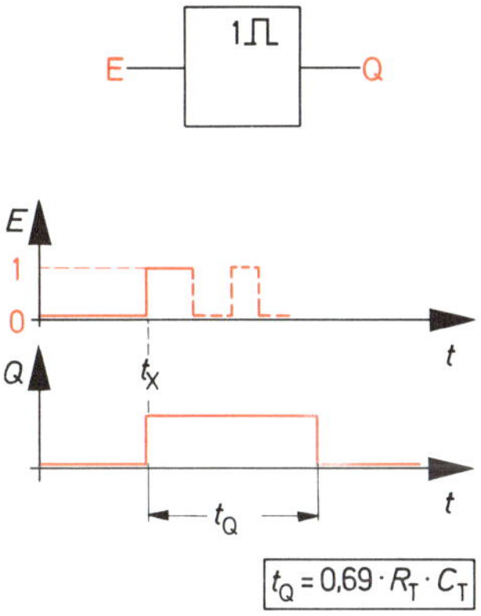

Bild 7.105 Schaltzeichen und Impulsdiagramm einer monostabilen Kippstufe (Zustandssteuerung)

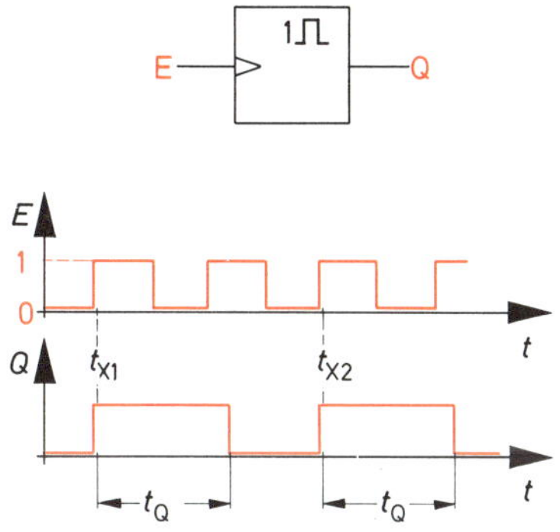

Bild 7.106 Schaltzeichen und Zeitablauf-Diagramm einer flankengesteuerten monostabilen Kippstufe (Steuerung mit ansteigender Flanke)

Monostabile Kippstufen werden auch mit Taktflankensteuerung gebaut. Sie kippen entweder mit der ansteigenden oder mit der abfallenden Flanke des Eingangssignals. In Bild 7.106 sind Schaltzeichen und Zeitablauf-Diagramm einer monostabilen Kippstufe dargestellt, die mit der ansteigenden Flanke des Eingangssignals schaltet. Die Kippstufe kippt im Zeitpunkt t_{X1}. Sie verharrt während der Zeit t_Q im nichtstabilen Zustand. Eingangssignaländerungen wirken sich während dieser Zeit nicht aus. Das Rückkippen in den stabilen Zustand erfolgt auch, während der Eingang 1-Signal führt. Die monostabile Kippstufe kippt erneut zum Zeitpunkt t_{X2}.
Bild 7.107 zeigt Schaltzeichen und Zeitablauf-Diagramm einer flankengesteuerten monostabilen Kippstufe, die mit abfallender Flanke schaltet.

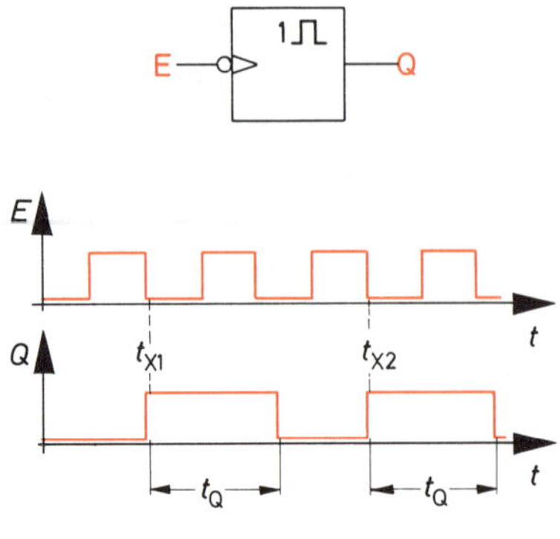

Bild 7.107 Schaltzeichen und Zeitablauf-Diagramm einer flankengesteuerten monostabilen Kippstufe (Steuerung mit abfallender Flanke)

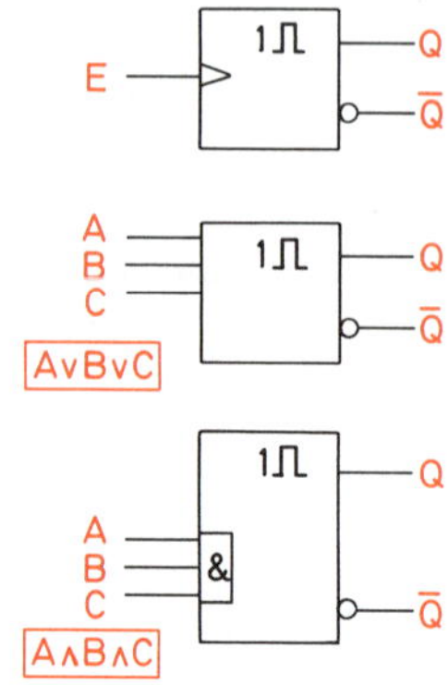

Bild 7.108 Schaltzeichen verschiedener Bauarten monostabiler Kippstufen

Monostabile Kippstufen können mehrere Ausgänge haben. Diese werden, wie in Bild 7.108 angegeben, gekennzeichnet. Neben dem Hauptausgang Q ist meist ein Ausgang $\overline{Q}$ vorhanden, der stets das entgegengesetzte Signal wie der Ausgang Q führt. Ebenfalls sind mehrere Eingänge möglich. Diese Eingänge sind miteinander durch ODER verknüpft, wenn keine Kennzeichnung der Verknüpfung vorhanden ist. Bei einer UND-Verknüpfung der Eingänge ist eine Kennzeichnung gemäß Bild 7.108 durch ein eingezeichnetes UND-Glied vorzunehmen.

Die Verweilzeit im nichtstabilen Zustand t_Q kann im Schaltzeichen einer monostabilen Kippstufe angegeben werden. Nach DIN 40700 Teil 14 können auch große Buchstaben für die Zeiteinheiten verwendet werden, also S für Sekunde, MS für Millisekunde und NS für Nanosekunde (Bild 7.109).

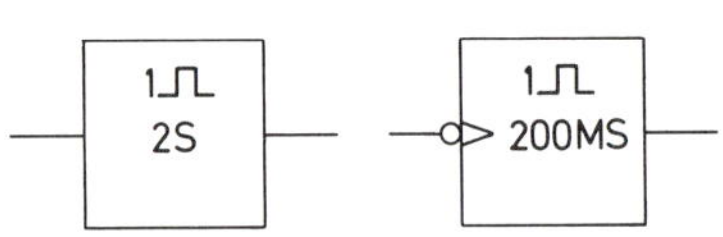

Bild 7.109 Schaltzeichen monostabiler Kippstufen mit Angabe der Verweilzeit im nichtstabilen Zustand

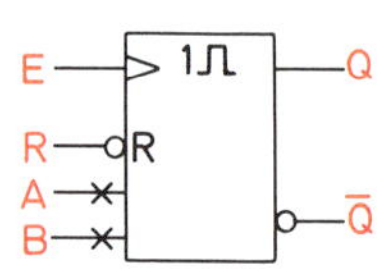

Bild 7.110 Schaltzeichen einer monostabilen Kippstufe mit Bauteileingängen A und B und einem Rücksetzeingang R

Die Zeit t_Q wird meist durch externe Bauteile bestimmt. Die Eingänge der integrierten Schaltung, an die diese Bauteile angeschlossen werden, sind durch Kreuze zu kennzeichnen. Bild 7.110 zeigt das Schaltzeichen einer monostabilen Kippstufe mit Steuereingang E, Rücksetzeingang R und den Eingängen A und B, an die die externen Bauteile angeschlossen werden. Ein 0-Signal an R setzt die monostabile Kippstufe auf Q = 0 zurück (Rücksetzen in den stabilen Zustand). Die Steuerung erfolgt mit ansteigender Taktflanke. Monostabile Kippglieder können so gebaut sein, daß sie mit Verzögerung ansprechen. Für diese Kippglieder werden Schaltzeichen gemäß Bild 7.111 verwendet. Die Verzögerungszeit kann im Schaltzeichen angegeben werden. Sie beträgt in Bild 7.111 $t_V = 0{,}2$ s. Neben den bisher betrachteten eigentlichen monostabilen Kippstufen gibt es als Sonderfall die *nachtriggerbaren monostabilen Kippstufen*.

> *Bei nachtriggerbaren monostabilen Kippstufen kann die Verweilzeit im nichtstabilen Zustand durch weitere Steuerimpulse verlängert werden.*

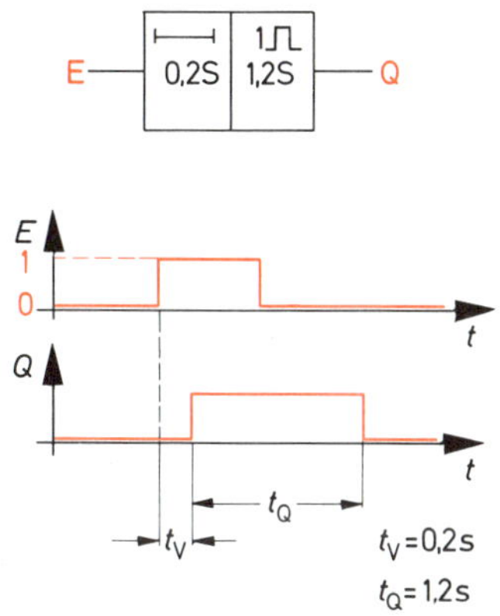

Bild 7.111 Schaltzeichen und Zeitablaufdiagramm einer monostabilen Kippstufe mit einer Verzögerungszeit t_V von 0,2 Sekunden und einer Verweilzeit t_Q von 1,2 Sekunden

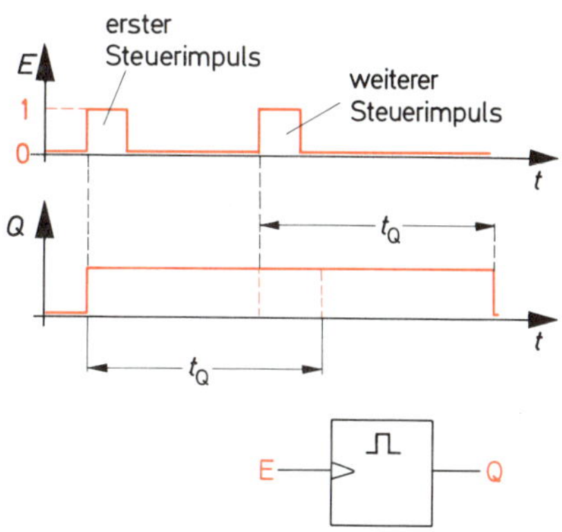

Bild 7.112 Schaltzeichen und Zeitablaufplan einer nachtriggerbaren monostabilen Kippstufe (Steuerung mit ansteigender Flanke)

Ist eine solche monostabile Kippstufe in den nichtstabilen Zustand geschaltet oder, anders ausgedrückt, getriggert worden, beginnt die Verweilzeit t_Q zu laufen. Kommt während der Zeit t_Q ein weiterer Steuerimpuls, beginnt die Zeit t_Q erneut zu laufen. Der neue Steuerimpuls löst eine weitere Verweilzeit t_Q aus. In Bild 7.112 ist ein Zeitablaufplan einer nachtriggerbaren monostabilen Kippstufe dargestellt.
Das Schaltzeichen für eine nachtriggerbare monostabile Kippstufe ist mit DIN 40900 Teil 12 eingeführt worden. Es entspricht dem Schaltzeichen für eine nicht-nachtriggerbare monostabile Kippstufe bis auf die 1 vor dem Impulszeichen (Bild 7.112). Der früher verwendete Buchstabe N entfällt.

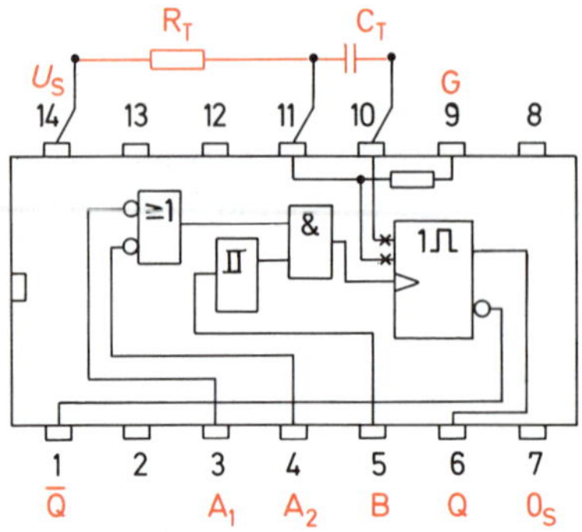

Bild 7.113 Aufbau der integrierten Schaltung FLK 101-74121

Die Hersteller integrierter Schaltungen bieten verschiedene monostabile Kippstufen an. Als Beispiel soll hier nur eine Schaltung angeführt werden. Die integrierte Schaltung FLK 101-74 121 ist gemäß Bild 7.113 aufgebaut. Sie enthält ein ODER-Glied mit invertierenden Eingängen. Über ein UND-Glied wird die eigentliche monostabile Kippstufe angesteuert, die bei ansteigender Signalflanke schaltet. Der Eingang B ist ein Schmitt-Trigger-Eingang. Über diesen Eingang kann mit langsam ansteigenden Signalen (bis etwa 1 V/s) gesteuert werden.

Ändert sich an einem der A-Eingänge das Signal von 1 auf 0, so wechselt das Ausgangssignal des ODER-Gliedes von 0 auf 1. Liegt am Eingang B Signal 1, ändert sich auch das Ausgangssignal des UND-Gliedes von 0 auf 1. Die monostabile Kippstufe wird in den nichtstabilen Zustand gekippt. Von den A-Eingängen her wird die monostabile Kippstufe also mit abfallender Flanke gesteuert, wenn B = 1 ist. Ist B = 0, bewirken Signaländerungen an den A-Eingängen gar nichts.

Soll über den B-Eingang gesteuert werden, muß einer der A-Eingänge auf 0 liegen. Am Ausgang des ODER-Gliedes liegt dann 1. Am Eingang B kann nun das Signal langsam ansteigen. Wird der Schwellwert des Schmitt-Triggers überschritten, wechselt sein Ausgangssignal von 0 auf 1. Ebenfalls wechselt dann das Ausgangssignal des UND-Gliedes von 0 auf 1, und die monostabile Kippstufe kippt in den nichtstabilen Zustand.

Die Bauelemente zur Festlegung der Verweilzeit t_Q sind der Widerstand R_T und der Kondensator C_T. Der Kondensator kommt an die Anschlüsse 10 und 11 (Pluspol an 11). Der Widerstand kommt an die Anschlüsse 11 und 14 (Bild 7.113). Ein Betrieb ohne externe Bauelemente ist möglich. Verbindet man den im Inneren des IC enthaltenen Widerstand von 2 kΩ (Anschluß 9) mit dem Anschluß 14 und läßt die Anschlüsse 10 und 11 offen, ergibt sich eine Verweilzeit von 30 ns.

Die integrierte Schaltung FLK 101-74 121 gehört zur TTL-Schaltkreisfamilie. Sie ist für eine Speisespannung von 5 V ausgelegt und hat die sonst üblichen Daten dieser Schaltkreisfamilie, die den Datenbüchern der Hersteller entnommen werden können.

7.9 Verzögerungsglieder

Verzögerungsglieder haben die Aufgabe, Signale zu verzögern. Erfolgt am Eingang eines Verzögerungsgliedes ein Signalübergang von 0 auf 1, so wird eine bestimmte Zeit t_1 später das Ausgangssignal dieses Gliedes von 0 auf 1 wechseln. Eine Signaländerung von 1 auf 0 am Eingang bewirkt nach einer Zeit t_2 eine Signaländerung von 1 auf 0 am Ausgang. Für Verzögerungsglieder gelten die Schaltzeichen Bild 7.114. Das obere Schaltzeichen kennzeichnet Verzögerungsglieder allgemein. Das untere Schaltzeichen enthält die Zeiten t_1 und t_2. Für t_1 und t_2 können die tatsächlichen Verzögerungszeiten stehen.

> *Die Verzögerungszeit t_1 gibt an, um welche Zeit ansteigende Signalflanken verzögert werden.*

> *Die Verzögerungszeit t_2 gibt an, um welche Zeit abfallende Signalflanken verzögert werden.*

Das Verzögerungsglied in Bild 7.115 hat eine Verzögerungszeit t_1 von 2 ms und eine Verzögerungszeit t_2 von 4 ms. Das zugehörige Zeitablaufdiagramm veranschaulicht die Verzögerungen. Sind die Verzögerungszeiten t_1 und t_2 gleich groß, so genügt die Angabe einer Zeit im Schaltzeichen (Bild 7.116).

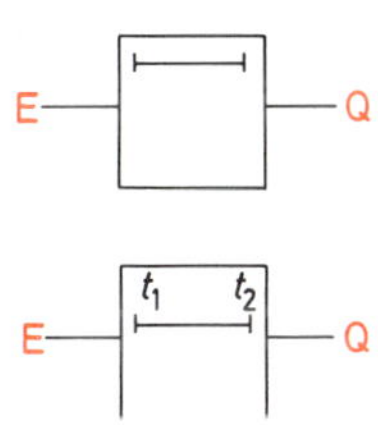

Bild 7.114 Schaltzeichen von Verzögerungsgliedern

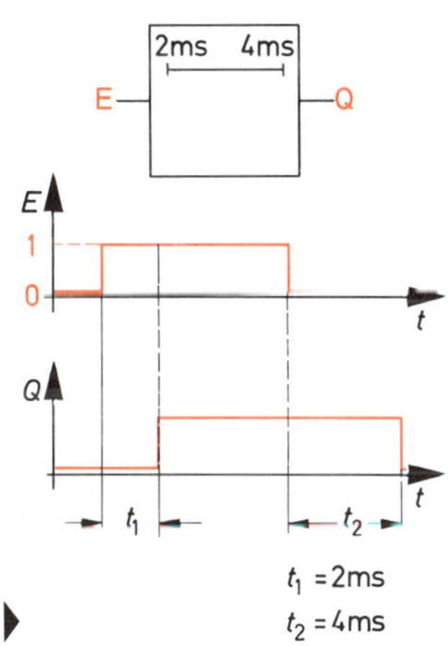

Bild 7.115 Verzögerungsglied mit Zeitablaufdiagramm ▶

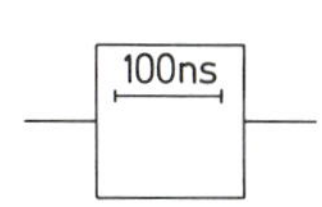

Bild 7.116 Verzögerungsglied mit einer Verzögerung von $t_1 = t_2 = 100$ ns

Häufig benötigt man sogenannte *Einschalt-Verzögerungsglieder*. Diese Glieder verzögern die ansteigende Signalflanke um eine bestimmte Zeit t_1. Die abfallende Signalflanke wird nicht verzögert, t_2 ist also 0 (Bild 7.117).
Außer den Einschalt-Verzögerungsgliedern gibt es auch *Ausschalt-Verzögerungsglieder*. Diese verzögern die ansteigende Signalflanke nicht. Die abfallende Signalflanke wird um die Zeit t_2 verzögert (Bild 7.118).

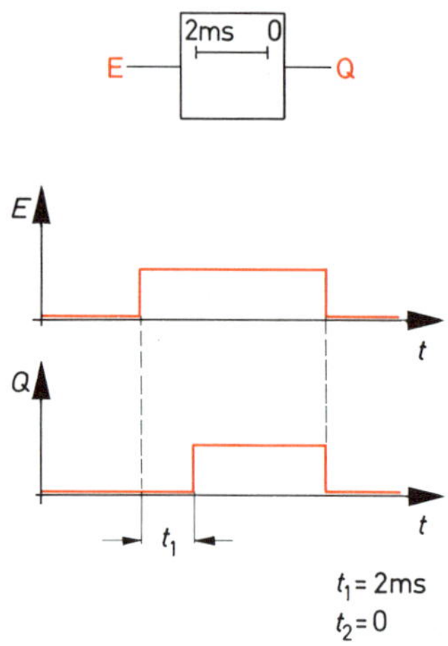

Bild 7.117 Einschalt-Verzögerungsglied mit Zeitablaufdiagramm

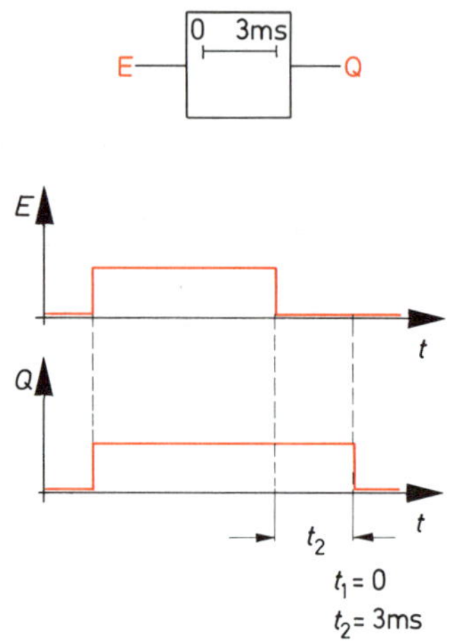

Bild 7.118 Ausschalt-Verzögerungsglied mit Zeitablaufdiagramm

Es werden auch Verzögerungsglieder mit mehreren verschiedenen Verzögerungszeiten gebaut. Diese Glieder heißen *Verzögerungsglieder mit Abgriffen*. Bild 7.119 zeigt den Aufbau und das Schaltzeichen eines solchen Verzögerungsgliedes. Ein Verzögerungsglied mit Abgriffen ist aus mehreren einfachen Verzögerungsgliedern aufgebaut.
Verzögerungsglieder werden als integrierte Schaltungen hergestellt. Sie können aber auch mit monostabilen Kippstufen und Verknüpfungsgliedern aufgebaut werden. Bild 7.120 zeigt den Aufbau eines Einschalt-Verzögerungsgliedes mit zugehörigem Zeitablauf-Diagramm. Es vergeht eine gewisse, wenn auch kurze Zeit (etwa 10 ns), bis die monostabile Kippstufe geschaltet hat. Das Signal $\overline{X}$ ist noch 1, wenn die ansteigende Flanke des Eingangssignals kommt. Dadurch entsteht ein meist unerwünschter Nadelimpuls am Ausgang Q. Dieser Nadelimpuls wird durch Einschalten von zwei NICHT-Gliedern gemäß Bild 7.121 verhindert. Jedes NICHT-Glied hat eine Signallaufzeit von etwa 10 ns, so daß die ansteigende Flanke des Eingangssignals 20 ns später am Eingang des UND-Gliedes erscheint.
Ein Ausschalt-Verzögerungsglied ist gemäß Bild 7.122 aufgebaut. Auch hier werden die beiden NICHT-Glieder zur Laufzeitverzögerung benötigt.

Bild 7.119 Aufbau eines Ausschalt-Verzögerungsgliedes mit Abgriffen

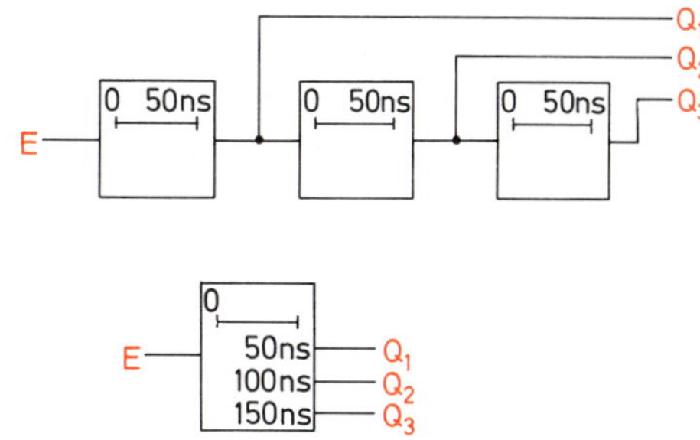

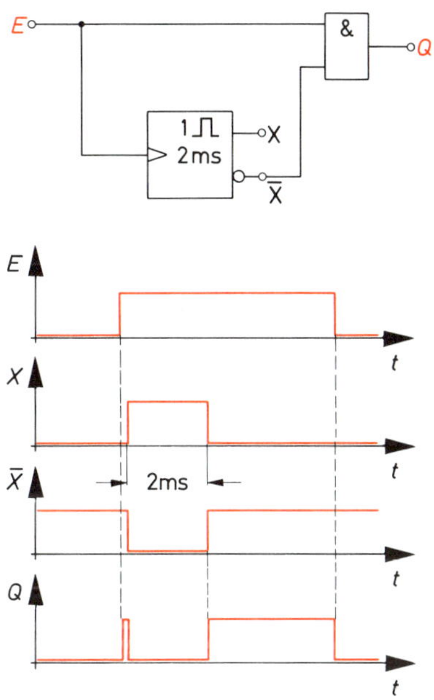

Bild 7.120 Aufbau eines Einschalt-Verzögerungsgliedes

Bild 7.121 Aufbau eines Einschalt-Verzögerungsgliedes ▶

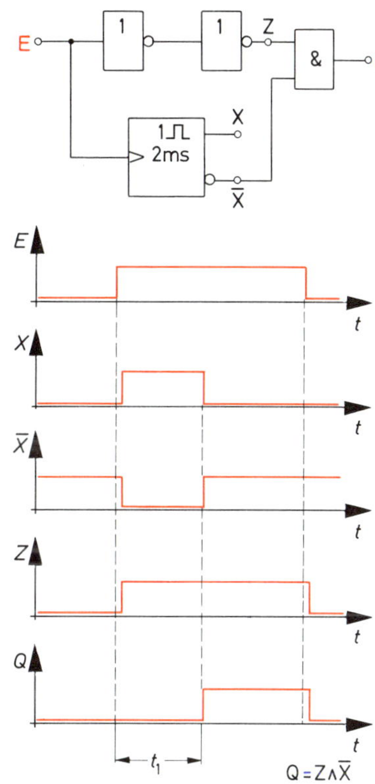

Wünscht man eine Einschaltverzögerung und eine Ausschaltverzögerung, kann man ein Einschalt-Verzögerungsglied und ein Ausschalt-Verzögerungsglied hintereinander schalten (Bild 7.123). Die gewünschten Verzögerungszeiten kann man durch Beschalten der monostabilen Kippstufen mit externen Bauteilen (siehe Abschnitt 7.8) erreichen.

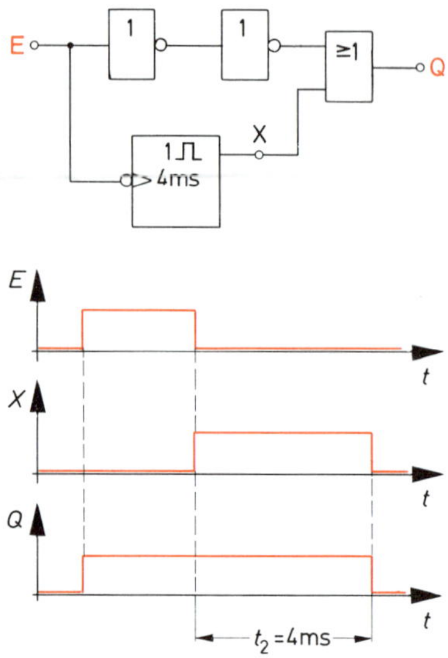

Bild 7.122 Aufbau eines Ausschalt-Verzögerungsgliedes

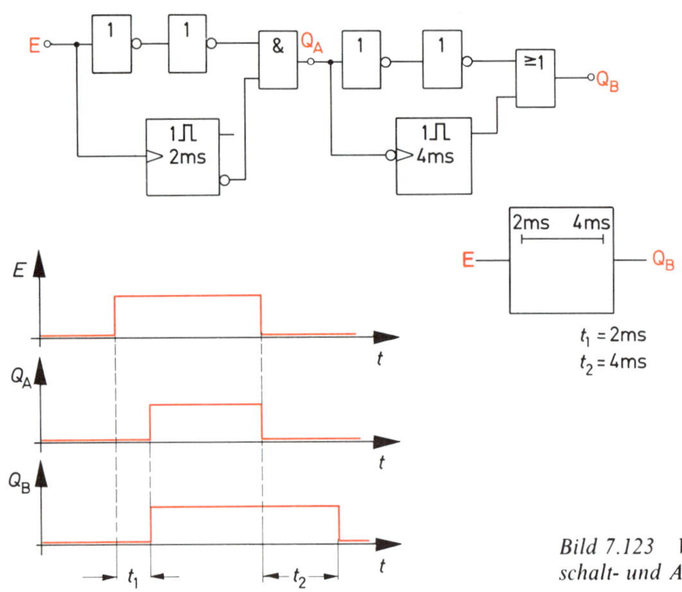

Bild 7.123 Verzögerungsglied mit Einschalt- und Ausschaltverzögerung

7.10 Lernziel-Test

1. Welche Bedeutung hat das Schaltzeichen Bild 7.124?

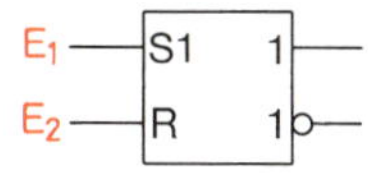

Bild 7.124 Schaltzeichen

2. Wodurch unterscheidet sich ein taktzustandsgesteuertes Flipflop von einem taktflankengesteuerten Flipflop?
3. Ein mit abfallender Flanke schaltendes SR-Flipflop soll durch äußere Beschaltung in ein JK-Flipflop umgewandelt werden, das mit ansteigender Flanke schaltet. Zur Verfügung stehen beliebige Verknüpfungsglieder. Gesucht ist die Schaltung.
4. Wie arbeitet ein taktzustandsgesteuertes SR-Flipflop mit dominierendem S-Eingang? Geben Sie die Wahrheitstabelle an. Wie sieht das zugehörige Schaltzeichen aus?
5. Erläutern Sie die Arbeitsweise einer monostabilen Kippstufe.
6. Gesucht ist das Zeitablauf-Diagramm einer monostabilen Kippstufe, die mit abfallender Signalflanke schaltet und eine Verweilzeit von 4 ms hat.
7. Welche Bedeutung hat folgende Gleichung?
   $Q_{1(n+1)} = [(J \wedge \overline{Q}_1) \vee (\overline{K} \wedge Q_1)]_n$
8. In Bild 7.125 ist die Wahrheitstabelle eines Flipflops angegeben. Stellen Sie die ausführliche Wahrheitstabelle auf und leiten Sie die charakteristische Gleichung für dieses Flipflop ab. Wie wird dieses Flipflop genannt?

Bild 7.125 Wahrheitstabelle eines Flipflops

	t_n		t_{n+1}
Fall	E_2	E_1	Q_1
1	0	0	Q_{1n}
2	0	1	Q_{1n}
3	1	0	0
4	1	1	1

9. Was versteht man unter einem Master-Slave-Flipflop?
10. Erklären Sie die Bedeutung der Eingänge und die Arbeitsweise des in Bild 7.126 dargestellten Flipflops.

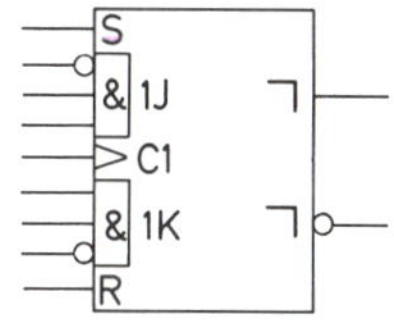

Bild 7.126 Schaltzeichen eines Flipflops

11. Geben Sie die Wahrheitstabelle eines einflankengesteuerten D-Flipflops an.
12. Aus zwei JK-Flipflops, die mit ansteigender Flanke schalten, ist ein T-Master-Slave-Flipflop aufzubauen. Gesucht ist die Schaltung.

13. Geben Sie für das Zeitablauf-Diagramm Bild 7.127 den Verlauf des Ausgangssignals Q_1 an,
    a) wenn das Flipflop mit ansteigender Taktflanke schaltet, und
    b) wenn das Flipflop mit abfallender Taktflanke schaltet.

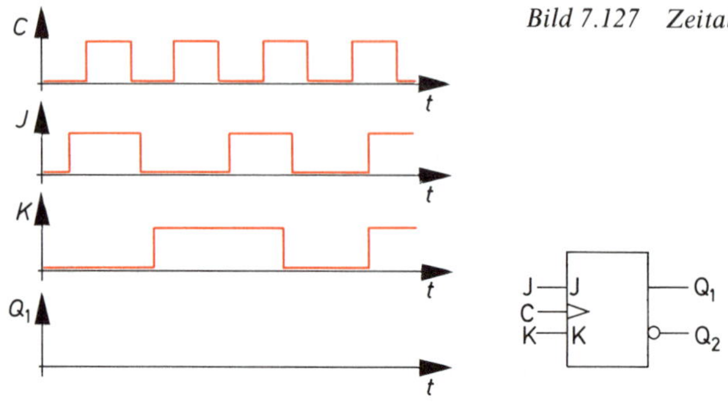

Bild 7.127 Zeitablauf-Diagramm

14. Welche Schaltung wird durch das Schaltzeichen Bild 7.128 dargestellt? Wie arbeitet diese Schaltung? Geben Sie das zu dieser Schaltung gehörende Zeitablauf-Diagramm maßstäblich an.

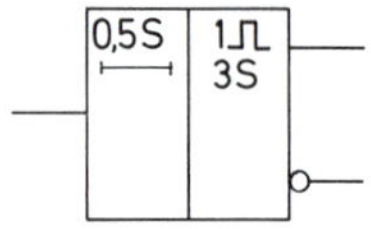

Bild 7.128 Schaltzeichen

15. Ein taktzustandsgesteuertes SR-Flipflop soll mit NAND-Gliedern aufgebaut werden. Entwickeln Sie die Schaltung.
16. Was versteht man unter Abhängigkeitsnotation bei Flipflop-Schaltzeichen? Geben Sie ein Beispiel an.
17. Welche Signale Q_1 ergeben sich bei den Eingangssignalen gemäß Bild 7.129 für die Flipflops I und II? Zeichnen Sie die zeitlichen Signalverläufe.

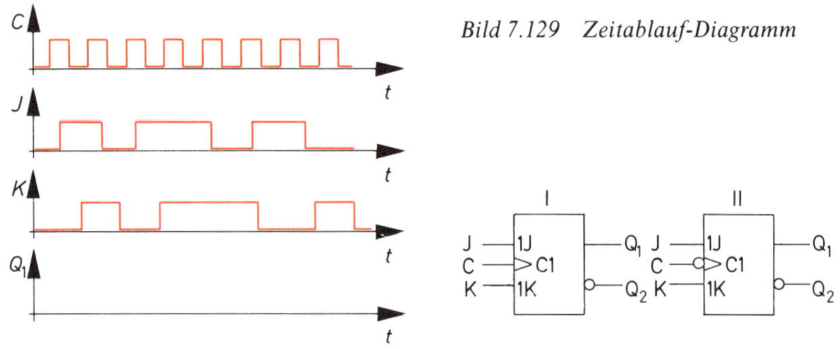

Bild 7.129 Zeitablauf-Diagramm

18. Ein Verzögerungsglied gemäß Bild 7.130 soll mit monostabilen Kippstufen, die mit ansteigender Signalflanke schalten, und mit beliebigen Verknüpfungsgliedern hergestellt werden. Geben Sie eine mögliche Schaltung an. Welche Verweilzeiten müssen die Monoflops haben?

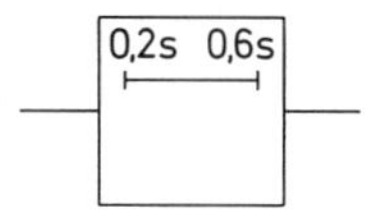

Bild 7.130 Schaltzeichen eines Verzögerungsgliedes

8 Binäre Kodes und Zahlensysteme

8.1 Allgemeines

Mit Hilfe digitaler Schaltungen soll gezählt und gerechnet werden. Es ist daher erforderlich, alle Dezimalziffern und alle benötigten Zahlen durch 0 und 1 darzustellen. Eine Darstellung mit nur zwei Zeichen wird *binäre Darstellung* genannt.

> *Kodes, die nur zwei Zeichen verwenden, heißen binäre Kodes.*

Es lassen sich außerordentlich viele binäre Kodes aufstellen. Angewendet werden jedoch nur einige wenige der vielen möglichen binären Kodes. Binäre Kodes haben allgemein eine festgelegte Stellenzahl. Jede Dezimalziffer wird in einem bestimmten Kode durch eine Zahl sogenannter *binärer Stellen* dargestellt. Eine binäre Stelle kann 0 oder 1 sein. Sie wird als Bit bezeichnet (von engl.: binary digit = binäre Einheit).

> *Unter einem Bit versteht man eine binäre Stelle.*
> *Diese kann 0 oder 1 sein.*

Mit binären Kodes werden vor allem Dezimalziffern und Dezimalzahlen ausgedrückt. Es hat sich jedoch als zweckmäßig erwiesen, auch andere Zahlensysteme zu verwenden. Von besonderer Bedeutung ist das *hexadezimale Zahlensystem*. Daneben wird das *oktale Zahlensystem* häufig verwendet. Eine besondere Bedeutung hat das *duale Zahlensystem*. Das duale Zahlensystem ist gleichzeitig ein binärer Kode, da es nur die Ziffern 0 und 1 benötigt.

8.2 Duales Zahlensystem

8.2.1 Aufbau des dualen Zahlensystems

Alle üblichen Zahlensysteme sind sogenannte *Stellenwert-Systeme*. Bei Stellenwert-Systemen ist jeder Stelle innerhalb einer Zahl ein besonderer Vervielfachungsfaktor in Form einer Potenzzahl zugeordnet.
Beim dezimalen Zahlensystem ist jeder Stelle innerhalb einer Zahl eine Zehnerpotenz zugeordnet (Bild 8.1). Man benötigt die Null und neun Ziffern, um in der Einerspalte bis 9 zählen zu können. Die Zahl zehn wird dann durch eine 1 in der Zehnerspalte und durch eine 0 in der Einerspalte ausgedrückt.

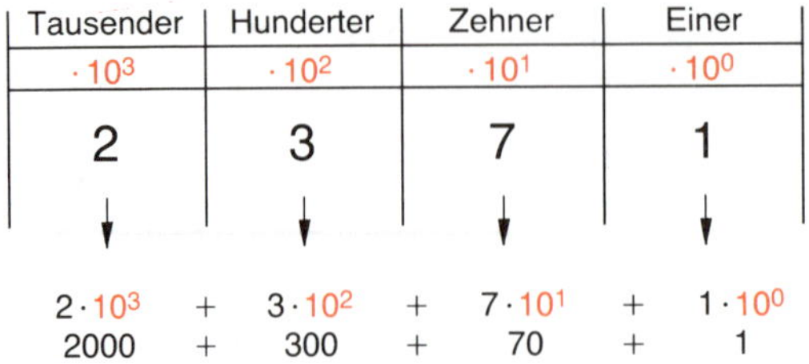

Bild 8.1 Aufbau des dezimalen Zahlensystems

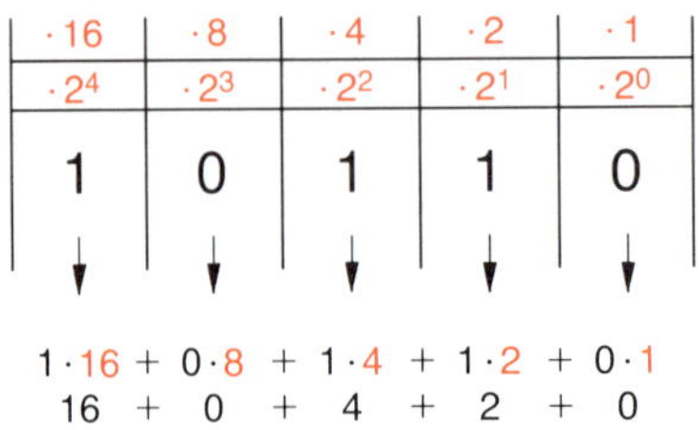

Bild 8.2 Aufbau des dualen Zahlensystems

Dezimal-zahl	Dualzahl ·16	·8	·4	·2	·1
0					0
1					1
2				1	0
3				1	1
4			1	0	0
5			1	0	1
6			1	1	0
7			1	1	1
8		1	0	0	0
9		1	0	0	1
10		1	0	1	0
11		1	0	1	1
12		1	1	0	0
13		1	1	0	1
14		1	1	1	0
15		1	1	1	1
16	1	0	0	0	0
17	1	0	0	0	1
18	1	0	0	1	0
19	1	0	0	1	1
20	1	0	1	0	0
21	1	0	1	0	1
22	1	0	1	1	0
23	1	0	1	1	1
24	1	1	0	0	0

Bild 8.3 Dezimalzahlen und zugehörige Dualzahlen

Stehen nur die Ziffern 0 und 1 zur Verfügung, so muß jeder Stelle innerhalb einer Zahl eine Zweierpotenz zugeordnet werden (Bild 8.2). In der ersten Spalte von rechts kann nur von 0 bis 1 gezählt werden. Zur Darstellung der 2 muß die zweite Spalte von rechts verwendet werden. Die Zahl 2 wird durch eine 0 in der ersten Spalte von rechts und durch eine 1 in der zweiten Spalte von rechts dargestellt (Bild 8.3). Die Zahl 7 wird durch 111 dargestellt. Die erste 1 von rechts repräsentiert den Wert 1, die zweite 1 den Wert 2 und die dritte 1 den Wert 4. Damit ergibt sich $4 + 2 + 1 = 7$.

8.2.2 Umwandlung von Dualzahlen in Dezimalzahlen

Die Umwandlung von Dualzahlen in Dezimalzahlen ist sehr einfach. Man verwendet zweckmäßigerweise eine Tabelle gemäß Bild 8.4. Diese Tabelle kann nach links beliebig erweitert werden.
Die Dualzahl wird in eine Tabelle nach Bild 8.4 eingetragen. Die Spalten, in denen eine 0 steht, brauchen nicht weiter beachtet zu werden. Wichtig sind die Spalten, in denen eine 1 steht. Die erste Dualzahl in Bild 8.4 hat eine 1 in der Spalte 2^5. Diese 1 stellt den Wert von 32 dar. Eine weitere 1 steht in der Spalte 2^2. Diese 1 hat den Wert 4. Der Gesamtwert der Dualzahl beträgt also $32 + 4 = 36$.
Die zweite Dualzahl hat eine 1 in Spalte 2^7. Diese 1 ist 128 wert. Eine weitere 1 steht in Spalte 2^5. Diese 1 ist 32 wert. Die beiden weiteren Einsen haben die Werte 4 und 2. Der Gesamtwert der Dualzahl ist also $128 + 32 + 4 + 2 = 166$.
Die Werte der dritten und der vierten Dualzahl in Bild 8.4 sollen nun bestimmt werden. Für die dritte Dualzahl muß sich der Wert 1633 ergeben. Die vierte Dualzahl hat den Wert 752.

Dezimalzahl	Dualzahl 2^{10} 1024	2^9 512	2^8 256	2^7 128	2^6 64	2^5 32	2^4 16	2^3 8	2^2 4	2^1 2	2^0 1
36						1	0	0	1	0	0
						↓ 32			↓ 4		
166				1	0	1	0	0	1	1	0
?	1	1	0	0	1	1	0	0	0	0	1
?		1	0	1	1	1	1	0	0	0	0

Bild 8.4 Tabelle zur Umwandlung von Dualzahlen in Dezimalzahlen

8.2.3 Umwandlung von Dezimalzahlen in Dualzahlen

Die Umwandlung von Dezimalzahlen in Dualzahlen kann ebenfalls durch eine Tabelle erfolgen. Die Tabelle muß eine genügend große Anzahl von Spalten haben. Bei der Umwandlung bestimmt man zunächst die Eins mit dem größtmöglichen Spaltenwert, danach die Einsen mit den kleineren Spaltenwerten. Der Gesamtwert der Dezimalzahl wird auf verschiedene Spaltenwerte aufgeteilt. Dies soll an einem Beispiel gezeigt werden.
Die Dezimalzahl 900 soll in eine Dualzahl umgewandelt werden. Eine 1 mit dem Wert 1024 kommt nicht in Frage, da die Dezimalzahl nur den Wert 900 hat. Wir können uns eine 1 in der Spalte 2^9 «leisten». Diese hat einen Wert von 512. Von den 900 sind jetzt 512 «verbraucht». Es steht noch ein Rest von 388 zur Verfügung. Eine weitere 1 in der Spalte 2^8 «kostet» 256. Jetzt beträgt der Rest nur noch $388 - 256 = 132$. Die 1 in Spalte 2^7 «kostet» 128, so daß nur noch ein Rest von 4 übrig bleibt. Der Rest von 4 ergibt eine 1 in

Dezimalzahl	Dualzahl										
	2^{10} 1024	2^9 512	2^8 256	2^7 128	2^6 64	2^5 32	2^4 16	2^3 8	2^2 4	2^1 2	2^0 1
900		1	1	1	0	0	0	0	1	0	0
1300	1	0	1	0	0	0	1	0	1	0	0
1877	1	1	1	0	1	0	1	0	1	0	1

900	1300	1877	85
−512	−1024	−1024	−64
388	276	853	21
−256	−256	−512	−16
132	20	341	5
−128	−16	−256	−4
4	4	85	1
−4	−4		−1
0	0		0

Bild 8.5 Tabelle zur Umwandlung von Dezimalzahlen in Dualzahlen

der Spalte 2^2. Die anderen Spalten bekommen eine 0. Damit ist die Dezimalzahl 900 in die Dualzahl 1110000100 umgewandelt. Man kann eine Probe machen, indem man die Dualzahl in die Dezimalzahl zurückverwandelt.
Die Dezimalzahlen 1300 und 1877 sollen nun in Dualzahlen umgewandelt werden. Man erhält folgende Ergebnisse:

$$1300 = 10100010100$$
$$1877 = 11101010101$$

8.2.4 Dualzahlen mit Kommastellen

Dualzahlen können auch mit Ziffern nach dem Komma geschrieben werden. Der ersten Stelle rechts vom Komma ist als Stellenwert die Zweierpotenz 2^{-1} zugeordnet. Die zweite Stelle rechts vom Komma hat den Stellenwert 2^{-2}. Bild 8.6 zeigt die Zuordnung der Zweierpotenzen zu den Stellen rechts vom Komma.
Dualzahlen mit Kommastellen werden auf die gleiche Weise in Dezimalzahlen umgerechnet wie Dualzahlen ohne Kommastellen. Entsprechend kann man auch Dezimalzahlen mit Kommastellen in Dualzahlen umrechnen.

Dezimalzahl	Dualzahl							
	2^3 8	2^2 4	2^1 2	2^0 1	2^{-1} 0,5	2^{-2} 0,25	2^{-3} 0,125	2^{-4} 0,0625
4,25		1	0	0,	0	1		
11,5625	1	0	1	1,	1	0	0	1

Bild 8.6 Darstellung mit Kommastellen

Beispiel:

Dezimalzahl	2^5 32	2^4 16	2^3 8	2^2 4	2^1 2	2^0 1	2^{-1} 0,5	2^{-2} 0,25	2^{-3} 0,125	2^{-4} 0,0625
22,6875		1	0	1	1	0	1	0	1	1

$$
\begin{array}{r}
22{,}6875 \\
-16\phantom{{,}0000} \\
\hline
6{,}6875 \\
-\ 4\phantom{{,}0000} \\
\hline
2{,}6875 \\
-\ 2\phantom{{,}0000} \\
\hline
0{,}6875 \\
-\ 0{,}5 \\
\hline
0{,}1875 \\
-\ 0{,}125 \\
\hline
0{,}0625 \\
-\ 0{,}0625 \\
\hline
0{,}0
\end{array}
$$

Es kann sein, daß eine Dezimalzahl mit Kommastellen sich nicht ohne Rest in eine Dualzahl mit Kommastellen umwandeln läßt. Man muß dann entscheiden, auf wieviel Stellen nach dem Komma man die Dualzahl berechnen will und nach Erreichen dieser Stellenzahl die Umrechnung abbrechen. Zur Erleichterung der Umrechnung dient die Tabelle Bild 8.7.

8.2.5 Addition von Dualzahlen

Dualzahlen werden in ähnlicher Weise addiert wie Dezimalzahlen. Es gelten folgende Regeln:

$$
\begin{aligned}
0 + 0 &= 0 \\
0 + 1 &= 1 \\
1 + 0 &= 1 \\
1 + 1 &= 10 \\
1 + 1 + 1 &= 11
\end{aligned}
$$

In einem Arbeitsgang werden immer nur zwei Zahlen addiert. Soll eine Summe aus vielen Zahlen gebildet werden, so addiert man zunächst die erste und die zweite Zahl. Zum Ergebnis wird dann die dritte Zahl addiert. Zu dem dann gefundenen Ergebnis wird die vierte Zahl addiert und so weiter, bis alle Zahlen addiert sind. Eine Kolonnen-Addition wie bei Dezimalzahlen ist bei Dualzahlen nicht üblich. Sie ist prinzipiell möglich, bringt aber einige Schwierigkeiten mit dem Übertrag.

$2^0 =$	1		
$2^1 =$	2	$2^{-1} =$	0,5
$2^2 =$	4	$2^{-2} =$	0,25
$2^3 =$	8	$2^{-3} =$	0,125
$2^4 =$	16	$2^{-4} =$	0,062 5
$2^5 =$	32	$2^{-5} =$	0,031 25
$2^6 =$	64	$2^{-6} =$	0,015 625
$2^7 =$	128	$2^{-7} =$	0,007 812 5
$2^8 =$	256	$2^{-8} =$	0,003 906 25
$2^9 =$	512	$2^{-9} =$	0,001 953 125
$2^{10} =$	1 024	$2^{-10} =$	0,000 976 562 5
$2^{11} =$	2 048	$2^{-11} =$	0,000 488 281 25
$2^{12} =$	4 096	$2^{-12} =$	0,000 244 140 625
$2^{13} =$	8 192	$2^{-13} =$	0,000 122 070 312 5
$2^{14} =$	16 384	$2^{-14} =$	0,000 061 035 156 25
$2^{15} =$	32 768	$2^{-15} =$	0,000 030 517 578 125
$2^{16} =$	65 536		
$2^{17} =$	131 072		
$2^{18} =$	262 144		
$2^{19} =$	524 288		
$2^{20} =$	1 048 576		
$2^{21} =$	2 097 152		
$2^{22} =$	4 194 304		
$2^{23} =$	8 388 608		
$2^{24} =$	16 777 216		
$2^{25} =$	33 554 432		

Bild 8.7 Tabelle der Zweierpotenzen

Die beiden zu addierenden Zahlen werden stellenrichtig übereinander geschrieben. Dann werden die beiden Ziffern der Spalte mit der kleinsten zugeordneten Zweierpotenz addiert. Ergibt sich ein Übertrag, so wird dieser der nächsten Spalte zugeschrieben und bei der Addition dieser Spalte berücksichtigt. Mit Übertrag sind also dann drei Dualziffern zu addieren. Es wird eine Spalte nach der anderen von rechts nach links addiert, bis alle vorhandenen Ziffern addiert sind.

Beispiel:

2^4	2^3	2^2	2^1	2^0	
16	8	4	2	1	
		1	1		Übertrag
	1	0	1	1	1. Zahl
1	0	0	1	1	2. Zahl
1	1	1	1	0	

Wandelt man die Dualzahlen in Dezimalzahlen um, so kann man leicht die Richtigkeit der durchgeführten Addition überprüfen.

$$\begin{array}{rcr} 1011_{(2)} & \Rightarrow & 11_{(10)} \\ 10011_{(2)} & \Rightarrow & 19_{(10)} \\ \hline 11110_{(2)} & \Rightarrow & 30_{(10)} \end{array}$$

Die in Klammern tiefgesetzte 2 kennzeichnet eine Zahl als Dualzahl. Eine Zahl mit einer in Klammern tiefgesetzten 10 ist eine Dezimalzahl. Diese Kennzeichnung ist nur vorzunehmen, wenn Mißverständnisse auftreten können.

8.2.6 Subtraktion von Dualzahlen

8.2.6.1 Direkte Subtraktion

Eine Dualzahl kann man ähnlich wie vom Dezimalsystem her bekannt von einer anderen Dualzahl abziehen. Dies ist die normale Subtraktion. Für sie gelten folgende Regeln:

$$0 - 0 = 0$$
$$1 - 0 = 1$$
$$1 - 1 = 0$$

Die Subtraktion 0 − 1 führt zu einem negativen Ergebnis. Hier gibt es einige Schwierigkeiten.
Bei der direkten Subtraktion wird die abzuziehende Zahl (Subtrahend) stellenrichtig unter die Zahl geschrieben, von der abzuziehen ist (Minuend).

Beispiel:

	1	1	0	1	1	Minuend
−	1	0	0	0	1	Subtrahend
		1	0	1	0	Differenz

Die Subtraktion beginnt man bei der Spalte mit der kleinsten zugeordneten Zweierpotenz, also ganz rechts. Die Ziffer des Subtrahenden wird von der Ziffer des Minuenden abgezogen (1 − 1 = 0 im vorstehenden Beispiel). Dann erfolgt die Subtraktion in der zweiten Spalte von rechts (1 − 0 = 1), dann in der 3. Spalte von rechts usw. Das vorstehende Beispiel bereitet keine Schwierigkeit, da niemals 0 − 1 zu rechnen ist. Im folgenden Beispiel ist es jedoch anders:

Beispiel:

			10			
	1	(1)	0	1	1	27
−			1	1	1	− 7
	1	0	1	0	0	20

Um die Subtraktion in der 3. Spalte von rechts vornehmen zu können, ist die 1 aus der 4. Spalte zu «entleihen». Man rechnet: 10 − 1 = 1. Die rot eingekreiste 1 ist damit zu 0 geworden.

8.2.6.2 *Subtraktion durch Addition des Komplements*

In der Computertechnik wird die Subtraktion überwiegend durch Addition des Komplements der abzuziehenden Zahl vorgenommen.
Eine Subtraktion durch Addition des Komplements ist auch im Dezimalsystem möglich. Der Kilometerzähler eines Autos möge 95 000 anzeigen (Bild 8.8). Wird das Auto weitere 15 000 km gefahren, so zeigt der Kilometerzähler 10 000 an. Die gleiche Zahl ergibt sich, wenn man von 95 000 die Zahl 85 000 abzieht. Die Zahl 15 000 wird Komplement zur Zahl 85 000 genannt. Das Ganze funktioniert natürlich nur, wenn der sich bei der Addition des Komplements ergebende Übertrag in die 6. Stelle vernichtet bzw. nicht angezeigt wird. Der Kilometerzähler in Bild 8.8 darf also nicht sechsstellig sein. In der Computertechnik läßt sich die Unterdrückung des Übertrages sehr einfach verwirklichen.
Bei fünfstelliger Darstellung im Dezimalsystem ergänzen sich Komplement und abzuziehende Zahl zu 100 000, also zu 10^5. Bei sechsstelliger Darstellung ergänzen sich Komplement und abzuziehende Zahl zu 10^6. Allgemein gilt:

> *Im Dezimalsystem ergänzen sich Komplement und abzuziehende Zahl bei n-stelliger Darstellung zu 10^n.*

Das so gefundene Komplement wird B-Komplement genannt.
Im Dualsystem läßt sich die Subtraktion durch Addition des Komplements entsprechend durchführen.

Beispiel:

$$\begin{array}{r} 1\,1\,1\,1 \\ -\;\;1\,1\,1 \\ \hline 1\,0\,0\,0 \end{array} \qquad \begin{array}{r} 15 \\ -\;7 \\ \hline 8 \end{array} \qquad \begin{array}{r} 1\,1\,1\,1 \\ +\;\boxed{\;?\;} \\ \hline 1\,0\,0\,0 \end{array}, \qquad \begin{array}{r} \not{1}\;1\;1\;\;\text{Übertrag} \\ 1\,1\,1\,1 \\ +\;1\,0\,0\,1 \\ \hline 1\,0\,0\,0 \end{array}$$

Im vorstehenden Beispiel ist von der Zahl 15 die Zahl 7 abzuziehen. Das Ergebnis ist 8. Welche Zahl muß zu $15_{(10)} = 1111_{(2)}$ hinzuaddiert werden, damit sich $8_{(10)} = 1000_{(2)}$ ergibt, wenn der Übertrag in die 5. Stelle vernichtet wird? Durch Probieren findet man die Zahl $1001_{(2)} = 9_{(10)}$. Diese Zahl ist das Komplement zu $111_{(2)} = 7_{(10)}$.

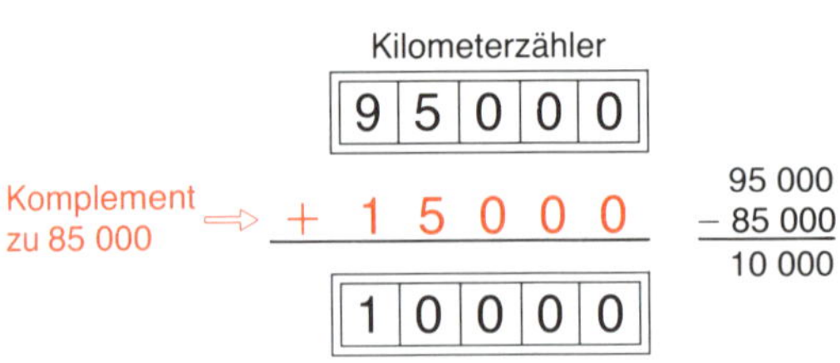

Bild 8.8 Subtraktion durch Addition des Komplements

Bei vierstelliger Darstellung ergänzen sich also abzuziehende Zahl und Komplement zu $16 = 2^4$. Bei fünfstelliger Darstellung müßten sich demnach Komplement und abzuziehende Zahl zu $2^5 = 32$ ergänzen. Das folgende Beispiel zeigt, daß das auch der Fall ist. Komplement (25) und abzuziehende Zahl (7) ergänzen sich zu 32.

Beispiel:

$$
\begin{array}{rcccccl}
 & 1 & 0 & 1 & 1 & 1 & = 23 \\
- & & & 1 & 1 & 1 & = 7 \\
\hline
 & 1 & 0 & 0 & 0 & 0 & = 16
\end{array}
\qquad
\begin{array}{rccccccl}
 & & 1 & 1 & 1 & 1 & \\
 & & 1 & 0 & 1 & 1 & 1 \\
+ & & 1 & 1 & 0 & 0 & 1 & = 25 \\
\hline
 & 1 & 0 & 0 & 0 & 0 &
\end{array}
$$

Man kann also allgemein sagen:

> *Im Dualsystem ergänzen sich Komplement und abzuziehende Zahl bei n-stelliger Darstellung zu 2^n.*

Will man das Komplement einer abzuziehenden Zahl finden, so muß man zunächst wissen, mit wieviel Stellen gearbeitet werden soll. In der Computertechnik ist die Stellenzahl vorgegeben. Für unsere Überlegungen nehmen wir eine Stellenzahl von 6 an. Hat die abzuziehende Zahl weniger als 6 Stellen, so muß sie durch vorzusetzende Nullen auf 6 Stellen erweitert werden.

Beispiel:

$$\underbrace{0\ 0\ 0}_{\text{Erweiterung}}\ 1\ 1\ 1$$

Bei 6 Stellen ergänzen sich Komplement und abzuziehende Zahl zu $2^6 = 64$. Ist die abzuziehende Zahl 7, so muß das Komplement 57 sein.
Invertiert man nun die erweiterte Zahl, schreibt man also für jede 0 eine 1 und für jede 1 eine 0, so erhält man eine Zahl, die nur um 1 kleiner ist als das gesuchte Komplement. Es ergibt sich die Zahl 56.

Beispiel:

$$
\begin{array}{cccccccl}
32 & 16 & 8 & 4 & 2 & 1 & & \\
0 & 0 & 0 & 1 & 1 & 1 & = & 7 \\
\downarrow & \downarrow & \downarrow & \downarrow & \downarrow & \downarrow & & \\
1 & 1 & 1 & 0 & 0 & 0 & = & 56
\end{array}
$$

Das ist kein Zufall, sondern gilt allgemein, wie man an weiteren Beispielen leicht nachprüfen kann.

> *Invertiert man die auf die volle Stellenzahl erweiterte abzuziehende Zahl, so erhält man eine Zahl, die um 1 kleiner ist als das Komplement der abzuziehenden Zahl.*

Die invertierte abzuziehende Zahl wird oft als *Einerkomplement* bezeichnet. Wenn man zu dem Einerkomplement 1 hinzuaddiert, erhält man das gesuchte Komplement. Dieses wird auch *Zweier*komplement genannt.

> *Bilden des Komplements im Dualsystem (Zweierkomplement):*
> *1. Abzuziehende Zahl auf volle Stellenzahl durch Vorsetzen von Nullen erweitern*
> *2. Abzuziehende Zahl invertieren (negieren)*
> *3. Zur invertierten Zahl 1 addieren.*

Die Richtigkeit dieses Verfahrens soll an folgenden Beispielen gezeigt werden.

Beispiel: (6stellige Darstellung)

	1	0	1	1	1	1	= 47
−		1	1	0	1	1	= 27
			?				

0	1	1	0	1	1	abzuziehende Zahl
↓	↓	↓	↓	↓	↓	
1	0	0	1	0	0	invertierte abzuziehende Zahl
				+	1	
1	0	0	1	0	1	Komplement

Übertrag	~~1~~		1	1	1	1		
		1	0	1	1	1	1	= 47
Komplement +		1	0	0	1	0	1	
Ergebnis:		0	1	0	1	0	0	= 20

Beispiel: (8stellige Darstellung)

	1	0	1	1	1	1	= 47
−		1	1	0	1	1	= 27
				?			

0	0	0	1	1	0	1	1	abzuziehende Zahl
↓	↓	↓	↓	↓	↓	↓	↓	
1	1	1	0	0	1	0	0	invertierte abzuziehende Zahl
						+	1	
1	1	1	0	0	1	0	1	Komplement

	~~1~~	1	1		1	1	1	1	
		0	0	1	0	1	1	1	1
Komplement +		1	1	1	0	0	1	0	1
Ergebnis:		0	0	0	1	0	1	0	0 = 20

8.2.7 Negative Dualzahlen

Wie sieht es nun aus, wenn die abzuziehende Zahl größer ist als die Zahl, von der abgezogen werden soll? Selbstverständlich erhält man als Ergebnis eine negative Zahl.

Beispiel:

27			1	1	0	1	1
− 47	−	1	0	1	1	1	1
− 20							

Komplementbildung:	1	0	1	1	1	1	
	↓	↓	↓	↓	↓	↓	
(6 Stellen)	0	1	0	0	0	0	
					+	1	
	0	1	0	0	0	1	Komplement zu 47

	1			1	1		
	0	1	1	0	1	1	Zahl, von der abgezogen wird
+	0	1	0	0	0	1	Komplement
☐	1	0	1	1	0	0	Ergebnis

kein Übertrag in die 7. Stelle

Das Ergebnis ist eine negative Zahl. Man erkennt das daran, daß kein Übertrag in die 7. Stelle auftritt.

> *Wenn bei Addition des Komplements in n-stelliger Darstellung kein Übertrag in die Stelle n + 1 auftritt, ist das Ergebnis eine negative Zahl.*

Um den Betrag der negativen Zahl festzustellen, ist vom Ergebnis das Komplement – genauer das Zweierkomplement – zu bilden:

Beispiel:

```
1 0 1 1 0 0   Ergebnis
↓ ↓ ↓ ↓ ↓ ↓
0 1 0 0 1 1
        + 1
-----------
0 1 0 1 0 0   Komplement des Ergebnisses
```

Das Komplement des Ergebnisses hat den Betrag 20.
Man kann ebenfalls von der Zahl 0 eine bestimmte Zahl abziehen. Als Ergebnis erhält man die abzuziehende Zahl als negative Zahl.

Beispiel:

```
   0         0 0 0 0 0
 - 9       - 0 1 0 0 1
 ---       -----------
 - 9             ?
```

```
Komplementbildung:  0 1 0 0 1
                    ↓ ↓ ↓ ↓ ↓
                    1 0 1 1 0
                          + 1
                    ---------
                    1 0 1 1 1   Komplement zu 9
                                (5stellige Darstellung)
```

Die Zahl 10111 muß als –9 angesehen werden. Bildet man von dieser Zahl erneut das Komplement, so erhält man den Betrag 9:

```
1 0 1 1 1
↓ ↓ ↓ ↓ ↓
0 1 0 0 0
      + 1
---------
0 1 0 0 1 = 9
```

> *Das Komplement einer Zahl kann als negativer Wert dieser Zahl angesehen werden.*

Durch Komplementbildung können positive Dualzahlen in negative Dualzahlen umgewandelt werden. Negative Dualzahlen sind jedoch nicht sofort als solche zu erkennen. Die für –9 gefundene Zahl 10111 kann auch als positive Zahl 23 aufgefaßt werden. Man muß eine Zahlendefinition vornehmen.
Eine mögliche Zahlendefinition zeigt Bild 8.9. Es fällt auf, daß die Stelle mit dem Spaltenwert 2^4 bei positiven Zahlen stets 0 und bei negativen Zahlen stets 1 ist.

Bild 8.9 Definition positiver und negativer Dualzahlen

Dezimal-zahl	(2^4) (16)	2^3 8	2^2 4	2^1 2	2^0 1	
+9	0	1	0	0	1	positiver Bereich
+8	0	1	0	0	0	
+7	0	0	1	1	1	
+6	0	0	1	1	0	
+5	0	0	1	0	1	
+4	0	0	1	0	0	
+3	0	0	0	1	1	
+2	0	0	0	1	0	
+1	0	0	0	0	1	
0	0	0	0	0	0	
−1	1	1	1	1	1	negativer Bereich
−2	1	1	1	1	0	
−3	1	1	1	0	1	
−4	1	1	1	0	0	
−5	1	1	0	1	1	
−6	1	1	0	1	0	
−7	1	1	0	0	1	
−8	1	1	0	0	0	
−9	1	0	1	1	1	

Bei der Darstellung negativer Zahlen ist die werthöchste Stelle stets 1.

Die werthöchste Stelle kann als *Vorzeichenstelle* angesehen werden.

Positive Dualzahlen sind durch eine 0, negative Dualzahlen durch eine 1 in der ersten Stelle von links gekennzeichnet.

Computer arbeiten bei der Zahlendarstellung stets mit festgelegter Stellenzahl, z.B. mit 6, 8, 16 oder 32 Stellen. Die mögliche werthöchste Stelle ist somit stets bekannt und kann als Vorzeichenstelle verwendet werden, ohne daß Irrtümer entstehen.

8.3 BCD-Kode

Der BCD-Kode ist dem dualen Zahlensystem eng verwandt. Die Buchstabenfolge BCD leitet sich von der englischen Bezeichnung «Binary Coded Decimals» ab. Die deutsche Übersetzung lautet: «binär kodierte Dezimalziffern».

8.3.1 Zahlendarstellung im BCD-Kode

Im BCD-Kode wird jede Dezimalziffer durch vier binäre Stellen, also durch 4 Bit, dargestellt. Eine Einheit von vier binären Stellen wird *Tetrade* genannt (tetrade, griechisch: Vierergruppe).

Dezimalziffer	2^3 8	2^2 4	2^1 2	2^0 1	
0	0	0	0	0	Tetraden
1	0	0	0	1	
2	0	0	1	0	
3	0	0	1	1	
4	0	1	0	0	
5	0	1	0	1	
6	0	1	1	0	
7	0	1	1	1	
8	1	0	0	0	
9	1	0	0	1	
	1	0	1	0	Pseudotetraden
	1	0	1	1	
	1	1	0	0	
	1	1	0	1	
	1	1	1	0	
	1	1	1	1	

Bild 8.10 BCD-Kode

Der BCD-Kode ist in Bild 8.10 dargestellt. Jede Dezimalziffer wird als Dualzahl ausgedrückt. Von den insgesamt 16 möglichen Tetraden werden nur 10 Tetraden genutzt. Sechs Tetraden dürfen im BCD-Kode nicht auftreten. Sie werden *Pseudo-Tetraden* genannt. Für jede Ziffer einer mehrstelligen Dezimalzahl wird eine Tetrade benötigt.

> *Eine n-stellige Dezimalzahl wird im BCD-Kode durch n-Tetraden dargestellt.*

Beispiel:

2	3	9
0 0 1 0	0 0 1 1	1 0 0 1
1. Tetrade	2. Tetrade	3. Tetrade

Beispiel:

4 3 9 6 2 9

| 0 1 0 0 | 0 0 1 1 | 1 0 0 1 | 0 1 1 0 | 0 0 1 0 | 1 0 0 1 |

8.3.2 Addition im BCD-Kode

Die Addition erfolgt im Prinzip wie beim dualen Zahlensystem. Sie ist völlig unproblematisch, solange das Ergebnis nicht in den Bereich der Pseudotetraden fällt.

Beispiel:

$$
\begin{array}{rcccc}
 & 1 & 1 & & \\
 & 0 & 0 & 1 & 1 \\
+ & 0 & 1 & 1 & 0 \\
\hline
 & 1 & 0 & 0 & 1
\end{array}
\qquad
\begin{array}{r}
3 \\
+\ 6 \\
\hline
9
\end{array}
$$

Entsteht jedoch bei der Addition eine Pseudotetrade, so bedeutet das, daß die Summe größer als 9 ist, also durch zwei Tetraden dargestellt werden muß. In diesem Fall muß eine Korrektur-Addition vorgenommen werden. Zu der Pseudotetrade muß die Zahl $6_{(10)} = 0110_{(2)}$ addiert werden. Man erhält dann zwei Tetraden.

Beispiel:

$$
\begin{array}{rcccc}
 & & 1 & 1 & \\
 & 1 & 0 & 0 & 1 \\
+ & 0 & 0 & 1 & 1 \\
\hline
 & 1 & 1 & 0 & 0
\end{array}
\qquad
\begin{array}{r}
9 \\
+\ 3 \\
\hline
12
\end{array}
$$

$$
\begin{array}{cccc|cccc}
 & & & & 1 & & & \\
 & & & & 1 & 1 & 0 & 0 \\
 & & & + & 0 & 1 & 1 & 0 \\
\hline
0 & 0 & 0 & 1 & 0 & 0 & 1 & 0 \\
\multicolumn{4}{c|}{\underbrace{\hphantom{0000}}_{1}} & \multicolumn{4}{c}{\underbrace{\hphantom{0000}}_{2}}
\end{array}
\qquad = 6
$$

Beispiel:

$$
\begin{array}{ccccc}
 & 1 & 1 & 1 & \\
 & 0 & 1 & 1 & 1 \\
 & 1 & 0 & 0 & 1 \\
\hline
1 & 0 & 0 & 0 & 0
\end{array}
\qquad
\begin{array}{r}
7 \\
+\ 9 \\
\hline
16
\end{array}
$$

$$
\begin{array}{cccc|cccc}
 & & & 1 & 0 & 0 & 0 & 0 \\
 & & + & & 0 & 1 & 1 & 0 \\
\hline
0 & 0 & 0 & 1 & 0 & 1 & 1 & 0 \\
\multicolumn{4}{c|}{\underbrace{\hphantom{0000}}_{1}} & \multicolumn{4}{c}{\underbrace{\hphantom{0000}}_{6}}
\end{array}
\qquad = 6
$$

Allgemein gilt:

> *Ergibt sich bei der Addition von zwei BCD-Zahlen ein Ergebnis gleich oder größer als $10_{(10)}$, so ist zu diesem Ergebnis die Zahl $0110_{(2)}$ zur Korrektur zu addieren.*

Bei der Addition von BCD-Zahlen, die aus mehreren Tetraden bestehen, ist die Addition tetradenweise von rechts nach links vorzunehmen. Ergibt sich bei der Addition von zwei Tetraden ein Übertrag in eine 5. Stelle, so ist dieser Übertrag der wertniedrigsten Stelle der nächsten Tetrade hinzuzurechnen. Die Korrektur-Addition von 0110 ist immer dann vorzunehmen, wenn das Ergebnis der Addition von zwei Tetraden gleich oder größer als 10 ist.

Beispiel:

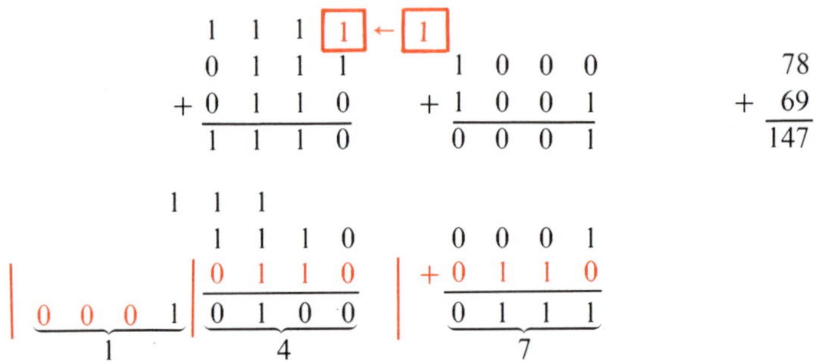

Entsteht bei der Korrektur-Addition von 0110 zu einer Pseudotetrade ein Übertrag in eine 5. Stelle, so ist dieser ebenfalls der wertniedrigsten Stelle der nächsten Tetrade hinzuzurechnen.

Beispiel:

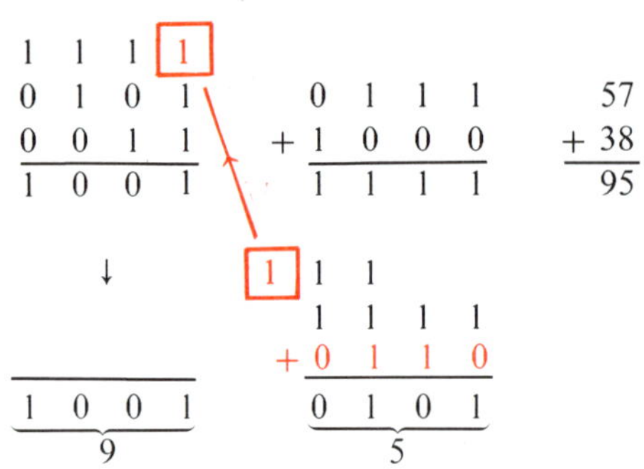

8.3.3 Subtraktion im BCD-Kode

Die Subtraktion im BCD-Kode wird auf die Addition eines Komplements zurückgeführt. Man unterscheidet das *Neunerkomplement* und das *Zehnerkomplement.*

> *Das Neunerkomplement K_9 einer BCD-Tetrade ist die Ergänzung des Tetraden-Wertes zu $1001_{(2)} = 9_{(10)}$.*

Beispiel:
Gesucht ist das Neunerkomplement von 0010.

$$\begin{array}{rcccc} & 1 & 0 & 0 & 1 \\ - & 0 & 0 & 1 & 0 \\ \hline & 0 & 1 & 1 & 1 \end{array} \qquad \begin{array}{r} 9 \\ -2 \\ \hline 7 \end{array}$$

Das Neunerkomplement K_9 zu $2_{(10)}$ ist $7_{(10)} = 0111_{(2)}$.

> *Das Zehnerkomplement K_{10} einer BCD-Tetrade ist die Ergänzung des Tetraden-Wertes zu $1010_{(2)} = 10_{(10)}$.*

Das Zehnerkomplement ist um 1 größer als das Neunerkomplement.

Beispiel:
Gesucht ist das Zehnerkomplement von 0010.

$$\begin{array}{rcccc} & 1 & 0 & 1 & 0 \\ - & 0 & 0 & 1 & 0 \\ \hline & 1 & 0 & 0 & 0 \end{array} \qquad \begin{array}{r} 10 \\ -\ 2 \\ \hline 8 \end{array}$$

Das Zehnerkomplement K_{10} zu $2_{(10)}$ ist $8_{(10)} = 1000_{(2)}$.
Soll von einer BCD-Tetrade A eine BCD-Tetrade B subtrahiert werden, so bildet man zunächst das Zehnerkomplement der BCD-Tetrade B. Dieses wird zur BCD-Tetrade A addiert.

> *Die Subtraktion im BCD-Kode wird auf eine Addition des Zehnerkomplements der abzuziehenden Zahl zurückgeführt.*

Ergibt sich eine Pseudotetrade, so wird die Korrektur-Addition von 0110 vorgenommen. Ein Übertrag in die 5. Stelle zeigt, daß das Ergebnis eine positive Zahl ist. Der Übertrag bleibt beim Ergebniswert unberücksichtigt.

Beispiel:

$$\begin{array}{lrcccc} A & & 1 & 0 & 0 & 1 \\ B & - & 0 & 1 & 1 & 1 \\ \hline & & & & ? & \end{array} \qquad \begin{array}{r} 9 \\ -7 \\ \hline 2 \end{array}$$

K_{10} von $7_{(10)} = 0111_{(2)}$ ist $3_{(10)} = 0011_{(2)}$.

$$\begin{array}{rcccc} & & 1 & 1 & \\ & 1 & 0 & 0 & 1 \\ + & 0 & 0 & 1 & 1 \\ \hline & 1 & 1 & 0 & 0 \end{array} \quad \text{(Pseudotetrade)}$$

$$
\begin{array}{llr|cccc}
 & & 1 & 1 & & & \\
\text{Korrektur-Addition:} & & & 1 & 1 & 0 & 0 \\
 & & + & 0 & 1 & 1 & 0 \\
\hline
 & & 1 & 0 & 0 & 1 & 0 \\
\text{Ergebnis:} & & & & & 2 &
\end{array}
$$

Negative BCD-Zahlen müssen als solche definiert werden. Ergibt sich bei einer Subtraktion eine negative Zahl, so ist diese nicht ohne weiteres als negative Zahl zu erkennen. Es muß ein besonderes Kennzeichen hinzukommen.

> *Ergibt sich bei der Addition des Zehnerkomplements zu einer BCD-Tetrade kein Übertrag in eine 5. Stelle, so ist das Ergebnis eine negative Zahl.*

Beispiel:

$$
\begin{array}{llccccccr}
\text{A} & & 0 & 1 & 1 & 1 & & & 7 \\
\text{B} & - & 1 & 0 & 0 & 1 & & & -9 \\
\hline
 & & & & ? & & & & -2
\end{array}
$$

K_{10} von 9 ist 0001

$$
\begin{array}{rccccl}
 & 0 & 1 & 1 & 1 & \text{B} \\
+ & 0 & 0 & 0 & 1 & K_{10} \\
\hline
 & 1 & 0 & 0 & 0 & \text{negative Zahl}
\end{array}
$$

Es ergibt sich kein Übertrag in eine 5. Stelle.
Das Ergebnis 1000 ist also eine negative Zahl. Um den Betrag dieser negativen Zahl ablesen zu können, ist eine Rückkomplementierung erforderlich. Der Betrag der negativen Zahl ist ihr Zehnerkomplement. Das Zehnerkomplement von 1000 ist also zu suchen.
K_{10} von $1000_{(2)} = 8_{(10)}$ ist $0010_{(2)} = 2_{(10)}$.
Der Betrag ist also 2. Das Ergebnis ist -2.

8.4 Weitere Tetraden-Kodes

Von den vielen Tetraden-Kodes, die es außer dem BCD-Kode noch gibt, sollen hier nur die drei wichtigsten betrachtet werden. Die anderen Tetraden-Kodes spielen eine untergeordnete Rolle und werden nur bei wenigen Spezialaufgaben eingesetzt.

8.4.1 3-Exzeß-Kode

Beim 3-Exzeß-Kode werden die ersten und die letzten drei der 16 möglichen Tetraden nicht verwendet. Diese sechs Tetraden gelten als Pseudotetraden (Bild 8.11).
Faßt man die Tetraden des 3-Exzeß-Kodes als Dualzahlen auf, so stellt man fest, daß ihr Wert stets um drei größer ist als der Wert der zugehörigen Dezimalziffer. Die Dezimalziffer 4 wird z.B. durch 0111, also durch die Dualzahl sieben, dargestellt. Es ergibt sich ein symmetrischer Kode (siehe Bild 8.11).

Bild 8.11 3-Exzeß-Kode

Dezimalziffer	D	C	B	A	
	0	0	0	0	Pseudotetrade
	0	0	0	1	
	0	0	1	0	
0	0	0	1	1	Symmetrie
1	0	1	0	0	
2	0	1	0	1	
3	0	1	1	0	
4	0	1	1	1	
5	1	0	0	0	
6	1	0	0	1	
7	1	0	1	0	
8	1	0	1	1	
9	1	1	0	0	
	1	1	0	1	Pseudotetrade
	1	1	1	0	
	1	1	1	1	

Wie beim BCD-Kode wird jede Dezimalziffer durch eine Tetrade dargestellt.

Beispiel:

8	2	0
1 0 1 1	0 1 0 1	0 0 1 1

Von Vorteil ist, daß im 3-Exzeß-Kode die Tetrade 0000 nicht vorkommt. Da meist die Zuordnung 0 ≙ 0 V und 1 ≙ U_S gilt, tritt die Tetrade 0000 bei Spannungsausfall auf. Ein weiterer Vorteil ist die einfache Neunerkomplement-Bildung.

> *Das Neunerkomplement K_9 wird im 3-Exzeß-Kode durch einfaches Invertieren gebildet.*

Beispiel:
Das Neunerkomplement von 0111 = $4_{(10)}$ ist gesucht.

0 1 1 1
↓ ↓ ↓ ↓ Invertieren
1 0 0 0 = $5_{(10)}$

Addiert man zum Neunerkomplement 1, so erhält man das Zehnerkomplement.
Für die Addition im 3-Exzeß-Kode gelten folgende Korrektur-Vorschriften:

> *Entsteht bei der Addition von zwei Tetraden kein Übertrag in eine 5. Stelle, so muß vom Ergebnis die Zahl 0011 subtrahiert werden.*

> *Entsteht bei der Addition von zwei Tetraden ein Übertrag in eine 5. Stelle, so muß zum Ergebnis jeder Tetrade die Zahl 0011 addiert werden.*

Beispiel:

$$
\begin{array}{rcccc@{\qquad}r}
 & 1 & & & & \\
 & 0 & 1 & 0 & 0 & 1 \\
 & 0 & 1 & 1 & 0 & +3 \\
\hline
 & 1 & 0 & 1 & 0 & 4 \\
 & & & & & \\
 & 1 & 0 & 1 & 0 & \\
- & 0 & 0 & 1 & 1 & \\
\hline
 & & 1 & 1 & 1 & =4
\end{array}
$$

Beispiel:

$$
\begin{array}{cccc|cccc@{\qquad}r}
 & & & 1 & & & & & \\
 & & & & 1 & 0 & 0 & 1 & 6 \\
 & & & & 1 & 1 & 0 & 0 & +9 \\
\hline
 & & & 1 & 0 & 1 & 0 & 1 & 15 \\
 & & & & & & & & \\
 & & & & 1 & 1 & 1 & & \\
 & & & 1 & 0 & 1 & 0 & 1 & \\
0 & 0 & 1 & 1 & 0 & 0 & 1 & 1 & \\
\hline
0 & 1 & 0 & 0 & 1 & 0 & 0 & 0 & \\
\multicolumn{4}{c|}{\underbrace{\qquad}_{1}} & \multicolumn{4}{c}{\underbrace{\qquad}_{5}} &
\end{array}
$$

Durch den Übertrag in die 5. Stelle wird die durchzuführende Korrektur gesteuert. Die Durchführung ist von der Digitaltechnik her problemlos.

8.4.2 Aiken-Kode

Beim Aiken-Kode werden die ersten und die letzten fünf von 16 möglichen Tetraden verwendet. Die Pseudotetraden liegen in der Mitte (Bild 8.12). Es ergibt sich ein symmetrischer Kode, der eine einfache Neunerkomplementbildung ermöglicht.

Bild 8.12 Aiken-Kode

Dezimalziffer	② D	④ C	② B	① A
0	0	0	0	0
1	0	0	0	1
2	0	0	1	0
3	0	0	1	1
4	0	1	0	0
Pseudotetraden	0	1	0	1
	0	1	1	0
	0	1	1	1
	1	0	0	0
	1	0	0	1
	1	0	1	0
5	1	0	1	1
6	1	1	0	0
7	1	1	0	1
8	1	1	1	0
9	1	1	1	1

Symmetrie

> *Beim Aiken-Kode wird das Neunerkomplement K_9 durch einfaches Invertieren gebildet.*

Für die einzelnen Plätze innerhalb einer Tetrade gilt folgende Wertigkeit:

D	C	B	A
2	4	2	1

Bei der Zahlendarstellung wird jede Dezimalziffer durch eine Tetrade gebildet.

Beispiel:

1	9	8	1
0 0 0 1	1 1 1 1	1 1 1 0	0 0 0 1

Bei der Addition ist nur dann eine Korrektur erforderlich, wenn eine Pseudotetrade entsteht. Es gelten folgende Regeln:

> *Entsteht bei der Addition von zwei Aiken-Tetraden eine Pseudotetrade mit Übertrag in eine 5. Stelle, so muß die Zahl 0110 subtrahiert werden.*

> *Entsteht bei der Addition von zwei Aiken-Tetraden eine Pseudotetrade ohne Übertrag in eine 5. Stelle, so muß die Zahl 0110 addiert werden.*

Beispiel:

$$
\begin{array}{cccc c cccc c r}
 & & & & & 1 & & & & & \\
 & & & & & 0 & 1 & 0 & 0 & & 4 \\
 & & & & + & 1 & 1 & 1 & 1 & & +\,9 \\
\hline
0 & 0 & 0 & 1 & | & 0 & 0 & 1 & 1 & & 13 \\
\multicolumn{4}{c}{\underbrace{}_{1}} & & \multicolumn{4}{c}{\underbrace{}_{3}} & & \text{Ergebnis}
\end{array}
$$

Keine Pseudotetraden, keine Korrektur erforderlich.

Beispiel:

$$
\begin{array}{ccccc c r}
 & 0 & 1 & 0 & 0 & & 4 \\
+ & 0 & 0 & 1 & 1 & & +\,3 \\
\hline
 & 0 & 1 & 1 & 1 & & 7
\end{array}
$$

Pseudotetrade: (ohne Übertrag in 5. Stelle)

$$
\begin{array}{l c cccc l}
 & & 0 & 1 & 1 & 1 & \\
\text{Korrektur} & + & 0 & 1 & 1 & 0 & \\
\hline
 & & 1 & 1 & 0 & 1 & = 7 \text{ (Ergebnis)}
\end{array}
$$

Beispiel:

$$
\begin{array}{c c cccc c r}
 & & 1 & 1 & 1 & & & \\
\boxed{1} & & 1 & 0 & 1 & 1 & & 5 \\
 & + & 1 & 1 & 0 & 1 & & +\,7 \\
\hline
 & & 1 & 0 & 0 & 0 & & 12
\end{array}
$$

Pseudotetrade (mit Übertrag in 5. Stelle)

$$
\begin{array}{cccc c cccc l}
 & & & & & 1 & 0 & 0 & 0 & \\
 & & & & - & 0 & 1 & 1 & 0 & \\
\hline
0 & 0 & 0 & \boxed{1} & & 0 & 0 & 1 & 0 & \\
\multicolumn{4}{c}{\underbrace{}_{1}} & & \multicolumn{4}{c}{\underbrace{}_{2}} & \text{(Ergebnis)}
\end{array}
$$

8.4.3 Gray-Kode

Der Gray-Kode wurde nicht unter dem Gesichtspunkt möglichst günstiger kodeeigener Rechenverfahren entwickelt. Man hat vielmehr darauf geachtet, daß beim Übergang von einer Tetrade auf die nächste sich immer nur eine Stelle von 0 auf 1 oder von 1 auf 0 ändert. Es ändert sich also immer nur 1 Bit der Tetrade (Bild 8.13).

> *Kodes, bei denen sich beim Übergang von einer Tetrade auf die nächstfolgende stets nur 1 Bit ändert, werden* einschrittige Kodes *genannt. Der Gray-Kode ist ein einschrittiger Kode.*

Bild 8.13 Gray-Kode (nicht zyklisch)

Dezimalziffer	G	R	A	Y
0	0	0	0	0
1	0	0	0	1
2	0	0	1	1
3	0	0	1	0
4	0	1	1	0
5	0	1	1	1
6	0	1	0	1
7	0	1	0	0
8	1	1	0	0
9	1	1	0	1

Eine andere Bezeichnung für einschrittige Kodes ist *progressive Kodes*. BCD-Kode, 3-Exzeß-Kode und Aiken-Kode sind dagegen mehrschrittige Kodes. Bei mehrschrittigen Kodes kann es beim Übergang von einer Kode-Tetrade auf die nächste zu Fehlinformationen kommen, wenn sich nicht alle Bits, die sich ändern müssen, genau gleichzeitig ändern. Hat sich z.B. ein Bit geändert, zwei andere Bits aber noch nicht, so ist bis zur Änderung der anderen Bits eine falsche Tetrade vorhanden.

Der Gray-Kode wird vor allem für Steuerungen verwendet und hier besonders dann, wenn die Kodierung von Steuerscheiben abgetastet wird. Bei solchen Abtastungen kann niemals sichergestellt werden, daß eine Signaländerung für alle Bits gleichzeitig erfolgt. Mehrschrittige Kodes wären hier sehr problematisch.

Der in Bild 8.13 dargestellte Gray-Kode hat jedoch den Nachteil, daß sich beim Übergang von $9_{(10)} = 1101$ auf $0_{(10)} = 0000$ drei binäre Stellen ändern müssen. Man sagt, der Gray-Kode ist nicht zyklisch.

Der Gray-Kode kann jedoch auf alle 16 möglichen Tetraden erweitert werden (Bild 8.14). Beim erweiterten Gray-Kode folgen die einzelnen Tetraden so aufeinander, daß sich beim Übergang von 15 auf 0 ebenfalls nur 1 Bit ändert. Der erweiterte Gray-Kode ist also zyklisch.

Ein häufiges Anwendungsgebiet des Gray-Kodes ist die Winkelkodierung. Jeder Winkelgröße ist eine bestimmte Tetrade des Gray-Kodes zugeordnet. Meist wird der erweiterte Gray-Kode verwendet.

Bild 8.15 zeigt eine Winkel-Kodierscheibe. Die 16 Tetraden des erweiterten Gray-Kodes sind auf 90 Winkelgrade aufgeteilt. Die Segmente führen 1-Signal.

Die Kodierscheibe wird mit vier Bürsten elektrisch abgetastet. Die Scheibe sitzt z.B. auf einer Welle und dreht sich unter den feststehenden Bürsten. Etwa alle 6 Grad liegt an den vier Bürsten eine andere Tetrade. Eine feinere Auflösung erhält man, wenn man z.B. die 16 Tetraden 16 Winkelgraden zuordnet. Eine eindeutige Kodierung ist dann jedoch nur für Winkel von 0° bis 15° möglich.

Dezimalziffer	G	R	A	Y
0	0	0	0	0
1	0	0	0	1
2	0	0	1	1
3	0	0	1	0
4	0	1	1	0
5	0	1	1	1
6	0	1	0	1
7	0	1	0	0
8	1	1	0	0
9	1	1	0	1
10	1	1	1	1
11	1	1	1	0
12	1	0	1	0
13	1	0	1	1
14	1	0	0	1
15	1	0	0	0

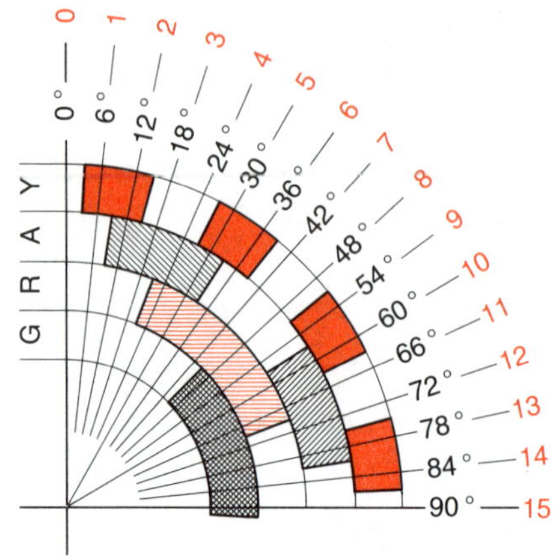

Bild 8.15 Winkel-Kodierscheibe nach dem erweiterten Gray-Kode

◀ *Bild 8.14 Erweiterter Gray-Kode (zyklisch)*

8.5 Hexadezimales Zahlensystem

8.5.1 Aufbau des Hexadezimalsystems

Das hexadezimale Zahlensystem – auch Hexadezimalsystem und Sedezimalsystem genannt – gehört zu den Stellenwertsystemen. Als Stellenwerte werden Potenzen der Zahl 16 verwendet. Das Hexadezimalsystem ist also ein Sechzehner-Zahlensystem.

> *Jeder Stelle innerhalb einer Hexadezimalzahl ist eine Sechzehner-Potenz zugeordnet.*

Den Aufbau des Hexadezimalsystems zeigt Bild 8.16. In der Stelle, der die Potenz $16^0 = 1$ zugeordnet ist, muß man bis 15 zählen können. Erst ab 16 kann die zweite Stelle in Anspruch genommen werden. Man benötigt also mit der Null insgesamt 16 Ziffern.

> *Im Hexadezimalsystem werden 16 Ziffern benötigt.*

Verwendet werden zunächst einmal die bekannten 10 Ziffern 0 bis 9 des Dezimalsystems.

Dezimalzahl	Hexadezimalzahl				
	16^4 65536	16^3 4096	16^2 256	16^1 16	16^0 1
520 ←			2	0	8
			$2 \cdot 256$ +	$0 \cdot 16$ +	$8 \cdot 1$

Bild 8.16 Aufbau des Hexadezimalsystems

Dezimalzahl	Hexadezimalziffer
0	0
1	1
2	2
3	3
4	4
5	5
6	6
7	7
8	8
9	9
10	A (∀)
11	B (ꓭ)
12	C (Ɔ)
13	D (ᗡ)
14	E (Ǝ)
15	F (Ⅎ)

◀ *Bild 8.17 Hexadezimalziffer*

Für die Zahlenwerte $10_{(10)}$ bis $15_{(10)}$ könnte man irgendwelche neuen Ziffern entwerfen. Diese müßten sich erst durchsetzen und wären auf Schreibmaschinen und in Druckereien meist nicht verfügbar. Man hat statt dessen die Buchstaben A, B, C, D, E und F zu Hexadezimalziffern ernannt (Bild 8.17). Die Doppelfunktion von Buchstabe und Ziffer führt im allgemeinen zu keinen Verwechslungen. Aus dem Umfeld kann man meist ersehen, ob eine Buchstabenfunktion oder eine Zifferfunktion vorliegt. Will man Verwechslungen vorbeugen, kann man die Buchstaben auf den Kopf stellen, wenn sie Ziffernfunktion haben sollen.

8.5.2 Umwandlung von Hexadezimalzahlen in Dezimalzahlen

Die Umwandlung von Hexadezimalzahlen in Dezimalzahlen erfolgt nach den vom Dualsystem her bekannten Prinzipien. Es ist vorteilhaft, eine Tabelle gemäß Bild 8.17a aufzustellen. Die Anzahl der Spalten dieser Tabelle richtet sich nach der größten auftretenden Hexadezimalzahl.

Dezimalzahl	Hexadezimalzahl					
	16^5 1048576	16^4 65536	16^3 4096	16^2 256	16^1 16	16^0 1
41551 ←			A	2	4	F
			$10 \cdot 4096$ +	$2 \cdot 256$ +	$4 \cdot 16$ +	$15 \cdot 1$
68651 ←		1	0	C	2	B

Bild 8.17a Tabelle zur Umrechnung von Hexadezimalzahlen in Dezimalzahlen

Die Umrechnung der Hexadezimalzahl A24F in eine Dezimalzahl wird wie folgt vorgenommen:

$$\begin{array}{lrrr} A \Rightarrow & 10 \cdot & 4096 = & 40960 \\ 2 \Rightarrow & 2 \cdot & 256 = & 512 \\ 4 \Rightarrow & 4 \cdot & 16 = & 64 \\ F \Rightarrow & 15 \cdot & 1 = & \underline{15} \\ & & & 41551 \end{array}$$

Für $10C2B_{(16)}$ ergibt sich:

$$\begin{array}{lrrr} 1 \Rightarrow & 1 \cdot & 65536 = & 65536 \\ 0 \Rightarrow & 0 \cdot & 4096 = & 0 \\ C \Rightarrow & 12 \cdot & 256 = & 3072 \\ 2 \Rightarrow & 2 \cdot & 16 = & 32 \\ B \Rightarrow & 11 \cdot & 1 = & \underline{11} \\ & & & 68651 \end{array}$$

Die Zuhilfenahme eines Taschenrechners erleichtert die Umrechnung sehr.

8.5.3 Umwandlung von Dezimalzahlen in Hexadezimalzahlen

Bei der Umwandlung von Dezimalzahlen in Hexadezimalzahlen ergeben sich einige kleinere Schwierigkeiten. Es wird vorgeschlagen, eine Tabelle nach Bild 8.17a zu verwenden. Die Spaltenwerte oder Stellenwerte sind also bekannt. Jeder Spaltenwert kann aber 0mal bis 15mal auftreten. Entsprechend sind die Ziffern 0 bis F zu wählen. Zweckmäßig ist eine Tabelle, aus der das Ein- bis Fünfzehnfache der Spaltenwerte entnommen werden kann. Eine solche Tabelle bis zu den Spaltenwerten 16^4 ist in Bild 8.18 dargestellt.
Soll nun die Dezimalzahl 1982 als Hexadezimalzahl dargestellt werden, so ist eine kleine Tabelle gemäß Bild 8.19 zu zeichnen. Die Spalte 16^3 wäre nicht erforderlich. Nun wird in der Tabelle Bild 8.18 die größte Zahl gesucht, die gleich oder kleiner als 1982 ist. Diese Zahl $1792 = 7 \cdot 256 = 7 \cdot 16^2$. In die Spalte 16^2 kommt also die Ziffer 7.
Der Betrag von 1792 ist jetzt verbraucht. Es verbleibt noch ein Rest von 190.

$$\begin{array}{r} 1982 \\ -\ \underline{1792} \\ \underline{\underline{190}} \end{array}$$

Jetzt wird die größte Zahl aus der Tabelle Bild 8.18 gesucht, die gleich oder kleiner als 190 ist. Diese Zahl $176 = 11 \cdot 16^1$. In die Spalte 16^1 wird die Ziffer B eingetragen. Es verbleibt ein Rest von 14.

$$\begin{array}{r} 190 \\ -\ \underline{176} \\ \underline{\underline{14}} \end{array}$$

Bild 8.18 Tabelle zur Umrechnung von Dezimalzahlen in Hexadezimalzahlen

Dezimal-zahl	Hexa-dezimal-ziffer	Vielfache der Sechzehnerpotenzen				
		16^4	16^3	16^2	16^1	16^0
		05 500	4 090	250	10	1
1	1	65 536	4 096	256	16	1
2	2	131 072	8 192	512	32	2
3	3	196 608	12 288	768	48	3
4	4	262 144	16 384	1 024	64	4
5	5	327 680	20 480	1 280	80	5
6	6	393 216	24 576	1 536	96	6
7	7	458 752	28 672	1 792	112	7
8	8	524 288	32 768	2 048	128	8
9	9	589 824	36 864	2 304	144	09
10	A	655 360	40 960	2 560	160	10
11	B	720 896	45 056	2 816	176	11
12	C	786 432	49 152	3 072	192	12
13	D	851 968	53 248	3 328	208	13
14	E	917 504	57 344	3 584	224	14
15	F	983 040	61 440	3 840	240	15

Bild 8.19 Umwandlung von Dezimalzahlen in Hexadezimalzahlen

Dezimal-zahl	Hexadezimalzahl			
	16^3	16^2	16^1	16^0
1982 ⇒		7	B	E
50860 ⇒	C	6	A	C

Der Rest von 14 ist $14 \cdot 1 = 14 \cdot 16^0$. In die Spalte 16^0 wird die Ziffer E eingetragen. Damit ist der Rest verbraucht.

$$\begin{array}{r} 14 \\ -\ 14 \\ \hline \underline{0} \end{array}$$

Die gesuchte Hexadezimalzahl lautet:

7BE

Als weiteres Beispiel soll die Dezimalzahl 50 860 in eine Hexadezimalzahl umgewandelt werden. Die größte Zahl in der Tabelle Bild 8.18, die gleich oder kleiner als 50 860 ist, ist $49\,152 = 12 \cdot 4096 = 12 \cdot 16^3$. In die Spalte 16^3 gehört also die Hexadezimalziffer zwölf = C.

In die Spalte 16^2 kommt die Hexadezimalziffer 6, denn $6 \cdot 16^2 = 6 \cdot 256$ ergibt 1536 (Tabelle Bild 8.18). Es verbleibt ein Rest von $1708 - 1536 = 172$. In die Spalte 16^1 kann die Hexadezimalziffer A eingetragen werden, denn $10 \cdot 16$ ist 160. Es verbleibt ein Rest von 12. In der Spalte 16^0 kann die Hexadezimalziffer zwölf = C eingetragen werden. Damit ist die Dezimalzahl 50860 in die Hexadezimalzahl C6AC umgewandelt worden.

Die Richtigkeit der Umwandlung kann durch Rückumwandlung der Hexadezimalzahl in eine Dezimalzahl erfolgen.

Probe:

$$\begin{aligned} C &\Rightarrow 12 \cdot 4096 = 49152 \\ 6 &\Rightarrow 6 \cdot 256 = 1536 \\ A &\Rightarrow 10 \cdot 16 = 160 \\ C &\Rightarrow 12 \cdot 1 = \underline{12} \\ & \underline{\underline{50860}} \end{aligned}$$

8.5.4 Umwandlung von Dualzahlen in Hexadezimalzahlen

Sollen Dualzahlen in Hexadezimalzahlen umgewandelt werden, so kann man zunächst die Dualzahlen in Dezimalzahlen umwandeln. Sind die Dezimalzahlen bekannt, so erfolgt die weitere Umwandlung in Hexadezimalzahlen, wie in Abschnitt 8.5.3 beschrieben. Dieses Verfahren führt zum Ziel, ist aber sehr umständlich. Es gibt ein wesentlich einfacheres Umwandlungsverfahren.
Zwischen dem dualen Zahlensystem und dem hexadezimalen Zahlensystem besteht eine besonders enge Verwandtschaft. Alle Sechzehner-Potenzzahlen können auch als Zweierpotenzzahlen geschrieben werden ($16^0 = 2^0$, $16^1 = 2^4$, $16^2 = 2^8$ usw.). Stellt man die bereits bekannte Umrechnungstabelle für das Dualsystem auf, so zeigt sich, daß jede vierte Dualspalte im Spaltenwert einer Hexadezimalspalte entspricht (Bild 8.20).

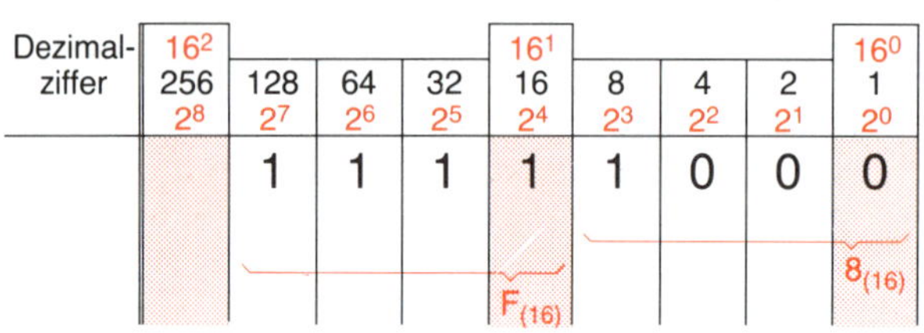

Bild 8.20 Umrechnungstabelle

> *Jede mit 4 Dualstellen darstellbare Zahl kann durch 1 Hexadezimalziffer dargestellt werden.*

Mit 4 Dualstellen kann von 0 bis 15 gezählt werden. Es ergeben sich insgesamt 16 Tetraden. Jede Tetrade entspricht einer Hexadezimalziffer (Bild 8.21).
Bei Dualzahlen mit mehr als vier Stellen können jeweils vier Stellen durch eine Hexadezimalziffer dargestellt werden. Bei ganzen Zahlen sind von rechts Vierergruppen von Dualstellen zu bilden. Enthält die letzte Gruppe links weniger als vier Stellen, so ist sie durch vorzusetzende Nullen auf vier Stellen aufzufüllen.

Bild 8.21 Hexadezimalziffern, durch vierstellige Dualzahlen dargestellt

Hexa-dezimal-ziffer	Dualzahl 2^3 8	2^2 4	2^1 2	2^0 1
0	0	0	0	0
1	0	0	0	1
2	0	0	1	0
3	0	0	1	1
4	0	1	0	0
5	0	1	0	1
6	0	1	1	0
7	0	1	1	1
8	1	0	0	0
9	1	0	0	1
A	1	0	1	0
B	1	0	1	1
C	1	1	0	0
D	1	1	0	1
E	1	1	1	0
F	1	1	1	1

Je vier Dualstellen ergeben eine Hexadezimalstelle.

Beispiel:

Dualzahl ⇒ | 0 0 1 1 | 0 1 1 1 | 0 1 0 1 |

Hexa-
dezimalzahl ⇒ 3 7 5

$1\ 1\ 0\ 1\ 1\ 1\ 0\ 1\ 0\ 1_{(2)} = 375_{(16)}$

Mit den Umrechnungstabellen in Bild 8.22 wird das Ergebnis überprüft. Das Ergebnis ist richtig.

Dezimalzahl	Dualzahl 2^{10} 1024	2^9 512	2^8 256	2^7 128	2^6 64	2^5 32	2^4 16	2^3 8	2^2 4	2^1 2	2^0 1
885	0	1	1	0	1	1	1	0	1	0	1
	$3_{(16)}$			$7_{(16)}$				$5_{(16)}$			

512
+ 256
+ 64
+ 32
+ 16
+ 4
+ 1
$885_{(10)}$

Dezimalzahl	Hexadezimalzahl 16^2 256	16^1 16	16^0 1
885	3	7	5

$3 \cdot 256 = 768$
$7 \cdot 16 = 112$
$5 \cdot 1 = 5$
$885_{(10)}$

Bild 8.22 Ergebnisüberprüfung

Bei Dualzahlen mit Stellen nach dem Komma sind die Vierergruppen vom Komma aus nach rechts und links zu bilden.

Beispiel:

| 0 1 1 0 | 1 1 1 1, | 1 0 1 0 | 1 0 0 0 |

⇓ ⇓ ⇓ ⇓

6 F , A 8

$1\,0\,1\,1\,1\,1\,1\,,\,1\,0\,1\,0\,1_{(2)} = 6\,F\,,\,A\,8_{(16)}$

Die Überprüfung mit Hilfe der Umrechnungstabellen in Bild 8.23 zeigt, daß das gefundene Ergebnis richtig ist.

> *Das hexadezimale Zahlensystem wird häufig verwendet, um lange Dualzahlen kürzer und damit übersichtlicher darstellen zu können.*

Dualzahlen mit z.B. 32 Stellen lassen sich mit 8 Hexadezimalstellen schreiben.

Beispiel:

| 1001 | 0110 | 1110 | 1111 | 0001 | 1111 | 0100 | 0111 $|_{(2)} = 96EF1F47_{(16)}$

⇓ ⇓ ⇓ ⇓ ⇓ ⇓ ⇓ ⇓

9 6 E F 1 F 4 7

Dezimalzahl	Dualzahl												
	2^6 64	2^5 32	2^4 16	2^3 8	2^2 4	2^1 2	2^0 1	2^{-1} 0,5	2^{-2} 0,25	2^{-3} 0,125	2^{-4} 0,0625	2^{-5} 0,03125	2^{-6} 0,015625
111,65625	1	1	0	1	1	1	1,	1	0	1	0	1	

Dezimalzahl	Hexadezimalzahl				
	16^2 256	16^1 16	16^0 1	16^{-1} 0,0625	16^{-2} 0,00390625
111,65625		6	F,	A	8

6 · 16	=	96
15 · 1	=	15
10 · 0,0625	=	0,625
8 · 0,00390625	=	0,03125
		111,65625(10)

	64
+	32
+	8
+	4
+	2
+	1
+	0,5
+	0,125
+	0,03125
	111,65625(10)

Bild 8.23 Ergebnisüberprüfung

8.5.5 Umwandlung von Hexadezimalzahlen in Dualzahlen

Ist die Umwandlung von Dualzahlen in Hexadezimalzahlen bekannt, so bereitet die Rückumwandlung keine Schwierigkeiten.

> *Jede Hexadezimalziffer wird durch 4 Dualstellen dargestellt.*

Mit Hilfe der Tabelle Bild 8.21 geht die Umwandlung von Hexadezimalzahlen in Dualzahlen sehr schnell. Für jede Hexadezimalziffer schreibt man die zugehörigen vier Dualstellen.

Beispiel:

E	6	0	5
1 1 1 0	0 1 1 0	0 0 0 0	0 1 0 1

8.6 Oktales Zahlensystem

8.6.1 Aufbau des Oktalsystems

Das oktale Zahlensystem – auch Oktalsystem oder Achtersystem genannt – ist ein Stellenwertsystem wie das Hexadezimalsystem.

> *Jeder Stelle innerhalb einer Oktalzahl ist eine Achter-Potenz zugeordnet.*

Den Aufbau des Oktalsystems zeigt Bild 8.24. In der Stelle, der die Potenz $8^0 = 1$ zugeordnet ist, muß man bis 7 zählen können. Erst ab 8 kann die zweite Stelle in Anspruch genommen werden. Es werden also zusammen mit der Null 8 Ziffern benötigt. Man verwendet die vom Dezimalsystem her bekannten Ziffern.

> *Im Oktalsystem werden 8 Ziffern benötigt.*

Bild 8.24 Aufbau des Oktalsystems

Dezimalzahl	Oktalzahl					
	8^5	8^4	8^3	8^2	8^1	8^0
	32768	4096	512	64	8	1
2583 ⇐			5	0	2	7
			5·512 +	0·64 +	2·8 +	7·1

Dezimalzahl	Oktalziffer
1	1
2	2
3	3
4	4
5	5
6	6
7	7
(8)	(10)

Bild 8.25 Oktalziffern

Bild 8.25 zeigt die Zuordnung der Oktalziffern zu den Dezimalzahlen 0 bis 7. Können Verwechslungen zwischen Dezimalzahlen und Oktalzahlen vorkommen, so kennzeichnet man die Zahlen durch einen in Klammern gesetzten Index. Die Indexzahl 8 kennzeichnet das Oktalsystem, die Indexzahl 10 das Dezimalsystem.

Beispiel:

$$2583_{(10)} = 5027_{(8)}$$

8.6.2 Umwandlung von Oktalzahlen

Die Umwandlung von Oktalzahlen in Dezimalzahlen erfolgt nach dem gleichen Verfahren wie die Umwandlung von Hexadezimalzahlen in Dezimalzahlen (Abschnitt 8.5.2).
Will man Dezimalzahlen in Oktalzahlen umwandeln, so verfährt man wie in Abschnitt 8.5.3 beschrieben. Man muß nur die gegenüber dem Hexadezimalsystem anderen Spaltenwerte beachten.

Beispiel:
Die Dezimalzahl 1983 soll in eine Oktalzahl umgewandelt werden. Es wird vorgeschlagen, eine Tabelle gemäß Bild 8.26 zu verwenden. In der Spalte 8^3 kann die Oktalziffer 3 stehen, denn $3 \cdot 512$ sind 1536. Die Oktalziffer 3 in der Spalte 8^3 hat also einen Wert von 1536. Es bleibt noch ein Rest von 447.
In der Spalte 8^2 kann die Oktalziffer 6 stehen, denn $6 \cdot 64$ sind 384. Diesen Wert hat die Oktalziffer 6 in dieser Spalte. Es gibt sich ein Rest von 63.

$$\begin{array}{rl} & 1983 \\ - & \underline{1536} = 3 \cdot 512 \\ & 447 \\ - & \underline{384} = 6 \cdot 64 \\ & 63 \end{array}$$

Für die Spalte 8^1 ergibt sich die Oktalziffer 7. Sie repräsentiert einen Wert von $7 \cdot 8 = 56$. Zieht man von 63 die Zahl 56 ab, so verbleibt ein Rest von 7. In die Spalte 8^0 kommt also die Oktalziffer 7, denn $7 \cdot 1$ sind 7.

Bild 8.26 Umwandlung von Dezimalzahlen in Oktalzahlen

Dezimalzahl	Oktalzahl			
	8^3	8^2	8^1	8^0
	512	64	8	1
1983	3	6	7	7

$$
\begin{aligned}
3 \cdot 512 &= 1536 \\
6 \cdot 64 &= 384 \\
7 \cdot 8 &= 56 \\
7 \cdot 1 &= \underline{7} \\
 & 1983
\end{aligned}
$$

$$
\begin{array}{rl}
 & 63 \\
- & \underline{56} = 7 \cdot 8 \\
 & 7 \\
- & \underline{7} = 7 \cdot 1 \\
 & 0
\end{array}
$$

Das Ergebnis der Umwandlung lautet also:

$$1983_{(10)} = 3677_{(8)}$$

Das oktale Zahlensystem hat wie das hexadezimale Zahlensystem eine enge Verwandtschaft zum dualen Zahlensystem. Alle Achter-Potenzzahlen können auch als Zweier-Potenzzahlen geschrieben werden ($8^0 = 2^0$, $8^1 = 2^3$, $8^2 = 2^6$ usw.). Beim Vergleich der Umrechnungstabelle Bild 8.26 mit der Umrechnungstabelle für das Dualsystem (Bild 8.4) zeigt sich, daß jede dritte Dualspalte einer Oktalspalte entspricht (Bild 8.27). Daraus ergibt sich:

> *Jede mit 3 Dualstellen darstellbare Zahl kann durch eine Oktalziffer dargestellt werden.*

Mit 3 Dualstellen kann von 0 bis 7 gezählt werden. Zusammen mit der Null ergeben sich 8 mögliche Dreiereinheiten (Bild 8.28).
Bei Dualzahlen mit mehr als 3 Stellen können jeweils 3 Stellen durch eine Oktalziffer dargestellt werden. Bei ganzen Zahlen sind von rechts Dreiergruppen von Dualstellen zu bilden. Enthält die letzte Gruppe links weniger als drei Stellen, so ist sie durch vorzusetzende Nullen auf drei Stellen aufzufüllen.

> *Je drei Dualstellen ergeben eine Oktalstelle.*

Bild 8.27 Umrechnungstabelle

Dezimalzahl	8^3			8^2			8^1			8^0
	2^9	2^8	2^7	2^6	2^5	2^4	2^3	2^2	2^1	2^0
	512	256	128	64	32	16	8	4	2	1
		0	1	0	1	0	0	1	1	1
				$2_{(8)}$			$4_{(8)}$			$7_{(8)}$

Oktal-ziffer	Dualzahl 2^2 4	2^1 2	2^0 1
0	0	0	0
1	0	0	1
2	0	1	0
3	0	1	1
4	1	0	0
5	1	0	1
6	1	1	0
7	1	1	1

Bild 8.28 Oktalziffern durch dreistellige Dualzahlen dargestellt

Beispiel:

Dualzahl ⇒ | 0 0 1 | 1 0 1 | 1 1 0 | 1 0 1 |

Oktalzahl ⇒ 1 5 6 5

$1\,1\,0\,1\,1\,1\,0\,1\,0\,1_{(2)} = 1565_{(8)}$

Es ist also sehr leicht, Dualzahlen in Oktalzahlen umzuwandeln.
Sollen Oktalzahlen in Dualzahlen umgewandelt werden, so schreibt man für jede Oktalziffer die zugehörigen drei Dualstellen.

> *Jede Oktalziffer wird durch 3 Dualstellen dargestellt.*

Beispiel:

3 6 7 7

| 0 1 1 | 1 1 0 | 1 1 1 | 1 1 1 |

$3677_{(8)} = 1\ 1\ 1\ 1\ 0\ 1\ 1\ 1\ 1\ 1\ 1_{(2)} = 1983_{(10)}$

Gemäß Bild 8.26 ist $3677_{(8)} = 1983_{(10)}$.

Soll eine Oktalzahl in eine Hexadezimalzahl umgewandelt werden, so geht dies besonders einfach über die Dualzahl. Hat man die Oktalzahl als Dualzahl geschrieben, so bildet man Vierergruppen von Dualziffern und ersetzt jede Vierergruppe durch die entsprechende Hexadezimalziffer.

Beispiel:

$3677_{(8)} =$ 0 1 1 1 | 1 0 1 1 | 1 1 1 1

7 B F

$3677_{(8)} = 7BF_{(16)}$

8.7 Fehlererkennende Kodes

8.7.1 Begriff der Redundanz

Eine Erkennung von Fehlern ist nur möglich, wenn die vorhandene Information das notwendige Minimum überschreitet, wenn also mehr Information übermittelt wird, als eigentlich benötigt würde. Wenn ein Redner einen Sachverhalt ganz knapp angibt, kann man ohne verfügbare weitere Information die Richtigkeit der Aussage nicht überprüfen. Stellt der Redner den Sachverhalt jedoch weitschweifig dar und gibt damit selbst zusätzliche Informationen, so ist eine Überprüfung der Richtigkeit schon eher möglich. Die zusätzlich gegebene Information wird *Redundanz* genannt (redundans, lat.: im Überfluß vorhanden).

Unsere Sprache und unsere Schrift enthalten eine ziemlich große Redundanz. Nur durch diese Redundanz können z.B. Schreibfehler und Druckfehler als solche erkannt werden. Dies wird besonders klar, wenn wir Informationen ohne Redundanz betrachten. Die Ziffer 7 wird im BCD-Kode als 0111 dargestellt. Wird bei der Übertragung dieser Ziffer eine 1 in eine 0 verwandelt, so ergibt sich z.B. 0101. Dieser Ausdruck bedeutet aber Ziffer 5. Ohne zusätzliche Information ist jetzt nicht mehr feststellbar, daß Ziffer 5 falsch ist.

Wird die Ziffer 7 in wörtlicher Darstellung, also als *«sieben»*, übertragen und wird durch einen Fehler ein Buchstabe geändert, so erkennt man sofort, daß ein Fehler vorliegt (z.B. «siepen» statt «sieben»). Die wörtliche Darstellung enthält eine überschüssige Information, sie enthält Redundanz.

> *Redundanz liegt immer dann vor, wenn außer der eigentlichen Information noch zusätzliche Informationen übertragen werden, die eine Fehlererkennung oder eine Fehlerkorrektur ermöglichen.*

Um zu erkennen, daß ein Fehler vorliegt, genügt in vielen Fällen eine geringe Redundanz. Soll der Fehler nicht nur erkannt, sondern auch korrigiert werden, sind mehr zusätzliche Informationen – also eine größere Redundanz – erforderlich.

> *Für die Fehlerkorrektur benötigt man eine größere Redundanz als für die Fehlererkennung.*

Die Möglichkeiten der Fehlererkennung und der Fehlerkorrektur haben zur Entwicklung besonderer Kodes geführt.

8.7.2 Dualergänzter Kode

Die Entstehung eines fehlererkennenden Kodes kann am besten am dualergänzten Kode betrachtet werden. Bild 8.29 zeigt den bekannten BCD-Kode. Dieser erhält eine zusätzliche Stelle, also ein zusätzliches 5. Bit. Die Spalte des 5. Bit ist in Bild 8.29 mit E bezeichnet.

Dezimal-ziffer	2^3 8	2^2 4	2^1 2	2^0 1	E
0	0	0	0	0	0
1	0	0	0	1	1
2	0	0	1	0	1
3	0	0	1	1	0
4	0	1	0	0	1
5	0	1	0	1	0
6	0	1	1	0	0
7	0	1	1	1	1
8	1	0	0	0	1
9	1	0	0	1	0

Bild 8.29 Entstehung des dualergänzten Kodes aus dem BCD-Kode

Durch das 5. Bit wird nun der BCD-Kode auf «Geradzahligkeit ergänzt». Das bedeutet, er wird so ergänzt, daß die Anzahl der Bits, die den Wert 1 haben, geradzahlig ist.
Bei der Dezimalziffer 0 ist keine Ergänzung erforderlich. Die Dezimalziffer 1 wird durch 0001 dargestellt. Die Anzahl der Bits, die den Wert 1 haben, ist 1, also ungeradzahlig. Somit erhält das 5. Bit den Wert 1. Bei der Dezimalziffer 2 (0010) hat ebenfalls nur ein Bit den Wert 1. E erhält also den Wert 1. Bei der Dezimalziffer 3 (0011) führen zwei Bit den Wert 1. Die Anzahl der Bits, die den Wert 1 führen, ist also geradzahlig. E erhält den Wert 0 usw.
Jede Dezimalziffer wird durch eine 5-Bit-Einheit dargestellt. Das 5. Bit ist die zusätzliche Information, also die Redundanz. Es wird auch *Prüfbit* genannt.
Jede 5-Bit-Einheit wird nun durch eine besondere Digitalschaltung, durch einen sogenannten Geradzahligkeitsprüfer, auf Geradzahligkeit der Anzahl der Einsen geprüft (Bild 8.30). Liegt Geradzahligkeit vor, so ist Z = 0. Liegt Ungeradzahligkeit vor, so ist Z = 1. Bei Z = 1 erfolgt Fehlermeldung.
Wird also auf einem Übertragungsweg ein Bit von 0 auf 1 oder von 1 auf 0 geändert, so wird der Fehler erkannt. Es erfolgt Fehlermeldung. Erkannt wird nur, daß die übertragene Dezimalziffer falsch ist. Es ist nicht feststellbar, wie sie richtig lauten müßte. Sie kann also nicht korrigiert werden.

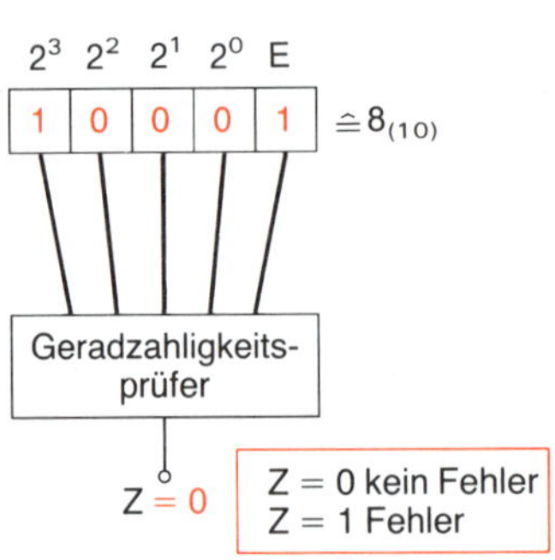

Bild 8.30 Fehlererkennung durch Geradzahligkeitsprüfung

Sind in einer 5-Bit-Einheit zwei Bits falsch, so erfolgt keine Fehlermeldung, da die Anzahl der 1-Zustände wieder geradzahlig ist. Solche Fehler werden also bei Verwendung des dual ergänzten Kodes nicht erkannt.
Die Wahrscheinlichkeit, daß ein solcher Fehler auftritt, ist aber sehr gering. Sollte er doch auftreten, so gibt es bestimmt mehrere Fehlerfälle vorher oder nachher, bei denen nur ein Bit falsch ist und die Fehlerhaftigkeit der Anlage gemeldet wird.

8.7.3 Zwei-aus-Fünf-Kodes

Außer dem dual ergänzten Kode gibt es eine Vielzahl von 5-Bit-Kodes, von denen die sogenannten Zwei-aus-Fünf-Kodes eine besonderer Bedeutung haben. Bei diesen Kodes erfolgt die Fehlererkennung wie beim dual ergänzten Kode durch Geradzahligkeitsprüfung. Bild 8.31 zeigt die Kodetabellen des *Lexikographischen Kodes,* des *Walking-Kodes,* des 7-4-2-1-0-Kodes und des 8-4-2-1-0-Kodes.

	Lexikographischer Kode					Walking-Kode					7–4–2–1–0–Kode					8–4–2–1–0–Kode				
Bit-Nr.	5	4	3	2	1	5	4	3	2	1	5	4	3	2	1	5	4	3	2	1
Wertigkeit	keine					keine					7	4	2	1	0	8	4	2	1	0
Dezimalziffer																				
0	0	0	0	1	1	0	0	0	1	1	1	1	0	0	0	1	0	1	0	0
1	1	1	0	0	0	0	0	1	0	1	0	0	0	1	1	0	0	0	1	1
2	1	0	1	0	0	0	0	1	1	0	0	0	1	0	1	0	0	1	0	1
3	1	0	0	1	0	0	1	0	1	0	0	0	1	1	0	0	0	1	1	0
4	1	0	0	0	1	0	1	1	0	0	0	1	0	0	1	0	1	0	0	1
5	0	1	1	0	0	1	0	1	0	0	0	1	0	1	0	0	1	0	1	0
6	0	1	0	1	0	1	1	0	0	0	0	1	1	0	0	0	1	1	0	0
7	0	1	0	0	1	0	1	0	0	1	1	0	0	0	1	1	1	0	0	0
8	0	0	1	1	0	1	0	0	0	1	1	0	0	1	0	1	0	0	0	1
9	0	0	1	0	1	1	0	0	1	0	1	0	1	0	0	1	0	0	1	0

Bild 8.31 Kodetabellen der wichtigsten Zwei-aus-Fünf-Kodes

Der Lexikographische Kode und der Walking-Kode haben keine Wertigkeit der Binärstellen. Beim 7-4-2-1-0-Kode sind den Binärstellen die Wertigkeiten 7, 4, 2, 1 und 0 zugeordnet. Die Wertigkeit gilt aber nicht für die Dezimalziffer 0, d.h. für die erste Zeile der Kodetabelle.
Die Binärstellen des 8-4-2-1-0-Kodes haben die Wertigkeiten 8, 4, 2, 1 und 0. Auch diese Wertigkeiten gelten nur eingeschränkt. Sie sind für die Dezimalziffern 0 und 7 nicht gültig.
Außer den Kodetabellen mit 0- und 1-Werten werden auch sogenannte Kodetafeln verwendet. In den Kodetafeln ist jeder 1-Wert durch ein ausgefülltes Feld und jeder 0-Wert durch ein nicht ausgefülltes Feld gekennzeichnet (Bild 8.32). Diese Darstellung ist sehr übersichtlich.

		Lexikographischer Kode					Walking-Kode					7–4–2–1–0–Kode					8–4–2–1–0–Kode				
Bit-Nr.		5	4	3	2	1	5	4	3	2	1	5	4	3	2	1	5	4	3	2	1
Wertigkeit		keine					keine					7	4	2	1	0	8	4	2	1	0
	0				■	■				■	■	■	■				■		■		
	1	■	■						■		■				■	■				■	■
	2	■		■					■	■				■		■			■		■
Dezimal-	3	■			■			■		■				■	■				■	■	
ziffer	4	■				■		■	■				■			■		■			■
	5		■	■			■		■				■		■			■		■	
	6		■		■		■	■					■	■				■	■		
	7		■			■		■			■	■				■	■	■			
	8			■	■		■				■	■			■		■				■
	9			■		■	■			■		■		■			■			■	

Bild 8.32 Kodetafeln der wichtigsten Zwei-aus-Fünf-Kodes

8.7.4 Drei-aus-Fünf-Kodes

Mit 5-Bit-Einheiten lassen sich auch Drei-aus-Fünf-Kodes aufbauen. Jede 5-Bit-Einheit – auch 5-Bit-Wert genannt – enthält drei 1-Zustände und zwei 0-Zustände. Häufig verwendet werden der Lorenz-Kode und der Ziffernsicherungs-Kode Nr. 3. Die Kodetafeln sind in Bild 8.33 dargestellt.

		Lorenz-Kode					Ziffern-Sich.-Kode Nr. 3				
Bit-Nr.		5	4	3	2	1	5	4	3	2	1
Wertigkeit		4^{-1}	3	2	1	0	keine				
	0	■			■	■		■		■	■
	1	■		■		■	■	■	■		
	2	■	■			■	■	■		■	
Dezimal-	3			■	■	■	■	■			■
ziffer	4		■		■	■	■		■	■	
	5		■	■		■	■		■		■
	6		■	■	■		■			■	■
	7	■		■	■				■	■	■
	8	■	■		■			■	■	■	
	9	■	■	■				■	■		■

Bild 8.33 Kodetafeln der wichtigsten Drei-aus-Fünf-Kodes

Bild 8.34 Fehlererkennung durch Ungeradzahligkeitsprüfung

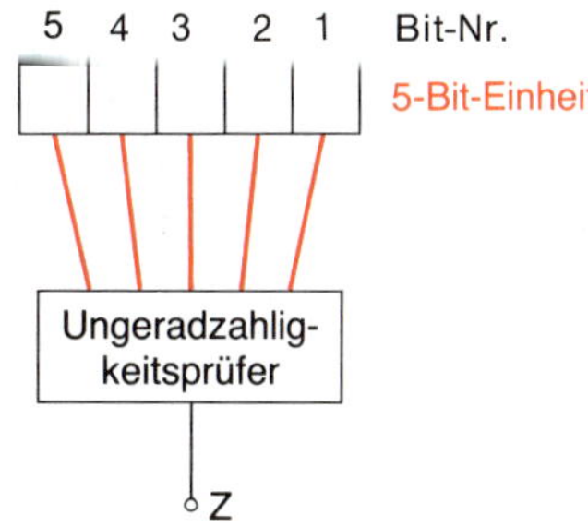

Zur Fehlererkennung wird eine Ungeradzahligkeits-Prüfung durchgeführt. Eine 5-Bit-Einheit ist nur dann fehlerfrei, wenn drei Bits den Zustand 1 und zwei Bits den Zustand 0 haben. Ist das nicht der Fall, so zeigt der Ungeradzahligkeitsprüfer am Ausgang Zustand 1 an und löst die Fehlermeldung aus (Bild 8.34).
Drei-aus-Fünf-Kodes werden vor allem zur gesicherten Zahlenübertragung über Fernschreibkanäle verwendet.

8.7.5 Zwei-aus-Sieben-Kodes

Zwei-aus-Sieben-Kodes bestehen aus 7-Bit-Einheiten. Eine 7-Bit-Einheit wird auch 7-Bit-Wort genannt. Jede Dezimalziffer wird durch 7 Bits dargestellt. Es ergibt sich eine größere Redundanz als bei der Darstellung durch nur 5 Bits.
Von den 7 Bits haben stets 2 Bits 1-Zustand und 5 Bits 0-Zustand. Zwei häufig verwendete Zwei-aus-Sieben-Kodes zeigt Bild 8.35. Es sind dies der Biquinär-Kode und der reflektierte Biquinär-Kode. Biquinär-Kode heißt übersetzt «Zweier-Fünfer-Kode». Die Bits

Bild 8.35 Kodetafeln des Biquinär-Kodes und des reflektierten Biquinär-Kodes

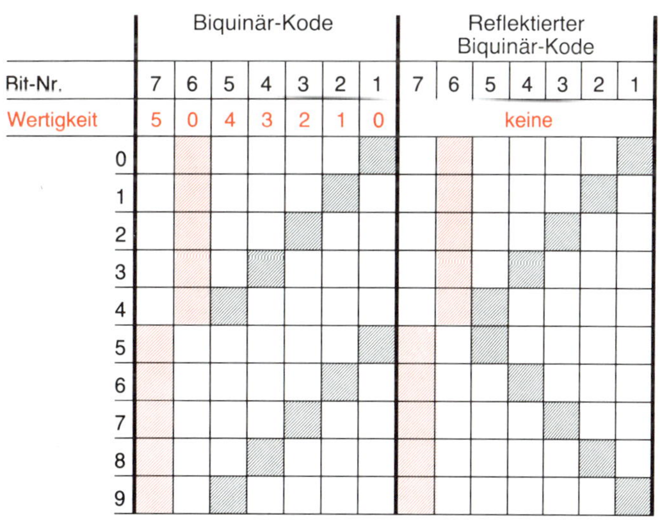

Nr. 6 und 7 bilden einen Eins-aus-Zwei-Kode. Die Bits Nr. 5, 4, 3, 2 und 0 bilden einen Eins-aus-Fünf-Kode. Dieser Kode-Aufbau erlaubt eine verhältnismäßig einfache Weiterverarbeitung der 7-Bit-Wörter. Beim reflektierten Biquinär-Kode ergibt sich eine sehr einfache Komplementbildung. Das Komplement wird durch Vertauschen des 1-Zustandes und des 0-Zustandes in den Bits Nr. 6 und 7 gebildet.

8.8 Fehlerkorrigierende Kodes

8.8.1 Arbeitsweise

Bevor ein Fehler korrigiert werden kann, muß er zunächst einmal erkannt werden.

Ein fehlerkorrigierender Kode ist also stets auch ein fehlererkennender Kode.

Im Vergleich zum fehlererkennenden Kode enthält der fehlerkorrigierende Kode eine größere Redundanz. Pro Zeichen sind einige Bits mehr erforderlich. Eine Dezimalziffer wird z.B. durch 7 Bits statt – wie beim fehlererkennenden Kode – durch 5 Bits dargestellt.
Die größere Redundanz erlaubt es, das einzelne Bit festzustellen, das fehlerhaft ist. Ist das fehlerhafte Bit bekannt, so ist eine selbsttätige Korrektur verhältnismäßig einfach. Enthält das fehlerhafte Bit eine 1, so ist der richtige Wert eine 0. Enthält das fehlerhafte Bit eine 0, so ist der richtige Wert eine 1. Das fehlerhafte Bit muß also invertiert werden.

Ein fehlerkorrigierender Kode erlaubt eine selbsttätige Korrektur eines fehlerhaften Zeichens.

Eine Fehlermeldung kann unabhängig von einer selbsttätigen Korrektur erfolgen. In vielen Fällen ist eine Registrierung auftretender Fehler erwünscht.
Die meisten fehlerkorrigierenden Kodes können nur einen Fehler pro Zeichen korrigieren. Sind also in einem Zeichen zwei Bits fehlerhaft, so ist zwar meist eine Fehlermeldung möglich. Eine selbsttätige Fehlerkorrektur kann jedoch nicht erfolgen. Die Wahrscheinlichkeit, daß in einem Zeichen – also z.B. in einer 7-Bit-Einheit – gleich zwei Bits falsch sind, ist aber außerordentlich gering. Tritt ein solcher Fehler dennoch auf, so ist nach Fehlermeldung die Anlage stillzulegen und die Fehlerursache zu beseitigen.
Fehlererkennende Kodes, die zwei und mehr Bits pro Zeichen korrigieren können, sind zwar entwickelt worden. Sie benötigen jedoch eine so große Zahl von Bits pro Zeichen und sind so kompliziert aufgebaut, daß ein Einsatz unwirtschaftlich ist.

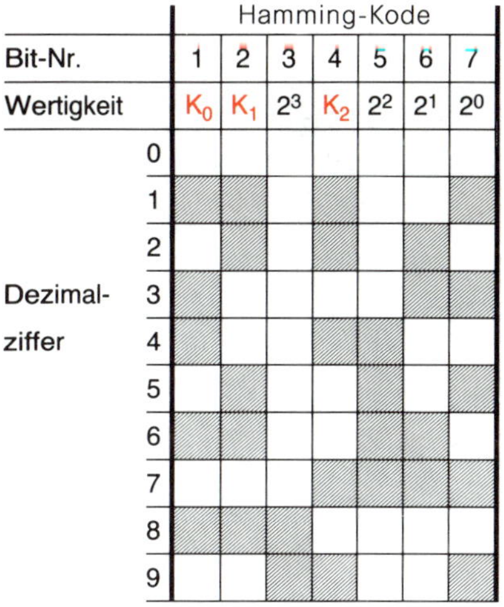

Bit-Nr.		1	2	3	4	5	6	7
Wertigkeit		K_0	K_1	2^3	K_2	2^2	2^1	2^0
Dezimalziffer	0	0	0	0	0	0	0	0
	1	1	1	0	1	0	0	1
	2	0	1	0	1	0	1	0
	3	1	0	0	0	0	1	1
	4	1	0	0	1	1	0	0
	5	0	1	0	0	1	0	1
	6	1	1	0	0	1	1	0
	7	0	0	0	1	1	1	1
	8	1	1	1	0	0	0	0
	9	0	0	1	1	0	0	1

Bild 8.36 Hamming-Kode

8.8.2 Hamming-Kode

Der am häufigsten verwendete fehlererkennende Kode ist der Hamming-Kode, auch Hamming-ergänzter BCD-Kode genannt. Dieser Kode benötigt zur Darstellung einer Dezimalziffer 7 Bits (Bild 8.36).
Der Hamming-Kode ist aus 4 Informations-Bits und 3 Kontroll-Bits aufgebaut. Es werden drei Kontrollgruppen gebildet.

> *Jede Kontrollgruppe des Hamming-Kodes besteht aus drei Informations-Bits und einem Kontroll-Bit.*

Mit Hilfe des Kontroll-Bits werden die drei Informations-Bits einer Kontrollgruppe auf Geradzahligkeit der 1-Zustände ergänzt.
Den Aufbau der Kontrollgruppe K_2 zeigt Bild 8.37. Die Informations-Bits sind die Bits Nr. 5, Nr. 6 und Nr. 7. Das Kontroll-Bit ist das Bit Nr. 4. Bei der Darstellung der Dezimalziffer 0 haben die Informations-Bits keinen 1-Zustand. Das Kontroll-Bit erhält daher auch keinen 1-Zustand.
Bei der Darstellung der Dezimalziffer 1 enthalten die Informations-Bits einen 1-Zustand. Das Kontroll-Bit bekommt hier den Zustand 1. Damit ist die Anzahl der 1-Zustände der Kontrollgruppe geradzahlig. Das gleiche gilt für die Darstellung der Dezimalziffer 2.
Bei der Darstellung der Dezimalziffer 3 enthalten die Informations-Bits zwei 1-Zustände. Die Zahl der 1-Zustände ist geradzahlig. Das Kontroll-Bit bekommt hier den Zustand 0.
Bei den Dezimalziffern 4 bis 9 ist das Kontroll-Bit immer dann 1, wenn die drei Informations-Bits eine ungerade Anzahl von 1-Zuständen enthalten. Das Kontroll-Bit ist immer 0, wenn die drei Informations-Bits eine gerade Anzahl von 1-Zuständen enthalten.

Bit-Nr.	1	2	3	4	5	6	7
Wertigkeit				K_2	2^2	2^1	2^0
0				0	0	0	0
1				1	0	0	1
Dezimal- 2				1	0	1	0
ziffer 3				0	0	1	1
4				1	1	0	0
5				0	1	0	1
6				0	1	1	0
7				1	1	1	1
8				0	0	0	0
9				1	0	0	1

Kontrollgruppe K_2

Bild 8.37 Aufbau der Kontrollgruppe K_2

Bit-Nr.	1	2	3	4	5	6	7
Wertigkeit		K_1	2^3			2^1	2^0
0		0	0			0	0
1		1	0			0	1
Dezimal- 2		1	0			1	0
ziffer 3		0	0			1	1
4		0	0			0	0
5		1	0			0	1
6		1	0			1	0
7		0	0			1	1
8		1	1			0	0
9		0	1			0	1

Kontrollgruppe K_1

Bild 8.38 Aufbau der Kontrollgruppe K_1

Bit-Nr.	1	2	3	4	5	6	7
Wertigkeit	K_0		2^3		2^2		2^0
0	0		0		0		0
1	1		0		0		1
Dezimal- 2	0		0		0		0
ziffer 3	1		0		0		1
4	1		0		1		0
5	0		0		1		1
6	1		0		1		0
7	0		0		1		1
8	1		1		0		0
9	0		1		0		1

Kontrollgruppe K_0

Bild 8.39 Aufbau der Kontrollgruppe K_0

Die Kontrollgruppe K_1 besteht aus den Informations-Bits Nr. 3, Nr. 6 und Nr. 7 und aus dem Kontroll-Bit Nr. 2 (Bild 8.38). Mit Hilfe des Kontroll-Bits (K_1) werden die drei Informations-Bits auf Geradzahligkeit der Anzahl der 1-Zustände ergänzt. Dabei geht man wie beim Aufbau der Kontrollgruppe K_2 vor.
Die dritte Kontrollgruppe ist die Kontrollgruppe K_0. Sie besteht aus den Informations-Bits Nr. 3, Nr. 5 und Nr. 7. Das Kontroll-Bit K_0 hat die Nummer 1 (Bild 8.39).
Die drei Informations-Bits werden durch das Kontroll-Bit K_0 auf Geradzahligkeit ergänzt. K_0 hat immer dann Zustand 1, wenn die Anzahl der 1-Zustände der Informations-Bits ungeradzahlig ist.
Die Fehlerfeststellung erfolgt durch Geradzahligkeitsprüfung der Kontrollgruppen.

Beim Hamming-Kode wird jede Kontrollgruppe für sich auf Geradzahligkeit geprüft.

Zur Prüfung einer 7-Bit-Einheit sind also drei Geradzahligkeitsprüfer erforderlich. Sie werden gemäß Bild 8.40 angeschlossen. Bei Ungeradzahligkeit einer Kontrollgruppe erscheint am Ausgang des zugehörigen Geradzahligkeitsprüfers Zustand 1. Dieser Zustand bedeutet Fehlermeldung.

Eine 7-Bit-Einheit des Hamming-Kodes ist immer dann fehlerhaft, wenn wenigstens ein Geradzahligkeitsprüfer Fehler macht.

Bild 8.40 Anschluß der Geradzahligkeitsprüfer

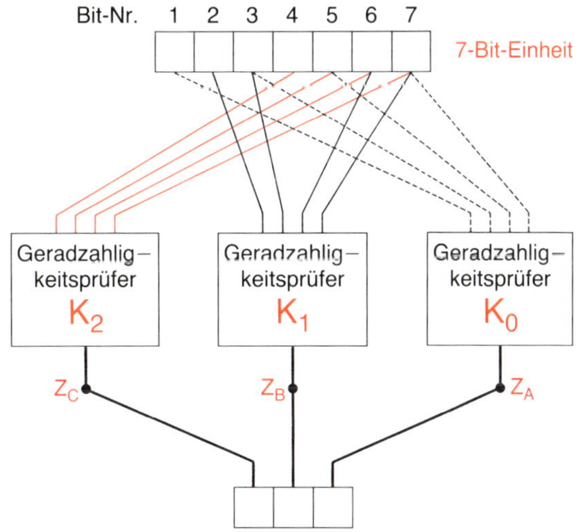

Die Fehlererkennung ist also unproblematisch. Wie sieht es nun mit der Fehlerkorrektur aus? Tritt ein Fehler im Bit Nr. 1 auf, so meldet der zu K_0 gehörige Geradzahligkeitsprüfer den Fehler. Der Ausgang Z_A nimmt den Zustand 1 an. Ein Fehler im Bit Nr. 2 wird von dem zu K_1 gehörenden Geradzahligkeitsprüfer gemeldet ($Z_B = 1$). Bei einem Fehler im Bit Nr. 3 melden die Geradzahligkeitsprüfer K_0 und K_1 Fehler. In Bild 8.41 ist zusammengestellt, welche Geradzahligkeitsprüfer eine Fehlermeldung machen und wie die Ausgangszustände von Z_A, Z_B und Z_C bei Fehlern in den einzelnen Bits sind.
Bei eingehender Betrachtung von Bild 8.41 stellt man fest, daß die Ausgangszustände von Z_A, Z_B und Z_C eine Dualzahl bilden, die der Nr. des fehlerhaften Bits entspricht. Dem Ausgang Z_A ist 2^0, dem Ausgang Z_B 2^1 und dem Ausgang Z_C 2^2 zuzuordnen.

Fehler im Bit Nr.	Fehlermeldung der Geradzahligkeitsprüfer	Ausgangszustände K_2 Z_C	K_1 Z_B	K_0 Z_A
1	K_0	0	0	1
2	K_1	0	1	0
3	K_0 und K_1	0	1	1
4	K_2	1	0	0
5	K_0 und K_2	1	0	1
6	K_1 und K_2	1	1	0
7	K_0, K_1 und K_2	1	1	1
		2^2	2^1	2^0

Bild 8.41 Zusammenstellung der Fehlermeldungen und der Ausgangszustände der Geradzahligkeitsprüfer

Die Ausgangszustände der Geradzahligkeitsprüfer geben beim Hamming-Kode die Nummer des fehlerhaften Bits an.

Damit ist das fehlerhafte Bit eindeutig identifiziert. Es kann jetzt korrigiert werden. Die Korrektur erfolgt selbsttätig mit Hilfe einer Digitalschaltung, die das als fehlerhaft bezeichnete Bit invertiert. Mehr ist nicht zu tun, denn wenn das fehlerhafte Bit 1 ist, so ist sein richtiger Wert 0. Wenn das fehlerhafte Bit 0 ist, so ist sein richtiger Wert 1.
Bei Schaltungen, die mit dem Hamming-Kode arbeiten, wird jede 7-Bit-Einheit des Hamming-Kodes an bestimmten Stellen der Schaltung geprüft und, wenn erforderlich, korrigiert. Eine solche Prüfung und Korrektur ist vor allem nach dem Durchlaufen von längeren Leitungen angebracht, da auf längeren Leitungen eine erhöhte Störgefahr besteht.

8.9 Lernziel-Test

1. Welcher Unterschied besteht zwischen den Begriffen «binär» und «dual»?
2. Die in der Tabelle 8.42 dargestellten Dualzahlen sind in Dezimalzahlen umzuwandeln.

Bild 8.42 Umwandlung von Dualzahlen in Dezimalzahlen

Dezimal-ziffer	2^{12}	2^{11}	2^{10}	2^9	2^8	2^7	2^6	2^5	2^4	2^3	2^2	2^1	2^0
	4 096	2 048	1 024	512	256	128	64	32	16	8	4	2	1
								1	1	0	0	1	0
						1	1	0	1	0	1	1	1
						1	0	1	0	1	1	0	0
?				1	0	1	0	1	1	0	0	0	0
				1	1	1	0	0	0	1	1	0	1
			1	1	1	0	0	0	1	1	1	0	0
		1	1	0	0	1	1	0	0	1	1	0	0
		1	0	0	1	0	1	1	1	0	1	1	1
	1	0	1	1	1	1	0	1	0	0	1	0	0
	1	1	0	0	0	1	1	1	0	1	1	0	1
	1	0	1	0	1	1	0	0	0	0	1	1	1
	1	1	1	1	0	0	0	1	1	0	1	0	0

3. Die folgenden Dezimalzahlen sollen in Dualzahlen umgewandelt werden:

    58
    512
    1 298
    1 983
    20 000
    17 750
    2 730
    9 990
    11 000
    32 000

4. Dualzahlen mit Kommastellen können ebenfalls als Dezimalzahlen dargestellt werden. Wandeln Sie die nachstehenden Dualzahl in Dezimalzahlen um:

    a) 110110,101
    b) 100101,1101
    c) 1010,11101
    d) 0,10101
    e) 0,011101

5. Addition im dualen Zahlensystem. Lösen Sie bitte folgende Aufgaben durch duale Addition. Prüfen Sie die Ergebnisse durch Umwandeln der Zahlen ins Dezimalsystem nach.

a) $\begin{array}{r} 1101 \\ +100 \\ \hline ? \end{array}$ b) $\begin{array}{r} 111101 \\ +1001 \\ \hline ? \end{array}$ c) $\begin{array}{r} 11011 \\ +100100 \\ \hline ? \end{array}$ d) $\begin{array}{r} 110001 \\ +11101 \\ \hline ? \end{array}$

e) $\begin{array}{r} 111100 \\ +1100111 \\ \hline ? \end{array}$ f) $\begin{array}{r} 110011 \\ +1010100 \\ \hline ? \end{array}$ g) $\begin{array}{r} 1000{,}11 \\ +111{,}11 \\ \hline ? \end{array}$ h) $\begin{array}{r} 1100{,}11 \\ +111{,}01 \\ \hline ? \end{array}$

6. Subtraktion im dualen Zahlensystem. Die Aufgaben sollen durch Addition des Komplements gelöst werden.

a) $\begin{array}{r} 1101 \\ -100 \\ \hline ? \end{array}$ b) $\begin{array}{r} 111101 \\ -1001 \\ \hline ? \end{array}$ c) $\begin{array}{r} 11011 \\ -1111 \\ \hline ? \end{array}$ d) $\begin{array}{r} 1001100 \\ -101010 \\ \hline ? \end{array}$

e) $\begin{array}{r} 100111 \\ -10111 \\ \hline ? \end{array}$ f) $\begin{array}{r} 110011 \\ -11010 \\ \hline ? \end{array}$ g) $\begin{array}{r} 111000 \\ -10011 \\ \hline ? \end{array}$ h) $\begin{array}{r} 1101 \\ -10100 \\ \hline ? \end{array}$

7. Die Dezimalzahlen:

a) 10 941
b) 3 890
c) 7 863
d) 98 001
e) 7 989

sollen in den BCD-Kode überführt werden.

8. Addition im BCD-Kode

a) $\begin{array}{r} 0100 \\ +0011 \\ \hline ? \end{array}$ b) $\begin{array}{r} 1000 \\ +0110 \\ \hline ? \end{array}$ c) $\begin{array}{r} 0111 \\ +1001 \\ \hline ? \end{array}$ d) $\begin{array}{r} 0011 \\ +110 \\ \hline ? \end{array}$

e) $\begin{array}{r} 1001 \\ +1000 \\ \hline ? \end{array}$ f) $\begin{array}{r} 1001 \\ +0001 \\ \hline ? \end{array}$ g) $\begin{array}{r} 0110 \\ +0110 \\ \hline ? \end{array}$ h) $\begin{array}{r} 1001 \\ +0110 \\ \hline ? \end{array}$

9. Subtraktion im BCD-Kode

a)	1000	b)	1001	c)	0111	d)	1001
	– 0111		– 1000		– 0110		– 0111
	?		?		?		?

e)	0111	f)	0111	g)	1000	h)	0011
	– 0011		– 1001		– 0011		– 1000
	?		?		?		?

10. Die Hexadezimalzahlen sind in Dezimalzahlen und Dualzahlen zu verwandeln:

a) AB1	b) 87F2	c) E605	d) BCD4
e) 12B31	f) BA1A	g) 31 459	h) 1A1B

11. Die Dezimalzahlen sind in Hexadezimalzahlen und Dualzahlen zu verwandeln:

a) 100	b) 259	c) 1 020	d) 1 983
e) 10 000	f) 126	g) 18 020	h) 999

12. Die in der Tabelle Bild 8.43 eingetragenen Zahlen sind umzukodieren. Für jedes freie Feld ist ein Ergebnis zu suchen. Die Dezimalzahl 2560 z.B. soll in eine Dualzahl, in eine Hexadezimalzahl, in eine Oktalzahl und in eine BCD-Zahl umgewandelt werden.

Dezimal-zahl	Dualzahl	Hexadezimal-zahl	Oktal-zahl	BCD-Zahl
2560				
	100 1111 0110			
		AF36		
			1772	
				11 1001 0111 0001 1000
		1A2BC		

Bild 8.43 Umkodierungsaufgabe

13. Erläutern Sie den Aufbau des 3-Exzeß-Kodes.
14. Was versteht man unter dem Begriff Redundanz?
15. Wie ist ein *einschrittiger* Kode aufgebaut?

16. Nennen Sie die Namen von drei fehlererkennenden Kodes, und erläutern Sie an einem Beispiel, wie die Fehlererkennung funktioniert.
17. Was ist Geradzahligkeitsprüfung?
18. Erklären Sie, wie negative Zahlen im dualen Zahlensystem dargestellt werden.
19. Wie unterscheidet sich ein fehlererkennender Kode von einem fehlerkorrigierenden Kode?
20. Wie ist der Hamming-Kode aufgebaut, und wie erfolgt die Fehlerkorrektur?

9 Kode- und Pegel-Umsetzerschaltungen

9.1 Kodeumsetzer

Kodeumsetzer haben die Aufgabe, Informationen, die in einem bestimmten Kode dargestellt sind, in einen anderen Kode umzusetzen. Sie werden auch *Kode-Wandler* genannt.

9.1.1 Berechnung von Kodeumsetzern

Die Anzahl der Eingänge eines Kodeumsetzers entspricht stets der Anzahl der Elemente des umzusetzenden Kodes. Für einen 4-Bit-Kode (Tetraden-Kode) sind z.B. 4 Eingänge erforderlich. Die Anzahl der Ausgänge entspricht der Anzahl der Elemente des Kodes, in den zu wandeln ist. Soll vom Aiken-Kode in den Hamming-Kode umgesetzt werden, so sind 4 Eingänge und 7 Ausgänge erforderlich (Bild 9.1).

Kodeumsetzer werden nach den Regeln der Schaltungssynthese berechnet.

Die gewünschte Kodeumsetzung ist in einer Wahrheitstabelle darzustellen. Aus dieser Wahrheitstabelle kann für jeden Ausgang eine ODER-Normalform abgeleitet werden. Die ODER-Normalformen sind dann möglichst weitgehend zu vereinfachen. Nach den vereinfachten Gleichungen ist die Schaltung aufzubauen.

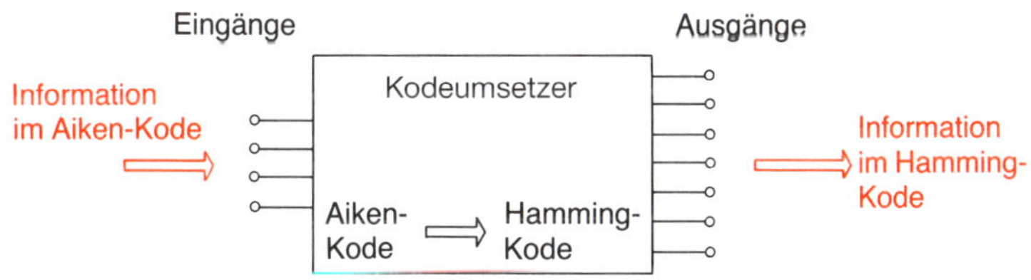

Bild 9.1 Kodeumsetzer, der vom Aiken-Kode in den Hamming-Kode umsetzt

Beispiel:
Gesucht ist ein Kodeumsetzer, der vom Aiken-Kode in den BCD-Kode umsetzt.
Benötigt wird eine Schaltung mit 4 Eingängen und 4 Ausgängen gemäß Bild 9.2. Die Verknüpfung, die diese Schaltung erzeugen soll, ist in der Wahrheitstabelle Bild 9.3 dargestellt.

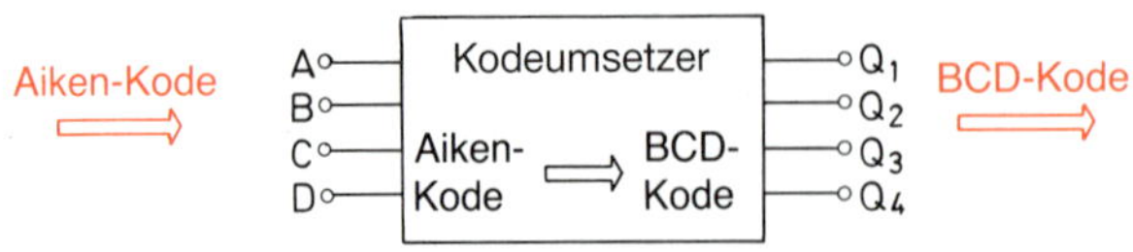

Bild 9.2 Kodeumsetzer, der vom Aiken-Kode in den BCD-Kode umsetzt

	Eingänge Aiken-Kode				Ausgänge BCD-Kode			
	D	C	B	A	Q_4	Q_3	Q_2	Q_1
0	0	0	0	0	0	0	0	0
1	0	0	0	1	0	0	0	1
2	0	0	1	0	0	0	1	0
3	0	0	1	1	0	0	1	1
4	0	1	0	0	0	1	0	0
5	1	0	1	1	0	1	0	1
6	1	1	0	0	0	1	1	0
7	1	1	0	1	0	1	1	1
8	1	1	1	0	1	0	0	0
9	1	1	1	1	1	0	0	1

Bild 9.3 Wahrheitstabelle des Kodeumsetzers, der vom Aiken-Kode in den BCD-Kode umsetzt

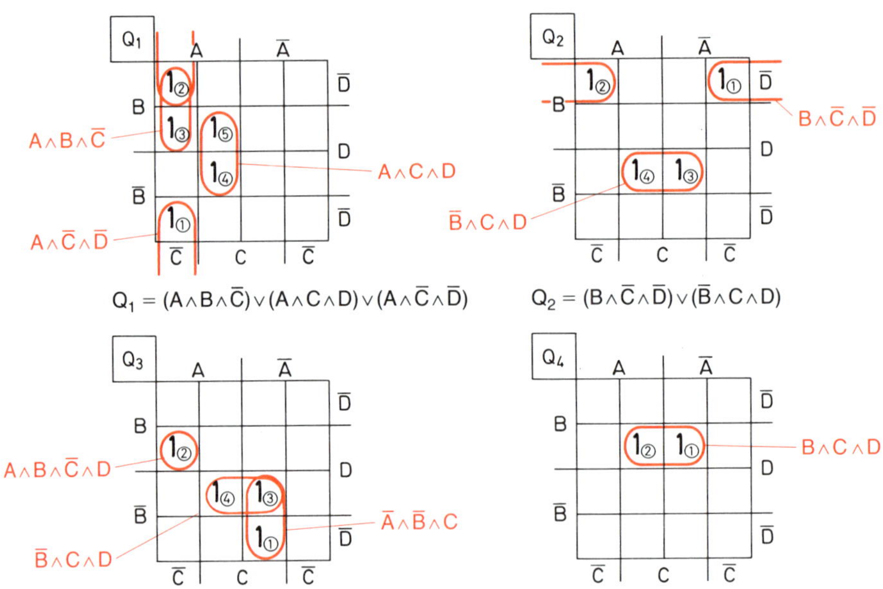

$Q_1 = (A \wedge B \wedge \overline{C}) \vee (A \wedge C \wedge D) \vee (A \wedge \overline{C} \wedge \overline{D})$

$Q_2 = (B \wedge \overline{C} \wedge \overline{D}) \vee (\overline{B} \wedge C \wedge D)$

$Q_3 = (\overline{A} \wedge \overline{B} \wedge C) \vee (\overline{B} \wedge C \wedge D) \vee (A \wedge B \wedge \overline{C} \wedge D)$

$Q_4 = B \wedge C \wedge D$

Bild 9.4 Vereinfachung der ODER-Normalformen

Für die Ausgänge Q_1, Q_2, Q_3 und Q_4 ergeben sich folgende ODER-Normalformen:

$$Q_1 = (A \wedge \overline{B} \wedge \overline{C} \wedge \overline{D}) \vee (A \wedge B \wedge \overline{C} \wedge \overline{D}) \vee (A \wedge B \wedge \overline{C} \wedge D) \vee (A \wedge \overline{B} \wedge C \wedge D) \vee (A \wedge B \wedge C \wedge D)$$

$$Q_2 = (\overline{A} \wedge B \wedge \overline{C} \wedge \overline{D}) \vee (A \wedge B \wedge \overline{C} \wedge \overline{D}) \vee (\overline{A} \wedge \overline{B} \wedge C \wedge D) \vee (A \wedge \overline{B} \wedge C \wedge D)$$

$$Q_3 = (\overline{A} \wedge \overline{B} \wedge C \wedge \overline{D}) \vee (A \wedge B \wedge \overline{C} \wedge D) \vee (\overline{A} \wedge \overline{B} \wedge C \wedge D) \vee (A \wedge \overline{B} \wedge C \wedge D)$$

$$Q_4 = (\overline{A} \wedge B \wedge C \wedge D) \vee (A \wedge B \wedge C \wedge D)$$

Die ODER-Normalformen werden mit Hilfe von KV-Diagrammen vereinfacht (Bild 9.4).

$$Q_1 = (A \wedge B \wedge \overline{C}) \vee (A \wedge C \wedge D) \vee (A \wedge \overline{C} \wedge \overline{D})$$

$$Q_2 = (B \wedge \overline{C} \wedge \overline{D}) \vee (\overline{B} \wedge C \wedge D)$$

$$Q_3 = (\overline{A} \wedge \overline{B} \wedge C) \vee (\overline{B} \wedge C \wedge D) \vee (A \wedge B \wedge \overline{C} \wedge D)$$

$$Q_4 = B \wedge C \wedge D$$

Nach den vereinfachten Gleichungen kann die Schaltung aufgebaut werden. Stehen nur NAND-Glieder zur Verfügung, ist entsprechend umzurechnen. Bild 9.5 zeigt die mit NAND-Gliedern aufzubauende Schaltung.

$$Q_1 = \overline{\overline{A \wedge B \wedge \overline{C}} \wedge \overline{A \wedge C \wedge D} \wedge \overline{A \wedge \overline{C} \wedge \overline{D}}}$$

$$Q_2 = \overline{\overline{B \wedge \overline{C} \wedge \overline{D}} \wedge \overline{\overline{B} \wedge C \wedge D}}$$

$$Q_3 = \overline{\overline{\overline{A} \wedge \overline{B} \wedge C} \wedge \overline{\overline{B} \wedge C \wedge D} \wedge \overline{A \wedge B \wedge \overline{C} \wedge D}}$$

$$Q_4 = \overline{\overline{B \wedge C \wedge D}}$$

Nach diesem Verfahren können Kodeumsetzer für jede beliebige Umsetzungsaufgabe berechnet werden. Für Umsetzungen zwischen häufig verwendeten Kodes stehen integrierte Schaltungen zur Verfügung.

9.1.2 Dezimal-BCD-Kodeumsetzer

Bei vielen Digitalschaltungen – vor allem bei Rechnerschaltungen – werden Zahlen mit Dezimalziffern eingegeben. Eine Umsetzung aus dem Dezimal-Kode in den Dual-Kode oder in den BCD-Kode ist erforderlich.

Dezimal-BCD-Kodeumsetzer setzen Dezimalziffern in Dualzahlen um.

Der Dezimal-Kode ist ein 1-aus-10-Kode. Ein Kodeumsetzer, der Dezimalziffern in den BCD-Kode umsetzt, muß 10 Eingänge und 4 Ausgänge haben. Da die Dezimalziffer 0 im

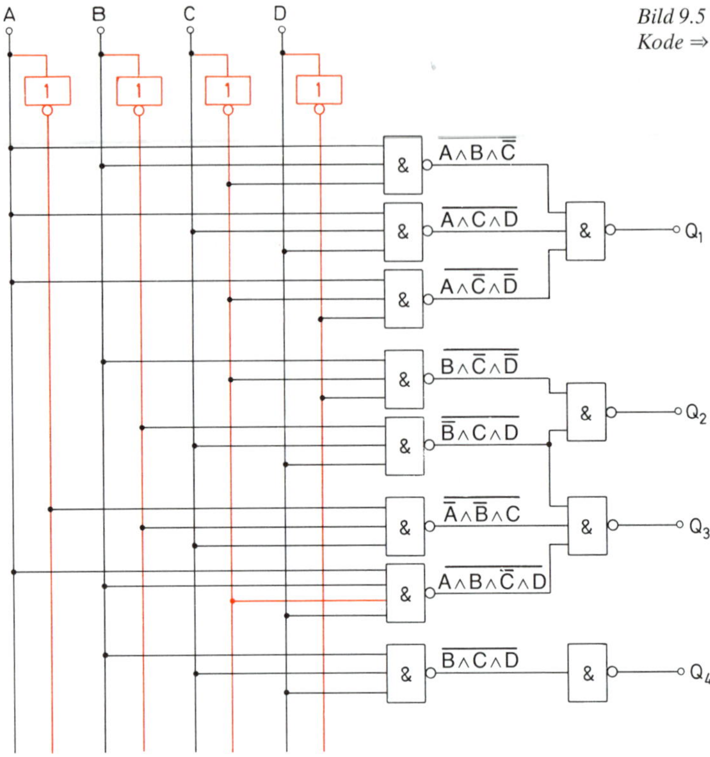

Bild 9.5 Kodeumsetzer (Aiken-Kode ⇒ BCD-Kode)

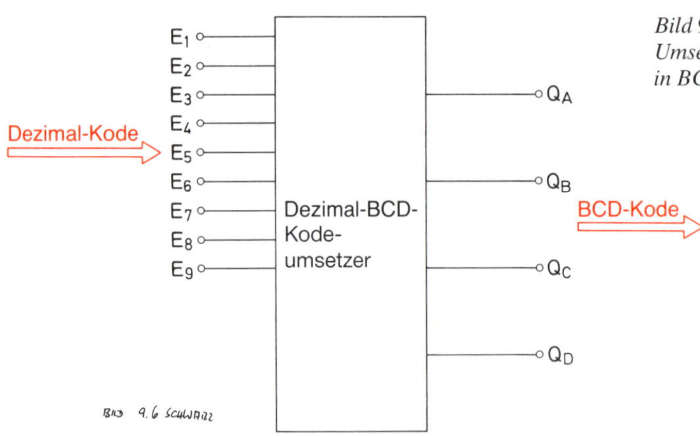

Bild 9.6 Kodeumsetzer zur Umsetzung von Dezimalziffern in BCD-Zahlen

BCD-Kode durch 0000 ausgedrückt wird, kann der Eingang für die Dezimalziffer 0 entfallen. Man benötigt also nur 9 Eingänge (Bild 9.6).

Die Schaltung kann, wie in Abschnitt 9.1.1 gezeigt, berechnet werden. Durch einfache Überlegungen kommt man hier jedoch schneller zum Ziel. Die Wahrheitstabelle des Dezimal-BCD-Kodeumsetzers ist in Bild 9.7 dargestellt. Jedes 1-Signal an einem der Eingänge soll an bestimmten Ausgängen 1-Signale hervorrufen.

Das Eingangssignal muß auf die in Frage kommenden Ausgänge verteilt werden. Man kann hier nach dem Prinzip des Kreuzschienenverteilers vorgehen (Bild 9.8). Jeder Ausgang wird über ein ODER-Glied mit 1-Signalen versorgt.

Dezimal-BCD-Kodeumsetzer werden als integrierte Schaltungen hergestellt. In der TTL-Schaltkreisfamilie sind z.B. die Schaltungen 74147 und 84147 verfügbar.

Bild 9.7 Wahrheitstabelle des Dezimal-BCD-Kodeumsetzers

Dezimal-zahlenwert	Eingänge Dezimal-Kode (1-aus-10-Kode)									Ausgänge BCD-Kode			
										2^3	2^2	2^1	2^0
	E_1	E_2	E_3	E_4	E_5	E_6	E_7	E_8	E_9	Q_D	Q_C	Q_B	Q_A
1	1	0	0	0	0	0	0	0	0	0	0	0	1
2	0	1	0	0	0	0	0	0	0	0	0	1	0
3	0	0	1	0	0	0	0	0	0	0	0	1	1
4	0	0	0	1	0	0	0	0	0	0	1	0	0
5	0	0	0	0	1	0	0	0	0	0	1	0	1
6	0	0	0	0	0	1	0	0	0	0	1	1	0
7	0	0	0	0	0	0	1	0	0	0	1	1	1
8	0	0	0	0	0	0	0	1	0	1	0	0	0
9	0	0	0	0	0	0	0	0	1	1	0	0	1

Bild 9.8 Schaltung eines Dezimal-BCD-Kodeumsetzers

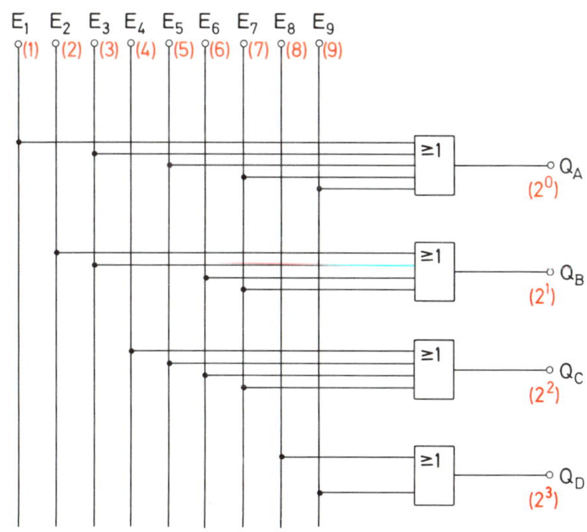

9.1.3 BCD-Dezimal-Kodeumsetzer

Zur Umsetzung von BCD-Zahlen in Dezimalziffern werden BCD-Dezimal-Kodeumsetzer benötigt. Ein solcher Kodeumsetzer muß 4 Eingänge zur Aufnahme der BCD-Zahlen haben. Für jede Dezimalziffer ist ein besonderer Ausgang erforderlich. Signal 1 an dem der Dezimalziffer 3 zugeordneten Ausgang bedeutet, daß Ziffer 3 angezeigt werden soll. Eine solche Anzeige kann z.B. über Treiberstufen durch Ziffernanzeigeröhren, sogenannte Nixie-Röhren, erfolgen (s. Beuth, Elektronik 2). Wirtschaftlicher ist eine Anzeige durch 7-Segment-Einheiten (s. Abschnitt 9.1.9).

Ein BCD-Dezimal-Kodeumsetzer setzt BCD-Zahlen in Dezimalziffern um.

Die Berechnung eines BCD-Dezimal-Kodeumsetzers ist sehr einfach. Wie die Wahrheitstabelle Bild 9.9 zeigt, ergibt sich für jeden Ausgang nur eine Vollkonjunktion.

Dezimal-zahlen-wert	Eingänge BCD-Kode				Ausgänge Dezimal-Kode (1-aus-10-Kode)									
	2^3 D	2^2 C	2^1 B	2^0 A	Z_0	Z_1	Z_2	Z_3	Z_4	Z_5	Z_6	Z_7	Z_8	Z_9
0	0	0	0	0	1	0	0	0	0	0	0	0	0	0
1	0	0	0	1	0	1	0	0	0	0	0	0	0	0
2	0	0	1	0	0	0	1	0	0	0	0	0	0	0
3	0	0	1	1	0	0	0	1	0	0	0	0	0	0
4	0	1	0	0	0	0	0	0	1	0	0	0	0	0
5	0	1	0	1	0	0	0	0	0	1	0	0	0	0
6	0	1	1	0	0	0	0	0	0	0	1	0	0	0
7	0	1	1	1	0	0	0	0	0	0	0	1	0	0
8	1	0	0	0	0	0	0	0	0	0	0	0	1	0
9	1	0	0	1	0	0	0	0	0	0	0	0	0	1

Bild 9.9 Wahrheitstabelle des BCD-Dezimal-Kodeumsetzers

Die Eingangsvariablen A, B, C und D müssen negiert und nicht negiert verfügbar sein. Zur Verwirklichung der Vollkonjunktionen werden 10 UND-Glieder mit je 4 Eingängen benötigt (Bild 9.10).

$$Z_0 = \overline{A} \wedge \overline{B} \wedge \overline{C} \wedge \overline{D} \qquad Z_5 = A \wedge \overline{B} \wedge C \wedge \overline{D}$$
$$Z_1 = A \wedge \overline{B} \wedge \overline{C} \wedge \overline{D} \qquad Z_6 = \overline{A} \wedge B \wedge C \wedge \overline{D}$$
$$Z_2 = \overline{A} \wedge B \wedge \overline{C} \wedge \overline{D} \qquad Z_7 = A \wedge B \wedge C \wedge \overline{D}$$
$$Z_3 = A \wedge B \wedge \overline{C} \wedge \overline{D} \qquad Z_8 = \overline{A} \wedge \overline{B} \wedge \overline{C} \wedge D$$
$$Z_4 = \overline{A} \wedge \overline{B} \wedge C \wedge \overline{D} \qquad Z_9 = A \wedge \overline{B} \wedge \overline{C} \wedge D$$

Bild 9.10 Schaltung eines BCD-Dezimal-Kodeumsetzers

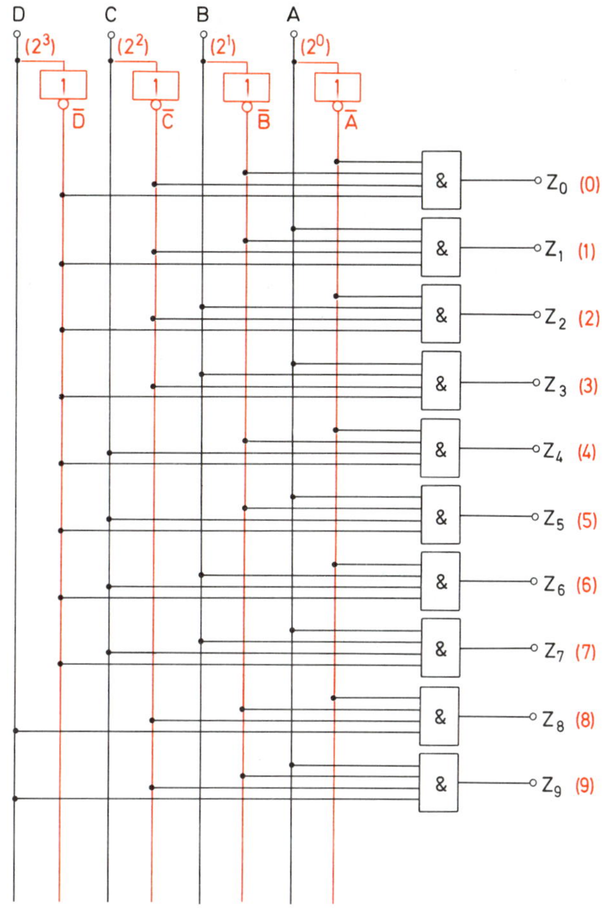

Die Schaltung Bild 9.10 kann auch durch Überlegen gefunden werden. Jeder 4-Bit-Einheit des BCD-Kodes muß ein einziger Ausgang eindeutig zugeordnet werden. Durch eine UND-Verknüpfung der in Frage kommenden Variablen oder ihrer Negation läßt sich die gewünschte Zuordnung erreichen.
BCD-Dezimal-Kodeumsetzer werden als integrierte Schaltungen hergestellt. Eine häufig verwendete integrierte Schaltung aus der TTL-Schaltkreisfamilie trägt die Bezeichnung FLH281-7442A. In Bild 9.11 ist die Anschlußordnung dieser Schaltung zusammen mit den Daten und der Pegeltabelle angegeben. Die Dezimalausgänge führen L-Pegel, wenn die zugehörige Ziffer ausgegeben wird. Dies ist zweckmäßig, wenn Ziffernanzeigeröhren über Treiberstufen angesteuert werden sollen.
Erscheinen an den Eingängen A, B, C und D der Schaltung FLH281-7442A Viererkombinationen, die nicht zum BCD-Kode gehören, also sogenannte Pseudotetraden, so führt das zu keiner Ziffernausgabe. Die Pegeltabelle Bild 9.11 zeigt, daß Pseudotetraden unterdrückt werden.

Der Baustein FLH 281/285 dekodiert binäre Dezimalzahlen. Die Eingänge sind direkt an die Ausgänge aller Dezimalzähler anschließbar, wobei A mit Q_A, B mit Q_B, C mit Q_C und D mit Q_D verbunden wird.

Statische Kenndaten im Temperaturbereich 1 und 5		Prüfbedingungen	untere Grenze B	typ.	obere Grenze A	Einheit
Speisespannung	U_S		4,75	5,0	5,25	V
H-Eingangsspannung	U_{IH}	$U_S = 4{,}75$ V (für U_{IH} und U_{IL})	2,0			V
L-Eingangsspannung	U_{IL}				0,8	V
Eingangsklemmspannung	$-U_I$	$U_S = 4{,}75$ V, $-I_I = 12$ mA			1,5	V
H-Ausgangsspannung	U_{QH}	$U_S = 4{,}75$ V $U_{IH} = 2$ V, $U_{IL} = 0{,}8$ V $-I_{QH} = 800\,\mu$A	2,4	3,4		V
L-Ausgangsspannung	U_{QL}	$U_S = 4{,}75$ V $U_{IH} = 2$ V, $U_{IL} = 0{,}8$ V $I_{QL} = 16$ mA		0,2	0,4	V
Eingangsstrom pro Eingang	I_I	$U_I = 5{,}5$ V; $U_S = 5{,}25$ V			1	mA
H-Eingangsstrom pro Eingang	I_{IH}	$U_{IH} = 2{,}4$ V; $U_S = 5{,}25$ V	18		55	mA
L-Eingangsstrom pro Eingang	$-I_{IL}$	$U_{IL} = 0{,}4$ V $U_S = 5{,}25$ V			40	µA
Kurzschlußausgangsstrom pro Ausgang	$-I_Q$	$U_S = 5{,}25$ V			1,6	mA
Speisestrom	I_S	$U_S = 5{,}25$ V		28	56	mA

Schaltzeiten bei $U_S = 5$ V, $T_U = 25$ °C

		Prüfbedingungen	untere Grenze B	typ.	obere Grenze A	Einheit
Signal-Laufzeit		$R_L = 400\,\Omega$, $C_L = 15$ pF				
nach Ausgang 0	t_{PHL}			14	25	ns
nach Ausgang 1 bis 9	t_{PHL}			17	30	ns
Signal-Laufzeit						
nach Ausgang 0	t_{PLH}			10	25	ns
nach Ausgang 1 bis 9	t_{PLH}			17	30	ns

Logische Daten

		Prüfbedingungen	untere Grenze B	typ.	obere Grenze A	Einheit
Ausgangslastfaktor pro Ausgang H-Signal	F_{QH}				20	
L-Signal	F_{QL}				10	
Eingangslastfaktor pro Eingang	F_I				1	

FLH 281—7442 A
FLH 285—8442 A

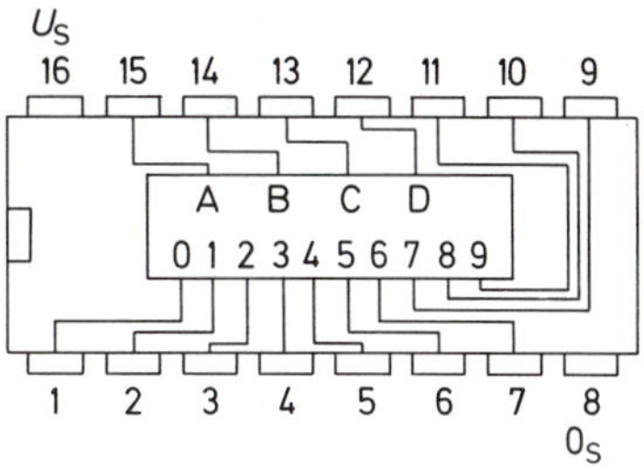

Anschlußanordnung
Ansicht von oben

Logisches Verhalten

BCD-Eingänge				Dezimal-Ausgänge									
D	C	B	A	0	1	2	3	4	5	6	7	8	9
L	L	L	L	L	H	H	H	H	H	H	H	H	H
L	L	L	H	H	L	H	H	H	H	H	H	H	H
L	L	H	L	H	H	L	H	H	H	H	H	H	H
L	L	H	H	H	H	H	L	H	H	H	H	H	H
L	H	L	L	H	H	H	H	L	H	H	H	H	H
L	H	L	H	H	H	H	H	H	L	H	H	H	H
L	H	H	L	H	H	H	H	H	H	L	H	H	H
L	H	H	H	H	H	H	H	H	H	H	L	H	H
H	L	L	L	H	H	H	H	H	H	H	H	L	H
H	L	L	H	H	H	H	H	H	H	H	H	H	L
H	L	H	L	H	H	H	H	H	H	H	H	H	H
H	L	H	H	H	H	H	H	H	H	H	H	H	H
H	H	L	L	H	H	H	H	H	H	H	H	H	H
H	H	L	H	H	H	H	H	H	H	H	H	H	H
H	H	H	L	H	H	H	H	H	H	H	H	H	H
H	H	H	H	H	H	H	H	H	H	H	H	H	H

Bild 9.11 Anschlußanordnung, Datenblatt und Pegeltabelle der TTL-Schaltung FLH281-7442A (Siemens)

9.1.4 Dezimal-3-Exzeß-Kodeumsetzer

> *Ein Dezimal-3-Exzeß-Kodeumsetzer setzt Dezimalziffern in 4-Bit-Einheiten des 3-Exzeß-Kodes um.*

Der Kodeumsetzer kann nach dem in Abschnitt 9.1.1 gezeigten Verfahren berechnet werden. Einfacher ist es jedoch, ihn nach dem Prinzip des Kreuzschienenverteilers aufzubauen. Die 1-Zustände an den Dezimaleingängen werden auf die 3-Exzeß-Ausgänge über ODER-Glieder «verteilt» (Bild 9.12).

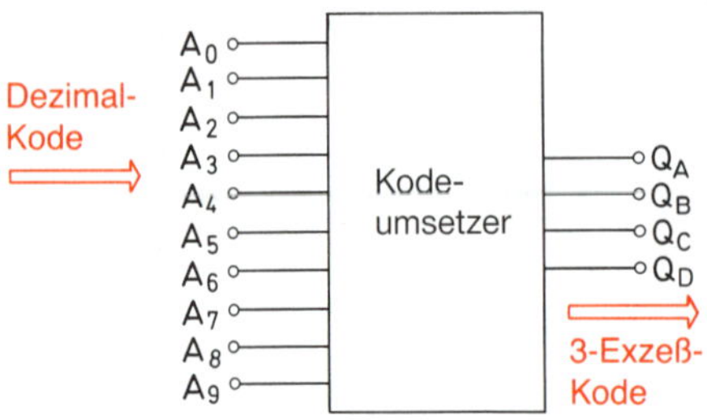

Dezimal-ziffer	Q_D	Q_C	Q_B	Q_A
0	0	0	1	1
1	0	1	0	0
2	0	1	0	1
3	0	1	1	0
4	0	1	1	1
5	1	0	0	0
6	1	0	0	1
7	1	0	1	0
8	1	0	1	1
9	1	1	0	0

Bild 9.12 Dezimal-3-Exzeß-Kodeumsetzer

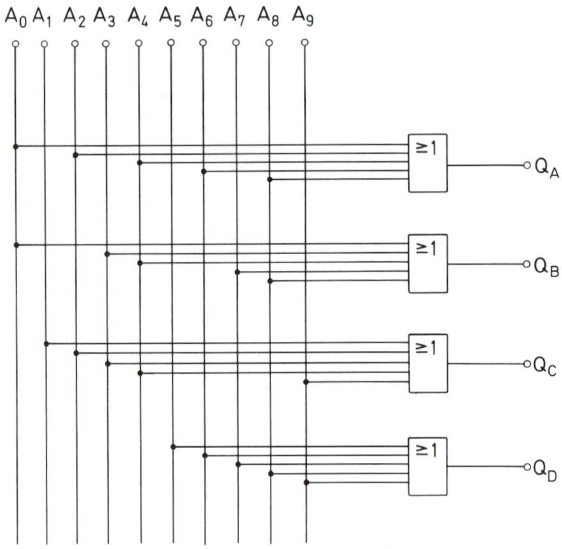

9.1.5 3-Exzeß-Dezimal-Kodeumsetzer

> *Ein 3-Exzeß-Dezimal-Kodeumsetzer setzt 4-Bit-Einheiten des 3-Exzeß-Kodes in Dezimalziffern um.*

Eine Berechnung des Kodeumsetzers ist nicht erforderlich. Er kann wie ein BCD-Dezimal-Kodeumsetzer aufgebaut werden – mit einer dem 3-Exzeß-Kode entsprechenden Verdrahtung. Benötigt werden die Eingangsvariablen in negierter und nicht negierter Form. Die Zuordnung der 4-Bit-Einheiten des 3-Exzeß-Kodes zu den Dezimalziffern erfolgt über UND-Glieder (Bild 9.13).

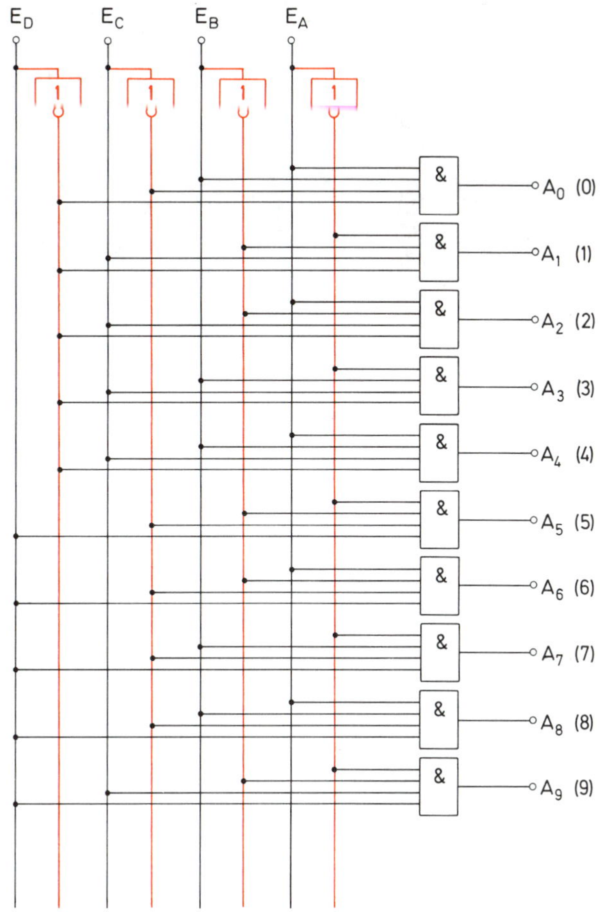

Bild 9.13 3-Exzeß-Dezimal-Kodeumsetzer

9.1.6 Dezimal-7-Segment-Kodeumsetzer

Dezimalziffern werden überwiegend durch 7-Segment-Anzeigeeinheiten dargestellt. Diese Anzeigeeinheiten sind mit Leuchtdioden-Segmenten oder mit Flüssigkristall-Segmenten aufgebaut (s. Beuth, Elektronik 2).

Zur Ansteuerung von 7-Segment-Anzeigeeinheiten wird ein besonderer Kode benötigt, der *7-Segment-Kode* genannt wird. Dieser Kode gibt an, welche Segmente zur Darstellung der einzelnen Dezimalziffern verwendet werden sollen. Zur Darstellung der Dezimalziffer 3 sollen z.B. die Segmente a, b, c, d und g (Bild 9.14) verwendet werden. Zur Darstellung der Dezimalziffer 8 werden alle Segmente benötigt. In Bild 9.15 ist der 7-Segment-Kode dargestellt.

> *Dezimal-7-Segment-Kodeumsetzer setzen den Dezimal-Kode in den 7-Segment-Kode um.*

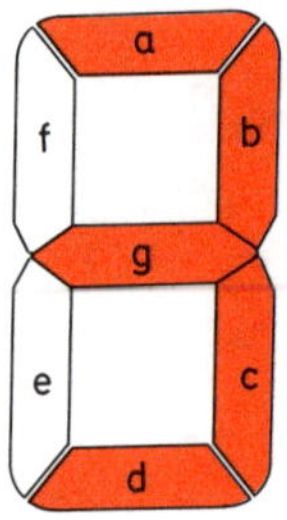

Bild 9.14 7-Segment-Anzeigeeinheit

Dezimal-ziffer	7-Segment-Kode a	b	c	d	e	f	g
0	1	1	1	1	1	1	0
1	0	1	1	0	0	0	0
2	1	1	0	1	1	0	1
3	1	1	1	1	0	0	1
4	0	1	1	0	0	1	1
5	1	0	1	1	0	1	1
6	0	0	1	1	1	1	1
7	1	1	1	0	0	0	0
8	1	1	1	1	1	1	1
9	1	1	1	0	0	1	1

Bild 9.15 7-Segment-Kode

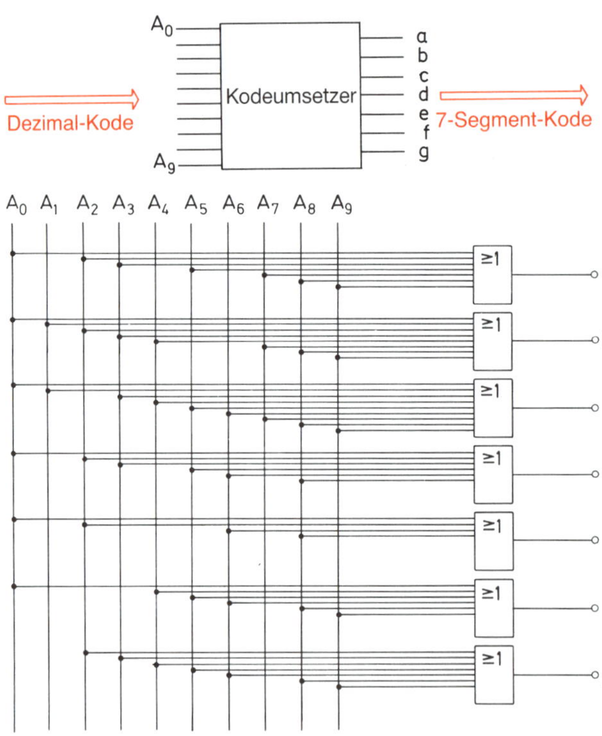

Bild 9.16 Dezimal-7-Segment-Kodeumsetzer

Ein Dezimal-7-Segment-Kodeumsetzer muß nicht berechnet werden. Er kann nach dem Prinzip des Kreuzschienenverteilers aufgebaut werden. Die 1-Zustände der Dezimaleingänge werden über ODER-Glieder auf die 7-Segment-Ausgänge «verteilt» (Bild 9.16).

9.1.7 BCD-7-Segment-Kodeumsetzer

Der BCD-Kode wird in großem Umfang angewendet. Entsprechend häufig sollen BCD-kodierte Informationen über 7-Segment-Anzeigeeinheiten ausgegeben werden. Kodeumsetzer, die den BCD-Kode in den 7-Segment-Kode umsetzen, haben daher eine besonders große Bedeutung.

BCD-7-Segment-Kodeumsetzer setzen den BCD-Kode in den 7-Segment-Kode um.

Ein solcher Kodeumsetzer könnte mit zwei der bisher besprochenen Kodeumsetzer verwirklicht werden. Schaltet man einen BCD-Dezimal-Kodeumsetzer und einen Dezimal-7-Segment-Kodeumsetzer zusammen, so erhält man einen Kodeumsetzer, der den BCD-Kode in den 7-Segment-Kode umsetzt. Die Schaltung eines derartigen Kodewandlers zeigt Bild 9.17.

Die Berechnung eines BCD-7-Segment-Kodeumsetzers führt jedoch zu einer einfacheren Schaltung. Die Wahrheitstabelle der gesuchten Kodeumsetzerschaltung zeigt Bild 9.18. Für jeden der Ausgänge a, b, c, d, e, f und g läßt sich eine ODER-Normalform aufstellen. Die ODER-Normalformen werden mit Hilfe von KV-Diagrammen vereinfacht (Bild 9.19).

Die BCD-Pseudotetraden dürfen nicht auftreten. Daher können die Plätze dieser Pseudotetraden in den KV-Diagrammen durch ein X gekennzeichnet werden. Diese Felder können nach Wunsch so behandelt werden, als enthielten sie eine 1 oder eine 0. Die Päckchenbildung wird dadurch sehr erleichtert.

Nach den in Bild 9.19 für die Ausgänge a, b, c, d, e, f und g gefundenen Gleichungen kann die Schaltung aufgebaut werden (Bild 9.20).

BCD-7-Segment-Kodeumsetzer sind selbstverständlich als integrierte Schaltungen verfügbar. Eine häufig verwendete integrierte Schaltung der TTL-Schaltkreisfamilie trägt die Bezeichnung FLH551-7448. Datenblatt, Anschlußanordnung und Pegeltabelle dieser Schaltung sind in Bild 9.21 wiedergegeben. Die Schaltung verfügt über die Möglichkeiten der Nullausblendung und der Dunkeltastung. Bei mehrstelligen Anzeigeeinheiten können alle Nullen links vom eigentlichen Zahlenwert unterdrückt werden (Bild 9.22). Ebenfalls können nicht erwünschte Ziffern dunkelgetastet werden.

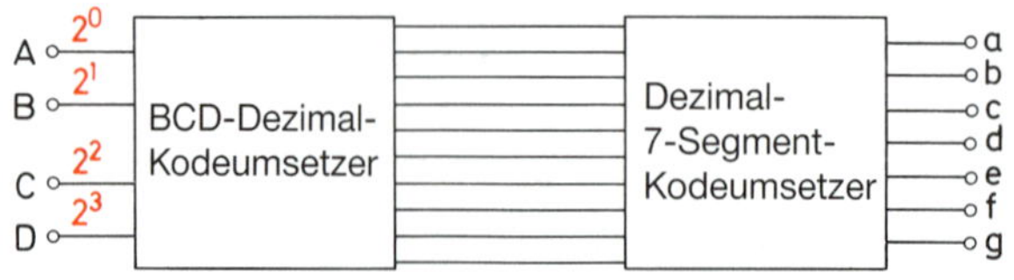

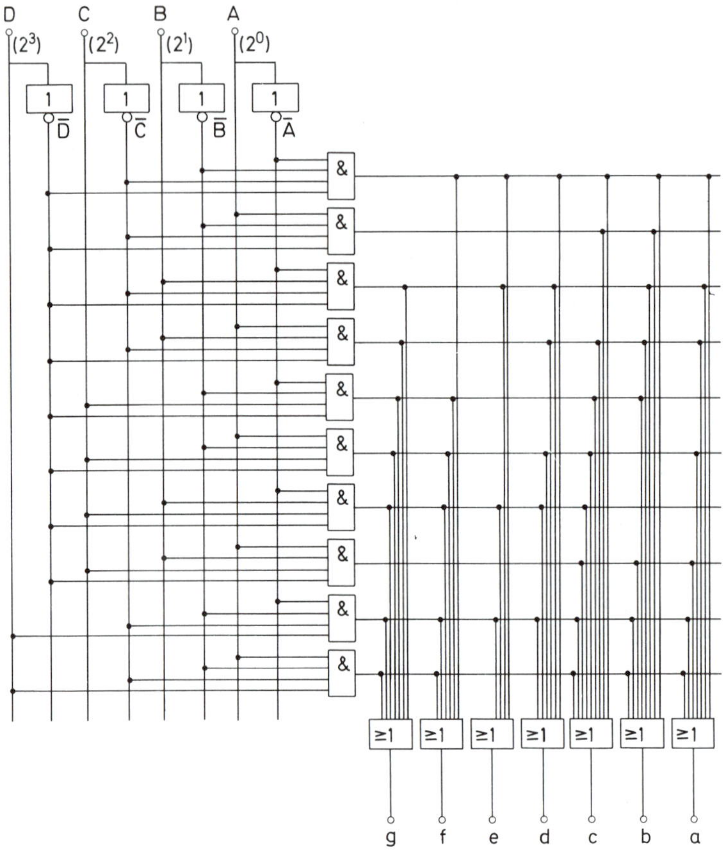

Bild 9.17 BCD-7-Segment-Kodeumsetzer, aufgebaut aus einem BCD-Dezimal-Kodeumsetzer und einem Dezimal-7-Segment-Kodeumsetzer

Dezimalziffer	BCD-Kode D	C	B	A	7-Segment-Kode a	b	c	d	e	f	g
0	0	0	0	0	1	1	1	1	1	1	0
1	0	0	0	1	0	1	1	0	0	0	0
2	0	0	1	0	1	1	0	1	1	0	1
3	0	0	1	1	1	1	1	1	0	0	1
4	0	1	0	0	0	1	1	0	0	1	1
5	0	1	0	1	1	0	1	1	0	1	1
6	0	1	1	0	0	0	1	1	1	1	1
7	0	1	1	1	1	1	1	0	0	0	0
8	1	0	0	0	1	1	1	1	1	1	1
9	1	0	0	1	1	1	1	0	0	1	1

Bild 9.18 Wahrheitstabelle einer BCD-7-Segment-Kodeumsetzerschaltung

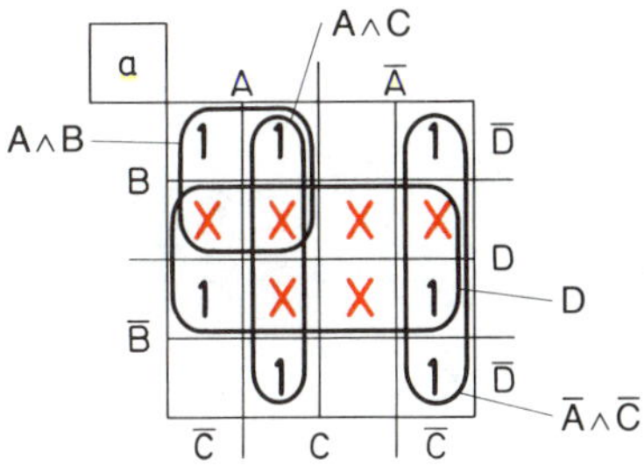

$a = D \vee (\bar{A} \wedge \bar{C}) \vee (A \wedge C) \vee (A \wedge B)$

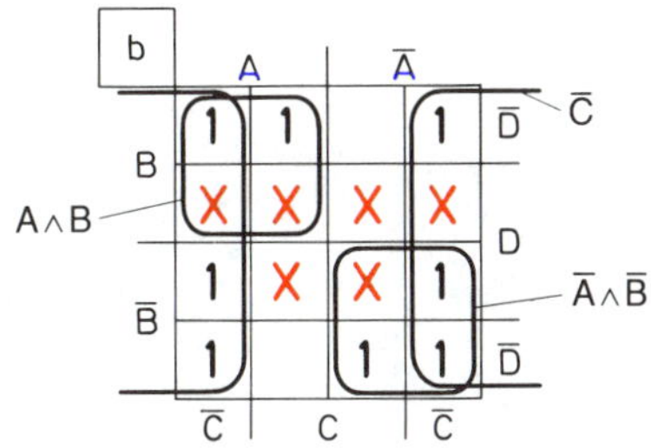

$b = \bar{C} \vee (A \wedge B) \vee (\bar{A} \wedge \bar{B})$

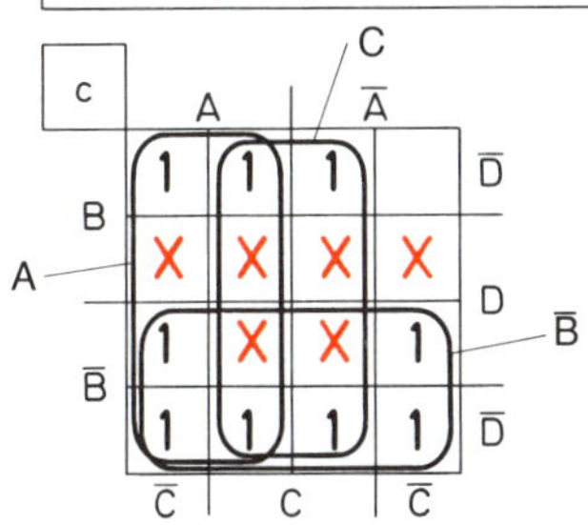

$c = A \vee \bar{B} \vee C$

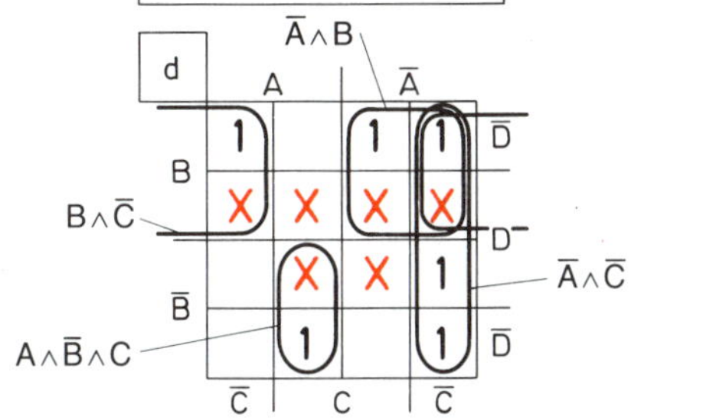

$d = (\bar{A} \wedge B) \vee (\bar{A} \wedge \bar{C}) \vee (B \wedge \bar{C}) \vee (A \wedge \bar{B} \wedge C)$

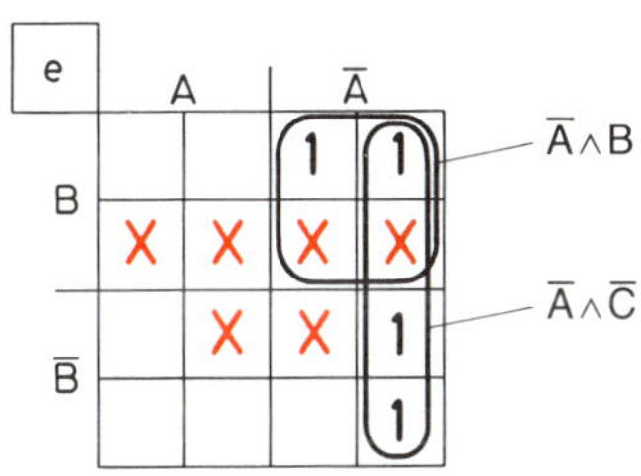

$e = (\bar{A} \wedge B) \vee (\bar{A} \wedge \bar{C})$

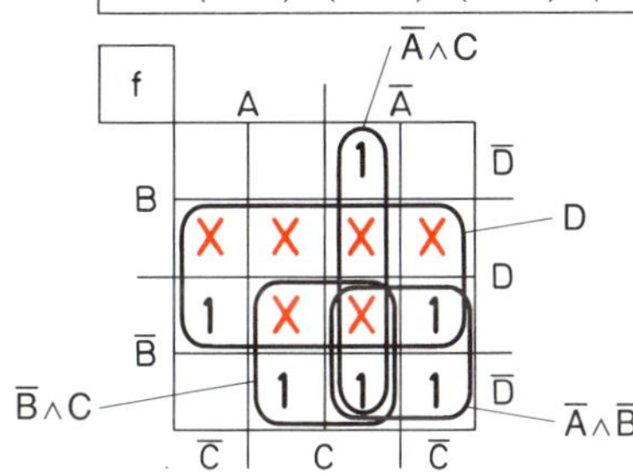

$f = D \vee (\bar{A} \wedge \bar{B}) \wedge (\bar{A} \wedge C) \vee (\bar{B} \wedge C)$

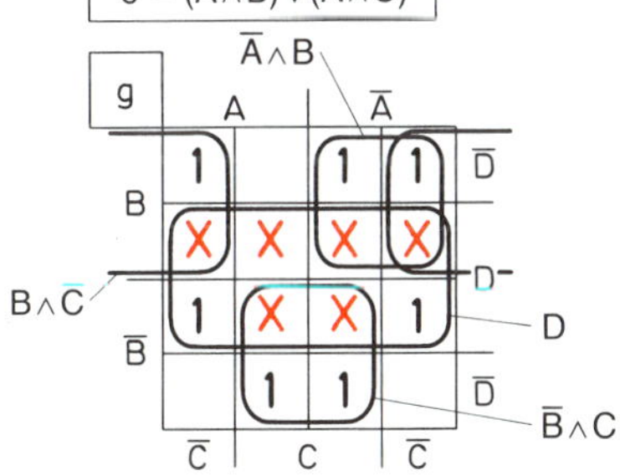

$g = (\bar{A} \wedge B) \vee (\bar{B} \wedge C) \vee (B \wedge \bar{C}) \vee D$

Bild 9.19 Vereinfachung der ODER-Normalformen der Ausgänge a, b, c, d, e, f und g eines 7-Segment-Kodeumsetzers

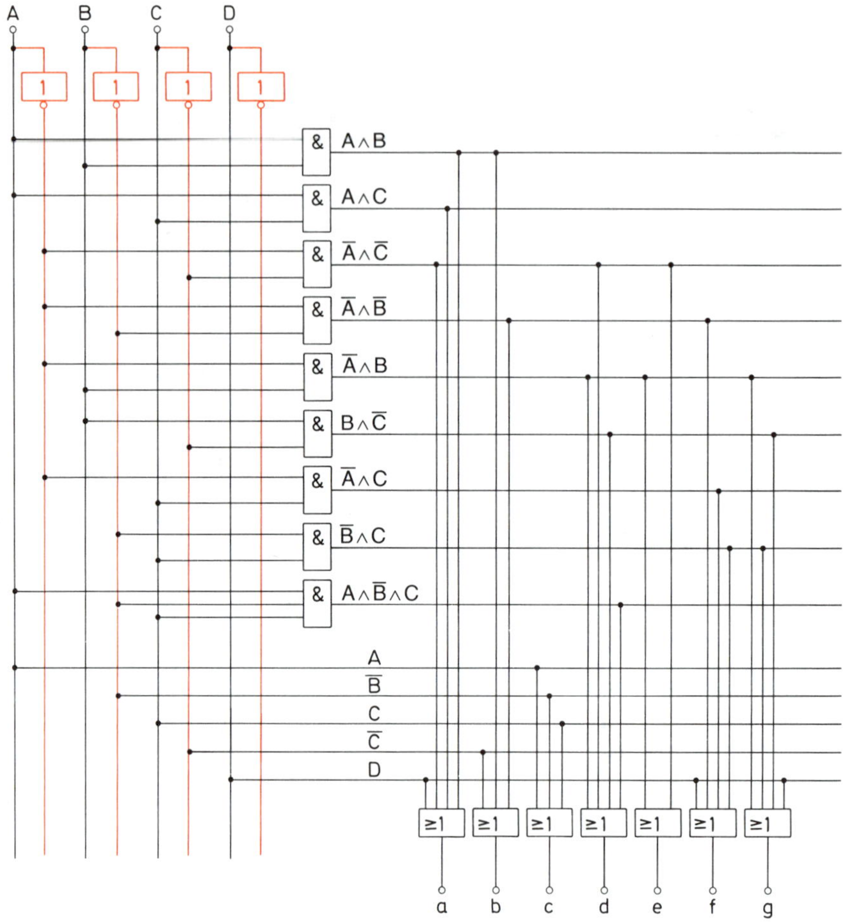

Bild 9.20 Schaltung eines BCD-7-Segment-Kodeumsetzers

BCD-7-Segment-Dekoder

FLH 551 – 7448
FLH 555 – 8448
74248

Der Baustein FLH 551/555 nimmt binär-kodierte 4-Bit-Wörter auf, dekodiert sie abhängig von den Bedingungseingängen (BI, RBI, LT) und liefert an den Ausgängen a, b, c, d, e, f, g einen 7-Segment-Kode (TTL-Pegel, Eintakt-Ausgänge mit Kollektorwiderstand).
Durch den Übertragungseingang zur Nullausblendung RBI wird bei L-Signal die Null-Anzeige unterdrückt. Bei mehrstelligen Zahlen wird durch den Übertragungsausgang zur Nullausblendung RBQ (mit Eingang BI intern verbunden) eine automatische Null-Austastung über mehrere Dekaden ermöglicht. Durch Eingang Ausblendung BI erfolgt generelle Dunkeltastung, durch Eingang Lampen-Test LT erfolgt eine Kontrolle der Anzeigeröhre (Helltastung aller Segmente).

Statische Kenndaten im Temperaturbereich 1 und 5		Prüfbedingungen		untere Grenze B	typ.	obere Grenze A	Einheit
Speisespannung	U_S			4,75	5,0	5,25	V
H-Eingangsspannung	U_{IH}	$U_S = 4{,}75$ V		2,0			V
L-Eingangsspannung	U_{IL}	$U_S = 4{,}75$ V				0,8	V
Eingangsklemmspannung	$-U_I$	$U_S = 4{,}75$ V, $-I_I = 12$ mA				1,5	V
H-Ausgangsspannung							
an a bis g	U_{QH}	$-I_{QH} = 400$ µA	$U_S =$	2,4	4,2		V
an BI/RBQ	U_{QH}	$-I_{QH} = 200$ µA	5,25 V	2,4	3,7		V
L-Ausgangsspannung							
an a bis g	U_{QL}	$I_{QL} = 6{,}4$ mA	$U_S =$		0,27	0,4	V
an BI/RBQ	U_{QL}	$I_{QL} = 8$ mA	4,75 V		0,27	0,4	V
H-Eingangsstrom	I_I	$U_I = 5{,}5$ V				1	mA
pro Eingang			$U_S =$				
außer BI/RBQ	I_{IH}	$U_{IH} = 2{,}4$ V	5,25			40	µA
L-Eingangsstrom							
an BI/RBQ	I_{IL}	$U_S = 5{,}25$ V, $U_{IL} = 0{,}4$ V				4	mA
übrige Eingänge	I_{IL}					1,6	mA
Kurzschlußausgangsstrom							
an BI/RBQ	$-I_Q$	$U_S = 5{,}25$ V				4	mA
Speisestrom	I_S	$U_S = 5{,}25$ V			53	90	mA
		Ausgange offen			53	90	mA

Schaltzeiten bei $U_S = 5$ V, $T_U = 25$ °C

Signal-Laufzeit						
Eingang A nach	t_{PHL}	$C_L = 15$ pF, $R_L = 1$ kΩ			100	ns
beliebigem Ausgang	t_{PHL}				100	ns
von RBI nach	t_{PLH}				100	ns
beliebigem Ausgang	t_{PHL}				100	ns

Logische Daten

Ausgangslastfaktor				
an BI/RBQ	F_Q		5	
an a bis g H-Signal	F_{QH}		10	
L-Signal	F_{QL}		4	
Eingangslastfaktor				
an BI/RBQ	F_I		2,6	
übrige Eingänge	F_I		1	

Anschlußanordnung Ansicht von oben

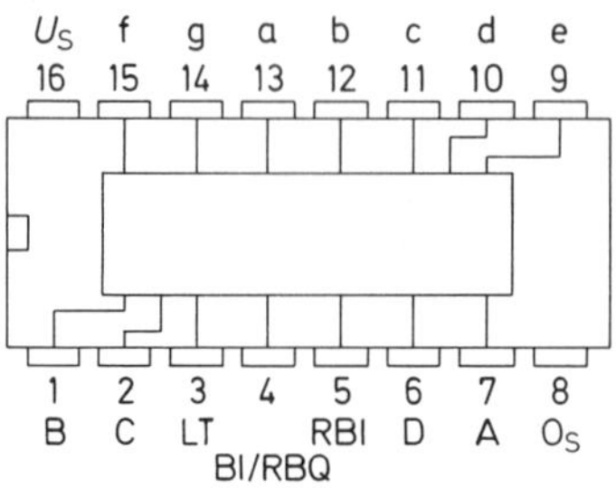

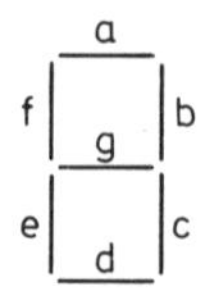

Identifizierung der Segmente

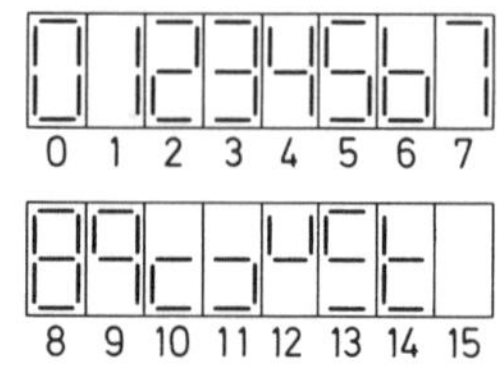

Darstellung der aufgezählten Funktionen

Logisches Verhalten

Funktion	LT	RBI	D	C	B	A	BI/ RBQ	a	b	c	d	e	f	g
0[1]	H	H	L	L	L	L	H	H	H	H	H	H	H	L
1	H	X	L	L	L	H	H	L	H	H	L	L	L	L
2	H	X	L	L	H	L	H	H	H	L	H	H	L	H
3	H	X	L	L	H	H	H	H	H	H	H	L	L	H
4	H	X	L	H	L	L	H	L	H	H	L	L	H	H
5	H	X	L	H	L	H	H	H	L	H	H	L	H	H
6	H	X	L	H	H	L	H	L	L	H	H	H	H	H
7	H	X	L	H	H	H	H	H	H	H	L	L	L	L
8	H	X	H	L	L	L	H	H	H	H	H	H	H	H
9	H	X	H	L	L	H	H	H	H	H	L	L	H	H
10	H	X	H	L	H	L	H	L	L	L	H	H	L	H
11	H	X	H	L	H	H	H	L	L	H	H	L	L	H
12	H	X	H	H	L	L	H	L	H	L	L	L	H	H
13	H	X	H	H	L	H	H	H	L	L	H	L	H	H
14	H	X	H	H	H	L	H	L	L	L	H	H	H	H
15	H	X	H	H	H	H	H	L	L	L	L	L	L	L
BI[2)]	X	X	X	X	X	X	L	L	L	L	L	L	L	L
RBI[3)]	H	L	L	L	L	L	L	L	L	L	L	L	L	L
LT[4)]	L	X	X	X	X	X	H	H	H	H	H	H	H	H

Bemerkungen:

X≙H- oder L-Signal

1 Bei der Null-Anzeige muß am Übertragseingang zur Nullausblendung RBI H-Signal liegen.

2 Wenn L-Signal am Eingang Ausblendung BI anliegt, erhalten die Segment-Ausgänge L-Signal, unabhängig von den Eingängen.

3 Wenn L-Signal am Übertragseingang zur Nullausblendung RBI anliegt, erhalten die Segmentausgänge L-Signal und am Übertragungsausgang zur Nullausblendung RBQ entsteht L-Signal, vorausgesetzt die Eingänge A, B, C, D liegen an L-Signal (Nullbedingung).

4 Wenn L-Signal am Eingang Lampen-Test LT anliegt, erhalten die Segment-Ausgänge H-Signal (Helltastung), vorausgesetzt an BI/RBQ liegt H-Signal, unabhängig von den Eingängen A, B, C, D, RBI.

Bild 9.21 Datenblatt, Anschlußanordnung und Pegeltabelle der Schaltung FLH551-7448 (Siemens)

Bild 9.22 Fünfstellige 7-Segment-Anzeigeeinheit mit Nullausblendung

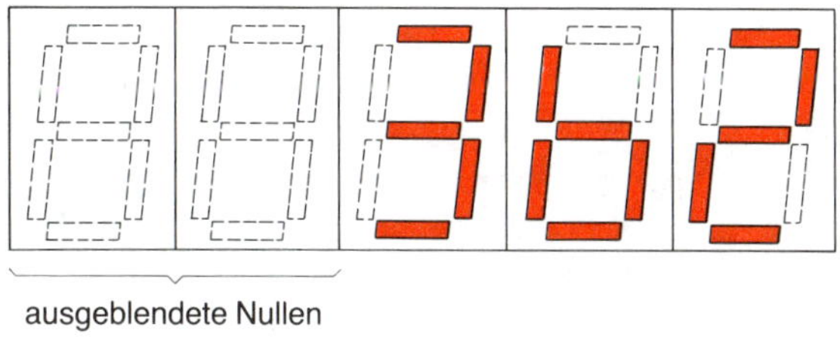

9.2 Pegelumsetzer

9.2.1 Allgemeines

Schaltkreisfamilien können mit sehr unterschiedlichen Spannungspegeln arbeiten. Will man Baugruppen verschiedener Schaltkreisfamilien miteinander verbinden, so ist zunächst zu prüfen, ob Kompatibilität zwischen den Schaltkreisfamilien besteht. Bei Kompatibilität (Verträglichkeit, Vereinbarkeit) können die Ausgänge der einen Schaltkreisfamilie mit den Eingängen der anderen Schaltkreisfamilie verbunden werden.
Zwischen vielen Schaltkreisfamilien besteht eine eingeschränkte Kompatibilität. Die Ausgänge eines C-MOS-Gliedes können z.B. TTL-kompatibel sein, die Eingänge nicht. Das bedeutet, daß z.B. eine mit einer Speisespannung von +5 V betriebene C-MOS-Schaltung TTL-Glieder steuern kann. Die Pegel passen zusammen, d.h., die möglichen H-Pegel der C-MOS-Schaltung fallen in den Bereich der möglichen H-Pegel der TTL-Schaltung. Ebenfalls fallen die möglichen L-Pegel der C-MOS-Schaltung in den Bereich der möglichen L-Pegel der TTL-Schaltung (Bild 9.23). Die C-MOS-Ausgänge müssen die bei TTL-Schaltungen üblichen Ströme abgeben und aufnehmen können. Ist das der Fall, sind C-MOS-Glieder ausgangskompatibel.

Bild 9.23 Pegeldiagramme

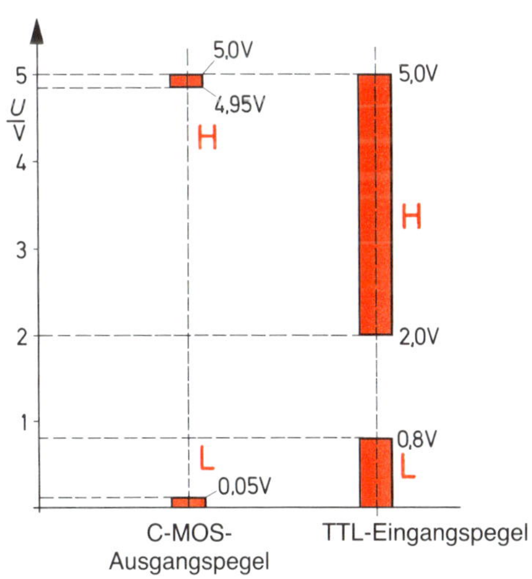

Besteht zwischen zwei Schaltkreisfamilien keine Kompatibilität oder nur eine eingeschränkte Kompatibilität, so können Baugruppen, die mit diesen Schaltkreisfamilien aufgebaut sind, nur über Pegelumsetzer miteinander verbunden werden.

Pegelumsetzer haben die Aufgabe, die Spannungs- und Strompegel einer Schaltkreisfamilie in die Spannungs- und Strompegel einer anderen Schaltkreisfamilie umzusetzen.

Eine andere Bezeichnung für Pegelumsetzer ist Interfaceschaltung (interface, engl.: Kopplung).

9.2.2 Aufbau von Pegelumsetzern

Pegelumsetzer können mit Gliedern verschiedener Schaltkreisfamilien aufgebaut werden. Besonders geeignet sind NICHT-Glieder und NAND-Glieder. Die Hersteller der Schaltkreisfamilien geben hierzu bestimmte Anweisungen. Der Aufbau soll am Beispiel eines Pegelumsetzers von TTL auf CMOS betrachtet werden.
Für die TTL-Seite wird ein NAND-Glied verwendet. Dieses Glied soll ein CMOS-NICHT-Glied steuern (Bild 9.24). Für die TTL-Seite und für die CMOS-Seite gelten folgende wichtige Daten:

TTL-Seite			CMOS-Seite		
U_S	= 5 V ± 0,5 V	(Speisespannung)	U_S	= 5 V	(Speisespannung)
$U_{QL\,max}$	= 0,4 V	(größter L-Ausgangspegel)	$U_{IL\,max}$	= 1,5 V	(größter L-Eingangspegel)
$U_{QH\,min}$	= 2,4 V	(kleinster H-Ausgangspegel)	$U_{IH\,min}$	= 3,5 V	(kleinster H-Eingangspegel)
$I_{QL\,max}$	= 16 mA	(größter L-Ausgangsstrom)	I_{IL}	= 10 pA	(L-Eingangsstrom)
$I_{CEX\,max}$	= 100 µA	(größter Ausgangs-reststrom)	I_{IH}	= 10 pA	(H-Eingangsstrom)

Beim L-Ausgangszustand des NAND-Gliedes ergibt sich ein größter Ausgangspegel von 0,4 V. Dieser liegt unterhalb des größten L-Eingangspegels des CMOS-Gliedes von 1,5 V. Eine Pegelanpassung ist hier nicht erforderlich (Bild 9.25).
Das TTL-Glied benötigt jedoch einen L-Eingangsstrom. Diesen kann das CMOS-Glied nicht liefern. Es ist ein Widerstand R_X gegen Speisespannung zu schalten (Bild 9.24). Über R_X fließt der L-Eingangsstrom.
Hat das NAND-Glied H-Ausgangszustand, so ist der Transistor T_4 (Bild 9.24) gesperrt. Über R_X wird der Ausgang auf ungefähr +5 V gelegt. Der Ausgangspegel kann also nicht, wie bei TTL-Gliedern zulässig, bis auf 2,4 V absinken. Ein Pegel von 2,4 V würde

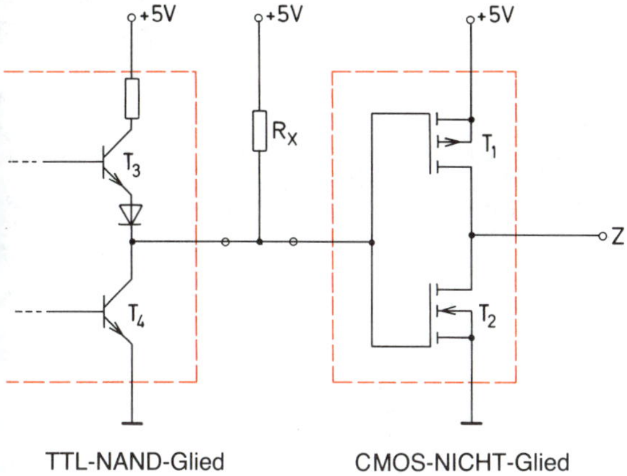

Bild 9.24 Pegelumsetzer, aufgebaut aus TTL-NAND-Glied und CMOS-NICHT-Glied

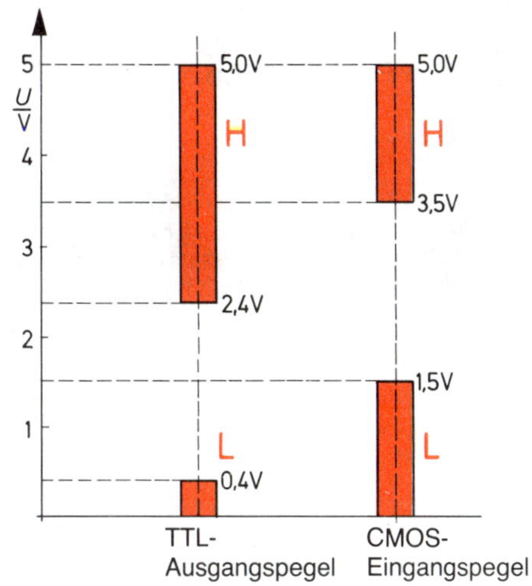

Bild 9.25 Pegeldiagramm TTL-CMOS

nicht mehr als H-Eingangspegel für das CMOS-Glied verwendbar sein, da dessen kleinster H-Eingangspegel bei 3,5 V liegt.

Bei der Berechnung des Wertes von R_X ist die erforderliche Störsicherheit zu berücksichtigen. R_X darf nicht zu klein und nicht zu groß sein. RCA – ein bekannter Hersteller von CMOS-Schaltungen – gibt folgende Gleichungen an:

$$R_{X\,min} = \frac{U_{S\,max} - U_{QL\,max}}{I_{QL\,max}}$$

$$R_{X\,max} = \frac{U_S - U_{IH\,min}}{I_{CEX\,max}}$$

Für das vorstehende Beispiel eines Pegelumsetzers ergeben sich folgende R_X-Werte:

$$R_{X\,min} = \frac{5{,}5\ \text{V} - 0{,}4\ \text{V}}{16\ \text{mA}} = 319\ \Omega$$

$$R_{X\,max} = \frac{5\ \text{V} - 3{,}5\ \text{V}}{100\ \mu\text{A}} = 15\ \text{k}\Omega$$

Der kleinste Wert von R_X ergibt zwar die größte Störsicherheit, belastet aber die Spannungsquelle zu stark. Ein Wert von einigen Kiloohm ist sinnvoll. Für die betrachtete Pegelumsetzerschaltung wird gewählt:

$$\underline{R_X = 4{,}7\ \text{k}\Omega}$$

Die Bausteine FZH 181 und FZH 185 enthalten 4 TTL-LSL-Pegelumsetzer, die auch in wired-AND-Verknüpfung betrieben werden können. Für die Berechnung des gemeinsamen Kollektorarbeitswiderstandes gelten die aufgeführten Formeln. Die zulässige Spannung am Ausgang Q beträgt maximal 18 V, der Strom maximal 50 mA.

Statische Kenndaten im Temperaturbereich 1 und 5		Prüfbedingungen	Prüfschaltung	untere Grenze B	typ.	obere Grenze A	Einheit
Speisespannung	U_S			4,75	5,0	5,25	V
H-Eingangsspannung	U_{IH}	$U_S = 4{,}75$ V	1	2,0			V
L-Eingangsspannung	U_{IL}	$U_S = 4{,}75$ V	8			0,8	V
H-Ausgangsspannung	I_{QH}	$U_S = 4{,}75$ V, $U_{IL} = 0{,}8$ V, $U_{QH} = 18$ V	8			250	μA
L-Ausgangsspannung	U_{QL}	$U_S = 4{,}75$ V, $U_{IH} = 2{,}0$ V, $I_{QL} = 16$ mA	1			0,4	V
	U_{QL}	$U_S = 4{,}75$ V, $U_{IH} = 2{,}0$ V, $I_{QL} = 50$ mA	1			1,0	V
Statische Störsicherheit	U_{ss}			0,4	1,0		V
Eingangsstrom pro Eingang	I_I	$U_S = 5{,}25$ V, $U_I = 5{,}5$ V	3			1,0	mA
H-Eingangsform pro Eingang	I_{IH}	$U_S = 5{,}25$ V, $U_{IH} = 2{,}4$ V	3			80	μA
L-Eingangsstrom pro Eingang	$-I_{IL}$	$U_S = 5{,}25$ V, $U_{IL} = 0{,}4$ V	4			1,6	mA
H-Speisestrom pro Glied	I_{SH}	$U_{SH} = 5$ V, $U_I = 0$ V	6		1,0	2,0	mA
L-Speisestrom pro Glied	I_{SL}	$U_S = 5$ V, $U_I = 5$ V	7		8,5	12	mA
Leistungsverbrauch pro Glied	P	$U_S = U_{SA}$ Tastverhältnis 1:1			24	37	mW

Schaltzeiten bei $U_S = 5$ V, T_U 25 °C

		Prüfbedingungen	Prüfschaltung	untere Grenze B	typ.	obere Grenze A	Einheit
Signal-Laufzeit	t_{PLH}	$C_L = 15$ pF, $R_K = 760\ \Omega$, $U_{SK} = 12$ V	29		130	300	ns
	t_{PHL}				20	60	ns

Logische Daten pro Glied

		obere Grenze A
L-Ausgangsfaktor	F_{QL}	10
Eingangslastfaktor pro Eingang	F_I	1

Logische Funktion $Q = \overline{A \wedge B}$

Bild 9.26 Schaltbild, Anschlußschema und Datenblatt der Pegelumsetzerschaltung FZH 181 (Siemens)

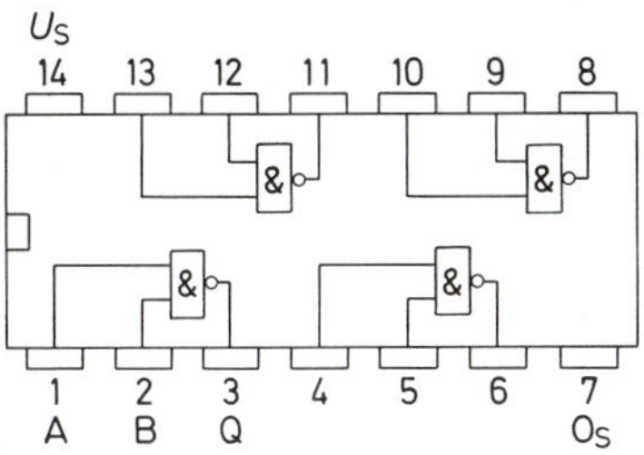

Anschlußanordnung
Ansicht von oben

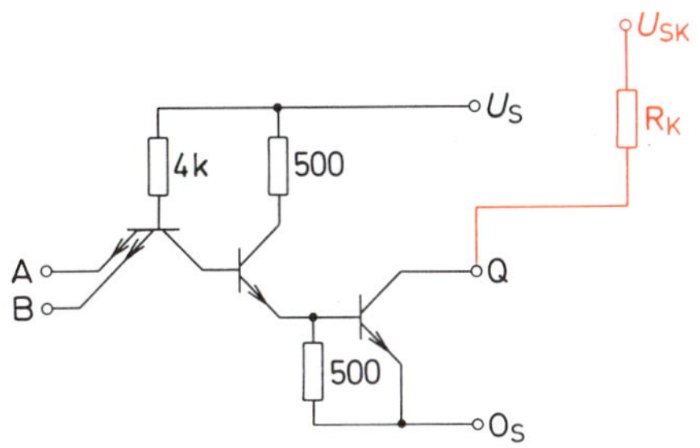

Schaltschema
(ein Glied)

Berechnung des Kollektorarbeitswiderstandes R_K

Der Widerstand R_K berechnet sich aus dem notwendigen Spannungshub und den Eingangs- und Ausgangsströmen der Gatter nach folgenden Formeln:

$$R_{KA} = \frac{U_{SK} - U_{QH}\,\mathrm{V}}{n\,I_{QH} + N\,I_{IH}\,\mu\mathrm{A}} \qquad R_{KB} = \frac{U_{SK} - U_{QL}\,\mathrm{V}}{I_{QL} - N\,I_{IL}\,\mu\mathrm{A}}$$

Wobei: U_{SK} = Versorgungsspannung des Arbeitswiderstandes
n = Anzahl der AND-Verknüpfungen
N = Anzahl der angeschlossenen Eingänge

Der in der Schaltung verwendete Widerstand muß zwischen dem oberen und unteren Grenzwert A und B liegen.

Bei Verwendung als **Pegelumsetzer** ergibt sich für

FZH 181/185 TTL-LSL $_{12\,V}$: $R_{KA} = \frac{12 - 10\,\mathrm{V}}{n\,250 + N\,1\,\mu\mathrm{A}}$ $\qquad R_{KB} = \frac{12 - 1{,}0\,\mathrm{V}}{50 - N\,1{,}5\,\mathrm{mA}}$

TTL-LSL $_{15\,V}$: $R_{KA} = \frac{15 - 12\,\mathrm{V}}{n\,250 + N\,1\,\mu\mathrm{A}}$ $\qquad R_{KB} = \frac{15 - 1{,}0\,\mathrm{V}}{50 - N\,1{,}8\,\mathrm{mA}}$

wobei $n_A = 4$ für $N_A = 25$

9.2.3 Pegelumsetzer als integrierte Schaltungen

Für häufig benötigte Pegelumsetzungen sind integrierte Schaltungen verfügbar. In der digitalen Steuerungstechnik wird die LSL-Schaltkreisfamilie in großem Umfang eingesetzt (LSL = langsame störsichere Logik). TTL-Baugruppen müssen hier oft mit LSL-Baugruppen verbunden werden. Die LSL-Schaltkreisfamilie verwendet Speisespannungen von 12 V und 15 V mit entsprechenden Pegeln für L und H.
Die Pegelumsetzerschaltung FZH181 setzt TTL-Pegel auf LSL-Pegel um. Schaltbild, Anschlußschema und Datenblatt dieser Schaltung sind in Bild 9.26 dargestellt. Die Schaltung ist im Prinzip ein NAND-Glied mit offenem Kollektor. Der Kollektorarbeitswiderstand wird an die Speisespannung der LSL-Baugruppe (12 V oder 15 V) angeschlossen. Der Ausgangstransistor ist für die sich ergebenden Belastungen ausgelegt.

9.3 Lernziel-Test

1. Skizzieren Sie die Schaltung eines Dezimal-BCD-Kodeumsetzers.
2. Das Verfahren der Berechnung eines Kodeumsetzers für beliebige Kodes ist zu beschreiben.
3. Geben Sie die Schaltung eines Kodeumsetzers an, der den Dezimalkode in den Aiken-Kode wandelt.
4. Ein Kodeumsetzer für die Umsetzung des Gray-Kodes (Bild 8.13) in den BCD-Kode ist zu berechnen.
5. Welche Aufgaben muß ein Pegelumsetzer erfüllen?
6. Eine C-MOS-Schaltung wird mit einer Speisespannung von 3 V betrieben. Zur Datenausgabe soll auf die TTL-Standard-Schaltkreisfamilie umgesetzt werden, damit 7-Segment-Anzeigeeinheiten mit Leuchtdiodensegmenten angesteuert werden können. Welche Probleme ergeben sich bei der Pegelumsetzung?

10 Zähler und Frequenzteiler

10.1 Zählen und Zählerarten

Zählen – oder genauer gesagt Vorwärtszählen – ist eine fortlaufende 1-Addition. Zu einem Anfangswert, der oft Null ist, wird immer wieder 1 hinzugezählt, bis der Zählvorgang beendet ist.
Rückwärtszählen ist eine fortlaufende 1-Subtraktion. Das Rückwärtszählen beginnt bei einem Anfangswert und wird bis zu einem Endwert fortgesetzt. Dieser Endwert kann – muß aber nicht – Null sein.
Das Zählen im dezimalen Zahlensystem ist allgemein bekannt und üblich. Jedes andere Zahlensystem ist zum Zählen jedoch ebenfalls geeignet. Man kann z.B. im dualen oder auch im hexadezimalen Zahlensystem zählen. Auch kann in allen nur möglichen Kodes gezählt werden.
Für alle auftretenden Zählaufgaben können elektronische Zählerschaltungen gebaut werden. Eine besondere Bedeutung haben binär arbeitende Zählerschaltungen, sogenannte Binärzähler.

> *Binärzähler verarbeiten nur die Signale 0 und 1.*

Fast alle zur Zeit verwendeten elektronischen Zähler sind Binärzähler. Zähler, die mit drei, vier oder mehr verschiedenen Eingangssignalen arbeiten, haben keine praktische Bedeutung. Für Binärzähler kann daher allgemein die Bezeichnung «Zähler» verwendet werden.
Zähler können mit verschiedenen Kodes oder Zahlensystemen arbeiten. Die Zahlensysteme gelten als besondere Kodes. Je nach Zählaufgabe benötigt man Vorwärtszähler, Rückwärtszähler oder Zähler mit umschaltbarer Zählrichtung.

> *Zähler werden nach dem verwendeten Kode und nach der Zählrichtung unterschieden.*

Zähler sind mit binären Bausteinen aufgebaut. Grundbausteine sind bistabile Kippglieder, sogenannte Flipflops. Diese Flipflops werden zu bestimmten Zeitpunkten geschaltet. Werden alle Flipflops zum gleichen Zeitpunkt geschaltet, spricht man von synchronem Betrieb. Asynchroner Betrieb liegt dann vor, wenn die Flipflops zu unterschiedlichen Zeitpunkten geschaltet werden. Zähler, die im synchronen Betrieb arbeiten, heißen Synchronzähler. Zähler, die im asynchronen Betrieb arbeiten, heißen Asynchronzähler.

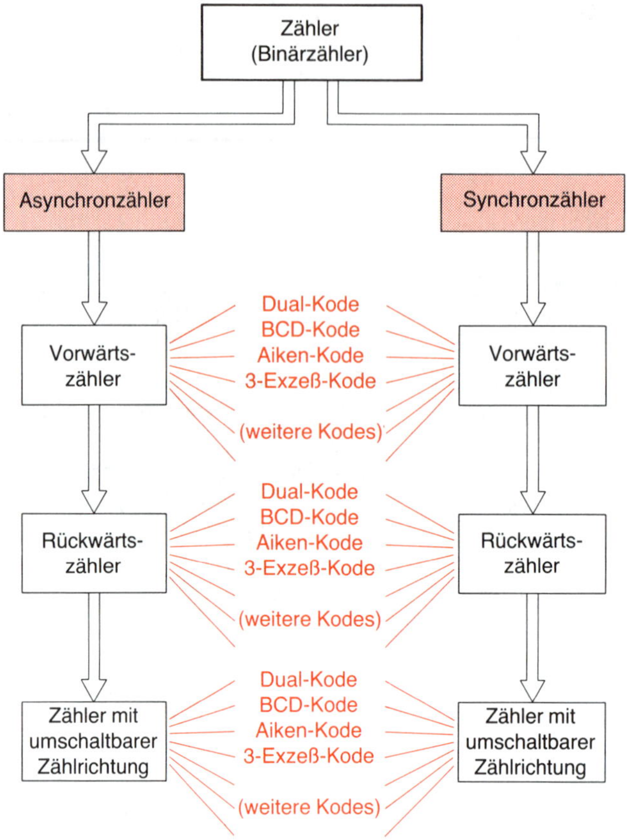

Bild 10.1 Übersicht über die Zählerarten

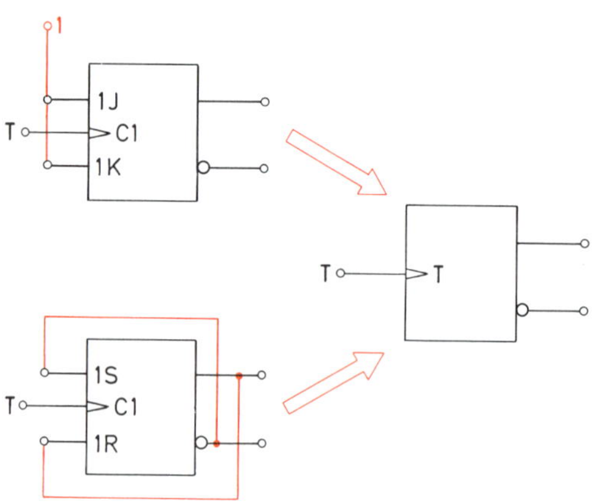

Bild 10.2 JK-Flipflop und SR-Flipflop als T-Flipflop geschaltet

Man unterscheidet bei Zählern zwischen Synchronzählern und Asynchronzählern.

Insgesamt ergibt sich eine große Anzahl möglicher Zähler. Bild 10.1 gibt eine Übersicht über die Zählerarten.

10.2 Asynchronzähler

Bei Asynchronzählern werden die Kippglieder nicht durch einen gemeinsamen Schaltbefehl (Takt) gleichzeitig geschaltet.

10.2.1 Asynchrone Dualzähler

Asynchrone Dualzähler arbeiten nach dem dualen Zahlensystem. Sie können mit verschiedenen Flipfloparten aufgebaut werden. Der einfachste Aufbau ergibt sich mit T-Flipflops. JK- und SR-Flipflops können so geschaltet werden, daß sie wie T-Flipflops arbeiten (Bild 10.2).

10.2.1.1 Dual-Vorwärtszähler

Die Schaltung Bild 10.3 zeigt einen aus drei T-Flipflops aufgebauten Dual-Vorwärtszähler. Ein solcher Zähler wird *3-Bit-Dual-Vorwärtszähler* oder 3stufiger Dual-Vorwärtszähler genannt. Jedes Flipflop hat eine Speicherkapazität von einem Bit und steht für eine binäre Stelle. Die von den Ausgängen gebildete Ergebnis-Dualzahl hat so viele Stellen, wie Flipflops vorhanden sind.

Bild 10.3 Dual-Vorwärtszähler

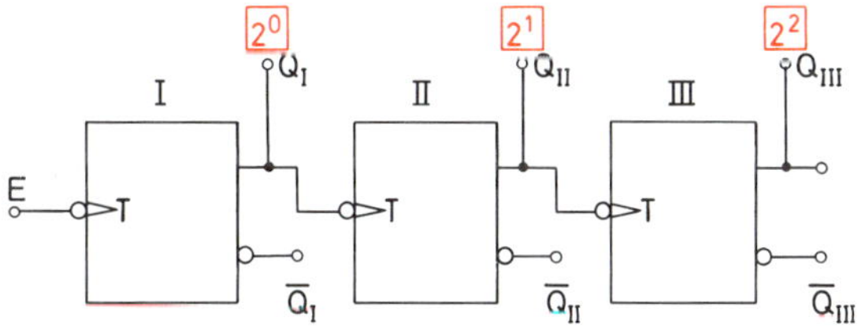

Die T-Flipflops der Schaltung Bild 10.3 schalten beim Übergang des Signals von 1 auf 0, also mit der fallenden Signalflanke. Die einzelnen Schaltvorgänge sind im Zeitablaufdiagramm Bild 10.4 dargestellt.

Das Zeitablaufdiagramm ist etwas idealisiert. Wenn das Signal von Q_I von 1 auf 0 geht, so vergeht eine bestimmte Zeit, bis das Signal an Q_{II} von 0 auf 1 geht. Diese Zeit ist die

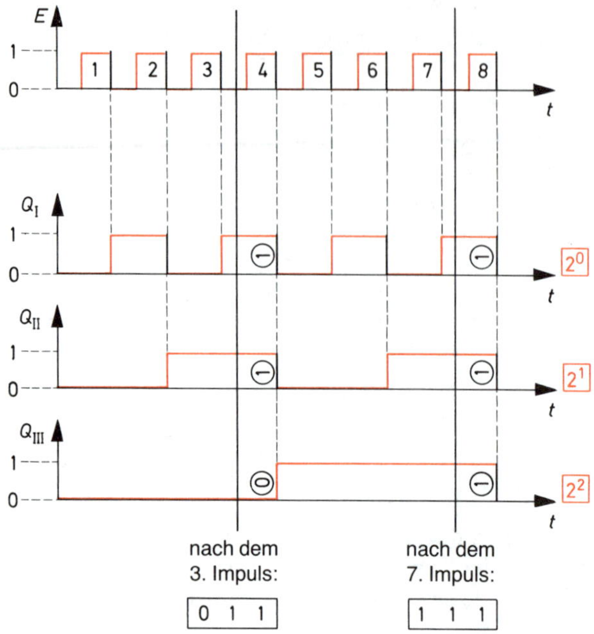

Bild 10.4 Zeitablaufdiagramm des Dualzählers Bild 10.3

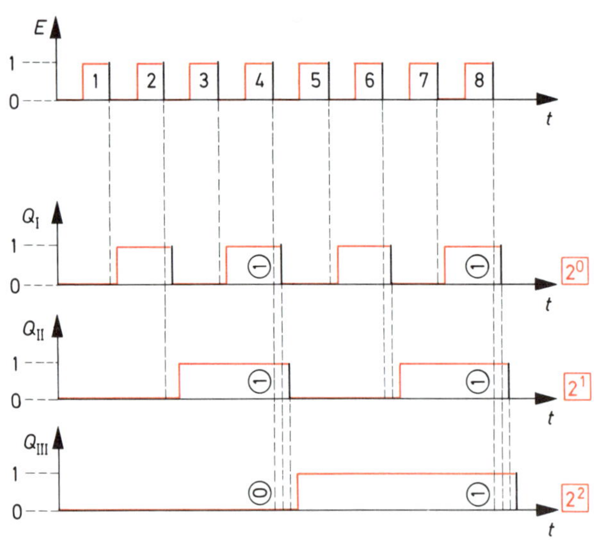

Bild 10.5 Zeitablauf-Diagramm mit Berücksichtigung der Signallaufzeit (Periodendauer des Eingangssignals 200 ns, Signallaufzeit 30 ns)

Signallaufzeit. Sie beträgt bei Flipflops der TTL-Schaltkreisfamilie 30 ns bis 50 ns. Bei kleinen Eingangssignalfrequenzen kann die Signallaufzeit vernachlässigt werden. Wenn das Eingangssignal in Bild 10.4 jedoch eine Periodendauer von 0,2 µs = 200 ns (5 MHz) hat, muß die Signallaufzeit berücksichtigt werden. Es ergeben sich für Q_I, Q_{II} und Q_{III} zeitlich verschobene Impulsreihen gemäß Bild 10.5. Die Verschiebung der Impulsreihen ist ein Nachteil des Asynchronverfahrens. Sie führt zu einer Verringerung der höchstmöglichen Zählfrequenz.
Stehen für den Aufbau eines Dual-Vorwärtszählers T-Flipflops zur Verfügung, die mit der ansteigenden Flanke des Eingangssignals kippen, so werden die negierten Ausgangssignale ($\overline{Q}$) für die Ansteuerung des nächsten Flipflops verwendet (Bild 10.6). Der 4-Bit-Dual-Vorwärtszähler kann bis 15 zählen.

> *Dual-Vorwärtszähler zählen von Null ab bis zu ihrem möglichen Höchstwert, schalten dann auf Null zurück und beginnen den Zählvorgang erneut.*

Das JK-Master-Slave-Flipflop hat sich zum Universal-Flipflop entwickelt. Integrierte Schaltungen, die mehrere dieser Flipflops enthalten, sind preiswert zu haben. Die Schaltung FLJ131-7476 (Bild 7.80) enthält zwei JK-Master-Slave-Flipflops. Mit zwei Exemplaren dieser integrierten Schaltung ist ein 4-Bit-Dual-Vorwärtszähler aufzubauen. Wie sieht das Schaltbild dieses Zählers aus?
Die JK-Flipflops sollen wie T-Flipflops arbeiten. Alle J- und K-Eingänge sind also auf Zustand 1 zu legen, d.h. mit Betriebsspannung zu verbinden. Wie steht es nun mit dem Kippen dieser Flipflops? Kippen sie bei ansteigender oder abfallender Signalflanke? Der offene Pfeil im Schaltzeichen weist auf das Kippen des Master-Flipflops hin. Dieser kippt demnach bei ansteigender Signalflanke. Das Slave-Fipflop kippt bei abfallender Signalflanke. Die Weitergabe des Signals an das folgende Flipflop erfolgt also bei abfallender Signalflanke – wie bei einem T-Flipflop, das einen Negationsring vor dem Pfeil im Schaltzeichen hat. Der Q-Ausgang eines Flipflops ist daher jeweils mit dem C-Eingang des folgenden Flipflops zu verbinden. Es ergibt sich die in Bild 10.7 dargestellte Schaltung.
Die JK-Flipflops haben taktunabhängige Setz- und Rücksetzeingänge. Die Setzeingänge sind mit S, die Rücksetzeingänge mit R bezeichnet. Diese Eingänge werden nicht benötigt.
Zähler dieser Art werden oft benötigt. Es ist deshalb von Vorteil, sie durch ein Gesamtschaltzeichen darstellen zu können. Das entsprechende Schaltzeichen zeigt Bild 10.8. An einen Steuerblock sind vier Master-Slave-Flipflops gehängt. Sie sind so zusammengeschaltet, daß sich ein Vorwärtszähler ergibt. Das Pluszeichen kennzeichnet den Vorwärtszähler. Die Bezeichnung «CTR» ist die Abkürzung von Counter, dem englischen Wort für Zähler. Die nachgestellte Zahl gibt die Anzahl der möglichen Zählschritte an.
Der 4-Bit-Dual-Vorwärtszähler soll etwas erweitert werden. Erwünscht ist eine Möglichkeit, den Zähler auf einen gewählten Zahlenwert zu setzen. Das Setzen kann über die taktunabhängigen Setzeingänge S erfolgen. Der Negationskreis vor den Setzeingängen

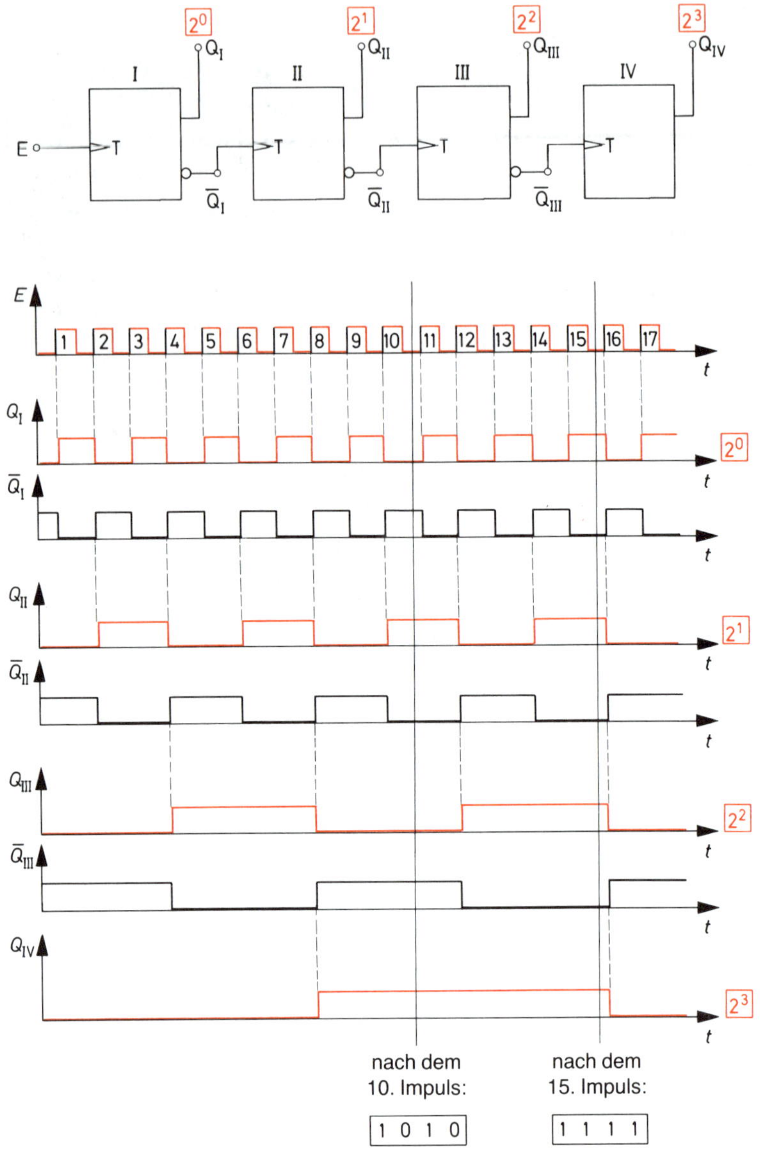

Bild 10.6 4-Bit-Dual-Vorwärtszähler mit Zeitablaufdiagramm

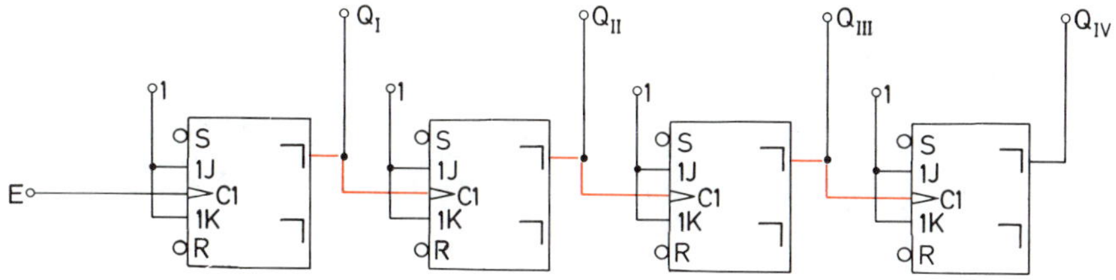

Bild 10.7 4-Bit-Dual-Vorwärtszähler, aufgebaut mit JK-Master-Slave-Flipflops

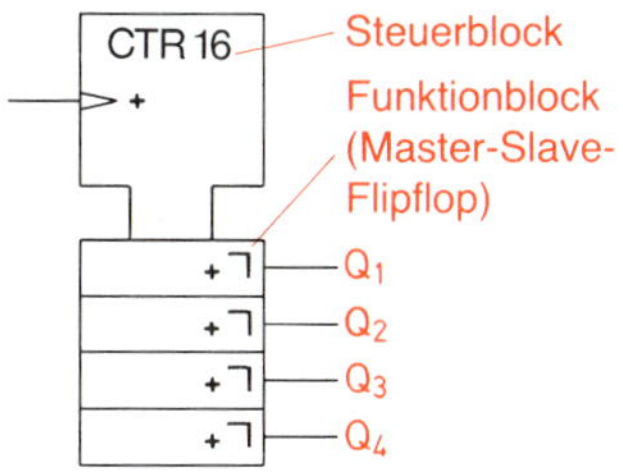

Bild 10.8 Gesamtschaltzeichen nach DIN 40900 Teil 12, eines 4-Bit-Dual-Vorwärtszählers, mit Master-Slave-Flipflops aufgebaut, CTR 16 bedeutet 16 Zählschritte. CTR steht für Counter, engl. Zähler.

besagt, daß zum Setzen ein 0-Signal erforderlich ist. Um mit 1-Signalen setzen zu können, werden NICHT-Glieder den Setzeingängen vorgeschaltet.

Die Rücksetzeingänge R können zum gemeinsamen taktunabhängigen Nullsetzen des Zählers verwendet werden. Die R-Eingänge werden alle miteinander verbunden. Ein 0-Signal E_R setzt den Zähler taktunabhängig auf Null zurück. Die Schaltung des 4-Bit-Dual-Vorwärtszählers mit Setz- und Rücksetzmöglichkeit zeigt Bild 10.9. Ein solcher Zähler wird Dual-Vorwärtszähler mit Vorwahlmöglichkeit genannt.

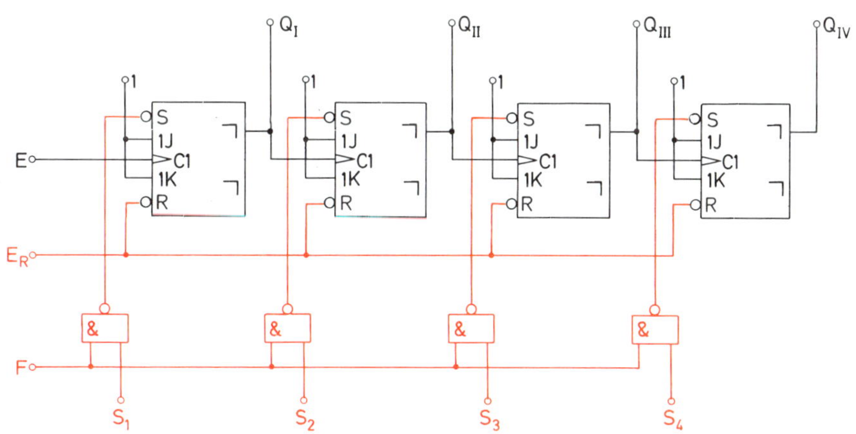

Bild 10.9 4-Bit-Dual-Vorwärtszähler mit taktunabhängiger Setz- und Rücksetzmöglichkeit

Aus der Stellenzahl eines Dual-Vorwärtszählers ergibt sich seine Zählkapazität. Ein 4-Bit-Zähler zählt bis 15. Ein 5-Bit-Zähler zählt bis 31, ein 6-Bit-Zähler bis 63 usw.

Anzahl der Flipflops (n)	Zählkapazität (K)
2	3
3	7
4	15
5	31
6	63
7	127
8	255
9	511
10	1023

$$K = 2^n - 1$$

Asynchrone Dual-Vorwärtszähler gibt es in verschiedenen Ausführungen als integrierte Schaltungen. Klar und leicht verständlich aufgebaut ist die Schaltung FLJ181-7493A. Das Schaltbild und die Anschlußordnung ist in Bild 10.10 dargestellt. Um die integrierte Schaltung für verschiedene Zwecke verwendbar zu machen, ist der Ausgang Q_A nicht mit dem Eingang B intern verbunden. Die Schaltung kann z.B. auch als 3-Bit-Dual-Vorwärtszähler verwendet werden, wenn das Eingangssignal auf den Eingang B gegeben wird. Ein 4-Bit-Dual-Vorwärtszähler entsteht erst dann, wenn der Anschluß Q_A mit dem Anschluß B verbunden wird (rot in Bild 10.11).

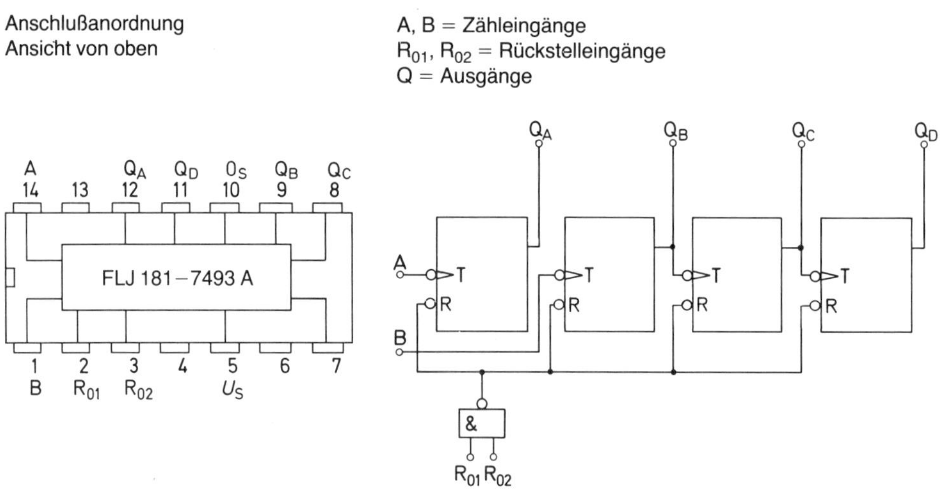

Bild 10.10 Schaltbild und Anschlußanordnung des 4-Bit-Dual-Vorwärtszählers FLJ181-7493A (Siemens)

Die integrierte Schaltung FLJ181-7493A enthält taktunabhängige Rückstelleingänge, die über ein NAND-Glied angesteuert werden. Der Zähler wird auf Null zurückgestellt, wenn an den beiden Eingängen R_{01} und R_{02} 1-Signal anliegt.

Aufgabe:
Mit zwei integrierten Schaltungen vom Typ FLJ181-7493A ist ein 8-Bit-Dual-Vorwärtszähler aufzubauen. Der Zähler soll durch ein 1-Signal an einem gemeinsamen Rückstelleingang R auf Null zurückgesetzt werden können. Gesucht sind das Schaltbild des Zählers und der Verdrahtungsplan der beiden integrierten Schaltungen.
Die beiden integrierten Schaltungen sind so zusammenzuschalten, daß der Ausgang Q_D der 1. Schaltung den Eingang A der zweiten Schaltung steuert. Bei jeder Schaltung ist Q_A mit B zu verbinden.
Die Rückstelleingänge R_{01} und R_{02} beider Schaltungen werden zum gemeinsamen Rückstelleingang R verbunden (Bild 10.11).
Der Verdrahtungsplan der Schaltung ist in Bild 10.12 dargestellt.

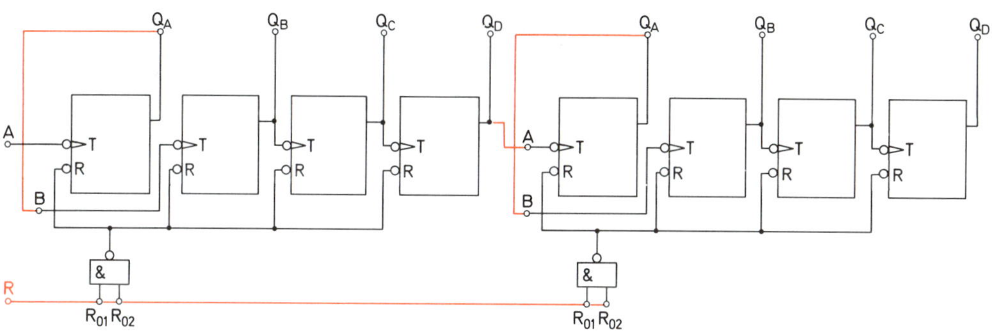

Bild 10.11 8-Bit-Dual-Vorwärtszähler, aufgebaut aus zwei integrierten Schaltungen FLJ181-7493A

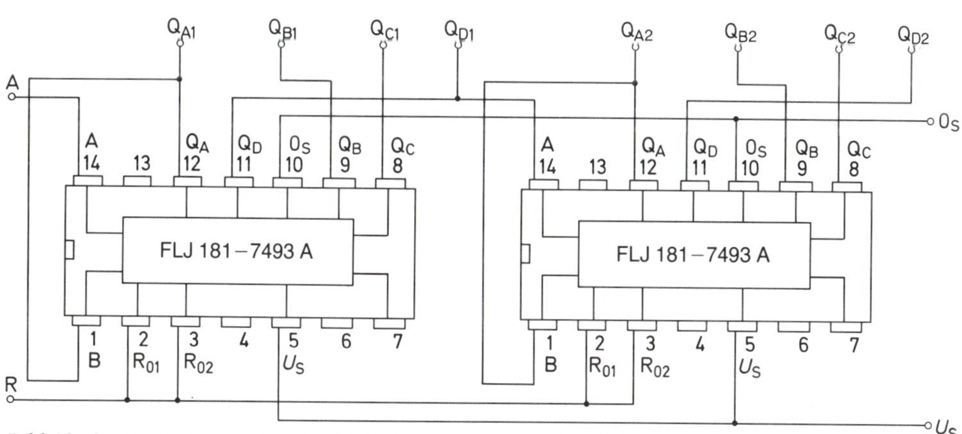

Bild 10.12 Verdrahtungsplan des 8-Bit-Dual-Vorwärtszählers Bild 10.11

10.2.1.2 Dual-Rückwärtszähler

> *Dual-Rückwärtszähler zählen von ihrem möglichen Höchstwert ab rückwärts bis auf Null, springen dann wieder auf den Höchstwert und zählen erneut zurück.*

Der in Bild 10.3 dargestellte 3-Bit-Dual-Vorwärtszähler kann sehr leicht in einen 3-Bit-Dual-Rückwärtszähler umgebaut werden. Die von den Q-Ausgängen zu den T-Eingängen geführten Steuerleitungen werden von den Q-Ausgängen abgeklemmt und an die $\overline{Q}$-Ausgänge angeschlossen (Bild 10.13). Für den 3-Bit-Rückwärtszähler ergibt sich das Zeitablaufdiagramm (Bild 10.14).

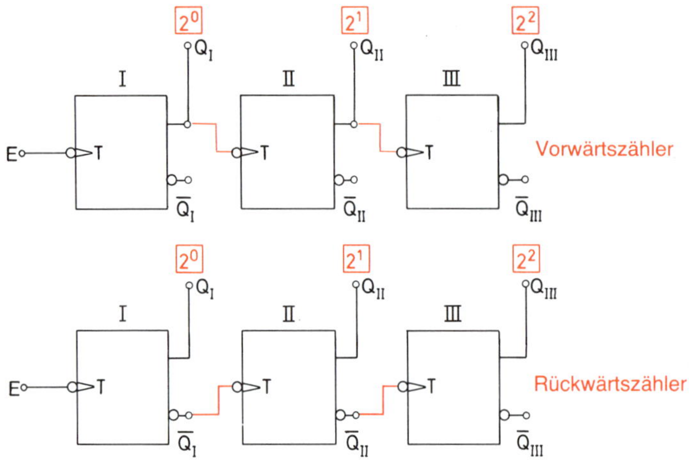

Bild 10.13 Umbau eines 3-Bit-Dual-Vorwärtszählers in einen 3-Bit-Dual-Rückwärtszähler

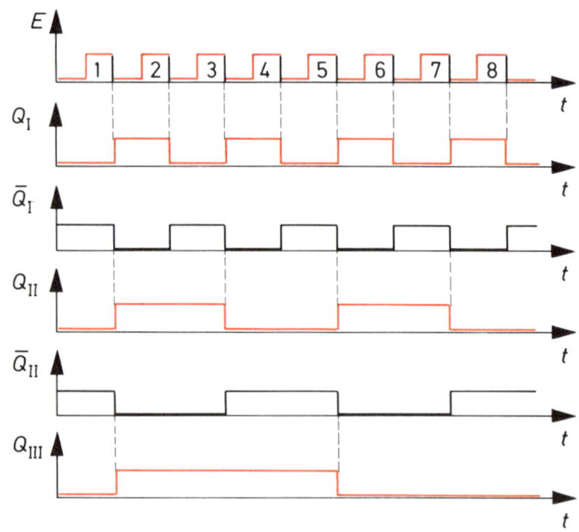

Bild 10.14 Zeitablaufdiagramm des 3-Bit-Dual-Rückwärtszählers Bild 10.13

Bild 10.15 4-Bit-Dual-Rückwärtszähler mit zugehörigem Zeitablauf-diagramm

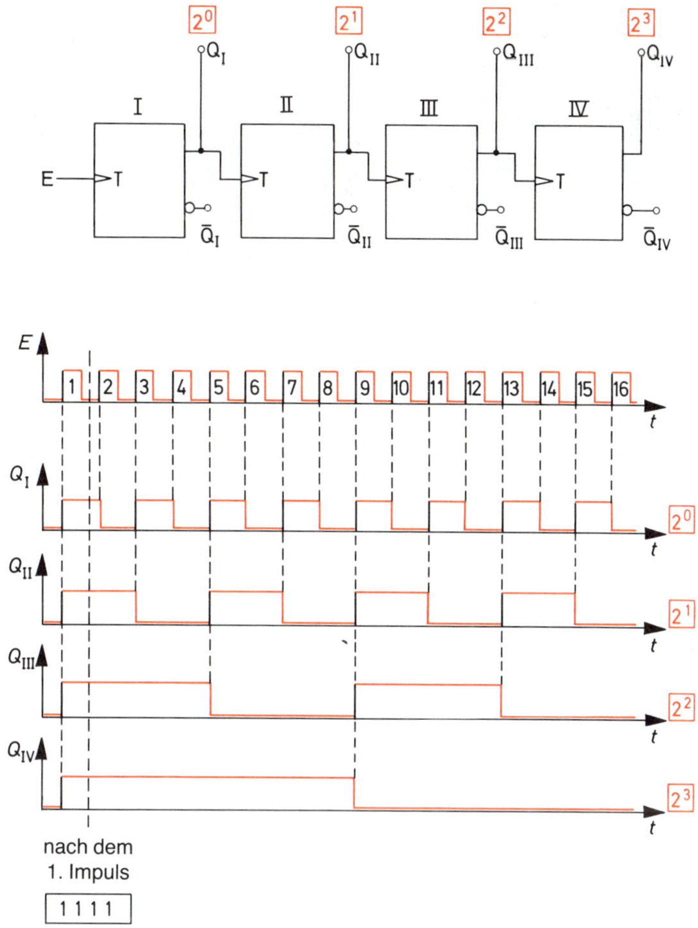

Stehen T-Flipflops zur Verfügung, die beim Signalübergang von 0 auf 1 – also mit ansteigender Flanke – schalten, so sind die Signale an den Q-Ausgängen für die Steuerung der folgenden Flipflops zu verwenden. Bild 10.15 zeigt die Schaltung eines 4-Bit-Dual-Rückwärtszählers, der mit derartigen T-Flipflops aufgebaut ist, und das zugehörige Zeitablauf-Diagramm.

Aufgabe:

Mit JK-Master-Slave-Flipflops der integrierten Schaltung FLJ131-7476 soll ein 6-Bit-Dual-Rückwärtszähler aufgebaut werden. Gesucht ist das Schaltbild dieses Zählers. Der Zähler ist außerdem durch ein Schaltzeichen nach DIN 40700 Teil 14 darzustellen.
Jedes JK-Master-Slave-Flipflop der Schaltung FLJ131-7474 ist so zu beschalten, daß es wie ein T-Flipflop arbeitet, also bei jedem Takt kippt. An die Eingänge J und K wird

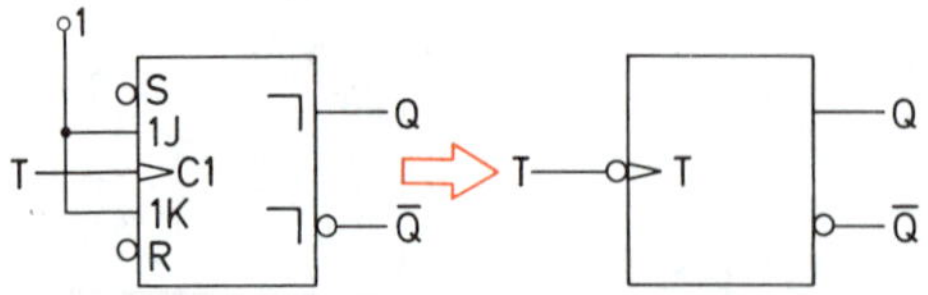

Bild 10.16 JK-Master-Slave-Flipflop, das wie ein T-Flipflop bei jedem Takt kippt

1-Zustand gelegt. Die Weitergabe des Signals an die Ausgänge erfolgt mit abfallender Signalflanke – also wie bei einem T-Flipflop, dessen T-Eingang durch einen Negationskreis gekennzeichnet ist (Bild 10.16).

Wie sind nun die einzelnen Flipflops miteinander zu verbinden? Welches Ausgangssignal muß zur Ansteuerung des jeweils folgenden Flipflops verwendet werden? Um einen Dual-Vorwärtszähler zu erhalten, müßte man das Q-Ausgangssignal mit dem Takteingang des folgenden Flipflops verbinden. Da jedoch ein Dual-Rückwärtszähler entstehen soll, müssen die $\overline{Q}$-Ausgangssignale zur Steuerung verwendet werden. Die gesuchte Schaltung ist in Bild 10.17 dargestellt.

Das Schaltzeichen des 6-Bit-Dual-Rückwärtszählers nach DIN 40700 Teil 14 zeigt Bild 10.18. An den Steuerblock sind 6 Funktionsblöcke angehängt.

Dual-Rückwärtszähler werden als integrierte Schaltungen kaum gebaut. Das hat einen besonderen Grund. Aus einem Dual-Vorwärtszähler läßt sich sehr leicht ein Dual-Rückwärtszähler machen. Man muß lediglich die Signale aller Ausgänge negieren oder die $\overline{Q}$-Ausgänge der Flipflops als Zählerausgänge verwenden. Bei integrierten Schaltungen sind die $\overline{Q}$-Ausgänge meist nicht herausgeführt. Das Negieren der Q-Signale bereitet jedoch keine Schwierigkeiten.

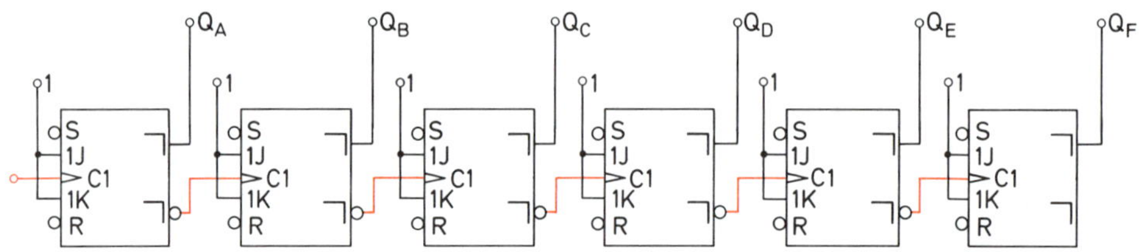

Bild 10.17 6-Bit-Dual-Rückwärtszähler

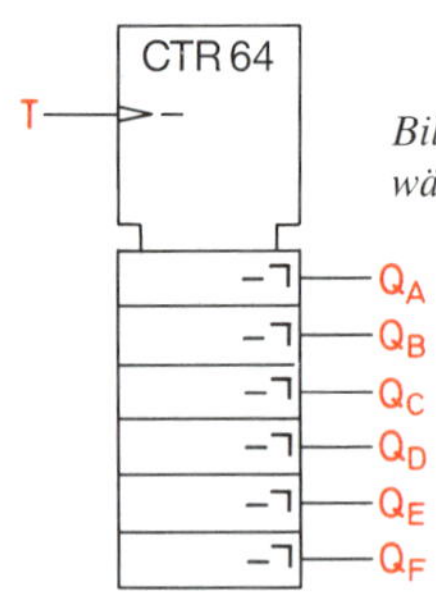

Bild 10.18 Schaltzeichen eines 6-Bit-Dual-Rückwärtszählers nach Bild 10.17, 64 Zählschritte

10.2.1.3 Dualzähler mit umschaltbarer Zählrichtung

Die Zählrichtung eines Dualzählers ist davon abhängig, welche Signale für die Ansteuerung der jeweils folgenden Flipflops verwendet werden. Man kann mit den Ausgangssignalen Q oder mit den Ausgangssignalen $\overline{Q}$ steuern. Die Zählrichtung ist weiterhin von der Art der verwendeten Flipflops abhängig – insbesondere davon, ob diese Flipflops mit der ansteigenden oder mit der abfallenden Signalflanke schalten.
Verwendet man für einen Zähler T-Flipflops, die mit der abfallenden Signalflanke schalten, so führt eine Ansteuerung mit Q-Signalen zu einem Vorwärtszähler (s. Abschnitt 10.2.1.1). Bei Ansteuerung mit $\overline{Q}$-Signalen ergibt sich ein Rückwärtszähler (s. Abschnitt 10.2.1.2).
Kennt man diese Zusammenhänge, so ist es leicht, einen Dualzähler mit umschaltbarer Zählrichtung zu entwerfen.

> *Bei einem Dualzähler wird eine Umschaltung der Zählrichtung durch ein Umschalten der Ansteuersignale Q und $\overline{Q}$ erreicht.*

Bild 10.19 zeigt das Entstehen eines 4-Bit-Dualzählers mit umschaltbarer Zählrichtung.

Bild 10.19 Entstehen eines 4-Bit-Dualzählers mit umschaltbarer Zählrichtung

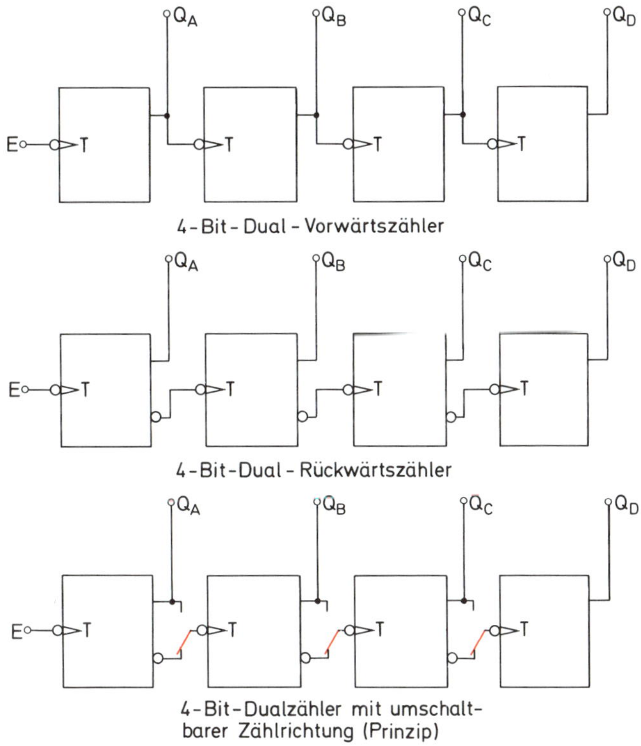

Die Umschaltung erfolgt hier durch Kontaktschalter. Die Kontaktschalter bringen erhebliche Nachteile. Sie werden in der Praxis durch Verknüpfungsglieder ersetzt. In Bild 10.20 ist eine übliche Schaltung eines 4-Bit-Dualzählers mit umschaltbarer Zählrichtung angegeben. Liegt Signal 1 am Steuereingang U, arbeitet der Zähler als Vorwärtszähler. Liegt Signal 0 an Steuereingang U, so arbeitet der Zähler als Rückwärtszähler.

Dualzähler mit umkehrbarer Zählrichtung, auch Dual-Umkehrzähler genannt, sind als integrierte Schaltungen verfügbar. Ein 4-Bit-Dual-Umkehrzähler der TTL-Schaltkreisfamilie trägt die Bezeichnung FLJ211-74191. Er ist außerdem voreinstellbar, d.h., er kann über vier Dateneingänge auf einen Anfangswert eingestellt werden.

Dualzähler mit umkehrbarer Zählrichtung können nach DIN 40700 Teil 14 durch ein Schaltzeichen dargestellt werden. In Bild 10.21 ist ein solches Schaltzeichen angegeben.

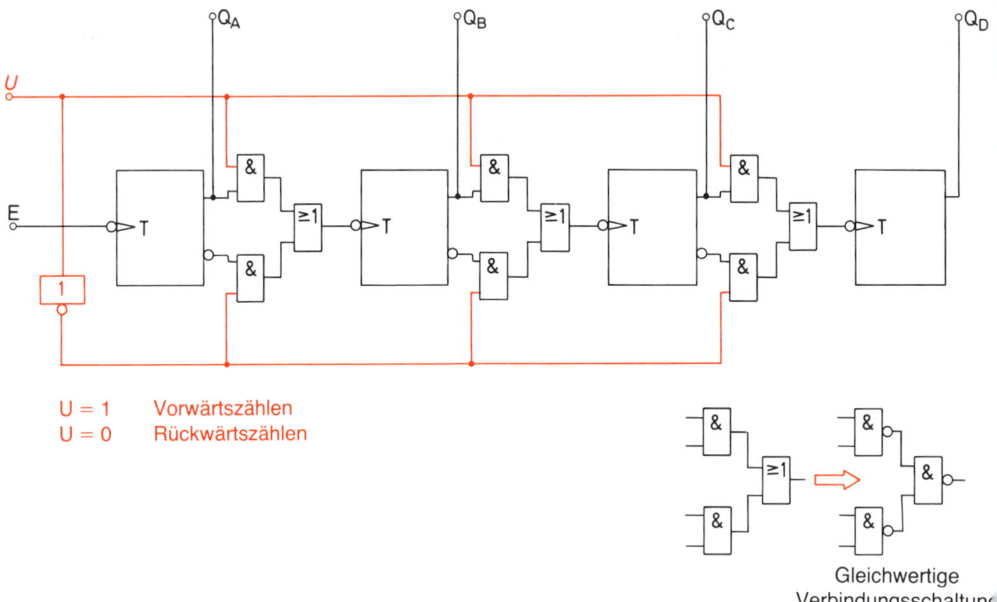

Bild 10.20 4-Bit-Dualzähler mit umschaltbarer Zählrichtung

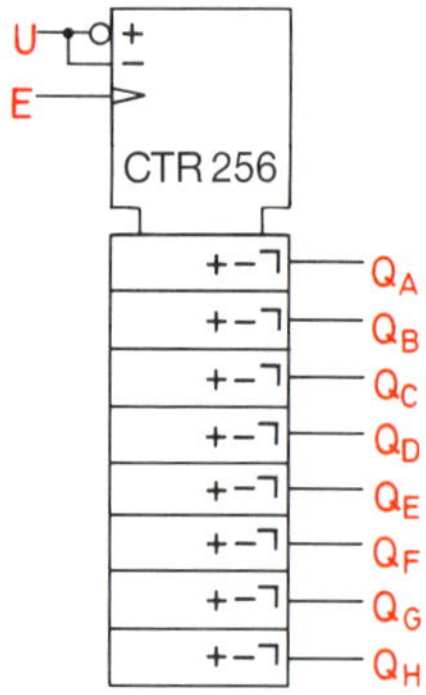

Bild 10.21 Schaltzeichen eines 8-Bit-Dualzählers mit umkehrbarer Zählrichtung, 256 Zählschritte

Es gilt für einen 8-Bit-Dualzähler mit umkehrbarer Zählrichtung. Liegt 0-Signal am Eingang U, so arbeitet der Zähler als Vorwärtszähler. Liegt 1-Signal am Eingang U, arbeitet der Zähler als Rückwärtszähler.

10.2.2 Asynchrone BCD-Zähler

BCD-Zähler sind grundsätzlich 4-Bit-Zähler. An ihren Ausgängen müssen Signale des BCD-Kodes abnehmbar sein.

Der BCD-Kode drückt die Dezimalziffern 0 bis 9 als Dualzahlen aus, er ist also ein Dezimalziffern-Kode. Da die BCD-Zähler kodierte Dezimalziffern zählen, werden sie oft *Dezimalzähler* genannt. Diese Bezeichnung führt jedoch zu Mißverständnissen. Eine Verwechslung mit Zählern, die nach dem 1-aus-10-Kode arbeiten, ist möglich.
BCD-Zähler gibt es als *Vorwärtszähler*, als *Rückwärtszähler* und als *Zähler mit umschaltbarer Zählrichtung*.

10.2.2.1 BCD-Vorwärtszähler

Ein BCD-Vorwärtszähler kann aus einem 4-Bit-Dual-Vorwärtszähler entwickelt werden. Die verwendeten Flipflops müssen lediglich einen taktunabhängigen Rückstelleingang haben. Der Zähler darf nur bis zur Dualzahl 1001, also bis zur Dezimalziffer 9, zählen und muß dann auf Null zurückgestellt werden. Das Zurückstellen muß in dem Augenblick erfolgen, in dem der Zähler von 1001 auf 1010 schaltet.
Die Schaltung eines 4-Bit-Dual-Vorwärtszählers ist in Bild 10.22 dargestellt. Die T-Flipflops haben taktunabhängige Rückstelleingänge R. Welche Zusatzbeschaltung ist erforderlich, um aus dem 4-Bit-Dual-Vorwärtszähler einen BCD-Vorwärtszähler zu machen?
Für die Rückstellung sind 1-Signale an den R-Eingängen dieser Flipflops erforderlich. Alle Flipflops werden gemeinsam zurückgestellt. Daher ist es zweckmäßig, alle R-Eingänge miteinander zu verbinden.

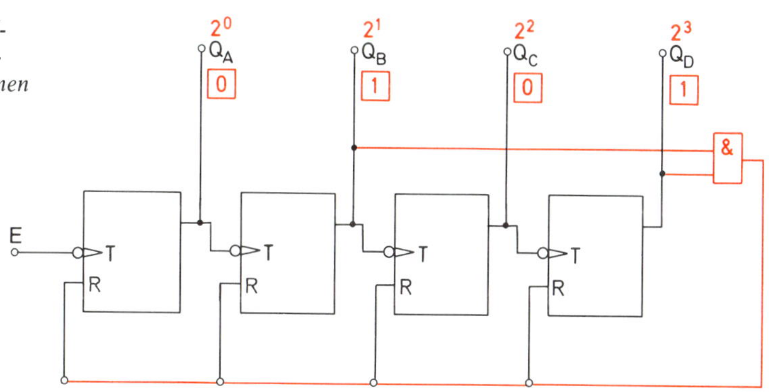

Bild 10.22 Umwandlung eines 4-Bit-Dual-Vorwärtszählers in einen BCD-Vorwärtszähler

Dezimalziffer	BCD-Kode 2^3 Q_D	2^2 Q_C	2^1 Q_B	2^0 Q_A
0	0	0	0	0
1	0	0	0	1
2	0	0	1	0
3	0	0	1	1
4	0	1	0	0
5	0	1	0	1
6	0	1	1	0
7	0	1	1	1
8	1	0	0	0
9	1	0	0	1

Bild 10.23 BCD-Kode

Die Rückstellung soll erfolgen, wenn der Zähler vom Dezimalzahlenwert 9 auf den Dezimalzahlenwert 10 übergeht. Q_B und Q_D müssen also 1-Signal führen. Die Ausgänge Q_B und Q_D werden über ein UND-Glied verknüpft. Der Ausgang des UND-Gliedes wird mit den Rückstelleingängen R verbunden. Diese Zusatzbeschaltung ist in Bild 10.22 rot eingezeichnet.

Ein solcher Zähler arbeitet bei nicht zu hohen Impulsfrequenzen einwandfrei. Ein unbeabsichtigtes Rückstellen kann vor Erreichen des Dezimalzahlenwertes 10 nicht erfolgen, denn erst bei diesem Dezimalzahlenwert führen Q_B und Q_D 1-Signal (s. Bild 10.23). Bei allen vorherigen Ausgangssignal-Kombinationen – bei den Dezimalzahlenwerten 0 bis 9 – tritt niemals $Q_B = 1$ und $Q_D = 1$ auf.

Etwas störend ist, daß kurzzeitig die Ausgangssignalkombination mit dem Dezimalzahlenwert 10 auftritt. Der Zähler zählt also bis einschließlich 10 und löscht dann den Zustand 10. Bei TTL-Schaltungen liegt der Dezimalzahlenwert 10 etwa für die Dauer von 50 ns an den Ausgängen. Das ist zwar nur eine sehr kurze Zeit. Bei einigen Anwendungsfällen kann dieser Vorgang jedoch Störungen verursachen.

Der Nachteil des kurzzeitigen Anliegens des Dezimalzahlenwertes 10 wird bei der Schaltung Bild 10.24 vermieden. Dieser Zähler ist mit einflankengesteuerten JK-Flipflops aufgebaut. Die Verdrahtung wurde schrittweise mit Hilfe des Zeitablaufdiagramms gefunden.

Das Flipflop A arbeitet wie ein T-Flipflop. Das Flipflop B arbeitet ebenfalls wie ein T-Flipflop – aber nur solange, wie sich Flipflop D im Ruhezustand befindet (für das Arbeiten als T-Flipflop muß bekanntlich an J und an K 1-Signal anliegen). Die Impulsreihe Q_A ergibt sich wie gewohnt. Die Impulsreihe Q_B wird gestört, sobald Flipflop D in den Arbeitszustand kippt. Wenn das 1-Signal an J_B wegfällt, muß das Flipflop B im Ruhezustand bleiben.

Das Flipflop C arbeitet wieder wie ein T-Flipflop. Es wird von der Impulsreihe Q_B gesteuert. Interessant ist das Signal J_D. Für J_D gilt:

$$J_D = Q_B \wedge Q_C$$

Das Signal J_D ist im Zeitablaufdiagramm Bild 10.24 besonders aufgeführt. Zum Zeitpunkt t_X wird $J_D = 1$. Nun kann das Flipflop D in den Arbeitszustand kippen, aber erst dann, wenn das «Taktsignal» Q_A von 1 auf 0 geht. Das ist im Zeitpunkt t_Y der Fall. Q_D

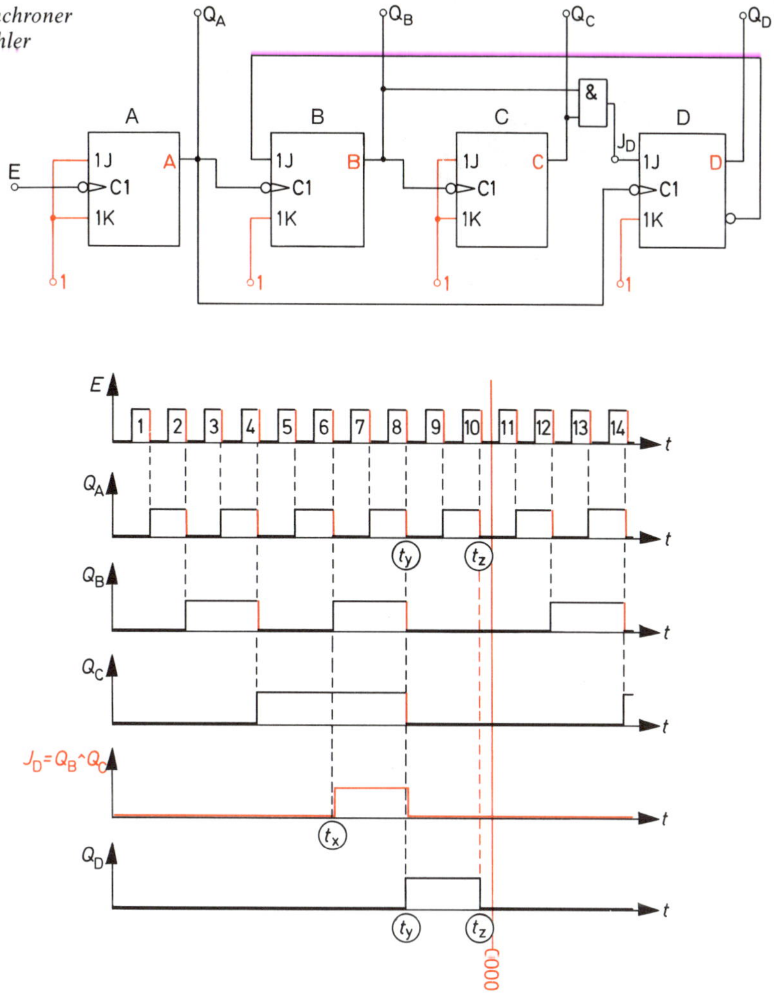

Bild 10.24 Asynchroner BCD-Vorwärtszähler mit Zeitablaufdiagramm

wird 1. Kurz danach wird J_D wieder 0, und das Flipflop D muß mit der abfallenden Flanke seines Taktsignals Q_A in den Ruhezustand kippen, und zwar im Zeitpunkt t_Z. Nach der 10. abfallenden Flanke des Eingangssignals E zeigen die Ausgänge 0000 an. Der BCD-Zähler ist auf Null gestellt und beginnt den Zählvorgang von neuem. Der BCD-Vorwärtszähler Bild 10.24 wird mit kleineren Abänderungen als integrierte Schaltung FLJ161-7490A gebaut.

Der gesamte BCD-Zähler kann durch ein Schaltzeichen dargestellt werden. Dieses besteht aus dem Steuerblock und aus 4 Funktionsblöcken, die den 4 Flipflops entsprechen. Die Funktion des Vorwärtszählers wird durch ein Pluszeichen kenntlich gemacht. Der Kode, nach dem der Zähler arbeitet, ist im Steuerblock anzugeben (Bild 10.25).

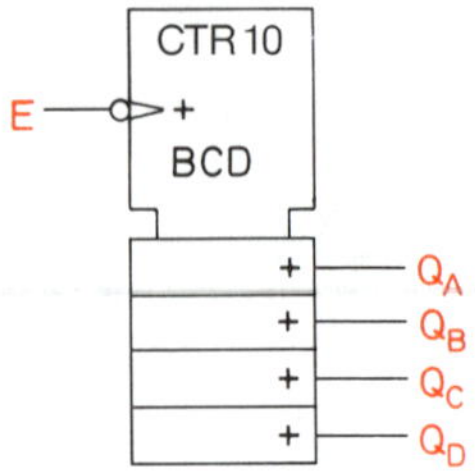

Bild 10.25 Schaltzeichen eines BCD-Vorwärtszählers, der mit abfallender Signalflanke schaltet. CTR steht für Counter, engl. Zähler. Die nachgestellte Zahl gibt die Anzahl der Zählschritte an.

10.2.2.2 BCD-Rückwärtszähler

Auch der BCD-Rückwärtszähler läßt sich aus einem Dual-Rückwärtszähler ableiten (Bild 10.26). Der Dual-Rückwärtszähler muß durch eine Zusatzbeschaltung dazu gebracht werden, mit dem Dezimalzahlenwert 9, also mit der Dualzahl 1001, das Rückwärtszählen zu beginnen. Ohne Zusatzbeschaltung würde er mit dem Dezimalzahlenwert 15 bzw. mit der Dualzahl 1111 beginnen.
Ganz kurzzeitig (ca. 50 ns) liegt die Dualzahl 1111 an den Ausgängen. Mit diesem Signal müssen die Flipflops B und C (Bild 10.26) in die Ruhelage zurückgesetzt werden ($Q_B = 0$, $Q_C = 0$). Dies geschieht über die taktunabhängigen Rücksetzeingänge. Man könnte alle vier Ausgangssignale auf ein UND-Glied geben. Das ist aber nicht erforderlich. Es genügt, die Signale Q_B und Q_D dem UND-Glied zuzuführen, denn im Bereich der Dezimalzahlenwerte 9 bis 0 taucht $Q_B = 1$ und $Q_D = 1$ nie gleichzeitig auf. (Es wäre auch möglich, die Signale Q_C und Q_D zu verwenden.) Die erforderliche Zusatzbeschaltung ist rot in Bild 10.26 eingetragen.
Aus einem BCD-Vorwärtszähler läßt sich recht einfach ein Dual-Rückwärtszähler machen. Man muß nur die Ausgangssignale des BCD-Vorwärtszählers negieren oder die $\overline{Q}$-Ausgänge der Flipflops als Zählerausgänge verwenden (Bild 10.27). Daß das zum Erfolg führt, zeigt die Kode-Tabelle Bild 10.28.

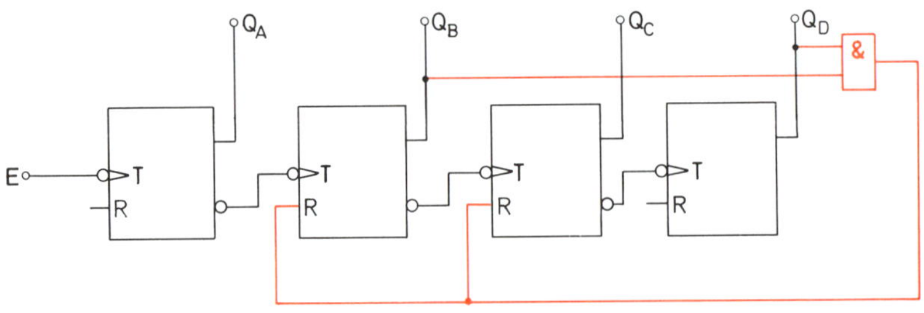

Bild 10.26 Umwandlung eines 4-Bit-Dual-Rückwärtszählers in einen BCD-Rückwärtszähler

Bild 10.27
Dual-Rückwärtszähler

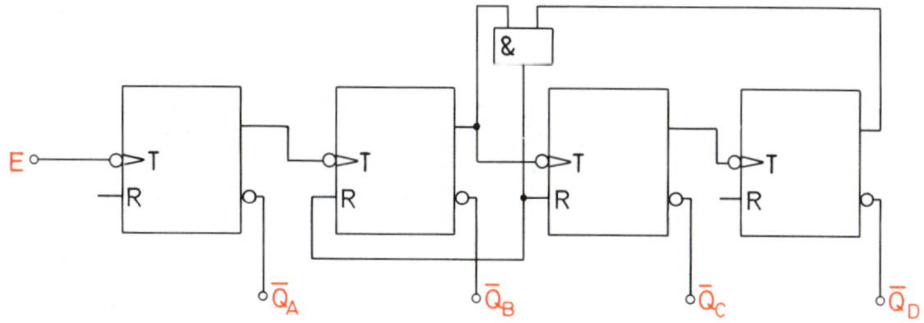

Bild 10.28
Kode-Tabelle

Dezi-mal-ziffer	Q_D	Q_C	Q_B	Q_A	$\overline{Q}_D$	$\overline{Q}_C$	$\overline{Q}_B$	$\overline{Q}_A$	Dezimal-zahlenwert
0	0	0	0	0	1	1	1	1	15
1	0	0	0	1	1	1	1	0	14
2	0	0	1	0	1	1	0	1	13
3	0	0	1	1	1	1	0	0	12
4	0	1	0	0	1	0	1	1	11
5	0	1	0	1	1	0	1	0	10
6	0	1	1	0	1	0	0	1	9
7	0	1	1	1	1	0	0	0	8
8	1	0	0	0	0	1	1	1	7
9	1	0	0	1	0	1	1	0	6

10.2.2.3 BCD-Zähler mit umschaltbarer Zählrichtung

Der BCD-Zähler mit umschaltbarer Zählrichtung kann aus dem 4-Bit-Dualzähler mit umschaltbarer Zählrichtung (Bild 10.20) abgeleitet werden. Besondere Aufmerksamkeit ist der Beschaltung der Rückstelleingänge zu widmen.
Der Zähler Bild 10.29 ist mit T-Flipflops aufgebaut, die mit abfallender Signalflanke schalten. Die Rückstelleingänge dieser Flipflops werden mit 0-Signalen gesteuert. Bei Betrieb als Vorwärtszähler muß am Umschalteingang U Signal 1 liegen. Bei Signal 0 an U arbeitet der Zähler als Rückwärtszähler.
Ein BCD-Rückwärtszähler muß vor Beginn des Zählvorgangs auf den Dezimalzahlenwert 9, also auf die Dualzahl 1001, eingestellt werden. Die Flipflops B und C müssen auf 0 gesetzt werden. Bei $Q_B = 1$ und $Q_D = 1$ liegt am Ausgang des NAND-Gliedes 0. Mit diesem Signal werden die Flipflops B und C zurückgesetzt. Das Flipflop D wird nicht zurückgesetzt, da von der Steuerleitung über das ODER-Glied 1-Signal an seinem Rückstelleingang liegt.
Arbeitet der Zähler als Vorwärtszähler, muß er auf Null zurückgesetzt werden, wenn $Q_B = 1$ und $Q_D = 1$ sind. Am Ausgang des NAND-Gliedes erscheint 0-Signal. Mit diesem werden die Flipflops B, C und D zurückgesetzt. D wird jetzt auch zurückgesetzt, da auf der unteren Steuerleitung 0-Signal liegt. Ein Zurücksetzen des Flipflops A ist nicht erforderlich, da dieses ohnehin auf Null steht ($Q_A = 0$).

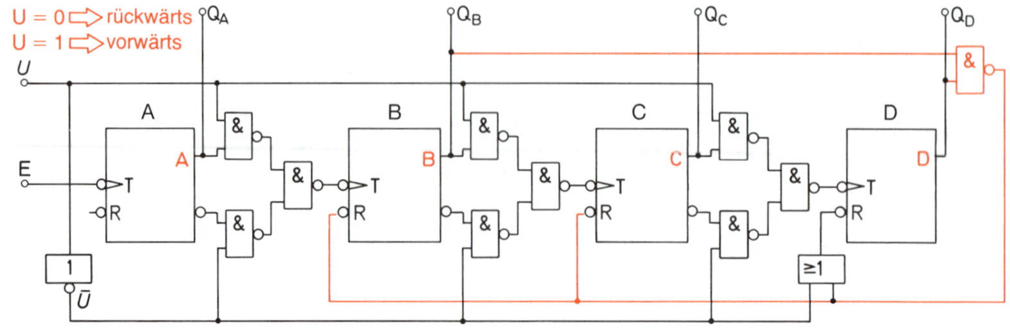

Bild 10.29 BCD-Zähler mit umschaltbarer Zählrichtung

Aufgabe:
Der BCD-Zähler Bild 10.29 soll mit integrierten Schaltungen FLJ131-7476 und FLH101-7400 aufgebaut werden. Gesucht ist das Schaltbild des Zählers.
Die integrierte Schaltung FLJ131-7476 enthält zwei JK-Master-Slave-Flipflops. Zwei dieser integrierten Schaltungen werden also benötigt. Die integrierte Schaltung FLH101-7400 (siehe Bild 6.65) enthält vier NAND-Glieder. Für die Umschalteinrichtung zwischen zwei Flipflops werden drei NAND-Glieder gebraucht, für drei Umschalteinrichtungen also 9. Ein weiteres NAND-Glied ist für die Gewinnung des Rückstellsignals erforderlich. Der Ersatz des ODER-Gliedes erfordert drei NAND-Glieder. Das wären insgesamt 13 NAND-Glieder. Man müßte also vier integrierte Schaltungen FLH101-7400 beschaffen und hätte dann 16 NAND-Glieder. Vielleicht ist es möglich, ein NAND-Glied einzusparen, dann wären nur 3 IC FLH101-7400 erforderlich.
Bild 10.30 zeigt die gesuchte Schaltung. Ein NAND-Glied läßt sich tatsächlich einsparen, wenn statt des Signals $\overline{U}$ das Signal U zur Steuerung der Rückstellung des Flipflops D verwendet wird.

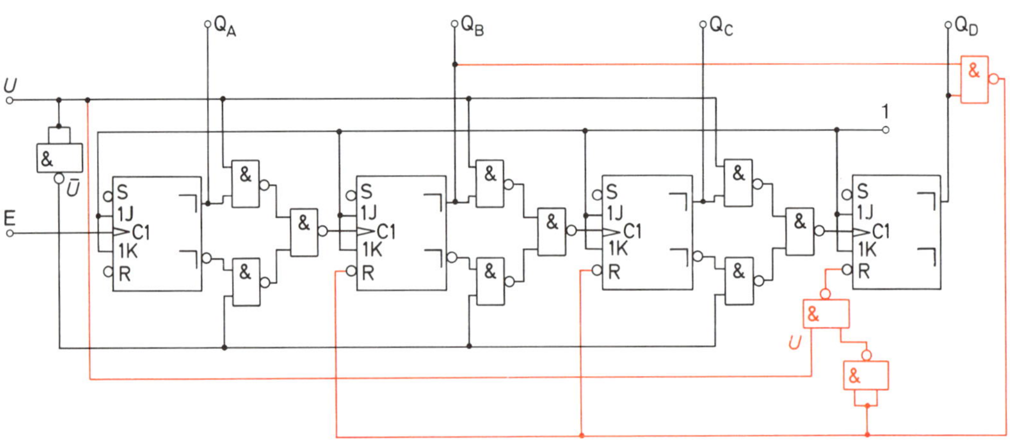

Bild 10.30 BCD-Zähler mit umschaltbarer Zählrichtung (2 × FLJ131-7476, 3 × FLH101-7400)

10.2.3 Asynchrone Dekadenzähler

10.2.3.1 BCD-Dekadenzähler

BCD-Vorwärtszähler zählen von 0 bis 9. Will man weiterzählen, ist ein zweiter BCD-Vorwärtszähler erforderlich. Mit zwei Zählern dieser Art kann man bis 99 zählen. Jeder Zähler zählt eine Dekade. Drei Zähler erlauben es, bis 999 zu zählen.
Dekadenzähler sind meist aus zwei oder mehr BCD-Vorwärtszählern aufgebaut. Jeder Zähler hat vier Ausgänge, an denen eine Dualzahl liegt, die einer Dezimalziffer entspricht. Die Zusammenschaltung der Zähler zeigt Bild 10.31.
Wenn der obere Zähler auf Null zurückstellt, ändert sich das Signal an Q_D von 1 auf 0. Die abfallende Signalflanke wird zur Ansteuerung des unteren Zählers verwendet. Der untere Zähler schaltet immer dann weiter, wenn der obere Zähler auf Null geht. Er verarbeitet also den Übertrag in die zweite Dekade.
Bei Dekadenzählern kann das Zählergebnis sehr leicht als Dezimalzahl ausgegeben werden. Die Ausgangssignale eines jeden BCD-Zählers werden einem BCD-7-Segment-Kodeumsetzer zugeführt. Die Dezimalziffer wird durch eine 7-Segment-Anzeigeeinheit dargestellt (Bild 10.32).

Bild 10.31 BCD-Dekadenzähler für zwei Dekaden

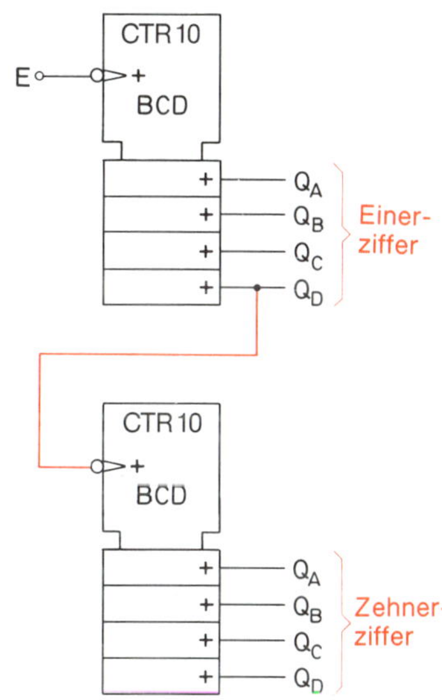

10.2.3.2 Andere Dekadenzähler

Dekadenzähler können auch mit Zählern aufgebaut werden, die nach dem Aiken-Kode, nach dem 3-Exzeß-Kode oder einem anderen Kode arbeiten. Solche Zähler werden jedoch nur in geringem Umfang verwendet. Dekadenzähler dieser Art werden nach dem gleichen Prinzip aufgebaut wie BCD-Dekadenzähler.

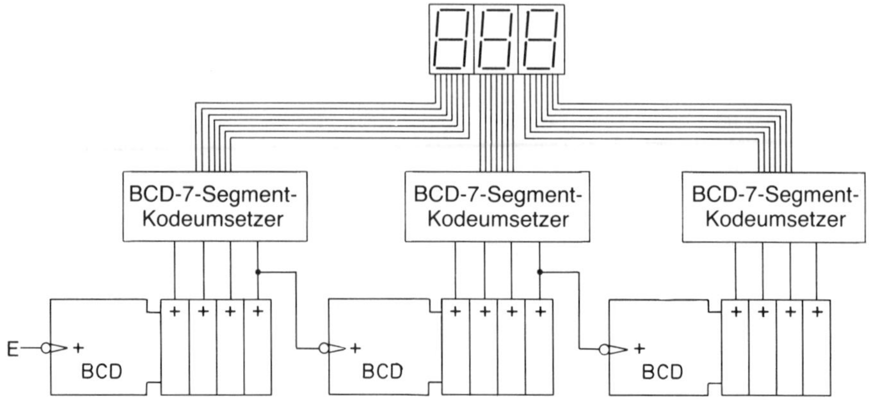

Bild 10.32 Dreistufiger BCD-Dekadenzähler mit BCD-7-Segment-Kodeumsetzern und 7-Segment-Anzeigeeinheiten

10.2.4 Asynchrone Modulo-n-Zähler

10.2.4.1 Prinzip der Modulo-n-Zähler

Für verschiedene Zählaufgaben in der Steuerungstechnik und in der Technik der Informationsverarbeitung und Zeitmessung werden Zähler benötigt, die bis zu einem gewünschten Zahlenwert zählen, dann auf Null rücksetzen und die Zählung erneut beginnen oder stehenbleiben und auf ein neues Startsignal warten. Die Zahl, bis zu der zu zählen ist, kann beliebig sein.
Solche Zähler werden Modulo-n-Zähler genannt (von modulus, lat.: Maß). Der kleine Buchstabe n steht für die Anzahl der möglichen Zählerzustände. Ein BCD-Zähler z.B. könnte als Modulo-10-Zähler bezeichnet werden. Er zählt zwar nur bis 9. Einschließlich der 0 hat er jedoch 10 mögliche Zählerzustände.

10.2.4.2 Modulo-5-Zähler

Ein Modulo-5-Zähler muß bis 4 zählen können und mit dem 5. Impuls auf Null gesetzt werden. Wie sieht die Schaltung eines solchen Zählers aus?
Der Einfachheit halber werden T-Flipflops verwendet, obwohl das JK-Flipflop sich zum Universalflipflop entwickelt hat. Aus dem JK-Flipflop wird ja bekanntlich ein T-Flipflop, wenn die Eingänge J und K auf 1-Signal gelegt werden. Für die Schaltung werden drei Flipflop benötigt (Bild 10.33). Der Zähler kann bis 7 zählen. Beim Übergang von 4 auf 5 muß der Zähler auf Null gestellt werden.
Das Rückstellen kann auf die gleiche Art wie beim BCD-Zähler erreicht werden. Wenn $Q_A = 1$ und $Q_C = 1$ sind, soll zurückgestellt werden. Als Rückstellsignal wird ein 0-Signal benötigt. Die Ausgänge Q_A und Q_C werden über ein NAND-Glied verknüpft.

Bild 10.33 Schaltung eines Modulo-5-Zählers

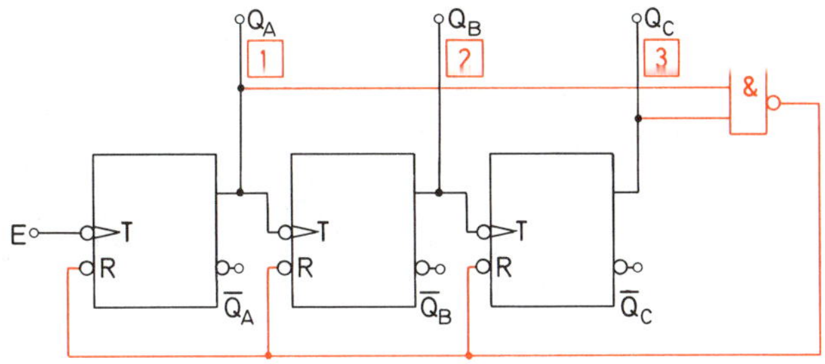

Bild 10.34 Schaltzeichen eines Modulo-5-Zählers, 5 Zählschritte (CTR5)

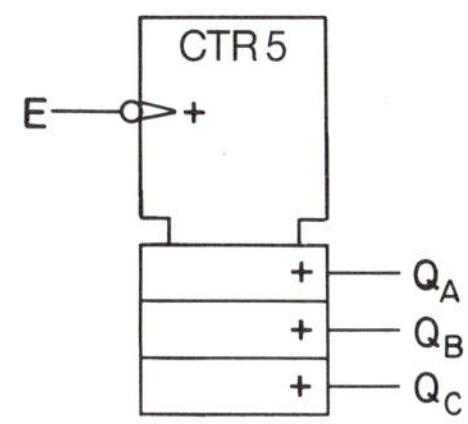

Der Ausgang des NAND-Gliedes liefert das Rückstellsignal 0, wenn Q_A und Q_C 1-Signal führen.
Das Schaltzeichen eines Modulo-5-Zählers ist in Bild 10.34 angegeben.

Aufgabe:
Wie arbeitet der Modulo-5-Zähler, Bild 10.33, wenn statt der Q-Ausgänge die $\overline{Q}$-Ausgänge als Ergebnisausgänge verwendet werden?
Zur Lösung dieser Aufgabe sind die Zählerzustände in einer Tabelle gegenüberzustellen (Bild 10.35). Die Tabelle ergibt, daß der Zähler von 7 bis 3 zählt und bei Erscheinen der 2 zurückstellt. Er arbeitet als Rückwärtszähler und hat wiederum 5 mögliche Zählerzustände. Der Zähler beginnt mit dem Zählen bei der höchsten durch die Anzahl der Flipflops gegebenen Zahl (hier $7_{(10)} = 111_{(2)}$).

Bild 10.35 Gegenüberstellung der Zählerzustände

Dezimalziffer	Q_C	Q_B	Q_A	$\overline{Q}_C$	$\overline{Q}_B$	$\overline{Q}_A$	Dezimalziffer
0	0	0	0	1	1	1	7
1	0	0	1	1	1	0	6
2	0	1	0	1	0	1	5
3	0	1	1	1	0	0	4
4	1	0	0	0	1	1	3
Rückstellen	1	0	1	0	1	0	

10.2.4.3 Modulo-60-Zähler

Ein Modulo-60-Zähler wird z.B. für elektronische Uhren benötigt. Die Sekunden werden von 0 bis 60 gezählt. Wieviel Flipflops sind erforderlich? Mit fünf Flipflops kann bis 31 gezählt werden, mit 6 Flipflops bis 63. Wir benötigen also sechs Flipflops (Bild 10.36).

Beim Erscheinen des Dezimalzahlenwertes 60 muß der Zähler auf Null zurückgestellt werden. Die Ausgänge Q_C, Q_D, Q_E und Q_F müssen 1-Signal führen. Aus diesen Signalen wird das Rückstellsignal gewonnen. Der Zähler ist für die Sekundenzählung gut geeignet, wenn die Sekunden nicht als Dezimalzahl angezeigt werden sollen.

Sollen die Sekunden als Dezimalzahl angezeigt werden, ist es zweckmäßig, Einer und Zehner getrennt zu zählen. Für die Einer benötigt man einen Modulo-10-Zähler, für die Zehner einen Modulo-6-Zähler (Bild 10.37). Die Ausgangssignale können BCD-7-Segment-Kodeumsetzer zugeführt und als Dezimalziffern mit 7-Segment-Anzeigen dargestellt werden.

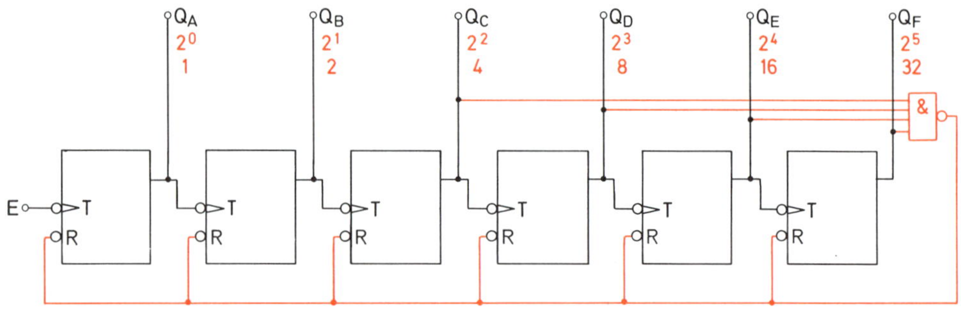

Bild 10.36 Modulo-60-Zähler

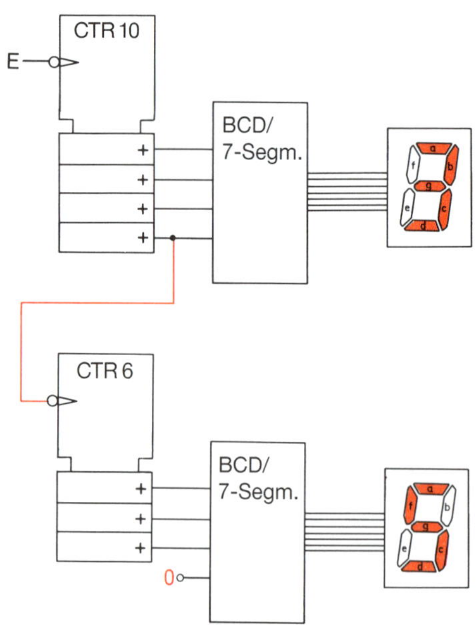

Bild 10.37 Zusammenschaltung eines Modulo-10-Zählers und eines Modulo-6-Zählers mit Kodeumsetzer und 7-Segment-Anzeige

10.2.4.4 Modulo-13-Zähler mit Wartepflicht

Gesucht ist ein Modulo-n-Zähler, der bei Erreichen des Dezimalwertes 12 stehenbleibt und wartet und an einem Ausgang Z 1-Signal bereitstellt. Der Zähler soll auf Tastendruck zurückstellen und erneut mit dem Zählvorgang beginnen.
Für die Zählerschaltung werden 4 Flipflops benötigt. Der Eingang E muß über ein UND-Glied sperrbar sein. Als Sperrsignal wird 0-Signal verwendet. Das Sperrsignal wird aus den Ausgangssignalen Q_C und Q_D mit Hilfe eines NAND-Gliedes gewonnen (Bild 10.38). Bei Erreichen des Dezimalzahlenwertes 12 ($Q_C = 1$, $Q_D = 1$) liegt am Ausgang X des NAND-Gliedes 0-Signal. Der Eingang sperrt. Der Zähler bleibt stehen. Gleichzeitig erscheint am Ausgang Z 1-Signal. Durch Drücken der Taste wird der Zähler zurückgestellt. Die Eingangssperre wird aufgehoben, da Q_C und Q_D jetzt 0-Signal führen. Der Zähler beginnt mit einem neuen Zählvorgang. Da 13 Zählerzustände einschließlich Null möglich sind, ist der Zähler ein Modulo-13-Zähler.

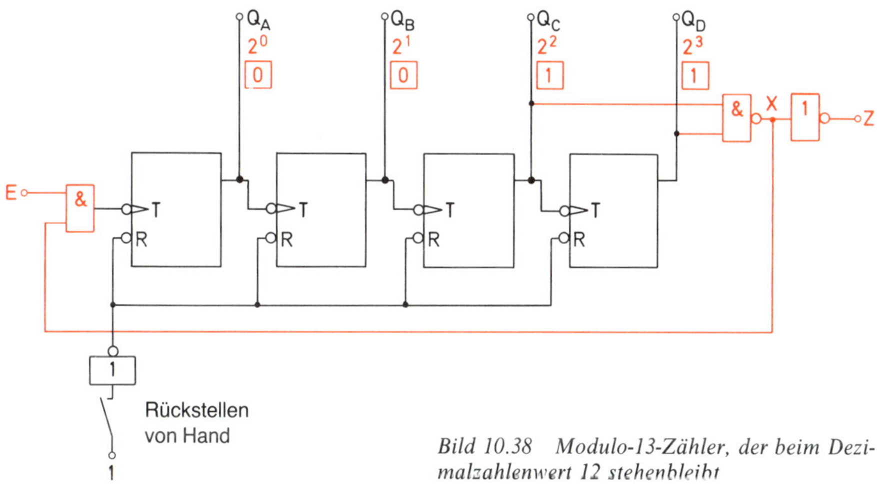

Bild 10.38 Modulo-13-Zähler, der beim Dezimalzahlenwert 12 stehenbleibt

10.2.5 Asynchrone Vorwahlzähler

Asynchrone Vorwahlzähler sind Zähler, die bis zu einem bestimmten vorgewählten Zahlenwert zählen und dann stehenbleiben oder mit dem Zählvorgang erneut beginnen. Diese Zähler können Vorwärts- oder Rückwärtszähler sein. Der Zahlenwert, bis zu dem zu zählen ist, wird meist von Hand mittels Schaltern eingestellt. Er kann auch durch einen zweiten Zähler gegeben werden. Vorwahlzähler dieser Art nennt man auch *programmierte Zähler.*
Das Prinzip der asynchronen Vorwahlzähler zeigt Bild 10.39. Die Zahl, bis zu der der Zähler zählen soll, wird mit der Vorwahltastatur eingestellt. Sie soll z.B. 9 sein. Die Zahl 9 liegt als Dualzahl an den Ausgängen X_A, X_B, X_C und X_D.

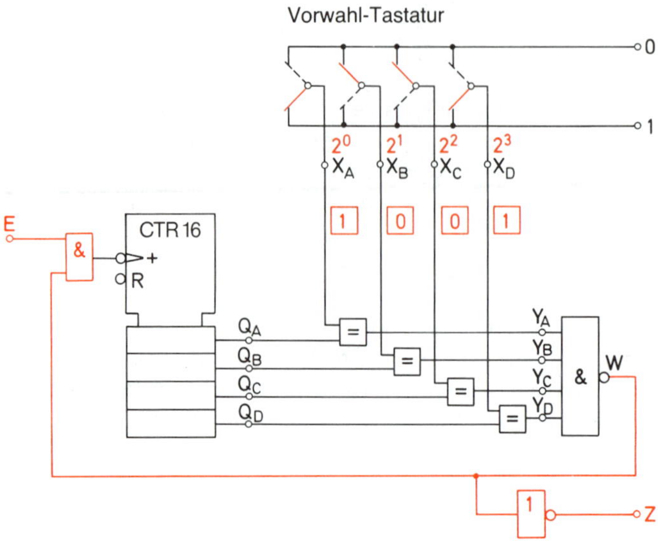

Bild 10.39 Asynchroner Vorwahlzähler

Die Ausgangssignale von X_A, X_B, X_C und X_D werden nun mit den Ausgangssignalen des Zählers Q_A, Q_B, Q_C und Q_D verglichen. Die Ausgänge der Äquivalenzglieder führen nur dann Ausgangssignal 1, wenn beide Eingangssignale gleich sind. Bei $X_A = Q_A$, $X_B = Q_B$, $X_C = Q_C$ und $X_D = Q_D$ sind alle Ausgänge der Äquivalenzglieder 1. Am Ausgang des NAND-Gliedes liegt dann 0-Signal.

Das 0-Signal am Ausgang W des NAND-Gliedes zeigt an, daß die Zahl, bis zu der der Zähler gezählt hat, und die voreingestellte Zahl gleich sind. Das 0-Signal verursacht eine Eingangssperre. Der Zähler bleibt stehen. Am Ausgang Z ist für irgendwelche Steuerzwecke 1-Signal verfügbar.

Die Vorwahltastatur kann durch einen Zähler ersetzt werden, der durch eine eigene Steuerschaltung eingestellt wird.

Vorwahlzähler findet man z.B. in modernen Kopierautomaten. Die gewünschte Kopienzahl wird von Hand eingestellt oder eingetastet. Damit ist die Vorwahl eingeführt. Der Zähler zählt nun die Kopien und stoppt den Kopiervorgang, wenn die Zahl der Kopien mit der vorgewählten Zahl übereinstimmt.

10.2.6 Asynchronzähler für den Aiken-Kode

Ein Asynchronzähler, der im Aiken-Kode zählt, ist in Bild 10.40 dargestellt. Eine derartige Schaltung läßt sich nur schwer berechnen. Sie kann aber mit Hilfe eines Zeitablaufdiagramms (s. Bild 10.24) entwickelt werden.

10.2.7 Asynchronzähler für den 3-Exzeß-Kode

Der 3-Exzeß-Kode ist ein häufig verwendeter Kode. Zähler, die in diesem Kode zählen, sind jedoch selten als integrierte Schaltungen erhältlich. Bild 10.41 zeigt den Aufbau eines Zählers für diesen Kode.

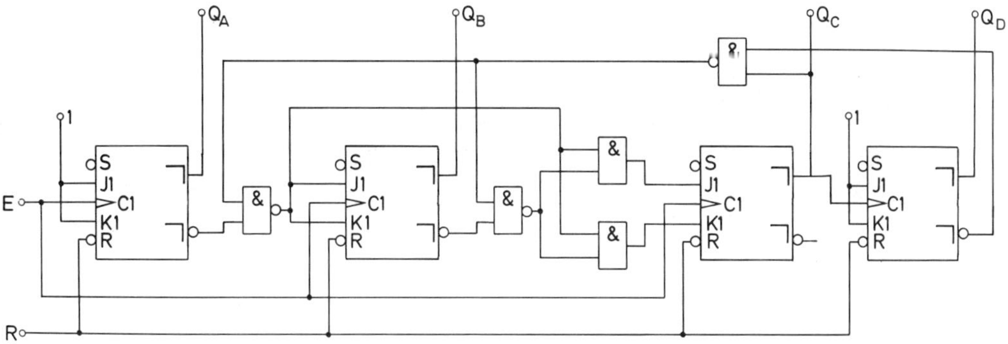

Bild 10.40 Schaltung eines Asynchronzählers für den Aiken-Kode

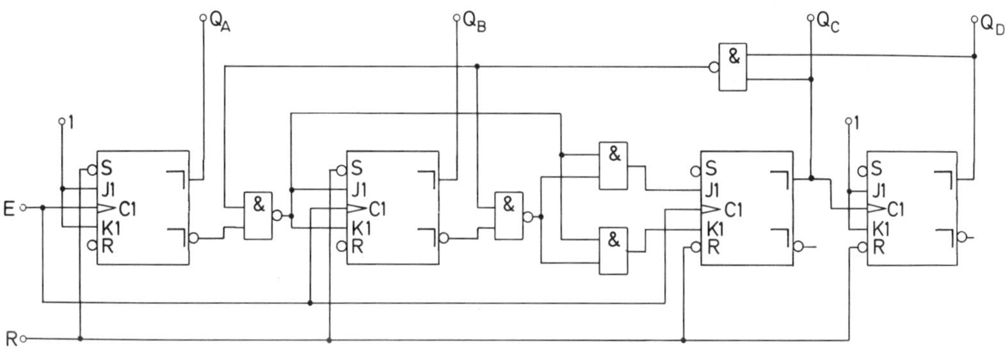

Bild 10.41 Schaltung eines Asynchronzählers für den 3-Exzeß-Kode

10.3 Synchronzähler

10.3.1 Das Synchronprinzip

Bei den bisher betrachteten Zählern, den sogenannten Asynchronzählern, steuert ein Ausgang des 1. Flipflops das 2. Flipflop – ein Ausgang des 2. Flipflops steuert das 3. Flipflop und so fort. Die Flipflops schalten also nicht zum gleichen Zeitpunkt, sondern zeitlich nacheinander. Die Schaltverzögerung ist durch die Signal-Laufzeit der Flipflops gegeben. Bei Flipflops, die zur TTL-Schaltkreisfamilie gehören, beträgt die Signallaufzeit 30 ns bis 50 ns. Um diese Signallaufzeit ist die Ausgangsimpulsreihe des 2. Flipflops gegenüber der Ausgangsimpulsreihe des 1. Flipflops verschoben. Diese Verschiebung setzt sich von Flipflop zu Flipflop fort. Bei einem 12-Bit-Asynchronzähler ist die letzte Ausgangsimpulsreihe gegenüber der Eingangsimpulsreihe bei einer Signallaufzeit von 50 ns bereits um etwa 600 ns verschoben. Dies führt zu Störungen und Fehlern, vor allem bei hohen Zählfrequenzen.

Will man für hohe Zählfrequenzen geeignete Zähler bauen, muß die Verschiebung der Impulsreihen von Flipflop zu Flipflop vermieden werden. Dies ist nur zu erreichen, wenn alle Flipflops, die kippen sollen, im gleichen Augenblick kippen.
Man erreicht ein gleichzeitiges, also synchrones Kippen durch Steuerung mit einem gemeinsamen Taktsignal. Zähler, die so kippen, heißen *Synchronzähler.*

Bei Synchronzählern werden die Kippglieder durch einen gemeinsamen Schaltbefehl (Takt) gleichzeitig geschaltet.

Die Information, ob ein Flipflop kippen soll oder nicht, muß den Flipflops vor Eintreffen des Schaltbefehls gegeben werden. Hierzu sind außer dem Takteingang weitere Eingänge erforderlich. Synchronzähler können also nicht mit T-Flipflops aufgebaut werden.

Für den Aufbau von Synchronzählern verwendet man fast ausschließlich JK-Flipflops.

Besonders sicher sind JK-Master-Slave-Flipflops (s. Abschnitt 7.5.7). SR-Flipflops können ebenfalls verwendet werden. Sie führen jedoch zu einem umfangreicheren Schaltungsaufbau.

10.3.2 Synchrone Dualzähler

Synchrone Dualzähler zählen nach dem dualen Zahlensystem. Sie werden als Dual-Vorwärtszähler, als Dual-Rückwärtszähler und Dualzähler mit umschaltbarer Zählrichtung gebaut.

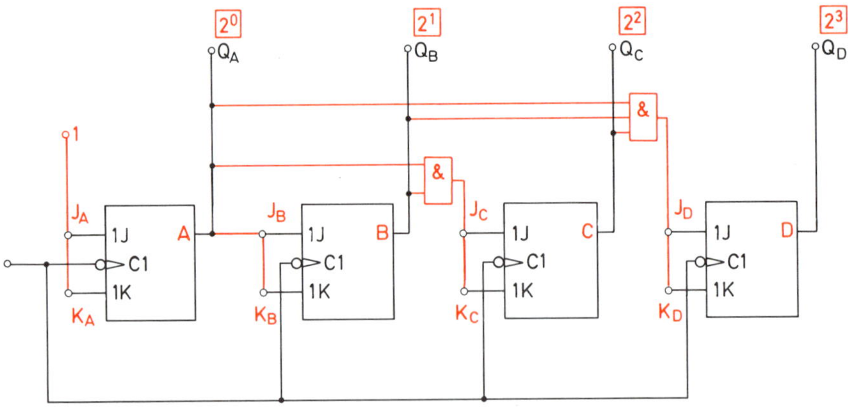

Bild 10.42 Aufbau eines synchron arbeitenden 4-Bit-Dual-Vorwärtszählers

10.3.2.1 Dual-Vorwärtszähler

Die Schaltung eines synchron arbeitenden Dual-Vorwärtszählers kann man berechnen (Abschnitt 10.3.3). Man kann sie aber auch durch Überlegung finden. In Bild 10.42 sind vier JK-Flipflops dargestellt. Alle werden durch einen gemeinsamen Takt mit der abfallenden Taktflanke geschaltet.
Die J- und K-Eingänge müssen nun so beschaltet werden, daß der Zähler im dualen Zahlensystem vorwärts zählt. Wie muß diese Beschaltung aussehen? Das Zeitablaufdiagramm eines Dual-Vorwärtszählers Bild 10.43 kann einige wertvolle Hilfen geben. Das Flipflop A muß bei jeder abfallenden Taktflanke kippen. Die Eingänge J_A und K_A sind also auf 1-Signal zu legen.

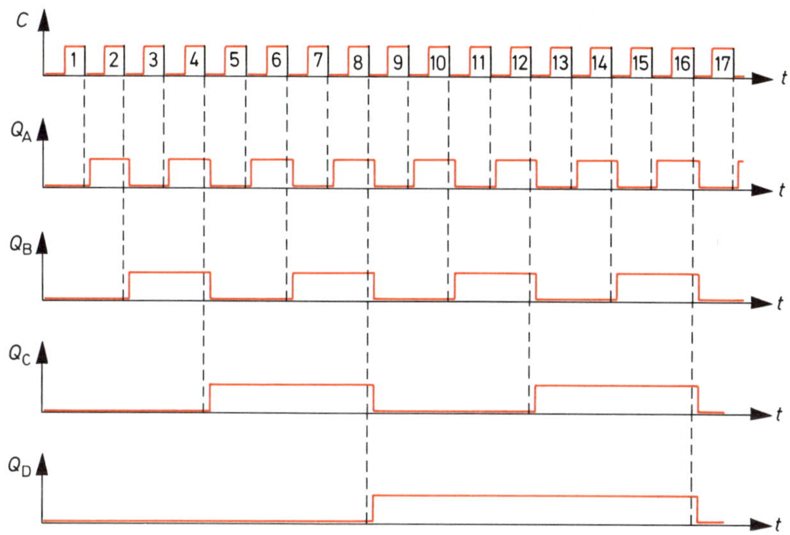

Bild 10.43 Zeitablaufdiagramm eines 4-Bit-Dual-Vorwärtszählers

Das Flipflop B darf nur bei Eintreffen des Taktes kippen, wenn das Flipflop A gesetzt ist, wenn also $Q_A = 1$ ist. Der Ausgang Q_A muß als mit J_B und K_B verbunden werden (rot in Bild 10.42).
Unter welchen Bedingungen darf nun das Flipflop C kippen? Aus Bild 10.43 ist zu entnehmen, daß das Flipflop C immer nur dann kippen darf, wenn sowohl Flipflop A als auch Flipflop B gesetzt sind, wenn also $Q_A = 1$ und $Q_B = 1$ sind. Die Ausgänge Q_A und Q_B sind also durch UND zu verknüpfen und mit J_C und K_C zu verbinden (rot in Bild 10.42).
Die Bedingungen, unter denen das Flipflop D kippen darf, sind ebenfalls aus dem Zeitablaufdiagramm Bild 10.43 zu entnehmen. Flipflop D darf nur dann kippen, wenn

$Q_A = 1$, $Q_B = 1$ und $Q_C = 1$ sind. Die Ausgänge Q_A, Q_B und Q_C müssen durch UND verknüpft werden. Der Ausgang des UND-Gliedes wird mit J_D und K_D verbunden (rot in Bild 10.42). Man könnte die Verknüpfung von Q_A und Q_B durch das erste UND-Glied mitbenutzen und käme dann zur Erzeugung von $Q_A \wedge Q_B \wedge Q_C$ mit einem UND-Glied mit zwei Eingängen aus.
Werden synchron arbeitende Dual-Vorwärtszähler mit mehr als 4 Bit benötigt, kann der Zähler gemäß Bild 10.42 nach gleichem Prinzip weitergebaut werden. Für den Zähleraufbau mit JK-Flipflops gelten folgende Regeln:

Bei einem synchron arbeitenden Dual-Vorwärtszähler sind die Eingänge J und K bei jedem Flipflop miteinander zu verbinden.

Beim ersten Flipflop wird 1-Signal an die Eingänge gelegt. Jedes folgende Flipflop erhält als Eingangssignal die UND-Verknüpfung der Q-Ausgänge aller vorhergehenden Flipflops.

Aufgabe:
Das Schaltbild eines synchron arbeitenden 5-Bit-Dual-Vorwärtszählers ist zu entwerfen. Der Zähler soll mit JK-Master-Slave-Flipflops aufgebaut werden, die die Signale mit ansteigender Taktflanke aufnehmen und mit abfallender Taktflanke auf die Ausgänge weitergeben. Für diesen Zähler ist das Zeitablaufdiagramm zu zeichnen.
Bei Synchronzählern ist die Art der Steuerung durch die Taktflanken von untergeordneter Bedeutung. Der Zähleraufbau ist stets gleich, ob die Flipflops nun mit ansteigender oder abfallender Flanke kippen. Lediglich die Zeitablaufdiagramme sind geringfügig gegeneinander verschoben, da der Schaltzeitpunkt ein anderer ist. Werden JK-Flipflops verwendet, die mit ansteigender Taktflanke die Signale aufnehmen und sie mit abfallender Taktflanke an die Ausgänge weitergeben, so ergibt sich ein Zeitablaufdiagramm wie bei Flipflops, die mit abfallender Taktflanke kippen.
Das gesuchte Schaltbild und das zugehörige Zeitablaufdiagramm sind in Bild 10.44 dargestellt.

10.3.2.2 Dual-Rückwärtszähler

Der synchron arbeitende Dual-Rückwärtszähler läßt sich aus den synchron arbeitenden Dual-Vorwärtszählern ableiten. Statt der Q-Ausgänge werden die $\overline{Q}$-Ausgänge zur Beschaltung der J- und K-Eingänge verwendet. Sonst ist das Aufbauprinzip gleich. An die Eingänge J und K des ersten Flipflops wird 1-Signal gelegt. Das Schaltbild eines 4-Bit-Synchron-Dual-Rückwärtszählers zeigt Bild 10.45.
Ein besonderer Synchron-Dual-Rückwärtszähler wird eigentlich nicht benötigt. Aus jedem Dual-Vorwärtszähler läßt sich leicht ein Dual-Rückwärtszähler machen. Man

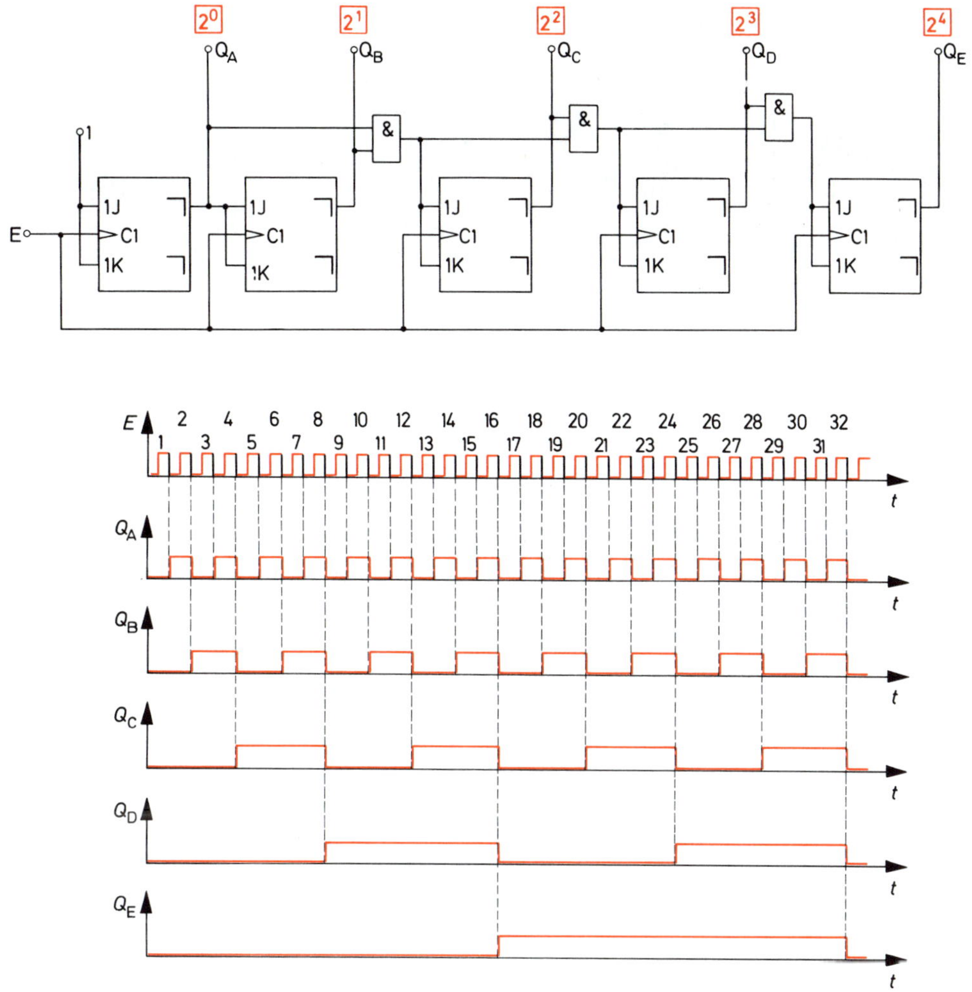

Bild 10.44 Schaltbild eines synchron arbeitenden 5-Bit-Dual-Vorwärtszählers mit zugehörigem Zeitablaufdiagramm

muß lediglich die $\overline{Q}$-Ausgänge als Ergebnisausgänge verwenden. Wenn die $\overline{Q}$-Ausgänge nicht zugänglich sind, was bei vielen integrierten Schaltungen der Fall ist, müssen die Q-Ausgänge negiert werden. Die Ausgangssignale bei Verwendung der Q-Ausgänge und der $\overline{Q}$-Ausgänge als Ergebnissignale sind in Bild 10.46 gegenübergestellt.
Der Zähler in Bild 10.45 hat seine Bedeutung für den Aufbau eines Synchron-Dualzählers mit umschaltbarer Zählrichtung.

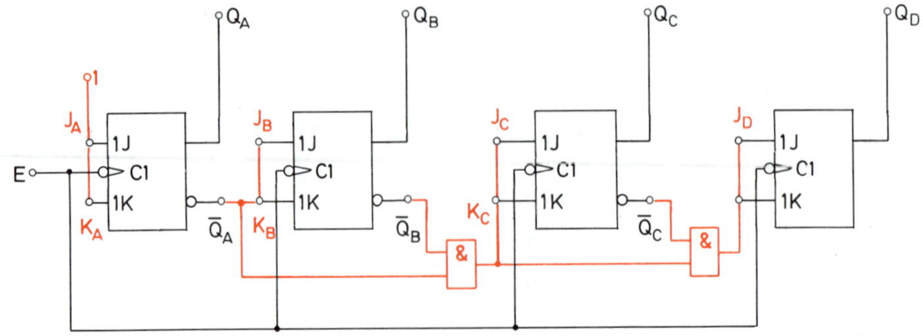

Bild 10.45 Schaltbild eines 4-Bit-Synchron-Dual-Rückwärtszählers

Dezimal-zahlenwert	Q_D	Q_C	Q_B	Q_A	$\overline{Q}_D$	$\overline{Q}_C$	$\overline{Q}_B$	$\overline{Q}_A$	Dezimal-zahlenwert
0	0	0	0	0	1	1	1	1	15
1	0	0	0	1	1	1	1	0	14
2	0	0	1	0	1	1	0	1	13
3	0	0	1	1	1	1	0	0	12
4	0	1	0	0	1	0	1	1	11
5	0	1	0	1	1	0	1	0	10
6	0	1	1	0	1	0	0	1	9
7	0	1	1	1	1	0	0	0	8
8	1	0	0	0	0	1	1	1	7
9	1	0	0	1	0	1	1	0	6
10	1	0	1	0	0	1	0	1	5
11	1	0	1	1	0	1	0	0	4
12	1	1	0	0	0	0	1	1	3
13	1	1	0	1	0	0	1	0	2
14	1	1	1	0	0	0	0	1	1
15	1	1	1	1	0	0	0	0	0

Bild 10.46 Gegenüberstellung der Ausgangssignale bei Verwendung der Q-Ausgänge und der Q̄-Ausgänge

Bild 10.47 4-Bit-Synchron-Dualzähler mit umschaltbarer Zählrichtung

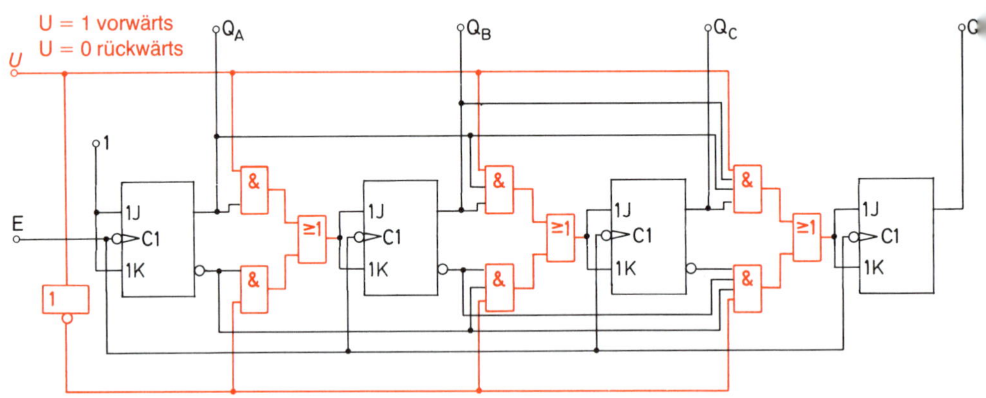

10.3.2.3 Dualzähler mit umschaltbarer Zählrichtung

Ein synchron arbeitender Dualzähler mit umschaltbarer Zählrichtung läßt sich aus dem Synchron-Dual-Vorwärtszähler (Bild 10.42) und aus dem Synchron-Dual-Rückwärtszähler (Bild 10.45) entwickeln. Beim Vorwärtszähler werden die Q-Ausgänge für die Beschaltung der J- und K-Eingänge verwendet, beim Rückwärtszähler werden die $\overline{Q}$-Ausgänge verwendet.

Benötigt werden Umschalteinrichtungen zwischen Q- und $\overline{Q}$-Ausgängen. Eine mögliche Schaltung ist in Bild 10.47 dargestellt.

10.3.3 Berechnung von Synchronzählern

10.3.3.1 Berechnungsverfahren

Für die Berechnung von Synchronzählern gibt es verschiedene Verfahren. Das hier vorgestellte Verfahren hat den Vorteil der leichten Durchschaubarkeit. Alle Schritte lassen sich klar begründen.

Die Berechnung eines Synchronzählers erfolgt in 5 Schritten:

1. Aufstellen der Wahrheitstabelle, aus der die gewünschte Funktion des Zählers hervorgeht.
2. Aufstellen und Vereinfachen der Anwendungsgleichungen.
3. Bestimmen der charakteristischen Gleichung der zu verwendenden Flipflops.
4. Bestimmen der Verknüpfungsgleichungen durch Koeffizientenvergleich.
5. Zeichnen des Schaltbildes nach den Verknüpfungsgleichungen.

Aus der Wahrheitstabelle muß hervorgehen, wie die Zählerausgangssignale in den einzelnen Zählschritten aufeinander folgen sollen. Bei 4-Bit-Zählern haben wir die Ausgänge Q_A, Q_B, Q_C und Q_D. Sie sollen zum Zeitpunkt t_n (also vor einem betrachteten Takt) $Q_A = 0$, $Q_B = 0$, $Q_C = 0$ und $Q_D = 0$ sein. Nach dem betrachteten Takt, also zum Zeitpunkt t_{n+1}, wenn ein Zählschritt getan ist, müssen einer oder mehrere Ausgänge ihr Signal geändert haben. Welche Signaländerung wird gewünscht? Welche Signaländerung soll der Zähler ausführen? Bei einem Dual-Vorwärtszähler müßte jetzt $Q_A = 1$, $Q_B = 0$, $Q_C = 0$ und $Q_D = 0$ sein. Die Wahrheitstabelle muß also Spalten für Q_A, Q_B, Q_C und Q_D für den Zeitpunkt t_n und Spalten für Q_A, Q_B, Q_C und Q_D für den Zeitpunkt t_{n+1} haben.

Die Anwendungsgleichungen ergeben sich aus den ODER-Normalformen für $Q_{A(n+1)}$, $Q_{B(n+1)}$, $Q_{C(n+1)}$ und $Q_{D(n+1)}$. Die ODER-Normalformen sind zu bilden und mit Hilfe von KV-Diagrammen zu vereinfachen. Für jedes Flipflop ergibt sich eine Anwendungsgleichung. Alle Anwendungsgleichungen zusammen geben in schaltalgebraischer Form den Inhalt der Wahrheitstabelle wieder.

Eine charakteristische Gleichung beschreibt die Arbeitsweise eines Flipflops in schaltalgebraischer Form. Sollen z.B. JK-Flipflops verwendet werden, ist die charakteristische Gleichung für JK-Flipflops zu bilden (s. Abschnitt 7.7).

Die charakteristische Gleichung und die vereinfachten Anwendungsgleichungen werden nun miteinander verglichen. Bei 4 Flipflops ist dieser Vergleich viermal durchzu-

führen, denn jede der 4 Anwendungsgleichungen muß mit der charakteristischen Gleichung verglichen werden. Hieraus ergeben sich die Verknüpfungsgleichungen für die 4 J-Eingänge und für die 4 K-Eingänge.
Liegen die Verknüpfungsgleichungen vor, kann das Schaltbild gezeichnet werden. Das Zeichnen des Schaltbildes nach vorgegebenen Gleichungen bereitet im allgemeinen keine Schwierigkeiten.

10.3.3.2 Berechnungsbeispiel

Das Berechnungsverfahren soll an einem Beispiel verdeutlicht werden. Zu berechnen ist ein 4-Bit-Synchron-Dual-Vorwärtszähler, der mit JK-Master-Slave-Flipflops aufgebaut werden soll.

1. Schritt:
Aufstellen der Wahrheitstabelle.
Für einen 4-Bit-Zähler werden 4 Flipflops benötigt. Die Ausgänge dieser Flipflops sollen Q_A, Q_B, Q_C und Q_D heißen. Für jeden dieser Ausgänge wird eine Spalte im Bereich t_n und eine Spalte im Bereich t_{n+1} vorgesehen (Bild 10.48).
Der erste Zählerstand im Bereich t_n sei 0000, was dem Dezimalzahlenwert 0 entspricht. Nachdem ein Taktimpuls gekommen ist, also zum Zeitpunkt t_{n+1}, muß der Zähler um 1

Dezimal-zahlenwert	t_n 2^3 Q_D	2^2 Q_C	2^1 Q_B	2^0 Q_A	t_{n+1} 2^3 Q_D	2^2 Q_C	2^1 Q_B	2^0 Q_A	Dezimal-zahlenwert
0	0	0	0	0	0	0	0	1	1
1	0	0	0	1	0	0	1	0	2
2	0	0	1	0	0	0	1	1	3
3	0	0	1	1	0	1	0	0	4
4	0	1	0	0	0	1	0	1	5
5	0	1	0	1	0	1	1	0	6
6	0	1	1	0	0	1	1	1	7
7	0	1	1	1	1	0	0	0	8
8	1	0	0	0	1	0	0	1	9
9	1	0	0	1	1	0	1	0	10
10	1	0	1	0	1	0	1	1	11
11	1	0	1	1	1	1	0	0	12
12	1	1	0	0	1	1	0	1	13
13	1	1	0	1	1	1	1	0	14
14	1	1	1	0	1	1	1	1	15
15	1	1	1	1	0	0	0	0	0

Bild 10.48 Wahrheitstabelle eines 4-Bit-Synchron-Dual-Vorwärtszählers

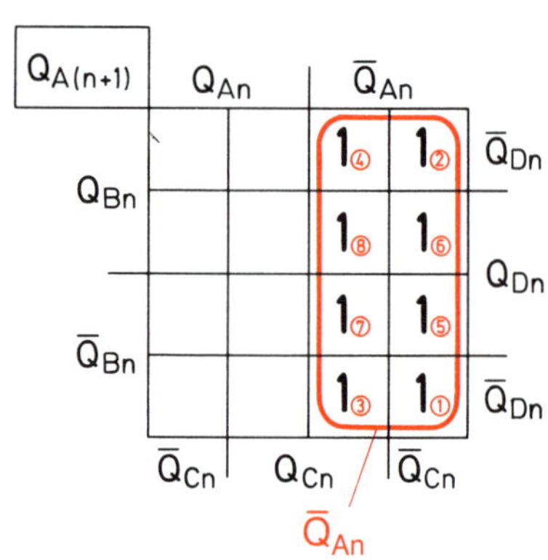

Bild 10.49 KV-Diagramm der ODER-Normalform von $Q_{A(n+1)}$

weitergezählt haben. Er muß also auf dem Dezimalwert 1 stehen. Die entsprechende Dualzahl im Bereich t_{n+1} ist 0001. Das ist der Inhalt der 1. Zeile der Wahrheitstabelle Bild 10.48.

Betrachten wir nun die 2. Zeile der Wahrheitstabelle. Der Zähler steht im Bereich t_n auf der Dualzahl 0001. Im Bereich t_{n+1} muß die Dualzahl stehen, die der Zähler nach einem weiteren Zähltakt anzeigen soll. Diese Dualzahl ist 0010.

In der 3. Zeile der Wahrheitstabelle steht der Zähler im Bereich t_n auf $0010_{(2)}$. Nach einem weiteren Takt soll der Zähler auf $0011_{(2)}$ stehen (Bereich t_{n+1}). So wird die Wahrheitstabelle Zeile für Zeile weiter aufgebaut, bis der Zähler im Bereich t_n auf $1111_{(2)}$ steht. Nach einem weiteren Takt soll er jetzt auf $0000_{(2)}$ schalten, und der ganze Zählvorgang soll von neuem beginnen. Damit ist die Wahrheitstabelle fertiggestellt. Sie beschreibt eindeutig die gewünschte Funktion des Zählers.

2. Schritt:

Aufstellen und Vereinfachen der Anwendungsgleichungen.

Zunächst ist für $Q_{A(n+1)}$ die ODER-Normalform aufzustellen (näheres hierzu siehe Kapitel 5). Die ODER-Normalform besteht aus 8 Vollkonjunktionen. Sie lautet:

$$
\begin{aligned}
Q_{A(n+1)} = [&\underbrace{(\overline{A} \wedge \overline{B} \wedge \overline{C} \wedge \overline{D})}_{①} \vee \underbrace{(\overline{A} \wedge B \wedge \overline{C} \wedge \overline{D})}_{②} \vee \underbrace{(\overline{A} \wedge \overline{B} \wedge C \wedge \overline{D})}_{③} \vee \\
&\underbrace{(\overline{A} \wedge B \wedge C \wedge \overline{D})}_{④} \vee \underbrace{(\overline{A} \wedge \overline{B} \wedge \overline{C} \wedge D)}_{⑤} \vee \underbrace{(\overline{A} \wedge B \wedge \overline{C} \wedge D)}_{⑥} \vee \\
&\underbrace{(\overline{A} \wedge \overline{B} \wedge C \wedge D)}_{⑦} \vee \underbrace{(\overline{A} \wedge B \wedge C \wedge D)}_{⑧}]_n
\end{aligned}
$$

Diese ODER-Normalform ist mit Hilfe eines KV-Diagramms zu vereinfachen. Das zugehörige KV-Diagramm zeigt Bild 10.49.

Es läßt sich ein Achterpäckchen bilden. Die vereinfachte ODER-Normalform lautet:

$$\boxed{Q_{A(n+1)} = \overline{Q}_{An}}$$

Dies ist die erste Anwendungsgleichung.

Als nächstes ist die ODER-Normalform für $Q_{B(n+1)}$ zu bilden. Auch diese ODER-Normalform besteht aus 8 Vollkonjunktionen. Sie kann gleich in ein entsprechendes KV-Diagramm eingetragen werden (Bild 10.50). Die Variablen Q_{An}, Q_{Bn}, Q_{Cn} und Q_{Dn} werden als Q_A, Q_B, Q_C und Q_D geschrieben. Durch die vereinfachte Schreibweise entstehen keine Verwechslungen.

Aus dem KV-Diagramm ergibt sich die Gleichung:

$$\boxed{Q_{B(n+1)} = (Q_A \wedge \overline{Q}_B) \vee (\overline{Q}_A \wedge Q_B)}$$

Diese Gleichung ist die zweite Anwendungsgleichung.

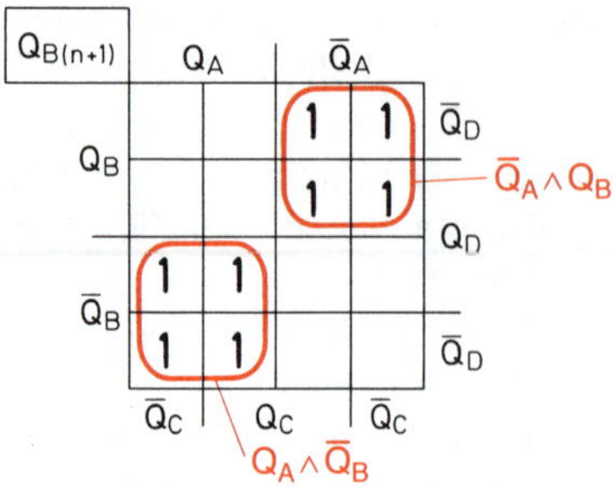

Bild 10.50 KV-Diagramm der ODER-Normalform von $Q_{B(n+1)}$. Die Indizes n wurden bei den Variablen der Einfachheit halber weggelassen

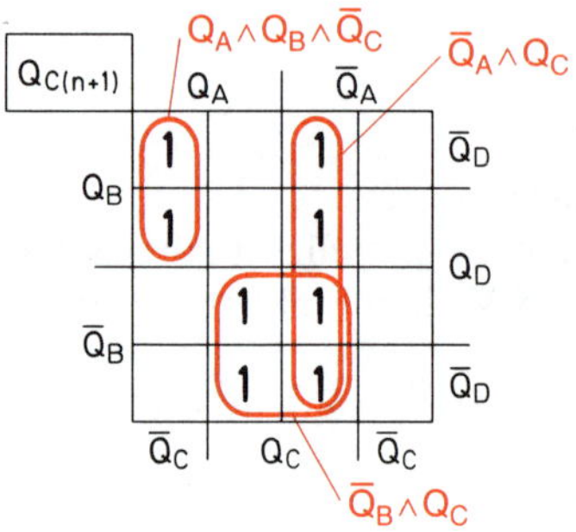

Bild 10.51 KV-Diagramm der ODER-Normalform für $Q_{C(n+1)}$

Die Anwendungsgleichung für $Q_{C(n+1)}$ wird auf gleiche Weise gefunden. Die ODER-Normalform besteht wiederum aus 8 Vollkonjunktionen, die in das KV-Diagramm Bild 10.51 eingetragen sind. Die Anwendungsgleichung lautet:

$$Q_{C(n+1)} = (Q_A \wedge Q_B \wedge \overline{Q}_C) \vee (\overline{Q}_A \wedge Q_C) \vee (\overline{Q}_B \wedge Q_C)$$

Sie kann noch etwas vereinfacht werden:

$$Q_{C(n+1)} = (Q_A \wedge Q_B \wedge \overline{Q}_C) \vee [Q_C \wedge (\overline{Q}_A \vee \overline{Q}_B)]$$

$$Q_{C(n+1)} = (Q_A \wedge Q_B \wedge \overline{Q}_C) \vee (\overline{Q_A \wedge Q_B} \wedge Q_C)$$

Für $Q_{D(n+1)}$ erhält man die im KV-Diagramm Bild 10.52 dargestellte ODER-Normalform. Die vereinfachte Gleichung lautet:

$$Q_{D(n+1)} = (Q_A \wedge Q_B \wedge Q_C \wedge \overline{Q}_D) \vee (\overline{Q}_A \wedge Q_D) \vee (\overline{Q}_B \wedge Q_D) \vee (\overline{Q}_C \wedge Q_D)$$

Die Variable Q_D kann ausgeklammert werden.

$$Q_{D(n+1)} = (Q_A \wedge Q_B \wedge Q_C \wedge \overline{Q}_D) \vee [Q_D \wedge (\overline{Q}_A \vee \overline{Q}_B \vee \overline{Q}_C)]$$

Bild 10.52 KV-Diagramm der ODER-Normalform für $Q_{D(n+1)}$

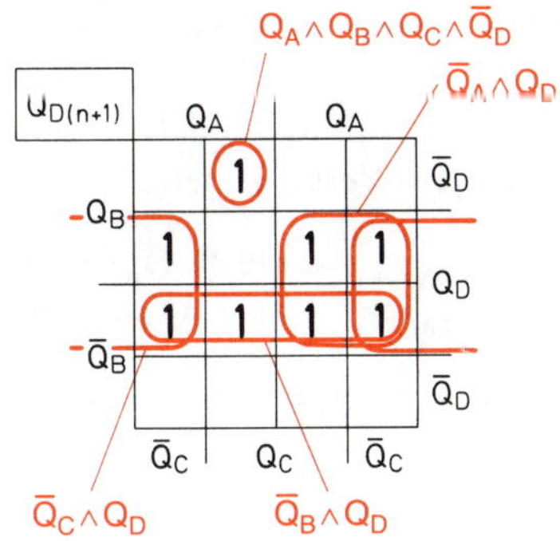

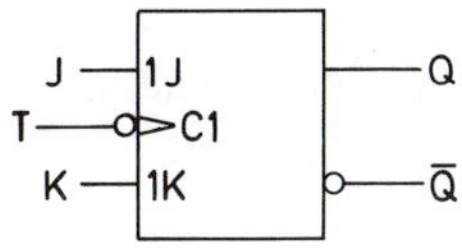

Bild 10.53 JK-Flipflop

$$Q_{D(n+1)} = (Q_A \wedge Q_B \wedge Q_C \wedge \overline{Q}_D) \vee (\overline{Q_A \wedge Q_B \wedge Q_C} \wedge Q_D)$$

Dies ist die letzte der vier Anwendungsgleichungen.

3. Schritt:
Bestimmen der charakteristischen Gleichung der zu verwendenden Flipflops.
Wie die charakteristische Gleichung eines bestimmten Flipflop-Typs abgeleitet wird, ist in Abschnitt 7.7 ausführlich beschrieben. Für JK-Flipflops mit der in Bild 10.53 angegebenen Bezeichnung der Ausgänge gilt allgemein die charakteristische Gleichung:

$$Q_{(n+1)} = [(J \wedge \overline{Q}) \vee (\overline{K} \wedge Q)]_n$$

Auf der rechten Gleichungsseite soll zur Vereinfachung der Index n weggelassen werden:

$$Q_{(n+1)} = (J \wedge \overline{Q}) \vee (\overline{K} \wedge Q)$$

Für die 4 verwendeten Flipflops erhält man 4 charakteristische Gleichungen:

$$Q_{A(n+1)} = (J_A \wedge \overline{Q}_A) \vee (\overline{K}_A \wedge Q_A)$$
$$Q_{B(n+1)} = (J_B \wedge \overline{Q}_B) \vee (\overline{K}_B \wedge Q_B)$$
$$Q_{C(n+1)} = (J_C \wedge \overline{Q}_C) \vee (\overline{K}_C \wedge Q_C)$$
$$Q_{D(n+1)} = (J_D \wedge \overline{Q}_D) \vee (\overline{K}_D \wedge Q_D)$$

4. Schritt:
Bestimmen der Verknüpfungsgleichungen durch Koeffizientenvergleich.
Die einzelnen Verknüpfungsgleichungen werden nun den charakteristischen Gleichungen gegenübergestellt.

$Q_{A(n+1)} = (J_A \wedge \overline{Q}_A) \vee (\overline{K}_A \wedge Q_A)$ Charakteristische Gleichung
$Q_{A(n+1)} = \overline{Q}_A$ Anwendungsgleichung

Welchen Wert muß J_A haben, damit aus der Gleichung $\overline{Q}_A$ herauskommt? J_A muß den Wert 1 haben.
Welchen Wert muß $\overline{K}_A$ haben, damit der Klammerausdruck mit $\overline{K}_A$ wegfällt?
$\overline{K}_A$ muß den Wert 0 haben.

$$Q_{A(n+1)} = (J_A \wedge \overline{Q}_A) \vee (\overline{K}_A \wedge Q_A) \quad \text{Charakteristische Gleichung}$$
$$Q_{A(n+1)} = (1 \wedge \overline{Q}_A) \vee (0 \wedge Q_A) \quad \text{Anwendungsgleichung}$$

Für J_A und K_A ergeben sich also folgende Gleichungen:

$$\overline{K}_A = 0$$

$$\boxed{J_A = 1} \qquad \boxed{K_A = 1}$$

Dies sind die ersten beiden Verknüpfungsgleichungen. Sie gelten für das erste Flipflop, für das Flipflop A.
Für das Flipflop B ergeben sich die nachstehend abgeleiteten Verknüpfungsgleichungen:

$$Q_{B(n+1)} = (J_B \wedge \overline{Q}_B) \vee (\overline{K}_B \wedge Q_B) \quad \text{Charakteristische Gleichung}$$

$$Q_{B(n+1)} = (Q_A \wedge \overline{Q}_B) \vee (\overline{Q}_A \wedge Q_B) \quad \text{Anwendungsgleichung}$$

$$\overline{K}_B = \overline{Q}_A$$

$$\boxed{J_B = Q_A} \qquad \boxed{K_B = Q_A}$$

Nach den gleichen Verfahren erhält man die Verknüpfungsgleichungen für das Flipflop C:

$$Q_{C(n+1)} = (J_C \wedge \overline{Q}_C) \vee (\overline{K}_C \wedge Q_C) \quad \text{Charakteristische Gleichung}$$

$$Q_{C(n+1)} = (Q_A \wedge Q_B \wedge \overline{Q}_C) \vee (\overline{Q_A \wedge Q_B} \wedge Q_C) \quad \text{Anwendungsgleichung}$$

$$\overline{K}_C = \overline{Q_A \wedge Q_B}$$

$$\boxed{J_C = Q_A \wedge Q_B} \qquad \boxed{K_C = Q_A \wedge Q_B}$$

Entsprechend ergeben sich die Verknüpfungsgleichungen für das Flipflop D:

$$Q_{D(n+1)} = (J_D \wedge \overline{Q}_D) \vee (\overline{K}_D \wedge Q_D) \quad \text{Charakteristische Gleichu}$$

$$Q_{D(n+1)} = (Q_A \wedge Q_B \wedge Q_C \wedge \overline{Q}_D) \vee (\overline{Q_A \wedge Q_B \wedge Q_C} \wedge Q_D) \quad \text{Anwendungsgleichung}$$

$$\overline{K}_D = \overline{Q_A \wedge Q_B \wedge Q_C}$$

$$J_D = Q_A \wedge Q_B \wedge Q_C \qquad K_D = Q_A \wedge Q_B \wedge Q_C$$

Damit wären alle Verknüpfungsgleichungen gefunden.

5. Schritt:
Zeichnen des Schaltbildes nach den Verknüpfungsgleichungen.
Die gefundenen Verknüpfungsgleichungen werden zusammengestellt:

$$\begin{aligned} J_A &= 1 & K_A &= 1 \\ J_B &= Q_A & K_B &= Q_A \\ J_C &= Q_A \wedge Q_B & K_C &= Q_A \wedge Q_B \\ J_D &= Q_A \wedge Q_B \wedge Q_C & K_D &= Q_A \wedge Q_B \wedge Q_C \end{aligned}$$

Die Gleichungen lauten für den J- und den K-Eingang eines jeden Flipflops gleich. Die Eingänge J und K können also gemeinsam angesteuert werden.
Die Schaltung, die sich nach den Gleichungen ergibt, ist in Bild 10.54 dargestellt.
Die Berechnung hat die gleiche Schaltung ergeben, die auch mit Hilfe des Zeitablaufdiagramms Bild 10.43 gefunden wurde.

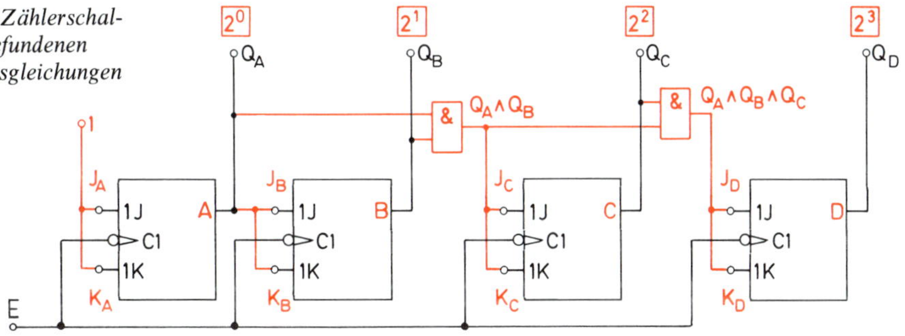

Bild 10.54 Zählerschaltung nach gefundenen Verknüpfungsgleichungen

10.3.4 Synchrone BCD-Zähler

10.3.4.1 Berechnung eines Synchron-BCD-Vorwärtszählers

Nach dem in Abschnitt 10.3.3 vorgestellten Berechnungsverfahren sollen die Verknüpfungsgleichungen für einen Synchron-BCD-Vorwärtszähler bestimmt werden.

1. Schritt:
Aufstellen der Wahrheitstabelle.
Die Pseudo-Tetraden dürfen nicht auftreten. Ihre Plätze in den KV-Diagrammen sind mit X zu kennzeichnen. Bei der Päckchenbildung darf X wahlweise als 1 oder als 0 angesehen werden.

Dezimalziffer	t_n 2^3 Q_D	2^2 Q_C	2^1 Q_B	2^0 Q_A	t_{n+1} 2^3 Q_D	2^2 Q_C	2^1 Q_B	2^0 Q_A	Dezimalziffer
0	0	0	0	0	0	0	0	1	1
1	0	0	0	1	0	0	1	0	2
2	0	0	1	0	0	0	1	1	3
3	0	0	1	1	0	1	0	0	4
4	0	1	0	0	0	1	0	1	5
5	0	1	0	1	0	1	1	0	6
6	0	1	1	0	0	1	1	1	7
7	0	1	1	1	1	0	0	0	8
8	1	0	0	0	1	0	0	1	9
9	1	0	0	1	0	0	0	0	0
(10)	1	0	1	0	x	x	x	x	Pseudotetraden
(11)	1	0	1	1	x	x	x	x	
(12)	1	1	0	0	x	x	x	x	
(13)	1	1	0	1	x	x	x	x	
(14)	1	1	1	0	x	x	x	x	
(15)	1	1	1	1	x	x	x	x	

Bild 10.55 Wahrheitstabelle eines Synchron-BCD-Vorwärtszählers

2. Schritt:
Aufstellen und Vereinfachen der Anwendungsgleichungen.
Die ODER-Normalform von $Q_{A(n+1)}$, $Q_{B(n+1)}$, $Q_{C(n+1)}$ und $Q_{D(n+1)}$ werden in KV-Diagrammen dargestellt und vereinfacht (Bild 10.56). Die vereinfachten Anwendungsgleichungen lauten:

$$Q_{A(n+1)} = \overline{Q}_A$$
$$Q_{B(n+1)} = (\overline{Q}_A \wedge Q_B) \vee (Q_A \wedge \overline{Q}_B \wedge \overline{Q}_D)$$
$$Q_{C(n+1)} = (\overline{Q}_A \wedge Q_C) \vee (\overline{Q}_B \wedge Q_C) \vee (Q_A \wedge Q_B \wedge \overline{Q}_C)$$
$$Q_{D(n+1)} = (\overline{Q}_A \wedge Q_D) \vee (Q_A \wedge Q_B \wedge Q_C \wedge \overline{Q}_D)$$

Betrachten wir das KV-Diagramm für $Q_{D(n+1)}$. Es fällt auf, daß die Vollkonjunktion $(Q_A \wedge Q_B \wedge Q_C \wedge \overline{Q}_D)$ nicht über ein mögliches Zweierpäckchen vereinfacht wurde. Dadurch wäre die Variable Q_D herausgefallen, die wir jedoch für den Koeffizientenvergleich benötigen.
Allgemein gilt: Beim KV-Diagramm für $Q_{A(n+1)}$ darf die Variable Q_A nicht herausfallen. Beim KV-Diagramm für $Q_{B(n+1)}$ darf die Variable Q_B nicht herausfallen. Beim KV-Diagramm für $Q_{C(n+1)}$ darf die Variable C nicht herausfallen. Beim KV-Diagramm für $Q_{D(n+1)}$ darf die Variable D nicht herausfallen.
Der Päckchenbildung sind Grenzen gesetzt. Diese Grenzen sind in Bild 10.56 durch dicke Striche markiert. Bei der Päckchenbildung dürfen die dicken Striche nicht überschritten werden. Man verzichtet also bewußt auf die größtmögliche Vereinfachung.

Bild 10.56 KV-Diagramm zur Bestimmung der Anwendungsgleichungen

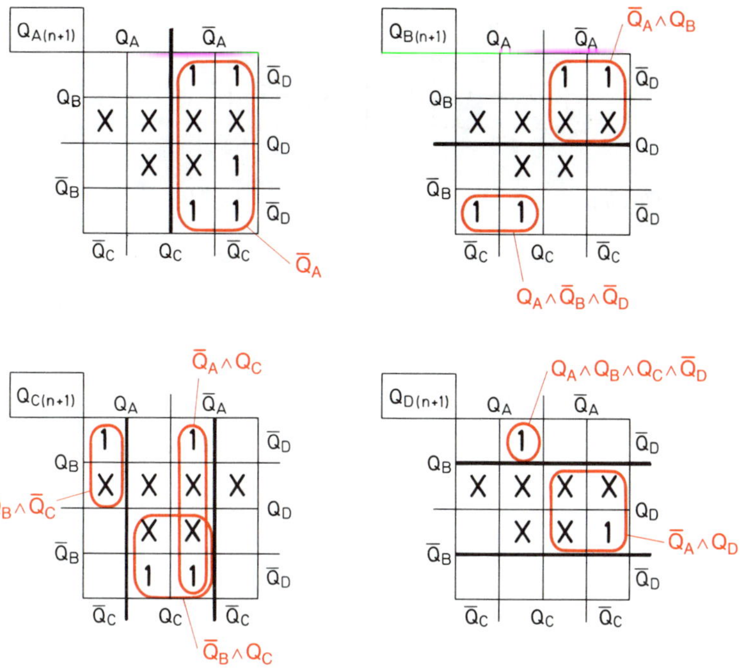

3. Schritt:

Bestimmen der charakteristischen Gleichungen der zu verwendenden Flipflops

Es sollen JK-Master-Slave-Flipflops verwendet werden. Für sie gilt die allgemeine charakteristische Gleichung unter Weglassung des Index n:

$$Q_{(n+1)} = (J \wedge \overline{Q}) \vee (\overline{K} \wedge Q)$$

Für die benötigten 4 Flipflops A, B, C und D lauten die charakteristischen Gleichungen:

$$Q_{A(n+1)} = (J_A \wedge \overline{Q}_A) \vee (\overline{K}_A \wedge Q_A)$$
$$Q_{B(n+1)} = (J_B \wedge \overline{Q}_B) \vee (\overline{K}_B \wedge Q_B)$$
$$Q_{C(n+1)} = (J_C \wedge \overline{Q}_C) \vee (\overline{K}_C \wedge Q_C)$$
$$Q_{D(n+1)} = (J_D \wedge \overline{Q}_D) \vee (\overline{K}_D \wedge Q_D)$$

4. Schritt:

Bestimmen der Verknüpfungsgleichungen durch Koeffizientenvergleich.

Flipflop A

$Q_{A(n+1)} = (J_A \wedge \overline{Q}_A) \vee (\overline{K}_A \wedge Q_A)$ Charakteristische Gleichung

$Q_{A(n+1)} = \overline{Q}_A$ Anwendungsgleichung

$Q_{A(n+1)} = (J_A \wedge \overline{Q}_A) \vee (\overline{K}_A \wedge Q_A)$

$Q_{A(n+1)} = (1 \wedge \overline{Q}_A) \vee (0 \wedge Q_A)$

$\overline{K}_A = 0$

$$\boxed{J_A = 1} \qquad \boxed{K_A = 1}$$

Flipflop B

$Q_{B(n+1)} = (J_B \wedge \overline{Q}_B) \vee (\overline{K}_B \wedge Q_B)$ Charakteristische Gleichung

$Q_{B(n+1)} = (\overline{Q}_A \wedge Q_B) \vee (Q_A \wedge \overline{Q}_B \wedge \overline{Q}_D)$ Anwendungsgleichung

Die Anwendungsgleichung muß vor Durchführung des Koeffizientenvergleichs anders geschrieben werden.

$Q_{B(n+1)} = (\underbrace{Q_A \wedge \overline{Q}_D} \wedge \overline{Q}_B) \vee (\underbrace{\overline{Q}_A} \wedge Q_B)$ Anwendungsgleichung

$Q_{B(n+1)} = (J_B \wedge \overline{Q}_B) \vee (\overline{K}_B \wedge Q_B)$ Charakteristische Gleichung

$\overline{K}_B = \overline{Q}_A$

$$\boxed{J_B = Q_A \wedge \overline{Q}_D} \qquad \boxed{K_B = Q_A}$$

Flipflop C

$Q_{C(n+1)} = (J_C \wedge \overline{Q}_C) \vee (\overline{K}_C \wedge Q_C)$ Charakt. Gleichung
$Q_{C(n+1)} = (\overline{Q}_A \wedge Q_C) \vee (\overline{Q}_B \wedge Q_C) \vee (Q_A \wedge Q_B \wedge \overline{Q}_C)$ Anwendungsgleichung

Die Anwendungsgleichung muß vor Durchführung des Koeffizientenvergleichs umgeformt werden.

$$Q_{C(n+1)} = (Q_A \wedge Q_B \wedge \overline{Q}_C) \vee Q_C \wedge (\overline{Q}_A \vee \overline{Q}_B)$$

$$Q_{C(n+1)} = (\underbrace{Q_A \wedge Q_B} \wedge \overline{Q}_C) \vee (\underbrace{\overline{Q_A \wedge Q_B}} \wedge Q_C)$$

$$Q_{C(n+1)} = (J_C \wedge \overline{Q}_C) \vee \qquad (K_C \wedge Q_C)$$

$\overline{K}_C = \overline{Q_A \wedge Q_B}$

$$\boxed{J_C = Q_A \wedge Q_B} \qquad \boxed{K_C = Q_A \wedge Q_B}$$

Flipflop D

$$Q_{D(n+1)} = (J_D \wedge \overline{Q}_D) \vee (\overline{K}_D \wedge Q_D) \qquad \text{Charakt. Gleichung}$$

$$Q_{D(n+1)} = (\overline{Q}_A \wedge Q_D) \vee (Q_A \wedge Q_B \wedge Q_C \wedge \overline{Q}_D) \qquad \text{Anwendungsgleichung}$$

Die Anwendungsgleichung wird etwas anders geschrieben:

$$Q_{D(n+1)} = \underbrace{(Q_A \wedge Q_B \wedge Q_C}_{} \wedge \overline{Q}_D) \vee (\underbrace{\overline{Q}_A}_{} \wedge Q_D)$$

$$Q_{D(n+1)} = (J_D \wedge \overline{Q}_D) \vee \qquad (\overline{K}_D \wedge Q_D)$$

$$\overline{K_D} = \overline{Q_A}$$

$$\boxed{J_D = Q_A \wedge Q_B \wedge Q_C} \qquad \boxed{K_D = Q_A}$$

Damit sind die Verknüpfungsgleichungen bestimmt.

5. Schritt:
Zeichnen des Schaltbildes nach den Verknüpfungsgleichungen.
Zusammenstellung der Verknüpfungsgleichungen:

$J_A = 1 \qquad K_A = 1$
$J_B = Q_A \wedge \overline{Q}_D \qquad K_B = Q_A$
$J_C = Q_A \wedge Q_B \qquad K_C = Q_A \wedge Q_B$
$J_D = Q_A \wedge Q_B \wedge Q_C \qquad K_D = Q_A$

Die Flipflops A, B, C und D werden entsprechend den Verknüpfungsgleichungen miteinander verbunden. Die Schaltung des gesuchten Zählers zeigt Bild 10.57.

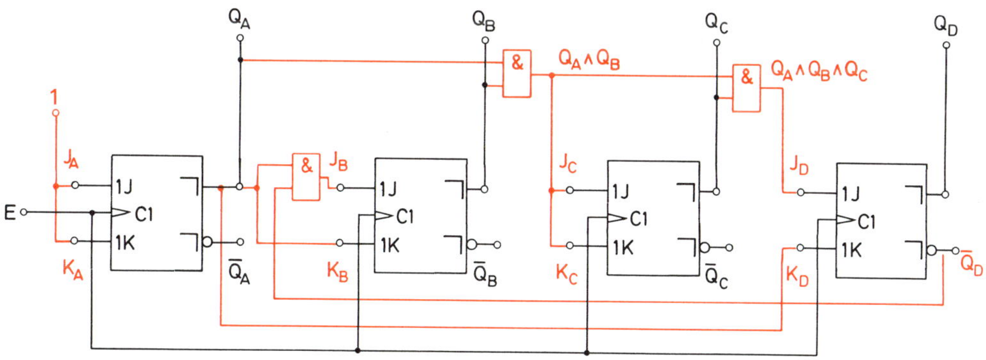

Bild 10.57 Synchron-BCD-Vorwärtszähler

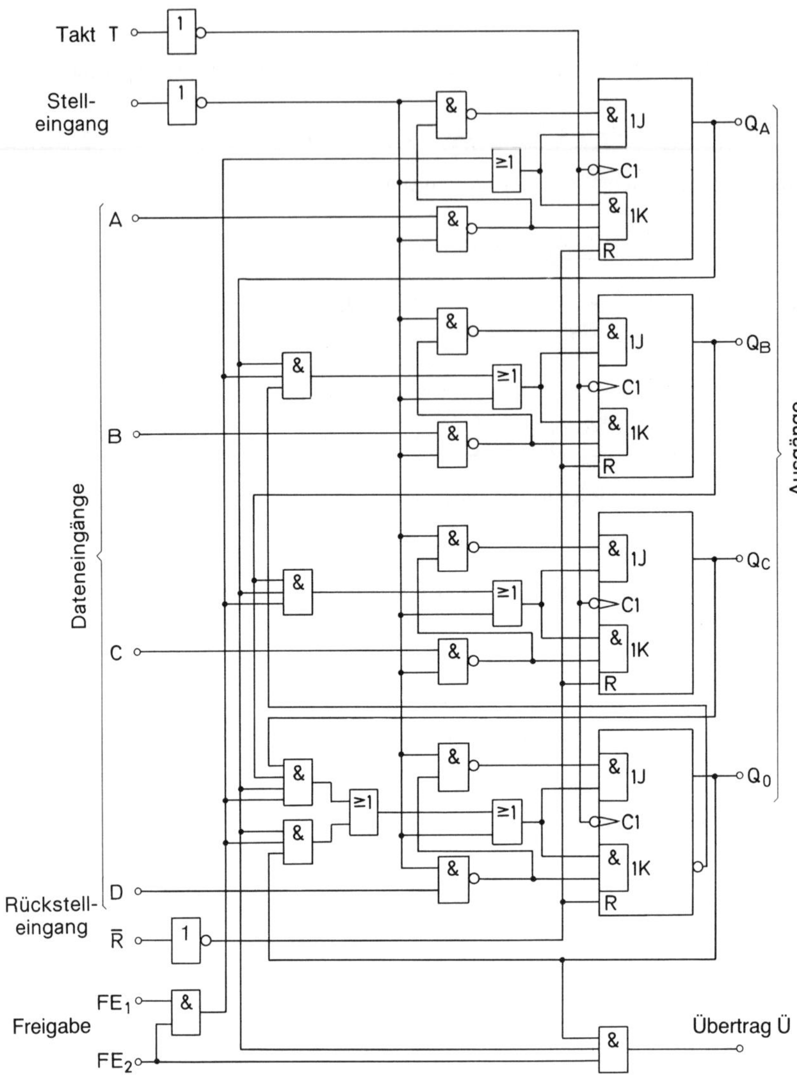

Bild 10.58 Innenaufbau und Anschlußanordnung der integrierten Schaltung FLJ401-74160 (Synchron-BCD-Vorwärtszähler)

10.3.4.2 Synchron-BCD-Vorwärtszähler als integrierte Schaltung

Synchron-BCD-Vorwärtszähler werden in größeren Stückzahlen benötigt. Sie werden daher als integrierte Schaltungen hergestellt. Integrierte Schaltungen können etwas komplizierter ausgelegt werden, ohne daß die Schaltungen dadurch wesentlich teurer werden. So haben integrierte Synchron-BCD-Vorwärtszähler fast immer eine taktunabhängige oder taktabhängige Rückstellmöglichkeit. Auch sind die Zähler oft voreinstellbar, d.h., über besondere Eingänge kann der Zähler auf einen Anfangswert gestellt werden, von dem aus er dann weiterzählt.

Eine typische integrierte Schaltung dieser Art ist der Synchron-BCD-Vorwärtszähler FLJ401-74160. Er gehört zur TTL-Schaltkreisfamilie. Der Innenaufbau der integrierten Schaltung ist in Bild 10.58 dargestellt.

Der Rückstelleingang $\overline{R}$ arbeitet taktunabhängig. Ein 0-Signal am Rückstelleingang setzt den Zähler zurück.

Der Stelleingang $\overline{S}$ arbeitet mit den Dateneingängen A, B, C und D zusammen. Eine Voreinstellung des Zählers über die Dateneingänge ist nur möglich, wenn am Stelleingang ein 0-Signal liegt. Das Flipflop A kann durch 1-Signal am Eingang A gesetzt werden. Es kann durch 0-Signal am Eingang A zurückgesetzt werden. Entsprechend können die Flipflops B, C und D über die zugehörigen Dateneingänge gesetzt und rückgesetzt werden. Setzen und Rücksetzen erfolgt synchron mit der ansteigenden Taktflanke.

Die an den Dateneingängen A, B, C und D liegenden Signale werden also bei Anliegen des Stellsignals in den Zähler übernommen.

Von besonderer Bedeutung sind die Freigabeeingänge FE_1 und FE_2. Führt einer der Freigabeeingänge 0-Signal, so kann der Zähler zwar voreingestellt werden, er kann aber nicht zählen. Das Zählen wird erst dann freigegeben, wenn beide Freigabeeingänge auf 1-Signal liegen. Liegt nur der Freigabeeingang FE_2 auf 1, wird nur der Übertrag freigegeben.

Der Zähler FLJ-74160 ist fast universell anwendbar. Was man von den gegebenen Möglichkeiten nicht nutzen will, kann wirkungslos geschaltet werden.

10.3.5 Synchron-Zähler für den 3-Exzeß-Kode

Gesucht ist die Schaltung eines Synchron-Vorwärtszählers, der nach dem 3-Exzeß-Kode arbeitet. Zur Verfügung stehen JK-Flipflops, die mit der abfallenden Taktflanke schalten (Bild 10.59). Die Schaltung soll nach dem in Abschnitt 10.3.3 vorgestellten Verfahren berechnet werden.

Bild 10.59 JK-Flipflop

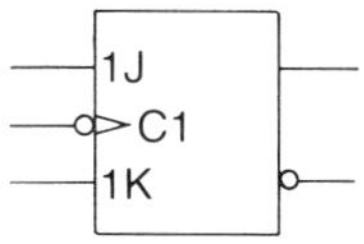

1. Schritt:
Aufstellen der Wahrheitstabelle.
In Bild 10.60 ist der 3-Exzeß-Kode angegeben. Nach jedem Takt soll der Zähler um einen Schritt vorwärts gestellt sein. Aufgrund dieser Bedingung ergibt sich die Wahrheitstabelle Bild 10.61. Die sechs nicht benötigten Tetraden sind Pseudotetraden (Bild 10.62). Sie dürfen im 3-Exzeß-Kode nicht auftreten und können in der Wahrheitstabelle weggelassen werden. Ihre Plätze in den KV-Diagrammen werden durch ein X gekennzeichnet. Nach Bild 10.62 wird X_a bis X_f verwendet. Bei der Päckchenbildung darf X wahlweise als 1 oder als 0 angesehen werden.

Dezimal-Ziffer	D	C	B	A
0	0	0	1	1
1	0	1	0	0
2	0	1	0	1
3	0	1	1	0
4	0	1	1	1
5	1	0	0	0
6	1	0	0	1
7	1	0	1	0
8	1	0	1	1
9	1	1	0	0

Dezimal-ziffer	t_n				t_{n+1}				Dezimal-ziffer
	Q_D	Q_C	Q_B	Q_A	Q_D	Q_C	Q_B	Q_A	
0	0	0	1	1	0	1	0	0	1
1	0	1	0	0	0	1	0	1	2
2	0	1	0	1	0	1	1	0	3
3	0	1	1	0	0	1	1	1	4
4	0	1	1	1	1	0	0	0	5
5	1	0	0	0	1	0	0	1	6
6	1	0	0	1	1	0	1	0	7
7	1	0	1	0	1	0	1	1	8
8	1	0	1	1	1	1	0	0	9
9	1	1	0	0	0	0	1	1	0

Q_D	Q_C	Q_B	Q_A	
0	0	0	0	x_a
0	0	0	1	x_b
0	0	1	0	x_c
1	1	0	1	x_d
1	1	1	0	x_e
1	1	1	1	x_f

Bild 10.60 (oben links) 3-Exzeß-Kode

Bild 10.61 (oben rechts) Wahrheitstabelle eines Synchron-Vorwärtszählers für den 3-Exzeß-Kode

Bild 10.62 (links) Pseudotetraden

2. Schritt:
Aufstellen und Vereinfachen der Anwendungsgleichungen.
Die ODER-Normalformen von $Q_{a(n+1)}$, $Q_{B(n+1)}$, $Q_{C(n+1)}$ und $Q_{D(n+1)}$ werden in KV-Diagrammen dargestellt und durch Päckchenbildung vereinfacht (Bild 10.63).
Es ergeben sich die nachstehenden vereinfachten und umgeformten Anwendungsgleichungen. Die Umformungen sind zu empfehlen, um einen späteren Koeffizientenvergleich mit den charakteristischen Gleichungen der Flipflops zu erleichtern.

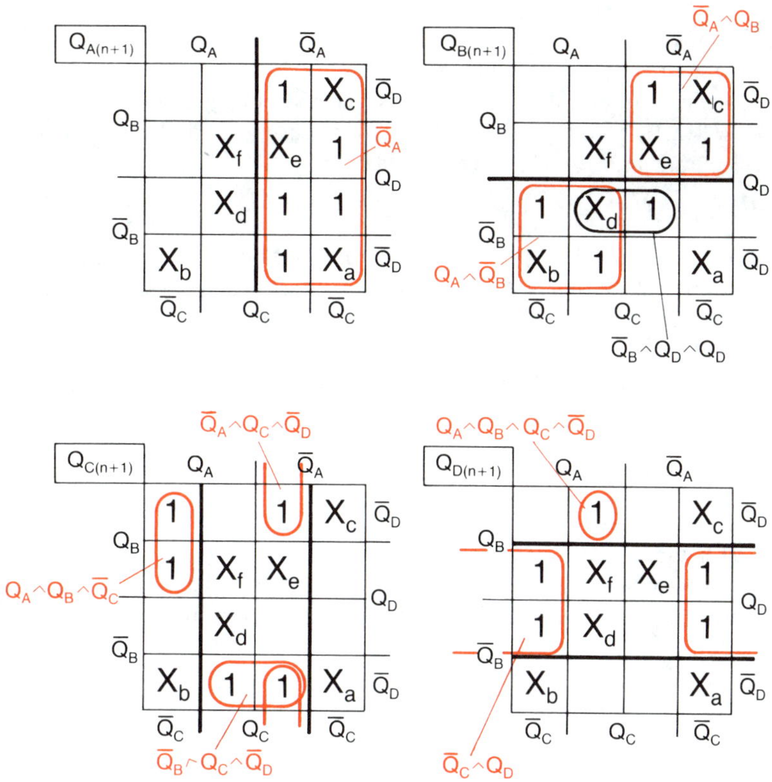

Bild 10.63 KV-Diagramme zur Bestimmung vereinfachter Anwendungsgleichungen

Anwendungsgleichungen

$$Q_{A(n+1)} = \overline{Q}_A$$

$$\underline{Q_{A(n+1)} = (1 \wedge \overline{Q}_A) \vee (0 \wedge Q_A)} \quad ①$$

$$Q_{B(n+1)} = (\overline{Q}_B \wedge Q_C \wedge Q_D) \vee (Q_A \wedge \overline{Q}_B) \vee (\overline{Q}_A \wedge Q_B)$$

$$Q_{B(n+1)} = [\overline{Q}_B \wedge [(Q_C \wedge Q_D) \vee Q_A]] \vee (\overline{Q}_A \wedge Q_B)$$

$$\underline{Q_{B(n+1)} = [[(Q_C \wedge Q_D) \vee Q_A] \wedge \overline{Q}_B] \vee (\overline{Q}_A \wedge Q_B)} \quad ②$$

$$Q_{C(n+1)} = (Q_A \wedge Q_B \wedge \overline{Q}_C) \vee (\overline{Q}_A \wedge Q_C \wedge \overline{Q}_D) \vee (\overline{Q}_B \wedge Q_C \wedge \overline{Q}_D)$$

$$Q_{C(n+1)} = (Q_A \wedge Q_B \wedge \overline{Q}_C) \vee [[(\overline{Q}_A \wedge \overline{Q}_D) \vee (\overline{Q}_B \wedge \overline{Q}_D)] \wedge Q_C]$$

$$\underline{Q_{C(n+1)} = (Q_A \wedge Q_B \wedge \overline{Q}_C) \vee [[\overline{Q}_D \wedge (\overline{Q}_A \vee \overline{Q}_B)] \wedge Q_C]} \quad ③$$

$$\underline{Q_{D(n+1)} = (Q_A \wedge Q_B \wedge Q_C \wedge \overline{Q}_D) \vee (\overline{Q}_C \wedge Q_D)} \quad ④$$

3. Schritt:
Charakteristische Gleichungen.
Gesucht sind jetzt die charakteristischen Gleichungen der zu verwendenden Flipflops. Es sollen JK-Flipflops verwendet werden. Für diese gilt die allgemeine charakteristische Gleichung unter Weglassung des Index n:

$$Q_{(n+1)} = (J \wedge \overline{Q}) \vee (\overline{K} \wedge Q)$$

Für die Herstellung des Zählers werden 4 Flipflops benötigt, die mit A, B, C und D bezeichnet werden sollen. Sie haben die folgenden charakteristischen Gleichungen:

$$Q_{A(n+1)} = (J_A \wedge \overline{Q}_A) \vee (\overline{K}_A \wedge Q_A) \quad ⑤$$

$$Q_{B(n+1)} = (J_B \wedge \overline{Q}_B) \vee (\overline{K}_B \wedge Q_B) \quad ⑥$$

$$Q_{C(n+1)} = (J_C \wedge \overline{Q}_C) \vee (\overline{K}_C \wedge Q_C) \quad ⑦$$

$$Q_{D(n+1)} = (J_D \wedge \overline{Q}_D) \vee (\overline{K}_D \wedge Q_D) \quad ⑧$$

4. Schritt:
Bestimmen der Verknüpfungsgleichungen.
Die Anwendungsgleichungen und die charakteristischen Gleichungen sind nun bekannt. Durch Koeffizientenvergleich werden nun die Verknüpfungsgleichungen bestimmt.

Flipflop A

$$Q_{A(n+1)} = (J_A \wedge \overline{Q}_A) \vee (\overline{K}_A \wedge Q_A) \quad ⑤$$

$$\Downarrow \qquad\qquad \Downarrow$$

$$Q_{A(n+1)} = (1 \wedge \overline{Q}_A) \vee (0 \wedge Q_A) \quad ①$$

$$J_A = 1, \qquad \boxed{J_A = 1}$$

$$\overline{K}_A = 0, \qquad \boxed{K_A = 1}$$

Flipflop B

$$Q_{B(n+1)} = (J_B \wedge \overline{Q}_B) \vee (\overline{K}_B \wedge Q_B) \quad ⑥$$

$$\Downarrow \qquad\qquad \Downarrow$$

$$Q_{B(n+1)} = [\overbrace{[(Q_C \wedge Q_D) \vee Q_A]} \wedge \overline{Q}_B] \quad (\overline{Q}_A \wedge Q_B) \quad ②$$

$$\boxed{J_B = Q_A \vee (Q_C \wedge Q_D)}$$

$$\overline{K}_B = \overline{Q}_A, \qquad \boxed{K_B = Q_A}$$

Flipflop C

$$Q_{C(n+1)} = (J_C \wedge \overline{Q}_C) \vee (\overline{K}_C \wedge Q_C) \qquad ⑦$$

$$\Downarrow \qquad\qquad \Downarrow$$

$$Q_{C(n+1)} = (\overbrace{Q_A \wedge Q_B} \wedge \overline{Q}_C) \vee [\overbrace{[\overline{Q}_D \wedge (\overline{Q}_A \vee \overline{Q}_B)]} \wedge Q_C] \qquad ③$$

$$\boxed{J_C = Q_A \wedge Q_B}$$

$$\overline{K}_C = \overline{Q}_D \wedge (\overline{Q}_A \vee \overline{Q}_B)$$

$$K_C = \overline{\overline{Q}_D \wedge (\overline{Q}_A \vee \overline{Q}_B)} = Q_D \vee \overline{\overline{Q}_A \vee \overline{Q}_B}$$

$$K_C = Q_D \vee (Q_A \wedge Q_B)$$

$$\boxed{K_C = (Q_A \wedge Q_B) \vee Q_D}$$

Flipflop D

$$Q_{D(n+1)} = (J_D \wedge \overline{Q}_D) \vee (\overline{K}_D \wedge Q_D) \qquad ⑧$$

$$\Downarrow \qquad\qquad \Downarrow$$

$$Q_{D(n+1)} = (\overbrace{Q_A \wedge Q_B \wedge Q_C} \wedge \overline{Q}_D) \vee (\overline{Q}_C \wedge Q_D) \qquad ④$$

$$\boxed{J_D = Q_A \wedge Q_B \wedge Q_C}$$

$$\overline{K}_D = \overline{Q}_C, \qquad \boxed{K_D = Q_C}$$

Sind die Verknüpfungsgleichungen bekannt, so kann der Zähler aufgebaut werden. Die Verbindungen zwischen den einzelnen Flipflops sind entsprechend den Verknüpfungsgleichungen zu schalten. Die fertige Zählerschaltung ist in Bild 10.64 dargestellt. Der Zähler läuft beliebig an. Soll er stets beim Nullschritt anlaufen, so ist eine Zusatzschaltung nötig.

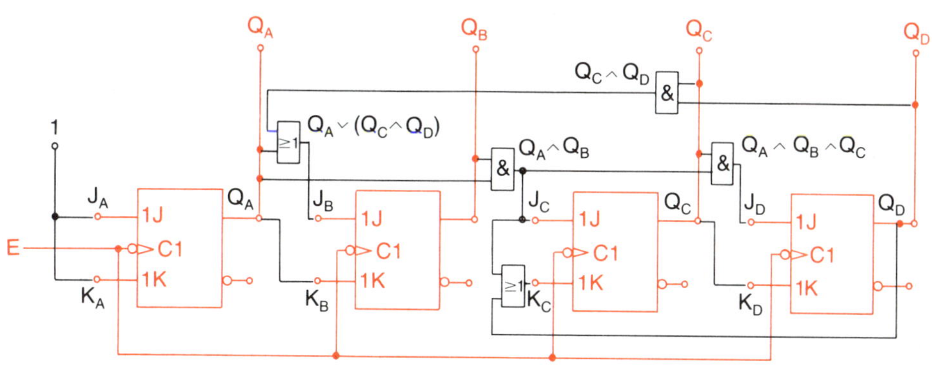

Bild 10.64 Synchron-Vorwärtszähler nach dem 3-Exzeß-Kode

Man hat manchmal die Möglichkeit, die Päckchenbildung in den KV-Diagrammen bei gleichem Vereinfachungsgrad anders vorzunehmen. In unserem Beispiel ist dies im KV-Diagramm für $Q_{C(n+1)}$ der Fall. Es ergeben sich bei anderer Päckchenbildung andere Anwendungsgleichungen und damit auch andere Verknüpfungsgleichungen, die gleichwertige Lösungen der Aufgabe darstellen.

10.4 Frequenzteiler

> *Frequenzteiler sind Schaltungen, die die Frequenz rechteckförmiger Signale in einem bestimmten Verhältnis herunterteilen.*

Ein einzelnes Flipflop erzeugt eine Frequenzteilung im Verhältnis 2 : 1. Mit zwei Flipflops kann ein Frequenzteiler für ein Teilerverhältnis 4 : 1 aufgebaut werden.
Man unterscheidet Frequenzteiler mit festem Teilerverhältnis und Frequenzteiler, deren Teilerverhältnis in einem gewissen Bereich einstellbar ist. Letztere werden auch programmierbare Frequenzteiler genannt.

10.4.1 Asynchrone Frequenzteiler mit festem Teilerverhältnis

Als Frequenzteiler können bereits bekannte Schaltungen verwendet werden.

> *Jeder Asynchron-Dualzähler eignet sich als Frequenzteiler mit festem Teilerverhältnis.*

Betrachten wir die Schaltung und das Zeitablaufdiagramm des 3-Bit-Dual-Vorwärtszählers in Bild 10.65. Das erste Flipflop des Zählers halbiert die Frequenz des Eingangssignals E. Das zweite Flipflop halbiert die schon halbierte Frequenz ein weiteres Mal. Nochmals wird die Frequenz durch das dritte Flipflop halbiert. Ein 3-Bit-Dual-Vorwärtszähler arbeitet also als Frequenzteiler mit dem Teilerverhältnis 8 : 1.
Dual-Rückwärtszähler sind ebenfalls als Frequenzteiler geeignet (Bild 10.66). Die geteilten Signale haben lediglich eine andere Phasenlage als bei Dual-Vorwärtszählern.
Geradzahlige Teilerverhältnisse nach der Zweierpotenzreihe lassen sich also leicht erreichen. Jedes Flipflop teilt um den Faktor 2. Es gilt die Gleichung:

$$f_T = \frac{f_E}{2^n}$$

f_E = Eingangsfrequenz
f_T = geteilte Frequenz
n = Zahl der Flipflops

Wie sieht es nun mit ungeradzahligen Teilerverhältnissen aus? Um ungeradzahlige Teilerverhältnisse zu erreichen, müssen die für die Schaltung verwendeten Flipflops Rückstelleingänge haben. Ein Frequenzteiler mit dem Teilerverhältnis 3 : 1 ist in Bild 10.67 dargestellt.

Bild 10.65 Asynchroner 3-Bit-Dual-Vorwärtszähler als Frequenzteiler mit Teilerverhältnis 8 : 1

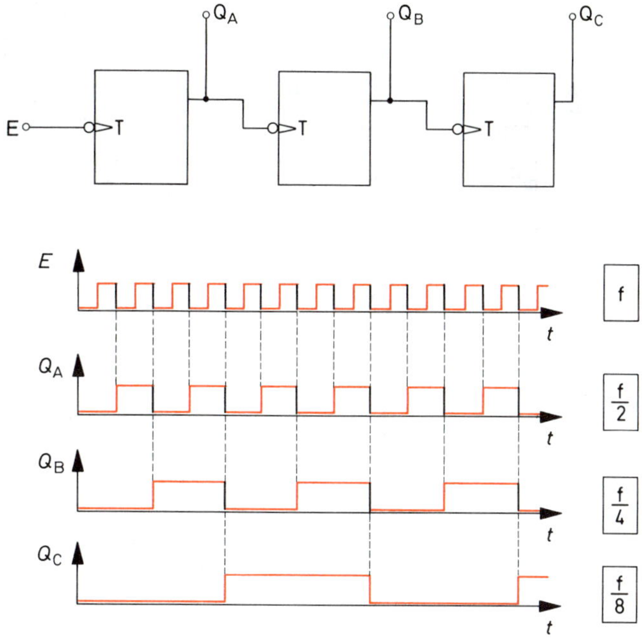

Bild 10.66 Asynchroner 3-Bit-Dual-Rückwärtszähler als Frequenzteiler mit Teilerverhältnis 8 : 1

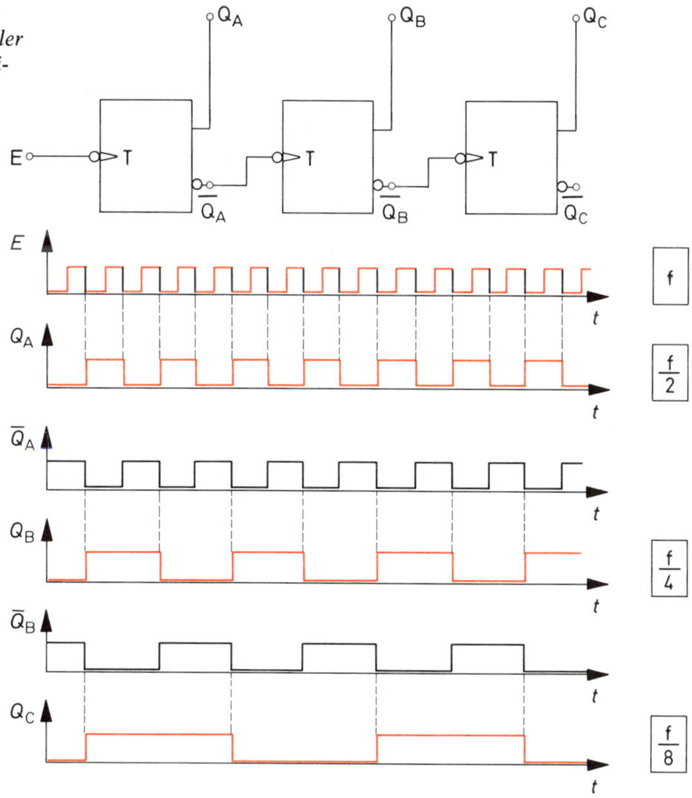

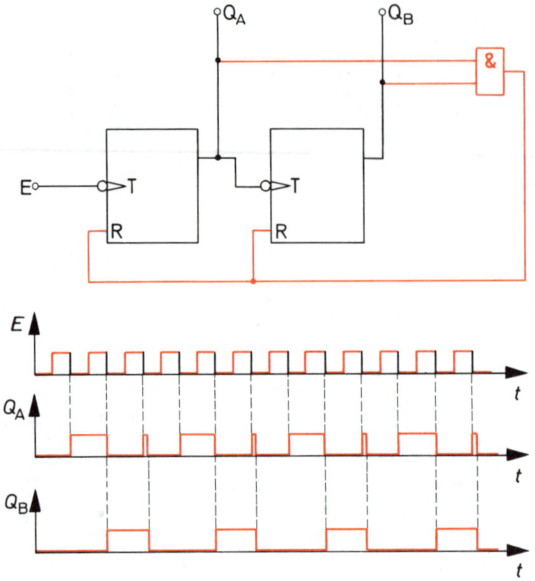

Bild 10.67 Frequenzteiler mit einem Teilerverhältnis 3 : 1 und Zeitablauf-Diagramm

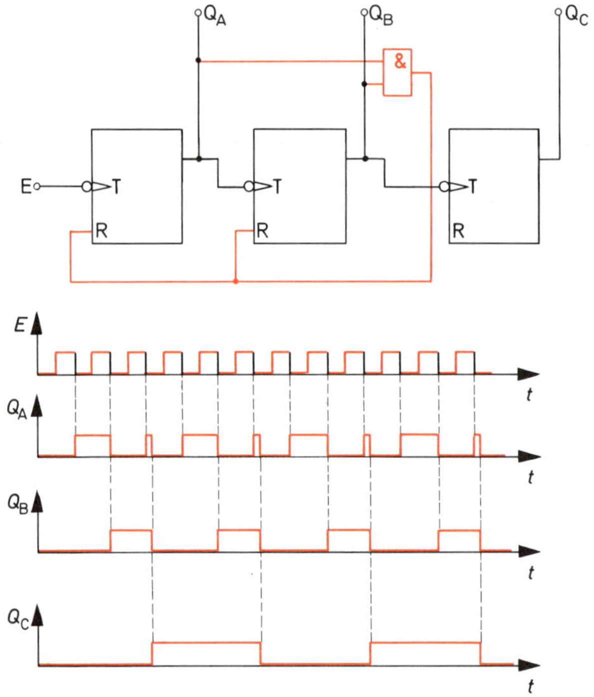

Bild 10.68 Frequenzteiler mit einem Teilerverhältnis 6 : 1 und Zeitablauf-Diagramm

Bild 10.69 Frequenzteiler mit einem Teilerverhältnis 10 : 1 und Zeitablauf-Diagramm

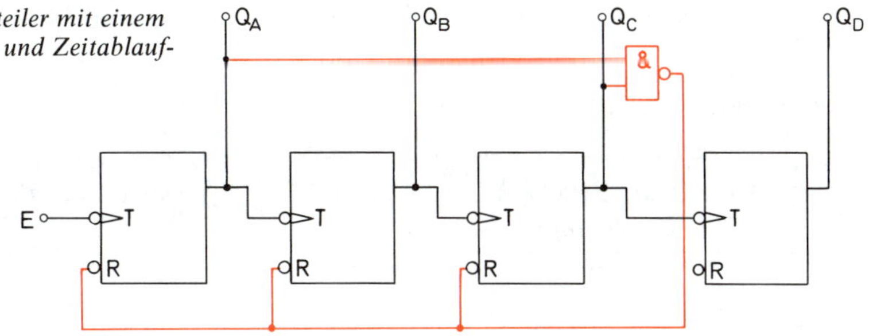

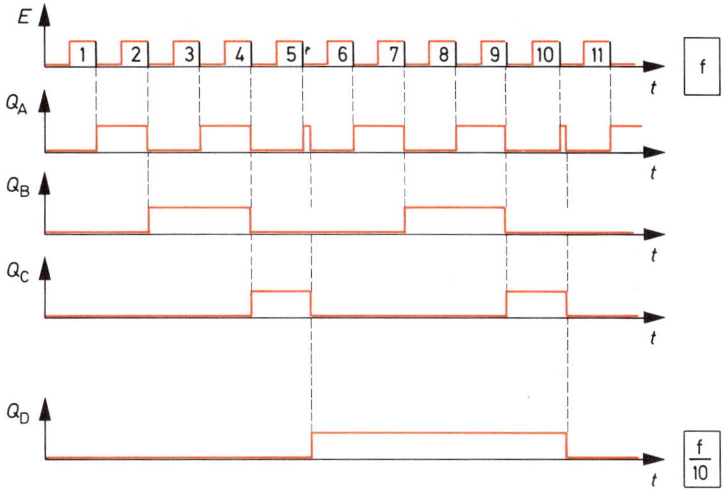

Das Ausgangssignal Q_B hat ein anderes Impuls-Pausen-Verhältnis als das Eingangssignal E. Das ist für viele Anwendungsfälle ungünstig. Schaltet man ein weiteres Flipflop nach, ergibt sich wieder ein Impuls-Pausen-Verhältnis von 1 : 1 (Bild 10.68).

Aufgabe:
Gesucht ist die Schaltung eines Frequenzteilers mit dem Teilerverhältnis 10 : 1. Das Impuls-Pausen-Verhältnis des Ausgangssignals soll 1 : 1 sein.
Zunächst ist die Schaltung eines Frequenzteilers 5 : 1 zu entwickeln. Dieser Schaltung wird ein Frequenzteiler 2 : 1, also ein weiteres Flipflop, nachgeschaltet (Bild 10.69).

10.4.2 Synchrone Frequenzteiler mit festem Teilerverhältnis

Für synchron arbeitende Dualzähler gilt im Prinzip das gleiche wie für asynchron arbeitende Dualzähler:

> *Jeder Synchron-Dualzähler kann auch als Frequenzteiler mit festem Teilerverhältnis arbeiten.*

Das gilt ohne Einschränkungen nur für die Teilerverhältnisse, die zur Zweierpotenzreihe gehören, also für die Teilerverhältnisse 2 : 1, 4 : 1, 8 : 1, 16 : 1 usw. Für andere Teilerverhältnisse, insbesondere für ungerade, muß die Beschaltung der Eingänge der Flipflops geändert werden.
Bild 10.70 zeigt die Schaltung und das Zeitablauf-Diagramm eines synchron arbeitenden Frequenzteilers mit einem Teilerverhältnis 3:1.

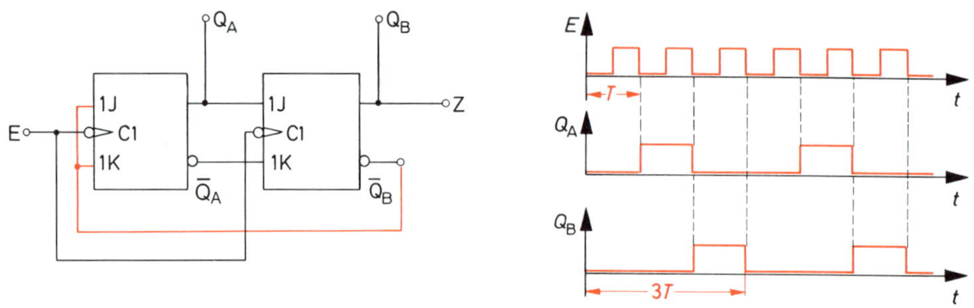

Bild 10.70 Synchron arbeitender Frequenzteiler mit einem Teilerverhältnis von 3 : 1 und Zeitablauf-Diagrammen

10.4.3 Frequenzteiler mit einstellbarem Teilerverhältnis

Frequenzteiler mit einstellbarem Teilerverhältnis sind im Prinzip umschaltbare Frequenzteiler. Sie führen mehrere Frequenzteilungen durch. Das Signal mit der gewünschten Frequenzteilung wird über eine Auswahlschaltung auf den Ausgang gegeben. Der Frequenzteiler in Bild 10.71 teilt in den Teilerverhältnissen 2 : 1, 4 : 1, 8 : 1 und 16 : 1. Durch Auswahlsignale an A und B wird das gewünschte Signal auf den Ausgang Z geschaltet.
Die Schaltung des Frequenzteilers kann darüber hinaus durch Umschaltungen verändert werden, so daß sich auch verschiedene ungerade Teilerverhältnisse erreichen lassen.
Ein wichtiger Kennwert eines Frequenzteilers ist die höchstmögliche Frequenz, die der Frequenzteiler noch zu teilen in der Lage ist. In ECL-Technik (s. ECL-Schaltkreisfamilie Abschnitt 6.7) lassen sich Frequenzteiler für Frequenzen bis zu etwa 900 MHz bauen. Ein einstellbarer Frequenzteiler für Frequenzen bis 500 MHz ist als integrierte Schaltung unter der Typenbezeichnung S 89 erhältlich. Das Schaltbild dieses Zählers mit der

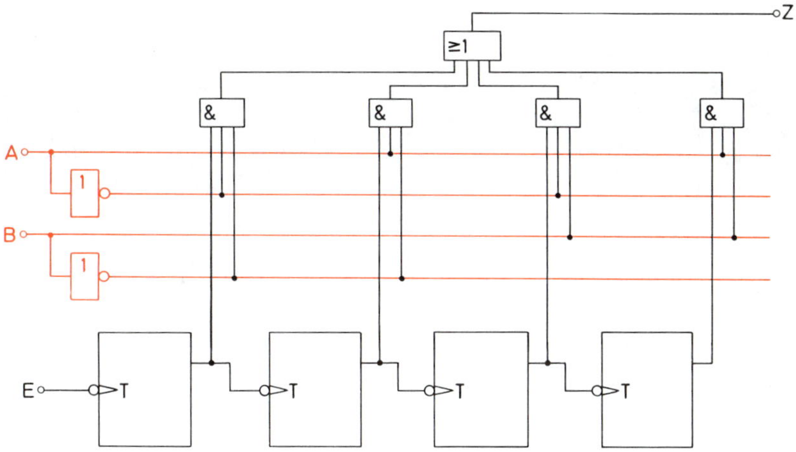

B	A	Frequenz-teilerverhältnis
0	0	2:1
0	1	4:1
1	0	8:1
1	1	16:1

Bild 10.71 Frequenzteiler mit einstellbarem Teilerverhältnis

Anschlußanordnung ist in Bild 10.72 angegeben. Einstellbar sind die Teilerverhältnisse 50 : 1, 51 : 1, 100 : 1, 101 : 1, 102 : 1, 200 : 1 und 202 : 1.
Das gewünschte Teilerverhältnis wird an den Steuereingängen A, B und ENA eingestellt. Die Steuerbefehlstabelle, die Kenndaten und die Funktionsdaten sind in Bild 10.73 dargestellt.

Anschlußanordnung
Ansicht von oben

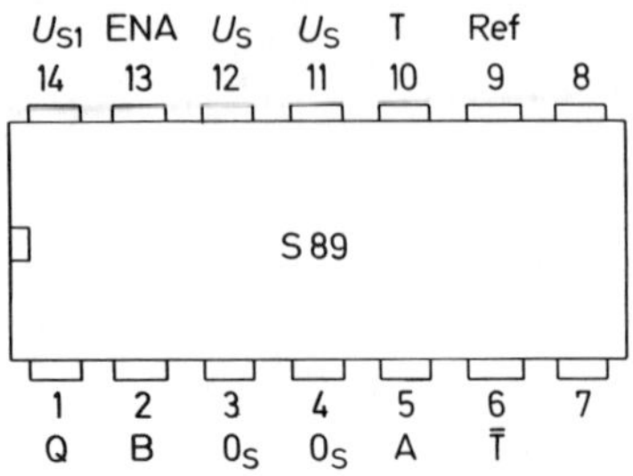

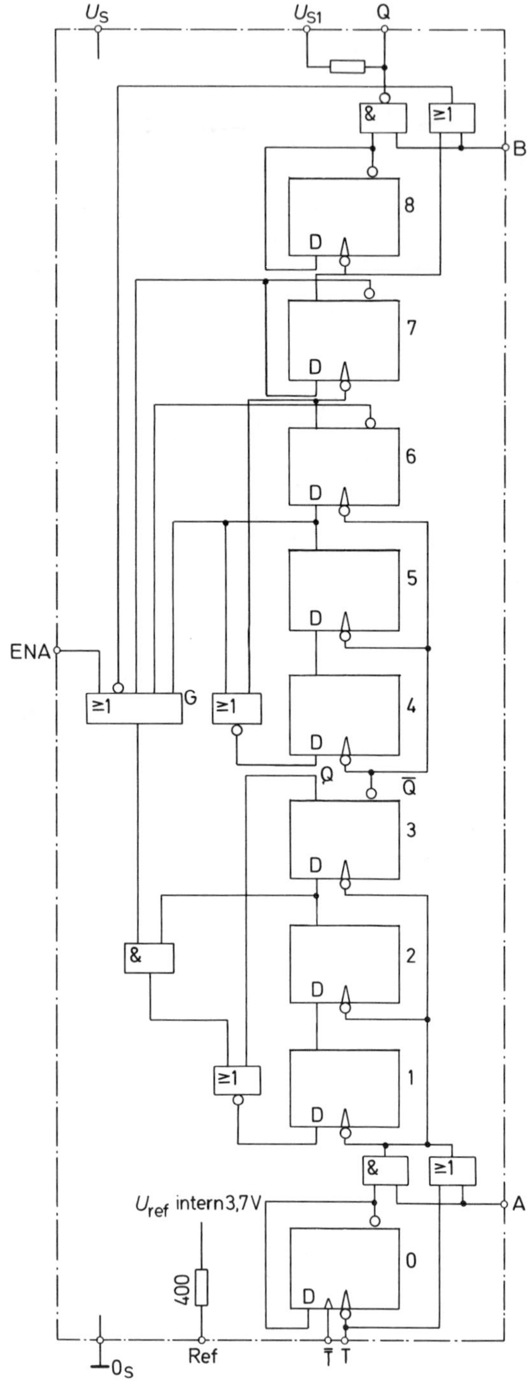

Bild 10.72 Schaltbild und Anschlußanordnung des einstellbaren Frequenzteilers S 89 (Siemens)

Bild 10.73 Steuerbefehlstabelle mit Kenndaten und Funktionsdaten des einstellbaren Frequenzteilers S 89

Steuerbefehlstabelle

A	B	ENA	f_T/f_Q
H	H	H	200
H	H	L	202
H	L	H	100
H	L	L	102
L	H	H	100
L	H	L	101
L	L	H	50
L	L	L	51

f_T Eingangsfrequenz

f_Q Ausgangsfrequenz

		Prüfbedingungen	untere Grenze B	typ.	obere Grenze A	Einheit
Speisespannung	U_S		4,75		5,25	V
Speisestrom	I_S	Eing., Ausg. offen		55	85	mA
L-Eingangsspannung an ENA	$U_{ENA\,L}$				1	V
H-Eingangsspannung an ENA	$U_{ENA\,H}$	$T_U = -30\,°C$	3,2			V
H-Eingangsspannung an ENA	$U_{ENA\,H}$	$T_U = 25\,°C$	3,0			V
H-Eingangsspannung an ENA	$U_{ENA\,H}$	$T_U = 80\,°C$	2,8			V
H-Eingangsstrom an ENA	$I_{ENA\,H}$	$U_{ENA} = U_{ENA\,H} = f(T_U)$		0,17	0,3	mA
H-Eingangsstrom an ENA	$I_{ENA\,H}$	$U_{ENA} = 9\,V$		1,7	3	mA
L-Eingangsspannung an A bzw. B	$U_{AB\,L}$				1,5	V
H-Eingangsspannung an A bzw. B	$U_{AB\,H}$		$U_S - 0{,}1$		$U_S + 0{,}1$	V
H-Eingangsstrom an A bzw. B	$I_{AB\,H}$	$U_{AB} = U_S$		0,5	1	mA
Schwellwertspannung an T	U_T	$U_S = 5\,V$		3,7		V
Schaltspannungshub an T statisch (T und Ref verbunden)	$U_{T\,SS}$		250		1600	mV
Schaltspannungshub an T bei 500 MHZ (T und Ref verbunden)	$U_{T\,SS}$	$U_S - 5\,V$	250		400	mV
Ausgangsspannung an Q_1	U_{Q1}	$I_{Q1} = 3{,}2\,mA$			0,4	V
R zwischen Q_1 und Q_2	R_{Q2}		1,8	2,5	3,2	kΩ

Funktionsdaten

Speisespannung	U_S		4,5		5,5	V
max. Eingangsfrequenz	$f_{T\,max}$	bei 50/51, 100/101	250[1]			MHz
max. Eingangsfrequenz	$f_{T\,max}$	bei 100/102, 200/202	500[1]			MHz
min. Eingangsfrequenz sinusförmig	$f_{T\,min}$	bei 50/51, 100/101	20[1]			MHz
min. Eingangsfrequenz sinusförmig	$f_{T\,min}$	bei 100/102, 200/202	40[1]			MHZ

[1] Amplitude (SS) an T: $250\,mV \leq U_{T\,SS} \leq 400\,mV$; U_S: $4{,}75 \leq U_S \leq 5{,}5\,V$

10.5 Lernziel-Test

1. Wodurch unterscheiden sich Synchronzähler und Asynchronzähler?
2. Skizzieren Sie die Schaltung eines asynchron arbeitenden 8-bit-Dual-Vorwärtszählers. Zu verwenden sind einflankengesteuerte JK-Flipflops, die mit der ansteigenden Taktflanke kippen.
3. Wie kann man aus einem asynchron arbeitenden 4-Bit-Dual-Vorwärtszähler, der mit T-Flipflops aufgebaut ist, einen BCD-Vorwärtszähler machen? Die T-Flipflops sollen mit abfallender Taktflanke kippen und einen taktunabhängigen Rückstelleingang haben, der mit 0-Signal das Flipflop zurückstellt.
4. Was versteht man unter Modulo-n-Zählern?
5. Skizzieren Sie die Schaltung eines Modulo-19-Zählers (Vorwärtszähler). Zur Verfügung stehen die in Frage 3 beschriebenen Flipflops.
6. Ändern Sie die Schaltung des Modulo-19-Zählers aus Frage 5 so, daß er mit 18 zu zählen beginnt und dann bis 0 rückwärts zählt.
7. Wie arbeitet die in Bild 10.74 dargestellte Schaltung?

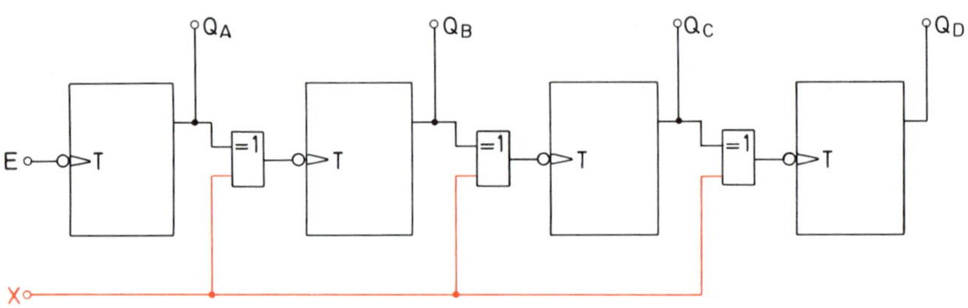

Bild 10.74

8. Wodurch unterscheiden sich voreinstellbare Zähler und Vorwahlzähler?
9. Ändern Sie die Schaltung des 4-Bit-Dual-Vorwärtszählers nach Bild 10.7 so, daß ein voreinstellbarer Zähler entsteht.
10. Geben Sie die Schaltung eines synchron arbeitenden 5-Bit-Dual-Vorwärtszählers an. Zur Verfügung stehen einflankengesteuerte JK-Flipflops, die mit abfallender Taktflanke schalten.
11. Beschreiben Sie das Verfahren zur Berechnung von Synchronzählern.
12. Wie kann man aus einem 4-Bit-Synchron-Dual-Vorwärtszähler einen 4-Bit-Synchron-Dual-Rückwärtszähler machen? Es sollen möglichst wenig Schaltungsänderungen vorgenommen werden.
13. Ein 4-Bit-Synchron-Dual-Vorwärtszähler soll als Frequenzteiler mit einem Teilerverhältnis 8 : 1 verwendet werden. Was ist schaltungstechnisch zu tun?
14. Gesucht ist die Schaltung eines Frequenzteilers mit einem Teilerverhältnis 14 : 1. Zur Verfügung stehen die in Frage 3 beschriebenen Flipflops. Das Impuls-Pausen-Verhältnis des Ausgangssignals soll 1 : 1 sein.

11 Digitale Auswahl- und Verbindungsschaltungen

11.1 Datenselektor, Multiplexer, Demultiplexer

Datenselektoren haben die Aufgabe, aus verschiedenen angebotenen Daten die gewünschten Daten auszuwählen und über die Ausgänge weiterzuleiten.

Dateneingaben können z.B. zeitlich nacheinander nach dem sogenannten Zeitmultiplexverfahren erfolgen. Eine Schaltung, die zeitlich nacheinander bestimmte Eingangssignale an ihre Ausgänge weitergibt, wird *Multiplexer* genannt (Bild 11.1).

Ein Multiplexer ist ein zeitabhängig gesteuerter Datenselektor.

Ebenfalls kann man ankommende Daten zeitlich nacheinander auf verschiedene Ausgänge verteilen.

Eine Schaltung, die am Eingang erscheinende Daten je nach Befehl zu einem bestimmten Ausgang durchschaltet, heißt Demultiplexer.

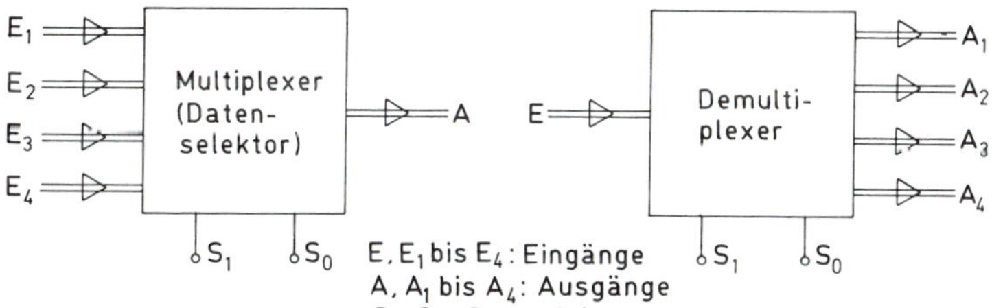

Bild 11.1 Datenselektor-Multiplexer, Demultiplexer

11.1.1 4-Bit-zu-1-Bit-Datenselektor

Die Arbeitsweise eines Datenselektors soll an einer einfachen Schaltung erläutert werden. Ein 4-Bit-zu-1-Bit-Datenselektor hat vier Eingänge. Jeder dieser vier Eingänge soll wahlweise zum Ausgang Z durchgeschaltet werden können (Bild 11.1a).
Der Datenselektor arbeitet also wie ein Umschalter mit 4 Schaltstufen. In Schaltstufe 1 wird A mit Z verbunden. In Schaltstufe 2 wird B mit Z verbunden usw. Die Einstellung

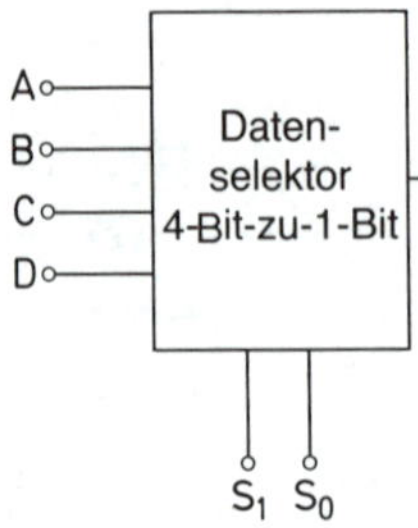

Bild 11.1 a
4-Bit-zu-1-Bit-Datenselektor

Schaltstufe	S_1	S_0	Z =
1	0	0	A
2	0	1	B
3	1	0	C
4	1	1	D

Bild 11.2 Wahrheitstabelle des 4-Bit-zu-1-Bit-Datenselektors

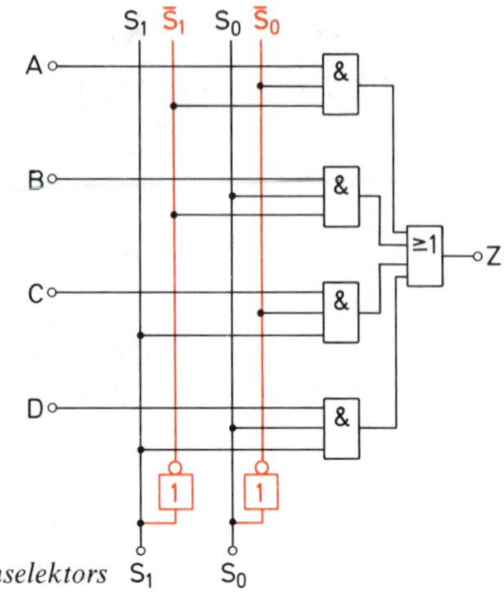

Bild 11.3 Schaltungen eines 4-Bit-zu-1-Bit-Datenselektors

der Schaltstufe erfolgt mit Hilfe der Steuerleitungen. Zur digitalen Steuerung von 4 verschiedenen Schaltstufen sind 2 Steuerleitungen erforderlich. Mit 2 Bit lassen sich vier verschiedene Befehle erzeugen, mit denen die vier Schaltstufen eingestellt werden (Bild 11.2).

Die Schaltung eines 4-Bit-zu-1-Bit-Datenselektors läßt sich leicht entwickeln. Die Variablen S_1 und S_2 müssen in negierter und nichtnegierter Form zur Verfügung stehen. Die Eingänge werden über UND-Glieder freigegeben, wenn der zugehörige Befehl an den Steuerleitungen liegt (Bild 11.3).

11.1.2 2 × 4-Bit-zu-4-Bit-Datenselektor

Ein 2 × 4-Bit-zu-4-Bit-Datenselektor hat zwei Eingänge zu je 4 Bit und einen 4-Bit-Ausgang (Bild 11.4). Entweder werden die vier A-Eingänge oder die vier B-Eingänge auf den Ausgang Z durchgeschaltet. Da nur zwei Schaltstellungen möglich sind, kommt man mit einer Steuerleitung S aus (Bild 11.4). Die Schaltung dieses Datenselektors ist in Bild 11.5 dargestellt.

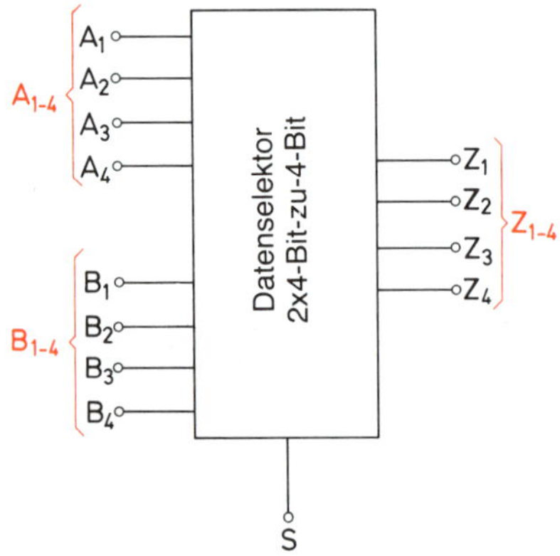

Bild 11.4
2 × 4-Bit-zu-4-Bit-Datenselektor

Schaltstufe	S	Z_{1-4} =
1	0	A_{1-4}
2	1	B_{1-4}

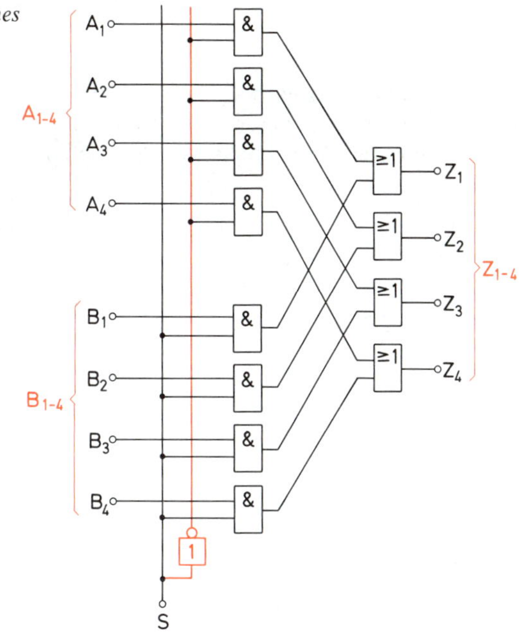

Bild 11.5 Schaltung eines 2 × 4-Bit-zu-4-Bit-Datenselektors

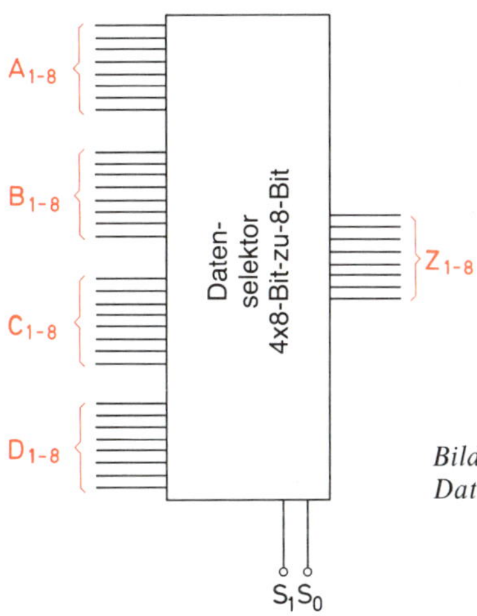

Bild 11.6 4 × 8-Bit-zu-8-Bit-Datenselektor

11.1.3 4 × 8-Bit-zu-8-Bit-Datenselektor

Als weiterer Datenselektor soll ein 4 × 8-Bit-zu-8-Bit-Datenselektor vorgestellt werden, der in der Mikroprozessortechnik große Bedeutung hat (Bild 11.6). Bei diesem Datenselektor werden 8-Bit-Wörter wahlweise auf den 8-Bit-Ausgang gegeben. Vier Schaltstufen sind erforderlich. Die Schaltbefehle werden über die beiden Steuerleitungen S_0 und S_1 gegeben (2-Bit-Befehle).

Der Schaltbefehl $S_0 = 0$, $S_1 = 0$ schaltet die acht A-Eingänge auf die acht Z-Ausgänge $Z_1 = A_1, Z_2 = A_2, Z_3 = A_3, Z_4 = A_4$ usw.). Sollen die B-Eingänge zum Ausgang durchgeschaltet werden, muß der Schaltbefehl $S_0 = 1$, $S_1 = 0$ lauten. Für das Durchschalten der C-Eingänge und der D-Eingänge gilt entsprechend $S_0 = 0$, $S_1 = 1$ und $S_0 = 1$, $S_1 = 1$.

11.1.4 16-Bit-zu-1-Bit-Datenselektor-Multiplexer

Der 16-Bit-zu-1-Bit-Datenselektor hat 16 Eingänge, von denen jeder zum Ausgang Q durchgeschaltet werden kann. Es werden 16 Schaltstufen benötigt. Da jede Schaltstufe durch einen zugeordneten Befehl eingestellt wird, sind 16 Befehle erforderlich. Zur Darstellung von 16 verschiedenen Befehlen benötigt man 4 Bit. Die Schaltung muß also 4 Steuereingänge haben (Bild 11.7).

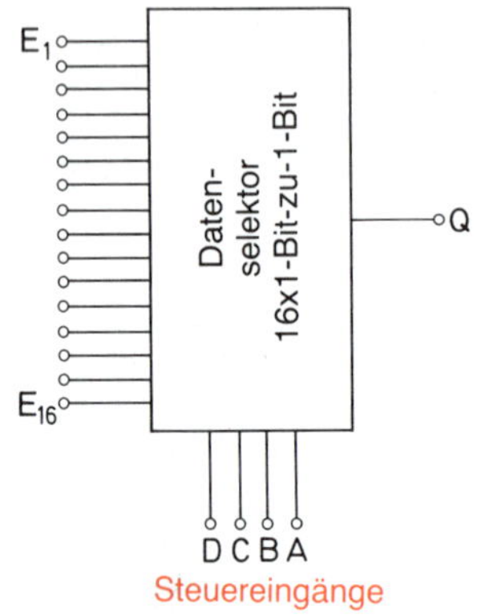

Bild 11.7 16-Bit-zu-1-Bit-Datenselektor

Ein 16-Bit-zu-1-Bit-Datenselektor ist als integrierte Schaltung mit der Bezeichnung FLY 111-74150 verfügbar. Das Schaltbild und die Anschlußordnung sind in Bild 11.8 angegeben. Die an den Eingängen liegenden Signale erscheinen nach Durchschaltung am Ausgang negiert.

Bild 11.9 zeigt das Datenblatt des Datenselektors FLY 111-74150.

Der 16-Bit-zu-1-Bit-Datenselektor arbeitet als Multiplexer, wenn die 16 möglichen 4-Bit-Befehle zeitlich nacheinander an die Steuereingänge gelegt werden. Jeder Befehl liegt zum Beispiel eine Millisekunde lang an, dann folgt der nächste Befehl. Man beginnt üblicherweise mit 0000 und setzt fort bis 1111. Danach beginnt der Zyklus von neuem.

11.1.5 1-Bit-zu-4-Bit-Demultiplexer

Ein Demultiplexer arbeitet umgekehrt wie ein Datenselektor oder Multiplexer. Das am Eingang liegende Signal wird wahlweise auf mehrere Ausgänge durchgeschaltet. Die Steuerung erfolgt durch Befehle.

Ein 1-Bit-zu-4-Bit-Demultiplexer hat einen Eingang und vier Ausgänge (Bild 11.10). Es sind vier Schaltstufen erforderlich und somit vier verschiedene Befehle. Vier verschiedene Befehle erfordern zwei Steuereingänge (S_0 und S_1).

Die Schaltung eines 1-Bit-zu-4-Bit-Demultiplexers ist in Bild 11.11 dargestellt. Nur das UND-Glied läßt das Eingangssignal durch, das durch die entsprechenden Befehlssignale freigegeben ist.

Bild 11.8 Schaltbild und Anschlußanordnung des 16-Bit-zu-1-Bit-Datenselektor FLY 111-74150 (Siemens)

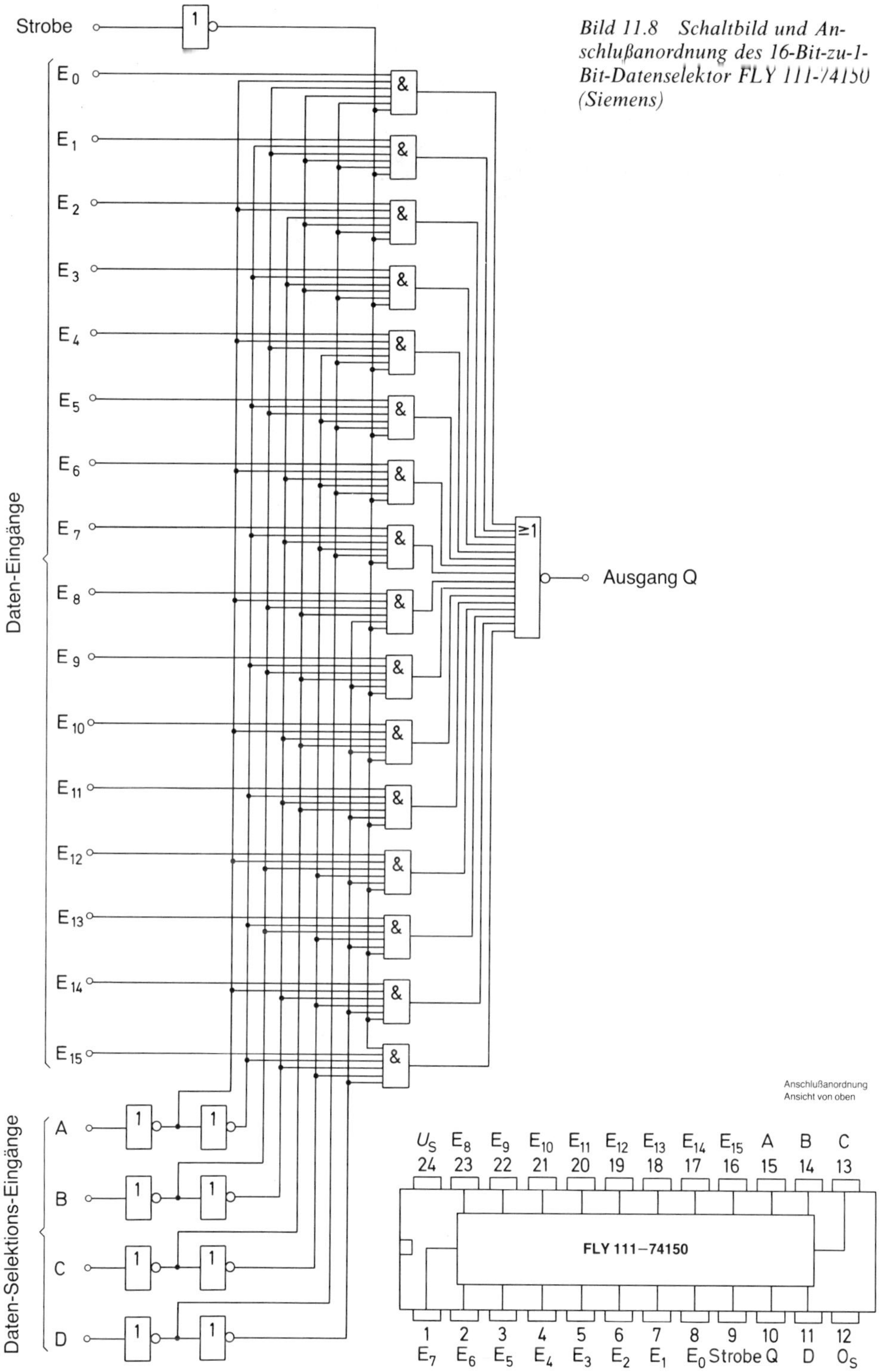

Der Baustein FLY 111/115 besitzt 16 Eingänge E_0 bis E_{15}; an diesen liegen gleichzeitig Informationen an (H- oder L-Signal), die über die Selektionseingänge A, B, C, D binär ausgewählt werden können und dann am Ausgang Q invertiert in serieller Reihenfolge erscheinen. Durch H-Signal am Strobeeingang wird der Ausgang Q gesperrt (H-Signal), unabhängig von den Eingangszuständen.
Die Bausteine finden Verwendung bei der seriellen Datenübertragung über eine Leitung in Verbindung mit den Bausteinen FLY 141/145.

Statische Kenndaten im Temperaturbereich 1 und 5		Prüfbedingungen	untere Grenze B	typ.	obere Grenze A	Einheit
Speisespannung	U_S		4,75	5,0	5,25	V
H-Eingangsspannung	U_{IH}	$U_S = 4{,}75$ V	2,0			V
L-Eingangsspannung	U_{IL}	$U_S = 4{,}75$ V			0,8	V
Eingangsklemmspannung	$-U_I$	$U_S = 4{,}75$ V, $-I_1 = 12$ mA			1,5	V
H-Ausgangsspannung	U_{QH}	$U_S = 4{,}75$ V, $-I_{QH} = 800$ µA	2,4	3,4		V
L-Ausgangsspannung	U_{QL}	$U_S = 4{,}75$ V, $I_{QL} = 16$ mA		0,2	0,4	V
Eingangsstrom pro Eingang	I_I	$U_S = 5{,}25$ V, $U_1 = 5{,}5$ V			1	mA
H-Eingangsstrom pro Eingang	I_{IH}	$U_S = 5{,}25$ V, $U_{IH} = 2{,}4$ V			40	µA
L-Eingangsstrom pro Eingang	$-I_{IL}$	$U_S = 5{,}25$ V, $U_{IL} = 0{,}4$ V			1,6	mA
Kurzschlußausgangsstrom	$-I_Q$	$U_S = 5{,}25$ V, $U_{QL} = 0$ V	18		55	mA
Speisestrom	I_S	$U_S = 5{,}25$ V, $U_I = 4{,}5$ V		40	68	mA
Schaltzeiten bei $U_S = 5$ V, $T_U = 25$ °C						
Signal-Laufzeit						
von A, B, C, D nach Q	t_{PHL}	$R_L = 400\,\Omega$, $C_L = 30$ pF		22	33	ns
	t_{PLH}			23	35	ns
von Strobe nach Q	t_{PHL}			21	30	ns
	t_{PLH}			15,5	24	ns
von E_0 bis E_{15} nach Q	t_{PHL}			8,5	14	ns
	t_{PLH}			13	20	ns
Logische Daten						
H-Ausgangslastfaktor pro Ausgang	F_{QH}				20	
L-Ausgangslastfaktor pro Ausgang	F_{QL}				10	
Eingangslastfaktor pro Eingang	F_I				1	

Bild 11.9 Datenblatt des Datenselektors FLY 111-74150

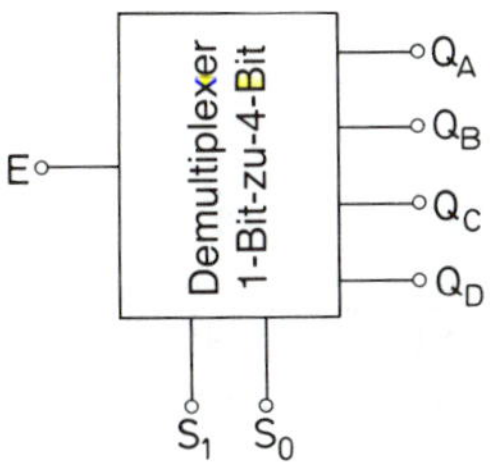

Bild 11.10 1-Bit-zu-4-Bit-Demultiplexer

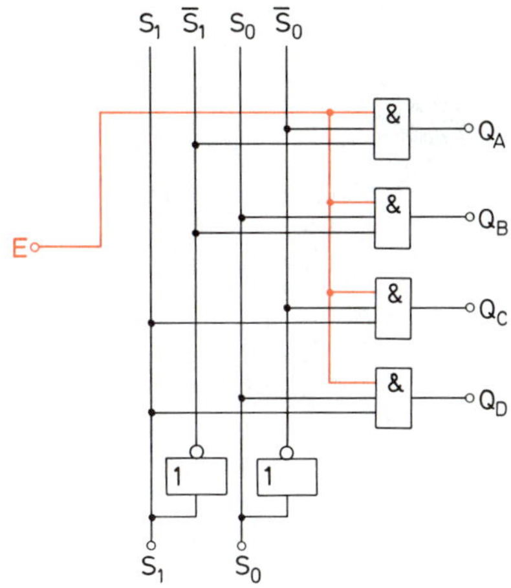

Schaltstufe	S_1	S_0	E =
1	0	0	Q_A
2	0	1	Q_B
3	1	0	Q_C
4	1	1	Q_D

Bild 11.11 Schaltung eines 1-Bit-zu-4-Bit-Demultiplexers

11.2 Adreßdekodierer

Zur Ansteuerung verschiedener Bausteine sind sogenannte *Adressen* erforderlich. In der Digitaltechnik versteht man unter einer Adresse eine 1-0-Folge bestimmter Länge, also ein binäres Wort mit einer festgelegten Anzahl von Bits. Es gibt z.B. 2-Bit-Adressen, 4-Bit-Adressen usw.

> *Ein Adreßdekodierer ist eine Schaltung mit einer Anzahl von Ausgängen. Die Ausgänge werden über die Adreßeingänge angewählt und führen dann 1-Signal.*

11.2.1 2-Bit-Adreßdekodierer

Hat ein Adreßdekodierer vier Ausgänge, sind zwei Adreß-Eingänge erforderlich. Er wird also mit 2-Bit-Adressen gesteuert. Mit 2 Bit lassen sich vier verschiedene Adressen aufbauen (Bild 11.12).

Die Schaltung eines 2-Bit-Adreßdekodierers zeigt Bild 11.13.

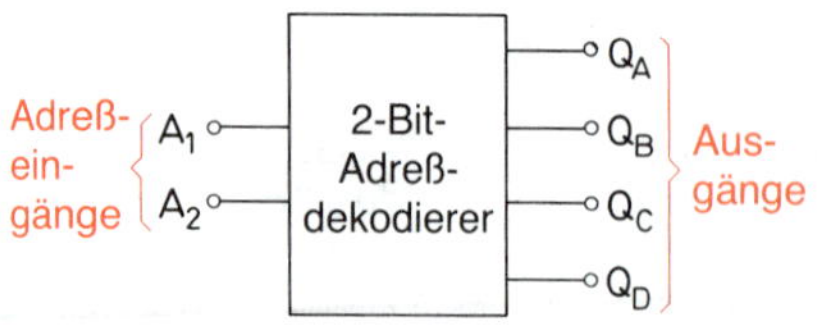

Adresse (Nummer)	A_2	A_1	Q_A	Q_B	Q_C	Q_D
1	0	0	1	0	0	0
2	0	1	0	1	0	0
3	1	0	0	0	1	0
4	1	1	0	0	0	1

Bild 11.12 2-Bit-Adreßdekodierer mit Wahrheitstabelle

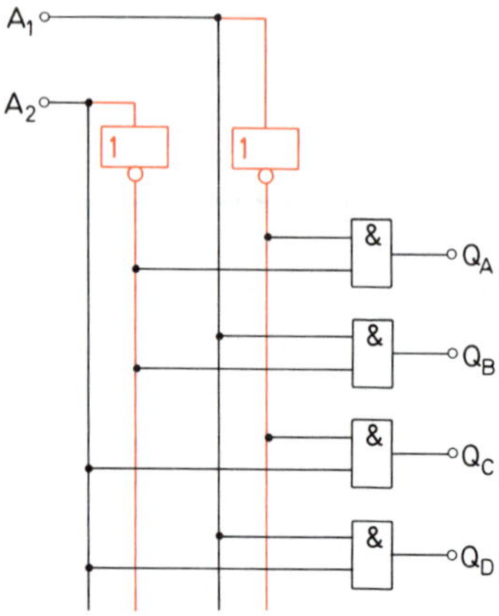

Bild 11.13 Schaltung eines 2-Bit-Adreßdekodierers

11.2.2 4-Bit-Adreßdekodierer

Mit 3-Bit-Adressen können 8 Ausgänge angewählt werden. 4-Bit-Adressen erlauben die Anwahl von 16 Ausgängen. Allgemein gilt:

$$n = 2^k$$

n = Zahl der anwählbaren Ausgänge
k = Zahl der Adreßeingänge

Bild 11.14 zeigt einen 4-Bit-Adreßdekodierer mit Wahrheitstabelle. 16 verschiedene Adressen sind möglich; 16 verschiedene Ausgänge können angewählt werden.

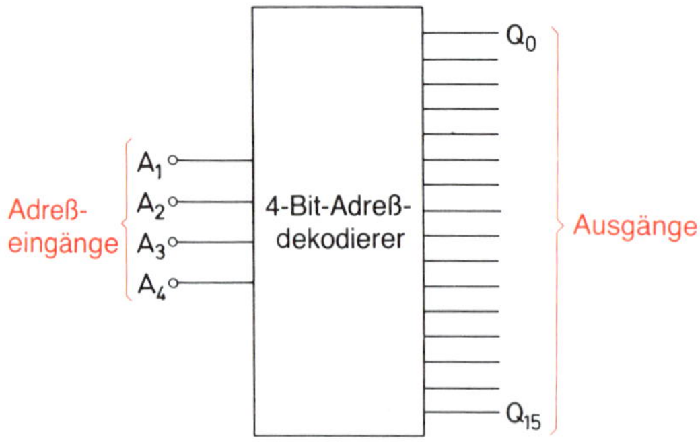

Bild 11.14 4-Bit-Adreßdekodierer mit Wahrheitstabelle

A_4	A_3	A_2	A_1	Q_0	Q_1	Q_2	Q_3	Q_4	Q_5	Q_6	Q_7	Q_8	Q_9	Q_{10}	Q_{11}	Q_{12}	Q_{13}	Q_{14}	Q_{15}
0	0	0	0	1	0	0	0	0	0	0	0	0	0	0	0	0	0	0	0
0	0	0	1	0	1	0	0	0	0	0	0	0	0	0	0	0	0	0	0
0	0	1	0	0	0	1	0	0	0	0	0	0	0	0	0	0	0	0	0
0	0	1	1	0	0	0	1	0	0	0	0	0	0	0	0	0	0	0	0
0	1	0	0					1											
0	1	0	1						1										
0	1	1	0							1									
0	1	1	1								1								
1	0	0	0									1							
1	0	0	1										1						
1	0	1	0											1					
1	0	1	1												1				
1	1	0	0													1			
1	1	0	1														1		
1	1	1	0															1	
1	1	1	1																1

Nullen zur besseren Übersicht weggelassen

11.3 Digitaler Komparator

Ein digitaler Komparator ist eine Schaltung, die zwei binäre Ausdrücke A und B miteinander vergleicht und meldet, ob $A > B$, $A = B$ oder $A < B$ ist.

Die Gleichheit binärer Ausdrücke ist leicht feststellbar. Die beiden Ausdrücke müssen im Inhalt eines jeden Bits übereinstimmen, sonst sind sie nicht gleich.
Die Beurteilung, ob ein Ausdruck A größer oder kleiner ist als ein Ausdruck B, ist schon schwieriger. Es kommt hier auf den verwendeten Kode an. Nur wenn ein Komparator für den Kode gebaut ist, in dem die Ausdrücke A und B kodiert sind, ist eine Beurteilung $A > B$ oder $A < B$ möglich.
Die üblichen Komparatoren sind für das duale Zahlensystem bzw. für den BCD-Kode konstruiert.

11.3.1 1-Bit-Komparator

Der einfachste mögliche Komparator ist der 1-Bit-Komparator. Die beiden zu vergleichenden binären Ausdrücke A und B dürfen nur je 1 Bit haben. Die Schaltung hat drei Ausgänge (Bild 11.15). Am Ausgang X erscheint 1, wenn $A > B$ ist. Bei $A = B$ ist $Y = 1$ und bei $A < B$ ist $Z = 1$.

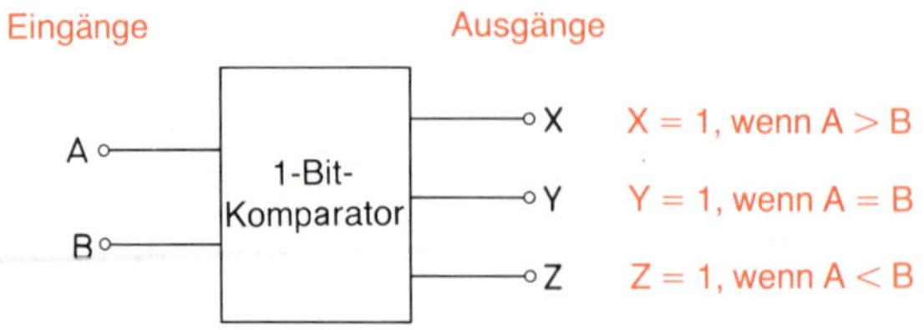

Fall	B	A	X	Y	Z	
1	0	0	0	1	0	
2	0	1	1	0	0	⇨ $X = A \wedge \overline{B}$
3	1	0	0	0	1	⇨ $Z = \overline{A} \wedge B$
4	1	1	0	1	0	

$Y = (\overline{A} \wedge \overline{B}) \vee (A \wedge B)$

Bild 11.15 1-Bit-Komparator mit Wahrheitstabelle

Die Schaltung des Komparators Bild 11.15 kann aus der Antivalenzschaltung entwickelt werden. Man kann sie aber auch mit Hilfe der ODER-Normalformen berechnen (Bild 11.16).

$$X = A \wedge \overline{B}$$
$$Z = \overline{A} \wedge B$$
$$Y = (\overline{A} \wedge \overline{B}) \vee (A \wedge B)$$
$$Y = \overline{(\overline{A} \wedge B) \vee (A \wedge \overline{B})}$$

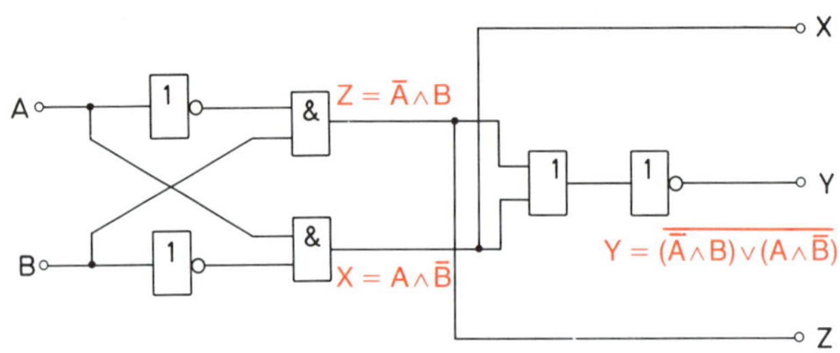

Bild 11.16 Schaltung eines 1-Bit-Komparators

11.3.2 3-Bit-Komparator für den BCD-Kode

Ein 3-Bit-Komparator muß zwei 3-Bit-Ausdrücke miteinander vergleichen können. Bild 11.17 zeigt einen 3-Bit-Komparator für den BCD-Kode mit Wahrheitstabelle. Die Wahrheitstabelle ist verkürzt aufgebaut. Bei sechs Variablen ergäben sich sonst 64 Fälle. Zunächst müssen die werthöchsten Bits miteinander verglichen werden, also A_3 mit B_3. Ist $A_3 > B_3$, so ist $A > B$. Ist $A_3 < B_3$, so ist $A < B$. Bei $A_3 = B_3$ kommt es auf die nächste wertniedrigere Stelle an. Ist $A_2 > B_2$, so ist $A > B$. Ist $A_2 < B_2$, so ist $A < B$.

Bild 11.17 3-Bit-Komparator für den BCD Kode mit Wahrheitstabelle

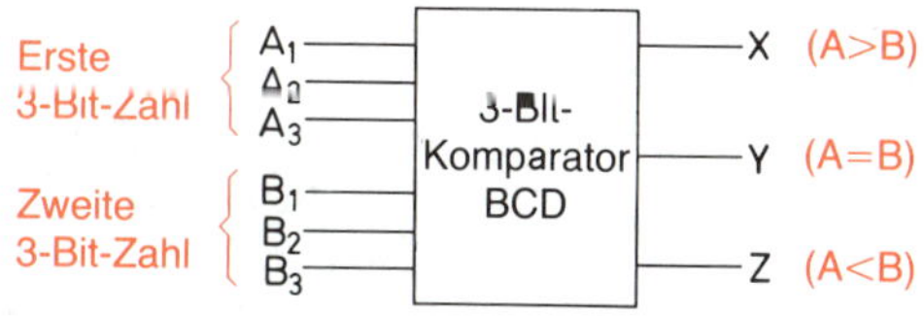

Fall	2^2 A_3, B_3	2^1 A_2, B_2	2^0 A_1, B_1	A>B X	A = B Y	A<B Z
1	$A_3>B_3$	X	X	1	0	0
2	$A_3<B_3$	X	X	0	0	1
3	$A_3=B_3$	$A_2>B_2$	X	1	0	0
4	$A_3=B_3$	$A_2<B_2$	X	0	0	1
5	$A_3=B_3$	$A_2=B_2$	$A_1>B_1$	1	0	0
6	$A_3=B_3$	$A_2=B_2$	$A_1<B_1$	0	0	1
7	$A_3=B_3$	$A_2=B_2$	$A_1=B_1$	0	1	0

Bild 11.18 1-Bit-Komparator mit Sperrschaltung

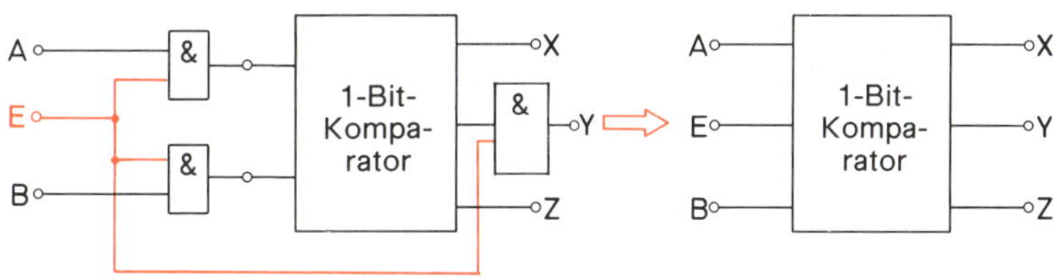

Bei $A_3 = B_3$ und $A_2 = B_2$ kommt es auf die nächste wertniedrigere Stelle an. Ist $A_1 > B_1$, so ist $A > B$. Ist $A_1 < B_1$, so ist $A < B$. Wenn alle drei Bits gleich sind, ist $A = B$.
Bei der Schaltungsentwicklung des 3-Bit-Komparators gehen wir vom 1-Bit-Komparator Bild 11.15 bzw. Bild 11.16 aus. Die Schaltung muß mit einem Sperreingang versehen werden (Bild 11.18).
Drei 1-Bit-Komparatoren mit Sperrschaltung müssen nun so zusammengeschaltet werden, daß die Wahrheitstabelle Bild 11.17 erfüllt ist. Die Zusammenschaltung zeigt Bild 11.19.
Untersuchen wir nun, ob die Schaltung Bild 11.19 die Wahrheitstabelle Bild 11.17 erfüllt:

Fall 1: $A_3 > B_3 \quad X_3 = 1 \Rightarrow X = 1 \Rightarrow A > B$

Da $Y_3 = 0$ ist, werden die Eingänge der 1-Bit-Komparatoren II und I gesperrt.

Fall 2: $A_3 < B_3 \quad Z_3 = 1 \Rightarrow Z = 1 \Rightarrow A < B$

Da $Y_3 = 0$ ist, werden die Eingänge der 1-Bit-Komparatoren II und I gesperrt.

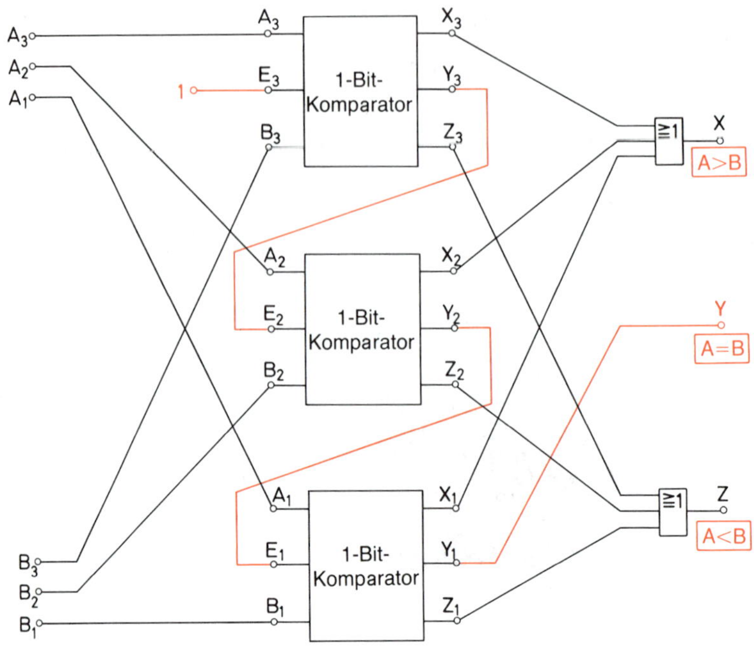

Bild 11.19 Schaltung eines 3-Bit-Komparators für den BCD-Kode

Fall 3: $A_3 = B_3 \quad A_2 > B_2$

Jetzt ist $Y_3 = 1$. Der Eingang des 1-Bit-Komparators II wird geöffnet. Da $A_2 > B_2$ ist, ist $Y_2 = 0$. Die Eingänge des 1-Bit-Komparators I bleiben gesperrt. X_2 wird 1 und damit wird $X = 1$.

Fall 4: $A_3 = B_3 \quad A_2 < B_2$

Wie Fall 3, nur wird $Z_2 = 1$, und damit $Z = 1$.

Fall 5: $A_3 = B_3 \quad A_2 = B_2$

Der Ausgang Y_2 wird 1. Damit wird der Eingang des 1-Bit-Komparators I geöffnet. Da $A_1 > B_1$, wird $X_1 = 1$ und damit $X = 1$.

Fall 6: $A_3 = B_3 \quad A_2 = B_2$

Wie Fall 5. Da $A_1 < B_1$ wird $Z_1 = 1$ und damit $Z = 1$.

Fall 7: $A_3 = B_3 \quad A_2 = B_2 \quad A_1 = B_1$

Y_1 wird 1. Damit wird auch $Y = 1$.

11.3.3 4-Bit-Komparator für den Dual-Kode

Ein 4-Bit-Komparator ist ähnlich aufgebaut wie ein 3-Bit-Komparator, nur wird ein weiterer 1-Bit-Komparator mit sperrbaren Eingängen benötigt.
4-Bit-Komparatoren für den Dual-Kode werden als integrierte Schaltungen angeboten. Bild 11.20 zeigt das Anschlußschema und die Wahrheitstabelle der Schaltung FLH 431-7485. Die Schaltung gehört zur TTL-Schaltkreisfamilie. Das vollständige Datenblatt ist in Bild 11.21 wiedergegeben.

FLH 431 – 7485
FLH 435 – 8485

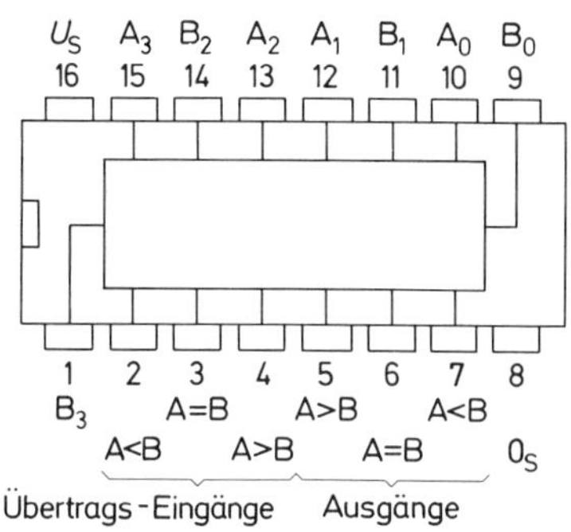

Anschlußanordnung
Ansicht von oben

Logisches Verhalten

Daten-Eingänge				Übertrags-Eingänge			Ausgänge		
A_3, B_3	A_2, B_2	A_1, B_1	A_0, B_0	A>B	A<B	A = B	A>B	A<B	A = B
$A_3>B_3$	X	X	X	X	X	X	H	L	L
$A_3<B_3$	X	X	X	X	X	X	L	H	L
A_3-D_3	$A_2>B_2$	X	X	X	X	X	H	L	L
$A_3=B_3$	$A_2<B_2$	X	X	X	X	X	L	H	L
$A_3=B_3$	$A_2=B_2$	$A_1>B_1$	X	X	X	x	H	L	L
$A_3=B_3$	$A_2=B_2$	$A_1<B_1$	X	X	X	X	L	H	L
$A_3=B_3$	$A_2=B_2$	$A_1=B_1$	$A_0>B_0$	X	X	X	H	L	L
$A_3=B_3$	$A_2=B_2$	$A_1=B_1$	$A_0<B_0$	X	X	X	L	H	L
$A_3=B_3$	$A_2=B_2$	$A_1=B_1$	$A_0=B_0$	H	L	L	H	L	L
$A_3=B_3$	$A_2=B_2$	$A_1=B_1$	$A_0=B_0$	L	H	L	L	H	L
$A_3=B_3$	$A_2=B_2$	$A_1=B_1$	$A_0=B_0$	L	L	H	L	L	H
$A_3=B_3$	$A_2=B_2$	$A_1=B_1$	$A_0=B_0$	X	X	H	L	L	H
$A_3=B_3$	$A_2=B_2$	$A_1=B_1$	$A_0=B_0$	H	H	L	L	L	L
$A_3=B_3$	$A_2=B_2$	$A_1=B_1$	$A_0=B_0$	L	L	L	H	H	L

X≙L- oder H-Signal

Bild 11.20 Anschlußordnung und verkürzte Wahrheitstabelle der Schaltung FLH 431-7485 (Siemens)

Der Baustein FLH 431/435 vergleicht zwei binärkodierte 4-Bit-Wörter (Wort A und Wort B) und unterscheidet in drei Aussagen: A > B, A = B, A < B.
Dieser Baustein kann ohne zusätzliche Logik durch die drei Übertragseingänge zum Vergleich zweier Wörter beliebiger Bitzahl erweitert werden. Dabei erhöht sich für jedes weitere 4-Bit-Wort die Verzögerungszeit um die Durchlaufzeit zweier Gatter. Beispielsweise werden beim Vergleich zweier 8-Bit-Wörter typ. 38 ns erzielt. Typ. Durchlaufverzögerung für 4-Bit-Wörter: 24 ns.

Statische Kenndaten im Temperaturbereich 1 und 5		Prüfbedingungen	untere Grenze B	typ.	obere Grenze A	Einheit
Speisespannung	U_S		4,75	5,0	5,25	V
H-Eingangsspannung	U_{IH}	$U_S = 4{,}75$ V	2,0			V
L-Eingangsspannung	U_{IL}	$U_S = 4{,}75$ V			0,8	V
Eingangsklemmspannung	$-U_I$	$U_S = 4{,}75$ V, $-I_1 = 12$ mA			1,5	V
H-Ausgangsspannung	U_{QH}	$U_S = 4{,}75$ V, $-I_{QH} = 400$ µA, $U_{IH} = 2$ V, $U_{IL} = 0{,}8$ V	2,4	3,4		V
L-Ausgangsspannung	U_{QL}	$U_S = 4{,}75$ V, $I_{QL} = 16$ mA, $U_{IH} = 2$ V, $U_{IL} = 0{,}8$ V		0,2	0,4	V
H-Eingangsstrom pro Eingang außer A<B und A>B	I_{IH}	$U_{IH} = 2{,}4$ V, $U_S = 5{,}25$ V			120	µA
	I_I	$U_I = 5{,}5$ V, $U_S = 5{,}25$ V			1,0	mA
H-Eingangsstrom, an Eingang A<B oder A>B	I_{IH}	$U_{IH} = 2{,}4$ V, $U_S = 5{,}25$ V			40	µA
	I_I	$U_I = 5{,}5$ V, $U_S = 5{,}25$ V			1,0	mA
L-Eingangsstrom pro Eingang außer A<B und A>B	$-I_{IL}$	$U_{IL} = 0{,}4$ V, $U_S = 5{,}25$ V			4,8	mA
L-Eingangsstrom, an Eingang A<B oder A>B	$-I_{IL}$	$U_{IL} = 0{,}4$ V			1,6	mA
Kurzschlußausgangsstrom pro Ausgang	$-I_Q$	$U_S = 5{,}25$ V	18		55	mA
Speisestrom	I_S	$U_S = 5{,}25$ V		56	88	mA

		Prüfbedingungen	untere Grenze B	typ.	obere Grenze A	Einheit
Schaltzeiten bei $U_S = 5$ V, $T_U = 25$ °C						
Signal-Laufzeit						
von Eingang A oder B nach	t_{PLH}			17	26	ns
Ausgang A<B oder A >B	t_{PHL}			20	30	ns
von Eingang A oder B nach	t_{PLH}			23	35	ns
Ausgang A = B	t_{PHL}			20	30	ns
von Eingang A<B oder A = B	t_{PLH}	$C_L = 15$ pF,		7	11	ns
nach Ausgang A>B	t_{PHL}	$R_L = 400\ \Omega$		11	17	ns
von Eingang A = B	t_{PLH}			13	20	ns
nach Ausgang A = B	t_{PHL}			11	17	ns
von Eingang A>B oder A = B	t_{PLH}			7	11	ns
nach Ausgang A<B	t_{PHL}			11	17	ns
Ausgangslastfaktor pro Ausgang	F_Q				10	
Eingangslastfaktor bei A<B- oder A>B- Eingang	F_I				1	
bei allen anderen Eingängen	F_I				3	

Bild 11.21 Datenblatt der Schaltung FLH 431-7485 (Siemens)

11.4 BUS-Schaltungen

11.4.1 Aufbau und Arbeitsweise

> *Mit BUS bezeichnet man ein System zum Transport und zur Verteilung binärer Informationen.*

Das Wort BUS kommt von omnibus (lat.: für alle). Alle Einheiten, die binäre Informationen senden oder empfangen, sind durch ein BUS-System miteinander verbunden.

Ist das BUS-System nur für den Informationstransport in einer Richtung geeignet, spricht man von einem *Einweg-BUS* oder von einem *unidirektionalen BUS*. Können Informationen in beiden Richtungen transportiert werden, so wird dieser BUS *Zweiweg-BUS* oder *bidirektionaler BUS* genannt.

BUS-Systeme können die Informationen parallel oder seriell transportieren. Man unterscheidet daher *parallele BUS-Systeme* und *serielle BUS-Systeme*. Bei einem parallelen BUS-System steht für jedes Bit eines zu übertragenden binären Wortes eine Leitung zur Verfügung. Zur Übertragung von 8-Bit-Worten werden also 8 Leitungen benötigt. Diese 8 Leitungen werden Datenleitungen genannt. Für Steueraufgaben sind zusätzliche Steuerleitungen erforderlich (Bild 11.22).

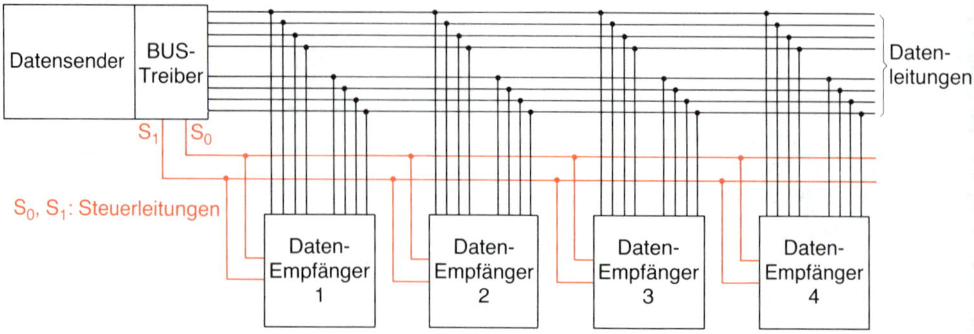

Fall	S_1	S_0	Nr. des Datenempfängers
1	0	0	1
2	0	1	2
3	1	0	3
4	1	1	4

Bild 11.22 Paralleles Einweg-BUS-System mit Datensender und Datenempfänger

Bei seriellen BUS-Systemen genügt eine einzige Leitung. Die einzelnen Bits werden nacheinander über die Leitung transportiert und am Empfangsort zum ursprünglichen binären Wort zusammengesetzt (Bild 11.23).

Serielle BUS-Systeme arbeiten langsamer als parallele BUS-Systeme. Sie erfordern einen höheren Schaltungsaufwand durch die notwendigen Parallel-Seriell- und Seriell-Parallel-Umsetzer. Daher werden serielle BUS-Systeme nur dort verwendet, wo die Leitungen sehr kostspielig sind – also z.B. bei großen Entfernungen zwischen Datensender und Datenempfänger.

In den weitaus meisten Anwendungsfällen sind die Entfernungen zwischen Datensender und Datenempfänger gering, so daß ein paralleles BUS-System die beste Lösung darstellt.

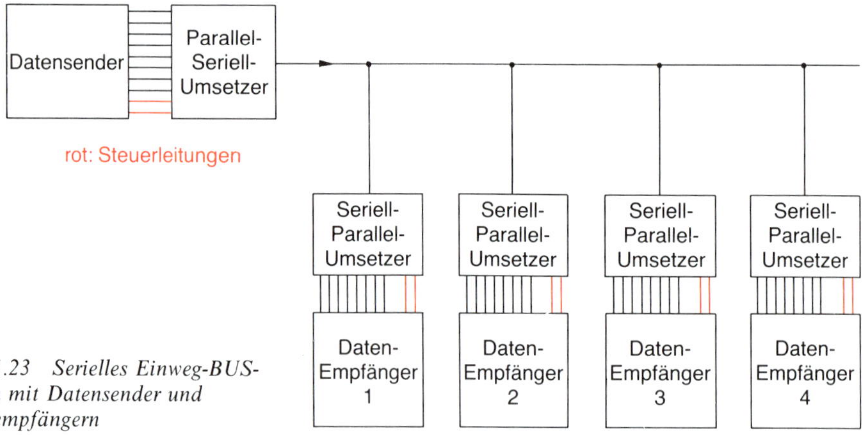

Bild 11.23 Serielles Einweg-BUS-System mit Datensender und Datenempfängern

Jedes BUS-System muß ein Anwählen des gewünschten Datenempfängers ermöglichen. Das Anwählen geschieht über die Steuerleitungen. Ein einfaches Beispiel ist in Bild 11.22 dargestellt. Über zwei Steuerleitungen können vier verschiedene Befehle gegeben werden. Jeder Befehl schaltet einen Datenempfänger auf Empfang.
Ist ein Datenempfänger nicht auf Empfang geschaltet, müssen seine Dateneingänge hochohmig sein. Der Datenempfänger darf die auf den BUS-Leitungen befindlichen Signale nicht beeinflussen. Bei Schaltungen, die der MOS-Schaltkreisfamilie angehören, sind die Eingänge stets hochohmig. Hier ergeben sich meist keine Probleme. Bei TTL-Schaltkreisen muß neben 0 und 1 bzw. neben L und H ein dritter hochohmiger Zustand der Eingänge möglich sein. Der hochohmige Zustand wird durch besondere Schaltungsmaßnahmen erreicht. TTL-Schaltungen, deren Eingänge (und Ausgänge) hochohmig geschaltet werden können, werden Tri-State-TTL-Schaltungen genannt (Tri-State = drei mögliche Zustände).
An BUS-Systeme können auch mehrere Datensender angeschlossen werden. Selbstverständlich muß sichergestellt werden, daß niemals zwei Datensender zur gleichen Zeit Daten einspeisen. Der nicht aktive Datensender darf die auf den BUS-Leitungen befindlichen Signale nicht beeinflussen. Seine Ausgänge müssen hochohmig sein.
Selbstverständlich können auch Schaltungseinheiten zeitweise als Datensender und zeitweise als Datenempfänger arbeiten. Hier ist ein größerer Aufwand an Steuerleitungen erforderlich. Der BUS arbeitet als Zweiweg-BUS.
BUS-Systeme werden überall dort verwendet, wo Datentransport an verschiedene auswählbare Datenempfänger gewünscht wird. Dies ist in großem Umfang in der Mikroprozessortechnik (s. Kapitel 15) und im Bereich der Datenverarbeitung der Fall.

11.4.2 BUS-Standards

BUS-Systeme können sehr unterschiedlich aufgebaut werden. Das fängt bei der Anzahl und der Zuweisung der Leitungen an und endet bei der Steuerung.
Jedes Mikroprozessorsystem hat sein eigenes BUS-System. Üblich ist ein System aus 8-Bit-Daten-BUS, 8-Bit-Steuer-BUS und 16-Bit-Adressen-BUS. Über den Adressen-BUS werden die Speicheradressen transportiert (s. Kapitel 15). Das gesamte BUS-System benötigt also 32 Leitungen.
Die Entwicklung geht zu BUS-Systemen mit 16 Datenleitungen und etwa 24 Adreßleitungen und 16 Steuerleitungen, also 56 Leitungen insgesamt. Um Baugruppen verschiedener Hersteller über ein gemeinsames BUS-System miteinander verbinden zu können, wäre eine Normung oder zumindest eine Standardisierung der BUS-Systeme wünschenswert.
Einige BUS-Standards haben sich bereits herausgebildet. Da gibt es z.B das *S-100-BUS-System*, auch Altair-BUS genannt. Dieses BUS-System verwendet 100 Leitungen, ist also einigermaßen zukunftssicher.
Ein weiteres standardisiertes BUS-System ist der *IEC-BUS*, auch IEEE-488-BUS genannt (IEEE = Institute of Electronic and Electrical Engineers). Er wird vor allem in der Computertechnik verwendet.

11.5 Lernziel-Test

1. Wie arbeitet ein Datenselektor?
2. Erklären Sie die Unterschiede zwischen Multiplexer und Demultiplexer.
3. Entwickeln Sie die Schaltung eines 8-Bit-zu-1-Bit-Datenselektors.
4. Wie ist ein 3 × 4-Bit-zu-4-Bit-Datenselektor aufgebaut? Wieviel Steuerleitungen sind erforderlich? Geben Sie ein Blockschaltbild ähnlich Bild 11.4 an.
5. Entwickeln Sie die Schaltung eines 2-Bit-zu-2 × 2-Bit-Demultiplexers.
6. Wie arbeitet ein Adreßdekodierer?
7. Geben Sie die Schaltung eines 3-Bit-Adreßdekodierers an.
8. Erklären Sie den Aufbau und die Arbeitsweise eines digitalen 1-Bit-Komparators.
9. Was versteht man unter einem BUS-System?
10. Welche Vorteile bringen standardisierte bzw. genormte BUS-Systeme?

12 Register- und Speicherschaltungen

12.1 Schieberegister

Schieberegister sind Schaltungen, die eine Information taktgesteuert Bit nach Bit aufnehmen, sie eine gewisse Zeit speichern und dann wieder abgeben.

Für den Aufbau von Schieberegistern werden Flipflops verwendet. Gut eignen sich taktflankengesteuerte D-Flipflops, SR-Flipflops und JK-Flipflops. Hochwertige Schieberegister werden oft mit JK-Master-Slave-Flipflops aufgebaut. Verschiedene, häufig benötigte Ausführungen von Schieberegistern stehen als integrierte Schaltungen zur Verfügung.

12.1.1 Schieberegister für serielle Ein- und Ausgabe

Ein einfaches Schieberegister mit 4 Bit Speicherkapazität ist in Bild 12.1 dargestellt. Es besteht aus 4 D-Flipflops, die mit ansteigender Taktflanke schalten. Die Arbeitsweise von D-Flipflops ist in Abschnitt 7.7.7 erläutert.

Liegt 1-Signal am Eingang E und ändert sich das Taktsignal von 0 auf 1, so wird das Flipflop A gesetzt. An seinem Ausgang Q_A erscheint 1. Wird dann an den Eingang 0-Signal gelegt, so wird mit der 2. ansteigenden Taktflanke das Flipflop A zurückgesetzt und das Flipflop B gesetzt. Signal 1 erscheint jetzt am Ausgang Q_B. Mit der 3. ansteigenden Taktflanke wird Flipflop B zurückgesetzt und Flipflop C gesetzt. Q_C wird jetzt 1. Mit der 4. ansteigenden Taktflanke wird Flipflop C zurückgesetzt und Flipflop D gesetzt ($Q_D = 1$).

Das 1-Signal, das zu Beginn am Eingang E anlag, wurde taktweise von Flipflop zu

Bild 12.1 4-Bit-Schieberegister für serielle Ein- und Ausgabe

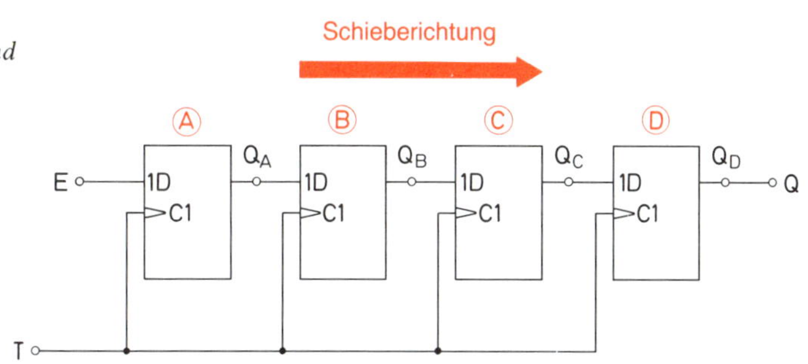

Takt Nr. n	Zustände nach Takt Nr. n E	Q_A	Q_B	Q_C	$Q_D = Q$
	1	0	0	0	0
1	0	1	0	0	0
2	0	0	1	0	0
3	0	0	0	1	0
4	0	0	0	0	1
5	0	0	0	0	0

Bild 12.2 Funktionstabelle eines 4-Bit-Schieberegisters

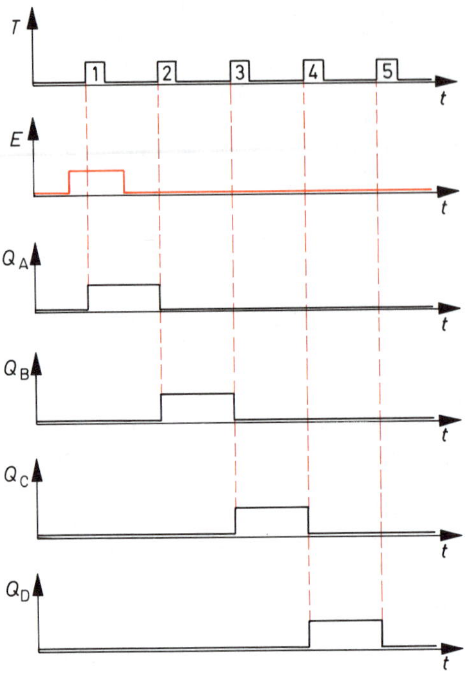

◀

Bild 12.3 Zeitablaufdiagramm eines 4-Bit-Schieberegisters

Flipflop weitergeschoben. Es liegt jetzt am Ausgang des Schieberegisters. Mit der ansteigenden Flanke des 5. Taktes wird Flipflop D ebenfalls zurückgesetzt. Man sagt, das Schieberegister sei jetzt «leer». Es enthält keine Information mehr.
In Bild 12.2 sind die einzelnen Schiebeschritte in einer Funktionstabelle dargestellt. Zur weiteren Erläuterung dient das Zeitablaufdiagramm Bild 12.3.
Welches Zeitablaufdiagramm ergibt sich, wenn vor dem 3. Takt an den Eingang E erneut 1-Signal angelegt wird und dieses 1-Signal bis nach dem 3. Takt anliegt?
Wenn vor dem 3. Takt erneut 1-Signal an E angelegt wird, wird Flipflop A mit der ansteigenden Taktflanke des 3. Taktes gesetzt. Mit der ansteigenden Taktflanke des 4. Taktes wird Flipflop A zurückgesetzt und Flipflop B gesetzt. Mit der ansteigenden Taktflanke des 5. Taktes wird Flipflop B zurückgesetzt und Flipflop C gesetzt – und so fort. Es ergibt sich das Zeitablaufdiagramm Bild 12.4.
Die an den Eingang gelegten 1- und 0-Zustände werden in das Schieberegister zeitlich nacheinander aufgenommen (serielle Dateneingabe). Nach der Aufnahme der Information können die Taktsignale gesperrt werden. Die Information wird dann gespeichert, und zwar so lange, wie die Taktsignale gesperrt sind. Werden die Taktsignale wieder freigegeben, wird die Information Bit nach Bit an den Ausgang Q gegeben (serielle Datenausgabe).

Bild 12.4 Zeitablaufdiagramm

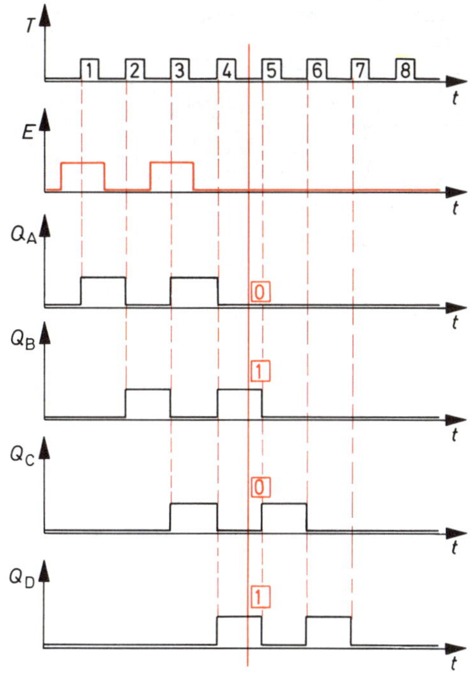

Beispiel:
Die Dualzahl 0101 soll in das Schieberegister Bild 12.1 eingegeben werden. Hierzu sind vier Takte erforderlich. Vor dem 1. Takt muß der Inhalt des 1. Bit (Wertigkeit 2^0) am Eingang E liegen (1-Signal). Vor dem 2. Takt muß der Inhalt des 2. Bit (Wertigkeit 2^1) am Eingang E liegen. Das ist in diesem Falle 0-Signal. Vor dem 3. Takt muß der Inhalt des 3. Bit (Wertigkeit 2^2) am Eingang liegen (1-Signal). Vor dem 4. Takt muß der Inhalt des 4. Bit (Wertigkeit 2^3) am Eingang E liegen (0-Signal). Nach dem 4. Takt ist die Dualzahl 0101 eingegeben. Das Zeitablaufdiagramm Bild 12.4 gibt diesen Vorgang wieder.
Jetzt können die Taktsignale gesperrt werden. Die Information kann beliebig lange gespeichert werden.
Für die Ausspeicherung über den Ausgang Q sind weitere 4 Takte erforderlich. Das 1. Bit ist vor dem 5. Takt am Ausgang Q verfügbar, das 2. Bit nach dem 5. Takt. Das 3. Bit liegt nach dem 6. Takt und das 4. Bit nach dem 7. Takt am Ausgang Q. Nach dem 8. Takt ist das Schieberegister leer (Bild 12.5).
Vollständige Schieberegister können nach DIN 40900 Teil 12 durch ein Schaltzeichen dargestellt werden. Das Schaltzeichen des Schieberegisters Bild 12.1 zeigt Bild 12.6. «SRG» bedeutet Schieberegister, engl.: Shift register. Die Zahl nach SRG ist die Bit-Zahl.
Schieberegister werden in großer Zahl als integrierte Schaltungen hergestellt. Die integrierte Schaltung FLJ 221-7491 A enthält ein 8-Bit-Schieberegister für serielle Eingabe und Ausgabe. Die Anschlußanordnung und das Blockschaltbild dieser Schaltung

Takt Nr. n	Zustände nach Takt Nr. n				
	E	2^3 Q_A	2^2 Q_B	2^1 Q_C	2^0 Q_D
	1	0	0	0	0
1	0	1	0	0	0
2	1	0	1	0	0
3	0	1	0	1	0
4	0	0	1	0	1
5	0	0	0	1	0
6	0	0	0	0	1
7	0	0	0	0	0
8	0	0	0	0	0

Bild 12.5 Funktionstabelle

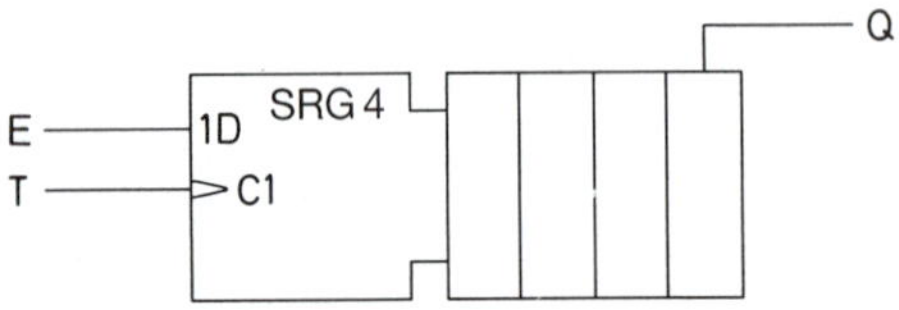

Bild 12.6 Schaltzeichen eines 4-Bit-Schieberegisters, das mit D-Flipflops aufgebaut ist und mit serieller Ein- und Ausgabe arbeitet

sind in Bild 12.7 dargestellt. Das Schieberegister ist mit SR-Flipflops aufgebaut, die mit abfallender Taktflanke schalten. Da in der Taktleitung ein NICHT-Glied liegt, erfolgt das Schalten mit der ansteigenden Flanke des am Anschlußpol 9 angelegten Taktsignals.

FLJ 221—7491 A

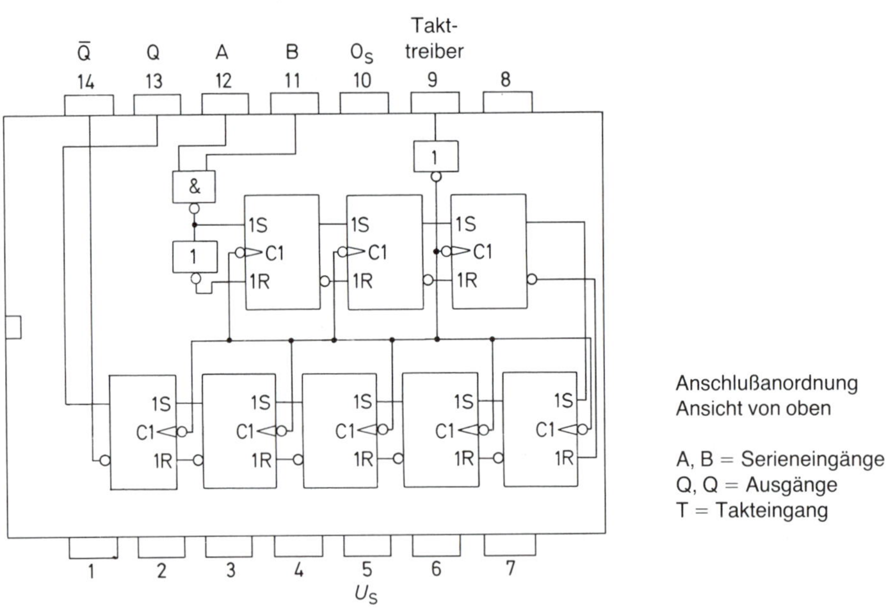

Bild 12.7 Anschlußanordnung und Blockschaltbild der integrierten Schaltung FLJ221-7491A

12.1.2 Schieberegister mit Parallelausgabe

Schieberegister haben stets die Möglichkeit der seriellen Dateneingabe und der seriellen Datenausgabe. Ohne diese Möglichkeit kann eine Schaltung nicht als Schieberegister bezeichnet werden.
Ein Schieberegister mit Parallelausgabe kann zusätzlich die gespeicherten Daten parallel ausgeben. Das Schieberegister Bild 12.8 hat die Möglichkeit der Parallelausgabe. Die Q-Ausgänge der Flipflops sind zu besonderen Anschlußpunkten geführt. Dort sind die Signale aller vier Bit verfügbar.

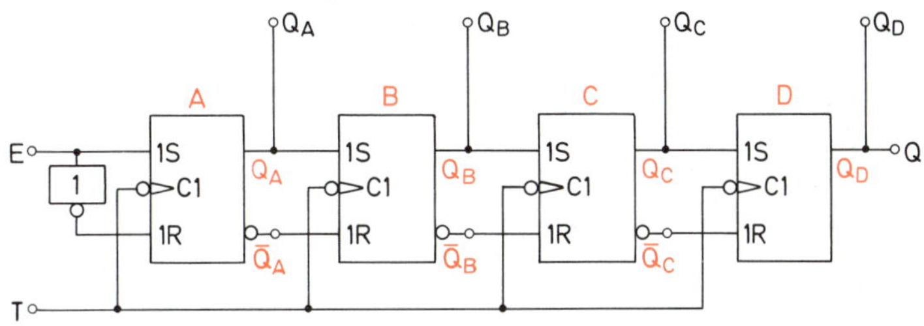

Bild 12.8 Schieberegister mit Parallelausgabe

Für den Aufbau des Schieberegisters wurden SR-Flipflops verwendet. Diese Flipflops werden anders zurückgesetzt als die D-Flipflops (s. Abschnitt 7.5.2). Ein Rücksetzen kann nur erfolgen, wenn am R-Eingang 1-Signal anliegt und die schaltende Taktflanke kommt. 0-Signale lösen kein Kippen aus. Daher müssen das Eingangssignal über ein NICHT-Glied und der R-Eingang des ersten Flipflops gegeben werden. Liegt am Eingang E 0-Signal, so liegt am Eingang R des ersten Flipflops 1-Signal, und das Flipflop wird mit der nächsten schaltenden Taktflanke zurückgesetzt.
Jeder Q-Ausgang könnte über ein NICHT-Glied mit dem R-Eingang des folgenden Flipflops verbunden werden. Das NICHT-Glied kann jedoch eingespart werden, denn das negierte Q-Signal ist am Flipflopausgang $\overline{Q}$ verfügbar. Der Ausgang $\overline{Q}$ wird also direkt mit dem R-Eingang des folgenden Flipflops verbunden (Bild 12.8).
Die im Schieberegister gespeicherte Information kann taktunabhängig an den Ausgängen Q_A, Q_B, Q_C und Q_D abgenommen werden. Während dieser Parallelausgabe darf das Schieberegister keine weiteren Schiebetakte erhalten, sonst wird die parallel ausgegebene Information verfälscht. Es darf also nicht gleichzeitig eine serielle und eine parallele Datenausgabe erfolgen. Ebenfalls darf nicht gleichzeitig serielle Dateneingabe und eine parallele Datenausgabe stattfinden.
Das Schieberegister in Bild 12.9 hat eine Verriegelungsschaltung, die ein Weitertakten des Schieberegisters bei Parallelausgabe verhindert und andererseits die Parallelausgabe sperrt, wenn das Schieberegister getaktet wird. Liegt am Umschalteingang U 0-Signal an, so ist der Schiebetakt freigegeben und die Parallelausgabe gesperrt. Liegt am Umschalteingang 1-Signal, so ist Parallelausgabe möglich, und der Schiebetakt gesperrt.

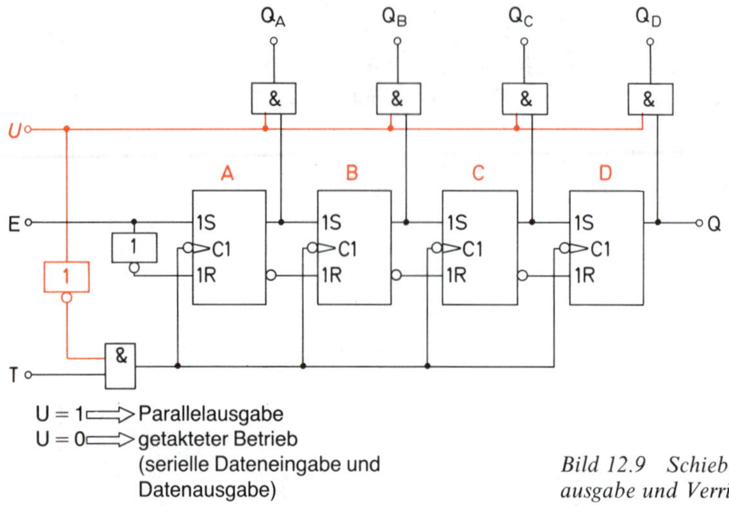

Bild 12.9 Schieberegister mit Parallelausgabe und Verriegelungsschaltung

12.1.3 Schieberegister mit Parallelausgabe und Paralleleingabe

Für viele Anwendungsfälle ist es günstig, neben der seriellen Dateneingabe die Möglichkeit zu haben, dem Schieberegister Daten parallel einzugeben. Diese Paralleleingabe kann taktabhängig oder taktunabhängig erfolgen.

Das Schieberegister in Bild 12.10 bietet neben der Möglichkeit der Parallelausgabe auch die Möglichkeit der Paralleleingabe. Parallelausgabe und Paralleleingabe sind taktunabhängig. Das Schieberegister ist mit JK-Flipflops aufgebaut, die taktunabhängige Stell- und Rückstelleingänge haben. Die Dateneingänge für Paralleleingabe sind A, B, C und D.

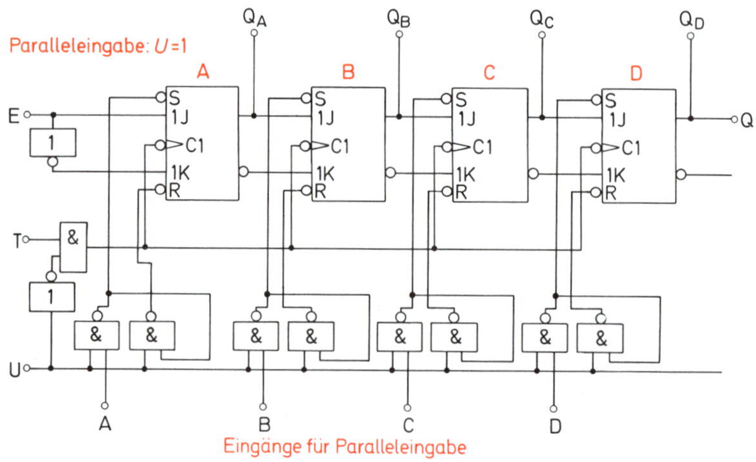

Bild 12.10 Schieberegister mit taktunabhängiger paralleler Dateneingabe und Datenausgabe

Paralleleingabe und serielle Ein- und Ausgabe sind gegeneinander verriegelt. Liegt am Umschalteingang 0-Signal, so ist der Takt freigegeben. Das Schieberegister kann seriell arbeiten. Bei U = 1 ist Paralleleingabe möglich. Das Taktsignal ist gesperrt. Wenn erforderlich, könnte auch die Parallelausgabe noch verriegelt werden, wie in Bild 12.9 gezeigt.
Wie muß nun ein Schieberegister aufgebaut sein, das für taktabhängige Paralleleingabe geeignet ist? Es gibt verschiedene Möglichkeiten. Eine Möglichkeit zeigt Bild 12.11. Die Eingänge J und K eines jeden Flipflops sind umschaltbar. Bei U = 0 werden die Flipflopeingänge seriell mit Signalen versorgt. Bei U = 1 erhalten die Flipflopeingänge ihre Signale von den Dateneingängen für Paralleleingabe (A, B, C, D). Das Setzen oder Rücksetzen der Flipflops erfolgt mit dem Takt, bei den in der Schaltung Bild 12.1 verwendeten Flipflops also mit abfallender Taktflanke.

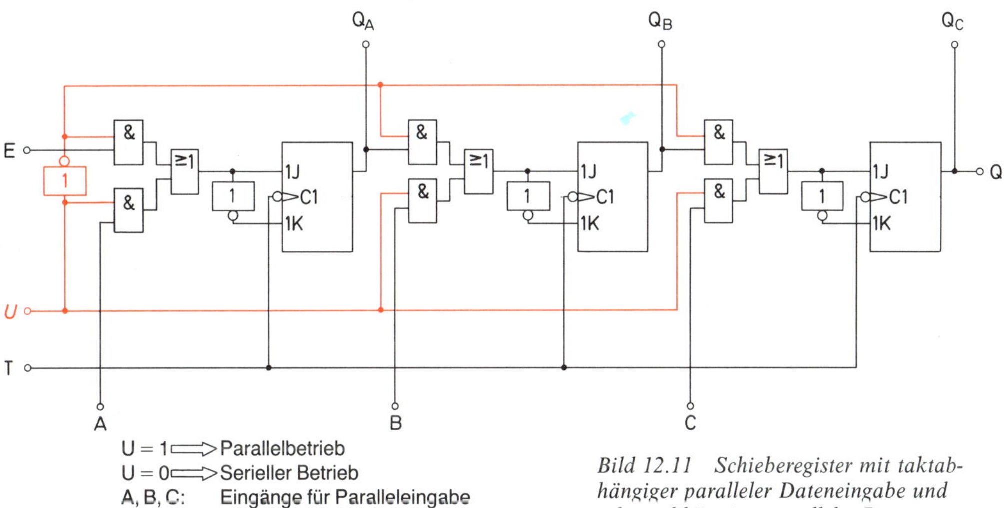

Bild 12.11 Schieberegister mit taktabhängiger paralleler Dateneingabe und taktunabhängiger paralleler Datenausgabe

12.1.4 Ringregister

> *Ein Ringregister ist ein Schieberegister, dessen Ausgang mit dem Eingang verbunden ist.*

Bei einem Ringregister können die Informationen im Ring geschoben werden. Sie laufen im Ring um. Ein solches Register wird auch Umlaufregister genannt. Der prinzipielle Aufbau eines Ringregisters ist in Bild 12.12 dargestellt.

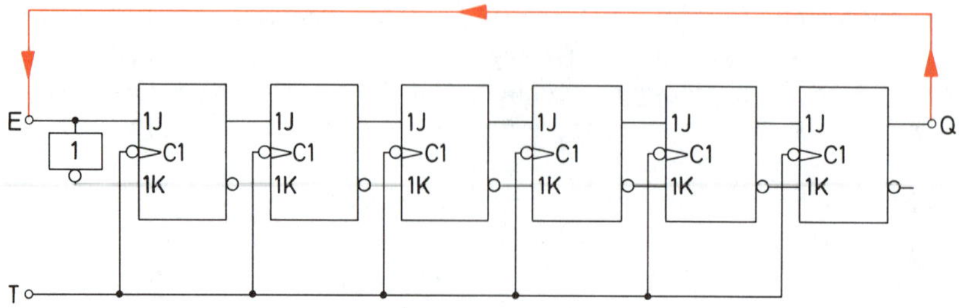

Bild 12.12 Prinzipieller Aufbau eines Ringregisters

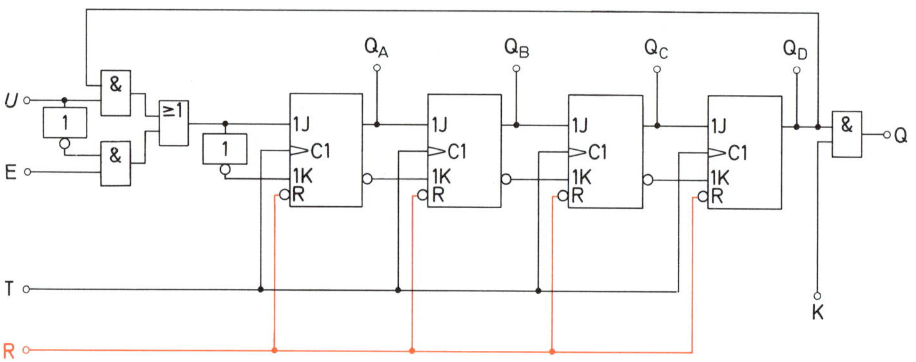

Bild 12.13 Ringregister mit serieller Eingabe und wahlweise serieller oder paralleler Ausgabe

Die Informationen können seriell oder parallel in ein Ringregister eingegeben werden. Sie können ebenfalls seriell oder parallel ausgegeben werden. Bild 12.13 zeigt ein Ringregister mit serieller Dateneingabe und wahlweise serieller oder paralleler Datenausgabe. Bei U = 1 ist das Register als Ringregister geschaltet. Die Ausgangssignale werden vom Eingang aufgenommen. Bei U = 0 ist eine Dateneingabe über den seriellen Eingang E möglich. Eine serielle Datenausgabe ist über den Ausgang Q möglich, wenn K = 1 ist. Über R kann das Register taktunabhängig mit 0-Signal zurückgesetzt und die in ihm enthaltene Information gelöscht werden.

12.1.5 Schieberegister mit umschaltbarer Schieberichtung

Schieberegister mit umschaltbarer Schieberichtung sind für die Steuerungstechnik von großer Bedeutung. Ihr Schaltungsaufbau basiert auf dem Schaltungsaufbau der bisher betrachteten Schieberegister. Die Reihenfolge der Zusammenschaltung der Flipflops muß umschaltbar sein.

Bild 12.14 Prinzipschaltung eines Schieberegisters mit umschaltbarer Schieberichtung

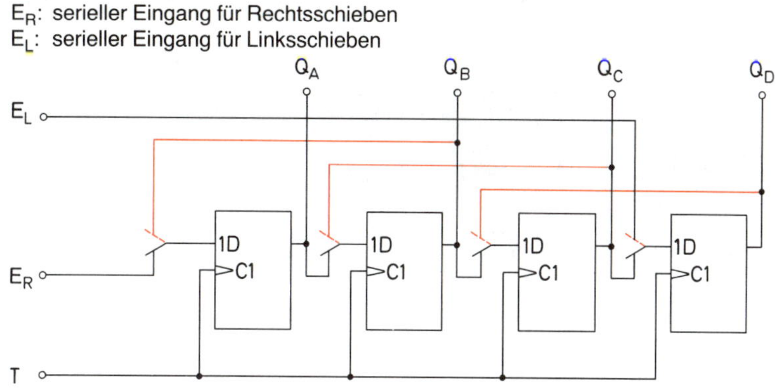

Die Prinzipschaltung eines Schieberegisters mit umschaltbarer Schieberichtung ist in Bild 12.14 angegeben. Die mechanischen Umschalter müssen durch entsprechende Digitalschaltungen ersetzt werden. Die schwarzen Schalterstellungen und Verbindungen gelten für Rechtsschieben. Die roten Schalterstellungen und Verbindungen gelten für Linksschieben.
Ein 8-Bit-Schieberegister mit umschaltbarer Schieberichtung ist als integrierte Schaltung FLJ 311-74198 verfügbar. Dieses Schieberegister ist ein Universal-Schieberegister. Es hat die Möglichkeit der seriellen und der parallelen Dateneingabe und Datenausgabe, verfügt über eine Taktsperrmöglichkeit und hat einen taktunabhängigen Rückstelleingang. Das Schaltbild dieses Schieberegisters und die Anschlußanordnung sind in Bild 12.15 dargestellt.

12.2 Speicherregister

Speicherregister sind wie Schieberegister mit Flipflop-Schaltungen aufgebaut, jedoch wird in ihnen keine Information geschoben. Die einzelnen Flipflops werden gesetzt oder zurückgesetzt. Das Speicherregister speichert ein binäres Wort, also einen binären Ausdruck, festgelegter Länge. Die Information kann an den Ausgängen abgelesen und weitergegeben werden. Sie wird gelöscht, wenn sie nicht mehr benötigt wird.

> *Speicherregister haben die Aufgabe, binäre Wörter eine bestimmte Zeit zu speichern.*

Der Aufbau eines 4-Bit-Speicherregisters ist in Bild 12.16 dargestellt. Die JK-Flipflops werden mit 1-Signalen an den J-Eingängen gesetzt. Das Setzen erfolgt taktgesteuert. Jedes Flipflop kann für sich gesetzt werden. Das Rücksetzen erfolgt mit 1-Signalen an den K-

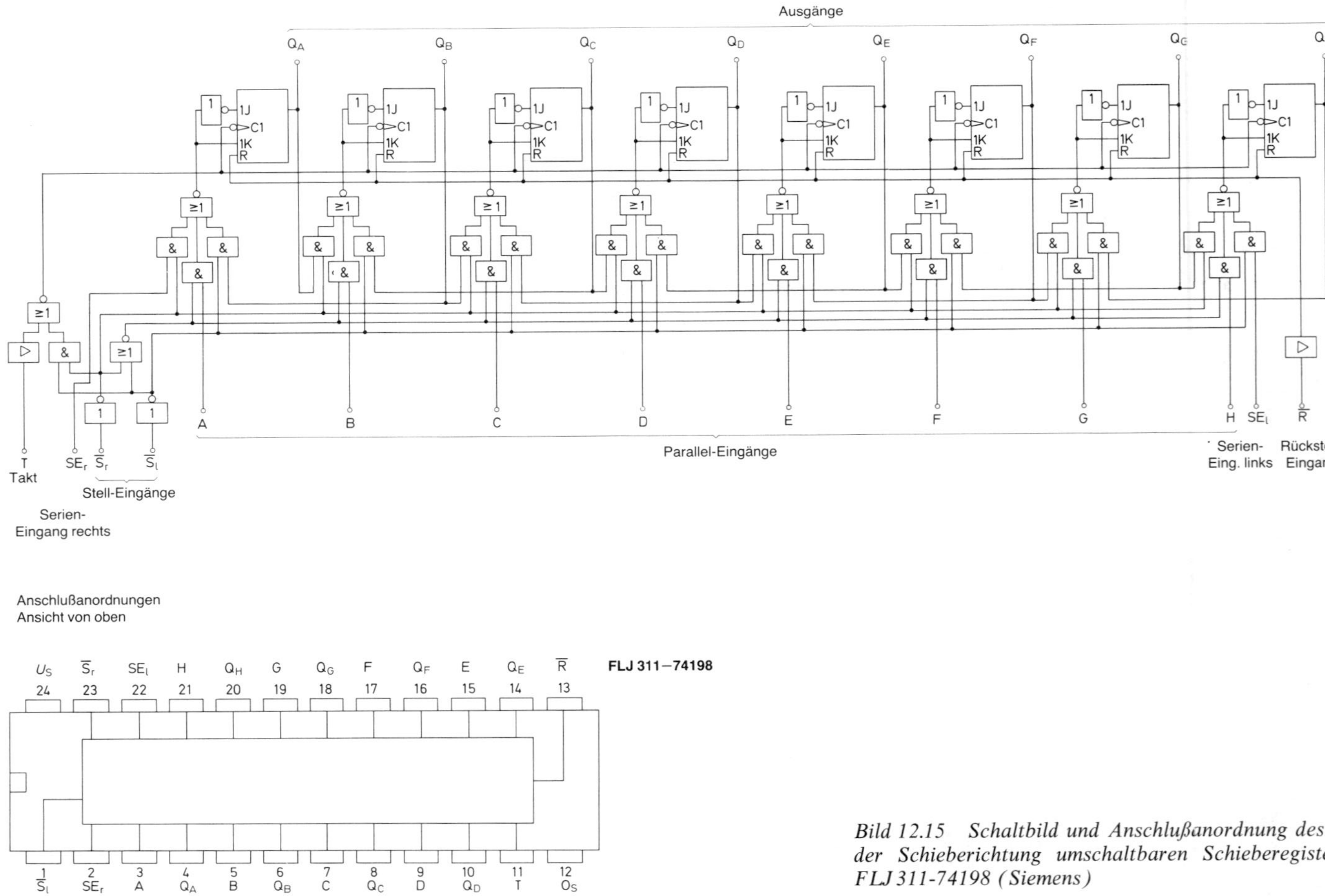

Bild 12.15 Schaltbild und Anschlußanordnung des in der Schieberichtung umschaltbaren Schieberegisters FLJ 311-74198 (Siemens)

Bild 12.16 Speicherregister mit taktunabhängigem Rückstelleingang

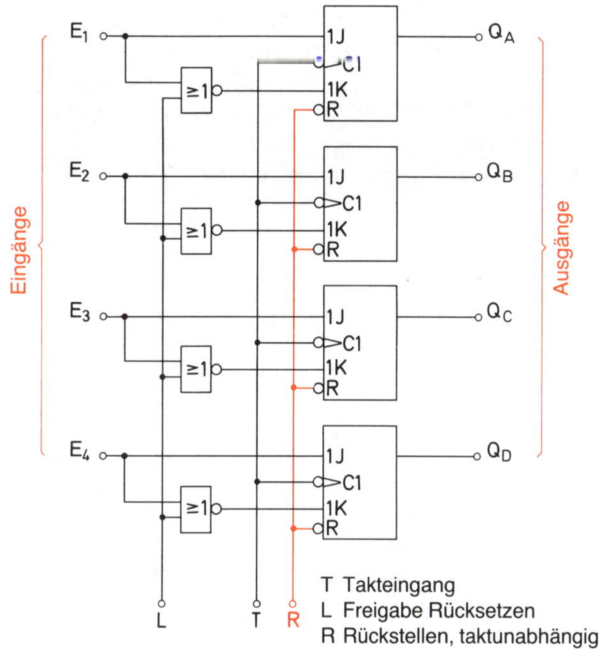

Eingängen. Es wird freigegeben durch 0-Signal am L-Eingang. Zum Löschen der gesamten gespeicherten Information ist der taktunabhängige Rückstelleingang R gut geeignet.
Speicherregister werden für Steuer- und Rechenschaltungen benötigt.

12.3 Schreib-Lese-Speicher (RAM)

Mit RAM bezeichnet man einen in Halbleitertechnik gebauten Schreib-Lese-Speicher. Er hat eine bestimmte Anzahl von Speicherplätzen. Jeder Speicherplatz hat eine festgelegte Speicherkapazität. Er kann also eine Information bestimmter Bitlänge aufnehmen. Die einzelnen Speicherplätze sind mit Adressen gekennzeichnet. Mit Hilfe dieser Adressen können Speicherzellen angewählt werden. Ein RAM arbeitet also mit wahlfreiem Zugriff.
Die Bezeichnung RAM ist die Abkürzung von Random Access Memory, engl.: Speicher mit beliebigem Zugang oder, sinngenauer, Speicher mit wahlfreiem Zugriff.
Eine Speicherzelle wird mit Hilfe ihrer Adresse gewählt. In sie wird eine Information eingespeichert, man sagt, eingeschrieben. Zur Informationsausgabe wird die Speicherzelle erneut mit ihrer Adresse gewählt. Die Information wird ausgelesen, ohne daß der Informationsinhalt der Speicherzelle gelöscht wird. Wenn die Information nicht mehr benötigt wird, kann sie gelöscht und die Speicherzelle mit einer neuen Information geladen werden.

RAM werden ausschließlich als integrierte Schaltungen gebaut. Man unterscheidet zwischen *statischen RAM* und *dynamischen RAM*. Bei statischen RAM bestehen die Speicherzellen aus Flipflops. Jedes Bit wird in einem Flipflop gespeichert. Bei dynamischen RAM werden interne Kapazitäten zur Speicherung verwendet. Jedes Bit wird in einem kleinen Kondensator gespeichert. Da die Leckströme nicht unendlich klein sind, treten Ladungsverluste auf, die in kurzen Zeitabständen durch *Auffrischen* ersetzt werden müssen.

Statische und dynamische RAM sind flüchtige Speicher. Bei Ausfall der Speisespannung geht der Speicherinhalt verloren.

Zur Sicherung des Speicherinhalts gegen Verlust ist der Einsatz von Pufferbatterien zu empfehlen. Nichtflüchtige statische RAM sind zur Zeit in der Entwicklung und Erprobung. Sie werden in Zukunft größere Bedeutung erlangen.
Statische RAM werden in verschiedenen Technologien hergestellt. Die Schaltungen gehören zu verschiedenen Schaltkreisfamilien. Es sind RAM in TTL-Technik, in ECL-Technik, in N-MOS-Technik und in C-MOS-Technik verfügbar. Dynamische RAM werden in den verschiedenen MOS-Techniken gebaut.

12.3.1 Statische RAM (SRAM)

12.3.1.1 RAM-Speicherelement in TTL-Technik

Statische RAM können mit bipolaren Transistorsystemen gebaut werden. Man verwendet die bekannte TTL-Technik (s. Kapitel 6, Schaltkreisfamilien). Grundschaltung ist eine Flipflopschaltung mit zwei Multiemitter-Transistoren nach Bild 12.17. Die Flipflop-Schaltung wird von einer X-Adressenleitung, von einer Y-Adressenleitung und von zwei Schreib-Lese-Leitungen gesteuert. Die Schaltung kann 1 Bit speichern. Sie enthält den Wert 1, wenn T_1 durchgesteuert und T_2 gesperrt ist. Sie enthält den Wert 0, wenn T_1 gesperrt und T_2 durchgesteuert ist.

Aktivierung der Speicherzelle
Liegt an den beiden Koordinatenleitungen X und Y 0-Signal (0 V, Masse), so ist die Speicherzelle nicht aktiviert. Der Emitterstrom des jeweils leitenden Transistors kann gegen Masse abfließen. Die Schreib-Lese-Leitungen SL_1 und SL_2 führen keinen Strom.
Wird nur an eine Koordinatenleitung 1-Signal angelegt, so bleibt das Speicherelement inaktiv, denn der Emitterstrom des leitenden Transistors kann über die andere Koordinatenleitung abfließen. Erst wenn beide Koordinatenleitungen 1-Signal führen, also auf +5 V liegen, ist das Speicherelement aktiviert. Jetzt muß der Emitterstrom des leitenden Transistors über seine SL-Leitung abfließen.

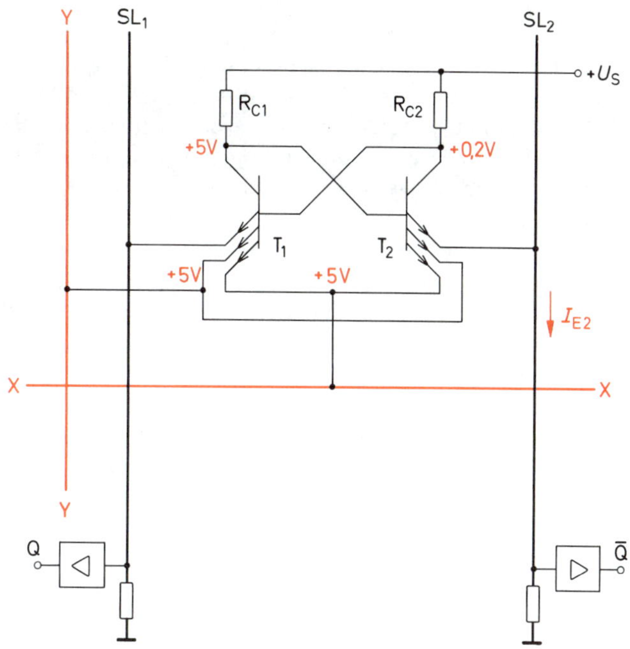

Bild 12.17 RAM-Speicherelement für 1 Bit eines statischen RAM in TTL-Technik (Prinzipschaltung)

Lesevorgang

Nach Aktivierung des Speicherelementes führt die SL-Leitung Strom, die zum leitenden Transistor gehört. In Bild 12.17 ist der Transistor T_2 leitend. Der Emitterstrom wird also über SL_2 abfließen und am Ausgang $\overline{Q}$ über einen Verstärker 1-Signal erzeugen. Das Speicherelement hat den Wert 0 gespeichert. Würde nach der Aktivierung über die Leitung SL_1 ein Strom fließen, hätte das Speicherelement den Wert 1 gespeichert.

Schreibvorgang

Soll in ein Speicherelement, das den Wert 0 hat, der Wert 1 eingespeichert werden, sind nach der Aktivierung an SL_2 1-Signal (+5 V) und an SL_1 0-Signal (0 V, Masse) zu legen. Beim Wert 0 ist Transistor T_2 durchgesteuert. Er muß sperren, wenn sein dritter Emitter, der an SL_2 angeschlossen ist, auch auf +5 V gelegt wird. Transistor T_1 kann jetzt durchsteuern, und sein Emitterstrom kann über SL_1 abfließen. Nach Aufhebung der Aktivierung bleibt das Speicherelement in diesem Zustand.

Soll ein Speicherelement, das den Wert 1 hat, auf den Wert 0 zurückgestellt werden, muß nach der Aktivierung an SL_1 1-Signal und an SL_2 0-Signal gelegt werden. Das Flipflop kippt dann, wie oben beschrieben, in den anderen Zustand und hat jetzt den Wert 0 gespeichert.

Speicherelemente in TTL-Technik schalten sehr schnell. Sie benötigen allerdings eine verhältnismäßig große Leistung.

12.3.1.2 RAM-Speicherelement in NMOS-Technik

MOS-Speicherelemente haben gegenüber TTL-Speicherelementen wesentliche Vorteile. Sie benötigen nur einen Bruchteil der Leistung und können mit höherer Integrationsdichte hergestellt werden. Je Quadratmillimeter Chipfläche kann eine größere Anzahl von MOS-Speicherelementen untergebracht werden. MOS-Schaltungen haben jedoch größere Schaltzeiten, sind also langsamer als TTL-Schaltungen (s. Kapitel 6, Schaltkreisfamilien).

Der Aufbau eines typischen RAM-Speicherelements ist in Bild 12.18 dargestellt. Die Transistoren T_1 und T_2 sind zu einem Flipflop zusammengeschaltet. Die Transistoren T_3 und T_4 arbeiten als Lastwiderstände. Ist T_1 gesperrt und T_2 durchgeschaltet, so hat das Speicherelement den Wert 1 gespeichert. Beim Speicherinhalt 0 ist T_1 durchgesteuert, und T_2 ist gesperrt.

Aktivierung des Speicherelements

Das Speicherelement wird aktiviert, wenn an die Koordinatenleitungen X und Y 1-Signal angelegt wird. Die Transistoren T_5, T_6, T_7 und T_8 steuern durch und verbinden die Flipflopausgänge Q und $\overline{Q}$ mit den Schreib-Lese-Leitungen SL_1 und SL_2.

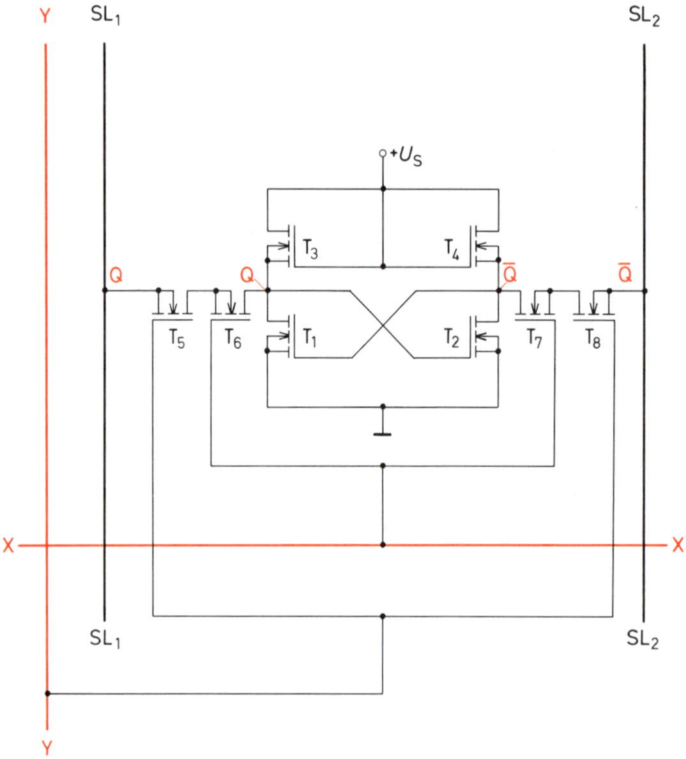

Bild 12.18 RAM-Speicherelement für 1 Bit eines statischen RAM in NMOS-Technik (Prinzipschaltung)

Lesevorgang
Nach der Aktivierung der Speicherzelle kann unmittelbar gelesen werden. Führt die Leitung SL_1 1-Signal, hat das Speicherelement den Wert 1 gespeichert. Führt die Leitung SL_2 1-Signal, so hat das Speicherelement den Wert 0 gespeichert.

Schreibvorgang
In ein Speicherelement, das den Wert 0 hat, soll der Wert 1 eingeschrieben werden. Beim Wert 0 ist T_1 durchgesteuert und T_2 gesperrt. Wird an die Leitung SL_2 0-Signal angelegt, muß T_1 sperren, und T_2 schaltet durch. Das Flipflop kippt in den 1-Zustand. Dieser Zustand bleibt nach Aufhebung der Aktivierung bestehen.

12.3.1.3 Aufbau einer RAM-Speichermatrix

RAM-Speicherelemente werden zu RAM-Speichermatritzen zusammengeschaltet. Die Speichermatritze in Bild 12.19 hat eine Speicherkapazität von 16 Bit. Jedes Speicherelement ist einzeln anwählbar. Man sagt, jedes Bit sei adressierbar. Möchte man z.B. den Speicherinhalt des Speicherelements 8 auslesen, müssen die Koordinatenleitungen X_3 und Y_4 1-Signal erhalten. An den Schreib-Lese-Leitungen SL_1 und SL_2 erscheinen die Ausgangssignale Q und $\overline{Q}$.

Bild 12.19 16-Bit-RAM-Speichermatrix

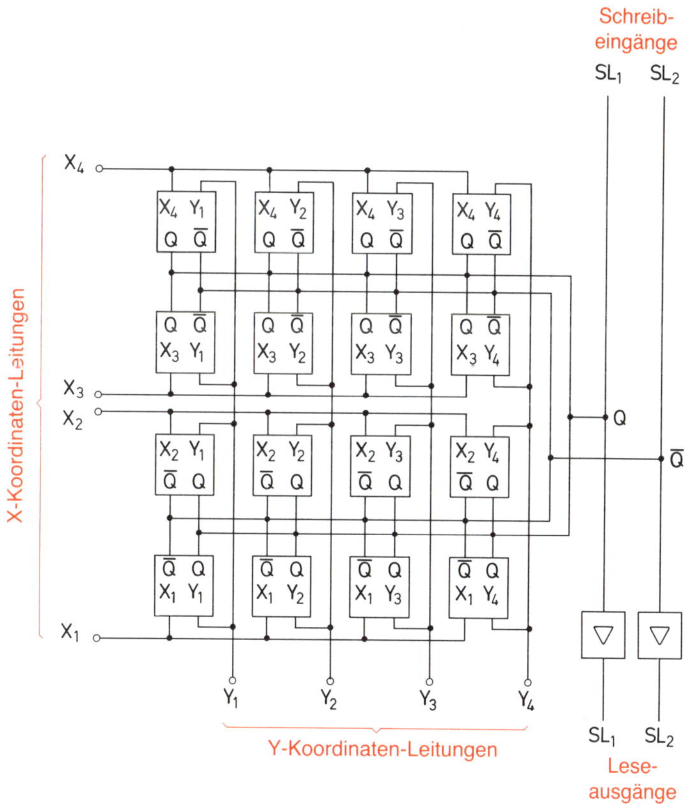

12.3.2 Dynamische RAM (DRAM)

12.3.2.1 Speicherelement eines dynamischen RAM

Das typische Speicherelement eines dynamischen RAM besteht aus einer Zusammenschaltung von drei selbstsperrenden MOS-FET nach Bild 12.20. Die Information wird in der Gate-Substrat-Kapazität des Kondensators C gespeichert. Ist C geladen, hat das Speicherelement den Wert 1 gespeichert. Ist C nicht geladen, hat die Speicherzelle den Wert 0 gespeichert.

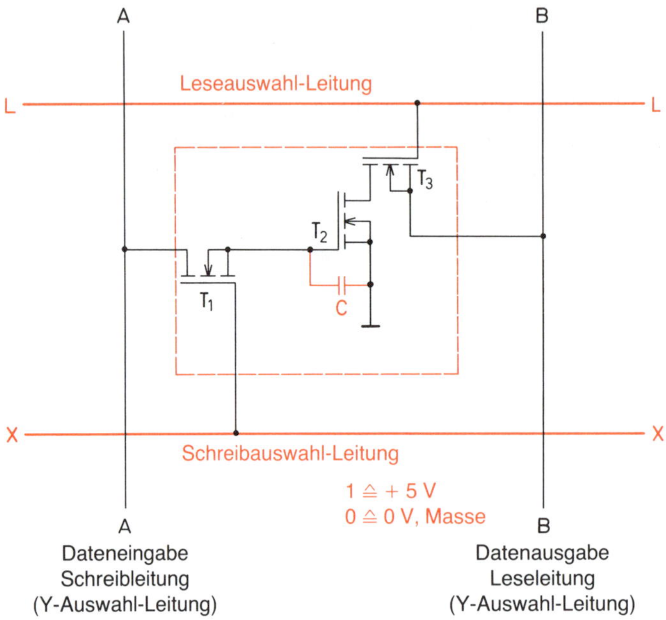

Bild 12.20 Typisches Speicherelement eines dynamischen RAM

Schreibvorgang

Das Speicherelement wird durch ein 1-Signal auf der Schreibauswahlleitung X aktiviert (1-Signal ≙ +5 V). Der Transistor T_1 wird dadurch zwischen Source und Drain niederohmig. Wird jetzt an den Dateneingang A 1-Signal gelegt, so lädt sich die Kapazität C auf. Der Wert 1 ist gespeichert. Bei geladenem Kondensator C ist Transistor T_2 stets niederohmig. Wird die Schreibauswahlleitung X auf 0-Signal gelegt, ist das Speicherelement nicht mehr aktiviert. Transistor T_1 sperrt und verhindert das Abfließen der Ladung von C. Zur Einspeicherung der Information 0 ist das Speicherelement zu aktivieren (1-Signal an Schreibauswahlleitung X). Dadurch wird T_1 durchgesteuert. Wird jetzt 0-Signal (0 ≙ 0 V, Masse) an die Dateneingabeleitung A gelegt, kann C sich über Transistor T_1 entladen. Damit ist der Wert 0 eingespeichert. Bei entladenem Kondensator ist der Transistor T_2 stets gesperrt.

Lesevorgang

Zum Auslesen der Information wird an die Datenausgabeleitung B 1-Signal (+5 V) gelegt. Dann wird die Speicherzelle über die Leseauswahlleitung L aktiviert. An L wird ebenfalls 1 angelegt. Dadurch wird der Transistor T_3 niederohmig.

Ist die Information 1 eingespeichert, so ist T_2 niederohmig, und es fließt ein Strom über die Datenausgabeleitung B über T_3 und T_2 nach Masse. Dies ist das Kennzeichen für eine eingespeicherte Eins.

Ist die Information 0 eingespeichert, ist also C entladen, so ist T_2 gesperrt. Über die Datenausgabeleitung B kann kein Strom fließen. Dies ist das Kennzeichen für eine eingespeicherte Null.

Der Lesevorgang verändert die eingespeicherte Information nicht.

Auffrischvorgang

Die Kapazität von C ist sehr klein. Sie beträgt je nach Integrationsdichte 0,1 pF bis 1 pF. Entsprechend klein ist die gespeicherte Ladung. Es fließt ein winziger Leckstrom, der aber die kleine Ladung sehr schnell abbaut. Die Ladung muß daher in kurzen Zeitabständen wieder aufgefrischt werden. Üblich ist ein Auffrischen alle 2 ms.

Der Auffrischzyklus beginnt mit dem Lesen des Speicherinhalts. Ist dieser 1, wird der Transistor T_1 niederohmig gesteuert und C aufgeladen. Ist der Speicherinhalt 0, erfolgt keine Aufladung.

Für den Auffrischvorgang ist ein besonderer Taktgenerator und eine Steuerschaltung erforderlich. Beides ist in üblichen integrierten Schaltungen enthalten.

12.3.2.2 Besonderheiten dynamischer RAM

Dynamische RAM arbeiten sehr zuverlässig. Dies ist eigentlich erstaunlich, wenn man daran denkt, daß die gespeicherte Information etwa alle 2 ms aufgefrischt werden muß. Man könnte vermuten, daß da so manches Bit verlorengeht. Das ist aber nicht der Fall.

Der eigentliche Vorteil dynamischer RAM ist die erreichbare große Speicherkapazität je Chip, also je integrierter Schaltung. Die MOS-Technik erlaubt eine hohe Integrationsdichte. Die Speicherelemente können sehr klein aufgebaut werden. Das zur Zeit angebotene größte dynamische RAM hat eine Speicherkapazität von 4 MBit (1 MBit = 1048576 Bit, ungefähr 1 Million Bit). 4 MBit können also in einer einzigen integrierten Schaltung gespeichert werden. In der Entwicklung ist eine Schaltung mit 16 MBit.

Nachteilig sind die verhältnismäßig großen Schaltzeiten. Die sogenannte Zugriffszeit liegt zwischen 100 ns und 300 ns. Man versteht hierunter die längste Zeit, die vom Zeitpunkt der Adressierung eines Speicherelementes bis zur Verfügbarkeit der Information vergeht.

Während der Auffrischzyklen muß das dynamische RAM für Schreib- und Lesevorgänge gesperrt werden. Es würden sich sonst Fehlschaltungen ergeben.

Mit steigender Kristalltemperatur werden die Leckströme größer. Die Kapazitäten entladen sich schneller. Die vom Hersteller vorgeschriebene Auffrischhäufigkeit reicht für die höchstzulässige Betriebstemperatur (meist ca. 70 °C) aus. Wird diese Temperatur überschritten, muß mit Informationsverlust gerechnet werden.

12.3.3 Speicheraufbau und Speicherkenngrößen

12.3.3.1 Speicheraufbau

Statische und dynamische RAM werden mit verschiedenen Speicherkapazitäten und in verschiedenen Organisationsformen angeboten.
Die mit einer Adresse anwählbare Speicherzelle kann aus einem Speicherelement oder aus mehreren Speicherelementen bestehen. Besteht sie nur aus einem Speicherelement, spricht man von einem bitorganisierten Speicher. Jedes Speicherelement, also jedes Bit, hat seine eigene Adresse und ist somit anwählbar. Das Aufbauschema eines solchen Speichers zeigt Bild 12.21. Die Bezeichnung 16 × 1 bedeutet:

Gesamtkapazität 16 Bit, Kapazität einer Speicherzelle 1 Bit.

Besteht eine Speicherzelle aus mehreren Speicherelementen, so ist der Speicher wortorganisiert. In Bild 12.22 ist das Aufbauschema eines 32 × 8-Bit-Speichers angegeben. Der Speicher enthält 32 Speicherzellen zu je 8 Bit. Jede 8-Bit-Einheit ist über eine Adresse anwählbar. Die 8 Bit einer Speicherzelle werden stets gemeinsam geschrieben und gelesen.
Bei einem 256 × 1-Speicher ergeben sich 16 X-Koordinatenleitungen und 16 Y-Koordinatenleitungen (Bild 12.23). Es wäre ungünstig, diese Koordinatenleitungen nach außen, also an Anschlußpole der integrierten Schaltung, zu führen. Diese Schaltung müßte sehr viele Anschlußstifte haben. Es werden Adressendekodierer (s. Abschnitt 11.2) verwendet. Zur Anwahl von 16 Koordinatenleitungen sind 4 Adreßleitungen erforderlich. Die Adreßleitungen werden an Anschlußstifte der integrierten Schaltung geführt.
Wie sieht es nun mit den Koordinatenleitungen und den Adreßleitungen bei einem 16 kBit × 1-Bit-Speicher aus? Es müssen 16 384 Bit anwählwar sein. Dazu sind 128 X-

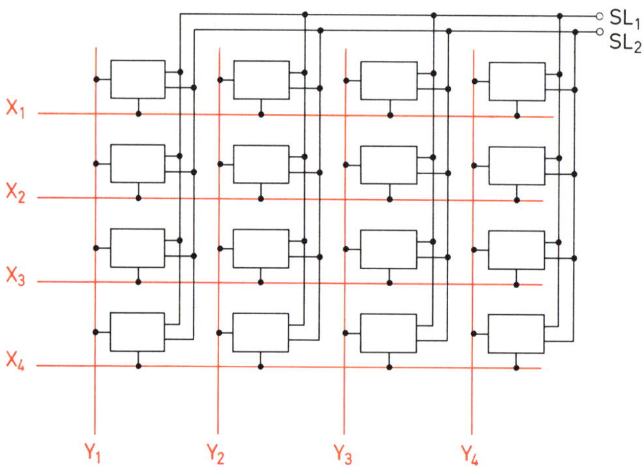

Bild 12.21 Aufbauschema eines 16 × 1-Bit-Speichers

Bild 12.22 Aufbauschema eines 32 × 8-Bit-Speichers

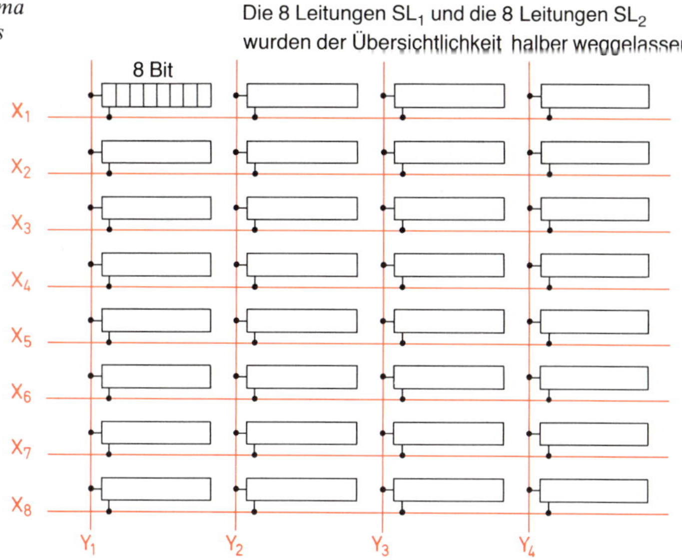

Bild 12.23 Aufbauschema eines 256 × 1-Bit-Speichers mit Adreßdekodierer

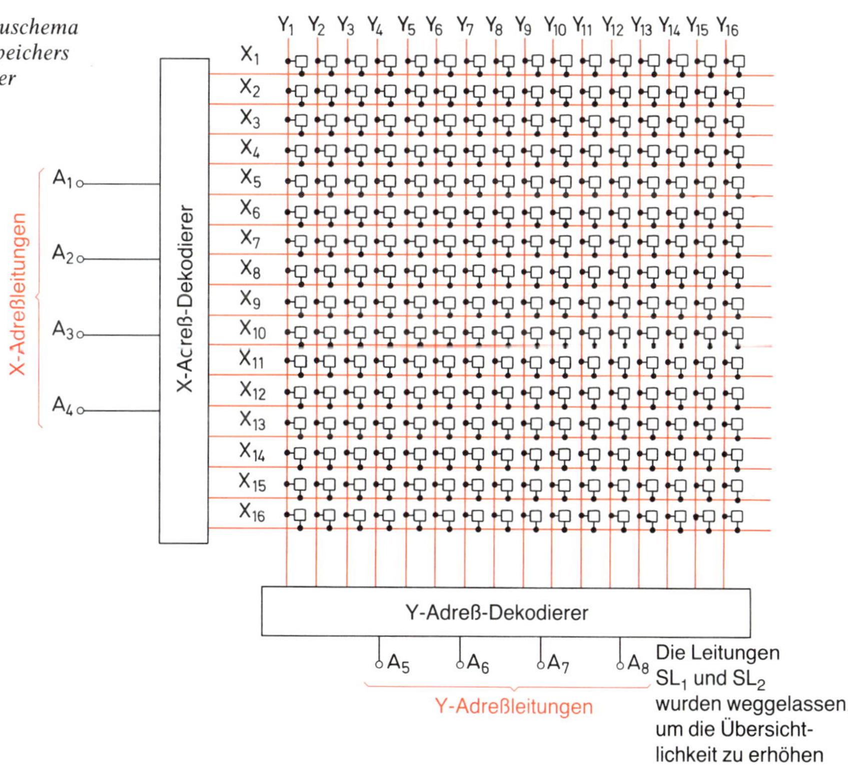

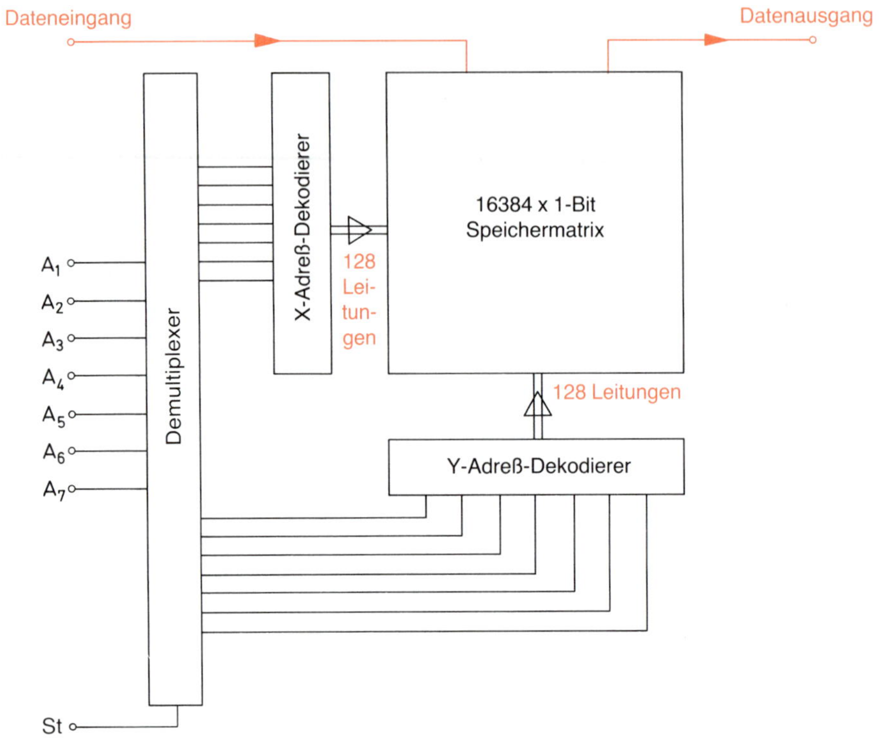

Bild 12.24 Aufbauschema eines 16-kBit × 1-Bit-Speichers mit Adreßkodierern und Demultiplexer

Koordinatenleitungen und 128 Y-Koordinatenleitungen erforderlich. Zur Auswahl von 128 Koordinatenleitungen werden 7 Steuerleitungen benötigt (Bild 12.24). Man könnte insgesamt 14 Adreßleitungen an Anschlußstifte der integrierten Schaltung führen. Da man jedoch weitere Anschlußstifte für Dateneingang und Datenausgang und für Steuerbefehle wie Schreib- und Lesebefehle benötigt, würde sich eine sehr große Zahl von Anschlüssen ergeben. Um das zu vermeiden, setzt man einen Demultiplexer ein (Abschnitt 11.1). An die Eingänge A_1 bis A_7 wird zunächst die X-Adresse angelegt, danach wird an die gleichen Eingänge die Y-Adresse angelegt. Die Umschaltung erfolgt mit einem Steuersignal S. Das Multiplexen der Adreßsignale erlaubt die Verwendung kleiner IC-Gehäuse.

12.3.3.2 Speicherkenngrößen

Für die Auswahl von Speichern sind die Speicherkenngrößen von großer Bedeutung. Es kommt auf die Speicherkapazität und auf die Speicherorganisation an, aber auch auf die Arbeitsgeschwindigkeit und auf den Leistungsbedarf. Weiterhin sind die elektrischen Betriebsbedingungen und der zulässige Arbeitsbereich von Wichtigkeit. Die wichtigsten Speicherkenngrößen sollen nacheinander betrachtet werden.

Speicherkapazität

Die Speicherkapazität gibt die Anzahl der in der Speicherschaltung enthaltenen Speicherelemente an, also die Anzahl der speicherbaren Bit.

Speicherorganisation

Die Speicherorganisation gibt Auskunft über die Speicherkapazität einer Speicherzelle und über die Anwahlmöglichkeit.

Zugriffszeit

Die Zugriffszeit ist die Zeit, die vom Zeitpunkt der Adressierung eines Speicherelementes bis zur Verfügbarkeit der Information am Datenausgang vergeht.

Zykluszeit

Unter der Zykluszeit versteht man die kürzeste Zeit zwischen zwei aufeinanderfolgenden Schreib-Lese-Vorgängen.

Leistungsbedarf

Es wird der Gesamtleistungsbedarf der integrierten Schaltung angegeben. Er kann bei Betriebszustand und bei Ruhezustand unterschiedlich sein.

Elektrische Betriebsbedingungen

Hier werden die benötigten Versorgungsspannungen und die erforderlichen Signalpegel und ihre Toleranzbereiche angegeben (s. Kapitel 6, Schaltkreisfamilien) sowie die elektrischen Grenzwerte.

Arbeitstemperaturbereich

Der Arbeitstemperaturbereich ist der Temperaturbereich, in dem der Speicher innerhalb seiner vorgeschriebenen elektrischen Betriebsbedingungen sicher arbeitet.

12.3.3.3 Ausgewählte RAM

Von den vielen verfügbaren Speicherschaltungen sollen einige vorgestellt werden. Beim Speicher SAB 2102 handelt es sich um einen statischen 1024×1-Bit-Schreib-Lesespeicher (RAM) in N-MOS-Technik. Er wird in einem 16poligen Dual-Inline-Gehäuse geliefert. Das Blockschaltbild und die Anschlußanordnung sind in Bild 12.25 wiedergegeben.

Die X- und Y-Adressen werden in Registern festgehalten und dekodiert. Die Speichermatrix hat in einer Zeile 32 Speicherelemente und 32 solcher Zeilen untereinander. Zur Steuerung werden die Eingänge F_w (Schreibfreigabe) und $\overline{F}_M$ (Speicherfreigabe) verwendet. Zur Speicherfreigabe ist ein 0-Signal erforderlich. Liegt das nicht an, ist der Speicher gesperrt. Zur Schreibfreigabe wird ebenfalls ein 0-Signal benötigt. Die ausgegebene Information wird in einem Datenausgaberegister gespeichert.

Das Datenblatt dieses Speicherbausteins ist in Bild 12.26 dargestellt. Die Zugriffszeit beträgt maximal 1000 ns. Der Speicher arbeitet also verhältnismäßig langsam.

Speicherbaustein SAB 2102

Block-Schaltbild

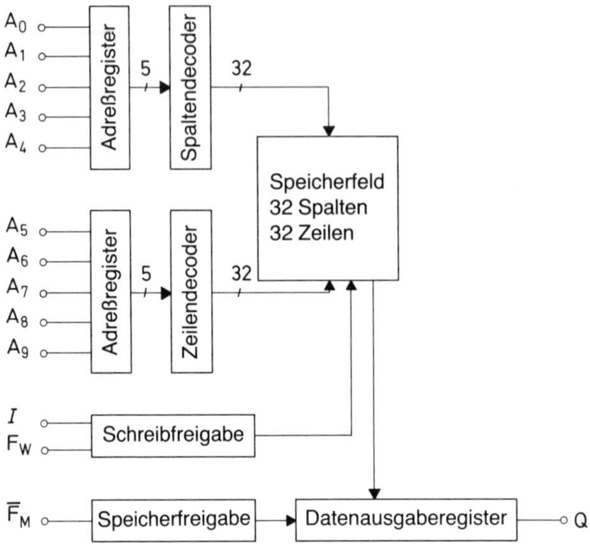

Anschlußanordnung
Ansicht von oben

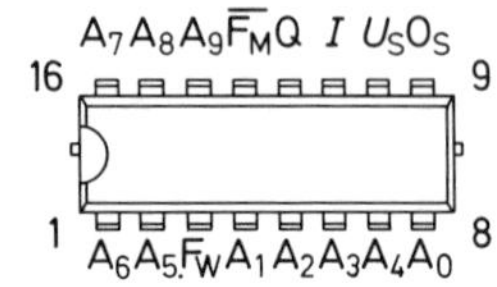

A_0 bis A_9:	Adresseneingänge
$\bar{F}_M$:	Speicherfreigabe (chip select)
F_W:	Schreibfreigabe (read/write)
I:	Dateneingang
Q:	Datenausgang
U_S:	Versorgungsspannung (+
O_S:	Masse

Bild 12.25 Blockschaltbild und Anschlußanordnung des 1024 × 1-Bit-RAM SAB 2102 (Siemens)

Interessant ist der Schreib-Lese-Speicher GXB 10147 B, der in ECL-Technik aufgebaut ist. Dieser Speicher ist ein statischer 128 × 1-Bit-Speicher mit nur 10 ns Zugriffszeit. Er arbeitet also hundertmal schneller als der Speicher SAB 2102. Bei −5,2 V Speisespannung nimmt diese Schaltung jedoch etwa 80 mA Speisestrom auf, was einer Verlustleistung von 0,416 W entspricht. Der Leistungsbedarf ist also sehr hoch. Ein Datenblattauszug ist in Bild 12.27 wiedergegeben.
Als Beispiel für ein dynamisches RAM soll der Baustein HYB 4116 vorgestellt werden. Er ist in N-MOS-Technik aufgebaut und hat eine Kapazität von 16 384 Bit. Jedes Bit ist einzeln adressierbar (16 384 × 1-Bit-RAM). Die Adressenleitungen werden über einen Multiplexer geschaltet. Der Schaltungsaufbau ist in Bild 12.28 angegeben.

Bild 12.26 Datenblatt des Speicherbausteins SAB 2102 (Siemens) ▶

Statische Kenndaten

T_U = 0 bis + 70° C, U_S = + 5 V ± 5%, O_S = 0 V

		min.	max.	Bedingung
Eingangsstrom	I_I		10 µA	U_I = 0 bis 5,25 V
H-Ausgangsstrom	I_{QH}		10 µA	U_Q = 4,0 V, F_M = 2,2 V
L-Ausgangsstrom	I_{QL}		−100 µA	U_Q = 0,45 V, F_M = 2,2 V
Speisestrom	I_{S25}		60 mA	T_U = 25° C, alle Eingänge 5,25 V Q offen
Speisestrom	I_{S0}		70 mA	T_U = 0° C, alle Eingänge 5,25 V Q offen
H-Eingangsspannung	U_{IH}	2,2 V	U_S	
L-Eingangsspannung	U_{IL}	−0,5 V	0,65 V	
L-Ausgangsspannung	U_{QL}		0,45 V	I_{QL} = 1,9 mA
H-Ausgangsspannung	U_{QH}	2,2 V		I_{QH} = −100 µA

Schaltzeiten

T_U = 0 bis 70° C, U_S = 5 V ± 5%, O_S = 0 V

		Prüfbedingungen	Grenzwerte min.	max.	Einheit
Lesezyklus					
Zykluszeit	t_{CR}		1000		ns
Zugriffszeit (über Adresse)	t_Z	U_I – 0,65 bis 2,2 V		1000	ns
Freigabezeit (Zugriff über $\overline{F_M}$)		t_T = 20 ns		500	ns
Abschaltzeit von Q bei Adressenwechsel	t_{HQ}	C_L = 100 pF	50		ns
Abschaltzeit von Q ($\overline{F_M}$ getaktet)	t_{DF}	1 TTL-Last	0		ns
Schreibzyklus					
Zykluszeit	t_{CW}		1000		ns
Vorbereitungszeit A bis F_W	t_{DA}	U_I = 0,65 bis 2,2 V	200		ns
Schreibimpulsbreite	t_{WW}	t_T = 20 ns	750		ns
Schreib-Erholzeit	t_{DW}		50		ns
Datenvorbereitungszeit	t_{VI}		800		ns
Datenhaltezeit	t_{HI}		100		ns
Vorbereitungszeit $\overline{F_M}$ bis F_W	t_{VF}		900		ns

Statischer MOS-Schreib-Lese-Speicher (RAM)
mit tri-state-Ausgang
Kapazität 1024 Bit

- N-Kanal Si-Gate-Technologie
- Voll decodiert 1024 x 1 Bit
- TTL kompatibel, $U_S = 5$ V
- Ausgang tri-state, wired-or-Möglichkeit
- Statische Betriebsweise, daher kein Auffrischen der Information
- Zerstörungsfreies Lesen
- Getrennter Dateneingang und -ausgang
- Einfache Kapazitätserweiterung durch Speicherfreigabe $\overline{F_M}$ (chip select)
- Lieferbar in Plastikgehäuse DIL 16 pin
- Austauschbar gegen Intersil 7552, Intel sowie AMD 2102 u. a.

Maßbild

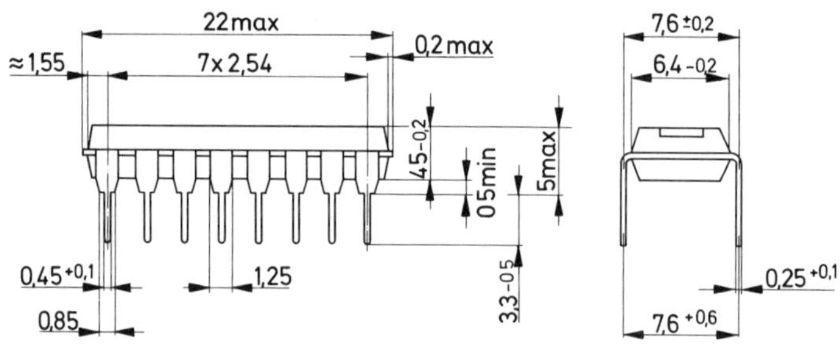

Grenzbedingungen		
Arbeitstemperaturbereich	T_U	0° C bis + 70° C
Lagertemperaturbereich	T_S	−65° C bis + 150° C
Spannung an jedem Anschluß gegen O_S		−0,5 V bis + 7 V
Max. zulässige Verlustleistung		1 W

Kapazitäten

$T_U = 25°$ C, $f =$ MHz

	max.	Bedingung
Eingangskapazität C_I	5 pF	$U_I = 0$ V (Alle Eingänge)
Ausgangskapazität C_Q	10 pF	$U_Q = 0$ V

zu Bild 12.26

Statischer ECL-Schreib-Lese-Speicher (RAM) Kapazität 128 Bit — GXB 10147 A

Vorläufige Daten

Typ	Bestellnummer	Gehäuse-Bauform
GXB 10147 A	Q 67000–S 38	Bild Nr. 1

- sehr schneller ECL-Speicher
- typische Zugriffszeit 10 ns
- voll dekodiert
- Organisation 128 x 1 Bit
- Kapazitätserweiterung durch Freigabe-Eingänge (Chip Select)
- wired-or-Möglichkeit
- statische Betriebsweise, kein Refresh erforderlich
- stromstabilisierende Kennlinie der Stromaufnahme
- negativer Temperaturkoeffizient der Stromaufnahme, dadurch selbststabilisierend
- Metall-Keramikgehäuse mit 16 Anschlüssen
- austauschbar mit Motorola MCM 10147 AL, Fairchild F 10405
- kompatibel mit den Logikfamilien ECL 10 k und Fairchild 95 k

Anschlußanordnung

Ansicht von oben

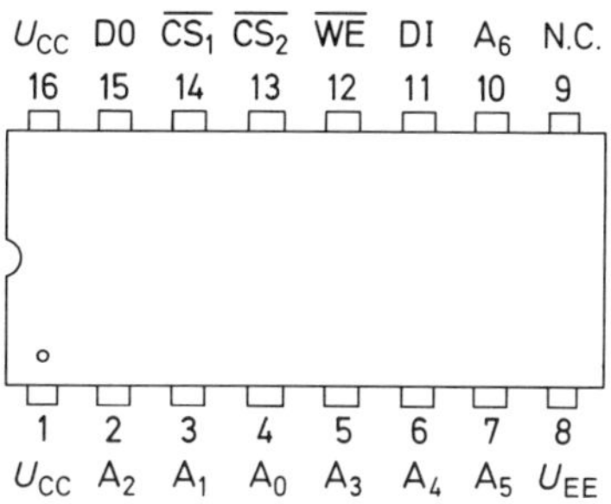

Anschlußbezeichnung

A_0 bis A_6	Adreßeingänge
DI	Dateneingänge
$\overline{CS_1}$, $\overline{CS_2}$	Speicherfreigabeeingänge (chip-select)
$\overline{WE}$	Schreibfreigabe (read/write)
DO	Datenausgang
U_{EE}	Versorgungsspannung (– 5,2 V)
U_{CC}	Masse
N.C.	nicht beschaltet

Statische Kenndaten

$T_U = 25°$ C, $U_{EE} = -5{,}2$ V, $R_L = 50\ \Omega$ gegen – 2,0 V
Belüftung mit 2,55 m/s linear (500 fpm)

		Prüfbedingungen	min.	typ.	max.	Einheit
H-Eingangsspannung	U_{IH}		– 1,105		– 0,810	V
L-Eingangsspannung	U_{IL}		– 1,850		– 1,475	V
H-Ausgangsspannung	U_{QH}	$R_L = 50\ \Omega$ gegen – 2 V	– 0,960		– 0,810	V
L-Ausgangsspannung	U_{QL}	A, DI = $U_{IL\,min}$	– 1,900		– 1,650	V
		$\overline{WE} = U_{IH\,min}$				
		$\overline{CS_1}$, $\overline{CS_2} = U_{IL\,max}$				
H-Eingangsstrom A, DI, $\overline{CS}$	I_{IH}				35	µA
H-Eingangsstrom an $\overline{WE}$	I_{IH}				75	µA
L-Eingangsstrom a. Eing.	I_{IL}		– 6			µA
Speisestrom	I_{EE}			80	100	mA

Bild 12.27 Auszug aus dem Datenblatt des Speicherbausteins GXB 10147A (Siemens)

Blockschaltbild

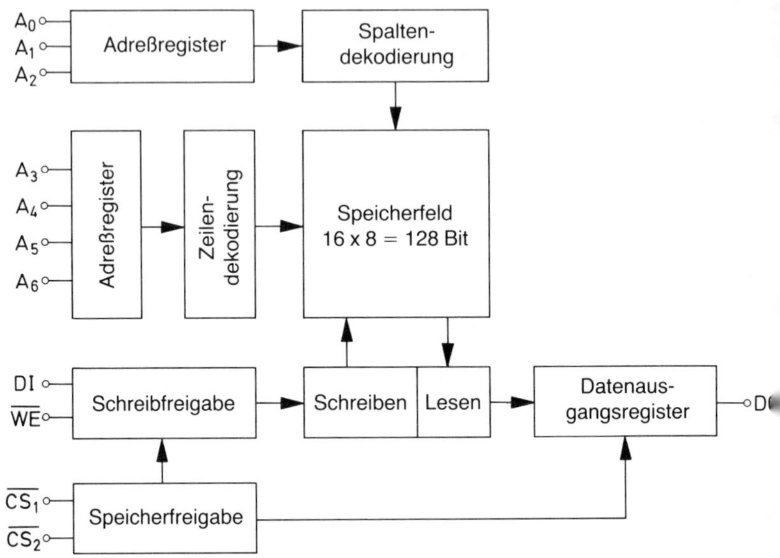

Schaltzeiten
U_{EE} = 5,2 V ± 10%

		25° C min.	25° C typ.	25° C max.	85° C min.	85° C typ.	85° C max.	Einheit
Zugriffszeit	t_{ACC}		10	12			14	ns
Freigabezeit	t_{E}		6,5	8			9	ns
Schreibimpulsbreite	t_{WW}	8			8			ns
Schreiberholzeit	t_{WR}			8				ns
Vorlaufzeit A bis $\overline{WE}$	t_{AWS}	4						ns
Vorlaufzeit $\overline{CS}$ bis $\overline{WE}$	t_{CWS}	1						ns
Vorlaufzeit DI bis $\overline{WE}$	t_{IWS}	1						ns
Haltezeit $\overline{WE}$ bis A	t_{WAH}	3						ns
Haltezeit $\overline{WE}$ bis $\overline{CS}$	t_{WCH}	1						ns
Haltezeit $\overline{WE}$ bis DI	t_{WIH}	1						ns

Grenzbedingungen

Versorgungsspannung	U_{EE}	−7	V
Eingangsspannungen	U_{I}	0 bis U_{EE}	V
Ausgangsstrom	I_{O}	50	mA
Arbeitstemperaturbereich	T_{U}	0 bis 85	°C
Lagertemperaturbereich	T_{s}	−55 bis 125	°C

zu Bild 12.27

Dynamischer MOS-Schreib-Lese-Speicher (RAM) Kapazität 16384 Bit — HYB 4116

Vorläufige Daten

Typ	Bestellnummer	Gehäuse-Bauform
HYB 4116–A 3	Q 67100–Q 186	Keramik / Bild Nr. 2
HYB 4116–A 4	Q 67100–Q 187	Keramik / Bild Nr. 2
HYB 4116–P 3	Q 67100–Q 219	Kunststoff / Bild Nr. 3
HYB 4116–P 4	Q 67100–Q 220	Kunststoff / Bild Nr. 3

Der HYB 4116 von Siemens ist ein dynamischer Schreib-Lese-Speicher in N-Kanal Si-Gate-Technologie mit Doppellagen-Polysilizium.

- N-Kanal Si^2-Gate Technologie
- Organisation 16384 x 1 Bit, voll dekodiert
- getrennter Daten-Eingang und -Ausgang
- alle Eingänge TTL-kompatibel (einschließlich Takt)
- niedrige Verlustleistung: 462 mW aktiv, 20 mW inaktiv
- Zwischenspeicherung von Adressen und Eingangsdaten
- 200 ns Zugriffzeit, 375 ns Zykluszeit (HYB 4116–A 3, P 3)
- 250 ns Zugriffzeit, 410 ns Zykluszeit (HYB 4116–A 4, P 4)
- 3 Ausgangszustände, 2 TTL-Lasten
- austauschbar gegen MK 4116
- 128 Auffrischzyklen
- keine Speicherung der Ausgangsdaten
- ± 10% Toleranz für alle Spannungsversorgungen

Grenzdaten

Max. Spannung aller Eingänge und Versorgungsspannungen U_{DD}, U_{CC} und U_{SS} gegen U_{BB}		–0,5 bis 20	V
Max. Spannung an U_{DD}, U_{CC}, Eingang gegen U_{SS}		–1,0 bis 15	V
$U_{BB} - U_{SS}$ ($U_{DD} - U_{SS} > 0$ V)		0	V
Umgebungstemperatur im Betrieb	T_U	0 bis 70	°C
Lagertemperatur	T_s	–65 bis 150	°C
Max. zul. Verlustleistung	P_{tot}	1	W
Max. Ruheleistung		20	mW

Dynamische Kenndaten		**HYB 4116**				
		–A 3 / –P 3		**–A 4 / –P 4**		
		min.	max.	min.	max.	Einheit
Lese- oder Schreibzykluszeit	t_{RC}	375		410		ns
Lesen-Schreiben-Zykluszeit	t_{RWC}	375		465		ns
Lesen-Ändern-Schreiben-Zykluszeit	t_{RMWC}	415		515		ns
Zugriffzeit über $\overline{RAS}$	t_{RAC}		200		250	ns
Zugriffzeit über $\overline{CAS}$	t_{CAC}		135		165	ns

Bild 12.28 Auszug aus dem Datenblatt des dynamischen RAM HYP 4116

Anschlußanordnung
Ansicht von oben

Anschlußbezeichnungen

$A_0 - A_6$	Adressen-Eingänge
$\overline{CAS}$	Bit – Adressen Strobe
DI	Daten-Eingang
DO	Daten-Ausgang
$\overline{RAS}$	Wort-Adressen Strobe
$\overline{WE}$	Lesen/Schreiben Takt
U_{BB}	– 5 V
U_{DD}	+ 12 V
U_{CC}	+ 5 V
U_{SS}	0 V

Blockschaltbild

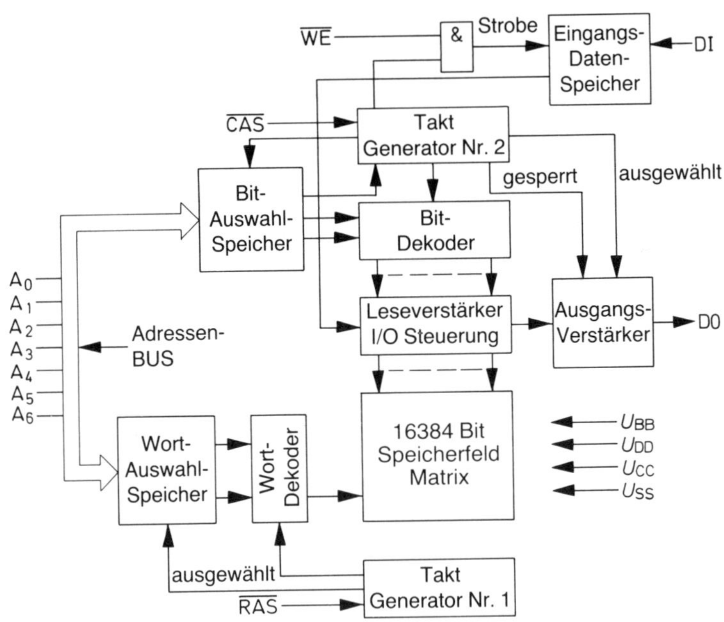

zu Bild 12.28

Funktionsweise

Adressierung ($A_0 - A_6$)

Für die Auswahl einer von 16384 Speicherzellen sind insgesamt 14 Adreßbits erforderlich, die nacheinander über die Anschlußstifte $A_0 - A_6$ durch zwei Takte übernommen werden (Adreß-Multiplexing). Zuerst werden die 7 Wortadressen abgerufen und mit dem Takt $\overline{RAS}$ im Wort-Auswahl-Speicher zwischengespeichert. Anschließend übernimmt der Takt $\overline{CAS}$ die 7 Bitadressen in den Bit-Auswahl-Speicher. Hierbei muß beachtet werden, daß die Adreß-Signale zum Zeitpunkt der negativen Flanke von $\overline{RAS}$ bzw. $\overline{CAS}$ im eingeschwungenen Zustand anliegen.

$\overline{RAS}$ und $\overline{CAS}$ bestimmen den Startzeitpunkt für die interne Taktsteuerung.
$\overline{RAS}$ bewirkt die Wortdekodierung und aktiviert die Leseverstärker.
$\overline{CAS}$ steuert die Bitdekodierung sowie die Dateneingangs- und Ausgangsverstärker.

Schreiben/Lesen ($\overline{WE}$)

Schreib- bzw. Lesezyklen werden ausgeführt, wenn das Schreibenfreigabesignal $\overline{WE}$ auf „L" bzw. „H" (niedriger bzw. hoher Signalpegel) ist. Der Dateneingang DI ist gesperrt, während ein Lesevorgang ausgeführt wird.

Die kürzeste Schreibzykluszeit erhält man, wenn $\overline{WE}$ vor oder gleich mit $\overline{CAS}$ auf „L" („frühes Schreiben") geht. Mit $\overline{CAS}$ werden dann die Schreibdaten in den Eingangs-Daten-Speicher übernommen.

Verzögertes Schreiben, Lesen/Ändern/Schreiben

Beim verzögerten Schreiben bzw. Lesen/Ändern/Schreiben ist $\overline{CAS}$ bereits auf „L", so daß die Schreibdaten mit dem nachfolgenden $\overline{WE}$-Signal in den Eingangsdatenspeicher geschrieben werden.

Dateneingang (DI)

Daten können während eines Schreib- oder Lesen/Ändern/Schreibzyklus eingegeben werden. Zeitbestimmend für die Datenübernahme ist die negative Flanke von $\overline{CAS}$ oder $\overline{WE}$, je nachdem welche Flanke später kommt.

Datenausgabe (DO)

Der Datenausgang kann drei Zustände einnehmen (Three-State) und ist für 2 TTL-Lasten ausgelegt. Die Ausgangsdaten sind gegenüber den Eingangsdaten nicht invertiert. In einem Lesezyklus sind die Lesedaten nach der auf $\overline{CAS}$ bezogenen Zugriffzeit t_{CAC} verfügbar. Am Ende des Lesezyklus geht der Datenausgang mit $\overline{CAS}$-„H" wieder in hochohmigen Zustand.

Beim Lesen/Ändern/Schreiben stehen die Daten wie beim Lesezyklus am Ausgang an. Beim „frühen Schreiben" ist der Datenausgang während des ganzen Zyklus hochohmig.

Auffrischzyklus

Für den Datenerhalt in den dyn. Speicherzellen muß jede Wortadresse mindestens alle 2 ms aufgerufen werden. Auf allen Wortadressen zusammen müssen innerhalb von 2 ms 128 Auffrischzyklen ausgeführt werden. Beim Lesen bzw. Schreiben werden die Daten der 128 Speicherzellen einer aufgerufenen Wortleitung automatisch aufgefrischt.

Aufladungszyklus

Nach dem Anlegen der Spannungen an den Baustein sind einige Zyklen notwendig, ehe ein richtiges Funktionieren gewährleistet ist. Für diesen Zweck können z. B. 8 Auffrischzyklen ausgeführt werden.

zu Bild 12.28

Betriebs- und Prüfbedingungen

$T_U = 0$ bis $+ 70°$ C, $U_{SS} = 0$ V, $U_{DD} = + 12$ V $\pm$ 10%, $U_{BB} = - 5$ V $\pm$ 10%, $U_{CC} = + 5$ V $\pm$ 10%

Statische Kenndaten[1]

		Prüfbedingungen	min.	typ.	max.	Einheit
H-Eingangsspannung[2] (ausgenommen $\overline{RAS}$, $\overline{CAS}$, $\overline{WRITE}$)	U_{IH}		2,4		7,0	V
H-Eingangsspannung[2] $\overline{RAS}$, $\overline{CAS}$, $\overline{WRITE}$	U_{IHC}		2,7		7,0	V
L-Eingangsspannung	U_{IL}		− 1,0		0,8	V
H-Ausgangsspannung	U_{OH}	$I_O = -5$ mA	2,4		U_{CC}	V
L-Ausgangsspannung	U_{OL}	$I_O = 4{,}2$ mA			0,4	V
Stromaufnahme aus U_{DD}[3]	$I_{DD\,1}$				35	mA
Ruhestromaufnahme aus U_{DD}	$I_{DD\,2}$	$\overline{RAS}$ auf U_{IH}-Pegel $\overline{CAS}$ auf U_{IH}-Pegel			1,5	mA
Mittlere Stromaufnahme aus U_{DD} während eines Auffrischzyklus[3]	$I_{DD\,3}$	$\overline{RAS}$-Impulsfolge $\overline{CAS}$ auf U_{IH}-Pegel			27	mA
Eingangs-Leckstrom	$I_{I(L)}$		−10		10	µA
Ausgangs-Leckstrom	$I_{O(L)}$	$\overline{CAS}$ auf U_{IH}-Pegel $U_O = U_{SS}$ bis U_{CC}	−10		10	µA
Ruhestromaufnahme aus U_{CC}	I_{CC}	$\overline{RAS}$ auf U_{IH}-Pegel $\overline{CAS}$ auf U_{IH}-Pegel	−10		10	µA
Mittl. Stromaufnahme aus U_{BB}	$I_{BB\,1}$				200	µA
Ruhestromaufnahme aus U_{BB}	$I_{BB\,2}$				100	µA
Kapazitäten						
Eingangskapazität[4] ($A_0 - A_6$), DI	C_{I1}				5	pF
Eingangskapazität[4] $\overline{RAS}$, $\overline{CAS}$, $\overline{WRITE}$	C_{I2}				10	pF
Ausgangskapazität[4]	C_O	DO = Three state			7	pF

1) Beim Anlegen der verschiedenen Versorgungsspannungen muß gewährleistet sein, daß U_{DD}, U_{CC} und U_{SS} stets größer sind als U_{BB} − 0,3 V.

2) Überschwinger der Eingangssignale bis zu Pegeln von 6,5 V oder − 2,0 V, die nicht länger als 30 ns andauern, beeinflussen die Funktion und die Zuverlässigkeit des Bausteins nicht.

3) I_{DD} ist abhängig von der Zykluszeit. Maximaler Strom ist bei der kürzesten Zykluszeit gemessen.

4) Die effektive Kapazität errechnet sich aus der Gleichung: $C = \frac{I \cdot \Delta t}{\Delta U}$ mit $\Delta U = 3$ V

zu Bild 12.28

12.4 Festwertspeicher (ROM)

Festwertspeicher enthalten eine nicht löschbare und nicht änderbare Information. Die Bezeichnung ROM ist die Abkürzung von Read Only Memory (engl.: Nur-Lese-Speicher). Die Information wird vom Hersteller eingegeben.
Ein ROM ist einem Buch vergleichbar. Die in ihm enthaltene Information ist jederzeit auslesbar. Es ist aber nicht möglich, die Information gegen eine andere auszutauschen. In einem ROM speichert man häufig benötigte Informationen, z.B. Steueranweisungen und Programme sowie Tabellen. Es wäre z.B. möglich, die Lohnsteuertabelle in ein ROM einzuspeichern. Bei Bedarf könnten dann die einzelnen Tabellenwerte ausgelesen werden.

> *Zum Aufbau eines ROM werden zwei Arten von Speicherelementen benötigt. Speicherelemente der ersten Art müssen stets den Wert 1 enthalten. Speicherelemente der zweiten Art müssen stets den Wert 0 enthalten.*

Speicheraufbau und Speicherorganisation eines ROM ist ähnlich wie die eines RAM. Eine Speichermatrix besteht aus Zeilen und Spalten. Die einzelnen Speicherzellen werden durch Adressen angewählt (Bild 12.29).

Bild 12.29 Aufbauschema eines 64 × 1-Bit-ROM

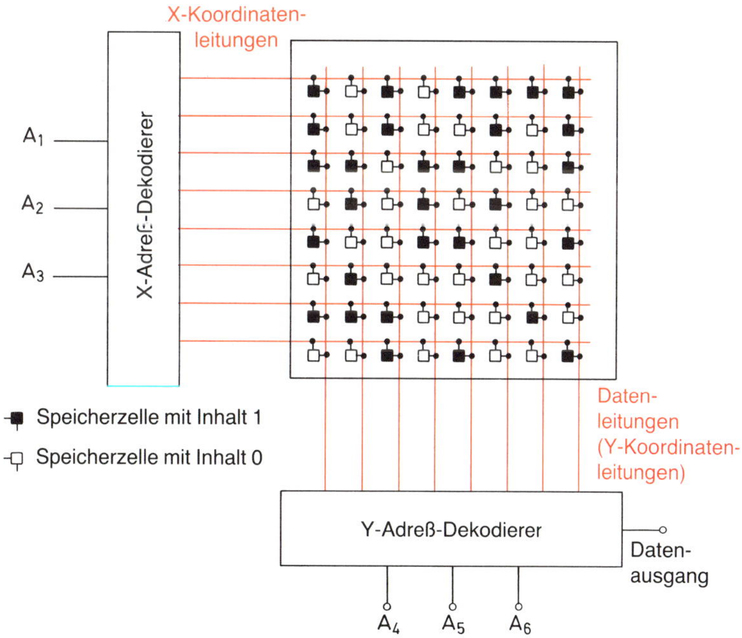

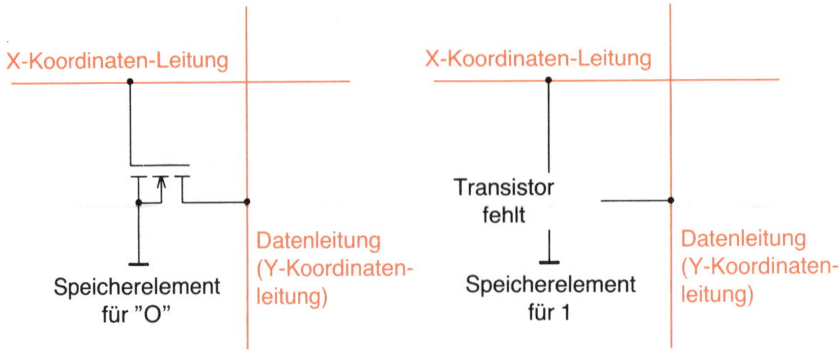

Bild 12.30 ROM-Speicherelemente (NMOS-Technik)

ROM werden meist in NMOS-Technik hergestellt. Die mögliche Integrationsdichte ist groß, der Leistungsbedarf gering. Wie ist nun ein Speicherelement aufgebaut, das immer den Wert 1 beinhaltet? Es wird durch einen fehlenden NMOS-Transistor dargestellt. Ein Speicherelement, das immer den Wert 0 hat, wird durch einen NMOS-Transistor gebildet (Bild 12.30).

Die Y-Koordinatenleitungen sind gleichzeitig die Datenleitungen. Soll ein Speicherelement gelesen werden, wird an seine Y-Koordinatenleitung 1-Signal angelegt.

Ist das angewählte Speicherelement ein 0-Speicherelement, wird die Datenleitung auf 0-Signal gezogen, denn der Transistor ist durchgesteuert und verbindet die Datenleitung mit Masse.

Ist das angewählte Speicherelement ein 1-Speicher-Element, bleibt die Datenleitung auf 1-Signal. Die Datenleitung kann nicht auf 0-Signal gezogen werden, denn der Transistor fehlt.

Festwertspeicher dieser Art werden auch *maskenprogrammierbare Festwertspeicher* genannt. Die Information wird bei der Herstellung eingebracht. Durch Abdeckungen (Masken) wird an bestimmten Stellen die Herstellung von Feldeffekttransistoren verhindert. Der Anwender muß vorher angeben, welche Information eingespeichert werden soll bzw. wo ein Feldeffekttransistor hin soll und wo nicht.

Die Herstellung von ROM ist nur in größeren Stückzahlen wirtschaftlich, da für jeden Informationsinhalt eine entsprechende Maske entworfen werden muß.

In Bild 12.31 ist das Datenblatt des Festwertspeichers SAB 8316 leicht gekürzt wiedergegeben. Dieses ROM ist in NMOS-Technik aufgebaut und enthält 2048 Worte zu je 8 Bit, organisiert in 128 Zeilen und 16 Spalten. Für die 128 Zeilen sind 7 Adreßleitungen erforderlich. Die 16 Spalten werden über 4 Adreßleitungen angesteuert. Insgesamt sind also 11 Adreßeingänge vorhanden.

Interessant ist der geringe Leistungsverbrauch von 31,4 µW je Bit und die verhältnismäßig kurze Zugriffszeit. In dieser integrierten Schaltung ist zusätzlich eine Baustein-Auswahlschaltung enthalten. Der Ausgabe-Pufferspeicher wird nur dann freigegeben, wenn an den Eingängen CS_1, CS_2 und CS_3 bestimmte binäre Signale liegen. Hierdurch wird die Zusammenschaltung mehrerer dieser ROM zu einem größeren Speicher erleichtert.

Statischer Festwertspeicher (ROM), 16384 Bit — SAB 8316 A

Organisation: 2048 Worte x 8 Bits
Zugriffszeit max. 850 ns
Nur eine Versorgungsspannung (+ 5 V)
Direkt TTL-kompatibel an allen Ein- und Ausgängen
Geringer Leistungsverbrauch von max. 31,4 µW/Bit
Drei programmierbare Baustein-Auswahl-Eingänge für einfache Speichererweiterung
Drei Ausgangszustände – WIRED-OR-Verknüpfungsmöglichkeit
Voll dekodiert – Adressendekodierung auf dem Baustein
Alle Eingänge sind gegen statische Aufladung geschützt

Der SAB 8316 ist ein 16384 Bit statischer MOS-Festwertspeicher (ROM) mit 2048 Worten x 8 Bit-Organisation.

Die Ein- und Ausgänge sind voll TTL-kompatibel. Dieser Baustein arbeitet mit einer einzigen Versorgungsspannung von + 5 V. Die 3 Baustein-Auswahl-Eingänge sind programmierbar. Jede Kombination von „H" oder „L" aktiven Baustein-Auswahl-Eingängen, können so definiert werden, daß der gewünschte Baustein-Auswahl-Kode während des Masken-Prozesses fixiert werden kann.

Diese 3 programmierbaren Baustein-Auswahl-Eingänge sowie die WIRED-OR-Verknüpfungsmöglichkeit an den Ausgängen, vereinfacht die Speichererweiterung.

Der SAB 8316 A ist in n-Kanal Silizium-Gate-Technologie hergestellt.

Statische Kenndaten und Betriebsbedingungen

T_U = 0 bis + 70° C, V_{CC} = 5 V ± 5% (wenn nicht anders angegeben)

Symbol	Bezeichnung	Grenzwerte min.	typ.[2]	max.	Einheit	Prüfbedingungen
I_{LI}	L-Eingangsstrom	–	–	10		V_{IN} = 0 bis 5,25 V
I_{LOH}	H-Ausgangsreststrom	–	–	10	µA	CS = 2,2 V, V_{OUT} = 4 V
I_{LOL}	L-Ausgangsreststrom	–	–	– 20		CS = 2,2 V V_{OUT} = 0,45 V
I_{CC}	Stromaufnahme	–	40	98	mA	Alle Eingänge 5,25 V, Datenausgang offen
V_{IL}	L-Eingangsspannung	– 0,5	–	0,8		–
V_{IH}	H-Eingangsspannung	2	–	V_{CC} + 1 V	V	
V_{OL}	L-Ausgangsspannung	–	–	0,45		I_{OL} = 2 mA
V_{OH}	H-Ausgangsspannung	2,2	–	–		I_{OH} = – 100 µA

Bild 12.31 Datenblatt des Festwertspeichers (ROM) SAB 8316A (Siemens)

Schaltzeiten

T_U = 0 bis + 70° C, V_{CC} = + 5 V ± 5% (wenn nicht anders angegeben)

Symbol	Bezeichnung	Grenzwerte min.	typ.[1]	max.	Einheit
t_A	Verzögerung von Adresse nach Ausgang	–	400	850	ns
t_{CO}	Verzögerung von Bausteinauswahl nach Ausgangsfreigabe	–	–	300	ns
t_{DF}	Verzögerung inkonstanter Daten von Bausteinauswahl-Rücknahme zum Ausgang	0	–	300	ns

Prüfbedingungen

Impulspegel am Eingang	0,8 bis 2 V
Anstiegs- und Abfallzeiten am Eingang (10 bis 90%)	20 ns
Ausgangslast	1 TTL Last und C_L = 100 pF

Die Messungen wurden bei folgenden Bezugspegeln durchgeführt:

für Eingänge:	1,5 V
für Ausgänge:	0,45 bis 2,2 V

Kapazität – Stichprobenprüfung

bei T_U = 25° C, f = 1 MHz

Symbol	Bezeichnung	Grenzwerte typ.[1]	max.	Einheit
C_{IN}	Eingangskapazität[2]	4	10	pF
C_{OUT}	Ausgangskapazität[2]	8	15	pF

[1]) Typische Werte bei 25 °C und Nenn-Versorgungsspannung.

[2]) Alle Anschlüsse, außer dem Anschluß, der gerade gemessen wird und wechselstromseitig mit Masse verbunden ist.

zu Bild 12.31

Anschlußbelegung

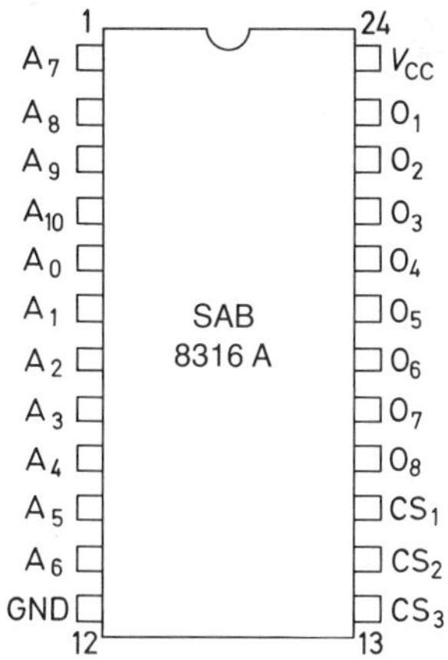

Anschlußbezeichnungen

$A_0 - A_{10}$	Adressen-Eingänge
$O_1 - O_8$	Daten-Ausgänge
$CS_1 - CS_3$	Programmierbare Baustein-Auswahl-Eingänge
V_{CC}	Versorgungsspannung (+ 5 V)
GND	Masse (0 V)

Blockschaltbild

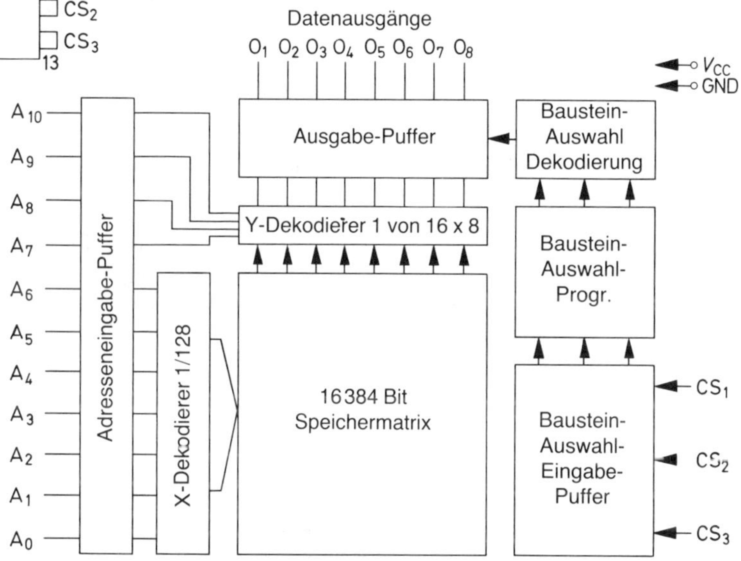

Grenzdaten[1]**)**

Betriebstemperatur	0 bis + 70° C
Lagertemperatur	− 65 bis + 150° C
Spannung an jedem Stift, bezogen auf Masse	− 0,5 bis + 7 V
Leistungsverbrauch	1 W

[1]) Die angegebenen Daten sind Grenzdaten, deren Überschreitung zu Dauerschäden des Bausteins führen kann.

[2]) Typische Werte bei T_U = 25 °C und Nenn-Versorgungsspannung.

zu Bild 12.31

12.5 Programmierbarer Festwertspeicher (PROM)

Der Name PROM ist die Abkürzung für Programmable Read Only Memory, engl.: programmierbarer Nur-Lese-Speicher.

Die Entwicklung der programmierbaren Festwertspeicher wurde durch den Wunsch der Anwender ausgelöst, ihre Informationen selbst in Festwertspeicher eingeben zu können. Auch wollte man nicht an große Stückzahlen gebunden sein. Die wirtschaftliche Herstellbarkeit kleiner Stückzahlen, ja von Einzelstücken, war das Ziel.

Stellen wir uns ein ROM vor, das nur mit Speicherelementen für 0 gemäß Bild 12.30 aufgebaut ist. Es sitzen also lauter Feldeffekttransistoren in den Kreuzungspunkten der Leitungen. Würde einer der Transistoren durchbrennen, wäre an dieser Stelle die Information 1 eingespeichert. Warum sollte man also nicht gezielt immer an den Stellen Transistoren durchbrennen, an denen man die Information 1 wünscht?

Auf diese Weise wird ein PROM programmiert, d.h. mit einer Information versehen. Es gibt verschiedene PROM-Arten. Bipolare PROM mit Dioden und Transistoren in den Kreuzungspunkten der Leitungen haben zur Zeit eine große Bedeutung. In Bild 12.32 ist der Aufbau eines 8 × 8-Bit-Dioden-PROM dargestellt. Die Dioden haben sehr dünne

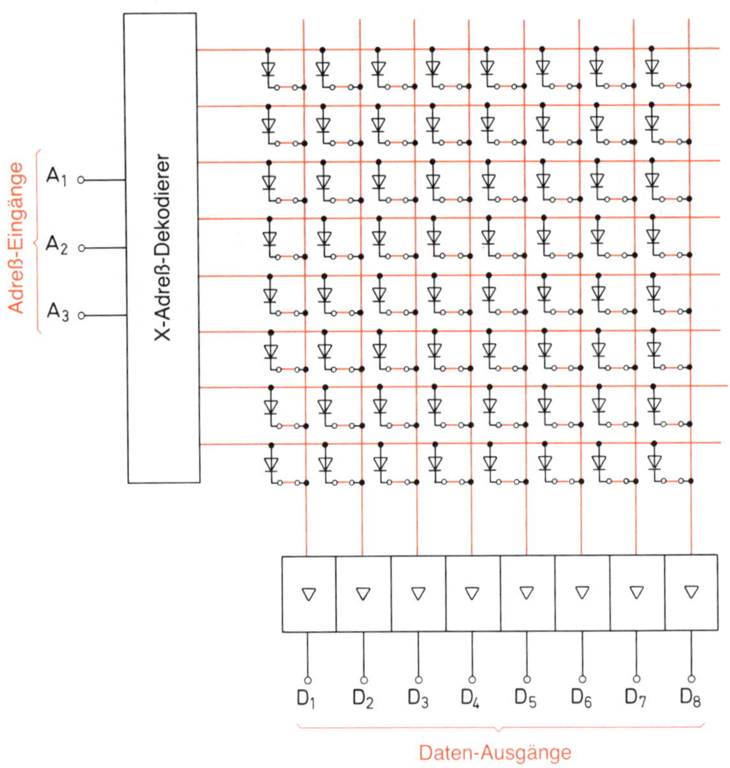

Bild 12.32 Aufbau eines 8 × 8-Bit-Dioden-PROM

Zuführungen aus einer Chrom-Nickel-Legierung (20 bis 30 nm breit, 100 nm dick). Steigt der Strom über einen bestimmten Wert an, so brennen diese Leitungen durch. Zur Programmierung eines PROM ist ein besonderes Programmiergerät erforderlich. Selbstverständlich ist eine Informationsspeicherung nicht mehr rückgängig zu machen. Hat man sich versehen, ist das PROM meist Ausschuß und kann weggeworfen werden. Eine Korrektur ist nur in den seltenen Fällen möglich, in denen zusätzlich weitere Verbindungen durchgebrannt werden müssen.

12.6 Löschbare programmierbare Festwertspeicher

Löschbare und programmierbare Festwertspeicher erlauben das Löschen der eingegebenen Information und die nachfolgende Neuprogrammierung.

Das Löschen und das Neuprogrammieren kann beliebig oft wiederholt werden, ohne daß der Speicherbaustein Schaden erleidet.
Man unterscheidet zwei Gruppen von löschbaren programmierbaren Festwertspeichern. Bei der einen Gruppe wird die Information durch ultraviolettes Licht (UV-Licht) gelöscht. Festwertspeicher dieser Art werden EPROM (Erasable Programmable Read Only Memory = löschbarer programmierbarer Festwertspeicher) und REPROM (Reprogrammable Read Only Memory = neuprogrammierbarer Festwertspeicher) genannt.
Löschbare programmierbare Festwertspeicher der zweiten Gruppe werden durch elektrische Spannungen gelöscht. Für sie sind die Abkürzungen EEROM (Electrically Erasable Read Only Memory = elektrisch löschbarer Festwertspeicher) und EAROM (Electrically Alterable Read Only Memory = elektrisch umprogrammierbarer Festwertspeicher) üblich.

12.6.1 Festwertspeicher EPROM und REPROM

Festwertspeicher der Arten EPROM und REPROM unterscheiden sich nur in geringfügigen Einzelheiten der Herstellungstechnologie voneinander. Sie sind in Aufbau und Arbeitsweise weitgehend identisch und können daher gemeinsam betrachtet werden.
Ein EPROM- bzw. REPROM-Speicherelement für 1 Bit besteht aus zwei selbstsperrenden Feldeffekttransistoren. Es werden überwiegend N-Kanal-MOS-FET verwendet. Der Aufbau eines typischen Speicherelements ist in Bild 12.33 dargestellt. Der Transistor T_1 ist der Auswahltransistor, der Transistor T_2 der Speichertransistor.
Das Gate des Speichertransistors T_2 ist von hochisolierendem Werkstoff umgeben. Es ist nirgendwo angeschlossen. Ein solches Gate wird Floating Gate (engl.: schwimmendes Tor) genannt. Im gelöschten Zustand ist das Floating-Gate ohne Ladung. Der Transistor T_2 ist also gesperrt. Legt man jetzt an die X-Koordinatenleitung und an die Y-Koordinatenleitung jeweils +5 V, so wird der Transistor T_1 durchgeschaltet. Der Transistor T_2

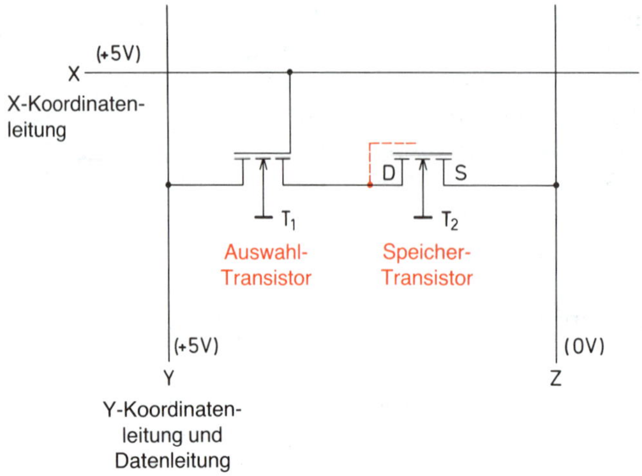

Bild 12.33 EPROM-REPROM-Speicherelement

ist aber gesperrt, so daß die Y-Leitung, die gleichzeitig Datenleitung ist, nicht auf L ≙ 0 heruntergezogen werden kann. Die Y-Leitung verbleibt also auf H ≙ 1. Bei einem gelöschten EPROM-REPROM dieser Art haben alle Speicherelemente den Inhalt 1. Beim Einprogrammieren einer Information werden bestimmte Speicherelemente auf 0 gesetzt. Es werden also «Nullen programmiert».

> *Ein Speicherelement hat den Speicherinhalt 0, wenn der Speichertransistor durchgeschaltet ist.*

Wird ein Speicherelement mit durchgeschaltetem Speichertransistor T_2 abgefragt, wird also an seine X-Leitung und an seine Y-Leitung +5 V gelegt, so schaltet T_1 ebenfalls durch. Da die Leitung Z 0 V führt, wird die Y-Leitung auf ungefähr 0 V heruntergezogen. Wie kann man aber nun erreichen, daß der Speichertransistor durchschaltet? Man muß das Floating-Gate des Speichertransistors elektrisch aufladen.

> *Das Floating-Gate eines N-Kanal-MOS-FET muß gegenüber dem Substrat positiv aufgeladen sein, damit sich eine n-leitende Brücke zwischen S (Source) und D (Drain) bildet.*

Betrachten wir den Aufbau eines Speichertransistors (Bild 12.34). Zwischen D und Substrat wird eine verhältnismäßig hohe Spannung angelegt (z.B. +27 V). Da das Floating-Gate und die Isolierschichten sehr dünn sind, entsteht ein sehr starkes elektrisches Feld. Unter dem Einfluß dieses starken Feldes wandern Elektronen vom Floating-Gate zum Drain ab (Elektronenwanderung entgegen der Feldlinienrichtung). Der Isolierstoff läßt die Elektronen bei dieser sehr hohen elektrischen Feldstärke durch. Man kann sich

vorstellen, daß der Isolierstoff kurzzeitig durchbricht. In Wahrheit ist die Ursache jedoch ein Tunneleffekt. Dieser Vorgang wird Floating-Gate Avalanche-Injection (engl.: lawinenartige Aufladung des schwimmenden Gates) genannt. Ein MOS-Feldeffekttransistor, der mit dieser Gate-Aufladung arbeitet, trägt die Bezeichnung FAMOS-Transistor.
Die Spannung von z.B. +27 V wird Programmierspannung genannt. Nach kurzzeitiger Einwirkung dieser Spannung ist das Floating-Gate aufgeladen. Das Material, das das Floating-Gate umgibt, ist wieder hochisolierend. Die elektrische Ladung bleibt auf dem Floating-Gate erhalten. Im Substrat unterhalb des Floating-Gates entsteht die *n*-leitende Brücke. Der Feldeffekttransistor ist zwischen S und D niederohmig.

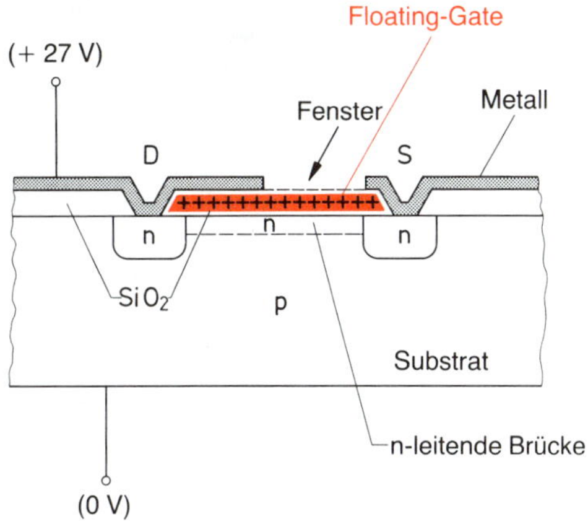

Bild 12.34 Aufbau eines Speichertransistors mit Floating-Gate, auch FAMOS-Transistor genannt (N-Kanal-Typ)

Die Speicherzellen eines EPROM bzw. REPROM werden nach Auswahl durch die Koordinatenleitungen X und Y (Bild 12.33) nacheinander programmiert. An X und Y werden zunächst die Auswahlspannungen +5 V angelegt. Dadurch wird T_1 durchgesteuert. Die Spannung der Y-Leitung wird dann kurzzeitig auf +27 V erhöht. Der Programmiervorgang kann aus Sicherheitsgründen mehrfach wiederholt werden.
Nach Angaben der Hersteller bleibt die Ladung auf dem Floating-Gate viele Jahre lang erhalten. Die Angaben schwanken zwischen 1 Jahr und 100 Jahren.

Ein programmiertes EPROM bzw. REPROM hält die eingegebene Information fest.

Ein namhafter Hersteller gibt eine Garantie von 10 Jahren für den Datenerhalt.

Zum Löschen der Information eines EPROM oder REPROM wird durch ein Fenster oberhalb des Floating-Gates starkes UV-Licht eingestrahlt.

Das hochisolierende Material wird durch die Bestrahlung ionisiert und schwach leitfähig. Die Ladung des Gates wird langsam abgebaut. Bei einer Strahlungsleistung des UV-Lichtstrahlers von etwa 10 Ws/cm^2 ist das Gate nach 20 bis 30 Minuten entladen.
Das Gehäuse eines EPROM bzw. eines REPROM hat ein über die ganze Fläche des Kristallchips gehendes Fenster (Bild 12.35). Das UV-Licht erreicht also alle Speicherelemente und löscht sie alle gleichzeitig.

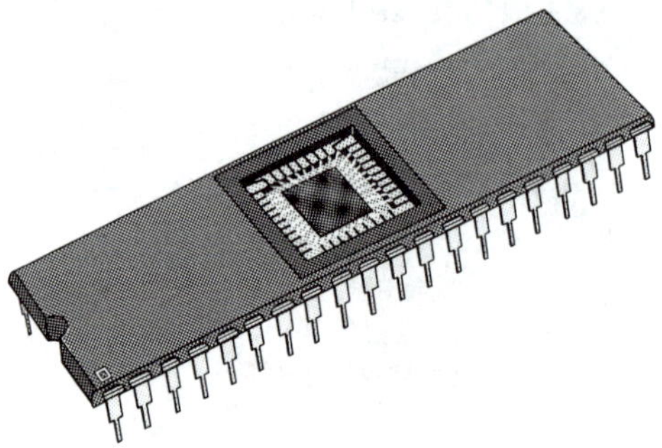

Bild 12.35 Gehäuse eines EPROM-REPROM

> *Beim Löschen eines EPROM bzw. eines REPROM wird stets die gesamte Information gelöscht.*

Nach dem Löschen muß der Baustein abkühlen. Er hat sich tatsächlich merklich erwärmt. Vor allem muß die Ionisierung im isolierenden Material abklingen. Das Material muß wieder hochisolierend sein. Erst dann kann man mit einer Neuprogrammierung beginnen. Die Abkühlzeit sollte mindestens eine halbe, besser eine ganze Stunde dauern.

> *Dem Licht ausgesetzte EPROM bzw. REPROM können unabsichtlich gelöscht werden.*

Die Einstrahlung von Sonnenlicht führt nach etwa 3 Tagen zur Löschung. Das Licht einer Leuchtstofflampe löscht die Information in etwa 3 Wochen. Um unbeabsichtigtes Löschen zu verhindern, ist es zweckmäßig, das Fenster mit einem dunklen Klebeband abzudecken.
Durch den Löschvorgang werden die Materialien des Bausteins nicht merklich verändert, so daß ein beliebig häufiges Löschen und Neuprogrammieren möglich ist.
Löschbare programmierbare Festwertspeicher vom Typ EPROM und REPROM gibt es mit Speicherkapazitäten von einigen 100 Bit bis zu 16 kBit. Bausteine mit 32 kBit und 64 kBit sind in der Entwicklung. Ein häufig verwendetes REPROM ist der Baustein SAB 8708. In Bild 12.36 ist das etwas gekürzte Datenblatt dieses Bausteins wiedergegeben.

SAB 8708: 1024 × 8-Bit-Organisation
Schnelle Programmierung — für alle 8-kBits, 100 s (Richtwert)
Niedrige Programmier-Leistung erforderlich
Zugriffszeit 450 ns
Versorgung: + 12 V, ± 5 V
Statische Schaltung – keine Auffrisch-Schaltung erforderlich
Ein- und Ausgänge TTL-kompatibel während beider Betriebsarten: „Lesen" und „Programmieren"
Drei Ausgangszustände – WIRED-OR-Verknüpfungsmöglichkeit

Der SAB 8708 ist ein schneller 8192 Bit löschbarer und elektrisch neu programmierbarer ROM (REPROM). Er ist besonders für in Entwicklung befindliche Schaltungen bzw. Systeme geeignet.

Er ist in einem DIL-Gehäuse mit 24 Anschlüssen und Quarz-Deckel untergebracht; dadurch kann der Anwender den Speicherinhalt, durch Bestrahlung mit ultraviolettem Licht, löschen und danach den Baustein elektrisch neu programmieren.

Durch die Pin-Kompatibilität von SAB 8708 und SAB 8308 ist es möglich, die Computersystementwicklung unter Ausnützung der Änderungsmöglichkeiten des SAB 8708 durchzuführen und nach Abschluß der Entwicklung ohne jegliche Verdrahtungsänderung den, bei größeren Stückzahlen preisgünstigeren SAB 8308 (Masken programmiertes ROM) einzusetzen.

Blockschaltbild

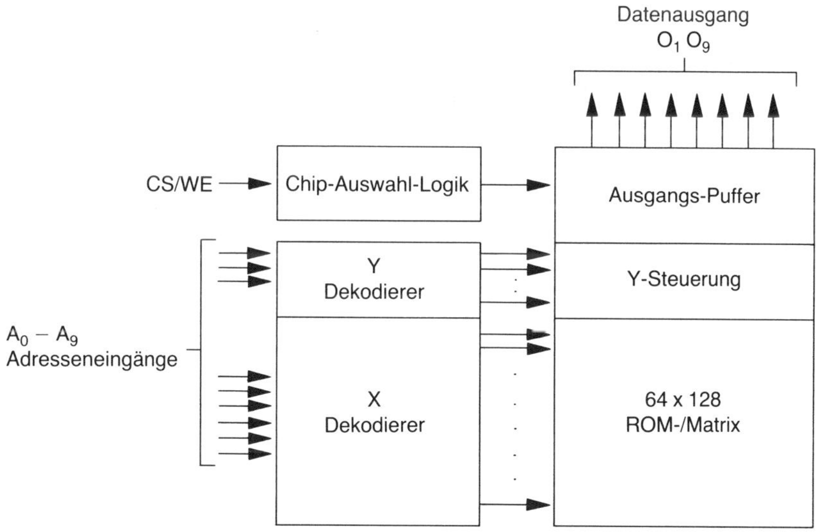

Bild 12.36 Datenblatt des löschbaren und programmierbaren Festwertspeichers SAB 8708

Schaltzeiten

T_U = 0 bis 70° C, V_{CC} = + 5 V ± 5%, V_{DD} = + 12 V ± 5%, V_{BB} = – 5 V ± 5%, V_{SS} = 0 V (wenn nicht anders angegeben)

Symbol	Bezeichnung	Grenzwerte min.	typ.	max.	Einheit
t_{ACC}	Verzögerung, Adresse zum Ausgang	–	280	450	ns
t_{CO}	Verzögerung Baustein-Auswahl zum Ausgang	–	–	120	ns
t_{DF}	Baustein-Auswahl Rücknahme zu Gleitausgang	0	–	120	ns
t_{OH}	Adresse zu Ausgangs-Halt	0	–	–	ns

Kapazität – Stichprobenprüfung

bei T_U = 25° C, f = MHz

Symbol	Bezeichnung	Grenzwerte typ.	max.	Einheit	Prüfbedingungen
C_{IN}	Eingangs-Kapazität	4	6	pF	V_{IN} = 0 V
C_{OUT}	Ausgangs-Kapazität	8	12	pF	V_{OUT} = 0 V

Anschlußbelegung

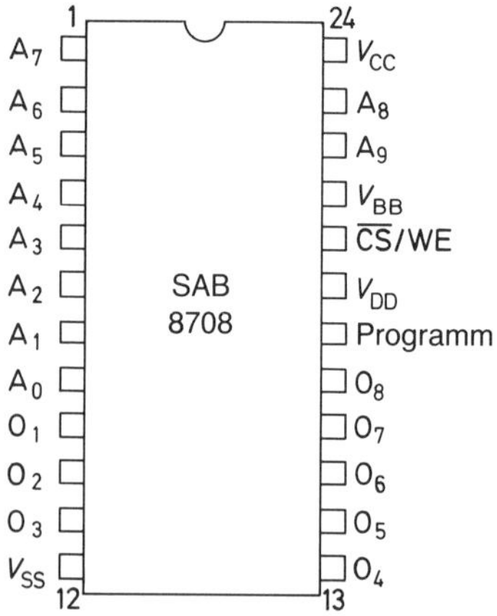

zu Bild 12.36

$A_0 - A_9$	Adressen-Eingänge
$O_1 - O_8$	Daten-Ausgänge
$\overline{CS}$/WE	Baustein-Auswahl/Schreib-Freigabe-Eingang

Grenzdaten [1]

Betriebstemperatur	– 25 bis + 85° C
Lagertemperatur	– 65 bis + 125° C
Alle Eingangs- und Ausgangsspannungen, bezogen auf V_{BB} (außer d. Programm)	+ 15 bis – 0,3 V
Programmier-Eingang an V_{BB}	+ 35 bis – 0,3 V
Versorgungsspannungen V_{CC} und V_{SS}, bezogen auf V_{BB}	+ 15 bis – 0,3 V
V_{DD}, bezogen auf V_{BB}	+ 20 bis – 0,3 V
Leistungsverbrauch	1,5 W

Lesen

Statische Kenndaten und Betriebsbedingungen

T_U = 0 bis 70° C, V_{CC} = + 5 V ± 5%, V_{DD} = + 12 V ± 5%, V_{BB} = – 5 V ± 5%, V_{SS} = 0 V, (wenn nicht anders angegeben)

Symbol	Bezeichnung	Grenzwerte			Einheit	Prüf-bedingungen
		min.	typ. [2]	max.		
I_{LI}	Adreß- und Baustein-Auswahl-Eingangsstrom	–	–	10	µA	V_{IN} = 5,25 V
I_{LO}	Ausgangsreststrom	–	–	10		V_{OUT} = 5,25 V, $\overline{CS}$/WE = 5 V
I_{DD}	V_{DD} Stromaufnahme	–	50	65		Stromaufnahme im schlechtesten Fall
I_{CC}	V_{CC} Stromaufnahme	–	6	10	mA	Alle Eingänge „H"
I_{BB}	V_{BB} Stromaufnahme	–	30	45		$\overline{CS}$/WE = 5 V; T_U = 0° C
V_{IL}	L-Eingangs-spannung	V_{SS}	–	0,65		–
V_{IH}	H-Eingangs-spannung	3	–	V_{CC} + 1		
V_{OL}	L-Ausgangs-spannung	–	–	0,45	V	I_{OL} = 1,6 mA
V_{OH1}	H-Ausgangs-spannung	3,7	–	–		I_{OH} = – 100 µA
V_{OH2}	H-Ausgangs-spannung	2,4	–	–		I_{OH} = – 1 mA
P_D	Leistungsverbrauch	–	–	800	mW	T_U = 70° C

1) Die angegebenen Daten sind Grenzdaten, deren Überschreitung zu Dauerschäden des Bausteins führen kann.
2) Typische Werte bei T_U = 25° C und Nenn-Versorgungsspannung.
3) Programm-Eingang (Pin 18) kann mit V_{SS} oder V_{CC} während der Betriebsart „Lesen" verbunden werden.

zu Bild 12.36

Impulsdiagramm

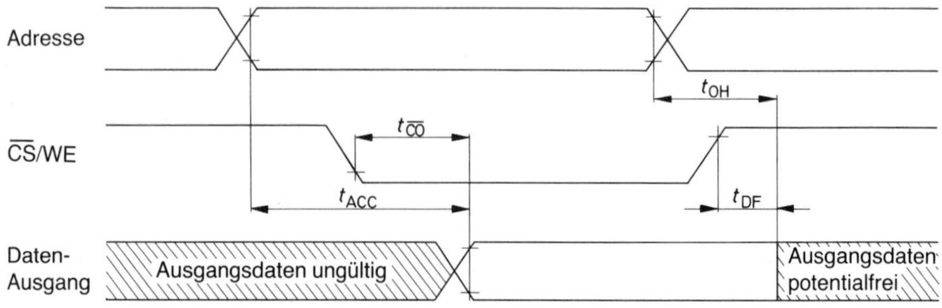

Programmierung

Beim unprogrammiert gelieferten Baustein sowie nach jedem Löschvorgang sind alle Bits im Zustand „1" (Ausgang „high"). Informationen werden eingegeben durch Einschreiben von „Nullen" in die gewünschten Bit-Plätze.

Die Schaltung wird für den Programmiervorgang vorbereitet, indem der Eingang $\overline{CS}$/WE (Pin 20) auf + 12 V angehoben wird. Die Wort-Adresse wird auf die gleiche Art wie die Lese-Betriebsart ausgewählt. Die zu programmierenden Daten werden 8-Bit-parallel an den Datenleitungen ($O_1 - O_8$) angelegt. Die Logik-Pegel für Adreß- und Daten-Leitungen und die Versorgungsspannungen sind die gleichen wie für die Betriebsart „Lesen". Nachdem Adressen und Daten eingestellt sind, wird ein Programmierimpuls (V_p) pro Adresse an den Programmeingang (Pin 18) gebracht. Das einmalige Durchgehen aller zu programmierenden Adressen wird als Programmierschleife bezeichnet. Die Anzahl der benötigten Schleifen (N) steht in Abhängigkeit von der Programm-Impuls-Dauer (t_{PW}) gemäß N x t_{PW} = 100 ms.

Zur Kontrolle der Programmierung können die Programmschleifen und Lese-Schleifen gewechselt werden, wie im Impulsdiagramm gezeigt ist.

zu Bild 12.36

12.6.2 Festwertspeicher EEROM (EEPROM) und EAROM

Festwertspeicher der Arten EEROM (auch EEPROM genannt) und EAROM sind ähnlich aufgebaut wie die im vorstehenden Abschnitt beschriebenen Festwertspeicher. Sie sind löschbar und programmierbar. Das Löschen und das Programmieren kann häufig wiederholt werden, z. B. 10^4- bis 10^5-mal. Ein wichtiger Unterschied ist jedoch:

> *Festwertspeicher der Arten EEROM und EAROM werden elektrisch gelöscht.*

Jede Speicherzelle ist mit zwei selbstsperrenden MOS-FET aufgebaut. Auch hier werden überwiegend N-Kanal-Typen verwendet. Der Aufbau der Speicherzelle entspricht weitgehend der Schaltung Bild 12.33. Der Transistor T_1 arbeitet als Auswahltransistor. Der Transistor T_2 ist der Speichertransistor. Als Speichertransistor wird ein FAMOS-Transistor mit Floating-Gate verwendet (Bild 12.37).

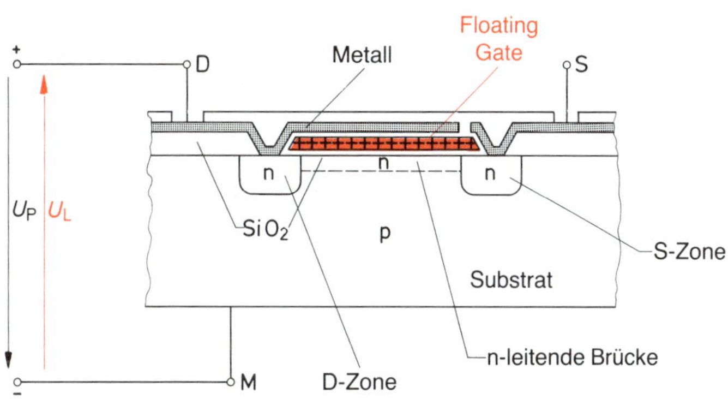

Bild 12.37 Speichertransistor mit Floating-Gate, elektrisch löschbar

Die Programmierung erfolgt wie bei EPROM und REPROM. Die metallische Drainanschlußfläche (D) erhält eine positive Spannung U_p gegen Substrat (z.B. +40 V). Im sehr starken elektrischen Feld erfolgt eine Elektronenwanderung vom Floating-Gate zum Pluspol (Drain). Das Floating-Gate verarmt an Elektronen und wird dadurch positiv geladen. Nach Wegnahme der Programmierspannung U_p bleibt ein elektrisches Feld zwischen Floating-Gate und Substrat bestehen. Es bildet sich in der oberen Substratzone die *n*-leitende Brücke. Der Transistor ist zwischen S und D niederohmig, also durchgeschaltet (Speicherinhalt 0).

Zum Löschen wird nun die Spannung zwischen Drain (D) und Substrat (M) umgekehrt. Die Löschspannung U_L erzeugt ein umgekehrtes elektrisches Feld. Unter dem Einfluß dieses Feldes wandern Elektronen von der metallischen Gateanschlußfläche auf das Floating-Gate und entladen es. Nach vollständiger Entladung erfolgt eine negative Aufladung. Nach Wegnahme der Löschspannung bleibt ein elektrisches Feld zurück, das

vom Substrat zum Floating-Gate gerichtet ist. Die *n*-leitende Brücke zwischen D-Zone und S-Zone verschwindet. Der Transistor sperrt (Speicherinhalt 1).
Elektrisch löschbare Festwertspeicher können nun so gebaut werden, daß die gesamte Information eines Bausteins gemeinsam gelöscht wird. Es wurde vorgeschlagen, für Bausteine mit gemeinsamer Informationslöschung die Bezeichnung EEROM zu verwenden.
Es ist aber auch möglich, die Festwertspeicher so zu bauen, daß jedes Speicherelement einzeln gelöscht werden kann. Ein solcher Speicher läßt sich Bit nach Bit umprogrammieren. Für Speicher dieser Art sollte die Bezeichnung EAROM (Electrically Alterable ROM = elektrisch umprogrammierbarer Festwertspeicher) verwendet werden.
Die Zeit für das Umprogrammieren liegt z. B. bei 20 ms bis etwa 100 ms.

12.7 Magnetkernspeicher

Magnetkernspeicher sind Datenspeicher, die mit Speicherringkernen aufgebaut sind. Jeder Speicherringkern speichert 1 Bit. Der Magnetisierungszustand der Kerne bleibt bei Ausfall der Versorgungsspannung erhalten. Ein Magnetkernspeicher ist also ein nichtflüchtiger Speicher. Die Zugriffszeit zu den im Speicher enthaltenen Daten ist gering (ca. 0,5 μs). Die Herstellung ist jedoch sehr aufwendig. Magnetkernspeicher sind daher sehr teure Speicher. Sie wurden in großem Umfang als schnelle Arbeitsspeicher in der Computertechnik verwendet, werden aber zunehmend von Halbleiterspeichern verdrängt.

12.7.1 Speicherringkerne

Speicherringkerne sind ringförmige Ferritkerne mit Außendurchmessern von 0,46 mm bis 0,8 mm. Vor Jahren wurden Speicherringkerne mit Außendurchmessern bis 4 mm verwendet. Das Ferritmaterial ist ein hartmagnetischer Spezialwerkstoff mit einer fast rechteckförmigen Hystereseschleife. Der Werkstoff hat eine große Remanenz und eine mittelgroße Koerzitiv-Feldstärke (Bild 12.38). Wegen der rechteckförmigen Hystereseschleife wird der Werkstoff auch Rechteckferrit-Werkstoff genannt.
Wegen des fast senkrechten Abfalls und Anstiegs der Hystereseschleife kann ein Speicherringkern nur zwei stabile Magnetisierungszustände annehmen. Entweder liegt die Magnetisierung im Bereich der positiven Sättigung oder im Bereich der negativen Sättigung (Bild 12.38).

Ein Speicherringkern kann nur zwei verschiedene stabile Magnetisierungszustände annehmen.

Dem Magnetisierungszustand im positiven Sättigungsbereich wird der binäre Zustand 1 zugeordnet. Dem Magnetisierungszustand im negativen Sättigungsbereich wird der binäre Zustand 0 zugeordnet (Bild 12.39). Die binären Zustände werden auch logische Zustände genannt.

Bild 12.38 Hystereseschleife eines Speicherringkerns

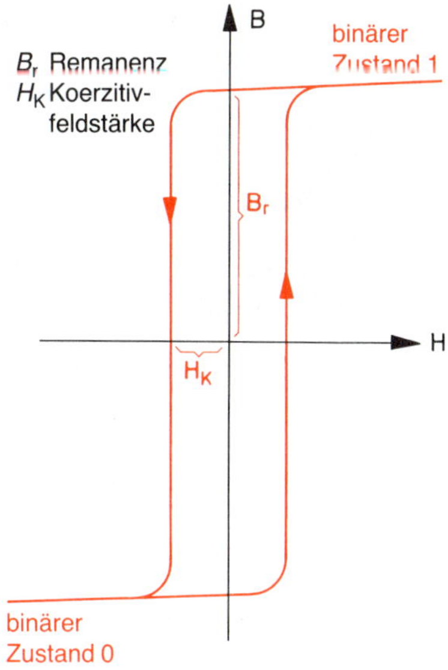

Bild 12.39 Zuordnung der binären Zustände bei Speicherringkernen

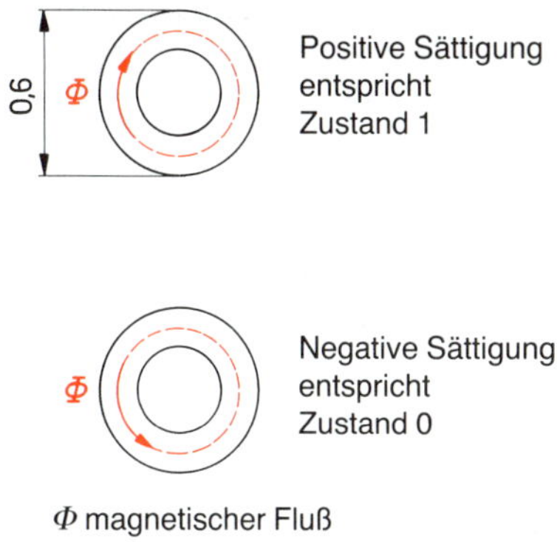

> *Mit Hilfe von Stromimpulsen werden Speicherringkerne von einem Zustand in den anderen gekippt.*

Die Stromimpulse erzeugen die für das Kippen notwendige magnetische Feldstärke. Das Kippen erfolgt in etwa 200 ns. Diese Zeit ist die sogenannte Schaltzeit.

12.7.2 Magnetkernspeicher-Matrix

Der Aufbau einer Magnetkernspeicher-Matrix ist in Bild 12.40 dargestellt. Jeder Speicherringkern wird von einem X-Koordinatendraht, von einem Y-Koordinatendraht und von einem Lesedraht durchzogen. Die Magnetkernspeicher-Matrix in Bild 12.40 hat eine

Bild 12.40 Aufbau einer Magnetkernspeicher-Matrix

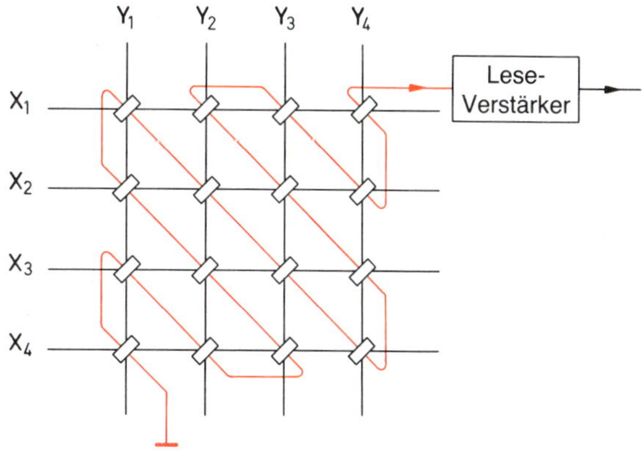

Speicherkapazität von 16 Bit, organisiert in 4 × 4 Bit. Üblich sind Magnetkernspeicher-Matritzen mit 64 × 64 Bit. Diese haben 64 Kerne in jeder X-Zeile und 64 Zeilen untereinander. Ihre Speicherkapazität beträgt 4096 Bit. Es werden auch Matritzen mit 128 × 64 Bit und größer hergestellt.
Die Herstellung von Magnetspeicher-Matrizen geschieht überwiegend in Handarbeit. Mehrere Matrizen werden zu einem Magnetspeicher-Block zusammengefaßt.

12.7.3 Schreib- und Lesevorgang

Das Einspeichern von Informationen kann auf verschiedene Weise erfolgen. Sehr leicht zu verstehen ist das sogenannte *Halbstromverfahren*. Betrachten wir Bild 12.41. Alle Kerne der Magnetkernspeicher-Matrix sollen in Zustand 0 gekippt sein. Die Matrix enthält also keine Information.

> *Zum Einspeichern einer Information ist es erforderlich, bestimmte Kerne in den Zustand 1 zu kippen und andere im Zustand 0 zu belassen.*

Das Einspeichern wird auch Schreiben genannt. Zum Kippen eines Kerns soll ein Strom von 300 mA erforderlich sein, das heißt, der Kern muß von einem Strom von 300 mA in der richtigen Richtung durchflossen werden, dann kippt er in den Zustand 1. Soll nun ein bestimmter Kern in den Zustand 1 gekippt werden, läßt man durch jede seiner Koordinatenleitungen 150 mA fließen. Wenn z.B. der 3. Kern der 2. Zeile in den Zustand 1

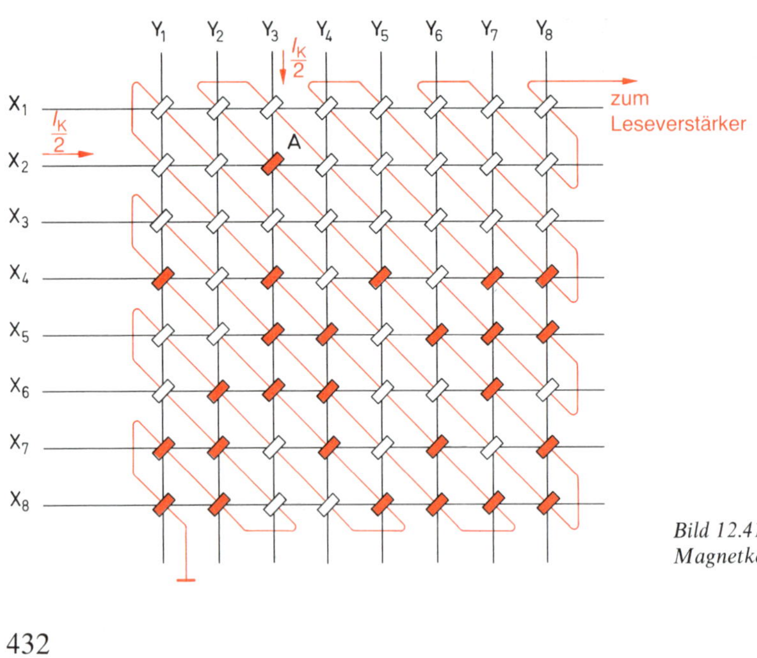

Bild 12.41 8 × 8-Bit-Magnetkernspeicher-Matrix

gekippt werden soll, muß durch die Koordinatenleitung X_2 ein Strom von 150 mA fließen. Ebenfalls muß durch die Koordinatenleitung Y_3 ein Strom von 150 mA fließen. Der Kern A wird jetzt von insgesamt 300 mA durchflossen und kippt. Zur Sicherheit läßt man in den Koordinatenleitungen etwas mehr als den halben Kippstrom fließen, also z.B. 160 mA.
Die anderen Kerne der Kordinatenleitung X_2 werden somit von 160 mA durchflossen. Ebenfalls werden alle anderen Kerne der Koordinatenleitung Y_3 von 160 mA durchflossen. Dieser Strom ist zum Kippen nicht ausreichend. Die anderen Kerne der Koordinatenleitungen werden also nicht kippen.
Mit Hilfe der Halbströme werden nun nacheinander die gewünschten Kerne in den Zustand 1 gekippt. Für die Steuerung der Ströme ist eine besondere Schaltung erforderlich.
Die Informationsausgabe wird Lesen genannt. Beim Lesen muß festgestellt werden, welche Kerne sich im Zustand 1 und welche Kerne sich im Zustand 0 befinden. Die Kerne werden nacheinander «abgefragt». Durch ihre Koordinatenleitungen werden Halbströme in entgegengesetzter Richtung wie beim Schreiben geschickt. Befindet sich ein Kern im Zustand 0, wird er durch diese Ströme ein wenig stärker in die negative Sättigung magnetisiert. Sein Magnetfeld ändert sich kaum. Befindet sich ein Kern im Zustand 1, kippt er in den Zustand 0. Sein Magnetfeld kehrt sich um. In die Leseleitung wird ein Spannungsimpuls induziert. Der Spannungsimpuls wird im Leseverstärker verstärkt und weiter verarbeitet.

Beim Lesen werden alle Kerne, die sich im Zustand 1 befinden, in den Zustand 0 gekippt. Dadurch wird die Information gelöscht.

Das Löschen der Information beim Lesen ist ein Nachteil. Wird die Information weiter benötigt, muß sie zwischengespeichert und nach dem Lesen erneut wieder eingeschrieben werden.

12.8 Magnetblasenspeicher

Magnetblasenspeicher erlauben die Speicherung großer Datenmengen auf kleinem Raum mit geringer Zugriffszeit. Die Daten sind also verhältnismäßig schnell verfügbar. Die gespeicherte Information ist nicht flüchtig, das heißt, sie bleibt bei Ausfall der Versorgungsspannung erhalten.

12.8.1 Magnetblasen

In bestimmten magnetisierbaren Schichten, wie Gadolinium-Gallium-Granat ($Cd_3Ga_5O_{12}$), lassen sich kleine Zonen erzeugen, die entgegengesetzt magnetisiert sind wie ihre Umgebung (Bild 12.42). Diese kleinen Zonen werden Magnetblasen genannt. Sie können mit verschiedenen Durchmessern erzeugt werden. Übliche Durchmesser liegen zwischen 1,5 μm und 4 μm.

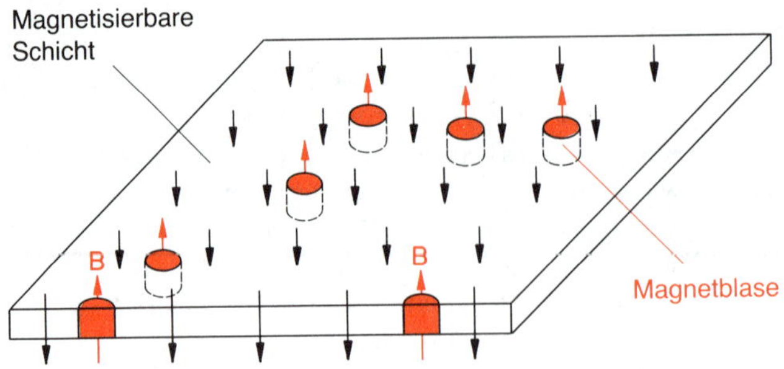

Bild 12.42 Magnetblasen in magnetisierbarer Schicht aus Gadolium-Gallium-Granat ($Cd_3Ga_5O_{12}$)

> *Magnetblasen sind kleine Zonen, die stets entgegengesetzt magnetisiert sind wie ihre Umgebung.*

Sie bilden sich zylinderförmig aus, wenn ein äußeres Magnetfeld die Schicht senkrecht durchsetzt, z.B. das Feld eines Dauermagneten, dessen einer Pol oberhalb und dessen anderer Pol unterhalb der Schicht liegt.
Magnetblasen werden in einem Magnetblasen-Generator erzeugt. Dies ist ein Elektromagnet, der bei Stromdurchfluß die unter ihm liegende Kristallzone umgekehrt wie ihre Umgebung magnetisiert.
Bringt man einen Dauermagneten in die Nähe dieser Magnetblasen, wandern sie in der Schicht je nach Polung des Feldes des Dauermagneten entweder auf diesen zu oder von diesem weg.

> *Magnetblasen lassen sich mit Hilfe von anderen Magnetfeldern bewegen.*

Bei der Bewegung der Blasen wandert keine Materie. Die Kristalle der magnetisierbaren Schicht werden lediglich magnetisch umgepolt (schneller Austausch von magnetischen Eigenschaften innerhalb der kristallinen Schicht).
Magnetblasen verschwinden nicht, ohne daß Energie aufgewendet wird. Einmal erzeugt, bleiben sie erhalten, bis sie gezielt vernichtet, also gelöscht werden.

> *Magnetblasen haben eine große Stabilität. Sie können jahrelang in der magnetisierbaren Schicht erhalten bleiben.*

12.8.2 Magnetblasenschleifen

Eine ungeordnete Bewegung der Magnetblasen in der Schicht ist nicht sinnvoll. Man könnte die einzelnen Magnetblasen nicht identifizieren und ihnen daher auch nicht die Bedeutung von Bit zuordnen.

Magnetblasen müssen sich in der Schicht auf bestimmten Bahnen bewegen.

Der Hersteller von Magnetblasenspeichern muß also eine Art Gleissystem anlegen. Auf diesen «Gleisen» bewegen sich die Magnetblasen.
Auf die magnetisch aktive Schicht wird ein sogenanntes Muster aufgedampft. In vielen Fällen ist es ein Winkelmuster (Bild 12.43), aber auch Kreisbögen und andere Formen sind üblich. Aufgedampft wird eine Nickel-Eisen-Legierung mit guten weichmagnetischen Eigenschaften.
Mit Spulensätzen, die die magnetisch aktive Schicht umgeben, wird ein Drehfeld erzeugt. Die Winkel des Musters werden durch dieses Drehfeld magnetisiert. In einem bestimmten Augenblick ist z.B. der Winkel 1 mit dem Höchstwert magnetisiert. Dieser Höchstwert der Magnetisierung wandert dann zum Winkel 2, dann zum Winkel 3 usw. Eine Magnetblase wandert stets zu dem am stärksten magnetisierten Winkel (richtige Magnetisierungsrichtung vorausgesetzt). Wenn sich eine Magnetblase beim Winkel 1 befindet, wird sie also zum Winkel 2 weiterwandern, dann zum Winkel 3 und so fort (Bild 12.43).

Eine Magnetblase bewegt sich entlang des aufgedampften «Musters». Durch das Drehfeld wird ihre Bewegungsgeschwindigkeit vorgegeben.

Da das Drehfeld auf alle vorhandenen Magnetblasen wirkt, wandern sie alle mit gleichmäßiger Geschwindigkeit entlang der vorgegebenen Bahn.

Alle Magnetblasen bewegen sich synchron.

Auf der magnetisch aktiven Schicht werden verschiedene «Gleise» erzeugt. Die meisten «Gleise» haben eine Schleifenform. Auf ihnen laufen die Magnetblasen um.

Jeder Magnetblase wird der logische Zustand 1 zugeordnet.

Die Magnetblasenschleife (Bild 12.43) wirkt wie ein zum Ring geschlossenes Schieberegister. Das Herumtakten wird vom Drehfeld besorgt.
Für die Magnetblasen wird ein bestimmter Abstand festgelegt. Er muß größer sein als das Vierfache des Blasendurchmessers, damit die Blasen sich nicht gegenseitig beeinflussen. Bei einem Blasendurchmesser von z.B. 2 µm wäre ein Abstand von 10 µm sinnvoll. Alle 10 µm könnte also eine Blase kommen. Kommt keine Blase, gilt dieser Platz als ein Bit mit dem Zustand 0.

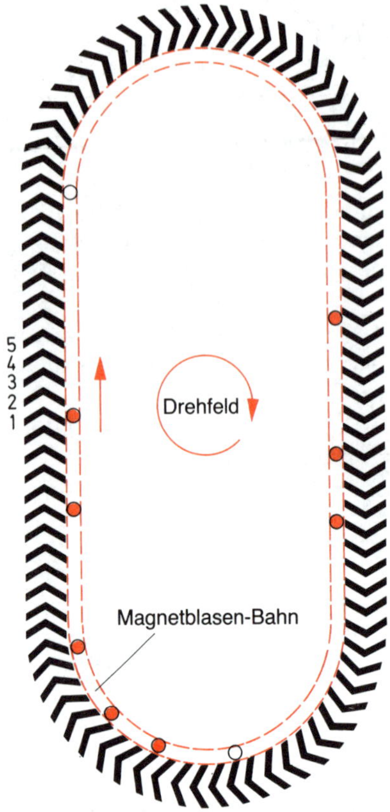

Bild 12.43 Magnetblasenschleife

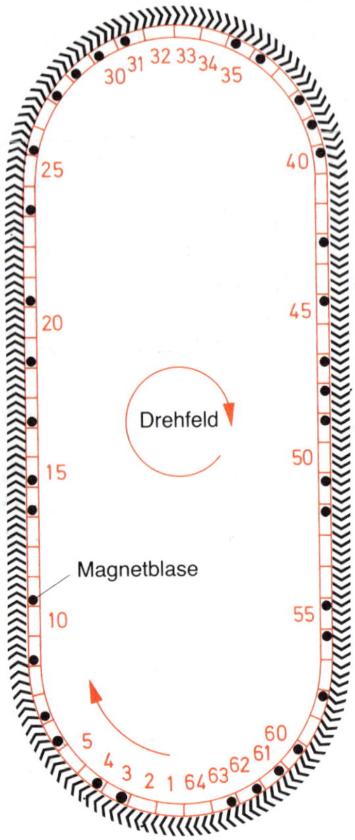

Bild 12.44 Magnetblasenschleife mit einer Speicherkapazität von 64 Bit

> *Jeder fehlenden Magnetblase wird der logische Zustand 0 zugeordnet.*

Eine Magnetblasenschleife hat also eine bestimmte, bei der Herstellung festgelegte Anzahl von möglichen Blasenplätzen. Auf diesen Plätzen können Blasen erzeugt werden oder auch nicht.

> *Jeder Blasenplatz auf einer Magnetblasenschleife stellt eine Speicherkapazität von 1 Bit dar.*

In Bild 12.44 ist eine Magnetblasenschleife mit einer Speicherkapazität von 64 Bit dargestellt. Übliche Magnetblasenschleifen haben Kapazitäten von 4096 Bit und mehr.

Bild 12.45 Magnetblasenschleife mit Eingangstor und Ausgangstor

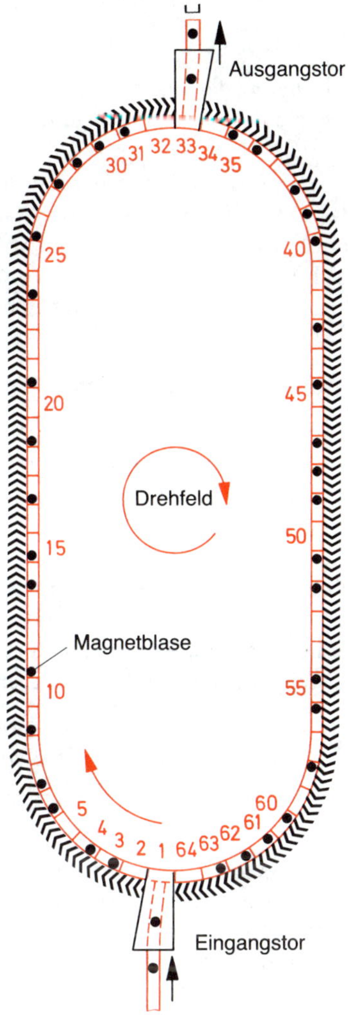

12.8.3 Einschreiben einer Information

Es wäre möglich, in der Schleife selbst Blasen zu erzeugen und Blasen zu löschen. Das ist aber nicht üblich. Man läßt Blasen über sogenannte Tore einfließen und abfließen. Jede Magnetblasenschleife hat ein Eingangstor und ein Ausgangstor (Bild 12.45).

> *Magnetblasen werden über Tore der Magnetblasenschleife zugeführt und aus ihr abgeführt.*

Ein Tor wird mit Hilfe eines stromdurchflossenen Leiters gebildet. Dieser wirkt wie ein kleiner Elektromagnet. Bei einer bestimmten Stromrichtung entsteht ein Magnetfeld,

das den Durchgang der Blasen sperrt. Die Blasen werden abgestoßen. Bei der entgegengesetzten Stromrichtung entsteht ein Magnetfeld, das die Blasen anzieht und durchläßt.
Vor Eingang einer neuen Information muß die alte Information gelöscht werden. Die Magnetblasenschleife ist zu entleeren, das heißt, über das Ausgangstor sind alle Blasen abzuziehen.
Die für das Einschreiben einer Information benötigten Blasen und Leerstellen kommen aus einer Eingabeschleife, die später noch näher erläutert wird.

12.8.4 Lesen einer Information

Beim Lesen werden die Blasen über das Ausgangstor abgeführt und gelangen in eine Ausgabeschleife. Dort laufen sie an einem Blasendetektor vorbei. Der Blasendetektor besteht aus einem winzigen Metallstreifen in der Blasenbahn. Der Metallstreifen liegt also sozusagen auf den Schienen der Blasen. Er ist Teil einer abgestimmten Brückenschaltung.
Passiert eine Blase den Metallstreifen, wird die Brücke kurzzeitig verstimmt. An ihrem Ausgang ist ein Spannungsimpuls verfügbar. Dieser steht für den Informationsinhalt 1. Läuft eine Leerstelle am Blasendetektor vorbei, entsteht kein Spannungsimpuls. Keine Spannung steht für den Informationsinhalt 0.

Magnetblasen werden mit einem Blasendetektor gelesen.

Die Information wird aus der Magnetblasenschleife ausgelesen und steht dort nun nicht mehr zur Verfügung. Das ist in vielen Fällen unerwünscht. Es ist jedoch möglich, Tore zu bauen, die die Magnetblasen vergrößern, länglich verformen und auseinanderreißen. Die Magnetblasen werden somit verdoppelt. Eine Magnetblase wandert in die Ausgabeschleife, die andere verbleibt in der Magnetblasenschleife, auch Speicherschleife genannt. In der Speicherschleife bleibt also die Information erhalten.
Mit Toren dieser Art ist es nun aber nicht mehr möglich, die Speicherschleife zu entleeren. Die Tore müssen je nach Wahl die Magnetblasen vollständig passieren lassen oder die Magnetblasen verdoppeln. Beides läßt sich durch unterschiedliche Einwirkungsdauer und Stärke des Tor-Magnetfeldes erreichen.

12.8.5 Aufbau eines Magnetblasenspeichers

Ein Magnetblasenspeicher enthält eine große Anzahl von Speicherschleifen. Üblich sind 128, 256 und 512 Schleifen. In der Entwicklung befindliche Speicher sollen 1024 und mehr Schleifen haben. Jede Schleife enthält etwa 4096 Bit. Meist sind 128 Speicherschleifen zu einem Speicherblock zusammengefaßt. Jeder Speicherblock hat einen Blasengenerator und eine Eingabeschleife (Bild 12.46).
Dem Blasengenerator werden elektrische Impulse zugeführt, die in Magnetblasen umgewandelt werden. Diese Magnetblasen kreisen zunächst in der Eingabeschleife. Sie wer-

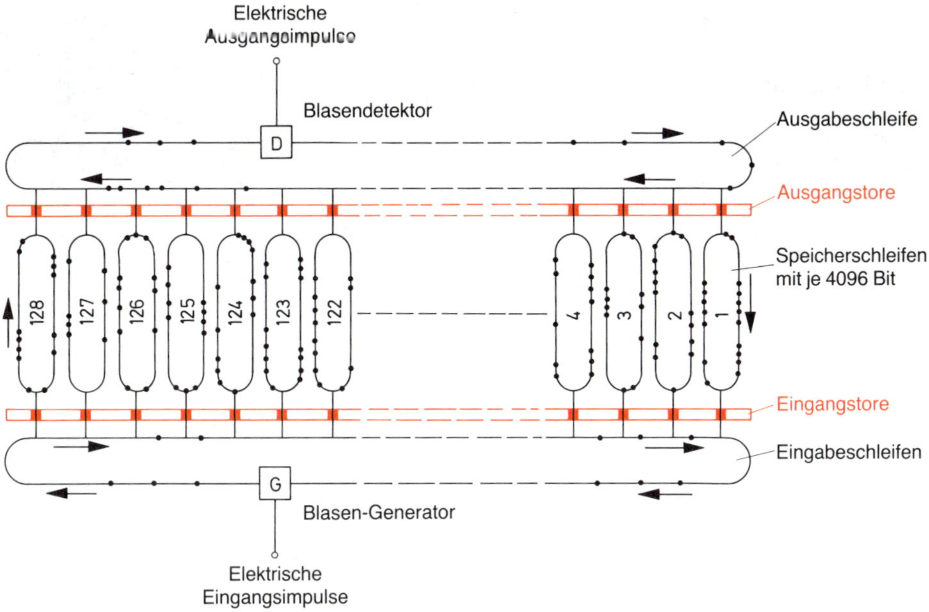

Bild 12.46 Prinzipieller Aufbau eines Magnetblasenspeichers (Speicherblock mit 128 Speicherschleifen)

den in einem genau festgelegten Augenblick durch einen Steuerimpuls auf die Eingangstore in die Speicherschleifen übernommen.
Es erfolgt also eine Paralleleingabe. Im Augenblick der Eingabe liegen 128 Speicherplätze vor den 128 Eingangstoren. Jeder Speicherplatz kann die Information 0 oder 1 enthalten. Enthält ein Speicherplatz keine Magnetblase, hat er den Inhalt 0, enthält er eine Magnetblase, hat er den Inhalt 1. Es wird also jeweils eine Information von 128 Bit parallel eingegeben.
Bei der Datenausgabe werden immer 128 Bit parallel ausgegeben. Die Magnetblasen kreisen in den Speicherschleifen. In einem bestimmten Augenblick liegen 128 Speicherplätze vor den Ausgangstoren – vor jeder Speicherschleife einer. Wird jetzt ein Steuersignal auf die Ausgangstore gegeben, werden die auf den Speicherplätzen befindlichen Magnetblasen durch die Tore gezogen und in die Ausgabeschleife übernommen. In der Ausgabeschleife wandern die Blasen weiter. Jede Blase erzeugt im Detektor einen Spannungsimpuls. Sie können danach gelöscht werden.
Der praktische Aufbau eines Magnetblasenspeichers ist in Bild 12.47 dargestellt. Auf einem Trägermaterial (Substrat) ist eine dünne Schicht aus magnetischem Granat aufgebracht. Diese Granatschicht ist die Magnetblasenschicht. Die Magnetblasenbahnen werden durch Aufdampfen von Mustern auf die Granatschicht erzeugt. Die Muster bestehen aus einer weichmagnetischen Nickel-Eisen-Legierung. Zur Formung der Magnetblasen werden zwei Dauermagnetscheiben benötigt. Das Drehfeld wird durch zwei

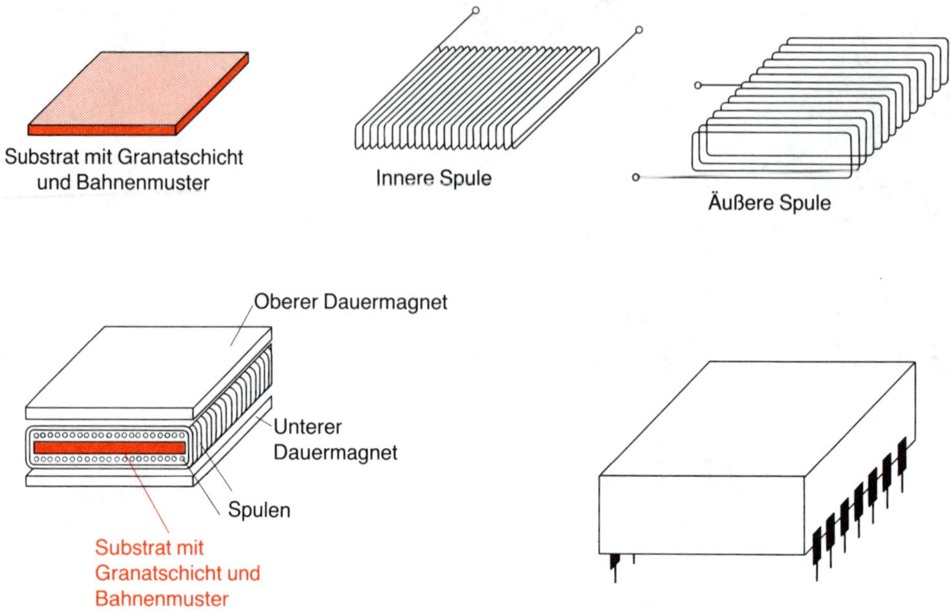

Bild 12.47 Praktischer Aufbau eines Magnetblasenspeichers

Spulen erzeugt, die zueinander um 90° versetzt sind. Die kleinen Elektromagnete der Tore sind in Bild 12.47 nicht zu erkennen. Ebenfalls nicht erkennbar sind Blasengeneratoren und Blasendetektoren. Der fertige Speicher hat das Aussehen eines kleinen kunststoffvergossenen Trafos (ungefähre Abmessungen 50 mm × 40 mm × 15 mm).

12.9 Lernziel-Test

1. Skizzieren Sie die Schaltung eines 6-Bit-Schieberegisters für serielle Dateneingabe und Datenausgabe. Zum Aufbau sollen SR-Flipflops verwendet werden.
2. Was versteht man bei einem Schieberegister unter Paralleleingabe, was unter Parallelausgabe?
3. Wie arbeitet ein Ringregister?
4. Erklären Sie die Begriffe RAM und ROM.
5. Welche Unterschiede bestehen zwischen einem statischen RAM und einem dynamischen RAM?
6. Gesucht ist die Schaltung eines stationären RAM-Speicherelementes für 1 Bit in N-MOS-Technik. Erklären Sie die Arbeitsweise dieser Schaltung.
7. Stellen Sie die Vor- und Nachteile von statischen RAM-Speicherelementen in TTL-Technik und in N-MOS-Technik gegenüber.

8. Ein RAM hat 4X-Adreßleitungen und 4Y-Adreßleitungen und wird als 256 × 4-Bit-Speicher bezeichnet. Geben Sie das Aufbauschema dieses Speichers an.
9. Wie unterscheidet sich ein ROM von einem PROM?
10. Was ist Maskenprogrammierung?
11. Wie ist ein EPROM-Speicherelement aufgebaut, und wie arbeitet es?
12. Was ist ein «Floating-Gate» bei einem FAMOS-Transistor?
13. Es gibt Speicherbausteine mit den Bezeichnungen EEROM und EPROM. Wodurch unterscheiden sich diese Speicherbausteine?
14. Skizzieren Sie den Aufbau einer Magnetkernspeicher-Matrix mit 6 × 6 Bit.
15. Was ist eine Magnetblase, und welche Eigenschaften hat sie?
16. Was versteht man unter einer Magnetblasenschleife?
17. Wie ist ein Magnetblasenspeicher aufgebaut?
18. Erläutern Sie den Vorgang der Informationseingabe in einen Magnetblasenspeicher.

13 Digital-Analog-Umsetzer, Analog-Digital-Umsetzer

13.1 Digital-Analog-Umsetzer

Digital-Analog-Umsetzer, auch DA-Wandler genannt, haben die Aufgabe, digitale Informationen in entsprechende analoge Informationen umzuwandeln.

13.1.1 Prinzip der Digital-Analog-Umsetzung

Betrachten wir eine Sinustabelle. Sie enthält die Sinusfunktionswerte, also die Informationen in digitaler Form. Nach der Sinustabelle kann eine Sinuskurve gezeichnet werden. Diese enthält die Informationen in analoger Form. Die Umwandlung der Tabelle in die Kurve ist eine Digital-Analog-Umsetzung.
In der digitalen Steuerungstechnik liegen die Informationen meist als binäre Informationen vor, die nach einem bestimmten Kode verschlüsselt sind. Für diesen Kode muß der Digital-Analog-Umsetzer geeignet sein.

Ein Digital-Analog-Umsetzer kann nur Signale eines bestimmten binären Kodes in analoge Signale wandeln.

Verschiedene binäre Kodes eignen sich nicht für eine Digital-Analog-Umsetzung. Es sind dies die *unbewerteten Kodes*. Unbewertet nennt man einen Kode, dessen Elementen keine bestimmten Zahlenwerte zugeordnet sind. Der Dualkode ist z.B. ein bewerteter Kode. Jedem Element, also jeder Stelle, ist eine Zweierpotenz zugeordnet. Ebenfalls ist der BCD-Kode ein bewerteter Kode. Der GRAY-Kode dagegen ist ein unbewerteter Kode. Seinen Elementen sind keine Zahlenwerte zugeordnet (s. Kapitel 8).

Unbewertete Kodes müssen vor einer Digital-Analog-Umsetzung in einen bewerteten Kode umgewandelt werden.

Die Umwandlung bereitet mit entsprechenden Kodewandlern keine Schwierigkeiten. Bei fehlererkennenden und fehlerkorrigierenden Kodes ergeben sich mit den Redundanzstellen Probleme. Wenn der Kode sonst ein bewerteter Kode ist (z.B. der Hamming-Kode), müssen die Redundanzstellen von der Digital-Analog-Umsetzung ausgeschlossen werden. Ist der Kode nicht bewertet, muß er vor der Digital-Analog-Umsetzung insgesamt in einen bewerteten Kode umgesetzt werden.
Das Prinzip der Digital-Analog-Umsetzung zeigt Bild 13.1. Mit 4-Bit-Einheiten lassen sich 16 Zahlenwerte bilden. Als analoges Signal ergibt sich eine Treppenspannung. Mit

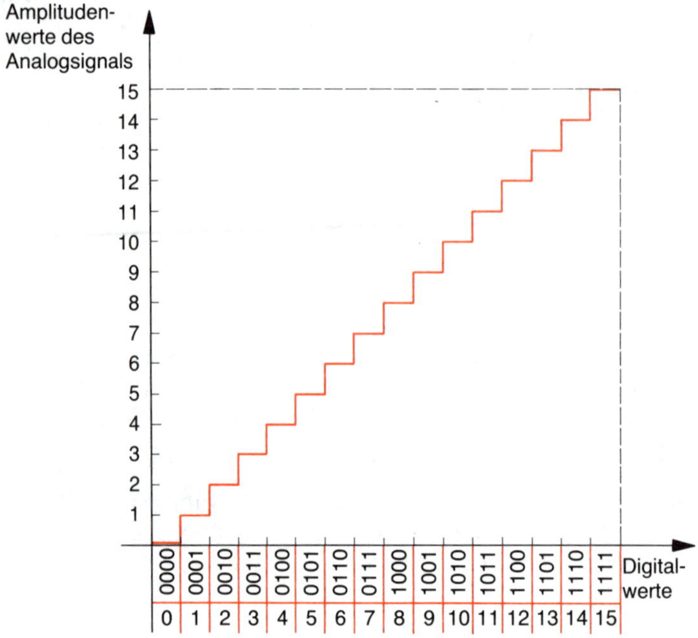

Bild 13.1 Prinzip der Digital-Analog-Umsetzung

Anzahl der Bits	Anzahl der Amplitudenwerte
4	16
5	32
6	64
7	128
8	256
9	512
10	1024
11	2048
12	4096
13	8192
14	16384
15	32768

Bild 13.2 Zusammenhang zwischen Bitzahl und Amplitudenwerten

4 Bit werden also 16 verschiedene Amplitudenwerte gebildet. Entsprechend sind mit 5 Bit 32 Amplitudenstufen möglich, mit 6 Bit 64 Amplitudenstufen usw. (s. Bild 13.2).

> *Das sich aus der Digital-Analog-Umsetzung ergebende Analogsignal ist ein gestuftes Signal mit einer bestimmten Anzahl von möglichen Amplitudenwerten.*

Die Stufung kann beliebig fein gemacht werden. Sie wird um so feiner, je größer die Anzahl der Bit des digitalen Signals ist.
Die Stufen werden durch Siebglieder geglättet, so daß ein stetig verlaufendes Analogsignal entsteht.
Die Umwandlung digitaler Signale in analoge Signale ist mit verschiedenartigen Verfahren möglich. Die wichtigsten Verfahren sollen kurz vorgestellt werden.

13.1.2 DA-Umsetzer mit gestuften Widerständen

Die Prinzipschaltung eines DA-Umsetzers mit gestuften Widerständen ist in Bild 13.3 dargestellt. An die vier Eingänge A, B, C und D wird ein 4-Bit-Digitalsignal angelegt. Die Widerstände R_0 bis R_3 sind nach der Wertigkeit der Bit im Dualkode bemessen. Es gilt die Gleichung:

Bild 13.3 Prinzipschaltung eines DA-Umsetzers mit gestuften Widerständen für den Dualkode

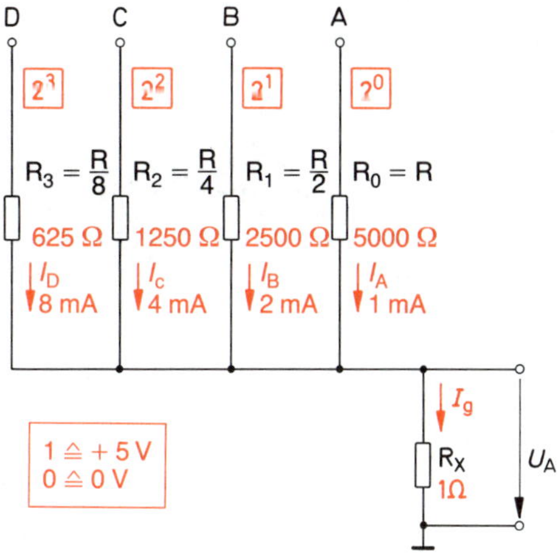

$$R_n = \frac{R}{2^n}$$

Der Wert von R kann in Grenzen frei gewählt werden. Hier wurden 5000 Ω gewählt. Für R_1 ergibt sich 2500 Ω, für R_2 1250 Ω. Jeder weitere Widerstand ist immer halb so groß wie der vorhergehende.

Die Tabelle Bild 13.3a zeigt die sich ergebenden Ströme, wenn das 1-Signal +5 V und das 0-Signal 0 V entspricht. Es ergibt sich eine Ausgangsspannung, die in 1-mV-Schritten gestuft ist. Sie hat stets soviel Millivolt, wie der Zahlenwert des 4-Bit-Dualsignals beträgt, ist also ein Analogsignal.

Bild 13.3a Tabelle der Teilströme I_A, I_b, I_C, I_D der Gesamtströme I_g und der Ausgangsspannungen U_A des DA-Umsetzers nach Bild 13.3 für duale Eingangssignale von 0000 bis 1111

Dezimal-zahlenwert	D 2^3	C 2^2	B 2^1	A 2^0	I_D/mA	I_C/mA	I_B/mA	I_A/mA	I_g/mA	U_A/mV
0	0	0	0	0	0	0	0	0	0	0
1	0	0	0	1	0	0	0	1	1	1
2	0	0	1	0	0	0	2	0	2	2
3	0	0	1	1	0	0	2	1	3	3
4	0	1	0	0	0	4	0	0	4	4
5	0	1	0	1	0	4	0	1	5	5
6	0	1	1	0	0	4	2	0	6	6
7	0	1	1	1	0	4	2	1	7	7
8	1	0	0	0	8	0	0	0	8	8
9	1	0	0	1	8	0	0	1	9	9
10	1	0	1	0	8	0	2	0	10	10
11	1	0	1	1	8	0	2	1	11	11
12	1	1	0	0	8	4	0	0	12	12
13	1	1	0	1	8	4	0	1	13	13
14	1	1	1	0	8	4	2	0	14	14
15	1	1	1	1	8	4	2	1	15	15

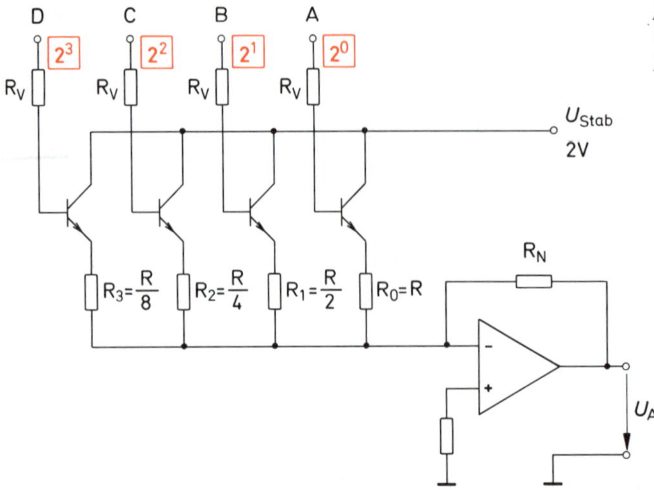

Bild 13.4 DA-Umsetzer mit Widerstandsnetzwerk für den Dualkode

Ein Digital-Analog-Umsetzer nach Bild 13.3 arbeitet nicht sehr genau. Die 1-Signale einer Digitalschaltung haben ja in den seltensten Fällen genau +5 V. Abweichungen im Rahmen der zulässigen Toleranzen führen zu fehlerhaften Analogsignalen. Wesentlich genauer arbeitet die Schaltung Bild 13.4. Es wird eine stabilisierte Gleichspannung U_{Stab} verwendet. Diese wird über Transistor-Schalterstufen auf die Widerstände R_0 bis R_3 geschaltet. Der Operationsverstärker arbeitet als Summierverstärker. Die Widerstände R_V dienen der Basisstrombegrenzung. Die Transistoren arbeiten im inversen Betrieb. Bei dieser Betriebsart ist die Kollektor-Emitter-Sättigungsspannung U_{CEsat} eines durchgeschalteten Transistors sehr klein (ca. 20 mV). An die Eingänge A bis D müssen 1-Signale angelegt werden, die größer als etwa 2,6 V sind.
DA-Umsetzer für andere bewertete Binärkodes sind entsprechend aufgebaut. Je nach der Wertigkeit der einzelnen Bit sind die Widerstände R_0 bis R_n zu bemessen.

13.1.3 R/2R-DA-Umsetzer

Ein DA-Wandler läßt sich mit Hilfe eines Kettenleiters aufbauen. Für einen solchen Kettenleiter sind nur zwei verschiedene Widerstandsgrößen erforderlich, eine Widerstandsgröße R und eine doppelt so große Widerstandsgröße 2R. Diese Widerstandsgrößen geben dem DA-Wandler den Namen. Die Schaltung eines R/2R-DA-Umsetzers zeigt Bild 13.5.
Die Arbeitsweise der Schaltung Bild 13.5 ist schwierig zu übersehen. Zur Erläuterung der Arbeitsweise soll daher die nur mit zwei Schaltern arbeitende Schaltung Bild 13.6 dienen. Die Widerstandswerte betragen 1 kΩ und 2 kΩ, die Versorgungsspannung U_{Stab} beträgt 12 V.
Die Schaltung wandelt 2-Bit-Dualsignale in Analogsignale um. Bei $S_0 = 0$ ist der Schalter S_0 mit Masse verbunden. Bei $S_0 = 1$ ist der Schalter S_0 mit U_{Stab} verbunden. Entsprechendes gilt für den Schalter S_1.

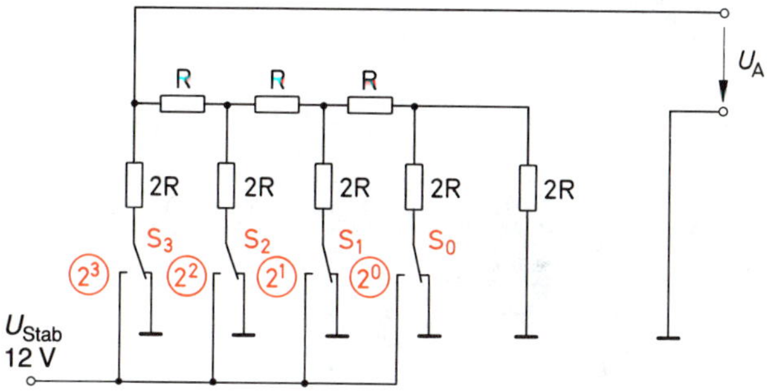

Bild 13.5 Prinzipschaltung eines R/2R-DA-Umsetzers

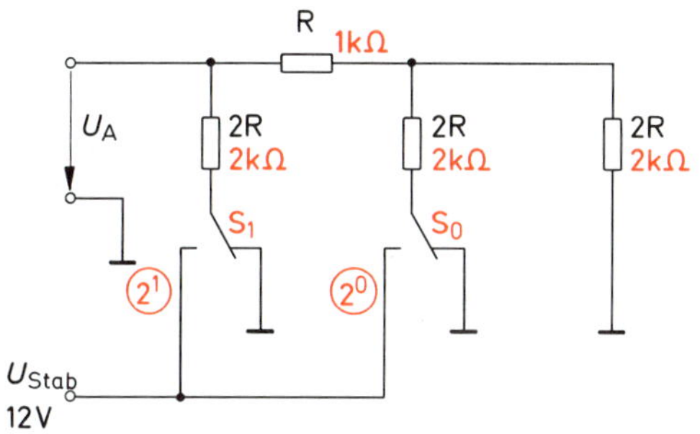

Bild 13.6 R/2R-DA-Umsetzer für 2-Bit-Dualsignale

Dezimal-wert	S_1 (2^1)	S_0 (2^0)	U_A
0	0	0	0 V
1	0	1	3 V
2	1	0	6 V
3	1	1	9 V

Bild 13.7 Tabelle zur Schaltung Bild 13.6

Wenn beide Schalter geöffnet sind (Masseanschluß), liegt am Ausgang die Spannung $U_A = 0$ V. Ist nur der Schalter S_0 geschlossen, ergibt sich die Schaltung Bild 13.8 mit einem Gesamtwiderstand von 3,2 kΩ und einem Gesamtstrom $I_g = 3{,}75$ mA. Zwischen Punkt P und Masse liegt ein Widerstand von 1,2 kΩ, an dem eine Spannung von 4,5 V abfällt. Diese wird durch R_3 und R_4 aufgeteilt. An R_4 liegt eine Spannung von 3 V.

Ist nur der Schalter S_1 geschlossen, wird die Spannung U_{Stab} halbiert. Sind beide Schalter geschlossen, ergibt sich eine Ausgangsspannung von 9 V (Bild 13.7). Die Stufung der Spannung U_A beträgt also 3 V.

Die Stufung ΔU_A ergibt sich aus der Anzahl der Schalter bzw. aus der Anzahl der Bit. Sie wird mit der Gleichung

$$\boxed{\Delta U_A = \frac{U_{Stab}}{2^n}}$$

berechnet. Für die Schaltung Bild 13.5 beträgt sie

$$\Delta U_A = \frac{U_{Stab}}{2^n} = \frac{12\text{ V}}{2^4} = \frac{12\text{ V}}{16} = 0{,}75\text{ V}$$

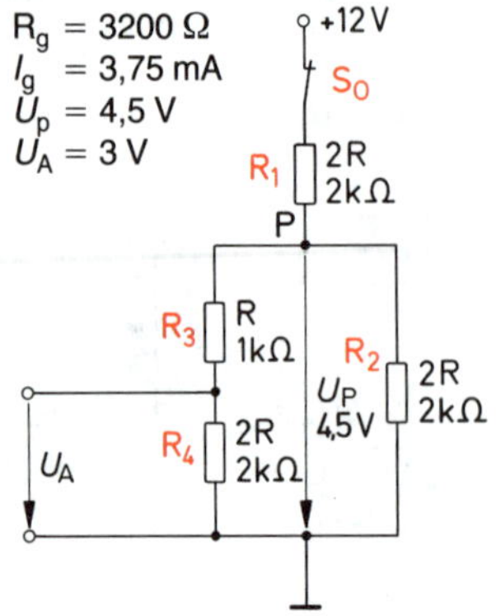

Bild 13.8 Widerstandsschaltung

Die Schalter S_0 bis S_n werden in der Praxis durch Transistor-Schalterstufen ersetzt. Das R/2R-Verfahren eignet sich besonders gut für integrierte Schaltungen. Es müssen nur zwei verschiedene Widerstandswerte hergestellt werden.
DA-Umsetzer werden überwiegend als integrierte Schaltungen hergestellt. Wegen des geringen Leistungsbedarfs werden DA-Umsetzer in CMOS-Technik besonders häufig verwendet.

13.2 Analog-Digital-Umsetzer

Analog-Digital-Umsetzer, auch AD-Wandler genannt, wandeln analoge Signale in entsprechende digitale Signale um.

13.2.1 Prinzip der Analog-Digital-Umsetzung

Ein analoges Signal, z.B. ein Signal nach Bild 13.9, kann durch eine bestimmte Anzahl von Amplitudenwerten dargestellt werden. Die Amplitude des Signals wird z.B. alle 10 µs gemessen. Die gemessenen Zahlenwerte werden nacheinander in der richtigen Reihenfolge gespeichert. Alle Zahlenwerte zusammen bilden das digitale Signal.

> *Das digitale Signal einer zeitlich sich ändernden Größe besteht aus einer Anzahl von Zahlenwerten.*

Die Zahlenwerte können in einem beliebigen Zahlensystem oder Kode dargestellt werden. In Bild 13.9 sind sie dezimal und dual dargestellt.

> *Analog-Digital-Umsetzer geben die Zahlenwerte meist im dualen Zahlensystem oder im BCD-Kode aus.*

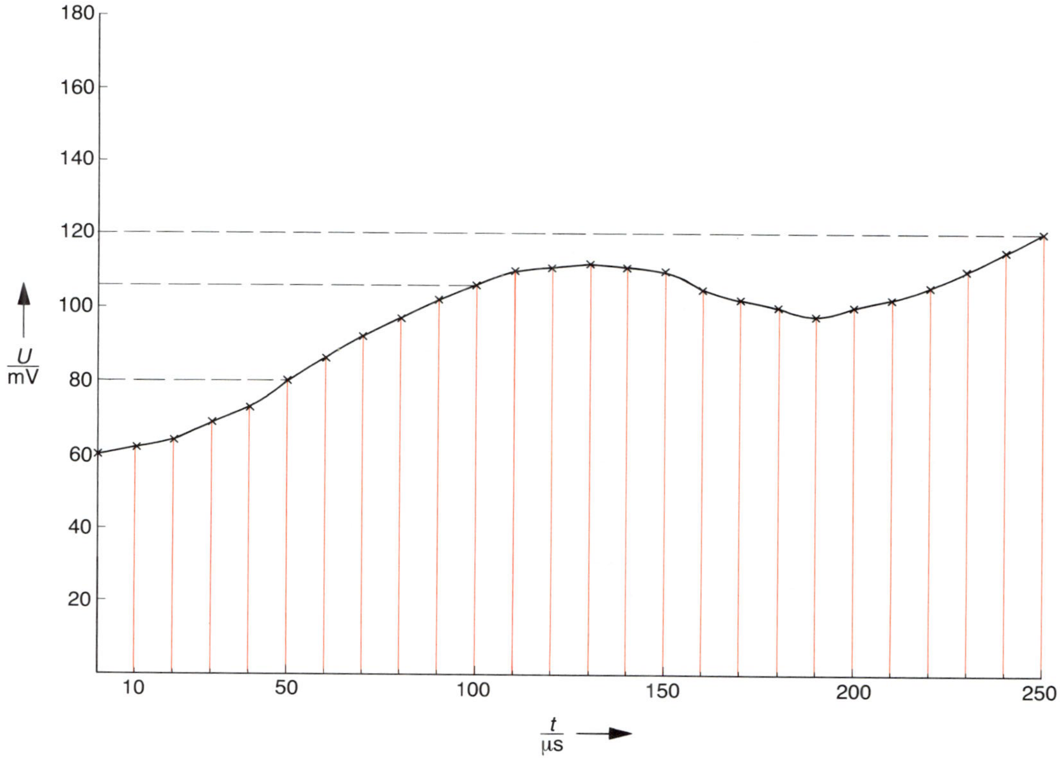

$\frac{t}{\mu s}$	$\frac{U}{mV}$	$\frac{U}{mV}$
0	60	0 1 1 1 1 0 0
10	62	0 1 1 1 1 1 0
20	64	1 0 0 0 0 0 0
30	69	1 0 0 0 1 0 1
40	73	1 0 0 1 0 0 1
50	80	1 0 1 0 0 0 0
60	86	1 0 1 0 1 1 0
70	92	1 0 1 1 1 0 0
80	97	1 1 0 0 0 0 1
90	102	1 1 0 0 1 1 0
100	106	1 1 0 1 0 1 0
110	110	1 1 0 1 1 1 0
120	111	1 1 0 1 1 1 1
130	112	1 1 1 0 0 0 0
140	111	1 1 0 1 1 1 1
150	110	1 1 0 1 1 1 0
160	105	1 1 0 1 0 0 1
170	102	1 1 0 0 1 1 0
180	100	1 1 0 0 1 0 0
usw.	:	
	dezimal	dual

Bild 13.9 Analoges Signal, dargestellt durch Amplitudenwerte

Die Amplitudenwerte werden in einem bestimmten Maßstab dargestellt, z.B. in Millivolt. Sollen Spannungswerte bis 4 V auf 1 mV genau gewandelt werden, sind 4000 Amplitudenstufen erforderlich. Zur Darstellung dieser 4000 Amplitudenstufen werden 12stellige Dualzahlen benötigt. Jeder Amplitudenwert wird dann durch 12 Bit dargestellt. Die Feinheit der Zahlendarstellung hängt von der Anzahl der Bit ab. Sie wird Auflösungsvermögen genannt.

Ein AD-Umsetzer hat ein um so größeres Auflösungsvermögen, je mehr Bit für die Darstellung der Zahlenwerte zur Verfügung stehen.

Das Auflösungsvermögen darf nicht mit der Genauigkeit des AD-Umsetzers verwechselt werden. Die Genauigkeit hängt von der Richtigkeit der ausgegebenen Zahlenwerte ab. Auch fein unterteilte Zahlenwerte, also Zahlenwerte mit vielen Bit, können ungenau sein.

Jeder Analog-Digital-Umsetzer arbeitet mit einer bestimmten Genauigkeit.

Die Genauigkeit gibt an, um welchen Bruchteil des richtigen Wertes das Umsetzungsergebnis höchstens nach oben und unten abweichen darf. Bei einer Genauigkeit von 10^{-3} dürfen die Ergebnisse um $^{1}/_{1000}$ größer oder kleiner als der richtige Wert sein, also um $\pm 1^{0}/_{00}$ abweichen. Bei großem Aufwand sind zur Zeit Genauigkeiten von 10^{-5} erreichbar.

Ein zeitlich sich änderndes Analogsignal muß mit einer bestimmten Häufigkeit abgetastet werden. Das heißt, die Amplitudenwerte müssen z.B. jede µs oder alle 10 µs oder jede ms gemessen und gespeichert werden. Die Häufigkeit der Feststellung der Amplitudenwerte muß um so größer sein, je schneller sich das Analogsignal ändert. Allgemein gilt:

Die Abtasthäufigkeit eines Analogsignals muß mindestens doppelt so groß sein wie die höchste zu wandelnde Frequenz, die im Analogsignal enthalten ist.

Soll ein analoges Tonfrequenzsignal mit einer Bandbreite von 50 Hz bis 20 kHz in ein entsprechendes digitales Signal umgewandelt werden, sind mindestens 40 000 Abtastvorgänge je Sekunde erforderlich. Die sogenannte Abtastfrequenz beträgt dann 40 kHz. Sie darf sehr wohl größer, aber nicht kleiner sein. Ist sie dennoch kleiner, wird das Frequenzband beschnitten.

Analog-Digital-Umsetzer werden überwiegend als integrierte Schaltungen hergestellt. Ein Aufbau mit diskreten Bauelementen wäre sehr aufwendig. Bei integrierten Schaltungen überwiegt z.Z. die CMOS-Technik. Schaltungen in TTL-Technik und ECL-

Technik werden wegen des verhältnismäßig großen Leistungsbedarfs nur dort eingesetzt, wo besondere Schnelligkeit erforderlich ist.

AD-Umsetzer unterscheiden sich im wesentlichen durch folgende Eigenschaften:

Auflösungsvermögen	(Anzahl der Bit)
Genauigkeit	(Fehler in % des Ergebnisses oder in % des Höchstwerts)
Schnelligkeit	(Dauer eines Umsetzervorgangs, Anzahl der höchstmöglichen Umsetzervorgänge je Zeiteinheit)
Spannungsbereich	(Bereich von der kleinsten bis zur größten umsetzbaren Spannung)

Eine Vielzahl verschiedener Umsetzerverfahren und Schaltungen ist gebräuchlich. Sie sollen im folgenden erläutert werden.

13.2.2 AD-Umsetzer nach dem Sägezahnverfahren

Ein AD-Umsetzer nach dem Sägezahnverfahren tastet das Analogsignal mit Sägezahnspannungen ab. Die Sägezahnspannungsflanke beginnt im negativen Spannungsbereich (Bild 13.10). Zum Zeitpunkt ①, wenn die Sägezahnspannung die Null-Linie überschreitet, wird ein Dualzähler gestartet. Dieser zählt Impulse eines Generators. Hat die Sägezahnspannung die Spannung des Analogsignals erreicht (Punkt ②), wird der Zähler gestoppt.

Der Zähler hat also während der Zeit Δt gezählt. Er hat genaugenommen die Zeit gemessen. Da die Sägezahnflanke aber in einem genau festgelegten Winkel α ansteigt, kann aus Δt und α die Spannungsamplitude u errechnet werden:

$$\tan \alpha = \frac{u}{\Delta t}$$

$$u = \Delta t \cdot \tan \alpha$$

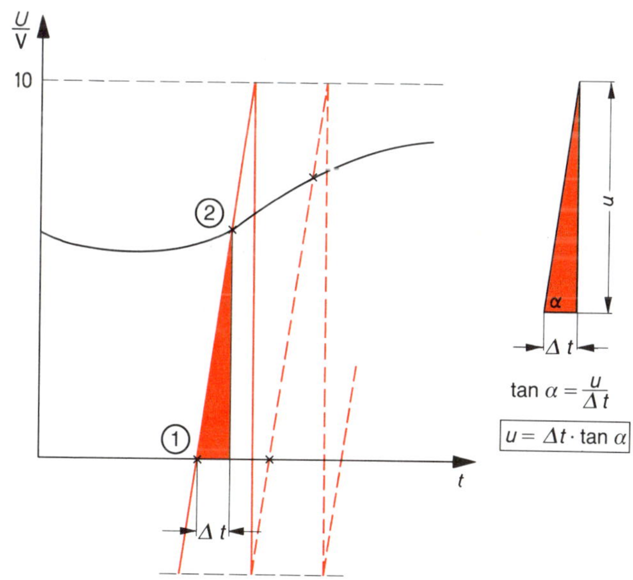

Bild 13.10 Abtastung des Analogsystems mit Sägezahnspannung

Die Dualzahl, die der Zähler anzeigt, ist also ein Maß für den Spannungswert *u*. Die Frequenz des Impulsgenerators läßt sich nun so wählen, daß der Zähler die Spannung in der gewünschten Einheit, z.B. in Millivolt, angibt.
Durch den Höchstwert der Sägezahnspannung ist die größte abtastbare Spannung des Analogsignals gegeben. Steigt die Sägezahnspannung z.B. bis 10 V an (Bild 13.10), können nur Analogspannungen bis maximal 10 V gewandelt werden.
Bild 13.11 zeigt den prinzipiellen Schaltungsaufbau eines AD-Umsetzers nach dem Sägezahnverfahren. Die Sägezahnspannung wird auf zwei Komparatorschaltungen gegeben. Am Ausgang einer Komparatorschaltung liegt nur dann das binäre Signal 1, wenn beide Eingangsspannungen gleich groß sind (analoger Komparator bzw. Komparator mit Analogeingängen).
Hat die Sägezahnspannung einen negativen Wert, liegt am Ausgang des Komparators 2 0-Signal ($K_2 = 0$).

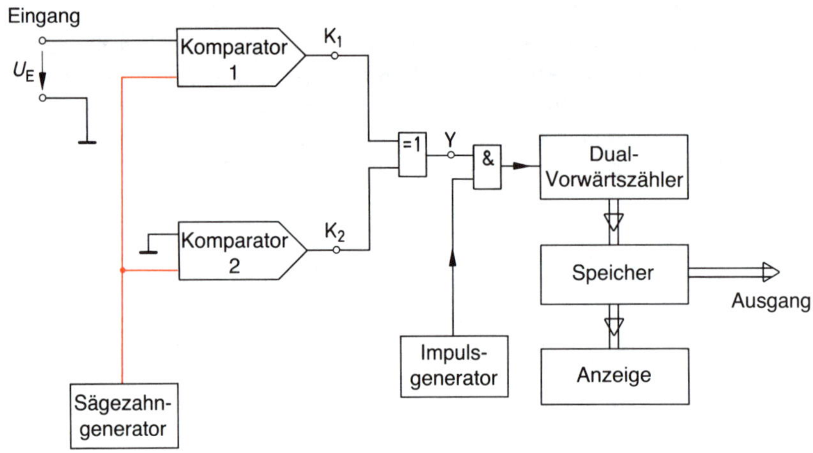

Bild 13.11 Schaltungsaufbau eines AD-Umsetzers nach dem Sägezahnverfahren

Überschreitet die Sägezahnspannung die Null-Linie (Punkt ①), wird $K_2 = 1$, denn beide Eingangsspannungen sind jetzt gleich. Am Ausgang Y des EXKLUSIV-ODER-Gliedes erscheint jetzt 1-Signal. Das UND-Glied gibt die Generatorimpulse zum Zählen frei. Erreicht die Sägezahnspannung die Analogspannung, gibt der Komparator 1 ebenfalls 1-Signal ($K_1 = 1$). Jetzt wird $Y = 0$. Das UND-Glied sperrt die Generatorimpulse. Das Digitalsignal des Zählers wird in einen Speicher gegeben und weiter verarbeitet. Es kann angezeigt werden. Eine Anzeige erfolgt z.B. bei einem digitalen Spannungsmesser.
Die Genauigkeit der Schaltung hängt sehr wesentlich von der Linearität der Sägezahnanstiegsflanke ab.
Der AD-Umsetzer nach Bild 13.11 ist nur für positive Meßspannungen geeignet. Man kann eine zu wandelnde Wechselspannung durch Addition einer bekannten Gleich-

spannung so anheben, daß alle Spannungswerte in den positiven Spannungsbereich fallen. Der Wert der bekannten Gleichspannung wird nach der AD-Umsetzung vom digitalen Ergebnis abgezogen.
Die Schaltung Bild 13.11 kann aber auch erweitert werden, so daß sie für positive und negative Meßspannungen geeignet ist.

13.2.3 AD-Umsetzer nach dem Dual-Slope-Verfahren

Das Dual-Slope-Verfahren arbeitet mit zwei Schritten. Es wird daher auch Zweischrittverfahren genannt. Dual-Slope ist ein englischer Ausdruck. Er bedeutet «zwei unterschiedlich steigende Flanken». Kernstück des AD-Umsetzers ist ein integrierter Verstärker, ein sogenannter Integrator (Bild 13.12). Die Ausgangsspannung des Integrators hat zwei unterschiedlich steigende Flanken.
Im 1. Schritt wird die positive Analogspannung während einer fest vorgegebenen Zeit t_1 integriert. Der Kondensator C des Integrators wird aufgeladen.
Im 2. Schritt wird eine negative Festspannung (Referenzspannung) an den Eingang des Integrators gelegt. Der Kondensator C wird entladen, bis die Ausgangsspannung des Integrators 0 ist. Die Zeit, die vom Anlegen der Referenzspannung bis zum Nullwerden der Integrator-Ausgangsspannung vergeht, ist ein Maß für die Größe der Analogspannung. Diese Zeit wird t_2 genannt.

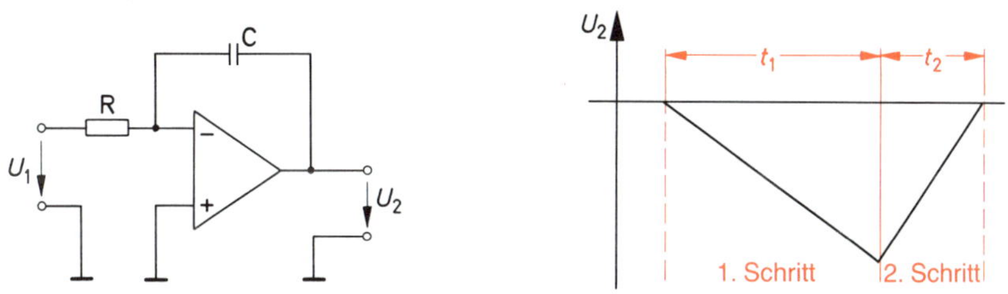

Bild 13.12 Integrator mit Angabe des Spannungsverlaufs während des 1. und 2. Schrittes

Während der Zeit t_2 läuft ein Vorwärtszähler. Er erhält die Zählimpulse von einem Impulsgenerator. Nach Ablauf der Zeit t_2 zeigt der Zähler eine binäre Größe an. Diese ist der digital ausgedrückte Amplitudenwert der Analogspannung. Wird die Analogspannung in den Dualkode gewandelt, ist der Zähler ein Dual-Vorwärtszähler. Der Zähler muß stets in dem Kode zählen, in den umgesetzt werden soll.
Wegen der zwei Arbeitsschritte des Integrators wird das Dual-Slope-Verfahren auch *Doppelintegrationsverfahren* genannt.
Der Schaltungsaufbau eines AD-Umsetzers nach dem Dual-Slope-Verfahren ist in Bild 13.13 dargestellt. Eine Steuerschaltung betätigt einen elektronischen Umschalter S. Zu Beginn des Umsetzungsvorganges, also zu Beginn der Zeit t_1, wird der Umschalter in

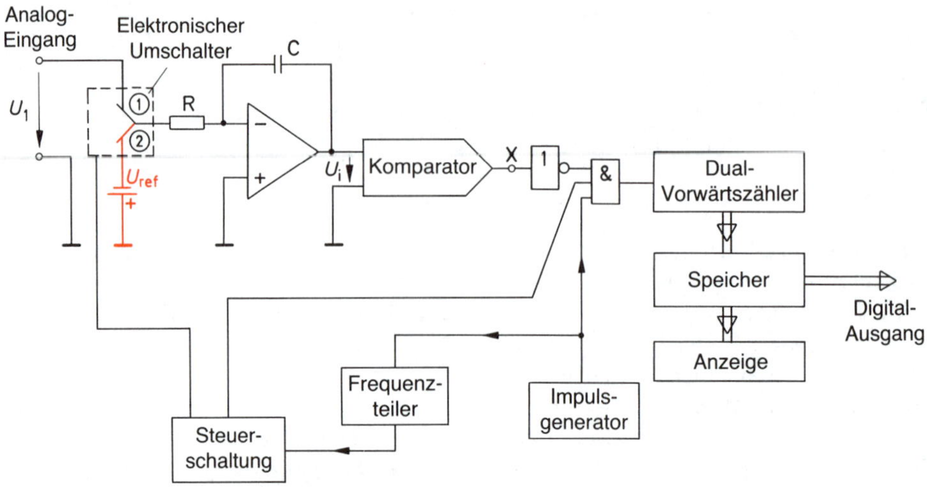

Bild 13.13 Schaltungsaufbau eines AD-Umsetzers nach dem Dual-Slope-Verfahren

Stellung 1 gebracht. In dieser Stellung verbleibt er während der Zeit t_1. Die Zeit t_1 wird aus dem Impulsgenerator über einen Frequenzteiler gewonnen. Sie ist eine Festzeit – z.B. 100 µs. Während der Zeit t_1 wird C über R geladen.

Nach Ablauf der Zeit t_1 wird der elektronische Umschalter auf Stellung 2 geschaltet. Die Referenzspannung wird an den Eingang des Integrators gelegt. Gleichzeitig werden die Impulse des Impulsgenerators über das UND-Glied freigegeben. Sie werden vom Zähler gezählt. Die Zeit t_2 läuft. Aus dem Integrator wird Strom gezogen, C wird entladen.

Während der Zeit t_2 sind die beiden Eingangsspannungen des Komparators ungleich. An seinem Ausgang X liegt 0-Signal. Dieses wird negiert und erscheint als 1-Signal am Eingang des UND-Gliedes.

Wenn die Ausgangsspannung U_2 des Integrators Null wird, ist die Zeit t_2 abgelaufen. Die beiden Eingangsspannungen des Komparators sind jetzt 0 V. Am Ausgang X erscheint 1-Signal. Dieses wird negiert in ein 0-Signal, das das UND-Glied sperrt. Die Impulszählung ist beendet. Das digitale Ergebnis liegt vor.

AD-Umsetzer nach dem Dual-Slope-Verfahren arbeiten langsamer als AD-Umsetzer nach dem Sägezahnverfahren. Sie erreichen jedoch bei gleichem Aufwand eine höhere Genauigkeit. Die Werte von R und C beeinflussen das digitale Ergebnis nicht. Dieses ist vor allem vom Verhältnis t_1/t_2 und von der Referenzspannung U_{ref} abhängig:

$$\frac{U_1}{U_{ref}} = \frac{t_2}{t_1}$$

Da die Zeiten t_1 und t_2 gleichermaßen von der Frequenz des Impulsgenerators abhängig sind, beeinflußt auch diese Frequenz das Ergebnis nicht. Sie muß allerdings während der Zeit $t_1 + t_2$ konstant sein.

13.2.4 AD-Umsetzer nach dem Kompensationsverfahren

Beim AD-Umsetzer nach dem Kompensationsverfahren wird die Analogspannung U_1 mit einer Kompensationsspannung U_K verglichen. Die Kompensationsspannung ergibt sich als Ausgangsspannung eines Digital-Analog-Umsetzers und wird daher auch Umsetzerspannung genannt. Dem DA-Umsetzer werden solange digital-kodierte Zahlen eingegeben, bis die Umsetzerspannung U_K die Spannung U_1 erreicht. Den prinzipiellen Schaltungsaufbau zeigt Bild 13.14.

Zu Beginn eines Umsetzungsvorganges wird der Zähler durch die Steuerschaltung auf Null gesetzt. Die Spannung U_K ist Null. Am Ausgang des Komparators liegt X = 0. Dieses Signal wird negiert auf den Eingang eines UND-Gliedes gegeben. Das UND-Glied läßt die Impulse des Impulsgenerators zum Zähler durch. Der Zähler zählt von 0 an vorwärts.

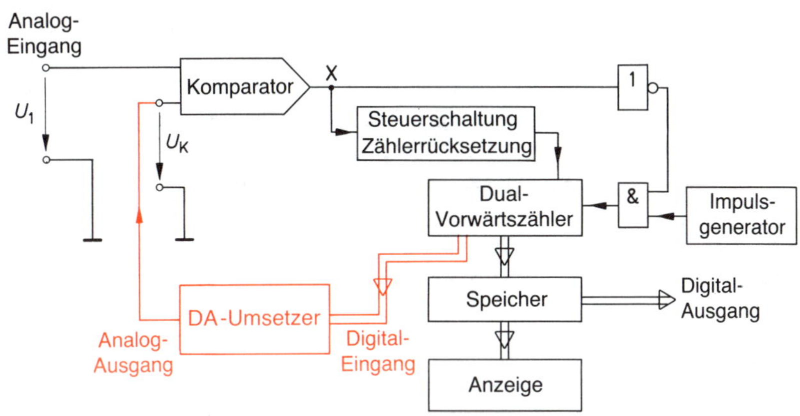

Bild 13.14 Schaltungsaufbau eines AD-Umsetzers nach dem Kompensationsverfahren

Das Digitalsignal des Zählers wird durch den DA-Umsetzer in ein entsprechendes Analogsignal gewandelt. Durch die Vorwärtszählung entsteht ein treppenförmig ansteigendes Ausgangssignal U_K. Erreicht die Spannung U_K die Spannung U_1 (Bild 13.15), so erscheint am Ausgang des Komparators 1-Signal. Dieses Signal wird einmal negiert. Das 0-Signal sperrt das UND-Glied. Weitere Impulse gelangen nicht zum Zähler. Der Zähler stoppt.

Das Signal X = 1 wird zum anderen der Steuerschaltung zugeführt. Diese veranlaßt die Eingabe des Zählerstandes in den Speicher. Der Zählerstand ist das Ergebnis der Analog-Digital-Umsetzung. Das Ergebnis steht zur Weiterverarbeitung zur Verfügung. Es kann angezeigt werden.

Die Steuerschaltung stellt den Zähler auf Null. Der nächste Umsetzervorgang beginnt. AD-Umsetzer nach diesem Verfahren sind recht langsam, da jeder Umsetzervorgang mit dem Zählen von Null ab beginnt.

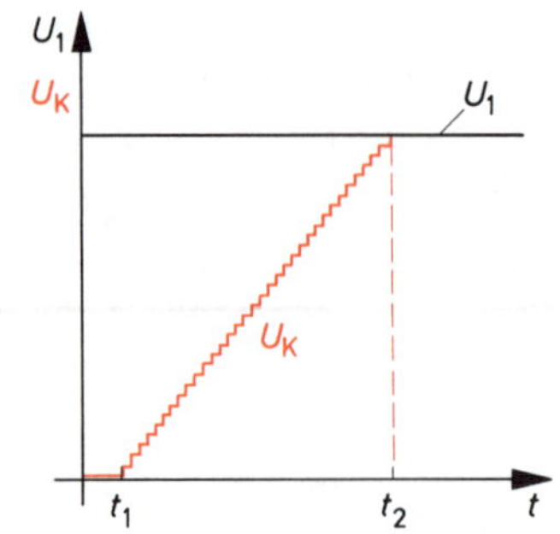

Bild 13.15 Verlauf der Spannung U_K während der Zeit eines Umsetzungsvorganges (t_1 = Beginn der Umsetzung, t_2 = Ende der Umsetzung, U_1 = Analogspannung)

Die Zahl der möglichen Umsetzervorgänge je Zeiteinheit kann durch Einsatz eines Vorwärts-Rückwärts-Zählers wesentlich erhöht werden. Man verwendet eine Schaltung nach Bild 13.16. Der Komparator ist durch einen Differenzverstärker ersetzt worden. Der Differenzverstärker liefert eine positive Ausgangsspannung, solange U_1 kleiner ist als U_K. Die positive Ausgangsspannung veranlaßt den Zählrichtungsumschalter, den Zähler auf «Vorwärtszählen» zu schalten. Außerdem beeinflußt die positive Ausgangsspannung den spannungsgesteuerten Oszillator, schneller zu schwingen. Die Impulse kommen schneller. Der Zähler zählt schneller. Die Spannung U_K steigt schneller an.
Je mehr sich die Spannung U_K der Spannung U_1 nähert, desto geringer wird die positive Ausgangsspannung des Differenzverstärkers, desto langsamer schwingt der Oszillator, desto langsamer zählt der Zähler. Die Spannung U_K nähert sich langsam dem Wert der Spannung U_1. Bei $U_K = U_1$ wird der Zähler durch eine Steuerschaltung stillgesetzt. Das

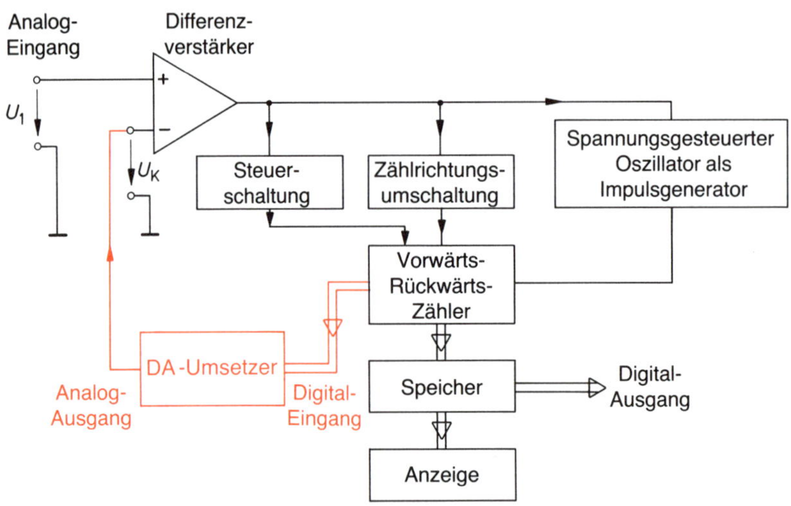

Bild 13.16 Schaltungsaufbau eines AD-Umsetzers nach dem Kompensationsverfahren mit kontinuierlichem Abgleich

Zählergebnis wird in den Speicher übernommen und steht als Wandlungsergebnis zur Weiterverarbeitung zur Verfügung.
Ändert sich die Analogspannung U_1, so «läuft der Zähler nach». Wird U_1 z.B. größer als U_K, erscheint am Ausgang des Differenzverstärkers eine positive Spannung. Der Zähler zählt weiter in Vorwärtsrichtung, bis $U_K = U_1$ ist.
Wird U_1 kleiner als U_K, so erscheint am Ausgang des Differenzverstärkers eine negative Spannung. Diese veranlaßt den Zählrichtungsumschalter, den Zähler auf «Rückwärtszählen» zu schalten. Der Zähler zählt rückwärts, U_K wird kleiner, bis U_K gleich U_1 ist. Dann wird der Zähler wieder stillgesetzt und der Zählerstand gespeichert.
Der Zählerstand bleibt stets in der Nähe des Wertes von U_1. Bei Änderung von U_1 sind verhältnismäßig wenige Zählschritte in Vorwärts- oder Rückwärtsrichtung erforderlich. Die Analog-Digital-Wandlung erfolgt daher sehr schnell.
Der spannungsgesteuerte Oszillator spricht auf Spannungsbeträge an, also auf Spannungen ohne Berücksichtigung des Vorzeichens. Er schwingt bei großen positiven oder negativen Spannungen schnell und bei kleinen positiven oder negativen Spannungen langsam.

13.2.5 AD-Umsetzer nach dem Spannungs-Frequenz-Verfahren

Der zu wandelnde Analog-Spannungswert wird in einem Spannungs-Frequenz-Umsetzer in eine Wechselspannung bestimmter Frequenz umgeformt. Hierfür gibt es verschiedene mögliche Schaltungen. Eine einfache Schaltung wäre ein LC-Oszillator, zu dessen Schwingkreiskondensator eine Kapazitätsdiode parallelgeschaltet ist. Die Kapazität der Kapazitätsdiode wird durch den Analog-Spannungswert gesteuert. Dadurch wird die Resonanzfrequenz des Schwingkreises und die Ausgangsfrequenz des LC-Oszillators geändert (s. «Elektronik 3»). Eine solche Schaltung wäre im Prinzip brauchbar, sie ist nur etwas zu ungenau.
Ein Spannungs-Frequenz-Umsetzer muß einen sehr linearen Zusammenhang zwischen Spannung und Frequenz haben. Nimmt der Spannungswert z.B. um 10% zu, muß auch die Frequenz um 10% zunehmen. Doppelte Spannung muß zu doppelter Frequenz führen. Die Frequenz wird digital gemessen. Der zu der gemessenen Frequenz gehörende Spannungswert wird als Digitalsignal gespeichert. Er kann angezeigt werden. Das Digitalsignal steht zur Weiterverarbeitung zur Verfügung.
In Bild 13.17 ist der prinzipielle Schaltungsaufbau eines AD-Umsetzers nach dem Spannungs-Frequenz-Verfahren angegeben. Eine Steuerelektronik startet den Wandlungsvorgang. Der Zeitgeber legt 1-Signal an das UND-Glied. Vom Spannungs-Frequenz-Umsetzer kommen Impulse, die aus der Frequenz abgeleitet sind, z.B. die positiven Halbwellen der Schwingung. Sie durchlaufen das UND-Glied und werden vom Zähler gezählt. Nach Ablauf einer fest vorgegebenen Zeit stoppt der Zeitgeber den Zählvorgang. Er legt an das UND-Glied 0-Signal. Die Steuerelektronik veranlaßt, daß das Zählergebnis in den Speicher übernommen wird. Danach kann ein weiterer Wandlungsvorgang beginnen.
Die Genauigkeit des Wandlungsergebnisses ist vor allem von der Linearität des Spannungs-Frequenz-Umsetzers und von der Genauigkeit des Zeitgebers abhängig.

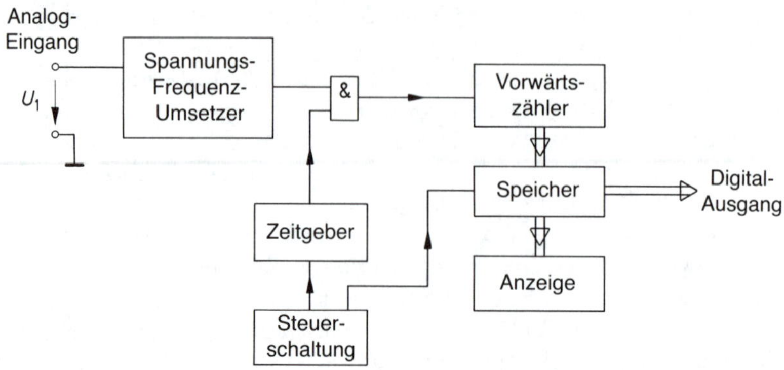

Bild 13.17 Schaltungsaufbau eines AD-Umsetzers nach dem Spannungs-Frequenz-Verfahren

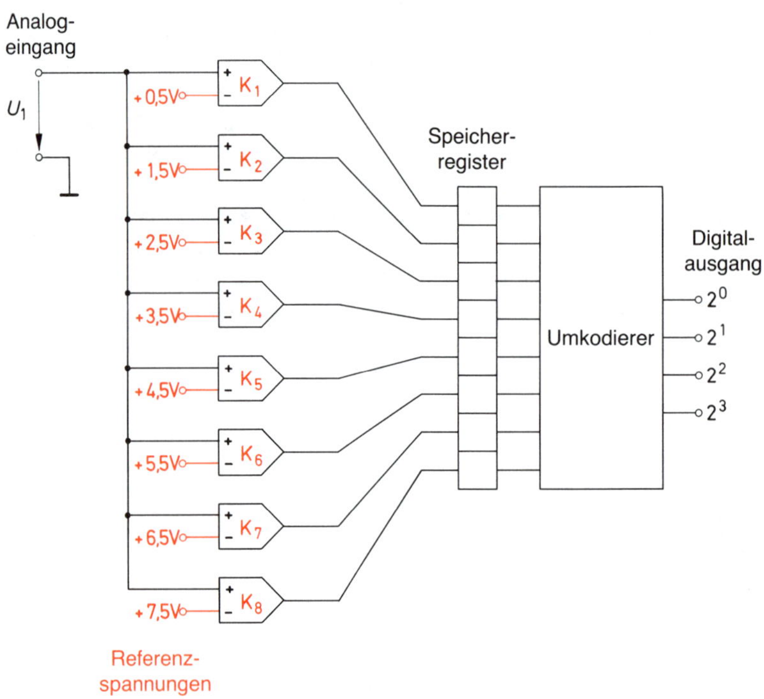

Bild 13.18 Schaltungsaufbau eines AD-Umsetzers nach dem Direktverfahren

13.2.6 AD-Umsetzer nach dem Direktverfahren

Ein AD-Umsetzer nach dem Direktverfahren arbeitet mit Komparatoren, die stets dann vom Ausgangszustand 0 in den Ausgangszustand 1 umschalten, wenn die am Plus-Eingang liegende Spannung gleich oder größer als die am Minus-Eingang liegende Spannung ist.

Je Ausgangs-Bit wird ein Komparator verwendet. Die Schaltung Bild 13.18 arbeitet mit 8 Komparatoren. Jeder Komparator erhält eine feste Referenzspannung, die an seinen Minus-Eingang gelegt wird. Die Referenzspannungen sind gestuft (z.B. 0,5 V, 1,5 V, 2,5 V, 3,5 V, 4,5 V, 5,5 V, 6,5 V, 7,5 V).

Steigt nun die zu wandelnde Spannung U_1 von Null aus an, so schaltet bei Erreichen der kleinsten Referenzspannung (z.B. 0,5 V) der Komparator K_1 das Signal 1 an seinen Ausgang. Bei Erreichen der nächsthöheren Referenzspannung (z.B. 1,5 V) schaltet zusätzlich der Komparator K_2 Signal 1 an seinen Ausgang – und so fort. Es ergeben sich die in der Arbeitstabelle Bild 13.19 aufgeführten Ausgangssignale. Mit 8 Komparatoren sind 8 Spannungsstufen möglich. Der Ausgangskode des AD-Umsetzers nach dem Direktverfahren wird zweckmäßigerweise in einen anderen Kode, z.B. in den Dualkode, gewandelt.

Bild 13.19 Arbeitstabelle des AD-Umsetzers nach Bild 13.18

$\frac{U_1}{V}$	K_8	K_7	K_6	K_5	K_4	K_3	K_2	K_1
0	0	0	0	0	0	0	0	0
1	0	0	0	0	0	0	0	1
2	0	0	0	0	0	0	1	1
3	0	0	0	0	0	1	1	1
4	0	0	0	0	1	1	1	1
5	0	0	0	1	1	1	1	1
6	0	0	1	1	1	1	1	1
7	0	1	1	1	1	1	1	1
8	1	1	1	1	1	1	1	1
Schalt-spannungen	7,5 V	6,5 V	5,5 V	4,5 V	3,5 V	2,5 V	1,5 V	0,5 V

AD-Umsetzer nach dem Direktverfahren arbeiten schneller als alle anderen AD-Umsetzer. Die Zeit für einen Umsetzungsvorgang wird bestimmt durch die Schaltzeit der Komparatoren. Diese liegt bei etwa 40 bis 50 ns. Das bedeutet, daß bei 100 ns je Umsetzungsvorgang in jeder Sekunde 10 Millionen Umsetzungsvorgänge möglich sind. Der Schaltungsaufwand ist allerdings sehr groß. Für einen AD-Umsetzer mit 128 Spannungsstufen sind 128 Komparatoren erforderlich. 256 Spannungsstufen hat ein 8-Bit-AD-Umsetzer. Für einen 10-Bit-AD-Umsetzer mit 1024 Spannungsstufen wären 1024 Komparatoren erforderlich.

Die hohe mögliche Packungsdichte integrierter Schaltungen erlaubt den Aufbau von AD-Umsetzern mit guter Auflösung nach dem Direktverfahren. Die Genauigkeit solcher Wandler hängt von der Genauigkeit der Referenzspannungen und von den Schalttoleranzen der Komparatoren ab.

13.3 Lernziel-Test

1. Wie arbeitet ein Digital-Analog-Umsetzer mit gestuften Widerständen?
2. Digitale Signale, die in einem unbewerteten Kode dargestellt sind, sollen in Analogsignale umgewandelt werden. Was ist zu tun?
3. Was versteht man unter dem Auflösungsvermögen eines AD-Umsetzers?
4. Welche wichtigen Eigenschaften sind für die Auswahl eines AD-Umsetzers von Bedeutung?
5. Zählen Sie die verschiedenen gebräuchlichen Umsetzerverfahren für die Analog-Digital-Umsetzung auf.
6. Erklären Sie die Arbeitsweise eines AD-Umsetzers nach dem Sägezahn-Verfahren.
7. Welche Vor- und Nachteile hat ein AD-Umsetzer nach dem Direktverfahren?

14 Rechenschaltungen

Mit Digitalschaltungen können Rechenvorgänge durchgeführt werden, z.B. Additionen und Subtraktionen. Man nennt derartige Schaltungen Rechenschaltungen.

> *Rechenschaltungen erzeugen zwischen ihren Eingangsvariablen logische Verknüpfungen, die einem Rechenvorgang entsprechen.*

Die Eingangszahlen müssen in einem bestimmten binären Kode kodiert sein. Im gleichen Kode werden die Ergebniszahlen ausgegeben.

> *Jede Rechenschaltung ist nur für einen Kode oder ein entsprechendes Zahlensystem geeignet.*

Häufig werden der Dualkode, also das duale Zahlensystem, und der BCD-Kode verwendet (s. Kapitel 8).

14.1 Halbaddierer

Die einfachste Rechenschaltung ist der Halbaddierer.

> *Ein Halbaddierer kann zwei Dualziffern addieren.*

Es gelten folgende Regeln:

$$0 + 0 = 0$$
$$0 + 1 = 1$$
$$1 + 0 = 1$$
$$1 + 1 = 10$$

Die eine zu addierende Ziffer erhält den Variablennamen A. Die andere zu addierende Ziffer erhält den Variablennamen B. Die Schaltung muß zwei Ausgänge haben. Der Ausgang mit der Wertigkeit 2^0 soll Z heißen, der Ausgang mit der Wertigkeit 2^1 erhält den Namen Ü (Übertrag). Wird die Ziffer 0 dem binären Zustand 0 und die Ziffer 1 dem binären Zustand 1 zugeordnet, ergibt sich die Wahrheitstabelle nach Bild 14.1.
Aus der Wahrheitstabelle können über die ODER-Normalformen sehr leicht die Verknüpfungsgleichungen des Halbaddierers gefunden werden. Die Vollkonjunktionen sind in Bild 14.1 rot eingetragen. Der Halbaddierer wird durch das Summenzeichen Σ gekennzeichnet (DIN 40900 Teil 12).

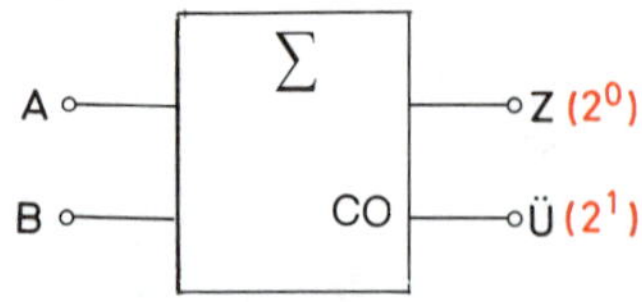

Fall	B	A	Ü	Z	
1	0	0	0	0	
2	0	1	0	1	→ $A \wedge \overline{B}$
3	1	0	0	1	→ $\overline{A} \wedge B$
4	1	1	1	0	(Ü) → $A \wedge B$

Bild 14.1 Halbaddierer mit Wahrheitstabelle CO kennzeichnet Übertragsausgang (engl.: Carry out output). Σ ist das Summenzeichen

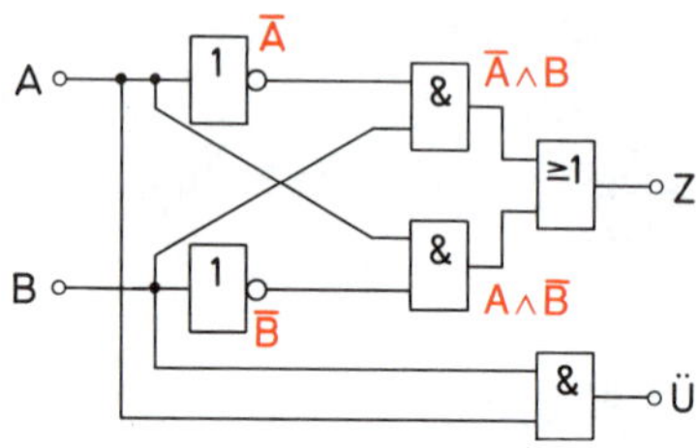

Bild 14.2 Schaltung eines Halbaddierers mit Grundgliedern

$$Z = (A \wedge \overline{B}) \vee (\overline{A} \wedge B)$$

$$Ü = A \wedge B$$

Die sich aus den Gleichungen ergebende Schaltung zeigt Bild 14.2. Die Schaltung kann auf NAND-Verknüpfungen umgerechnet werden. Eine besonders einfache Schaltung ergibt sich durch mehrfache Verwendung von $\overline{Ü}$ (Bild 14.3).

$$Z = (A \wedge \overline{B}) \vee (\overline{A} \wedge B) = (A \vee \overline{A}) \wedge (A \vee B) \wedge (\overline{B} \vee \overline{A}) \wedge (\overline{B} \vee B)$$

$$Z = (A \vee B) \wedge (\overline{A} \vee \overline{B}) = (A \vee B) \wedge \overline{A \wedge B} = (A \vee B) \wedge \overline{Ü}$$

$$Z = (A \wedge \overline{Ü}) \vee (B \wedge \overline{Ü})$$

$$Z = \overline{\overline{(A \wedge \overline{Ü}) \vee (B \wedge \overline{Ü})}} = \overline{\overline{A \wedge \overline{Ü}} \wedge \overline{B \wedge \overline{Ü}}}$$

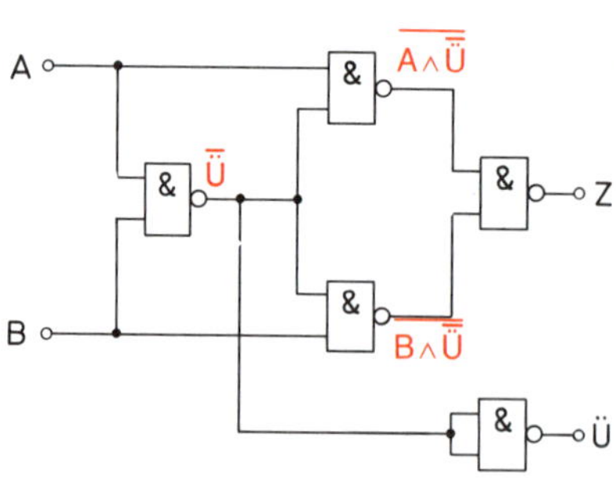

Bild 14.3 Schaltung eines Halbaddierers mit NAND-Gliedern

14.2 Volladdierer

Zum Aufbau von Addierwerken werden Schaltungen benötigt, die drei Dualziffern addieren können, da bei der Addition von zwei Dualzahlen die Überträge mit addiert werden müssen.

Beispiel:

	1	1	1	1	
		1	0	1	1
+		0	1	1	1
	1	0	0	1	0

> *Ein Volladdierer ist eine Schaltung, die drei Dualziffern addieren kann.*

Die Schaltung eines Volladdierers kann nach den Regeln der Schaltungssynthese (s. Kapitel 5) entworfen werden. Der Volladdierer benötigt drei Eingänge – für jede zu addierende Dualziffer einen. Diese sollen A, B und C genannt werden. Die Ausgänge heißen wie beim Halbaddierer Z und Ü.

Bild 14.4 Volladdierer mit Wahrheitstabelle CO kennzeichnet Übertragsausgang, CI kennzeichnet Übertragseingang (engl.: Carry in input). Σ ist das Summenzeichen

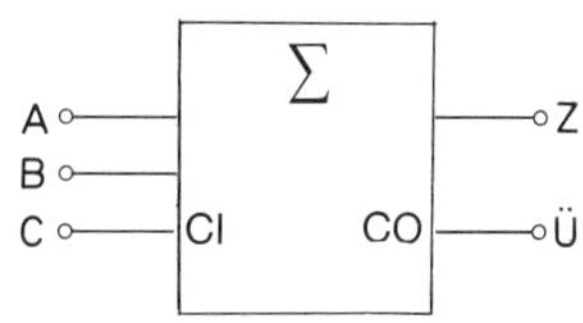

Fall	C	B	A	Ü	Z
1	0	0	0	0	0
2	0	0	1	0	1
3	0	1	0	0	1
4	0	1	1	1	0
5	1	0	0	0	1
6	1	0	1	1	0
7	1	1	0	1	0
8	1	1	1	1	1

Die Wahrheitstabelle des Volladdierers ergibt sich aus den Rechenregeln für die Addition. Sie ist in Bild 14.4 dargestellt. Im Fall 1 sind Ü und Z Null, da alle Eingangsziffern Null sind. Im Fall 2 ergibt sich aus der Addition von $0 + 0 + 1$ $Z = 1$ und $Ü = 0$. Im Fall 4 ist $0 + 1 + 1$ zu rechnen, was $Z = 0$ und $Ü = 1$ ergibt. Betrachten wir noch den Fall 8. Die Rechnung $1 + 1 + 1$ führt zu $Z = 1$ und $Ü = 1$.
Die ODER-Normalform für Z besteht aus vier Vollkonjunktionen. Sie lautet:

$$Z = (A \wedge \overline{B} \wedge \overline{C}) \vee (\overline{A} \wedge B \wedge \overline{C}) \vee (\overline{A} \wedge \overline{B} \wedge C) \vee (A \wedge B \wedge C)$$

Für Ü ergibt sich die ODER-Normalform:

$$Ü = (A \wedge B \wedge \overline{C}) \vee (A \wedge \overline{B} \wedge C) \vee (\overline{A} \wedge B \wedge C) \vee (A \wedge B \wedge C)$$

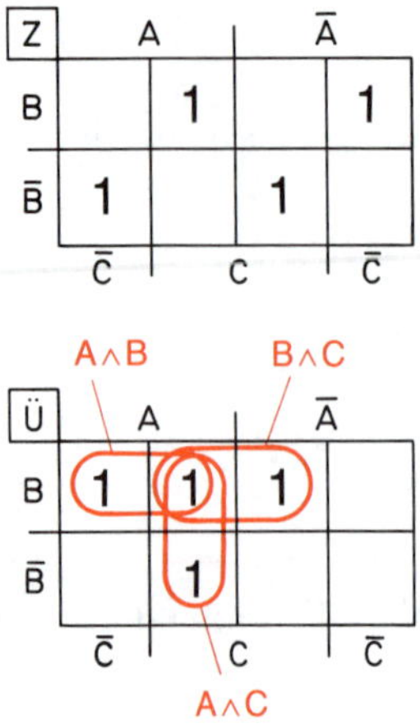

Bild 14.5 KV-Diagramme eines Volladdierers

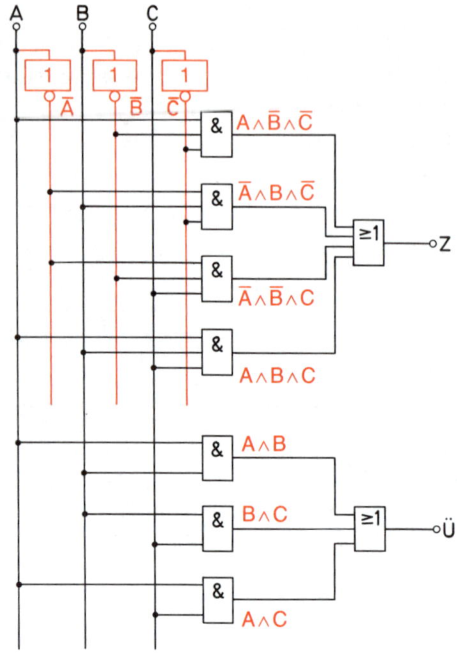

Bild 14.6 Schaltung eines Volladdierers

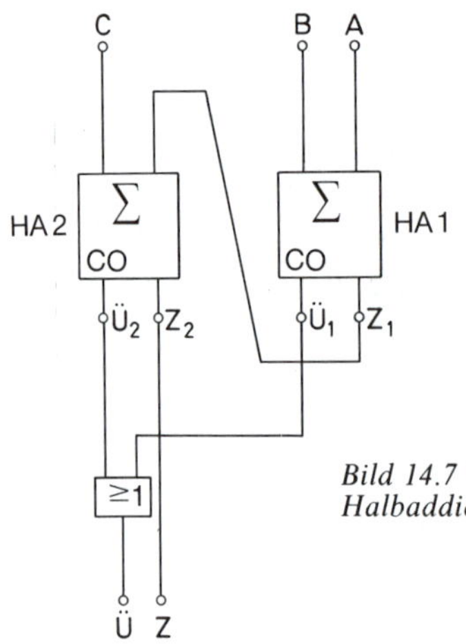

Bild 14.7 Volladdierer, aus zwei Halbaddierern aufgebaut

Die Gleichung für Z läßt sich nicht mehr vereinfachen (Bild 14.5). Für Ü erhält man mit Hilfe des KV-Diagramms die vereinfachte Gleichung:

$$\ddot{U} = (A \wedge B) \vee (B \wedge C) \vee (A \wedge C)$$

Diese Gleichungen führen zu der Schaltung Bild 14.6.

> *Ein Volladdierer kann auch aus zwei Halbaddierern und einem ODER-Glied aufgebaut werden.*

Typ	Bestellbezeichnung
FLH 451–74H183	Q67000–H495
FLH 455–84H183	Q67000–H511

Der Baustein FLH 451/455 nimmt über die Dateneingänge A und B sowie C_n (Übertragsinformation der niederwertigeren Stelle) Daten auf und gibt das Additionsergebnis über den Σ-Ausgang sowie den Ausgang C_{n+1} (Übertragsausgang für höherwertigere Stelle) ab.

Statische Kenndaten im Temperaturbereich 1 und 5		Prüfbedingungen	untere Grenze B	typ.	obere Grenze A	Einheit
Speisespannung	U_S		4,74	5,0	5,25	V
H-Eingangsspannung	U_{IH}	$U_S = 4{,}75$ V	2,0			V
L-Eingangsspannung	U_{IL}	$U_S = 4{,}75$ V			0,8	V
Eingangsklemmspannung	$-U_I$	$U_S = 4{,}75$ V, $-I_I = 8$ mA			1,5	V
H-Ausgangsspannung	U_{QH}	$U_S = 4{,}75$ V, $U_{IH} = 2{,}0$ V, $-I_{QH} = 1$ mA	2,4	3,5		V
L-Ausgangsspannung	U_{QL}	$U_S = 4{,}75$ V, $U_{IL} = 0{,}8$ V, $I_{QL} = 20$ mA		0,2	0,4	V
Eingangsstrom je Eingang	I_I	$U_I = 5{,}5$ V; $U_S = 5{,}25$ V			1	mA
H-Eingangsstrom je Eingang	I_{IH}	$U_{IH} = 2{,}4$ V; $U_S = 5{,}25$ V			150	µA
L-Eingangsstrom je Eingang	$-I_{IL}$	$U_S = 5{,}25$ V, $U_{IL} = 0{,}4$ V			6	mA
Kurzschlußausgangsstrom je Ausgang	$-I_Q$	$U_S = 5{,}25$ V	40		100	mA
H-Speisestrom	I_{SH}	$U_S = 5{,}25$ V, $U_{IQ} = 4{,}5$ V		40		mA
L-Speisestrom	I_{SL}	$U_S = 5{,}25$ V, $U_{IL} = 0$ V		48	75	mA

Schaltzeiten bei $U_S = 5$ V, $T_U = 25°$ C

Signallaufzeit	t_{PLH}	$C_L = 25$ pF, $R_L = 280\ \Omega$		10	15	ns
	t_{PHL}			12	18	ns

Logische Daten

H-Ausgangslastfaktor je Ausgang	F_{QH}				24	
L-Ausgangslastfaktor je Ausgang	F_{QL}				12	
Eingangslastfaktor je Eingang	F_I				3,75	

Logisches Verhalten

Eingänge			Ausgänge	
C_n	B	A	$\Sigma = T$	$C_{n+1} = Ü$
L	L	L	L	L
L	L	H	H	L
L	H	L	H	L
L	H	H	L	H
H	L	L	H	L
H	L	H	L	H
H	H	L	L	H
H	H	H	H	H

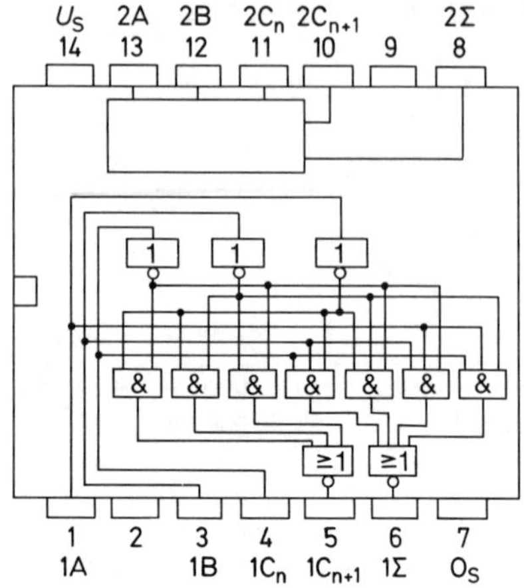

Anschlußanordnung
Ansicht von oben

Bild 14.8 Datenblatt der integrierten Schaltung FLH451–74H183 (Siemens)

Die Schaltung zeigt Bild 14.7. Auf diese Schaltung geht auch der Name «Halbaddierer» zurück. Zwei Halbaddierer bilden den Volladdierer. Lediglich ein ODER-Glied wird noch zusätzlich benötigt.

Volladdierer werden überwiegend als integrierte Schaltungen hergestellt. Sie werden auch 1-Bit-Volladdierer genannt, da sie bei Additionen nach dem Beispiel zu Beginn des Abschnitts 14.2 nur eine Spalte der Zahlen (roter Kasten) addieren können.

Eine häufig verwendete integrierte Schaltung trägt die Bezeichnung FLH 451-74H183. Sie enthält zwei 1-Bit-Volladdierer in TTL-Technik. Das vollständige Datenblatt ist in Bild 14.8 wiedergegeben.

14.3 Paralleladdierschaltung

Will man zwei vierstellige Dualzahlen in einem Arbeitsschritt addieren, benötigt man einen Halbaddierer und drei Volladdierer. Die erste Spalte von rechts (Wertigkeit 2^0) kann mit einem Halbaddierer addiert werden, da in dieser Spalte nie ein Übertrag auftreten kann. In den anderen drei Spalten mit den Wertigkeiten 2^1, 2^2 und 2^3 können Überträge auftreten. Für die Addition dieser Spalten werden Volladdierer benötigt (Bild 14.9).

Das Addieren in einem Arbeitsschritt wird *Paralleladdition* genannt. Eine 4-Bit-Paralleladdierschaltung zeigt Bild 14.10. Auf die Eingänge des Halbaddierers HA sind die ersten Ziffern von rechts der beiden zu addierenden Zahlen (Wertigkeit 2^0) geschaltet. Der Ausgang Z_0 führt zum Ergebnisregister. Der Übertragungsausgang $Ü_0$ ist mit einem Eingang des Volladdierers VA1 für die zweite Spalte verbunden, denn in dieser Spalte muß ein entstehender Übertrag addiert werden.

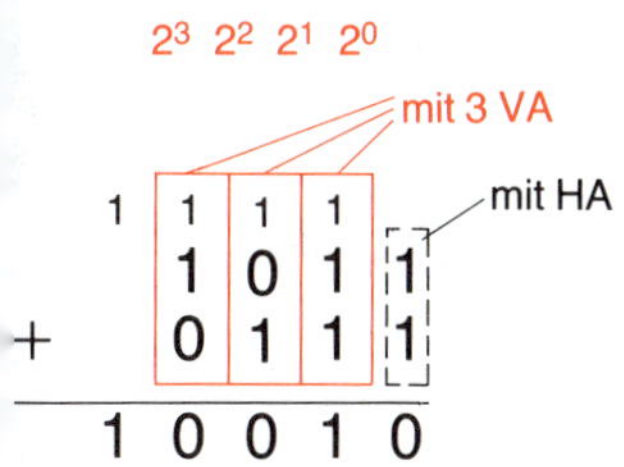

Bild 14.9 Addition von zwei vierstelligen Dualzahlen

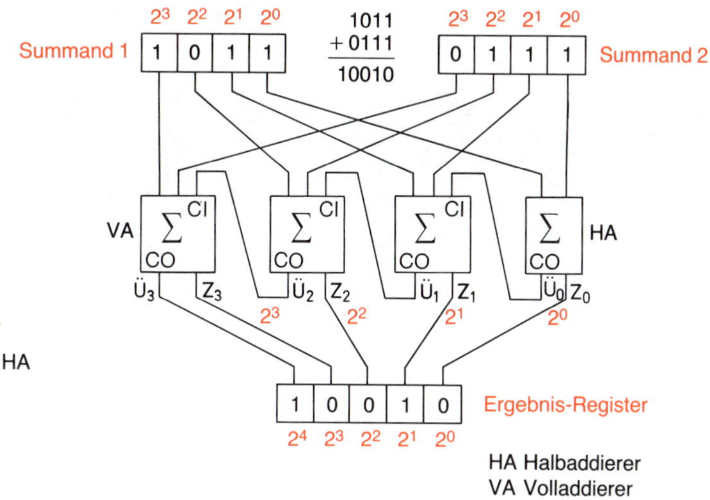

Bild 14.10 4-Bit-Parallel-Addierschaltung

Der Volladdierer VA1 für die zweite Spalte erhält außer dem Übertrag des Halbaddierers die zweiten Ziffern der zu addierenden Zahlen (Wertigkeit 2^1). Der Ausgang Z_1 dieses Volladdierers liefert eine Ergebnisziffer. Der Übertragsausgang $Ü_1$ des Volladdierers führt auf einen Eingang des Volladdierers VA2 für die dritte Spalte (Wertigkeit 2^2). Dieser Volladdierer erhält außerdem die dritten Ziffern von rechts der zu addierenden Zahlen.
Der Volladdierer VA3 für die vierte Spalte (Wertigkeit 2^3) wird entsprechend beschaltet. Das Übertragssignal dieses Volladdierers wird dem Ergebnisregister zugeführt.
Eine Paralleladdierstufe zur Addition von zwei 8-Bit-Dualzahlen besteht aus einem Halbaddierer und sieben Volladdierern.

14.4 Serielle Addierschaltung

Bei einer seriellen Addierschaltung werden die Spalten der zu addierenden Dualzahlen zeitlich nacheinander addiert. Zuerst erfolgt die Addition in der Spalte mit der niedrigsten Wertigkeit (Spalte ganz rechts). Dann erfolgt die Addition in der Spalte mit der nächsthöheren Wertigkeit. Danach wird die Spalte mit der dann nächsthöheren Wertigkeit addiert, und so fort, bis alle Spalten addiert sind. Ein Übertrag aus der Addition der vorhergehenden Spalte wird in die gerade durchgeführte Addition mit übernommen. Der Ablauf der Addition ähnelt einer handschriftlich vorgenommenen Addition von zwei Dualzahlen.
Der prinzipielle Aufbau einer seriellen Addierschaltung ist in Bild 14.11 angegeben. Die erste zu addierende Zahl, also der erste Summand, ist im Schieberegister A gespeichert.

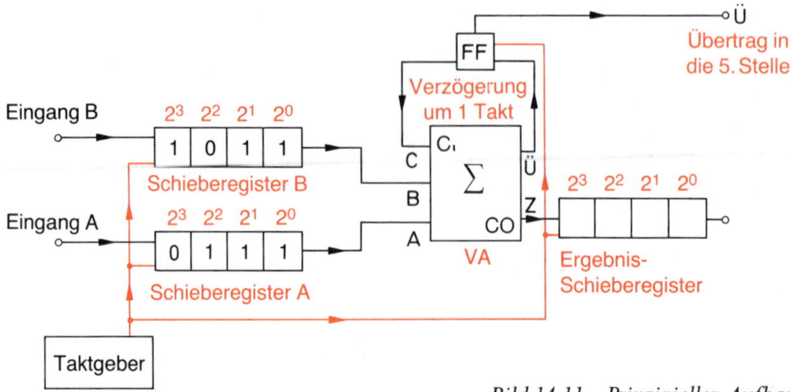

Bild 14.11 Prinzipieller Aufbau einer seriellen Addierschaltung

Die zweite zu addierende Zahl, also der zweite Summand, ist im Schieberegister B enthalten. Die seriellen Ausgänge der Schieberegister sind auf einen Volladdierer geführt. Der Z-Ausgang des Volladdierers liefert Ergebnissignale, die in das Ergebnis-Schieberegister aufgenommen werden. Das Signal, das am Übertragsausgang des Volladdierers liegt, wird um einen Takt verzögert und dann bei der nächsten Spaltenaddition mitaddiert. Die Verzögerung um einen Takt wird durch ein Master-Slave-Flipflop FF erreicht.

Mit dem 1. Takt werden z.B. die beiden 1-Signale der Wertigkeit 2^0 nach Bild 14.11 dem Volladdierer zugeführt. Am Ausgang Z erscheint 0, am Ausgang Ü erscheint 1. Das Z-Signal wird in das Ergebnis-Schieberegister übernommen. Das Ü-Signal wird vom Master-Slave-Flipflop FF gespeichert. Mit dem zweiten Takt werden die beiden Signale mit der Wertigkeit 2^1 und das Übertragssignal auf die Eingänge des Volladdierers gegeben (z.B. A = 1, B = 1, C = 1). Das Z-Signal (z.B. Z = 1) wird in das Ergebnis-Schieberegister eingespeichert. Das Ü-Signal (z.B. Ü = 1) wird vom Flipflop FF aufgenommen.

Mit dem 3. Takt wird die dritte Spalte mit der Wertigkeit 2^2 addiert. Dann folgt die Addition der vierten Spalte mit dem 4. Takt. Die serielle Addition ist dann beendet. Die vier Ergebnis-Bit mit den Wertigkeiten 2^0, 2^1, 2^2 und 2^3 sind im Ergebnis-Schieberegister enthalten. Das 5. Ergebnis-Bit mit der Wertigkeit 2^4 befindet sich im Flipflop FF und kann dort abgerufen werden. Weitere Takte dürfen nicht wirksam werden.

Die serielle Addition erfordert mehr Zeit als die Paralleladdition.

Das Ergebnis-Schieberegister kann eingespart werden. Das Schieberegister A (oder auch das Schieberegister B) kann die Aufgabe des Ergebnis-Schieberegisters mit übernehmen. Das Schieberegister A wird während der spaltenweisen Addition leergetaktet. Die Ergebnissignale des Ausganges Z des Volladdierers können auf den Eingang des Schieberegi-

sters A gegeben und dort eingespeichert werden. Sie sind nach Ende des Additionsvorganges dort verfügbar.
Die sich aus diesen Überlegungen ergebende serielle Addierschaltung zeigt Bild 14.12. Die beiden Schieberegister sind mit D-Flipflops aufgebaut. Sie haben parallele Dateneingabe, d.h. die Summanden A und B werden parallel eingegeben. Die Paralleleingabe erfolgt, wenn 1-Signal am Eingang P anliegt. Dann werden über die Eingänge C2 der Schieberegister die 2D-Eingänge der Schieberegister-Flipflops freigegeben. Bei P = 0 ist die Paralleleingabe gesperrt. Das Weitertakten der eingespeicherten Information erfolgt über die C1-Eingänge. Das Schieberegister A arbeitet gleichzeitig als Ergebnis-Schieberegister. Das Ergebnis der Addition liegt nach Ende des Additionsvorganges an den Ausgängen Q_0 bis Q_4.

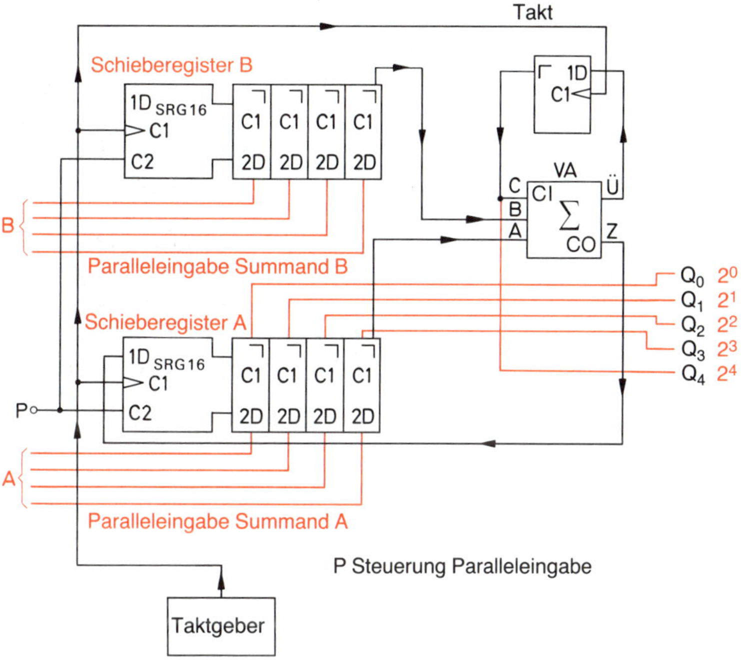

Bild 14.12 Serielle 4-Bit-Addierschaltung

14.5 Subtrahierschaltungen

Subtrahierschaltungen können nach den gleichen Gesetzmäßigkeiten aufgebaut werden wie Addierschaltungen. In Wahrheitstabellen werden die möglichen Eingangssignale und die dazu gewünschten Ausgangssignale zusammengestellt. Nach den Regeln der Schaltungssynthese wird dann die gesuchte Schaltung entwickelt.
Subtraktionen lassen sich auf Additionen zurückführen (s. Kapitel 8, Abschnitt 8.2.6.2). Eine aus Volladdierern bestehende Additionsschaltung kann durch kleine Änderungen in eine Subtraktionsschaltung umgewandelt werden.

14.5.1 Halbsubtrahierer

Eine sehr einfache Subtrahierschaltung ist der Halbsubtrahierer.

> *Ein Halbsubtrahierer kann eine Dualziffer von einer anderen Dualziffer abziehen.*

Es gelten folgende Rechenregeln:

$$0 - 0 = 0$$
$$0 - 1 = -1$$
$$1 - 0 = 1$$
$$1 - 1 = 0$$

Die Dualziffer, von der abgezogen werden soll (Minuend), enthält den Variablennamen A. Die abzuziehende Dualziffer (Subtrahend) soll B genannt werden. Die Ziffer 0 wird dem binären Zustand 0 zugeordnet, die Ziffer 1 dem binären Zustand 1.
Der Halbsubtrahierer hat also die beiden Eingänge A und B und einen Ergebnisausgang D für die Differenz. Die Darstellung von −1 bereitet jedoch Schwierigkeiten. Es wird ein zweiter Ausgang vorgesehen. Das Ergebnis −1 erzeugt an diesem zweiten Ausgang zusätzlich ein 1-Signal. Der zweite Ausgang erhält die Bezeichnung E. Er wird auch Entleihungsausgang genannt.
Führt die Subtraktion also zu −1, so soll D = 1 und E = 1 sein. Die sich aus diesen Überlegungen ergebende Wahrheitstabelle zeigt Bild 14.13.
Nach der Wahrheitstabelle Bild 14.13 lassen sich folgende Gleichungen aufstellen:

$$D = (\overline{A} \wedge B) \vee (A \wedge \overline{B})$$

$$E = \overline{A} \wedge B$$

Die Gleichungen führen zu der Schaltung Bild 14.14. Das 1-Signal am Ausgang E ist außer zur Kennzeichnung von −1 vor allem für mehrspaltige Subtraktionen, also für Subtraktionen von mehrstelligen Dualzahlen, für die sogenannte Entleihung erforderlich.

14.5.2 Vollsubtrahierer

Ein Vollsubtrahierer wird für mehrspaltiges Subtrahieren benötigt.
Beispiel:

	2^4	2^3	2^2	2^1	2^0	
	1	1	0	1	1	27
−	1	0	1	1	0	−22
Entleihung →		1				
	0	0	1	0	1	5

Die Subtraktion in der 3. Spalte (Wertigkeit 2^2) fordert eine Entleihung. Ein Halbsubtrahierer würde hier D = 1 und E = 1 ausgeben. Das 1-Signal des E-Ausgangs muß in

Bild 14.13 Halbsubtrahierer mit Wahrheitstabelle

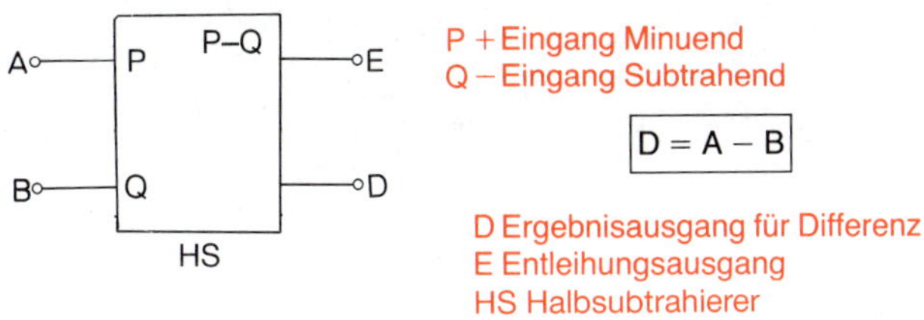

Fall	A	B	E	D
1	0	0	0	0
2	0	1	1	1
3	1	0	0	1
4	1	1	0	0

Bild 14.14 Schaltung eines Halbsubtrahierers

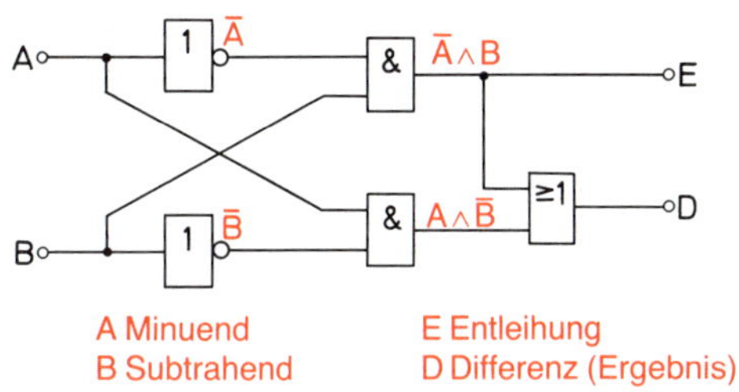

der nächsten Spalte (Wertigkeit 2^3) zum abzuziehenden Ziffernwert hinzuaddiert werden. Hierfür ist ein Vollsubtrahierer erforderlich.

> *Ein Vollsubtrahierer ist eine Schaltung, die zum Wert der abzuziehenden Ziffer (Subtrahend) eine Entleihung (1-Signal) hinzuaddieren kann und den so vergrößerten Subtrahend vom Minuend abzieht.*

Der Vollsubtrahierer muß drei Eingänge haben (Bild 14.15). An den Eingang A wird die Ziffer gelegt, von der abgezogen werden soll, der sogenannte Minuend. An den Eingang B wird die abzuziehende Ziffer, der Subtrahend, gelegt. An den Eingang E_X kommt die Entleihung von der vorhergehenden Spalte. Die Ziffern an E_X und B werden addiert. Die Summe wird von A abgezogen. Die Differenz ergibt D.

$$D = A - (B + E_X)$$

Ist eine neue Entleihung erforderlich, erscheint an E 1-Signal.
Ein Vollsubtrahierer kann aus einem Halbaddierer und aus einem Halbsubtrahierer aufgebaut werden. Der Halbaddierer HA in Bild 14.16 addiert die Ziffern B und E_X zum Gesamtsubtrahenden Z. Ergibt sich ein Übertrag, wird dieser an den Ausgang E gegeben.
Der Halbsubtrahierer HS subtrahiert Z von A. Er rechnet also A − Z. Wird eine Entleihung erforderlich, erscheint am Ausgang E_1 1-Signal. Dieses wird über ein ODER-Glied an den E-Ausgang gegeben (Bild 14.16).

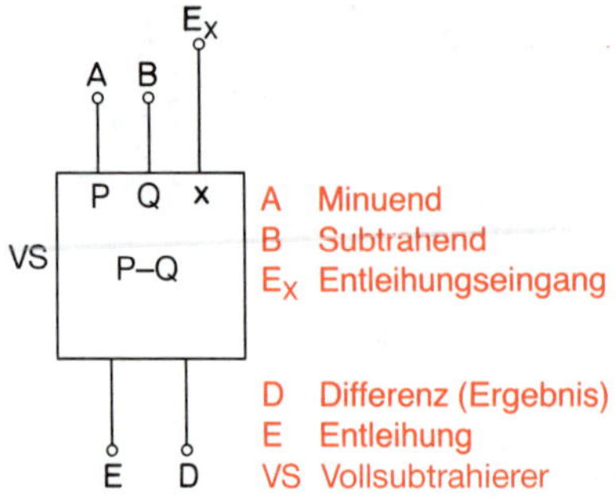

Bild 14.15 Vollsubtrahierer

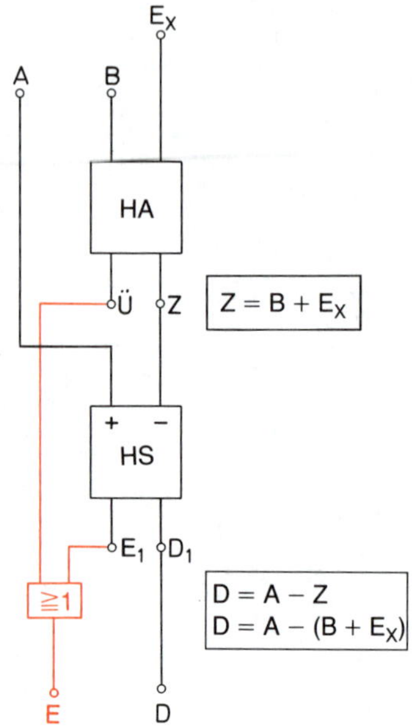

Bild 14.16 Vollsubtrahierer, aufgebaut aus einem Halbaddierer und aus einem Halbsubtrahierer

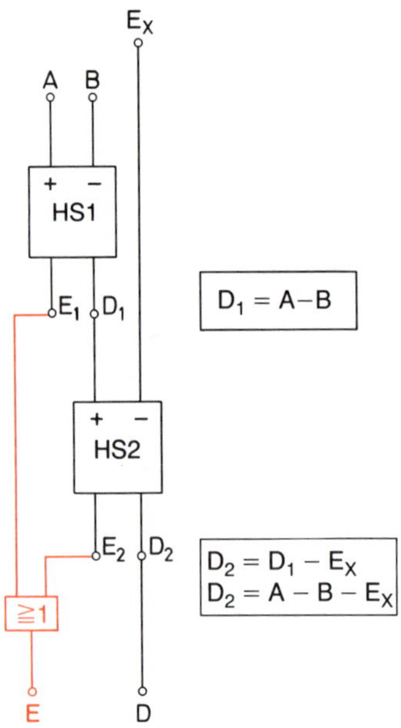

Bild 14.17 Vollsubtrahierer, aufgebaut aus zwei Halbsubtrahierern

Ein Vollsubtrahierer kann auch aus zwei Halbsubtrahierern gebildet werden (Bild 14.17). Im Halbsubtrahierer HS1 wird zuerst die Differenz A – B gebildet. Von diesem Ergebnis wird eine Entleihung in der Spalte vorher durch den Halbsubtrahierer HS2 abgezogen. Bei erforderlichen Entleihungen sowohl bei der Subtraktion im HS1 als auch bei der Subtraktion im HS2 erscheint am Ausgang E das 1-Signal.

14.5.3 4-Bit-Subtrahierschaltung

> *Eine 4-Bit-Subtrahierschaltung kann von einer vierstelligen Dualzahl eine maximal vierstellige Dualzahl abziehen.*

Für den Aufbau der Schaltung werden drei Vollsubtrahierer und ein Halbsubtrahierer benötigt (Bild 14.18).

Der Halbsubtrahierer HS subtrahiert die wertniedrigste Ziffer des Subtrahenden von der wertniedrigsten Ziffer des Minuenden. Wird eine Entleihung erforderlich, wird E = 1. Diese Entleihung wird bei der Subtraktion der Ziffern mit der Wertigkeit 2^1 berücksichtigt. Es wird in diesem Fall eine 1 mehr abgezogen. Wird wieder eine Entleihung erforderlich, erscheint an E_1 1-Signal. Bei der Subtraktion der Ziffern mit der Wertigkeit 2^2 wird diese erneute Entleihung berücksichtigt, indem wieder eine 1 mehr abgezogen wird. Entsprechend wird bei der Subtraktion der Ziffern mit der Wertigkeit 2^3 verfahren.

Wird bei der letzten Ziffernsubtraktion eine Entleihung erforderlich, erscheint im Übertragsregister eine 1. Das bedeutet, daß die abzuziehende Zahl (Subtrahend) größer ist als die Zahl, von der abgezogen wurde (Minuend). Das Ergebnis ist eine negative Zahl. Die negative Zahl wird aber nicht richtig dargestellt.

> *Ist der Subtrahend größer als der Minuend, wird die entstehende negative Zahl im Differenzregister falsch angegeben.*

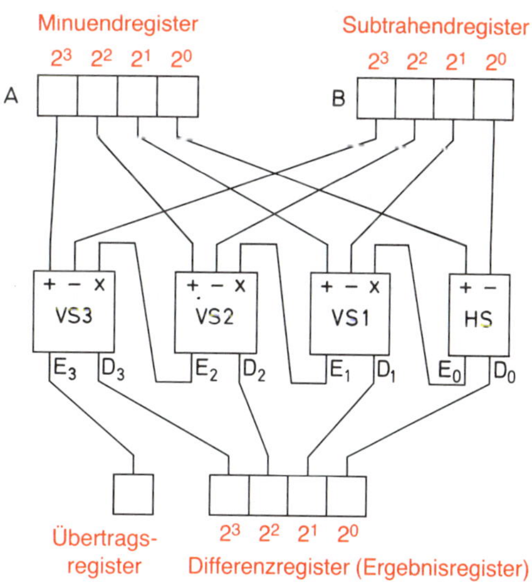

Bild 14.18 4-Bit-Subtrahierschaltung (Parallel-Subtrahierschaltung)

Der Inhalt des Differenzregisters muß komplementiert werden. Die Komplementbildung ist in Kapitel 8 näher erläutert.

> *Den Betrag der negativen Ergebniszahl erhält man, indem man den Inhalt des Differenzregisters negiert und 1 dazuzählt.*

14.5.4 Subtrahierschaltung mit Volladdierern

In Kapitel 8, Abschnitt 8.2.6.2, wurde gezeigt, daß die Subtraktion von Dualzahlen auf eine Addition des Komplements der abzuziehenden Dualzahl zurückgeführt werden kann. Eine 4-Bit-Subtrahierschaltung läßt sich daher auch aus einer 4-Bit-Addierschaltung entwickeln. Das Prinzip einer solchen Subtrahierschaltung zeigt Bild 14.19.

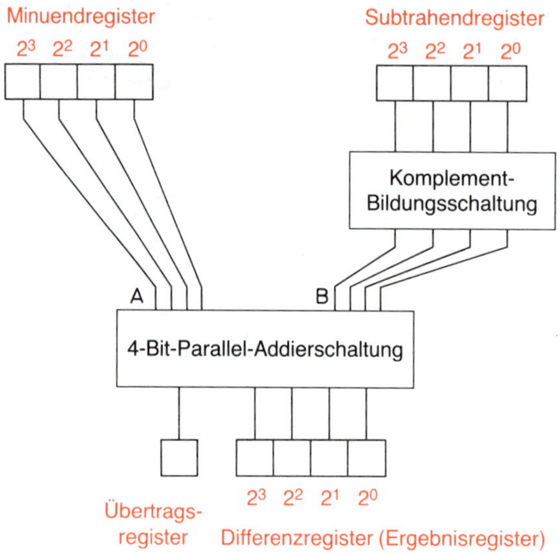

Bild 14.19 Prinzip einer Subtrahierschaltung

Die 4-Bit-Addierschaltung ist eine Paralleladdierschaltung nach Abschnitt 14.3. Die Komplementbildungsschaltung muß die einzelnen Bit des Subtrahenden negieren und 1 dazuzählen.

Die 4-Bit-Parallel-Addierschaltung kann mit 4 Volladdierern aufgebaut werden. Dann ergibt sich eine einfache Möglichkeit, 1 dazuzuzählen. Der Volladdierer für die Addition der Ziffern mit der Wertigkeit 2^0 benötigt nur zwei Eingänge. An den dritten Eingang kann die 1 gelegt werden, die zum negierten Subtrahenden hinzuzuaddieren ist. Zur Negation des Subtrahenden werden dann nur 4 NICHT-Glieder gebraucht. Eine solche Schaltung ist in Bild 14.20 dargestellt.

Bild 14.20 4-Bit-Subtrahierschaltung mit Volladdierern

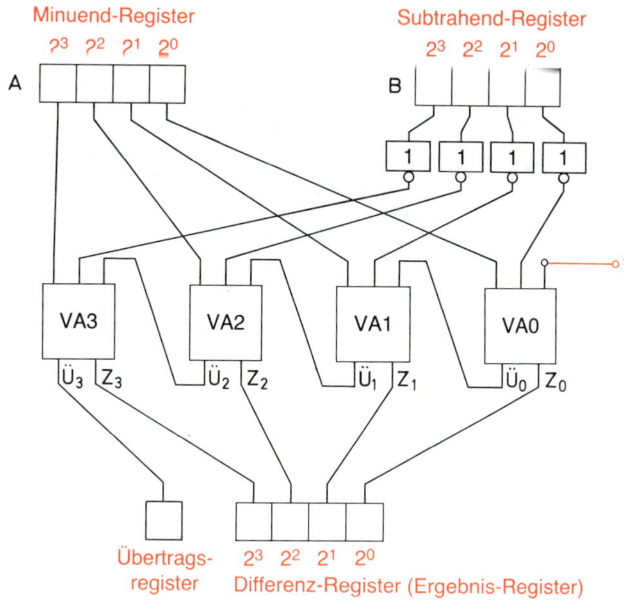

14.6 Addier-Subtrahier-Werk

Die im vorstehenden Abschnitt betrachtete 4-Bit-Subtrahierschaltung mit Volladdierern kann leicht so abgewandelt werden, daß sie sich wahlweise zum Addieren und zum Subtrahieren eignet. Bei der Verwendung zur Addition sind nur zwei Maßnahmen zu treffen:

1. Die Negation des Inhalts des Subtrahendregisters muß unterbleiben.
2. Die Addition von 1 über den Eingang C des Volladdierers VA1 darf nicht erfolgen.

Die Negationsglieder werden durch EXKLUSIV-ODER-Glieder ersetzt (Bild 14.21). Der B-Eingang wird zur Steuerung verwendet. Bei B = 0 erfolgt keine Negation, bei B = 1 wird negiert. Das so entstehende Addier-Subtrahier-Werk ist in Bild 14.22 dargestellt. Wird an den Steuereingang S 0-Signal gelegt, wird die Addition Z = A + B durchgeführt. Wird an den Steuereingang 1-Signal gelegt, arbeitet die Schaltung als Subtrahierschaltung. Es wird die Differenz Z = A − B gebildet.
Das 4-Bit-Addier-Subtrahier-Werk kann noch universell verwendbarer gemacht werden. Schaltet man den Ausgängen des A-Registers ebenfalls EXKLUSIV-ODER-Glieder nach, kann bei entsprechender Steuerung auch B − A gerechnet werden. Werden außerdem die Ausgänge des A-Registers und die Ausgänge des B-Registers durch UND-Glieder wahlweise sperrbar gemacht, ergeben sich noch weit mehr Möglichkeiten. Man kann dann z.B. auch A in −A umwandeln.

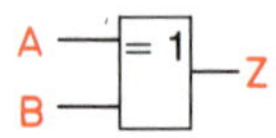

Fall	B	A	Z
1	0	0	0
2	0	1	1
3	1	0	1
4	1	1	0

A wird bei
B = 1 negiert

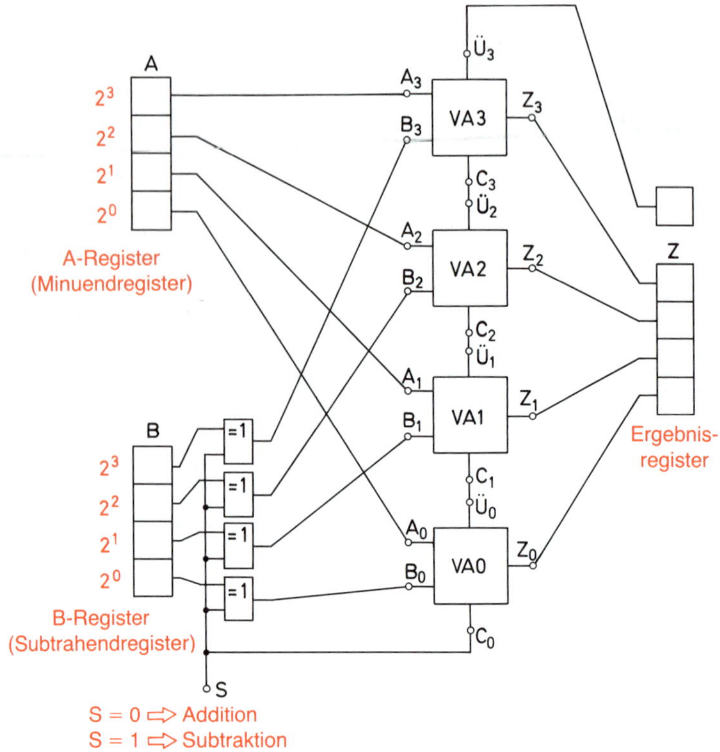

Bild 14.21 Schaltzeichen und Wahrheitstabelle eines Exklusiv-ODER-Gliedes (Antivalenzglied)

Bild 14.22 4-Bit-Addier-Subtrahier-Werk

Das erweiterte 4-Bit-Addier-Subtrahier-Werk zeigt Bild 14.23. Die vier Volladdierer sind in einem Block zu einer 4-Bit-Paralleladdierschaltung zusammengefaßt worden. Die Eingänge S_0 bis S_4 sind Steuereingänge.

Fünf Steuereingänge ergeben 32 verschiedene Steuermöglichkeiten. Diese sind in Bild 14.24 aufgeführt. Jede 5-Bit-Einheit kann als ein 5-Bit-Befehl aufgefaßt werden. Der Befehl, den Inhalt des Registers A mit dem Inhalt des Registers B zu addieren, lautet somit 11000.

Ist $S_4 = 1$, wird der Inhalt des A-Registers durchgelassen. Bei $S_2 = 1$ wird der Inhalt des A-Registers negiert. Der Befehl 10100 führt also zu $Z = \overline{A}$.

Soll das Komplement von A gebildet werden, so muß der Befehl 10101 lauten. A wird durchgelassen, A wird negiert, 1 wird dazugezählt. Die Schaltung erzeugt dann $-A$, da das Komplement von A gleich $-A$ ist. Negative Dualzahlen sind in Kapitel 8, Abschnitt 8.2.7, erläutert.

Bild 14.23 Erweitertes 4-Bit-Addier-Subtrahier-Werk

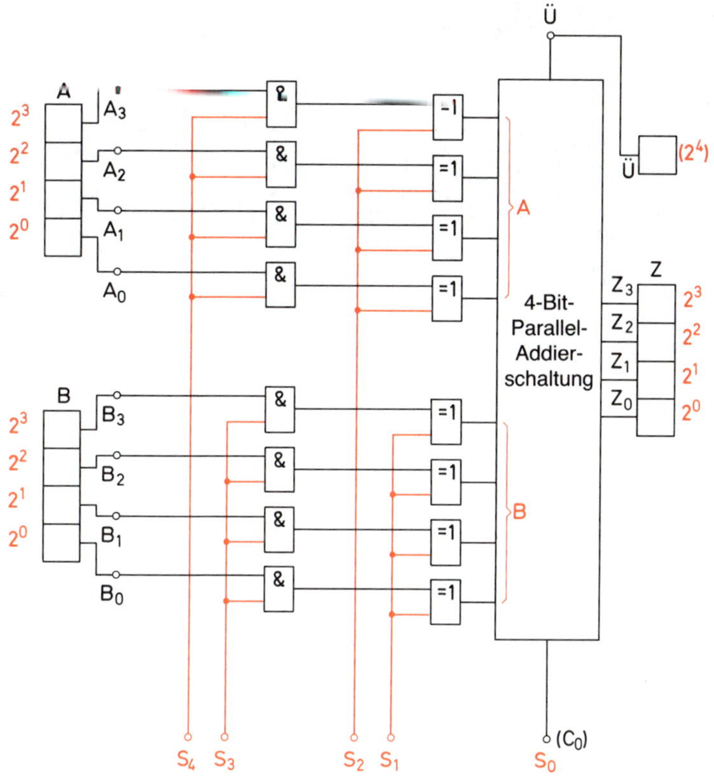

Der Befehl 00010 soll nach Bild 14.24 zur Ausgabe von −1 führen. Das ist nicht leicht einsehbar. Bei diesem Befehl sind die Register A und B gesperrt. Die Ausgänge aller UND-Glieder führen 0-Signal. Da $S_1 = 1$ ist, werden die vier 0-Signale der UND-Glieder von B negiert. Die B-Eingänge der 4-Bit-Parallel-Addierschaltung erhalten also 1111, die A-Eingänge 0000. Es wird folgende Addition durchgeführt:

A →	0	0	0	0
B →	+1	1	1	1
Z →	1	1	1	1

Dieser Wert soll nicht als 15, sondern als −1 angesehen werden, denn er ist ebenfalls das Komplement von 0001. (Definitionsbereiche positiver und negativer Dualzahlen, siehe Abschnitt 8.2.7.)

Wie muß nun der Befehl für B − A lauten? Die Inhalte des A-Registers und des B-Registers müssen durchgelassen werden ($S_4 = 1$, $S_3 = 1$). Der Inhalt des A-Registers muß negiert werden ($S_2 = 1$). Eine 1 muß hinzuaddiert werden ($S_0 = 1$). Der Befehl lautet also 11101.

Das erweiterte 4-Bit-Addier-Subtrahier-Werk kann somit über das Addieren und Subtrahieren hinaus für weitere Zwecke verwendet werden.

Fall Nr.	Befehle S_4	S_3	S_2	S_1	S_0	Funktionen
1	0	0	0	0	0	0
2	0	0	0	0	1	1
3	0	0	0	1	0	−1
4	0	0	0	1	1	0
5	0	0	1	0	0	−1
6	0	0	1	0	1	0
7	0	0	1	1	0	−2
8	0	0	1	1	1	−1
9	0	1	0	0	0	B
10	0	1	0	0	1	B + 1
11	0	1	0	1	0	$-B-1=\overline{B}$
12	0	1	0	1	1	−B
13	0	1	1	0	0	B − 1
14	0	1	1	0	1	B
15	0	1	1	1	0	−B − 2
16	0	1	1	1	1	$-B-1=\overline{B}$
17	1	0	0	0	0	A
18	1	0	0	0	1	A + 1
19	1	0	0	1	0	A − 1
20	1	0	0	1	1	A
21	1	0	1	0	0	$-A-1=\overline{A}$
22	1	0	1	0	1	−A
23	1	0	1	1	0	−A − 2
24	1	0	1	1	1	$-A-1=\overline{A}$
25	1	1	0	0	0	A + B
26	1	1	0	0	1	A + B + 1
27	1	1	0	1	0	A − B − 1
28	1	1	0	1	1	A − B
29	1	1	1	0	0	B − A − 1
30	1	1	1	0	1	B − A
31	1	1	1	1	0	−A − B − 2
32	1	1	1	1	1	−A − B − 1

Bild 14.24 Steuermöglichkeiten des erweiterten 4-Bit-Addier-Subtrahier-Werkes Bild 14.23

14.7 Multiplikationsschaltungen

Für die Multiplikation von Dualzahlen gelten folgende Rechenregeln:

$$0 \cdot 0 = 0$$
$$0 \cdot 1 = 0$$
$$1 \cdot 0 = 0$$
$$1 \cdot 1 = 1$$

Ordnet man der Ziffer 0 den binären Zustand 0 und der Ziffer 1 den binären Zustand 1 zu, ergibt sich die Wahrheitstabelle nach Bild 14.25. Es ist die Wahrheitstabelle eines UND-Gliedes. Grundelement der Multiplikationsschaltungen ist das UND-Glied.

Das UND-Glied ist ein 1-Bit-Multiplizierer.

Bild 14.25 Wahrheitstabelle eines 1-Bit-Multiplizierers (UND-Glied)

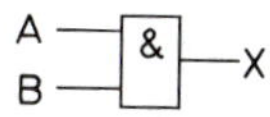

Fall	B	A	X
1	0	0	0
2	0	1	0
3	1	0	0
4	1	1	1

Multiplikationen können in einem Arbeitsschritt, also parallel, durchgeführt werden. Hierzu dienen Parallel-Multiplikationsschaltungen.
Ein Multiplizieren Bit nach Bit, also eine serielle Multiplikation, ist ebenfalls möglich. Sie benötigt bei vielstelligen Zahlen weniger Schaltungsaufwand als die Parallelmultiplikation, erfordert aber mehr Zeit.

14.7.1 Parallel-Multiplikationsschaltung

Bei der Multiplikation werden die Begriffe Multiplikand und Multiplikator verwendet. Der Multiplikand ist die Grundzahl von der ausgegangen wird. Der Multiplikator ist die Zahl, mit der vervielfacht wird. Das Ergebnis nennt man Produkt.

Multiplikand		Multiplikator		Produkt
2	·	3	=	6

Die Parallel-Multplikation soll zunächst mit zweistelligen Dualzahlen durchgeführt werden:

$$2 \cdot 3 = 6$$

10 · 11

10 → 1. Summand

10 → 2. Summand

110 → Ergebnis

Der erste Summand ergibt sich aus zwei 1-Bit-Multiplikationen (1 · 0, 1 · 1). Hierfür sind zwei UND-Glieder erforderlich. Der zweite Summand entsteht ebenfalls durch zwei 1-Bit-Multiplikationen (1 · 0, 1 · 1), die auch durch zwei UND-Glieder erfolgen. Multiplikand und Multiplikator befinden sich in zwei Registern (Bild 14.26). An den Ausgängen der UND-Glieder sind die Summanden verfügbar.
Die beiden Summanden müssen jetzt stellenrichtig addiert werden. Die Addition erfolgt

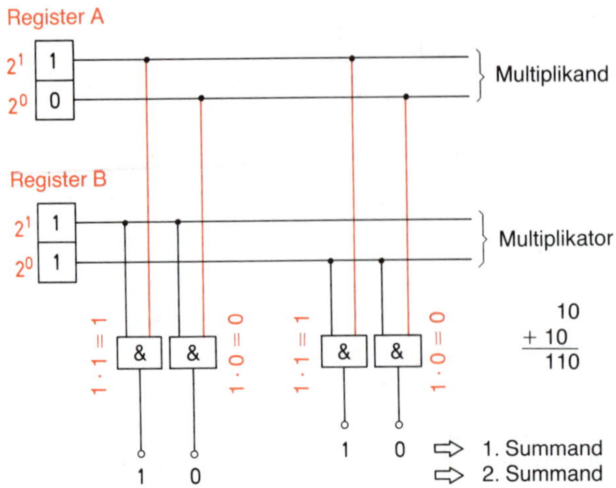

Bild 14.26 Multiplikationsschaltung zum Erzeugen der Summanden

in einer 2-Bit-Parallel-Addierschaltung. Die UND-Glieder müssen so angeschlossen werden, daß der zweite Summand um eine Stelle nach links verschoben zum ersten Summanden hinzuaddiert wird (Bild 14.27).
Für die Multiplikation von mehr als 2stelligen Dualzahlen ist die Schaltung Bild 14.27 entsprechend zu erweitern. Sollen zwei 4stellige Dualzahlen miteinander multipliziert werden, sind 16 UND-Glieder erforderlich, denn 16 1-Bit-Multiplikationen müssen ausführbar sein. Es entstehen vier 4stellige Summanden, die stellenrichtig zu addieren sind.

$$\boxed{9 \cdot 11 = 99}$$

Beispiel:

1 0 0 1 · 1 0 1 1	
1 0 0 1	→ 1. Summand
1 0 0 1	→ 2. Summand
0 0 0 0	→ 3. Summand
1 0 0 1	→ 4. Summand
1 1 0 0 0 1 1	→ Ergebnis

Eine 4-Bit-Parallel-Multiplikationsschaltung ist in Bild 14.28 dargestellt. Der Schaltungsaufwand ist verhältnismäßig groß. Er steigt mit größer werdender Stellenzahl der Dualzahlen sehr stark an. Für die Multiplikation von zwei 8-Bit-Dualzahlen sind 64 UND-Glieder und acht 8-Bit-Parallel-Addierschaltungen erforderlich.

Bild 14.27 2-Bit-Parallel-Multiplikationsschaltung

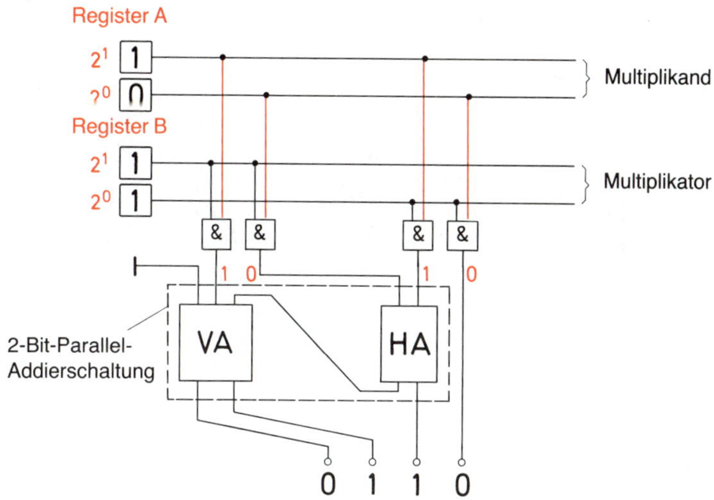

Bild 14.28 4-Bit-Parallel-Multiplikationsschaltung

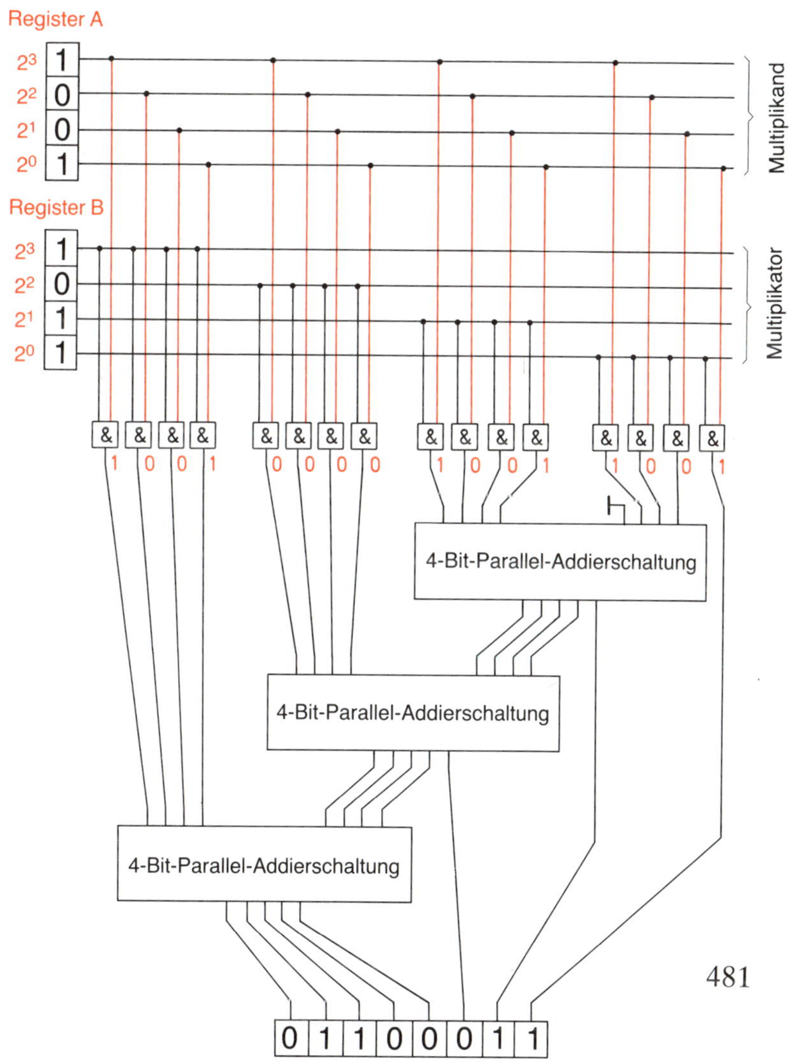

14.7.2 Serielle Multiplikationsschaltung

Der Aufbau einer seriellen Multiplikationsschaltung ist in Bild 14.29 dargestellt. Die Schaltung ist für die Multiplikation 4stelliger Dualzahlen geeignet. Multiplikand und Multiplikator werden in je ein Register eingegeben. Die eigentliche Multiplikation erfolgt durch das rot eingezeichnete UND-Glied, das als 1-Bit-Multiplizierer arbeitet. Der 1-Bit-Volladdierer addiert das Multiplikationsergebnis stellenrichtig zu einem bereits vorliegenden Ergebnis, das sich im Ergebnisregister befindet.

Vor Beginn des Multiplikationszyklus ist das Ergebnisregister E leer. Die wertniedrigste Stelle (2^0) des Multiplikators wird an den unteren Eingang des UND-Gliedes gelegt. Diese Stelle enthält in Bild 14.29 eine 1. Mit dieser 1 werden jetzt die Stellen des Multiplikanden nacheinander multipliziert, beginnend mit der Stelle 2^0. Der Inhalt des Multiplikandenregisters (A) wird durch das Taktsignal T_1 weitergetaktet. Die einzelnen Ziffern kommen nacheinander an den oberen Eingang des roten UND-Gliedes und werden multipliziert. Das Multiplikandenregister ist als Ringregister geschaltet. Nach vier Takten ist die ursprüngliche Stellung der Ziffern im Multiplikandenregister wiederhergestellt. Der erste Summand (1001) wurde gebildet und befindet sich im Ergebnisregister.

Jetzt wird ein Takt T_2 gegeben. Der Inhalt des Multiplikatorregisters (B) wird um eine Stelle nach rechts verschoben. Nun erfolgt die Multiplikation des Multiplikanden mit der 2. Stelle des Multiplikators (2^1) in 4 Takten. Gleichzeitig wird ein Takt T_3 auf das Ergebnisregister E gegeben. Der Inhalt des Ergebnisregisters wird um eine Stelle nach rechts verschoben. Die wertniedrigste Ziffer des Ergebnisregisters wird in das B-Register übernommen.

Nun erfolgt die Multiplikation des Multiplikanden mit der 2. Stelle des Multiplikators (2^1) in 4 Takten. Das entstehende Multiplikationsergebnis wird zum Inhalt des Ergebnisregisters addiert. Der neu entstehende 2. Summand wird zum bereits vorhandenen 1. Summanden addiert. Dabei wird die wertniedrigste Stelle des 1. Summanden, die sich ja im B-Register befindet, ausgespart.

Beispiel:

```
  1 0 0 1 · 1 0 1 1
  -----------------
        1 0 0 [1]        1. Summand
      1 0 0 1            2. Summand
      -------
      1 1 0 1
```

Neuer Inhalt des E-Registers → 1 1 0 1

Ziffer befindet sich im B-Register → [1]

Durch einen weiteren Takt T_2 und einen weiteren Takt T_3 wird einmal der Multiplikator um eine weitere Stelle nach rechts verschoben, zum anderen wird wiederum der Inhalt der wertniedrigsten Stelle des E-Registers an das B-Register abgegeben.

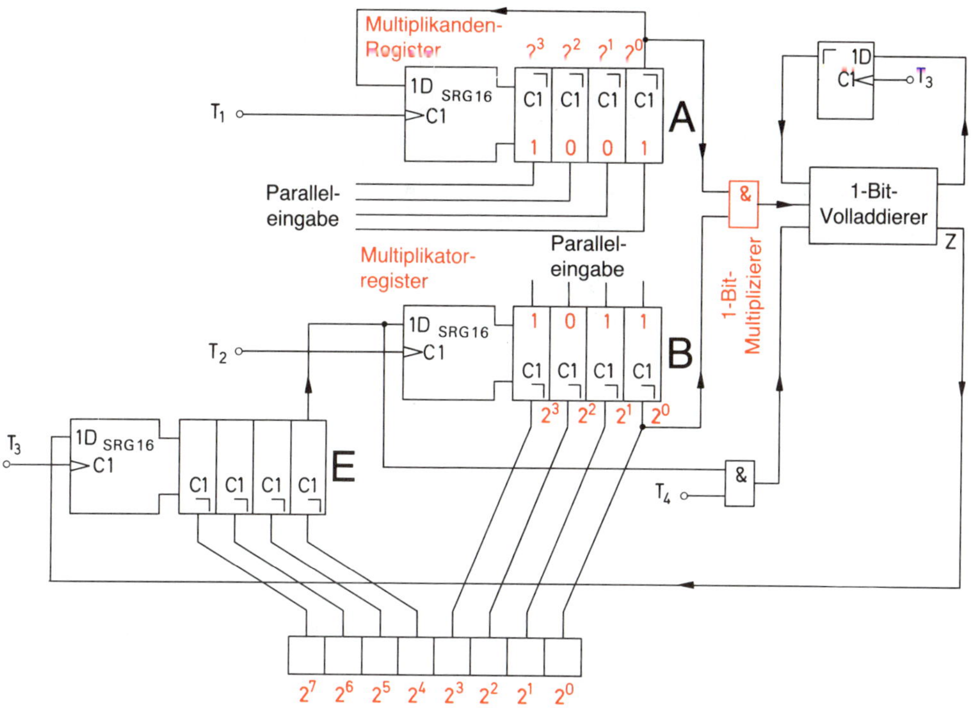

Bild 14.29 Aufbau einer seriellen 4-Bit-Multiplikationsschaltung

Danach erfolgt die Multiplikation des Multiplikanden mit der 3. Stelle des Multiplikators (2^2) in 4 Takten. Das entstehende Multiplikationsergebnis wird zum Inhalt des Ergebnisregisters addiert.

Der Ablauf setzt sich in gleicher Weise wie bereits beschrieben fort. Weitere Verschiebung des Multiplikators und des Inhalts des Ergebnisregisters um eine Stelle. Aufnahme der wertniedrigsten Ziffer des E-Registers in das B-Register. Multiplikation des Multiplikanden mit der 4. Stelle des Multiplikators (2^3) in 4 Takten. Addition des neuen Multiplikationsergebnisses zum Inhalt des Ergebnisregisters.

Durch einen weiteren Takt T_2 und einen weiteren Takt T_3 werden die Inhalte der Register B und E um eine weitere Stelle nach rechts verschoben und gleichzeitig die wertniedrigste Stelle des E-Registers in das B-Register übernommen.

Nun ist der Multiplikationszyklus beendet. Das Endergebnis steht in den Registern E und B und kann an die Ausgänge abgegeben werden. Die Wertigkeit ist an den Ausgängen in Bild 14.29 angegeben.

14.8 Lernziel-Test

1. Geben Sie die Wahrheitstabelle eines Halbaddierers an, und entwickeln Sie aus der Wahrheitstabelle die Schaltung. Die Schaltung ist unter Verwendung von Grundgliedern zu skizzieren.
2. Wodurch unterscheidet sich ein Volladdierer von einem Halbaddierer?
3. Aus zwei Halbaddierern und einem ODER-Glied soll ein Volladdierer aufgebaut werden. Wie sind die Bausteine zusammenzuschalten? Geben Sie das Schaltbild an.
4. Erklären Sie den Begriff «8-Bit-Parallel-Addierschaltung».
5. Wie ist eine serielle Addierschaltung im Prinzip aufgebaut?
6. Skizzieren Sie die Schaltung eines Halbsubtrahierers, und erläutern Sie die Arbeitsweise dieser Schaltung.
7. Mit drei Volladdierern und beliebigen Verknüpfungsgliedern soll ein 3-Bit-Addier-Subtrahier-Werk hergestellt werden. Das Schaltbild ist zu zeichnen.
8. Welche Verknüpfungen muß ein 1-Bit-Multiplizierer erzeugen können? Geben Sie die Wahrheitstabelle des 1-Bit-Multiplizierers an.
9. Wie arbeitet eine 3-Bit-Parallel-Multiplikationsschaltung? Das Prinzip ist zu erläutern. Wieviel 1-Bit-Multiplizierer und wieviel Additionsschaltungen sind erforderlich? Von welcher Art müssen die Additionsschaltungen sein?
10. Erklären Sie das Prinzip einer seriellen Multiplikationsschaltung.

15 Mikroprozessoren und Mikrocomputer

15.1 Der Mikroprozessor als Universalschaltung

Könnte man eine Schaltung bauen, die addieren, subtrahieren und multiplizieren kann und die darüber hinaus alle nur möglichen logischen Verknüpfungen von binären Signalen auszuführen in der Lage ist? Die eingegebenen Signale – auch Daten genannt – müßten zeitlich nacheinander bestimmten gewünschten Bearbeitungen unterzogen werden können. Die zeitliche Folge der Bearbeitungen, also z.B. die Folge der durchzuführenden logischen Verknüpfungen, wäre vor Arbeitsbeginn der Schaltung in einem Programm festzulegen.

Eine solche Schaltung wäre universell verwendbar. Sie könnte logische Schaltungen aller Art ersetzen. Eine benötigte Verknüpfungsschaltung müßte nicht mehr aus verschiedenen Verknüpfungsgliedern «zusammengelötet» werden. Man könnte die Universalschaltung nehmen und sie so programmieren, daß sie die gewünschte Verknüpfung erzeugt.

Der Aufbau dieser Universalschaltung wäre sicherlich verhältnismäßig kompliziert, die Herstellung der Schaltung also vermutlich teuer. Die moderne Technik integrierter Schaltungen gibt jedoch die Möglichkeit, auch komplizierte Schaltungen preisgünstig herzustellen.

Überlegungen dieser Art standen am Anfang der Entwicklung solcher Universalschaltungen, die heute *Mikrocomputer* genannt werden. Hauptteil eines Mikrocomputers ist der *Mikroprozessor.* Mikroprozessoren verschiedener Typen werden zur Zeit als integrierte Schaltungen verhältnismäßig preisgünstig angeboten.

Komplizierte Steuerschaltungen, deren Aufbau aus Verknüpfungsgliedern und Flipflops außerordentlich teuer wäre, lassen sich mit Mikrocomputern sehr kostengünstig aufbauen.

15.2 Arithmetisch-logische Einheit (ALU)

Bei der Entwicklung einer Universalschaltung ist es zweckmäßig, von dem erweiterten 4-Bit-Addier-Subtrahier-Werk Bild 14.23 auszugehen, das im vorhergehenden Kapitel näher erläutert wurde. Mit dieser Schaltung können die Eingangssignale A und B wahlweise addiert und subtrahiert werden.

Zusätzlich ist es erforderlich, daß die Signale A und B

einer UND-Verknüpfung,
einer ODER-Verknüpfung,
einer EXKLUSIV-ODER-Verknüpfung

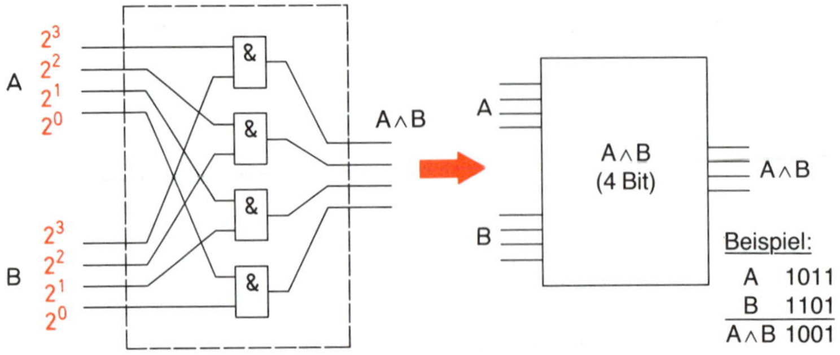

Bild 15.1 Schaltung zur Erzeugung einer UND-Verknüpfung von zwei 4-Bit-Wörtern

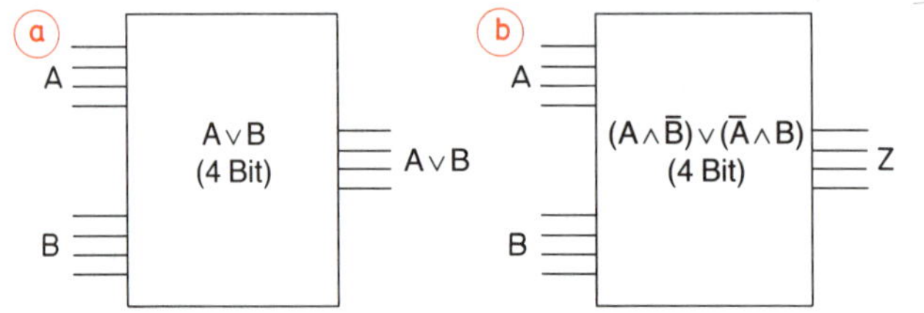

Bild 15.2 Schaltungen zur Erzeugung einer 4-Bit-ODER-Verknüpfung (a) und einer 4-Bit-Exklusiv-ODER-Verknüpfung (b)

unterzogen werden können. Die Schaltung zur Erzeugung einer 4-Bit-UND-Verknüpfung ist in Bild 15.1 angegeben. Entsprechend aufgebaut sind die Schaltungen zur Erzeugung einer 4-Bit-ODER-Verknüpfung und einer 4-Bit-EXKLUSIV-ODER-Verknüpfung (Bild 15.2).

Eine Schaltung, die zwei n-Bit-Wörter wahlweise addieren, subtrahieren, UND-verknüpfen, ODER-verknüpfen und EXKLUSIV-ODER-verknüpfen kann, wird Arithmetisch-logische Einheit – abgekürzt ALU – genannt.

Eine ALU für 4-Bit-Wörter besteht also aus einem erweiterten Addier-Subtrahier-Werk gemäß Bild 14.23, einer Schaltung zur Erzeugung einer 4-Bit-UND-Verknüpfung, einer Schaltung zur Erzeugung einer 4-Bit-ODER-Verknüpfung und aus einer Schaltung zur Erzeugung einer 4-Bit-EXKLUSIV-ODER-Verknüpfung. Die vier 4-Bit-Ausgänge werden über vier Multiplexer (s. Kapitel 11) wahlweise auf den 4-Bit-Z-Ausgang gegeben. Das Addier-Subtrahier-Werk hat außerdem noch einen Übertragsausgang Ü, der herausgeführt wird (Bild 15.3).

Arithmetisch-logische Einheiten werden als integrierte Schaltungen für 4 Bit, 6 Bit, 8 Bit und 16 Bit hergestellt. Am häufigsten werden 8-Bit-ALU verwendet. Die Darstellung als Block (Bild 15.4) ist üblich. Da eine 8-Bit-ALU grundsätzlich 8 A-Eingänge, 8 B-Eingänge und 8 Z-Ausgänge hat, können jeweils 8 Leitungen durch einen Leitungsstrich dargestellt werden. Die Schaltbilder werden dadurch übersichtlicher (Bild 15.4).

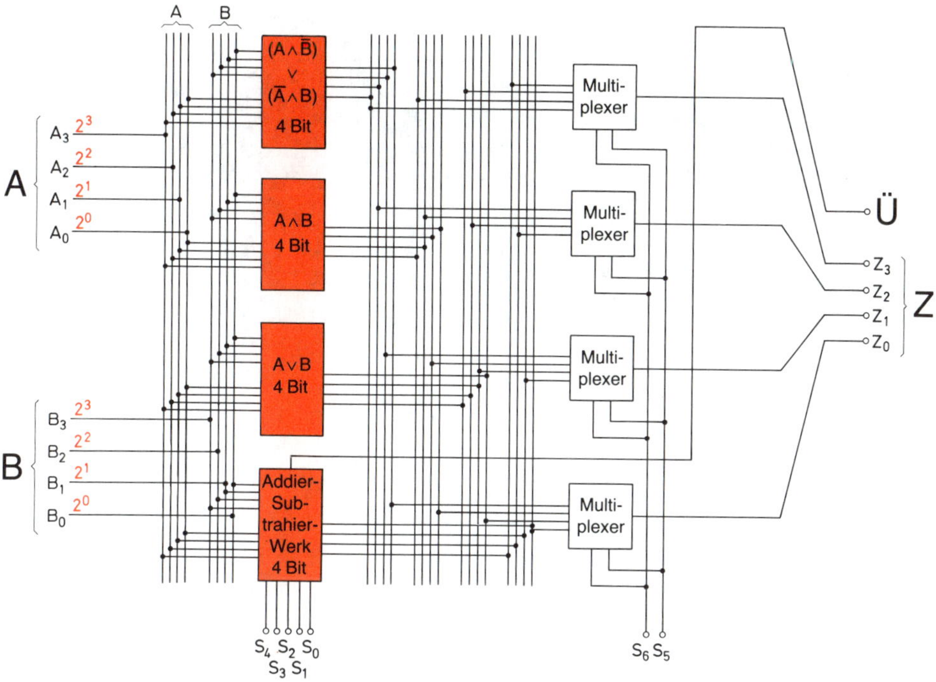

Bild 15.3 Schaltbild einer Arithmetisch-logischen Einheit für 4 Bit

Bild 15.4 Block-darstellungen einer 8-Bit-ALU

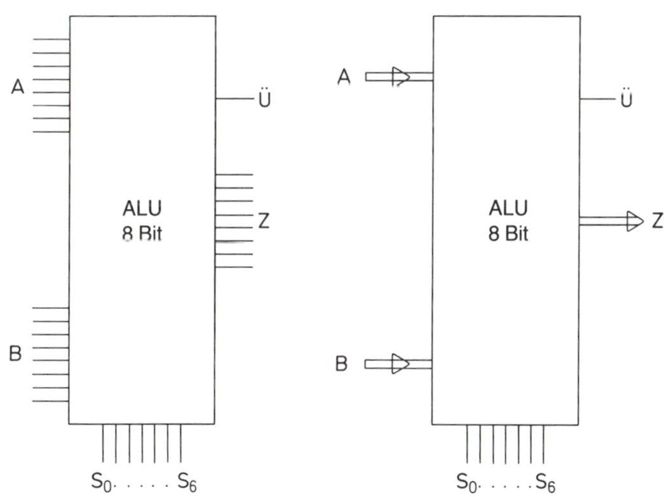

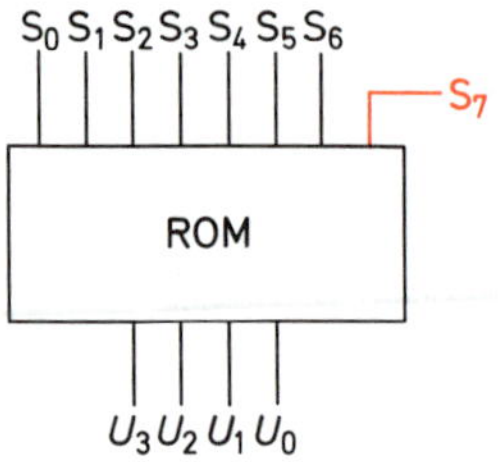

Bild 15.5 Umkodierschaltung mit ROM zur Umkodierung von 7 auf 4 Steuereingänge

	Befehl U_3	U_2	U_1	U_0	Funktion
1	0	0	0	0	A
2	0	0	0	1	$\underline{1}$
3	0	0	1	0	$\overline{A}$
4	0	0	1	1	B
5	0	1	0	0	0
6	0	1	0	1	A + 1
7	0	1	1	0	A − 1
8	0	1	1	1	A + B
9	1	0	0	0	A − B
10	1	0	0	1	$A \wedge B$
11	1	0	1	0	$A \vee B$
12	1	0	1	1	$(A \wedge \overline{B}) \vee (\overline{A} \wedge B)$
13	1	1	0	0	−1
14	1	1	0	1	
15	1	1	1	0	
16	1	1	1	1	

Bild 15.6 Befehle einer ALU

Über die sieben Steuerleitungen S_0 bis S_6 können insgesamt $2^7 = 128$ verschiedene Steuerbefehle gegeben werden. Von diesen Steuerbefehlen werden nur 13 benötigt. Es ist also sinnvoll, eine Umkodierung vorzunehmen. Diese erfolgt mit Hilfe eines ROM (s. Kapitel 12, Abschnitt 12.4). Man verwendet 4 Steuereingänge (Bild 15.5). Mit diesen lassen sich 16 verschiedene Befehle darstellen. 3 mögliche Befehle bleiben ungenutzt. Die Befehle sind in Bild 15.6 aufgeführt. Einige Befehle erfordern die Unterdrückung des Übertrages Ü. Zu diesem Zweck hat das ROM einen Ausgang S_7, der immer dann 0-

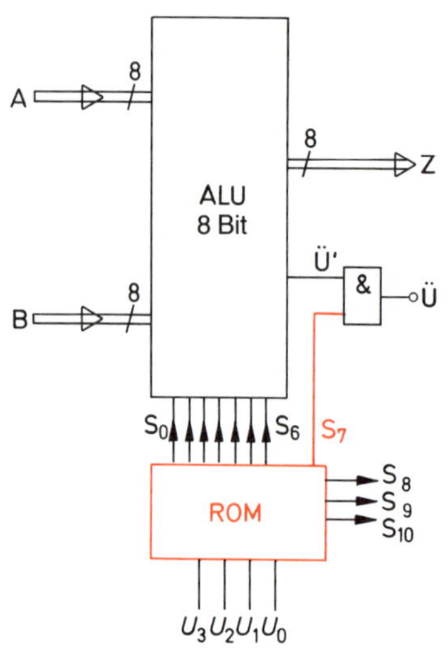

Bild 15.7 ALU mit ROM zur Umkodierung und UND-Glied zur Übertragsunterdrückung

Signal führt, wenn ein Übertrag nicht am Ausgang Ü erscheinen soll. Die Ausgänge S_8 und S_9 werden für Zusatzsteuerungen benötigt (s. Abschnitt 15.3 und 15.4).
Das Blockschaltbild einer 8-Bit-ALU mit Umkodierungs-ROM und Übertragsunterdrückung zeigt Bild 15.7.

15.3 Akkumulator

Ein Akkumulator besteht aus einer ALU mit Umkodierung, aus einem Register und aus einem 1-Bit-Speicher für den Übertrag. Die Dateneingabe erfolgt nur über die B-Eingänge. Die A-Eingänge sind mit den Ausgängen des Registers verbunden (Bild 15.8). Register und Übertragsspeicher sind taktgesteuert. Die Taktsteuerung des Übertragsspeichers kann über ein UND-Glied gesperrt werden. Das S_8-Signal wird dem Umkodierungs-ROM entnommen.
Sollen zwei 8-Bit-Wörter addiert werden, wird das erste 8-Bit-Wort auf die B-Eingänge gegeben. Es wird über die ALU dem Register zugeführt und mit dem nächsten Takt übernommen. Das Register ist mit 8 Flipflops aufgebaut, in denen das 8-Bit-Wort parallel gespeichert wird. Es steht an den 8 Ausgängen des Registers zur Verfügung und liegt gleichzeitig an den 8 A-Eingängen.
Nach der Einspeicherung des ersten 8-Bit-Worts wird das zweite 8-Bit-Wort auf die B-Eingänge gegeben. Die beiden zu addierenden 8-Bit-Worte liegen jetzt an den A- und den B-Eingängen der ALU. Die ALU addiert auf Befehl beide 8-Bit-Worte und bietet das Ergebnis dem Register an. Das Register übernimmt das Ergebnis mit dem nächsten Takt. Ein eventuell entstehender Übertrag wird ebenfalls taktgesteuert in den Übertragsspeicher übernommen. Der Übertragsspeicher wird auch Übertrags-Flag genannt (Flag, engl.: Flagge, Kennzeichen). Das Ergebnis der Addition steht nun an den Z*-Ausgängen und am Ausgang Ü* zur Verfügung.

Bild 15.8 Aufbau eines Akkumulators

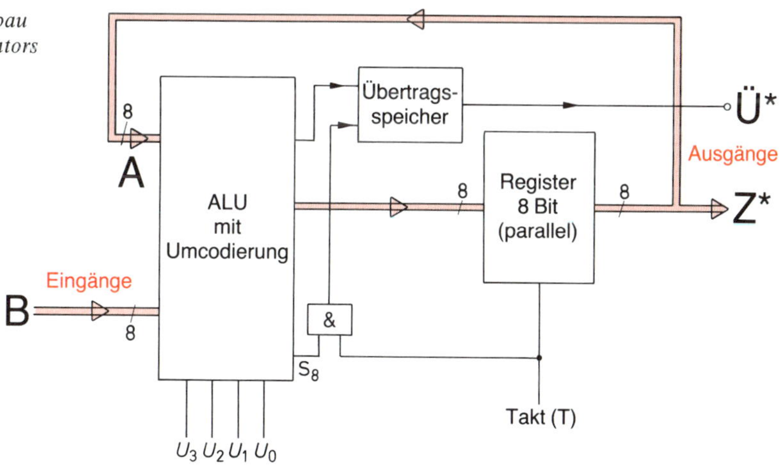

Eine UND-Verknüpfung von zwei 8-Bit-Wörtern erfolgt auf ähnliche Weise. Die ALU erhält lediglich statt des Additionsbefehls den Befehl, eine UND-Verknüpfung durchzuführen.
Die 13 Befehle einer ALU gelten entsprechend auch für den Akkumulator. Statt der A-Signale ist jedoch stets der Akkuinhalt zu berücksichtigen. Den Befehlen wird eine leicht merkbare Abkürzung zugeordnet, die auf die englische Befehlsbezeichnung hindeutet. Diese Abkürzung ist der symbolische Befehlsname. Alle Befehle eines Akkumulators sind in einer sogenannten Befehlsliste zusammengefaßt (Bild 15.9).

Befehl-Nr. Dez.	Befehl-Nr. Hexa.	Befehl U_3	U_2	U_1	U_0	Befehls-name	Befehlsbeschreibung	Übertrags-speicher
0	0	0	0	0	0	NOP	Keine Operation	T
1	1	0	0	0	1	SP1	Im Akku ist der Inhalt 1 einzuspeichern	T
2	2	0	0	1	0	CMA	Der Akkuinhalt ist zu negieren	–
3	3	0	0	1	1	LDA	B-Signal soll in den Akku geladen werden	–
4	4	0	1	0	0	CLA	Der Akkuinhalt ist zu löschen	–
5	5	0	1	0	1	INC	Der Akkuinhalt ist um 1 zu erhöhen	T
6	6	0	1	1	0	DEC	Der Akkuinhalt ist um 1 zu vermindern	T
7	7	0	1	1	1	ADD	Addiere B-Signal zum Akkuinhalt	T
8	8	1	0	0	0	SUB	Subtrahiere B-Signal vom Akkuinhalt	T
9	9	1	0	0	1	AND	UND-Verknüpfung von Akkuinhalt und B-Signal	T
10	A	1	0	1	0	IOR	ODER-Verknüpfung von Akkuinhalt und B-Signal	T
11	B	1	0	1	1	XOR	Exklusiv-ODER-Verknüpfung von Akkuinhalt und B-Signal	T
12	C	1	1	0	0	SM1	Im Akku ist der Inhalt –1 zu speichern	T
13	D	1	1	0	1	–	–	–
14	E	1	1	1	0	–	–	–
15	F	1	1	1	1	–	–	–

T: Übertragsspeicher wird getaktet
–: Übertragsspeicher wird nicht getaktet

Bild 15.9 Befehlsliste eines Akkumulators

Der Übertragsspeicher wird bei einigen Befehlen nicht getaktet. Er behält also den vorher vorhandenen Informationsinhalt bei. Das bringt einige Vorteile. Wird der Übertragsspeicher getaktet, entsteht aber bei der Ausführung des Befehls kein Übertrag, ist der Übertragsspeicher nach dem Takt gelöscht.
Betrachten wir den Ablauf der Subtraktion X – Y. Die Zahl X wird an die B-Eingänge gelegt. Der Befehl LDA (0011) hat zur Folge, daß die Zahl X in das Register geladen wird. Jetzt wird die Zahl Y an die B-Eingänge gelegt. Zur Subtraktion ist der Befehl SUB (1000) erforderlich. Die Subtraktion wird ausgeführt, das Ergebnis wird in das Register gespeichert und kann an den Ausgängen Z* abgenommen werden. War Y größer als X, ist die Ergebniszahl negativ. Ü* führt dann 1-Signal. Bei positiver Ergebniszahl führt Ü* 0-Signal.
Die Blockdarstellung eines Akkumulators zeigt Bild 15.10.

Bild 15.10 Blockdarstellung eines 8-Bit-Akkumulators

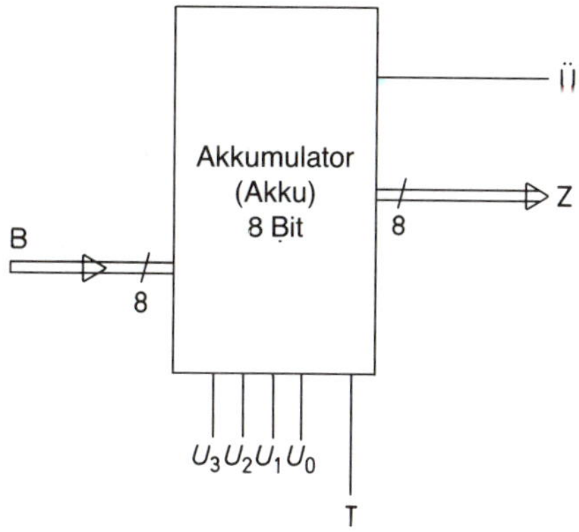

15.4 Akkumulator mit Datenspeicher

Der nächste Schritt auf dem Wege zu der gesuchten Universalschaltung, zum sogenannten Mikroprozessor, ist der Akkumulator mit Datenspeicher. Als Datenspeicher wird ein statischer Schreib-Lese-Speicher (RAM) verwendet (s. Kapitel 12, Abschnitt 12.3.1).

> *Ein Akkumulator mit Datenspeicher kann Zwischenergebnisse im Datenspeicher ablegen und sie bei Bedarf wieder herausholen.*

Den Aufbau eines Akkumulators mit Datenspeicher zeigt Bild 15.11. Die acht Ausgänge des Akkumulators führen nach außen (Z*) und sind außerdem mit den Eingängen des RAM verbunden. Ausgangsdaten des Akkumulators können in das RAM übernommen werden. Die Einspeicherung in das RAM erfolgt taktgesteuert. Das im Akkumulator enthaltene Umkodier-ROM liefert über die Steuerleitung S_9 1-Signal und gibt damit den Takt über das UND-Glied frei, so daß die Einspeicherung erfolgen kann.
Das RAM kann verschieden große Speicherkapazität haben. In Bild 15.11 ist ein RAM mit 16 Speicherzellen zu je 8 Bit eingezeichnet. Die 16 Speicherzellen müssen Adressen erhalten (s. Kapitel 12). Mit 4-Bit-Einheiten lassen sich 16 verschiedene Adressen herstellen (0000 bis 1111). Da die Adressen vierstellig sind, werden 4 Adreßeingänge benötigt. Diese erhalten die Bezeichnungen A_0 bis A_3 (s. Bild 15.11).
Im RAM gespeicherte Daten können nach Wunsch wieder ausgespeichert und dem Akkumulator zugeführt werden. Die B-Eingänge des Akkumulators werden über einen Datenselektor (Multiplexer) angesteuert. Erhält der Datenselektor 1-Signal über die Steuerleitung S_{10} des im Akkumulator enthaltenen Umkodierungs-ROM, schaltet er die B*-Eingänge auf die B-Eingänge des Akkumulators. Liegt auf der Steuerleitung S_{10} 0-Signal, sind die Ausgänge des RAM mit den B-Eingängen des Akkumulators verbunden.

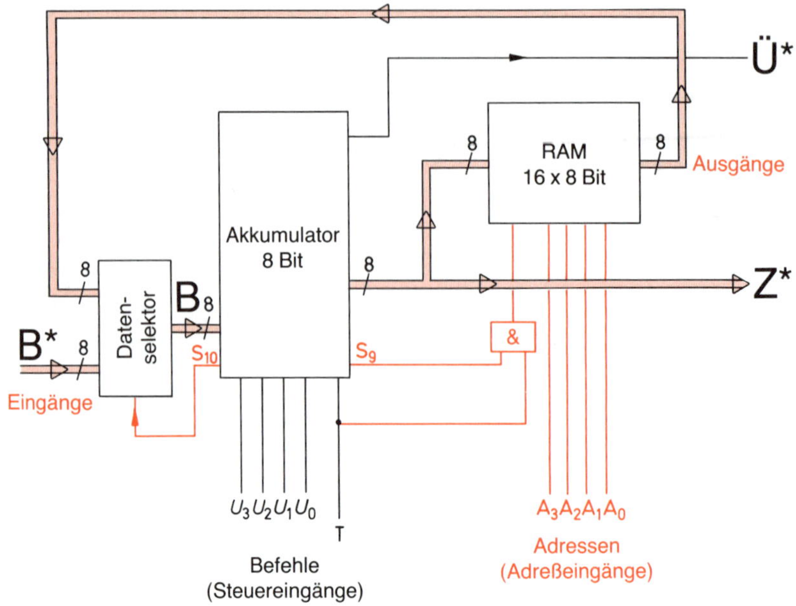

Bild 15.11 Aufbau eines Akkumulators mit Datenspeicher

Zu den 13 Befehlen des Akkumulators ohne Datenspeicher (Bild 15.9) müssen zwei weitere Befehle hinzukommen. Benötigt wird einmal ein Befehl, durch den der Datenselektor auf die Eingänge B* umgeschaltet wird. Dieser Befehl muß das Anlegen des 1-Signals an die Steuerleitung S_{10} auslösen. Ihm wird die Bit-Kombination Nr. 13 (1101) zugeordnet (Bild 15.12). Sein Befehlsname ist INP.

Benötigt wird weiterhin ein Befehl, der das Einspeichern des Akkuinhalts in eine Speicherzelle des RAM auslöst. Dieser Befehl bekommt die Bit-Kombination Nr. 14 (1110) und den Namen STA. Er muß von dem im Akkumulator enthaltenen Umkodierungs-ROM so verarbeitet werden, daß 1-Signal auf der Steuerleitung S_9 auftritt und der Takt zum RAM dadurch freigegeben wird (Bild 15.11). Dieser Befehl muß stets mit einer Adresse verbunden sein.

Beim Akkumulator mit Datenspeicher bestehen die einzelnen Befehle aus 8-Bit-Wörtern. Vier Bit werden für das Steuersignal (U_0 bis U_3) und vier Bit werden für die Adresse (A_0 bis A_3) benötigt.

Befehl Nr. Dez.	Hexa.	Befehl U_3	U_2	U_1	U_0	Befehls-name	Befehlsbeschreibung	Übertrags-speicher
13	D	1	1	0	1	INP	Eingangssignal B* ist in den Akku zu laden	–
14	E	1	1	1	0	STA	Der Akkuinhalt ist in die Speicherzelle mit der Adresse $A_3\,A_2\,A_1\,A_0$ zu speichern	–

Bild 15.12 Zusätzliche Befehle des Akkumulators mit Datenspeicher

Die Steuer-Bit bilden den Operationsteil, die Adreß-Bit bilden den Adreßteil eines Befehls.

Vor Beginn eines Arbeitsablaufs, also vor Beginn einer Rechenoperation oder einer Steuerung, müssen die einzelnen auszuführenden Befehle und ihre zeitliche Reihenfolge genau festgelegt werden.

Eine festgelegte Befehlsfolge wird Programm genannt.

Man muß dem Akkumulator mit Datenspeicher also schrittweise mitteilen, was er im einzelnen zu tun hat. Zuerst wird der 1. Befehl eingegeben, dann der 2., dann der 3. usw., bis alle Befehle ausgeführt sind. Dann muß das gewünschte Ergebnis in richtiger Form vorliegen. Liegt es nicht vor, war das Programm falsch.
Bei jedem erneuten Arbeitsablauf müssen die Befehle wieder neu eingegeben werden. Das ist sehr mühsam und zeitraubend und in der Praxis kaum durchführbar. Man stelle sich eine Werkzeugmaschinensteuerung vor, bei der während eines jeden Drehvorganges etwa 40 oder mehr 8-Bit-Befehle über Tasten eingegeben werden müßten! Niemand würde eine solche Maschine kaufen.

15.5 Programmgesteuerter vereinfachter Rechner

Der Akkumulator mit Datenspeicher läßt sich ganz wesentlich durch eine Programmsteuerung verbessern. Die Programmsteuerung besteht aus einem Programmspeicher, einer Ladeeinrichtung und einem Befehlszähler. Durch Einsatz dieser zusätzlichen Bausteine wird aus dem Akkumulator mit Datenspeicher ein programmgesteuerter vereinfachter Rechner (Bild 15.13).
Vor Beginn eines Arbeitsvorganges wird das Programm geladen. Der 1. Befehl wird an die Eingänge B* gelegt. Durch einen Impuls auf den Anschluß T_2 wird ein Ladesignal ausgelöst. Der Befehl wird in den Programmspeicher eingespeichert. Dann wird der 2. Befehl an die Eingänge B* gelegt und auf die gleiche Weise eingespeichert. Nach dem 2. Befehl folgt der 3. – und so fort. Die Befehle werden also in der Reihenfolge geladen, in der sie später auszuführen sind. Hierbei darf es keine Verwechslungen geben.
Sind alle Befehle des Programms in den Programmspeicher geladen, kann mit der Ausführung des Programms begonnen werden. Das Startsignal wird durch einen Impuls auf den Eingang S des Befehlszählers gegeben. Jetzt veranlaßt der Befehlszähler die Ausgabe des ersten Befehls aus dem Programmspeicher. Der Befehl wird an die Eingänge U_0 bis U_3 und A_0 bis A_3 gelegt und ausgeführt. Danach wird durch den Befehlszähler die Ausgabe des zweiten Befehls veranlaßt. Nach Ausführung des zweiten Befehls wird der dritte Befehl ausgegeben und ausgeführt.
Das gesamte Programm wird Befehl nach Befehl abgearbeitet. Nach Ausführung aller

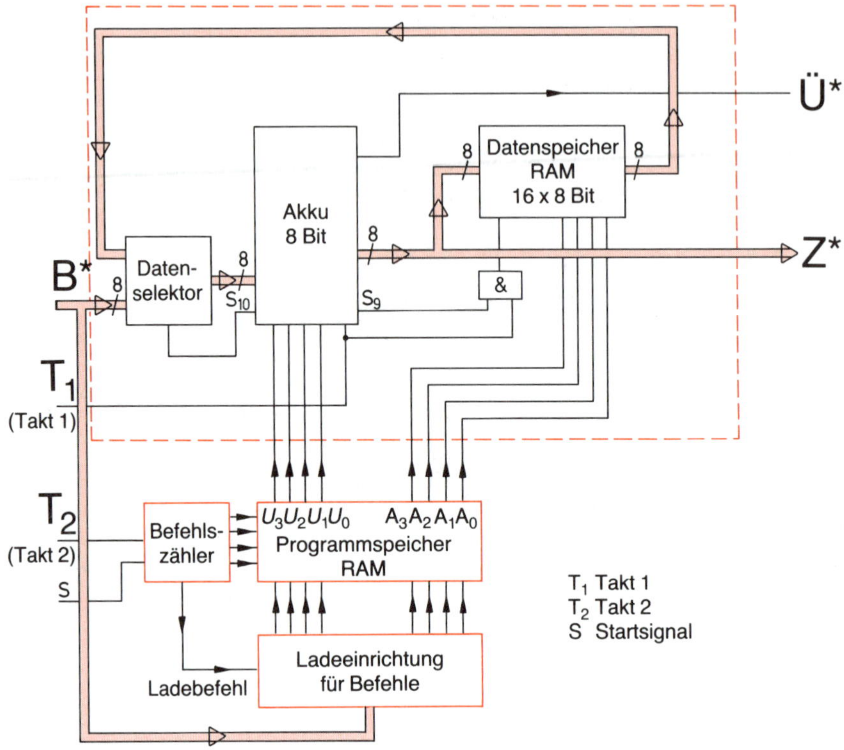

Bild 15.13 Aufbau eines programmgesteuerten einfachen Rechners

Befehle muß der Befehlszähler stillgesetzt werden. Hierzu ist ein weiterer Befehl erforderlich, der sogenannte HALT-Befehl (HLT). Die 4-Bit-Kombination Nr. 15 (1111) ist noch frei (siehe Bild 15.9 und Bild 15.12). Diese Bit-Kombination wird dem Befehl HLT zugeteilt.

Der programmgesteuerte vereinfachte Rechner verfügt nun über 15 Befehle, die in Bild 15.14 ausgeführt sind.

Der programmgesteuerte vereinfachte Rechner erlaubt die Durchführung komplizierter Rechen- und Steuervorgänge. Die Befehle werden streng in der Reihenfolge der Eingabe ausgeführt. Das ist nicht immer erwünscht. Häufig möchte man einen Befehlssprung haben, d.h., man möchte z.B. nach dem 35. Befehl wieder zum 10. Befehl zurückspringen und die folgenden Befehle erneut abarbeiten. Oder man möchte nach dem 20. Befehl zum 45. Befehl springen. Diese Möglichkeiten bietet der programmgesteuerte vereinfachte Rechner nicht.

Befehl Nr.		Befehl Operationsteil				Befehl Adreßteil				Befehlsname	Befehlsbeschreibung
Dez.	Hexa.	U_3	U_2	U_1	U_0	A_3	A_2	A_1	A_0		
0	0	0	0	0	0	–	–	–	–	NOP	Keine Operation
1	1	0	0	0	1	–	–	–	–	SP1	In den Akku ist der Inhalt 1 zu speichern
2	2	0	0	1	0	–	–	–	–	CMA	Der Inhalt des Akkus ist zu negieren
3	3	0	0	1	1	[A]	[A]	[A]	[A]	LDA	Der Inhalt der Datenspeicherzelle mit der Adresse AAAA soll in den Akku geladen werden
4	4	0	1	0	0	–	–	–	–	CLA	Der Akkuinhalt ist zu löschen
5	5	0	1	0	1	–	–	–	–	INC	Der Akkuinhalt ist um 1 zu erhöhen
6	6	0	1	1	0	–	–	–	–	DEC	Der Akkuinhalt ist um 1 zu vermindern
7	7	0	1	1	1	[A]	[A]	[A]	[A]	ADD	Der Inhalt der Datenspeicherzelle mit der Adresse AAAA soll zum Akkuinhalt addiert werden
8	8	1	0	0	0	[A]	[A]	[A]	[A]	SUB	Der Inhalt der Datenspeicherzelle mit der Adresse AAAA ist vom Akkuinhalt zu subtrahieren
9	9	1	0	0	1	[A]	[A]	[A]	[A]	AND	UND-Verknüpfung zwischen dem Inhalt der Speicherzelle mit der Adresse AAAA und dem Akkuinhalt
10	A	1	0	1	0	[A]	[A]	[A]	[A]	IOR	ODER-Verknüpfung zwischen dem Inhalt der Speicherzelle mit der Adresse AAAA und dem Akkuinhalt
11	B	1	0	1	1	[A]	[A]	[A]	[A]	XOR	Exklusiv-ODER-Verknüpfung zwischen dem Inhalt der Speicherzelle mit der Adresse AAAA und dem Akkuinhalt
12	C	1	1	0	0	–	–	–	–	SM1	Im Akku ist der Inhalt −1 zu speichern
13	D	1	1	0	1	–	–	–	–	INP	Eingangssignal B* ist in den Akku zu laden
14	E	1	1	1	0	[A]	[A]	[A]	[A]	STA	Der Akkuinhalt ist in die Speicherzelle mit der Adresse AAAA zu speichern
15	F	1	1	1	1	–	–	–	–	HLT	Der Befehlszähler ist anzuhalten

– keine Adresse erforderlich

[A] Platzhalter für ein Adressen-Bit

Bild 15.14 Befehlsliste eines programmgesteuerten vereinfachten Rechners (die Befehle gelten auch für den Akkumulator mit Datenspeicher mit Ausnahme des Befehls Nr. 15)

15.6 Mikroprozessorbausteine

Entwickelt man den programmgesteuerten Rechner nach Bild 15.13 weiter, so daß er in der Lage ist, auch Programmsprünge durchzuführen, erhält man eine mögliche Mikrocomputerschaltung, die als Universalschaltung für alle Steuerungs- und Rechnungsaufgaben geeignet ist. Der Kernteil dieser Schaltung mit ALU, Datenspeicher, Befehlszähler, Registern und Steuereinrichtungen wird im sogenannten Mikroprozessor zusammengefaßt.

> *Ein Mikroprozessor ist eine unvollständige programmgesteuerte Rechnerschaltung, die besonders für Steuerungszwecke geeignet ist.*

Das Steuern steht im Vordergrund, nicht das Rechnen. Doch zur Durchführung von Steuerungen sind auch Rechnungen erforderlich.

15.6.1 Mikroprozessortypen

Bei der Mikroprozessorentwicklung kann man unterschiedliche Wege gehen und zu unterschiedlichen Ergebnissen kommen. Es gibt daher viele verschiedene Mikroprozessortypen mit teilweise stark voneinander abweichenden Eigenschaften. Zur Zeit sind etwa 60 Mikroprozessortypen auf dem Markt. Sie werden alle als 1-Chip-Mikroprozessoren hergestellt, d.h., sie bestehen aus einer einzigen integrierten Schaltung.

> *Mikroprozessoren werden ausschließlich als integrierte Schaltungen hergestellt.*

Verwendet wird üblicherweise ein Dual-In-Line-Gehäuse mit bis zu 40 Anschlüssen. Mikroprozessoren unterscheiden sich vor allem durch folgende Eigenschaften:

1. Wortlänge
Die Wortlänge gibt an, wie viele Bit parallel verarbeitet werden können, also wie viele Bit die Eingangs- und Ausgangsgrößen haben. Es gibt 4-Bit-, 8-Bit-,16-Bit- und 32-Bit-Mikroprozessoren.

2. Rechengeschwindigkeit
Bei der Rechengeschwindigkeit vergleicht man die sogenannten Zykluszeiten miteinander. Unter der Zykluszeit versteht man meist die Zeit, die für die Paralleladdition von zwei Dualzahlen und für das Ein- und Ausspeichern dieser Zahlen erforderlich ist. Üblich sind Zykluszahlen von 10 µs bis zu 0,1 µs.

3. Technologie (Schaltkreisfamilie)
Mikroprozessoren werden überwiegend in MOS-Technik hergestellt. In dieser Technologie ist die höchste Integrationsdichte erreichbar. Die Schaltungen können verhältnis-

mäßig kompliziert aufgebaut werden. Es gibt aber auch einige wenige bipolare Mikroprozessoren, die zur Schaltkreisfamilie Schottky TTL gehören. Sie arbeiten sehr schnell, sind aber verhältnismäßig einfach aufgebaut.
In der MOS-Schaltkreisfamilie sind die NMOS-Typen in der Mehrzahl. Sie benötigen etwa 0,5 bis 1,5 W Leistung. CMOS-Typen gibt es weniger. Ihr besonderer Vorteil ist der äußerst geringe Leistungsbedarf von 1 bis 5 mW. Man unterscheidet ferner statische Mikroprozessoren und dynamische Mikroprozessoren. Statische Mikroprozessoren haben statische Schreib-Lese-Speicher, die keine Auffrischung benötigen. Dynamische Mikroprozessoren haben dynamische Schreib-Lese-Speicher in ihrem Inneren. Diese benötigen einen Auffrischtakt.

4. Befehlsvorrat
Die Größe des Befehlsvorrats ist ein Maß für die Leistungsfähigkeit eines Mikroprozessors – aber nicht das einzige. Es kommt auch auf die Art der Befehle an. Viele geschickt gewählte Befehle ergeben eine große Leistungsfähigkeit. Nach Herstellerangaben schwankt die Zahl der Befehle zwischen 46 und 158.
In der Tabelle Bild 15.15 sind einige häufig verwendete Mikroprozessoren und ihre wichtigsten Eigenschaften aufgeführt.

Bild 15.15 Zusammenstellung einiger wichtiger Mikroprozessoren

Typ	Hersteller	Wortlänge in Bit	Befehls-vorrat	Zykluszeit in µs	Logik-Familie (Technologie)
4040	Intel	4	60	10,0	NMOS
8080 A	Intel/Siemens	8	78	2,0	NMOS
8085	Intel/Siemens	8	80	1,3	NMOS
IM 6100	Intersil	8	87	2,5	CMOS
M 6800	Motorola	8	72	2,0	NMOS
SCMP	Nat. Semic.	8	46	2,0	PMOS/NMOS
Z 80	Zilog	8	158	1,0	NMOS
8086	Intel	16	135	0,5	CMOS
68000	Motorola	16	56	0,6	CMOS/NMOS
TMS9900	Texas Instr.	16	69	7,5	NMOS
80386	Intel	32	150	0,3	CMOS
68020	Motorola	32	100	0,4	CMOS/NMOS
32332	Nat. Semic.	32	130	0,3	NMOS

15.6.2 Mikroprozessor SAB 8080A

Der Mikroprozessor 8080A wird zur Zeit in sehr großen Stückzahlen eingesetzt und hat sich zu einer Art Standardmikroprozessor entwickelt. Er wird von Intel, Siemens und anderen hergestellt. Die Siemens-Bezeichnung ist SAB 8080A.
Der Mikroprozessor SAB 8080A ist ein 8-Bit-Mikroprozessor in NMOS-Technik mit einer Zykluszeit von 2 µs. Sein Befehlsvorrat umfaßt 78 Befehle (s. Tabelle Bild 15.15). Der Mikroprozessor ist TTL-kompatibel und in Tri-State-Technik ausgeführt, das heißt, die Dateneingänge und -ausgänge und die Adreßausgänge können außer den Pegeln L und H noch einen hochohmigen (abgeschalteten) Zustand annehmen.

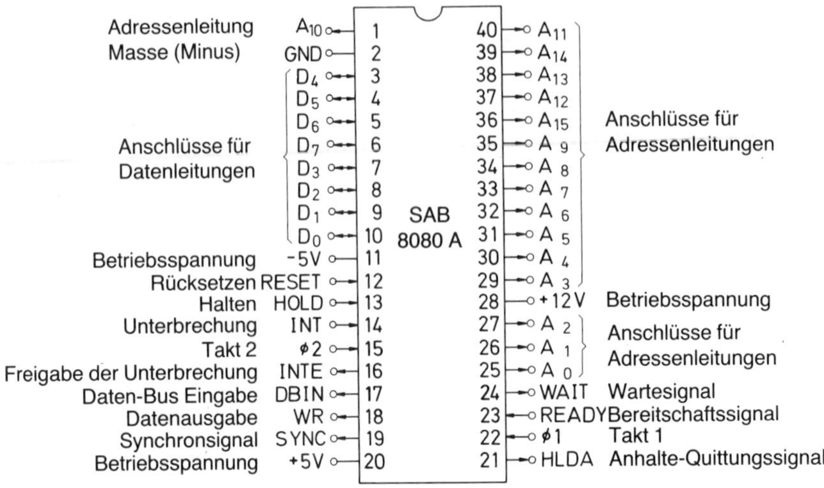

Bild 15.16 Gehäuseanschlüsse des Mikroprozessors SAB 8080A (Siemens)

Die im Mikroprozessor SAB 8080A enthaltenen Schreib-Lese-Speicher sind dynamische Speicher, die der Auffrischung bedürfen. Die Auffrischung erfolgt mit Taktsignal. Der Mikroprozessor SAB 8080A wird in einem 40poligen Dual-Inline-Gehäuse geliefert. Die Bedeutung der Gehäuseanschlüsse zeigt Bild 15.16.
Die Anschlüsse 3 bis 10 sind Datenanschlüsse. Sie sind Ausgänge und Eingänge des 8-Bit-Daten-BUS. (BUS-Schaltungen siehe Kapitel 11, Abschnitt 11.4.) Dieser Daten-BUS ist ein Zweiweg-Daten-BUS. Er kann Daten zuführen und abführen.
Der Mikroprozessor verfügt über 16 Adreßausgänge. Es können $2^{16} = 65\,536$ verschiedene Adressen damit angewählt werden. Der Mikroprozessor kann also mit einem externen Speicherbaustein von 64 kBytes zusammenarbeiten. Mit jeder Adresse kann 1 Byte = 8 Bit abgerufen werden. Zusätzlich stehen noch Adressen für die Ansteuerung von Eingabe- und Ausgabebausteinen zur Verfügung. Statt eines 64-kByte-Speichers können auch mehrere kleinere Speicher angeschlossen werden. Dabei ist es gleichgültig, ob es sich um RAM, ROM oder um PROM handelt. Als Adressenausgänge dienen die Gehäuseanschlüsse 1, 25, 26, 27, 29 bis 40 (Bild 15.16). Sie sind mit dem Adressen-BUS zu verbinden.
Die weiteren Anschlüsse dienen der Stromversorgung und der Steuerung des Mikroprozessors. Benötigt werden die Spannungen +12 V (Pin 28), +5 V (Pin 20), −5 V (Pin 11). Masse ist an Pin 2 zu legen. Der Mikroprozessor benötigt einen externen Taktgenerator, der zwei verschiedene Takte erzeugt, Takt 1 und 2 (Takt 1 an Pin 22, Takt 2 an Pin 15). Über den Eingang RESET (Pin 12) wird der Befehlszähler auf 0 gesetzt. Mit einem 0-Signal am Anschluß HOLD (Pin 13) kann der Mikroprozessor angehalten werden. Es können in dieser Zeit Daten eingegeben oder ausgegeben werden. Die Gehäuseanschlüsse INT (Pin 14) und INTE (Pin 16) dienen der Programmunterbrechung und der Freigabe der Programmunterbrechung.

Am Gehäuseanschluß DBIN (Data Bus In) zeigt ein Signal an, daß sich der Daten-BUS in einem Eingabezustand befindet. Es können Daten in den Mikroprozessor übernommen werden. Der Anschluß $\overline{WR}$ führt 0-Signal, solange Daten an einen äußeren Speicher abgegeben werden. Der SYNC-Anschluß liefert ein Synchronsignal, wenn ein neuer Operationszyklus beginnt.
Besonders wichtig sind die Anschlüsse WAIT (Warten, Pin 24) und READY (Bereit, Pin 23). An WAIT liegt 1-Signal, wenn sich der Mikroprozessor in Wartestellung befindet. 1-Signal am Anschluß READY zeigt an, daß auf dem Daten-BUS Daten zur Übernahme bereitstehen. Es läßt den Mikroprozessor kurzzeitig halten, damit die Daten übernommen werden können.
Über den Anschluß HLDA (Pin 21) liefert der Mikroprozessor eine sogenannte «Anhaltequittung» als Antwort auf ein HOLD-Signal. Sie zeigt an, daß Daten- und Adreß-BUS in den hochohmigen Zustand schalten.
Der innere Aufbau des SAB 8080A ist etwas verwirrend. Er soll deshalb in zwei Stufen erklärt werden. In der vereinfachten Darstellung des Innenaufbaus (Bild 15.17) ist die ALU leicht zu erkennen. Die Rückführung der A-Eingänge erfolgt über den internen Daten-BUS. Über den internen Daten-BUS laufen auch die Daten bei der Einspeicherung von Daten in den Datenspeicher und bei der Ausspeicherung.

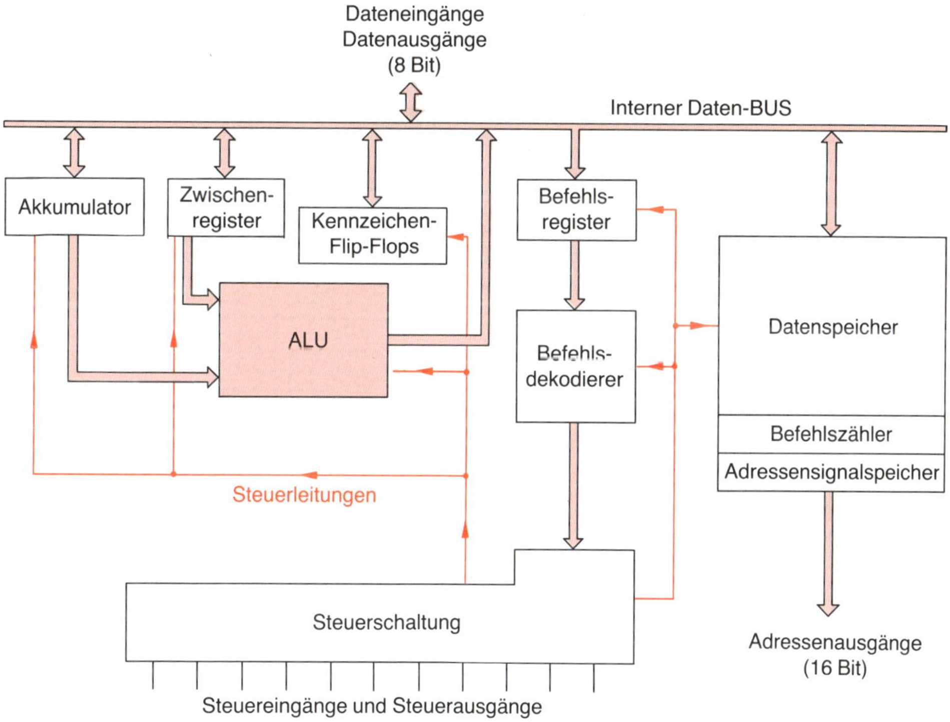

Bild 15.17 Vereinfachter Innenaufbau des Mikroprozessors SAB 8080A

Befehle werden über die Dateneingänge eingegeben. Sie können im Datenspeicher zwischengespeichert werden. Einen besonderen Programmspeicher gibt es nicht. Ein Programmspeicher kann aber als externer Speicher zusätzlich angeschlossen werden. Die Befehle werden über das Befehlsregister dem Befehlsdekodierer zugeführt und als Steuersignale auf die Steuerschaltung gegeben. Die Steuerschaltung verfügt über eine Anzahl von Steuersignaleingängen und -ausgängen, die bereits besprochen wurden.
Mit Hilfe des Befehlszählers und des Adressensignalspeichers werden die Adressen für die Ansteuerung externer Bausteine erzeugt, z.B. Adressen für RAM und ROM. Die Adressen bestehen aus 16-Bit-Wörtern. Sie werden dem Adreß-BUS zugeführt.
Die Hersteller geben in ihren Datenbüchern den vollständigen Innenaufbau des Mikroprozessors SAB 8080A an (Bild 15.18).
Hier kommen noch einige weitere Einheiten hinzu, z.B. Puffer für Daten und Adressen. Puffer sind Zwischenspeicher. Der Datenspeicher wird in viele Register aufgeteilt, die über Multiplexer angewählt werden.
Es ist kaum vorstellbar, daß diese sehr komplizierte Schaltung in einem Silizium-Chip von nur etwa 5 mm × 5 mm Größe untergebracht werden kann. Erstaunlich ist auch der verhältnismäßig geringe Preis, der zur Zeit für Mikroprozessoren allgemein gefordert wird.
Wie wird nun eine Steuerschaltung mit dem Mikroprozessor SAB 8080A aufgebaut? Mit dem Mikroprozessor allein kann keine Steuerschaltung aufgebaut werden. Man benötigt Zusatzbausteine – z.B. einen Taktgenerator, Eingabe-Ausgabe-Bausteine und einen oder mehrere Speicher vom Typ ROM, PROM, EPROM oder RAM für Programm und Daten. Vor allem benötigt man ein Stromversorgungsteil.

15.6.3 Zusatzbausteine für Mikroprozessoren

Mikroprozessoren arbeiten taktgesteuert. Erforderlich ist mindestens ein Takt, oft werden zwei verschiedene Takte benötigt. Nur wenige Mikroprozessortypen besitzen einen «inneren Taktgenerator». Bei diesen Mikroprozessoren ist der Taktgenerator bereits auf dem Mikroprozessor-Chip enthalten. Bei den anderen Mikroprozessortypen ist ein Zusatzbaustein erforderlich, der die benötigten Takte erzeugt.
Für den Mikroprozessor SAB 8080A wird als Zusatzbaustein der Taktgeber SAB 8224 empfohlen. Dieser Baustein wird in einem 16poligen Dual-In-Line-Gehäuse geliefert. Er enthält einen Quarzoszillator, dessen Frequenz durch einen außen anzuschließenden Quarz bestimmt wird. Die Eigenfrequenz des Quarzes kann in weiten Grenzen gewählt werden. Sie beeinflußt die Arbeitsgeschwindigkeit des Mikroprozessors. Üblich sind Quarzfrequenzen von etwa 18 MHz. Die Schwingung des Quarzoszillators wird in eine Rechteckschwingung umgewandelt, die dann um den Faktor 9 heruntergeteilt wird. So ergibt sich die Arbeitsfrequenz von 2 MHz.
Das Anschlußschema des Taktbausteins SAB 8224 und die Form der erzeugten Takte sind in Bild 15.19 dargestellt. Zusätzlich zu den Takten erzeugt der Baustein noch Steuersignale, z.B. ein Rücksetzsignal nach Einschalten der Speisespannung.
Für die Dateneingabe und die Datenausgabe sind ebenfalls Zusatzbausteine erforderlich. Diese werden E/A-Bausteine (engl. I/O-Bausteine, Input/Output-Bausteine) genannt.

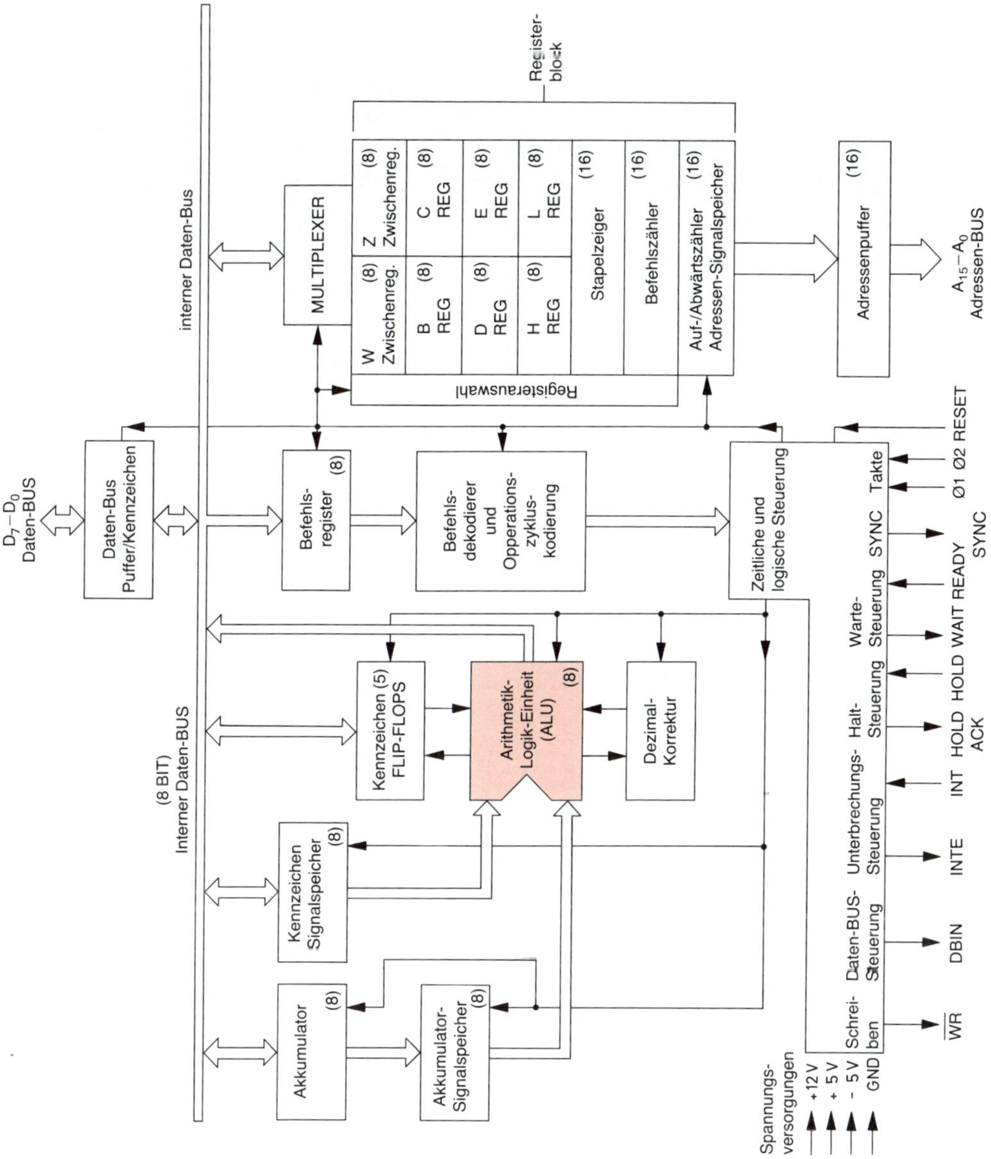

Bild 15.18 Vollständiger Innenaufbau des Mikroprozessors SAB 8080A (Siemens)

Anschlußbelegung

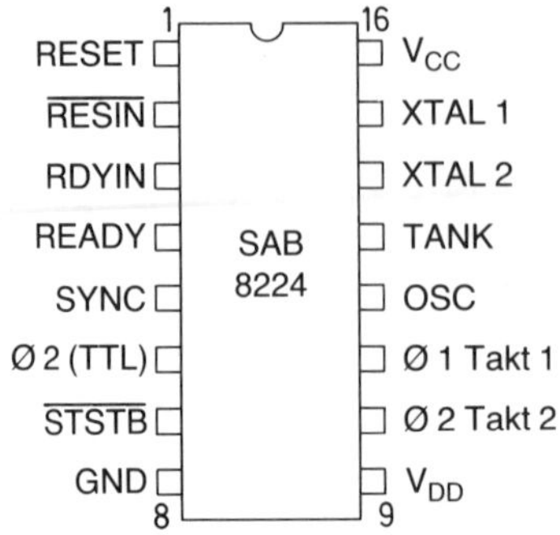

Anschlußbezeichnungen

$\overline{\text{RESIN}}$	Rücksetzeingang
RESET	Rücksetzausgang
RDYIN	Bereiteingang
READY	Bereitausgang
$\overline{\text{SYNC}}$	Synchr. Eingang
$\overline{\text{STSTB}}$	Zustandsübernahme („Low" aktiv)
Ø1	Taktgeber für SAB 8080
Ø2	
XTAL 1	Anschlüsse für externen Quarz
XTAL 2	
TANK	Eingang für Oberwellen Quarz
OSC	Oszillator-Ausgang
Ø 2 (TTL)	Taktgeber (TTL-Pegel)
V_{CC}	Versorgungsspannung (+ 5 V)
V_{DD}	Versorgungsspannung (+ 12 V)
GND	Masse (0 V)

Impulsdiagramm

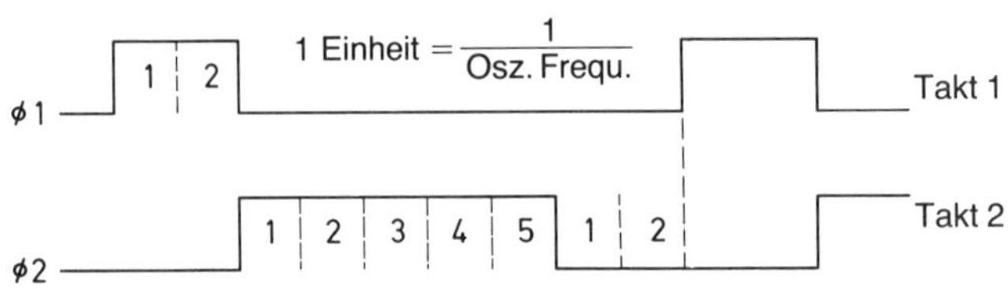

Beispiel: SAB 8080 t_{CY} (Taktperiode) = 500 ns
OSC = mHz/55 ns
$Ø_1$ = 110 ns (2 x 55 ns)
$Ø_2$ = 275 ns (5 x 55 ns)
$Ø_2 - Ø_1$ = 110 ns (2 x 55 ns)

Bild 15.19 Anschlußschema des Taktbausteins SAB 8224 und zeitlicher Verlauf der Takte (Siemens)

Sie nehmen die Daten in einen Zwischenspeicher (Puffer) auf. Bei der Dateneingabe erzeugen sie Steuersignale, mit deren Hilfe der Mikroprozessor solange angehalten wird, bis die Daten eingegeben sind. Die E/A-Bausteine enthalten oft auch eine Baustein-Auswahlschaltung. Sollen Informationen dem Mikroprozessor entnommen werden, veranlaßt der E/A-Baustein die gewünschte Datenausgabe. Für den Mikroprozessor SAB 8080A sind verschiedene E/A-Bausteine verfügbar. Häufig verwendet wird der Baustein SAB 8212.

Sehr wichtige Zusatzbausteine sind die Speicherbausteine. Hier können RAM-, ROM- und PROM-Bausteine und selbstverständlich auch löschbare PROM-Bausteine in verschiedenen Kombinationen bis zu einer maximal zulässigen Gesamtspeicherkapazität eingesetzt werden. Die zulässige Gesamtspeicherkapazität beträgt beim Mikroprozessor SAB 8080A 64 kByte, da der Mikroprozessor insgesamt 65 636 verschiedene Adressen erzeugen kann.
Die Speicherbausteine sind deshalb so wichtig, weil die interne Speicherkapazität der Mikroprozessoren verhältnismäßig gering ist, so daß Programmdaten und Verarbeitungsdaten extern gespeichert werden müssen.
Als externe Speicher können auch Magnetbandgeräte (z.B. Digital-Kassettenrecorder) und Magnetplattengeräte verwendet werden. Zum Anschluß derartiger Geräte werden Schnittstellen-Bausteine benötigt, die die Daten in bestimmter Weise umformen und Steuersignale verarbeiten und erzeugen. Sie müssen z.B. parallel ausgegebene 8-Bit-Daten eines Mikroprozessors in die serielle Datenform umsetzen, die ein Magnetplattenspeicher benötigt.
Der Einsatz von E/A-Bausteinen, von Speicherbausteinen und von Schnittstellenbausteinen erfordert Steuersignale, die der Mikroprozessor nicht oder nur unvollkommen liefern kann. Aus diesem Grund ist in vielen Fällen ein System-Steuerbaustein als weiterer Zusatzbaustein erforderlich. Ein solcher Baustein erzeugt alle Signale, die zur direkten Kopplung von Zusatzbausteinen benötigt werden. Er enthält oft auch einen sogenannten BUS-Treiber. Ein BUS-Treiber ist eine Verstärkerschaltung für Signale, die an einen BUS abgegeben werden. Verstärkungsbedürftig sind oft die Signale für einen Daten-BUS.
Der System-Steuerbaustein SAB 8228 wurde für den Mikroprozessor SAB 8080A entwickelt. Er enthält einen 8-Bit-Zweiweg-BUS-Treiber für den Daten-Bus. Das Steuersystem liefert alle erforderlichen Steuersignale und darüber hinaus noch zusätzliche Steuersignale für eine einfache Gestaltung von Programmunterbrechungen und für die Verwendung von Mehr-Byte-Befehlen. Mehr-Byte-Befehle sind Befehle, die eine Wortlänge von zwei oder mehr Byte haben.

15.7 Mikrocomputer

Schaltet man einen Mikroprozessor mit den erforderlichen Zusatzbausteinen zusammen, erhält man einen Mikrocomputer. Einige Zusatzbausteine sind unbedingt notwendig – wie Taktgeber und Speicher. Andere Zusatzbausteine werden je nach der zu erfüllenden Aufgabe ausgewählt.

> *Ein Mikrocomputer ist eine funktionsfähige Steuereinheit aus Mikroprozessor und Zusatzbausteinen.*

Mikrocomputer werden meist auf einer Platine aufgebaut. Eine solche Platine kann z.B. folgende Bausteine enthalten:

Mikroprozessor	SAB 8080A
Taktgeber	SAB 8224
REPROM	SAB 8708
RAM	SAB 8111-2
E/A-Baustein	SAB 8212
System-Steuerbaustein	SAB 8228
Quarz für den Taktgeber	

Für einen solchen Mikrocomputer ergibt sich die Schaltung Bild 15.20. Der vom SAB 8080A ausgehende Daten-BUS durchläuft den System-Steuerbaustein SAB 8228. Hier werden die ankommenden und die abgehenden Daten verstärkt. Der Daten-BUS ist ein 8-Bit-Zweiweg-BUS.

Der Adreß-BUS ist ein 16-Bit-Einweg-BUS. Die Adressen kommen stets vom Mikroprozessor. An den Daten-BUS und an den Adreß-BUS sind die E/A-Einheiten und die Speicherbausteine angeschlossen. Die Steuerung erfolgt über den SAB-8228-Baustein.

Im REPROM sollen die einzelnen Befehle gespeichert sein, die nacheinander auszuführen sind – also das Programm. Die benötigten Daten werden von außen in das RAM eingegeben. Jetzt kann der Steuer- oder Rechenvorgang ablaufen. Ergebnisse werden wieder im RAM gespeichert. Sie können nach Wunsch nach außen abgegeben werden.

Das Programmieren eines Mikrocomputers muß recht mühsam erlernt werden. Leider hat jeder Mikroprozessortyp etwas andere Befehle. Es ist daher zu empfehlen, sich auf einen Mikroprozessortyp einzuarbeiten und am Anfang nur mit diesem Mikroprozessortyp zu arbeiten. Wenn man den Befehlsvorrat eines Mikroprozessortyps voll beherrscht, ist eine Umstellung auf einen anderen Mikroprozessortyp verhältnismäßig

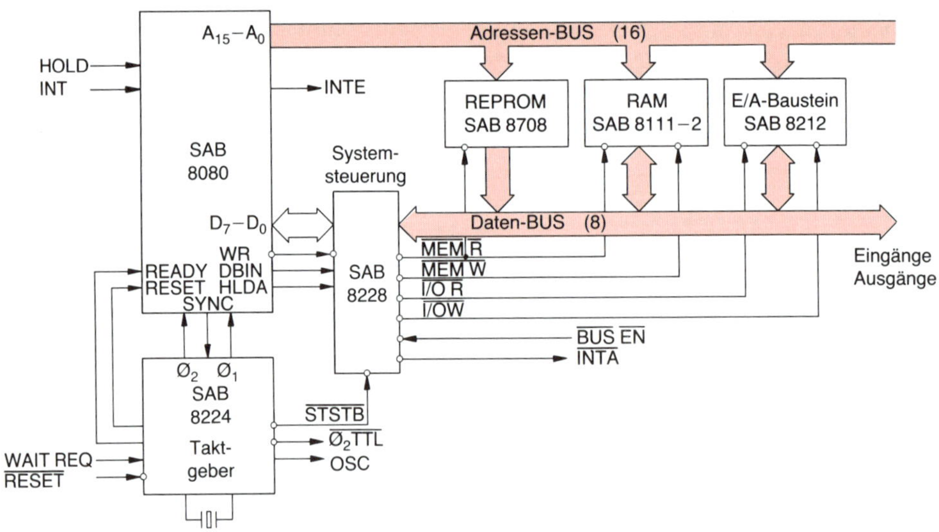

Bild 15.20 Aufbau eines Mikrocomputers

leicht. Die Hersteller geben Hilfen beim Erlernen der Programmierung. Auch gibt es eine größere Zahl von Übungs-Mikrocomputern, mit denen man sich das Programmieren schrittweise selbst erarbeiten kann. Die Teilnahme an einem Lehrgang ist zu empfehlen.

Mikrocomputer können aus Mikroprozessoren und Zusatzbausteinen auf vielfältige Art zusammengestellt werden. Man kann verschiedenartige Zusatzbausteine auswählen und kombinieren und Speicherarten und Speicherkapazitäten variieren, um eine optimale Lösung des gestellten Problems zu erreichen. Hierfür bieten die Hersteller *Entwicklungsgeräte* an, durch die die Entwicklungsarbeit wesentlich vereinfacht wird.

Eine interessante Lösung des Entwicklungsproblems stellen *1-Chip-Mikrocomputer* dar. Hier ist auf einem Chip ein vollständiger Mikrocomputer integriert. Über den Systemaufbau, über Zusatzbausteine wie in Bild 15.20 braucht man sich keine Gedanken zu machen. Das System ist fertig. Der 1-Chip-Mikrocomputer soll alles Erforderliche enthalten.

Doch was enthält ein solcher Mikrocomputer nun tatsächlich? Interessant ist vor allem, welche Speicher er hat und wie groß deren Speicherkapazität ist.

Untersucht man die auf dem Markt befindlichen 1-Chip-Mikrocomputer etwas genauer – z.B. den TMS 1000 von Texas Instruments –, so stellt man fest, daß die Speicherkapazitäten doch recht klein sind. Die zur Zeit erreichbare maximale Integrationsdichte läßt größere Speicherkapazitäten nicht zu. Auch ist der Mikroprozessor nur als 4-Bit-Mikroprozessor ausgelegt. Daraus folgt:

> *1-Chip-Mikrocomputer sind zur Zeit nur für einfachere Steuerungsaufgaben geeignet.*

Sie sind wenig flexibel, d.h., sie lassen eine Anpassung an besondere Aufgabenstellungen nicht zu.

Die erreichbare Integrationsdichte wird jedoch größer werden. Das bedeutet, daß 1-Chip-Mikrocomputer in Zukunft komplexer aufgebaut werden können und auch größere Speicherkapazitäten haben werden. Sie werden dann eine größere Bedeutung erlangen.

15.8 Lernziel-Test

1. Erklären Sie den Aufbau einer ALU.
2. Welchen Vorteil bringt es, die 6 Steuereingänge einer ALU auf nur 4 Steuereingänge umzukodieren?
3. Was versteht man unter einem Akkumulator? Beschreiben Sie die Arbeitsweise.
4. Skizzieren Sie die Schaltung eines Akkumulators mit ALU, Register und Übertragsspeicher.
5. Wieviel verschiedene Befehle lassen sich mit 4-Bit-Einheiten darstellen?

6. Erklären Sie die Arbeitsweise eines Akkumulators mit Datenspeicher anhand der Schaltung Bild 15.11.
7. Wodurch unterscheidet sich ein Mikroprozessor von einem Mikrocomputer?
8. Was bedeuten die Bezeichnungen: 4-Bit-Mikroprozessor, 8-Bit-Mikroprozessor, 16-Bit-Mikroprozessor?
9. In welchen Technologien werden Mikroprozessoren hergestellt bzw. zu welchen Schaltkreisfamilien gehören sie?
10. Was versteht man unter einem Daten-BUS, was unter einem Adreß-BUS?
11. Ein Mikroprozessor benötigt Zusatzbausteine. Nennen Sie die Namen von vier möglichen Zusatzbausteinen.
12. Was ist ein 1-Chip-Mikrocomputer, was ist ein 1-Platinen-Mikrocomputer?

16 Programmierbare Logikschaltungen

Mit der Entwicklung integrierter Schaltungen entstand der Wunsch, diese auch veränderbar zu gestalten, um sie besonderen Forderungen anpassen zu können. Die Entwicklung einer integrierten Schaltung ist verhältnismäßig teuer und im allgemeinen nur lohnend, wenn große Stückzahlen dieser Schaltung benötigt werden bzw. ein entsprechender Bedarf über Jahre hinweg zu erwarten ist. Die ersten Versuche wurden mit Schaltungen gemacht, deren Funktion man durch Beschaltung einiger Anschlußpole verändern konnte. Danach wurden Schaltungen entwickelt, deren innere Verbindungswege vom Hersteller programmiert werden können, und solche, die vom Anwender selbst mit geringem Aufwand zu programmieren sind.

16.1 Herstellerprogrammierte Logikschaltungen

Die Herstellung integrierter Schaltungen erfolgt in mehreren Arbeitsgängen. Nach Vorarbeiten werden zunächst die Strukturen der Transistor-Systeme erzeugt. Im nächsten Arbeitsgang können diese zu logischen Gliedern (Gates oder Gatter) zusammengeschaltet werden. Dann werden – wenn nötig – Widerstände erzeugt und danach die Leitungen, die die Gatter miteinander verbinden. Die Herstellung geschieht meist nach dem Foto-Ätzverfahren mit Hilfe von sogenannten Masken. Masken sind Glasplatten, etwas größer als die Silizium-Scheiben (Wafer), die fotografisch verkleinerte Schaltungsstrukturen enthalten. Diese werden auf die Wafer mit Hilfe von Fotolack, Belichtung und Aufdampfvorgängen übertragen.

Schaltungen mit vielen logischen Gliedern (Gattern) werden Gate-Arrays genannt (array = engl.: Anordnung, Struktur, Matrix). Gate-Arrays sind halbfertige Schaltungen. Die vorhandenen Gatter können nun nach den Wünschen des Kunden so verbunden werden, daß die gewünschte Schaltung entsteht. Die Verbindungsleitungen werden mit Hilfe von Masken erzeugt. Dies nennt man Maskenprogrammierung.

Die Gatter können auch auf dem Wafer zu Teilschaltungen zusammengeschaltet sein. Solch eine Teilschaltung wird Standard-Cell (Standard-Zelle) genannt. Diese Standard-Cells werden dann nach Kundenwunsch zur gewünschten Schaltung verbunden. Auch diese Verbindung erfolgt durch Maskenprogrammierung durch den Hersteller. Die fertige Schaltung ist eine sogenannte «vollkundenspezifische Schaltung».

Wünscht nun ein Anwender eine integrierte Schaltung mit bestimmten Funktionen, so wählt der Hersteller Wafer aus, die die benötigte Transistorenzahl, die benötigte Gatterzahl oder die benötigte Anzahl an Standard-Cells bereits enthalten. Ein Designer entwickelt eine Maske mit den erforderlichen Verbindungen. Mit Hilfe dieser Maske wird die vom Kunden gewünschte integrierte Schaltung fertiggestellt. Diese ist jetzt ein maskenprogrammiertes IC. Je nach Größe der Schaltung sind Gehäuse mit 16 bis 144 Anschlußpolen (Pins) erforderlich (Bild 16.1).

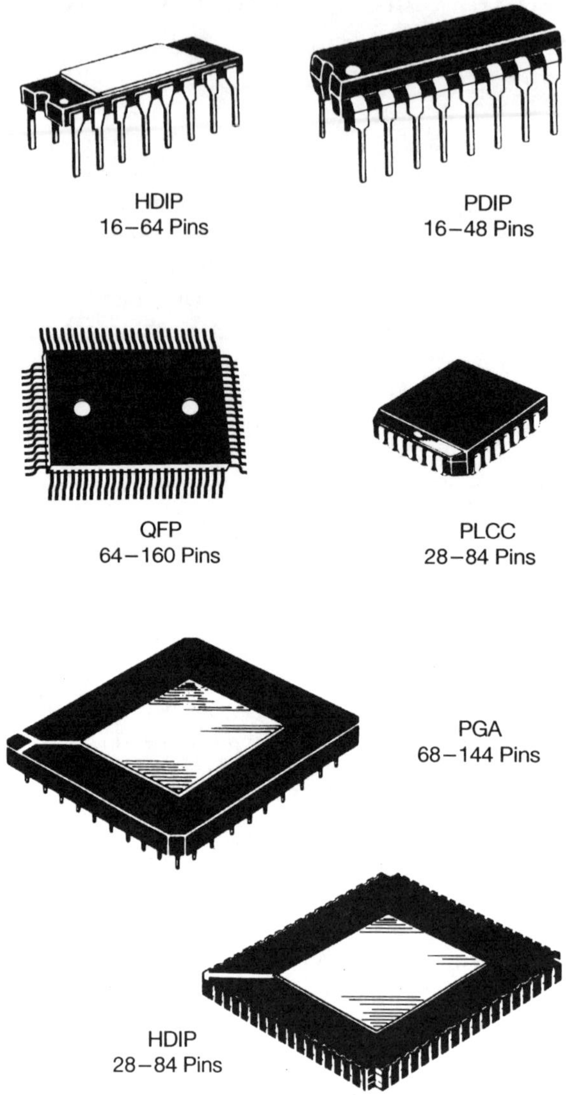

Bild 16.1 Übliche ASIC-Gehäuse, 16 bis 144 Anschlußpole (Pins)

Gate-Arrays, Standard-Cells und vollkundenspezifische Schaltungen werden ASIC (Application Specific Integrated Circuit, entwurfsspezifische integrierte Schaltung) genannt.

ASICs bieten große Vorteile. Eine umfangreiche logische Schaltung kann auf kleinem Raum verwirklicht werden. Besonders hohe Packungsdichte ist mit NMOS- und CMOS-Technologien zu erreichen. Die winzigen Transistor-Abmessungen und die kurzen Verbindungsleitungen führen zu hohen Schaltgeschwindigkeiten. Der Energieaufwand ist verhältnismäßig gering.
Es ist allerdings nur dann wirtschaftlich, ASICs einzusetzen, wenn große oder wenigstens mittlere Stückzahlen dieser Schaltung benötigt werden. Bei Stückzahlen kleiner 5000 wird die einzelne Schaltung unverhältnismäßig teuer.
Normalerweise gehört das für einen Kunden entwickelte ASIC eben diesem Kunden. Er kann es ganz allein nutzen und hat somit ein Monopol. Oft werden aber Vereinbarungen getroffen, nach denen der Hersteller das ASIC auch anderen Interessenten anbieten darf. Das ist für alle Beteiligten von wirtschaftlichem Vorteil.

16.2 Anwenderprogrammierbare Logikschaltungen

Mit Logikschaltungen, die der Anwender selbst programmieren kann, wird die Entwicklungszeit stark verkürzt. Auch kleinere Stückzahlen lassen sich kostengünstig fertigen.

Für anwenderprogrammierbare Logikschaltungen hat sich die Bezeichnung PLD (Programmable Logic Devices) weltweit durchgesetzt.

Daneben existiert eine Vielzahl firmenspezifischer Bezeichnungen, auf die im folgenden noch näher eingegangen wird. Einige Hersteller zählen die PLD auch zu den ASICs. Überwiegend verwendet man die Bezeichnung ASIC jedoch nur für herstellerprogrammierte Schaltungen.

16.2.1 Grundlagen

Wie bereits bekannt, kann die Verknüpfung jeder kombinatorischen Schaltung durch eine Gleichung in der ODER-Normalform ausgedrückt werden. Diese ist die ODER-Verknüpfung mehrerer Vollkonjunktionen – auch Produktterme genannt (siehe Kapitel 5). Für eine Schaltung mit zwei Eingangsvariablen ergeben sich vier Vollkonjunktionen (Bild 16.2).
Die Schaltung Bild 16.2 enthält programmierbare Leitungsverbindungen, die durch einen Schrägstrich gekennzeichnet sind. Diese Leitungsverbindungen sind offen (nichtleitend). Eine programmierbare Verbindung, die leitend ist, soll durch ein Kreuz markiert werden. Es soll allgemein die Darstellung nach Bild 16.3 verwendet werden.

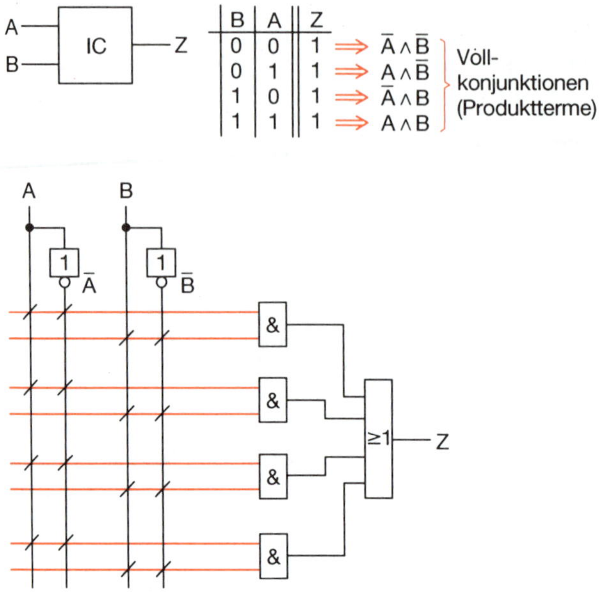

Bild 16.2 Kombinatorische Schaltung mit zwei Eingangsvariablen, programmierbar

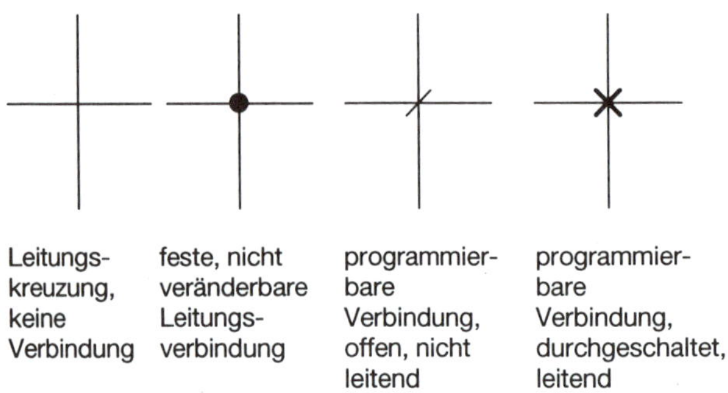

Bild 16.3 Darstellungen von Leitungskreuzungen und Leitungsverbindungen

In der Schaltung Bild 16.2 kann jedes UND-Glied eine Vollkonjunktion erzeugen. Vier Vollkonjunktionen sind bei zwei Eingangsvariablen möglich. Es können somit alle denkbaren ODER-Normalformen verwirklicht werden. Eigentlich werden in der Schaltung Bild 16.2 nur drei UND-Glieder benötigt, denn die aus vier Vollkonjunktionen gebildete ODER-Normalform ergibt ja bekanntlich 1.

> *Kann man mit einer Schaltung alle denkbaren ODER-Normalformen erzeugen, so können mit dieser Schaltung alle nur möglichen logischen Verknüpfungen hergestellt werden.*

Mit der Schaltung Bild 16.4 soll eine Äquivalenz-Verknüpfung erzeugt werden. Wie ist zu programmieren? Das obere UND-Glied soll $\overline{A} \wedge \overline{B}$ erzeugen, das mittlere $A \wedge B$. Das Programmieren besteht nun darin, leitende Verbindungen an den richtigen Leitungs-Kreuzungs-Punkten zu erzeugen.
Dort, wo eine leitende Verbindung sein muß, ist ein Kreuz einzuzeichnen. Das dritte UND-Glied wird nicht benötigt. Es kann von der Stromversorgung abgeschaltet werden. Es gibt PLD, bei denen nach der Herstellung alle Kreuzungspunkte leitend verbunden sind. Bei diesen PLD werden bei der Programmierung Leitungsunterbrechungen erzeugt. Diese Unterbrechungen können z.B. dadurch erzeugt werden, daß dünne Leitungsbrücken elektrisch durchgebrannt werden. Nach Durchbrennen aller nichtbenötigten Verbindungen ist der Baustein programmiert. Eine Neuprogrammierung ist selbstverständlich nicht möglich. Bei einem wesentlichen Programmierfehler muß der Baustein weggeworfen werden.
In den Leitungswegen können auch Feldeffekt-Transistorsysteme liegen, sogenannte FAMOS-FET (siehe Abschnitt 12.6). Ist das Gate eines solchen FET geladen, so ist der Verbindungsweg durchgeschaltet. Ist das Gate entladen, so ist der Verbindungsweg gesperrt. Die Entladung des Gates kann durch UV-Licht erfolgen. Durch ein Fenster im Baustein-Gehäuse trifft das UV-Licht den ganzen Chip. Alle Gates werden entladen. Eine Programmierung ist dann gelöscht. Es ist das gleiche Verfahren, das auch bei EPROM angewendet wird.

Durch UV-Licht löschbare PLD werden EPLD (Erasable PLD; erasable = engl.: löschbar) genannt.

EPLD sind fast beliebig oft neu programmierbar. Dies geschieht durch Aufladen bestimmter Gates, also durch Durchschalten von Verbindungswegen. Seit einiger Zeit gibt es PLD, deren Programmierung durch elektrische Impulse gelöscht werden kann. Diese PLD heißen EEPLD (Electrical Erasable PLD, elektrisch löschbare PLD). Als Abkürzung wird auch E^2PLD verwendet. EEPLD sind ähnlich aufgebaut wie EEPROM (siehe Abschnitt 12.6.2).

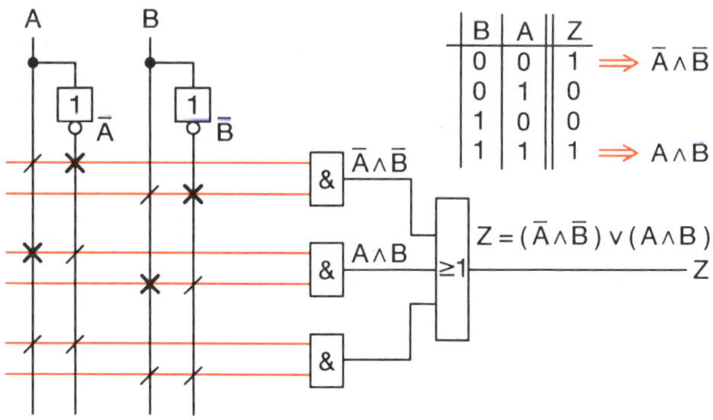

B	A	Z	
0	0	1	⟹ $\overline{A} \wedge \overline{B}$
0	1	0	
1	0	0	
1	1	1	⟹ $A \wedge B$

Bild 16.4 PLD-Schaltung, die eine Äquivalenz-Verknüpfung erzeugt

Die Programminhalte von EEPLD werden durch elektrische Impulse gelöscht.
Eine zellenweise Löschung ist möglich. Man muß also nicht den ganzen Baustein löschen.

Die zur Zeit verfügbaren EEPLD können nach Herstellerangaben mindestens hundertmal gelöscht und wieder neu programmiert werden. Die Gate-Ladung der FAMOS-FET ist sehr stabil, das heißt, das Gate ist außerordentlich gut isoliert. Die Programmierung soll nach Herstellerangaben zehn Jahre und länger bestehen bleiben.
Bei der zeichnerischen Darstellung von PLD-Schaltungen sind folgende Verbindungsarten zu unterscheiden: keine Verbindung (also Leitungskreuzung), feste Verbindung (immer leitend), programmierbare Verbindung offen und programmierbare Verbindung leitend (durchgeschaltet; siehe Bild 16.3).
Eine typische PLD-Schaltung ist in Bild 16.5a dargestellt. Die Schaltung besteht aus einer UND-Anordnung, auch UND-Matrix (AND Array) genannt, und einer ODER-Anordnung (ODER-Matrix; OR Array), die beide programmierbar sind. Alle programmierbaren Verbindungen sind leitend.
Durch Programmieren der Verbindungen können jetzt logische Verknüpfungen hergestellt werden. Man trennt Verbindungen entsprechend einer vorgegebenen ODER-Normalform oder einer anderen Schaltalgebra-Gleichung auf und erhält so die gewünschte logische Schaltung. Nichtbenötigte Glieder werden abgeschaltet.

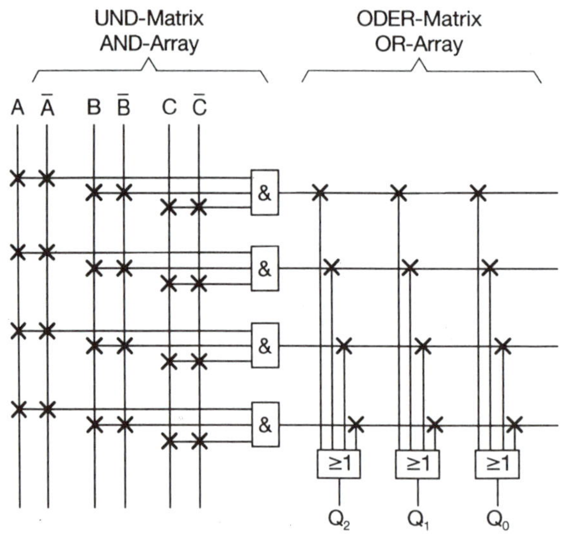

a)

Bild 16.5a PLD-Schaltungen (einadrige Leitungen)

Bild 16.5b PLD-Schaltungen (mehradrige Leitungen)

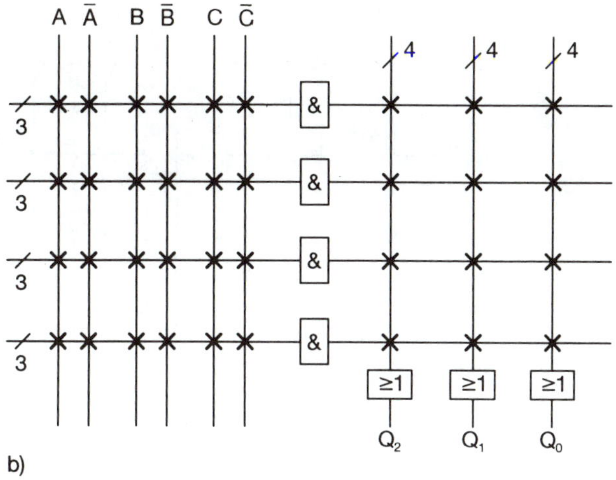

Bei PLD mit vielen Elementen ergeben sich sehr viele Leitungen, durch die die Schaltungen unübersichtlich werden. Um eine bessere Übersichtlichkeit zu erreichen, werden die Leitungen als mehradrige Leitungen gezeichnet, wie in Bild 16.5b dargestellt.

> *Bei PLD mit vielen Elementen werden mehradrige Leitungen gezeichnet.*

Man weiß ja z.B. daß ein UND-Glied mit drei Eingängen auch drei Eingangsleitungen hat. Gekennzeichnet wird eine Leitung z.B. durch «Schrägstrich 3» wie in Bild 16.5b.

16.2.2 PAL-Schaltungen

Die Abkürzung PAL steht für Programmable Array Logic (programmierbare Feld-Logik oder programmierbare Matrix-Logik). Die Bezeichnung PAL wird allgemein verwendet, ist aber ein Warenzeichen der Firma Monolitic Memories.

> *PAL-Schaltungen haben eine vom Anwender programmierbare UND-Matrix und eine festverdrahtete ODER-Matrix.*

Eine prinzipielle PAL-Schaltung ist in Bild 16.6 dargestellt. Durch Programmierung der mit einem Schrägstrich gekennzeichneten Knoten werden bestimmte Eingangssignale – in dieser Schaltung maximal sechs – auf die UND-Glieder geschaltet. Jedes UND-Glied hat sechs Eingänge (waagerecht je sechs Leitungen). Die Ausgänge von je zwei UND-Gliedern werden auf ein ODER-Glied gegeben.Vier unterschiedliche Verknüpfungen kann man mit dieser Schaltung erzeugen. Diese liegen an den Ausgängen Q_0 bis Q_3. Die im Einzelfall nicht benötigten Verknüpfungsmöglichkeiten bleiben ungenutzt.

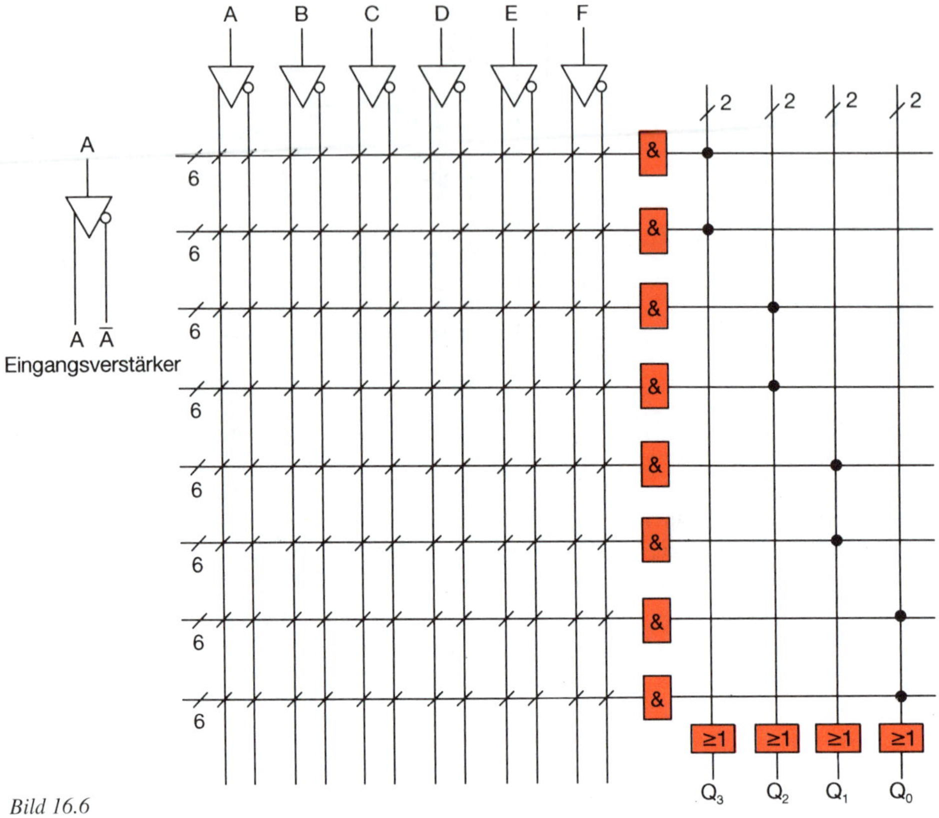

Bild 16.6
PLD mit programmierbarer UND-Matrix (PAL-Schaltung)

Die PAL-Schaltung Bild 16.6 soll so programmiert werden, daß eine Verknüpfung gemäß folgender Gleichung entsteht:

$$Z = (\overline{A} \wedge B \wedge \overline{C} \wedge D \wedge \overline{E} \wedge F) \vee (A \wedge B \wedge C \wedge \overline{D} \wedge E \wedge \overline{F})$$

Die Lösung zeigt Bild 16.7. Die Größe Z ist am Ausgang Q_3 abzunehmen. Übliche PAL-Schaltungen haben eine Vielzahl von Eingängen und Ausgängen, so daß auch sehr komplizierte Verknüpfungen verwirklicht werden können. Sie arbeiten meist in positiver Logik (H-aktiv). Oft liegen an den Ausgängen Flipflops, die das Ergebnis speichern. Solche Schaltungen haben einen sogenannten Register-Ausgang. Auch können die Ausgänge in gewünschter Weise umgeschaltet werden (kombinatorischer Ausgang, Tristate-Ausgang, Register-Ausgang, Ausgang mit negierten Signalen). Ausgänge dieser Art nennt man programmierbare Ausgänge.

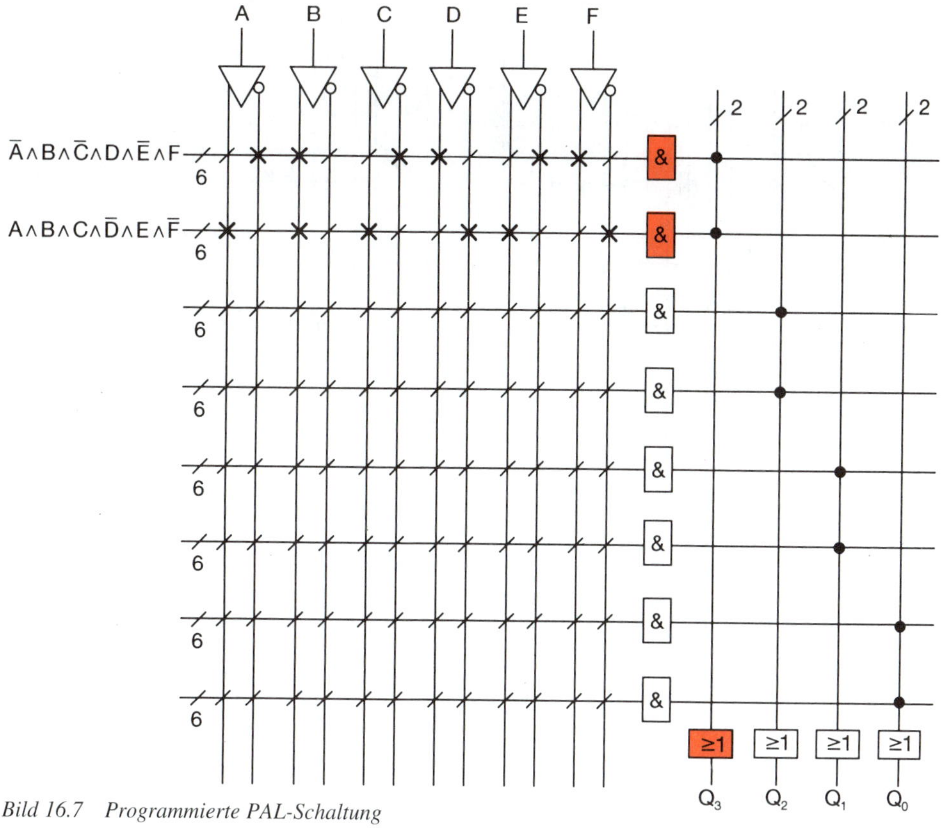

Bild 16.7 Programmierte PAL-Schaltung

Die Bezeichnung eines PAL-Bausteins soll an einem Beispiel erläutert werden.

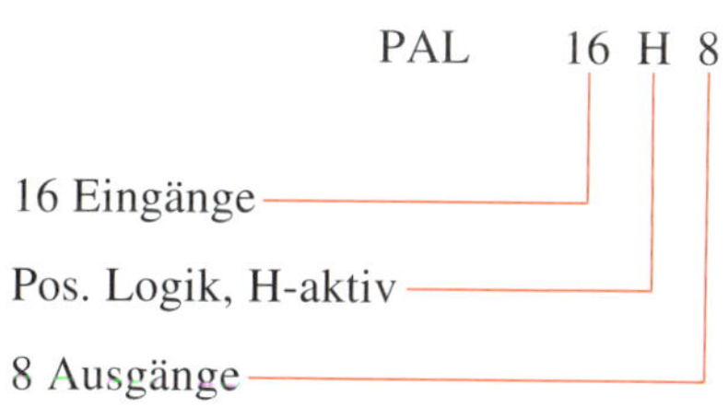

Anstelle des Buchstabens H können andere Buchstaben verwendet werden, die dann folgende Bedeutung haben:
L L-aktiv, negative Logik
R Registerausgang
C komplementärer Ausgang (umschaltbar L-aktiv, H-aktiv)
P programmierbarer Ausgang
X Exklusiv-ODER-Ausgänge (über Register, die Signale können negiert oder nichtnegiert durchgeschaltet werden)

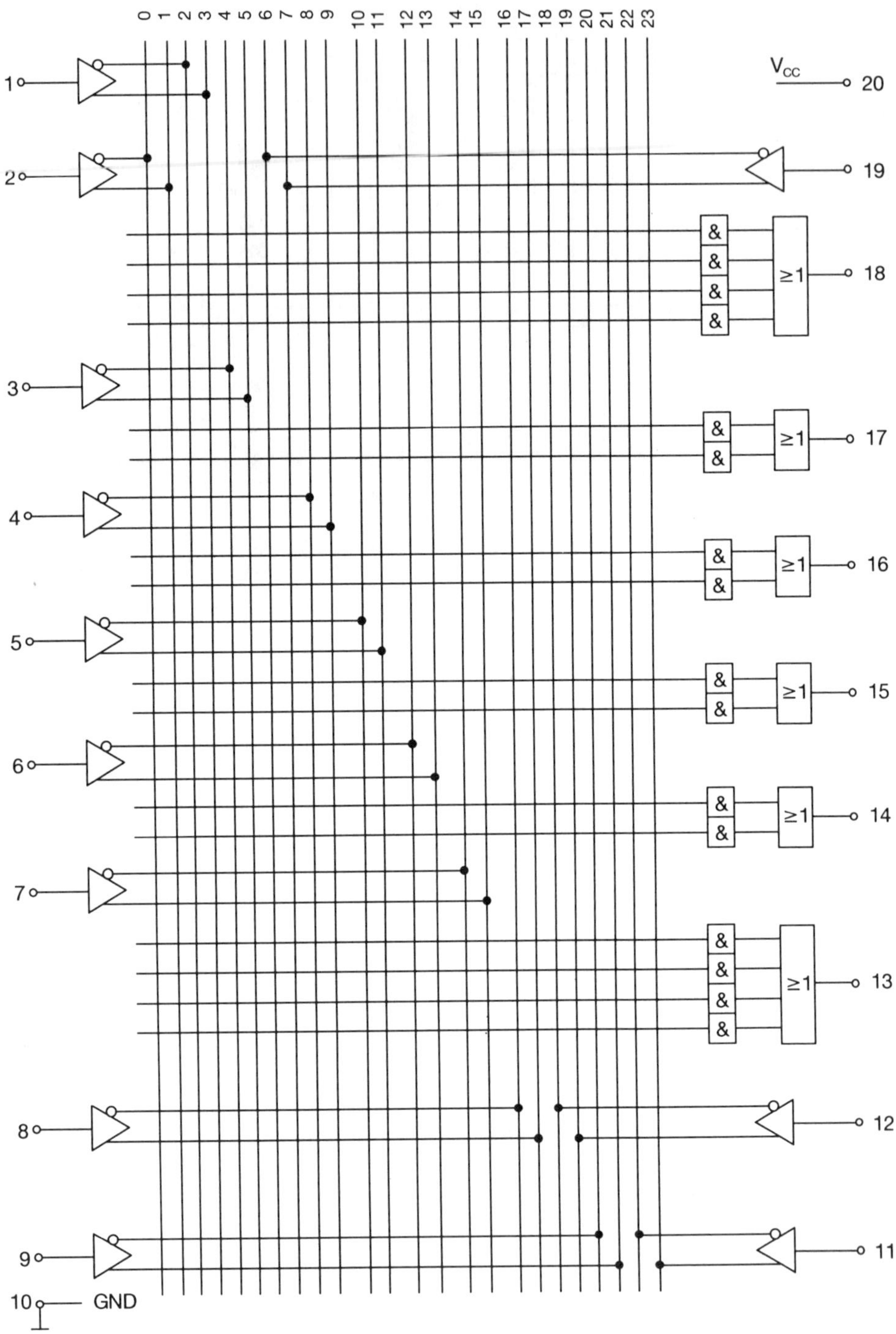

Bild 16.8 PAL-Schaltung 12 H 6 mit 12 Eingängen und 6 Ausgängen

Bild 16.8 zeigt das Schaltbild eines Bausteins PAL 12 H 6. Es sind zwölf Eingänge vorhanden. Die Eingangssignale werden durch Eingangsverstärker verstärkt. Neben einem nichtnegierten Verstärkerausgang steht ein negierter Verstärkerausgang zur Verfügung. Die Eingangssignale gehen auf 24 senkrechte Leitungen und können von dort auf die UND-Glieder verteilt werden. Jedes UND-Glied hat 24 Eingänge. Die zu den UND-Gliedern führenden Leitungen haben also je 24 Adern: Diese PAL-Schaltung gehört zu den kleinen. Sie ist in einem 20poligen DIL-Gehäuse (DIL: Dual In Line) untergebracht. Die programmierbaren Verbindungen sind in Bild 16.8 nicht eingezeichnet. Bei 16 UND-Gliedern mit je 24 Leitungen ergeben sich 384 programmierbare Leitungs-Kreuzungen. Das Schaltbild wäre sehr groß und unübersichtlich geworden.
PAL-Schaltungen haben eine verhältnismäßig große Stromaufnahme (ca. 95 bis 200 mA pro Baustein) und schalten verhältnismäßig langsam durch. Die Verzögerungszeit beträgt im Mittel 50 ns (Nanosekunden). Die anfangs entwickelten PAL-Schaltungen waren in Bipolar-Technik aufgebaut, d.h., als Transistoren wurden NPN- und PNP-Transistoren verwendet. Bei neueren PAL-Schaltungen nutzt man fast ausschließlich die NMOS- und CMOS-Technologie. Hierdurch wird die Stromaufnahme herabgesetzt und die Verzögerungszeiten werden kürzer. Die Versorgungsspannung ist 5 V.

16.2.3 GAL-Schaltungen

GAL ist die Abkürzung für Generic Array Logic (Gattungsfeld-Logik). Diese Bezeichnung ist ein Warenzeichen der Firma Lattice Semiconductor. Bei Entwicklung von GAL-Schaltungen wurde versucht, einige von PAL-Schaltungen her bekannte Nachteile zu verbessern. Die Programmierung durch Durchbrennen sehr dünner Leitungsverbindungen (Fusible-Link-Verfahren) wird grundsätzlich nicht mehr angewendet. GAL-Schaltungen sind durchweg EPLD (durch UV-Licht löschbar) oder EEPLD (elektrisch löschbar). Sie können hundertmal und mehr gelöscht und wieder neu programmiert werden.

GAL-Schaltungen verwenden ebenso wie PAL-Schaltungen eine programmierbare UND-Matrix. Sie haben zusätzliche Ein- und Ausgabe-Blöcke. Die ODER-Matrix ist festverdrahtet.

Bild 16.9 zeigt den Aufbau einer typischen GAL-Schaltung. Sie hat die Bezeichnung 16 V 8, also 16 Eingänge und 8 Ausgänge. Der Buchstabe V bedeutet variable Ausgangsblöcke. Acht Eingänge sind über die Anschlüsse 2 bis 9 zugänglich. Die anderen acht Eingänge sind von den Ausgängen zurückgeführte Eingänge.
Die Bausteinbezeichnung ist ähnlich wie die der PAL-Schaltungen. Zusätzlich werden noch Verzögerungszeit, Stromaufnahme, Gehäusetyp und Temperaturbereich angegeben.

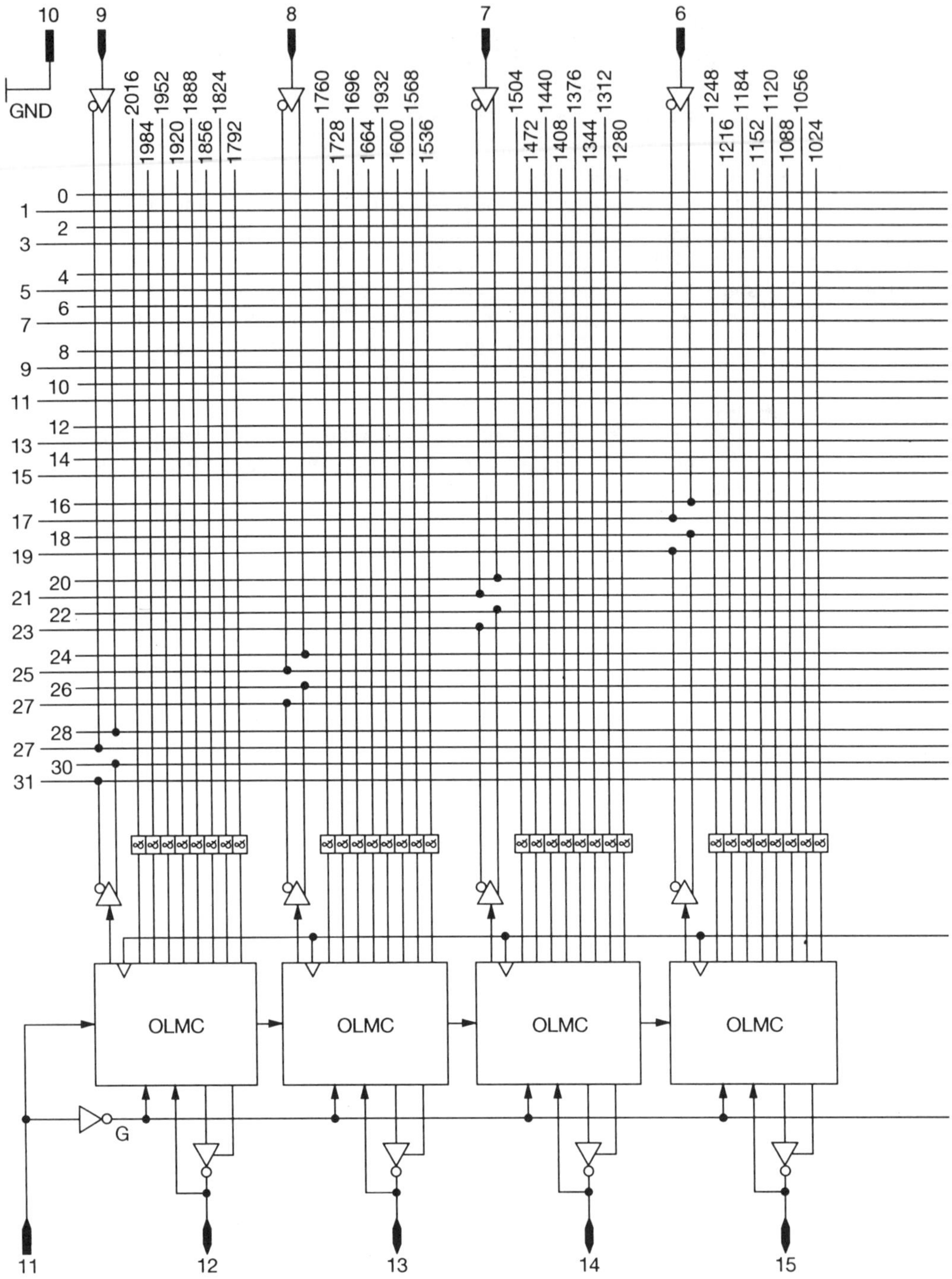

Bild 16.9 GAL-Schaltung GAL 16 V 8

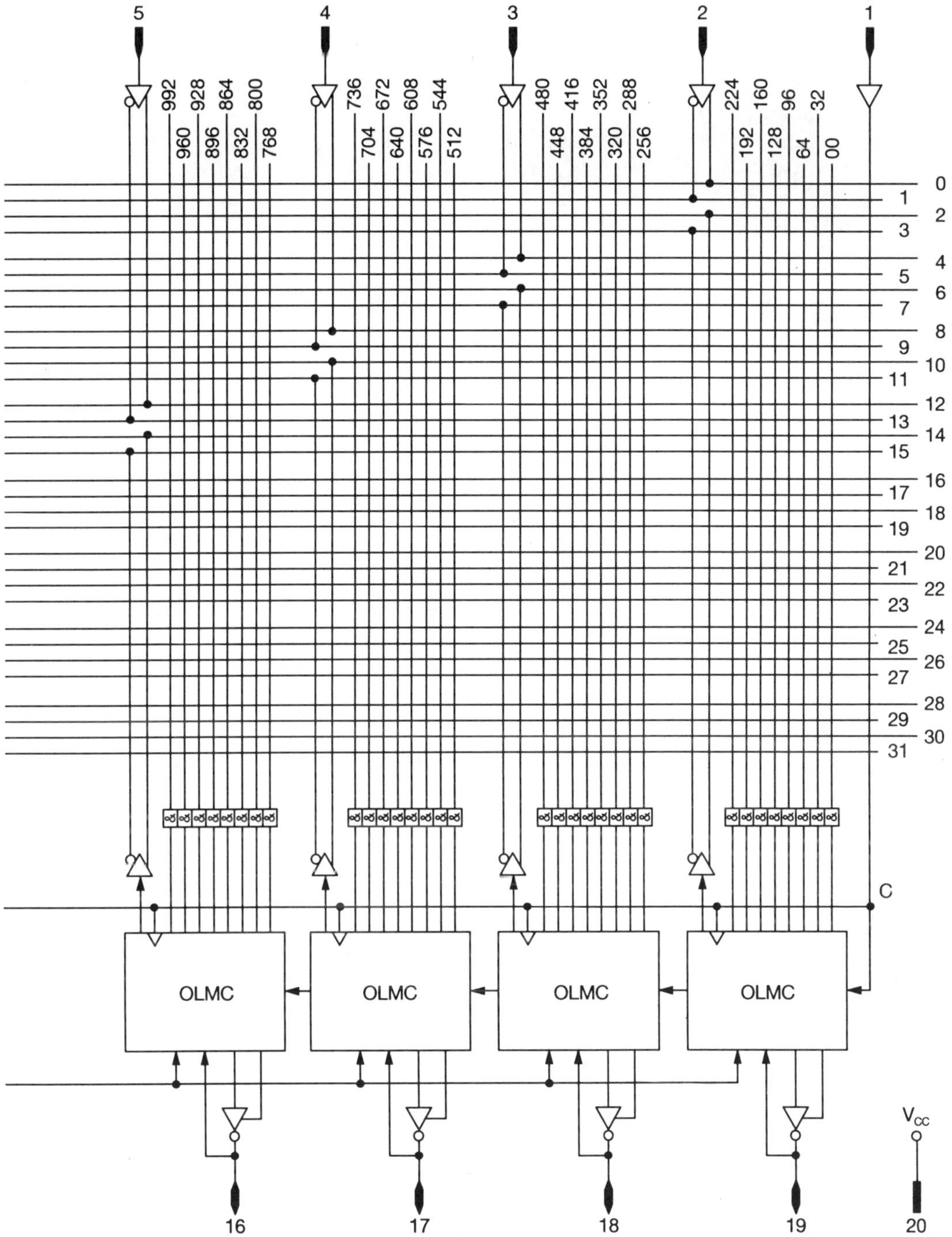
5
4
3
2
1
992
928
864
800
960
896
832
768
736
672
608
544
704
640
576
512
480
416
352
288
448
384
320
256
224
160
96
32
192
128
64
00
0
1
2
3
4
5
6
7
8
9
10
11
12
13
14
15
16
17
18
19
20
21
22
23
24
25
26
27
28
29
30
31
C
OLMC
OLMC
OLMC
OLMC
V_{CC}
16
17
18
19
20

Hier ein Beispiel:

Generic Array Logic
16 Eingänge
Variable Ausgänge (programmierbar)
8 Ausgänge

GAL 16 V 8 – 25 Q N C

Temperaturbereich 0 bis 75 °C
Gehäusetyp 20polig DIL, Plastik
Stromaufnahme 45 mA
Verzögerungszeit 25 ns

Temperaturbereich: C 0 bis 75 °C (Commercial)
I –40 bis 85 °C (Industrial)
M –55 bis 125 °C (Military)

Gehäusetyp: J Keramik-Gehäuse (20polig DIL)
N Kunststoff-Gehäuse (20polig DIL)

Stromaufnahme: L 90 mA
Q 45 mA

Die Schaltung Bild 16.9 hat Eingangsverstärker, die jeweils ein negiertes und ein unnegiertes Signal liefern. Diese Signale werden auf die 32 senkrechten Leitungen geführt und von dort auf die waagerechten Leitungen verteilt.

Die waagerechten Leitungen, die zu den UND-Gliedern führen, bestehen aus jeweils 32 Einzelleitungen (Adern). Jedes UND-Glied hat 32 Eingänge.

Die Nummern der waagerechten Signalleitungen sind links über den Eingangsverstärkern angegeben. Die Schaltung enthält insgesamt 2048 waagerechte Signalleitungen. Jedes UND-Glied kann eine der möglichen Vollkonjunktionen, auch Produktterme genannt, erstellen.
An den acht Ausgängen liegen sogenannte OLMC-Schaltungen (OLMC: Output Logic Macro Cell). Jede OLMC-Schaltung enthält ein 8fach-ODER-Glied, das die ODER-Normalform erzeugt, ein D-Flipflop zur Speicherung des Ergebnisses, eine Steuerung

der Signalrückführung auf die senkrechten Leitungen und eine Steuerung zur Umschaltung des Ausgangs. Der Ausgangs-Anschlußpol kann das Ausgangssignal unnegiert oder negiert führen. Der Ausgangspol kann auch als Tristate-Pol geschaltet werden.

16.2.4 FPLA-Schaltungen

Der Name FPLA ist die Abkürzung von Field Programming Logic Array (feldprogrammierbare Logik-Anordnung). PAL- und GAL-Schaltungen verfügen nur über programmierbare UND-Matrizen (AND Array). Bei FPLA-Schaltungen wird zusätzlich eine programmierbare ODER-Matrix eingeführt. In Bild 16.10 ist eine Schaltung mit programmierbarer ODER-Matrix und programmierbarer UND-Matrix dargestellt. Die UND-Matrix kann alle gewünschten Vollkonjunktionen liefern. Mit Hilfe der ODER-Matrix werden diese dann den ODER-Gliedern mit den Ausgängen Q_0 bis Q_3 zugeführt. Die Schaltung kann Verknüpfungen für vier ODER-Normalformen liefern.

Bild 16.10 FPLA-Schaltung. UND-Matrix und ODER-Matrix sind programmierbar. Nach der Herstellung sind alle Knoten nichtleitend

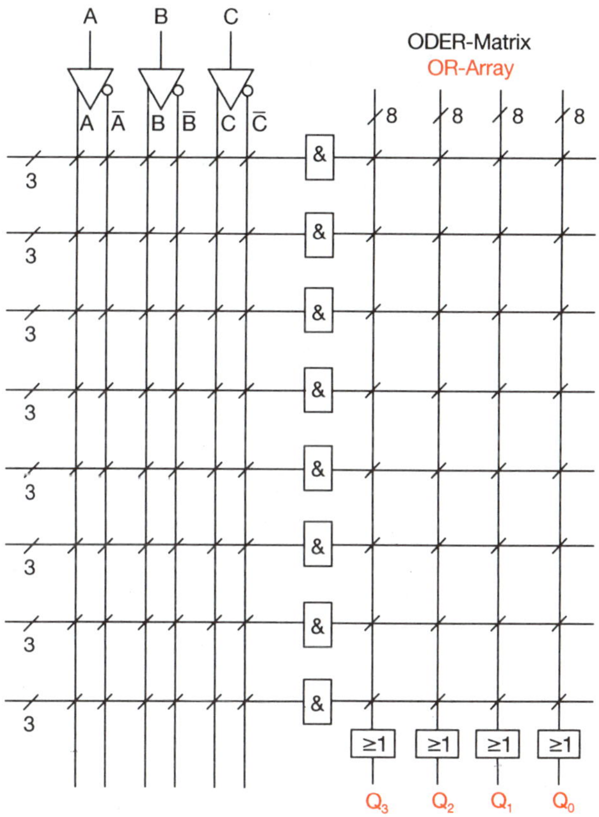

Bild 16.11 zeigt eine FPLA-Schaltung. Sie ist einadrig mit offenen Verbindungsstellen dargestellt. Die Schaltung soll so programmiert werden, daß sie die Funktion eines Volladdieres hat.

Beispiel: Volladdierer **ODER-Normalformen:**

Fall	A	B	C	Ü	Z		Z	Ü
1	0	0	0	0	0			
2	0	0	1	0	1	⇒	$\overline{A}\wedge\overline{B}\wedge C$	
3	0	1	0	0	1	⇒	$\overline{A}\wedge B\wedge\overline{C}$	
4	0	1	1	1	0	⇒	---------	$\overline{A}\wedge B\wedge C$
5	1	0	0	0	1	⇒	$A\wedge\overline{B}\wedge\overline{C}$	
6	1	0	1	1	0	⇒	---------	$A\wedge\overline{B}\wedge C$
7	1	1	0	1	0	⇒	---------	$A\wedge B\wedge\overline{C}$
8	1	1	1	1	1	⇒	$A\wedge B\wedge C$	$A\wedge B\wedge C$

Es sind zunächst die benötigten Vollkonjunktionen (Produktterme) zu programmieren. Programmierbare Knoten der UND-Matrix werden leitend verbunden. Kennzeichen einer leitenden Verbindung ist das Kreuz. An den Ausgängen der UND-Glieder müssen die benötigten Vollkonjunktionen verfügbar sein. Diese werden dann auf die ODER-Glieder gegeben. Es entsteht:

$$Z = (\overline{A}\wedge\overline{B}\wedge C)\vee(\overline{A}\wedge B\wedge\overline{C})\vee(A\wedge\overline{B}\wedge\overline{C})\vee(A\wedge B\wedge C)$$
$$Ü = (\overline{A}\wedge B\wedge C)\vee(A\wedge\overline{B}\wedge C)\vee(A\wedge B\wedge\overline{C})\vee(A\wedge B\wedge C)$$

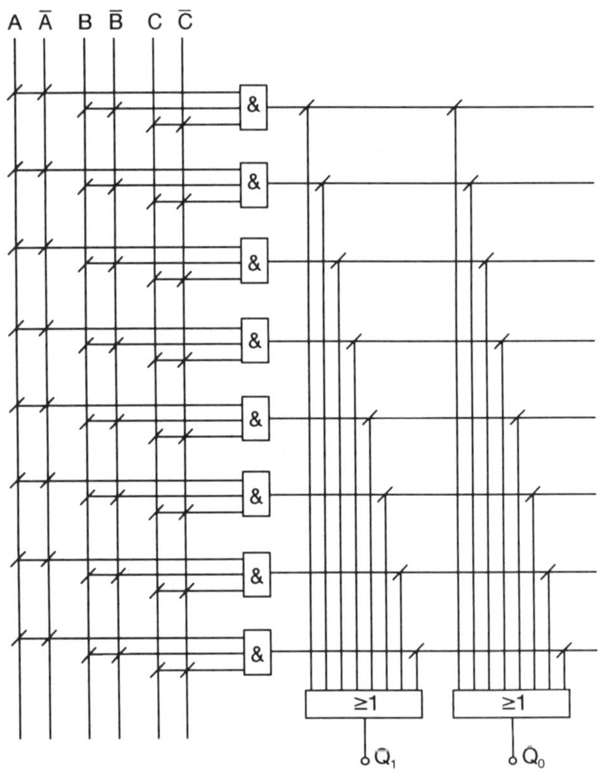

Bild 16.11 FPLA-Schaltung mit 3 Eingängen und 2 Ausgängen

Bild 16.12
FPLA-Schaltung als Volladdierer programmiert

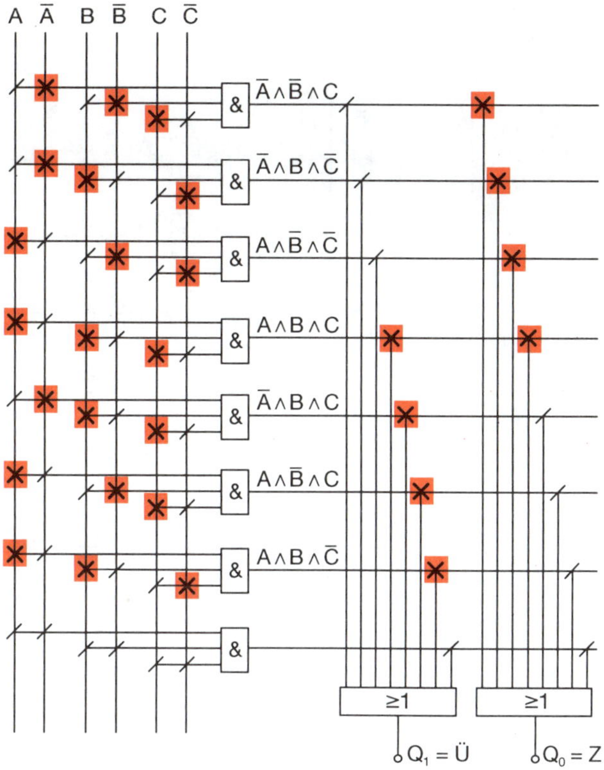

Das Schaltbild des programmierten Bausteins ist in Bild 16.12 dargestellt. Der Baustein ist nur teilweise ausgenutzt. Nicht benötigte Verknüpfungsglieder werden bei der Programmierung von der Stromversorgung abgetrennt.

16.2.5 PROM-Schaltungen

PROM-Schaltungen sind als programmierbare Nur-Lese-Speicher (Programmable Read Only Memories) bereits aus Abschnitt 12.5 bekannt. Mit PROM-Schaltungen können auch komplizierte logische Verknüpfungen verwirklicht werden. Der in Bild 12.32 dargestellte Adreß-Dekoder ist im Prinzip eine UND-Matrix. Das Speicherfeld hat die Funktion einer ODER-Matrix. Die UND-Matrix ist festverdrahtet, die ODER-Matrix programmierbar.

> *PROM-Schaltungen lassen sich als programmierbare Logik-Schaltungen (PLD) verwenden.*

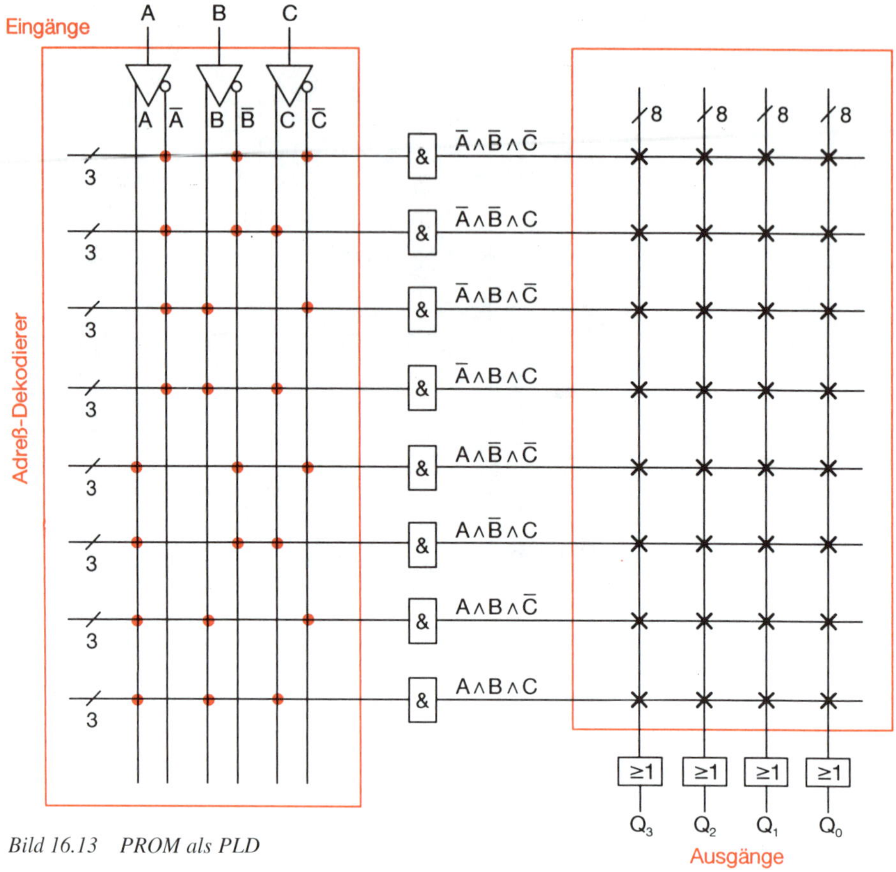

Bild 16.13 PROM als PLD

Je nach anliegender Adresse schaltet die UND-Matrix eine Vollkonjunktion (Produktterm) auf die ODER-Matrix (Bild 16.13): Die ODER-Matrix erzeugt die ODER-Normalform.

16.2.6 MACRO-Schaltungen

Die Entwicklung der IC-Technologien erlaubt es, immer kompliziertere Schaltungen auf verhältnismäßig kleinem Raum zu verwirklichen. Mehrere Firmen haben sogenannte Macrocell-Strukturen entwickelt, die im Aufbau einer großen GAL-Schaltung ähnlich sind und zusätzlich viele Flipflops enthalten.

> *Mehrere solcher Macrocell-Strukturen sind zu einer MACRO-Schaltung auf einem Chip zusammengefaßt.*

Es sind MACRO-Schaltungen mit bis zu 64 Macrocell-Strukturen verfügbar. Häufig werden Schaltungen mit 24 Macrocell-Strukturen verwendet. Diese werden in 40poligen DIL-Gehäusen geliefert. Für sehr große MACRO-Schaltungen gibt es Gehäuse mit bis zu 289 Anschlüssen (Bild 16.14).

> *Bei großen MACRO-Schaltungen bereitet die Kühlung Schwierigkeiten.*

Obwohl bei der Programmierung nicht benötigte Glieder von der Stromversorgung abgetrennt werden, ist die Leistungsaufnahme dieser Schaltungen verhältnismäßig hoch. Sie kann bei üblicher Versorgungsspannung von 5 Volt bis zu 10 Watt betragen. Bei der Entwicklung neuer NMOS- und CMOS-Technologien ist es gelungen, die Versorgungsspannung auf 3,3 Volt herabzusetzen. Neuere MACRO-Schaltungen arbeiten mit einer Speisespannung von 3,3 Volt.
Die sehr kleinen FET-Strukturen haben zu geringen schädlichen Kapazitäten und damit zu kurzen Schaltzeiten geführt.

> *Schnelle MACRO-Schaltungen haben Verzögerungszeiten von 5 ns (Nanosekunden) und weniger.*

Die zur Zeit verfügbaren MACRO-Schaltungen erlauben es, fast jede Logik-Aufgabe durch Anwender-Programmierung zu lösen. Das gilt für kombinatorische Aufgaben ebenso wie für sequentielle. Eine MACRO-Schaltung aus der MPA1000-Familie verfügt über 10 000 logische Glieder und 2900 Flipflops (nach Motorola-Unterlagen).

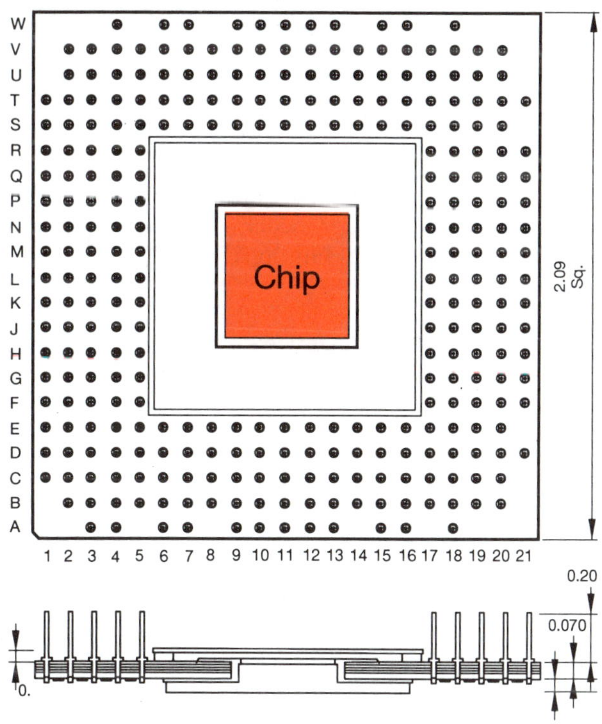

Bild 16.14
289-PIN-Gehäuse (Motorola)

16.3 PLD-Typen

Aus Wettbewerbsgründen verwendet jeder Hersteller von PLD für seine Produkte besondere Handelsnamen. Einige dieser Namen sind als Warenzeichen geschützt, andere nicht.

Da sind zunächst die herstellerprogrammierten Schaltungen. Für diese hat sich die Sammelbezeichnung ASIC durchgesetzt. Firmenbezeichnungen sind Gate-Arrays, Standard Cells, PLA (Programmable Logic Array, programmierbare Logik-Matrix) und HAL (Hardware Array Logic, Hardware-Logik-Anordnung).

Anwenderprogrammierbare Schaltungen werden PLD genannt. Sie werden im allgemeinen nicht den ASICs zugeordnet: Sind sie durch UV-Licht löschbar, heißen sie EPLD. Bausteine, die durch elektrische Impulse gelöscht werden können, haben die Bezeichnung EEPLD. Die PLD lassen sich in vier Gruppen einteilen, wie Tabelle 16.1 zeigt. Wegen der raschen Entwicklung auf diesem Gebiet kann die Tabelle keinen Anspruch auf Vollständigkeit erheben.

Tabelle 16.1 PLD-Typen

Schaltungen mit programmierbarer UND-Matrix (NAND-Matrix) bei AGA und LCA	Schaltungen mit programmierbarer ODER-Matrix	Schaltungen mit programmierbarer UND- und ODER-Matrix	MACRO-Schaltungen
PAL GAL EPAL AGA LCA	PROM EPROM EEPROM PLE	FPLA EPL FPLAS FPLS FPGA PL	Macrocell μ PLD Macrochip Macrocell-Array

Die Komplexität von PLD wird durch die Gatter-Äquivalenz angegeben. Diese Zahl gibt die Anzahl der logischen Glieder – umgerechnet auf Glieder mit zwei Eingängen – an, die der Baustein enthält. Flipflops werden als zwei oder vier Glieder gerechnet.

PLD haben Gatter-Äquivalenzen, die zwischen 100 und 90 000 liegen.

Weitere wichtige Kennwerte sind die Verzögerungszeit t_{PD} und die maximale Arbeitsfrequenz f_{max}.

Die Verzögerungszeit liegt zwischen 50 ns und 1 ns, die maximale Arbeitsfrequenz zwischen 20 MHz und 400 MHz.

Für die Kühlung ist die im Betrieb zu erwartende Verlustleistung wichtig, also die Speisespannung und die Stromaufnahme bei der höchsten zulässigen Arbeisfrequenz. Die meisten PLD werden in NMOS- oder CMOS-Technologie hergestellt. Für Bausteine mit sehr kurzer Verzögerungszeit wird die ECL-Technologie verwendet.

16.4 Programmierung von PLD

Eine Programmierung von Hand durch Durchbrennen dünner Leitungswege (Fusible-Link-Verfahren) war nur bei sehr kleinen PLD wirtschaftlich sinnvoll. Dies gehört in die Anfangszeit der Entwicklung. Bei den heutigen komplexen PLD muß die Programmierung mit Hilfe des Computers durchgeführt werden. Dazu benötigt man eine spezielle Software.

Jeder Hersteller von PLD bietet seine eigene Programmier-Software an.

Irgendwelche Programmier-Standards haben sich noch nicht herausgebildet. Durch den Kauf der Software und die Einrichtung eines entsprechenden Programmier-Platzes hat sich der Anwender auf einen bestimmten Baustein-Hersteller festgelegt. Zur Programmier-Software wird ein wenig Hardware mitgeliefert. Man benötigt zunächst eine Steckkarte, die in den Programmier-PC einzubauen ist. Dazu wird ein Hardware-Kästchen geliefert, das Gehäusefassungen für verschiedene PLD-Gehäuse enthält. Das Hardware-Kästchen ist an die Steckkarte anzuschließen.
Der zu programmierende Baustein wird in die entsprechende Steckvorrichtung gesteckt. Jetzt kann das Programm zur Programmierung ablaufen. Die zur Zeit verfügbare Programmier-Software ist sehr vielseitig und anwenderfreundlich.

Der Programmierer muß die genaue Struktur des Bausteins nicht kennen.

Die logische Funktion, die mit dem Baustein verwirklicht werden soll, kann meist als schaltalgebraische Gleichung, z.B. als ODER-Normalform, als Wahrheitstabelle oder als Zeichnung eingegeben werden. Dies gilt für kombinatorische Schaltungen. Für sequentielle Schaltungen (z.B. Zähler) gibt es als Eingabehilfe eine sogenannte State Machine. Hier werden die gewünschten Schaltschritte nacheinander eingegeben.

Programmier-Eingabe: Gleichung oder Wahrheitstabelle oder Schaltung oder Schaltschritte eingeben.

Bei der Eingabe der schaltalgebraischen Gleichungen ergeben sich einige Schwierigkeiten. Die genormten Zeichen für die UND- und die ODER-Verknüpfung und das Zeichen für NICHT sind meist nicht auf der Computer-Tastatur zu finden. Je nach Software sind folgende Ersatz-Zeichen zu verwenden:

UND	$\wedge$	$\Rightarrow$	& ,	·
ODER	$\vee$	$\Rightarrow$	# ,	+
NICHT	–	$\Rightarrow$	! ,	/

Der Computer sucht mit Hilfe des Programms die günstigste Lösung. Dabei wird geprüft, ob der eingesteckte Baustein auch geeignet ist, d.h., ob die gewünschte logische Funktion in ihm auch untergebracht werden kann. Ist dies nicht der Fall, wird der Anwender aufgefordert, einen größeren Baustein einzustecken.

Ist die Programmierung abgeschlossen, wird mit einem anschließenden Testprogramm geprüft, ob der Baustein die gewünschte Funktion auch erfüllt. Ist dies der Fall, ist die Programmierung beendet. Mit dem gefundenen sogenannten Brennprogramm (der Name erinnert an das früher übliche Durchbrennen dünner Leitungswege) können jetzt weitere Bausteine der gleichen Art mit demselben Inhalt programmiert werden. Man kann also eine Serie gleichartiger Bausteine erzeugen. Das Brennprogramm kann für spätere Nutzung abgespeichert werden.

War die Programmierung fehlerhaft, muß der Baustein gelöscht werden. Bausteine, bei denen bei der Programmierung dünne Leitungswege durchgebrannt werden, müssen weggeworfen werden. Mit gelöschten Bausteinen kann erneut eine Programmierung durchgeführt werden.

Neuerdings gibt es die Möglichkeit, einen bereits in eine Schaltung eingebauten Baustein umzuprogrammieren, d.h. den Inhalt ganz oder teilweise zu löschen und einen neuen Inhalt einzuprogrammieren. Ein solcher Baustein muß elektrisch löschbar sein. Weiterhin muß es eine Möglichkeit geben, an einige Anschlüsse mittels Steckvorrichtung heranzukommen. Angestrebt wird eine Programmierung mit Hilfe des elektrischen Feldes von außen, also durch das Kunststoffgehäuse hindurch. Dies ist jedoch noch im Versuchsstadium. Die Zukunft wird sehr interessante Weiterentwicklungen im Bereich der PLD bringen.

16.5 Lernziel-Test

1. Was versteht man unter der Bezeichnung PLD?
2. Welcher prinzipielle Unterschied besteht zwischen GAL-Bausteinen und FPLA-Bausteinen?
3. Was sagt die Gatter-Äquivalenz aus?
4. Erklären Sie den Begriff «Maskenprogrammierung».
5. Was sind EPLD, was EEPLD?
6. Was bedeutet bei einem PAL-Baustein die Bezeichnung 12 H 6?
7. Wie werden PLD programmiert?
8. Was versteht man unter einem programmierbaren Ausgang?
9. Erklären Sie den prinzipiellen Aufbau von MACRO-Schaltungen.

10. Gesucht ist eine digitale Steuerschaltung, die eine logische Verknüpfung gemäß der angegebenen Wahrheitstabelle erzeugt. Die gesuchte Schaltung ist eine sogenannte Zwei-aus-Drei-Schaltung. Der Ausgang Z liefert immer dann 1, wenn zwei oder drei Eingänge den Zustand 1 haben.
Geben Sie die Vollkonjunktionen (Produktterme) der benötigten ODER-Normalform an.
Eine FPLA-Schaltung nach Bild 16.11 ist so zu programmieren, daß sie die gewünschte logische Verknüpfung erzeugt. Skizzieren Sie das Schaltbild, und kennzeichnen Sie die erforderlichen Verbindungsstellen durch Kreuze.

Fall	A	B	C	Z
1	0	0	0	0
2	0	0	1	0
3	0	1	0	0
4	0	1	1	1
5	1	0	0	0
6	1	0	1	1
7	1	1	0	1
8	1	1	1	1

Fall	A	B	C	Z	
1	0	0	0	0	
2	0	0	1	0	
3	0	1	0	0	
4	0	1	1	1	$\Rightarrow \overline{A} \wedge B \wedge C$
5	1	0	0	0	
6	1	0	1	1	$\Rightarrow A \wedge \overline{B} \wedge C$
7	1	1	0	1	$\Rightarrow A \wedge B \wedge \overline{C}$
8	1	1	1	1	$\Rightarrow A \wedge B \wedge C$

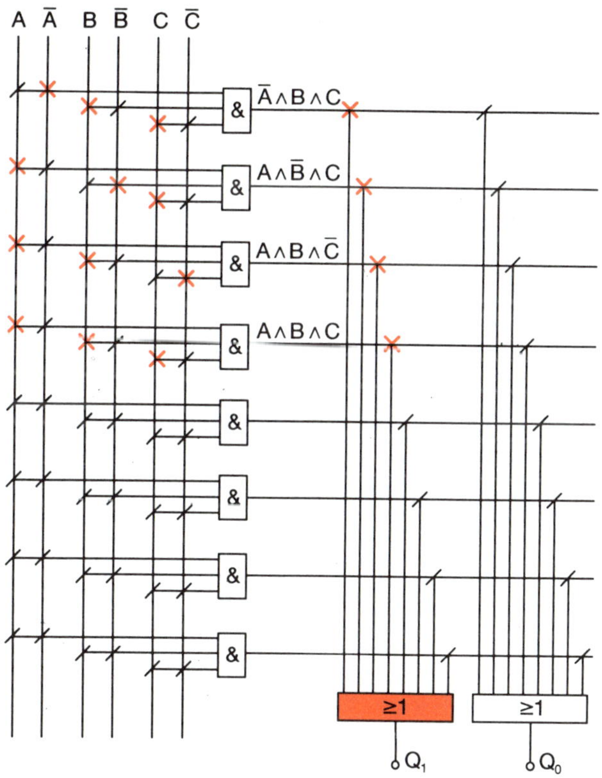

17 Lösungen der Aufgaben der Lernziel-Tests

Es werden die Lösungen der *Zeichenaufgaben* und der *Berechnungen* angegeben. Die Antworten auf die Verständnisfragen können im allgemeinen leicht dem Buchtext entnommen werden. Sie werden hier nur formuliert, wenn die Entnahme aus dem Buchtext schwierig ist.

Kapitel 1

1. Eine digitale Größe besteht aus abzählbaren Elementen. Sie ist meist auch eine binäre Größe mit den Werten 0 und 1. Eine analoge Größe kann innerhalb eines zulässigen Bereichs jeden beliebigen Wert der sogenannten Analogiegröße annehmen.
2. Vorteile der analogen Größendarstellung: Gute Übersichtlichkeit, Anschaulichkeit. Nachteile: Geringe Genauigkeit, Fehler bei der Übertragung und Speicherung analoger Größen.
3. bis 7. siehe Buchtext

Kapitel 2

1. Schaltzeichen

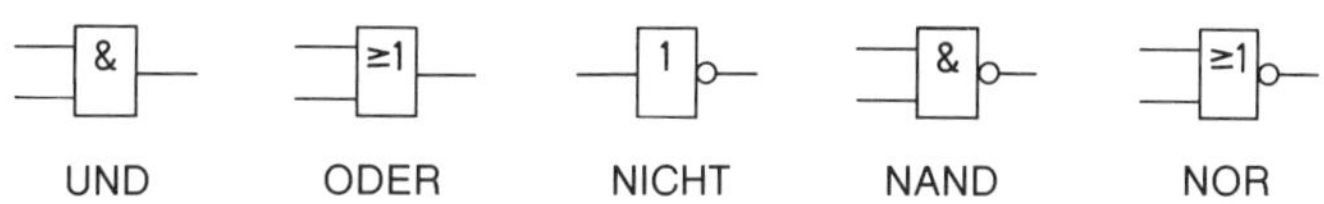

2. Wahrheitstabelle und Schaltzeichen eines ODER-Gliedes mit drei Eingängen

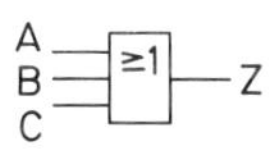

Fall	C	B	A	Z
1	0	0	0	0
2	0	0	1	1
3	0	1	0	1
4	0	1	1	1
5	1	0	0	1
6	1	0	1	1
7	1	1	0	1
8	1	1	1	1

3. Aufbau eines NAND-Gliedes aus Grundgliedern

4. Wahrheitstabelle und Schaltzeichen eines NICHT-Gliedes

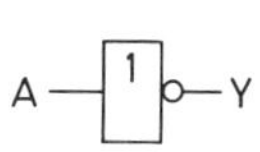

Fall	A	Y
1	0	1
2	1	0

5. Aufbau eines ANTIVALENZ-Gliedes aus Grundgliedern

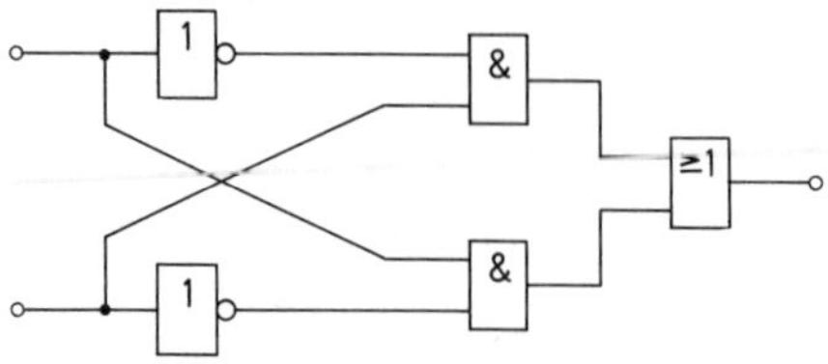

$$Z = (A \wedge \bar{B}) \vee (\bar{A} \wedge B)$$

6. und 7. siehe Buchtext

8. Am Ausgang eines EXKLUSIV-ODER-Gliedes liegt dann 1, wenn nur an einem Eingang 1 anliegt.
   Wahrheitstabelle und Schaltzeichen eines EXKLUSIV-ODER-Gliedes

Fall	B	A	Z
1	0	0	0
2	0	1	1
3	1	0	1
4	1	1	0

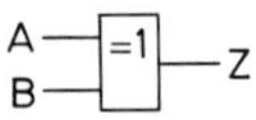

9. Das Verknüpfungsglied ist ein NOR-Glied.

10. Die Verknüpfung INHIBITION ist eine besondere Art der UND-Verknüpfung. Ein Eingangszustand wird vor der UND-Verknüpfung negiert.
    INHIBITIONS-Glied aus Grundgliedern aufgebaut (INHIBITION A):

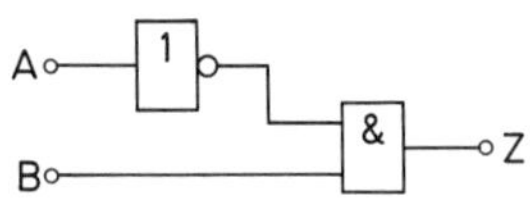

11. Diagramme für UND- und ODER-Verknüpfung der Signale A und B

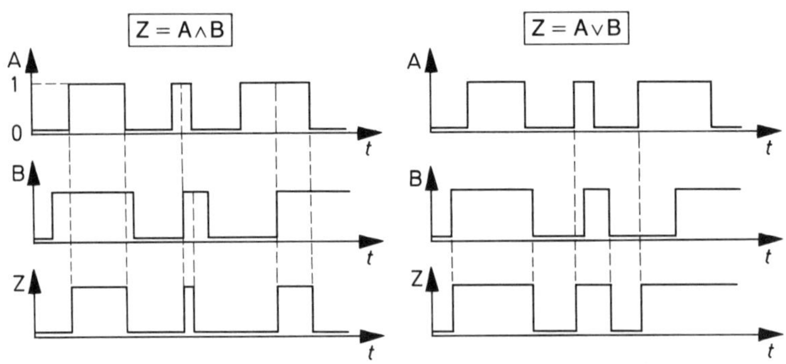

12. Die Schaltung erzeugt eine ODER-Verknüpfung

13. Wahrheitstabelle eines NOR-Gliedes mit fünf Eingängen

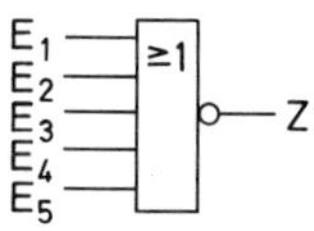

Fall	E_5	E_4	E_3	E_2	E_1	Z
1	0	0	0	0	0	1
2	0	0	0	0	1	0
3	0	0	0	1	0	0
4	0	0	0	1	1	0
5	0	0	1	0	0	0
6	0	0	1	0	1	0
7	0	0	1	1	0	0
8	0	0	1	1	1	0
9	0	1	0	0	0	0
10	0	1	0	0	1	0
11	0	1	0	1	0	0
12	0	1	0	1	1	0
13	0	1	1	0	0	0
14	0	1	1	0	1	0
15	0	1	1	1	0	0
16	0	1	1	1	1	0
17	1	0	0	0	0	0
18	1	0	0	0	1	0
19	1	0	0	1	0	0
20	1	0	0	1	1	0
21	1	0	1	0	0	0
22	1	0	1	0	1	0
23	1	0	1	1	0	0
24	1	0	1	1	1	0
25	1	1	0	0	0	0
26	1	1	0	0	1	0
27	1	1	0	1	0	0
28	1	1	0	1	1	0
29	1	1	1	0	0	0
30	1	1	1	0	1	0
31	1	1	1	1	0	0
32	1	1	1	1	1	0

14. Das Verknüpfungsglied erzeugt eine ÄQUIVALENZ-Verknüpfung. Am Ausgang Z liegt immer dann 1, wenn die Eingangszustände gleich sind.

Kapitel 3

1. Wahrheitstabelle für die Digitalschaltung Bild 3.13.

Fall	B	A	$\overline{A}$	$\overline{A} \vee B$	$Z = \overline{\overline{A} \vee B}$
1	0	0	1	1	0
2	0	1	0	0	1
3	1	0	1	1	0
4	1	1	0	1	0

2. Wahrheitstabelle für die Digitalschaltung Bild 3.14

Fall	C	B	A	$\bar{A}$	$\bar{A} \wedge B$	$A \vee C$	$Z = (\bar{A} \wedge B) \wedge (A \vee C)$
1	0	0	0	1	0	0	0
2	0	0	1	0	0	1	0
3	0	1	0	1	1	0	0
4	0	1	1	0	0	1	0
5	1	0	0	1	0	1	0
6	1	0	1	0	0	1	0
7	1	1	0	1	1	1	1
8	1	1	1	0	0	1	0

3. Tabelle der Ist-Verknüpfung der fehlerhaften Digitalschaltung Bild 3.14

Fall	C	B	A	$\bar{A}$	$\bar{A} \wedge B$	$A \vee C$	Z
1	0	0	0	1	1	0	0
2	0	0	1	0	1	1	1
3	0	1	0	1	1	0	0
4	0	1	1	0	1	1	1
5	1	0	0	1	1	1	1
6	1	0	1	0	1	1	1
7	1	1	0	1	1	1	1
8	1	1	1	0	1	1	1

4. $Z = [(\bar{A} \wedge \bar{B} \wedge \bar{C}) \vee (A \wedge B \wedge C)] \wedge \overline{A \vee \bar{B} \vee \bar{C}}$

Fall	C	B	A	$\bar{C}$	$\bar{B}$	$\bar{A}$	$\bar{A} \wedge \bar{B} \wedge \bar{C}$	$A \wedge B \wedge C$	X	$A \vee \bar{B} \vee \bar{C}$	Y	Z
1	0	0	0	1	1	1	1	0	1	1	0	0
2	0	0	1	1	1	0	0	0	0	1	0	0
3	0	1	0	1	0	1	0	0	0	1	0	0
4	0	1	1	1	0	0	0	0	0	1	0	0
5	1	0	0	0	1	1	0	0	0	1	0	0
6	1	0	1	0	1	0	0	0	0	1	0	0
7	1	1	0	0	0	1	0	0	0	0	1	0
8	1	1	1	0	0	0	0	1	1	1	0	0

5. $Z = \bar{A} \wedge B \wedge \overline{\overline{\bar{A} \wedge B} \wedge C}$

$Z = \bar{A} \wedge B \wedge \overline{\overline{\bar{A} \wedge B} \wedge C}$

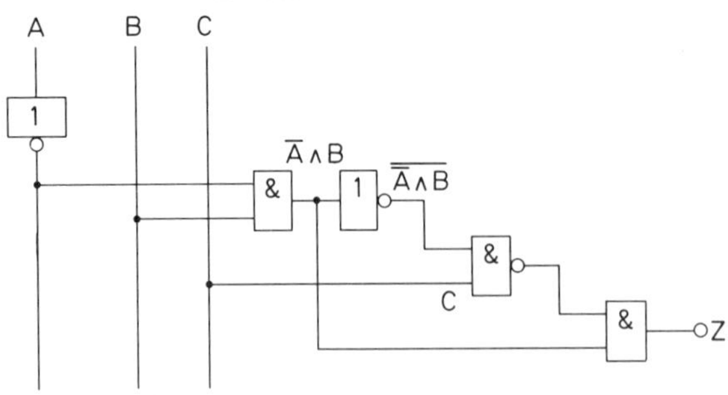

6. $Z = \overline{\overline{A} \vee B \vee C} \wedge \overline{\overline{A \vee \overline{B} \wedge \overline{C} \wedge D} \vee \overline{A \wedge D}}$

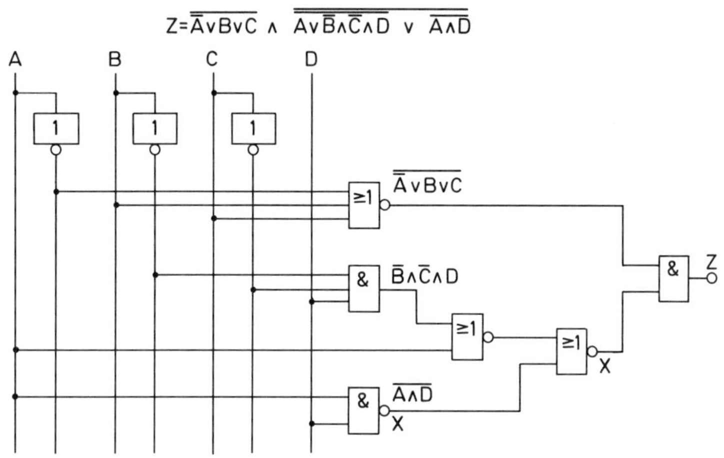

Fall	D	C	B	A	$\overline{A}$	$\overline{B}$	$\overline{C}$	$\overline{A}\vee B\vee C$	$\overline{\overline{A}\vee B\vee C}$	$\overline{B}\wedge\overline{C}\wedge D$	$A\vee\overline{B}\wedge\overline{C}\wedge D$	$\overline{A\vee\overline{B}\wedge\overline{C}\wedge D}$	$\overline{A\wedge D}$	X	Z
1	0	0	0	0	1	1	1	1	0	0	0	1	1	0	0
2	0	0	0	1	0	1	1	0	1	0	1	0	1	0	0
3	0	0	1	0	1	0	1	1	0	0	0	1	1	0	0
4	0	0	1	1	0	0	1	1	0	0	1	0	1	0	0
5	0	1	0	0	1	1	0	1	0	0	0	1	1	0	0
6	0	1	0	1	0	1	0	1	0	0	1	0	1	0	0
7	0	1	1	0	1	0	0	1	0	0	0	1	1	0	0
8	0	1	1	1	0	0	0	1	0	0	1	0	1	0	0
9	1	0	0	0	1	1	1	1	0	1	1	0	1	0	0
10	1	0	0	1	0	1	1	0	1	1	1	0	0	1	1
11	1	0	1	0	1	0	1	1	0	0	0	1	1	0	0
12	1	0	1	1	0	0	1	1	0	0	1	0	0	1	0
13	1	1	0	0	1	1	0	1	0	0	0	1	1	0	0
14	1	1	0	1	0	1	0	1	0	0	1	0	0	1	0
15	1	1	1	0	1	0	0	1	0	0	0	1	1	0	0
16	1	1	1	1	0	0	0	1	0	0	1	0	0	1	0

7. Das Glied Nr. IV (NOR-Glied) arbeitet fehlerhaft

Kapitel 4

1. bis 7. siehe Buchtext

8. a)

b)

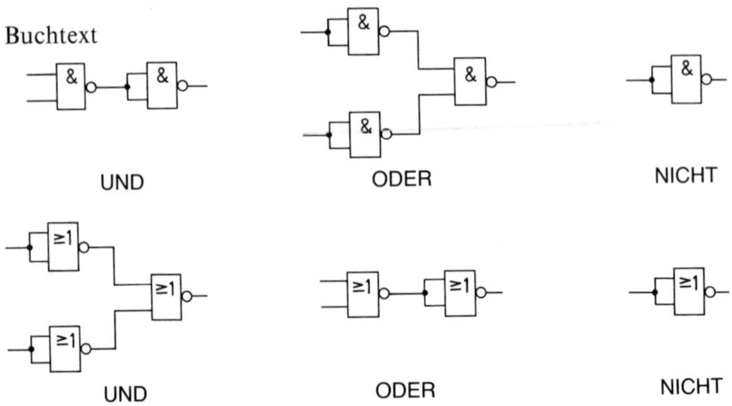

9. a) $Z = 0$
   b) $Y = 1$
   c) $X = \bar{A} \wedge B$
   d) $Q = 1$
   e) $S = \overline{A \wedge B}$

10. NAND

a) $Z = \overline{\overline{A \wedge S \wedge R} \wedge \overline{Q \wedge \bar{C} \wedge \bar{B}}}$

b) $Y = \overline{\overline{\bar{A} \wedge \bar{B} \wedge \bar{C} \wedge \bar{D}}}$

c) $X = \overline{\overline{\overline{\bar{A} \wedge \bar{B} \wedge \bar{C}} \wedge \overline{M \wedge N \wedge P} \wedge \overline{\bar{R} \wedge \bar{S}}}}$

d) $Q = \overline{\overline{\overline{\bar{A} \wedge B} \wedge \bar{C} \wedge \bar{D} \wedge \bar{S} \wedge \bar{R}}}$

e) $Q = \overline{\overline{\overline{A \wedge \bar{B} \wedge \bar{C} \wedge D} \wedge \overline{P \wedge Q \wedge S}}}$

NOR

a) $Z = \overline{\overline{\overline{\bar{A} \vee \bar{S} \vee \bar{R}} \vee \overline{\bar{Q} \vee C \vee B}}}$

b) $Y = \overline{A \vee B \vee C \vee D}$

c) $X = \overline{\overline{A \vee B \vee C} \vee \overline{\bar{M} \vee \bar{N} \vee \bar{P}} \vee \overline{R \vee S}}$

d) $Q = \overline{\overline{A \vee \bar{B}} \vee C \vee D \vee S \vee R}$

e) $Q = \overline{\overline{\bar{A} \vee B \vee C \vee \bar{D}} \vee \overline{\bar{P} \vee \bar{Q} \vee \bar{S}}}$

Kapitel 5

1. bis 3. siehe Buchtext
4. $Z = (A \wedge \overline{B} \wedge \overline{C}) \vee (A \wedge B \wedge \overline{C}) \vee (\overline{A} \wedge \overline{B} \wedge C) \vee (\overline{A} \wedge B \wedge C)$
5. KV-Diagramm für die Variablen K, M, S und R.

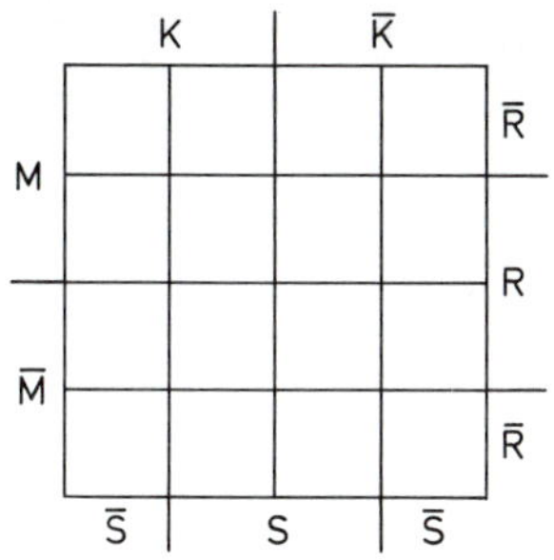

6. siehe Buchtext
7.

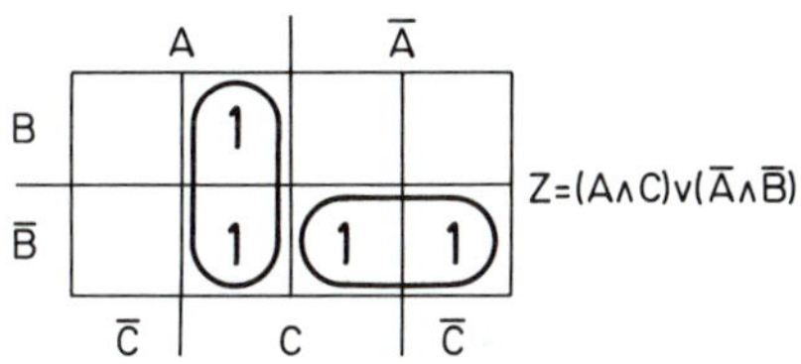

8.

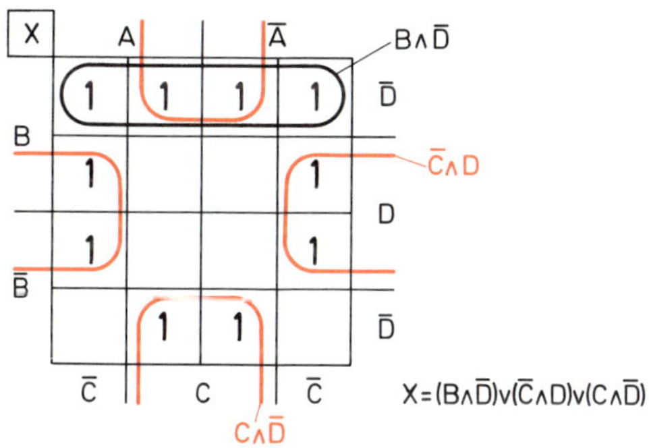

9.

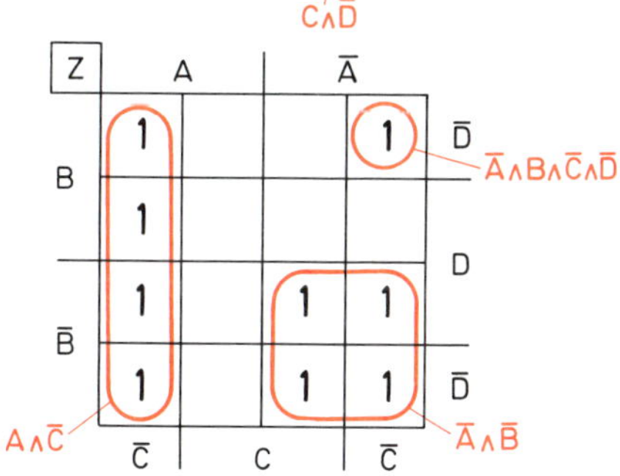

10. siehe Buchtext

Kapitel 6

1. bis 5. siehe Buchtext

6. Arbeitstabelle der Schaltung Bild 6.108

Fall	B	A	Z
1	L	L	L
2	L	H	L
3	H	L	L
4	H	H	H

7. Positive Logik: UND-Verknüpfung
   Negative Logik: ODER-Verknüpfung

8. bis 14. siehe Buchtext

15. Die Schaltung erzeugt eine UND-Verknüpfung.

16. Bei einer «gesättigten Schaltkreisfamilie» werden die Transistoren in den Sättigungszustand gesteuert. Es ergeben sich günstige Pegellagen und gute Störsicherheiten. Der Leistungsbedarf ist gering, die Schnelligkeit befriedigend. Werden die Transistoren nicht in den Sättigungszustand gesteuert, entsteht ein größerer Leistungsbedarf. Die Pegel liegen nicht so günstig. Die Schaltschnelligkeit ist aber größer. Es ergibt sich eine höhere Arbeitsgeschwindigkeit. Eine solche Schaltkreisfamilie wird «ungesättigte Schaltkreisfamilie» genannt (Beispiel: ECL-Schaltkreisfamilie).

17. bis 19. siehe Buchtext

20. Schaltung Bild 6.94, siehe Buchtext

Kapitel 7

1. Das Schaltzeichen zeigt ein Flipflop mit besonderem Schaltverhalten. Haben beide Eingänge den Zustand 1, so hat der im Schaltzeichen obere Ausgang (z.B. A_1) den Zustand 1. Der im Schaltzeichen untere Ausgang (z.B. A_2) hat Zustand 0. Der Setzeingang (z.B. E_1) dominiert.

2. siehe Buchtext

3.

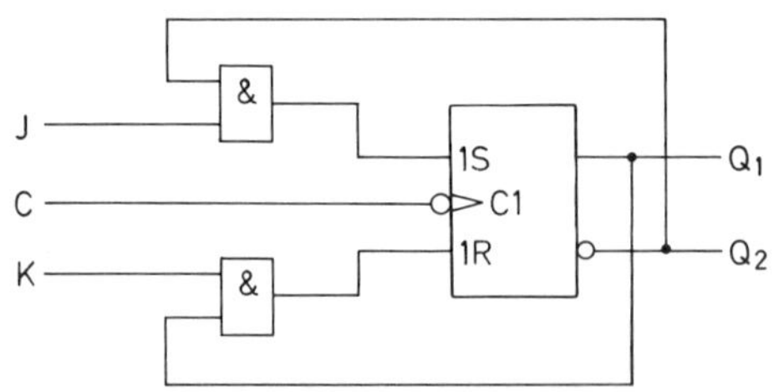

4. Wahrheitstabelle und Schaltzeichen eines taktzustandsgesteuerten SR-Flipflops mit dominierendem S-Eingang. Arbeitsweise siehe Buchtext.

t_n			t_{n+1}
Fall	R	S	Q_1
1	0	0	Q_{1n}
2	0	1	1
3	1	0	0
4	1	1	1

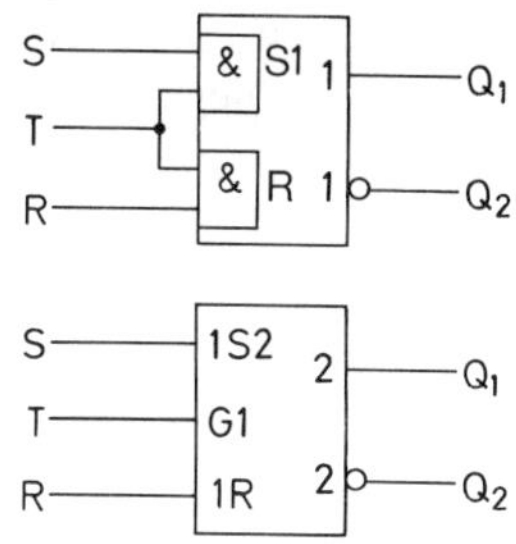

5. siehe Buchtext

6. Zeitablaufdiagramm und Schaltzeichen einer monostabilen Kippstufe mit einer Verweilzeit von 4 ms.

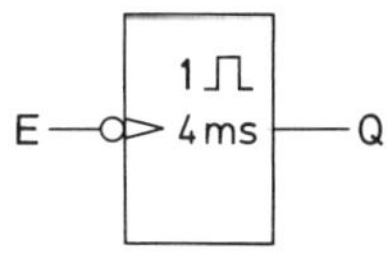

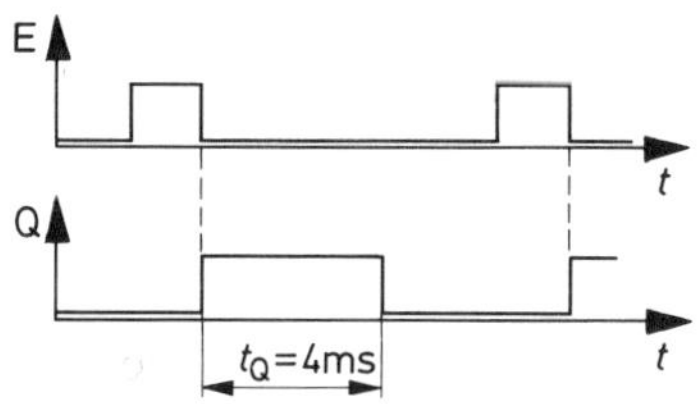

7. Die Gleichung ist die charakteristische Gleichung eines JK-Flipflops.

8. Ausführliche Wahrheitstabelle und charakteristische Gleichung eines Flipflops.

t_n				t_{n+1}	
Fall	E_2	E_1	Q_1	Q_1	
1	0	0	0	0	Speichern
2	0	0	1	1	
3	0	1	0	0	Speichern
4	0	1	1	1	
5	1	0	0	0	Rücksetzen
6	1	0	1	0	
7	1	1	0	1	Setzen
8	1	1	1	1	

$$Q_{1(n+1)} = [(E_1 \wedge E_2) \vee (\overline{E}_2 \wedge Q_1)]_n$$

Der Eingang E_2 ist ein Vorbereitungseingang. Das Flipflop ist gesperrt, wenn an E_2 0-Signal anliegt (Speicherfälle). Liegt an E_2 1-Signal, so arbeitet das Flipflop als D-Flipflop – mit E_1, als D-Eingang. Ein solches Flipflop wird auch DV-Flipflop genannt (Eingangsbezeichnungen: E_2 = V, E_1 = D).

9. siehe Buchtext

10. Das Flipflop ist ein JK-Master-Slave-Flipflop mit drei J-Eingängen und drei K-Eingängen, einem taktunabhängigen Setzeingang S und einem taktunabhängigen Rücksetzeingang R. Der obere der drei J-Eingänge ist negiert. Er spricht also auf 0-Signale an. Die J-Eingänge sind durch UND zu einem Gesamt-J-Eingang verknüpft. Der untere der drei K-Eingänge ist negiert. Die K-Eingänge sind durch UND zu einem Gesamt-K-Eingang verknüpft.

11. siehe Buchtext

12. Aufbau eines T-Master-Slave-Flipflops

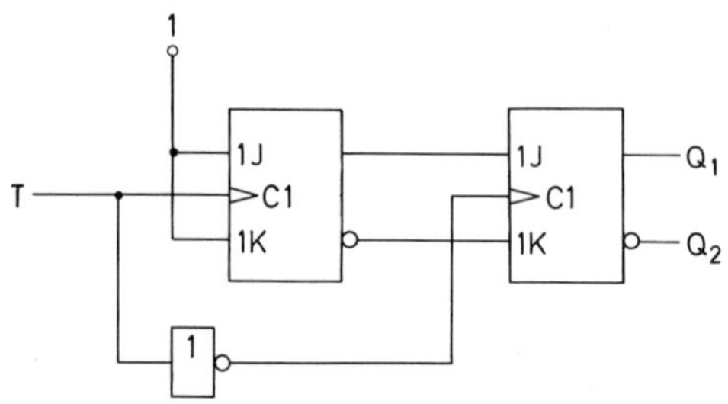

13. Zeitablauf-Diagramme

a) Flipflop schaltet mit ansteigender Taktflanke

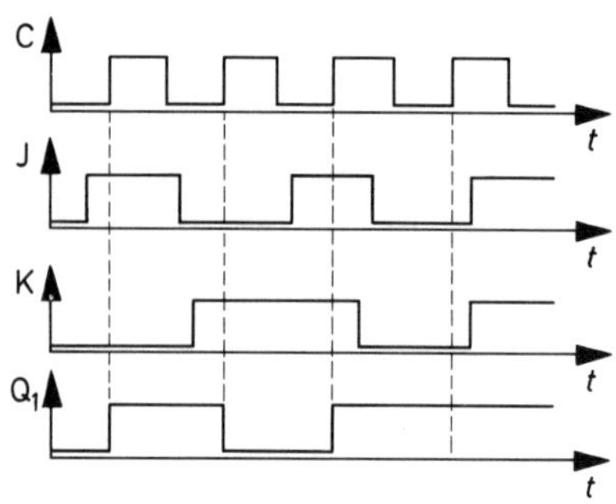

b) Flipflop schaltet mit abfallender Taktflanke

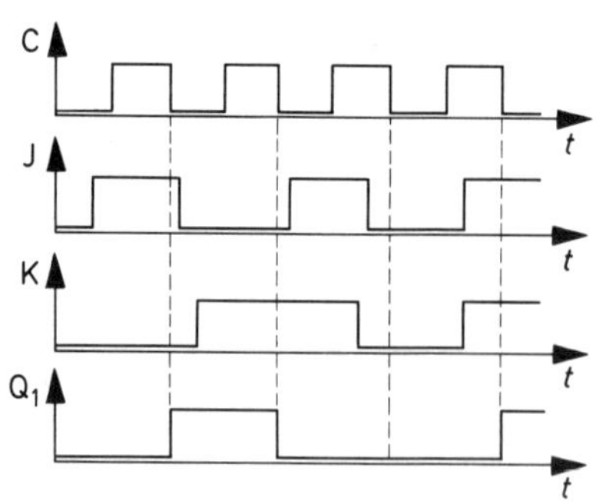

14. Das Schaltzeichen stellt eine monostabile Kippstufe mit einer Ansprechverzögerung von 0,5 Sekunden dar. Die Verweilzeit beträgt drei Sekunden.

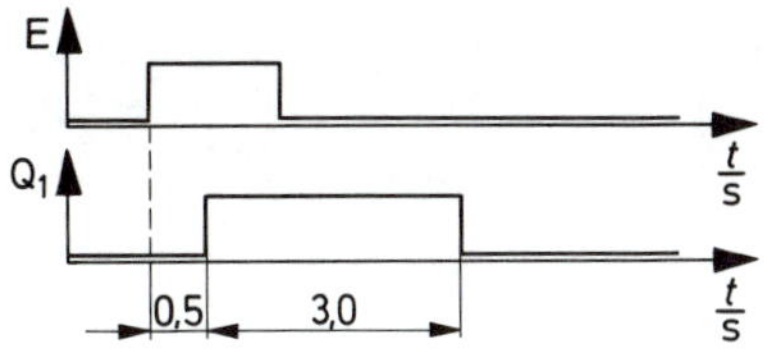

15. Taktzustandsgesteuertes SR-Flipflop mit NAND-Gliedern aufgebaut.

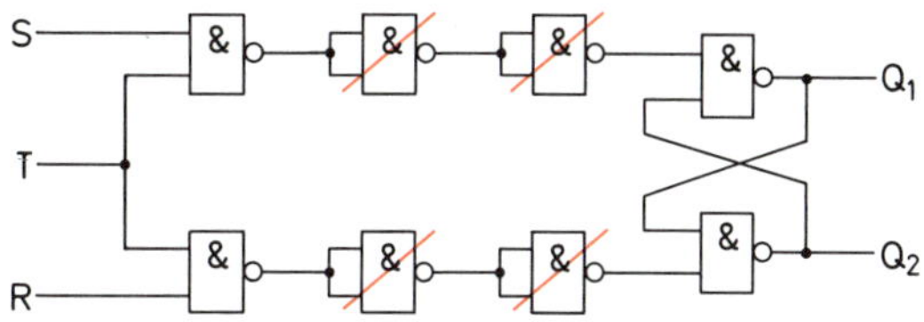

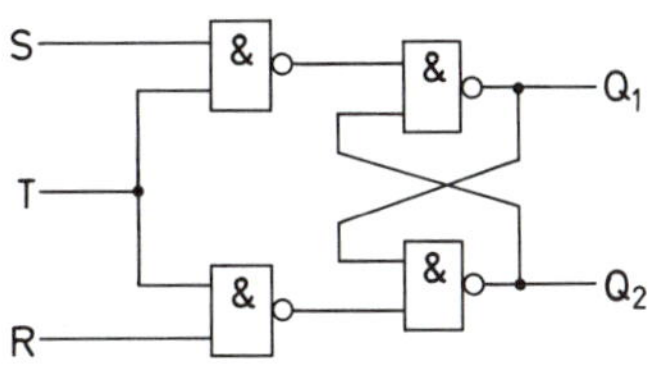

16. siehe Buchtext

17. Zeitablauf-Diagramme

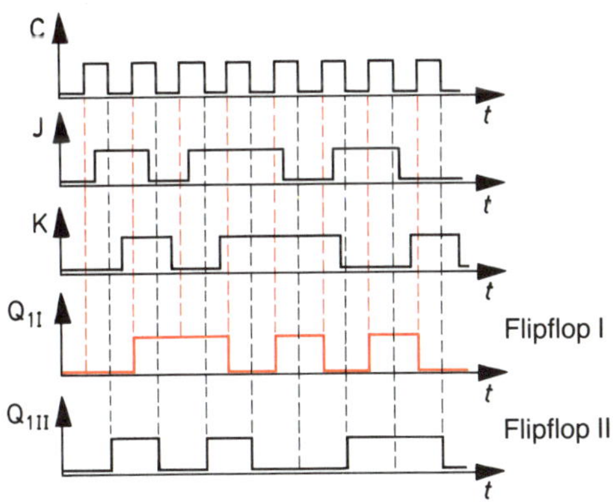

18. Die monostabilen Kippstufen müssen Verweilzeiten von 0,2 Sekunden und 0,6 Sekunden haben.

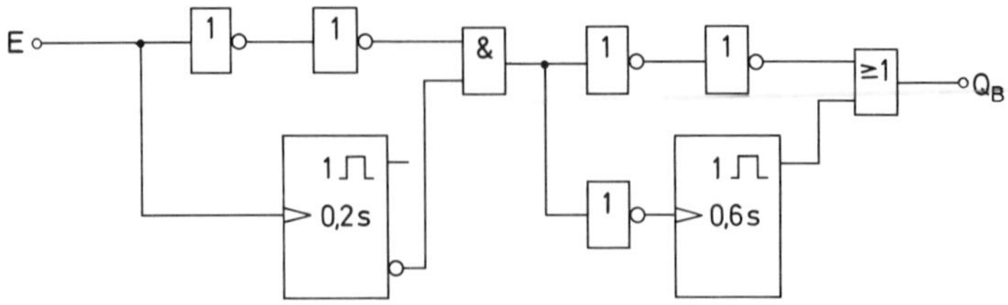

Kapitel 8

1. siehe Buchtext
2.

Dezimalzahl	2^{12} 4096	2^{11} 2048	2^{10} 1024	2^9 512	2^8 256	2^7 128	2^6 64	2^5 32	2^4 16	2^3 8	2^2 4	2^1 2	2^0 1
	Dualzahl												
50								1	1	0	0	1	0
215						1	1	0	1	0	1	1	1
172						1	0	1	0	1	1	0	0
688				1	0	1	0	1	1	0	0	0	0
909				1	1	1	0	0	0	1	1	0	1
1 820			1	1	1	0	0	0	1	1	1	0	0
3 276		1	1	0	0	1	1	0	0	1	1	0	0
2 423		1	0	0	1	0	1	1	1	0	1	1	1
6 052	1	0	1	1	1	1	0	1	0	0	1	0	0
6 381	1	1	0	0	0	1	1	1	0	1	1	0	1
5 511	1	0	1	0	1	1	0	0	0	0	1	1	1
7 732	1	1	1	1	0	0	0	1	1	0	1	0	0

Dezimalzahl	2^{15} 32 768	2^{14} 16 384	2^{13} 8 192	2^{12} 4 096	2^{11} 2 048	2^{10} 1 024	2^9 512	2^8 256	2^7 128	2^6 64	2^5 32	2^4 16	2^3 8	2^2 4	2^1 2	2^0 1
	Dualzahl															
58											1	1	1	0	1	0
512							1	0	0	0	0	0	0	0	0	0
1 298						1	0	1	0	0	0	1	0	0	1	0
1 983						1	1	1	1	0	1	1	1	1	1	1
20 000		1	0	0	1	1	1	0	0	0	1	0	0	0	0	0
17 750		1	0	0	0	1	0	1	0	1	0	1	0	1	1	0
2 730					1	0	1	0	1	0	1	0	1	0	1	0
9 990			1	0	0	1	1	1	0	0	0	0	0	1	1	0
11 000			1	0	1	0	1	0	1	1	1	1	1	0	0	0
32 000		1	1	1	1	1	0	1	0	0	0	0	0	0	0	0

4. a) 54,625
   b) 37,8125
   c) 10,90625
   d) 0,65625
   e) 0,453125

5. a) 10001
   b) 1000110
   c) 111111
   d) 1001110
   e) 10100011
   f) 10000111
   g) 10000,10
   h) 10100,00

6. a) 1001
   b) 110100
   c) 1100
   d) 100010
   e) 10000
   f) 11001
   g) 100101
   h) |11001| = – 111

7.

Dezimalzahl	BCD-Zahl				
a) 10 941	1	0 000	1 001	0 100	0 001
b) 3 890		11	1 000	1 001	0 000
c) 7 863		111	1 000	0 110	0 011
d) 98 001	1 001	1 000	0 000	0 000	0 001
e) 7 989		111	1 001	1 000	1 001

8.
a) |0111
b) 1|0100
c) 1|0110
d) |1001
e) 1|0111
f) 1|0000
g) 1|0010
h) 1|0101

9.
a) 0001
b) 0001
c) 0001
d) 0010
e) 0100
f) –0010
g) 0101
h) –0101

10.

Dezimalzahl	Dualzahl				
a) 2 737			1 010	1 011	0 001
b) 34 802		1 000	0 111	1 111	0 010
c) 58 885		1 110	0 110	0 000	0 100
d) 48 340		1 011	1 100	1 101	0 100
e) 76 593	1	0 010	1 011	0 011	0 001
f) 47 642		1 011	1 010	0 001	1 010
g) 201 817	11	0 001	0 100	0 101	1 001
h) 6 683		1	1 010	0 001	1 011

11.

Hexadezimalzahl	Dualzahl			
a) 64			110	0 100
b) 103		1	0 000	0 011
c) 3FC		11	1 111	1 100
d) 7BF		111	1 011	1 111
e) 2 710	10	0 111	0 000	0 000
f) 7E			111	1 110
g) 4 664	100	0 110	0 110	0 100
h) 3E7		11	1 110	0 111

12.

Dezimalzahl	Dualzahl					Hexadezimalzahl	Oktalzahl	BCD-Zahl					
2 560			1 010	0 000	0 000	A00	5 000			10	0 101	0 110	0 000
1 270			100	1 111	0 110	4F6	2 366			1	0 010	0 111	0 000
44 854		1 010	1 111	0 011	0 110	AF36	127 466		100	0 100	1 000	0 101	0 100
1 018			11	1 111	1 010	3FA	1 772			1	0 000	0 001	1 000
39 718		1 001	1 011	0 010	0110	9B26	115 446		11	1 001	0 111	0 001	1 000
107 196	1	1 010	0 010	1 011	1 100	1A2BC	321 274	1	0 000	0 111	0 001	1 001	0 110

13. bis 20. siehe Buchtext

Kapitel 9

1. Bild 9.8, siehe Buchtext
2. siehe Buchtext
3. Schaltung eines Kodeumsetzers, der den Dezimalkode in den Aiken-Kode wandelt.

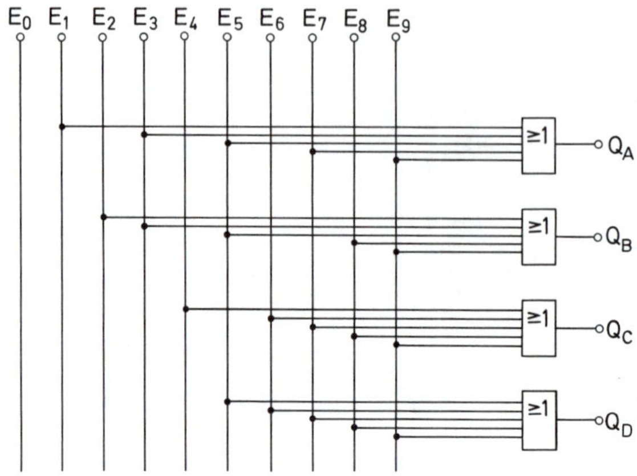

Dez.-Ziffer	Q_D	Q_C	Q_B	Q_A
0	0	0	0	0
1	0	0	0	1
2	0	0	1	0
3	0	0	1	1
4	0	1	0	0
5	1	0	1	1
6	1	1	0	0
7	1	1	0	1
8	1	1	1	0
9	1	1	1	1

Aiken-Code

4. Berechnung eines Kodeumsetzers für die Umsetzung des Gray-Kodes in den BCD-Kode

Dezimalziffer	Eingang Gray-Kode G	R	A	Y	Ausgänge BCD-Kode Q_4	Q_3	Q_2	Q_1
0	0	0	0	0	0	0	0	0
1	0	0	0	1	0	0	0	1
2	0	0	1	1	0	0	1	0
3	0	0	1	0	0	0	1	1
4	0	1	1	0	0	1	0	0
5	0	1	1	1	0	1	0	1
6	0	1	0	1	0	1	1	0
7	0	1	0	0	0	1	1	1
8	1	1	0	0	1	0	0	0
9	1	1	0	1	1	0	0	1
					(2^3)	(2^2)	(2^1)	(2^0)

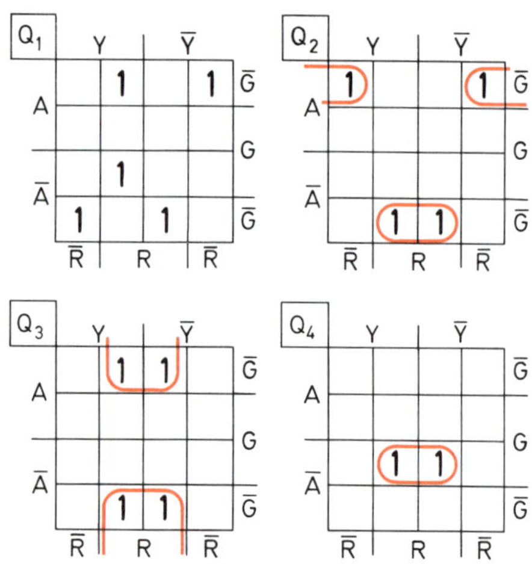

$Q_1 = (Y \wedge \overline{A} \wedge \overline{R} \wedge \overline{G}) \vee (\overline{Y} \wedge A \wedge \overline{R} \vee \overline{G}) \vee (Y \wedge A \wedge R \wedge \overline{G})$
$\vee (\overline{Y} \wedge \overline{A} \wedge R \wedge \overline{G}) \vee (Y \wedge \overline{A} \wedge R \wedge G)$

$Q_2 = (A \wedge \overline{G} \wedge R) \vee (A \wedge R \wedge G)$

$Q_3 = \overline{G} \wedge R$

$Q_4 = \overline{A} \wedge G \wedge R$

5. und 6. siehe Buchtext

Kapitel 10

1. siehe Buchtext
2. Asynchron arbeitender 8-Bit-Dual-Vorwärtszähler

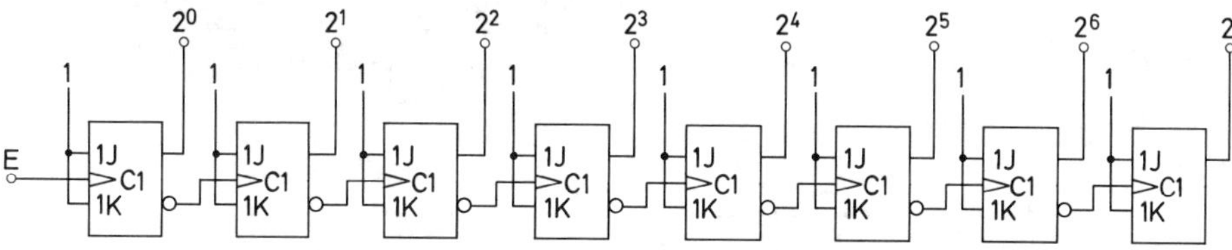

3. Bei Erreichen der Dualzahl 1010 = $10_{(10)}$ soll der Zähler auf Null zurückgestellt werden. Das Rückstellsignal wird mit Hilfe eines NAND-Gliedes erzeugt. Bei 1010 liegt am Ausgang des NAND-Gliedes 0-Signal. Mit diesem 0-Signal wird über die R-Eingänge zurückgestellt.

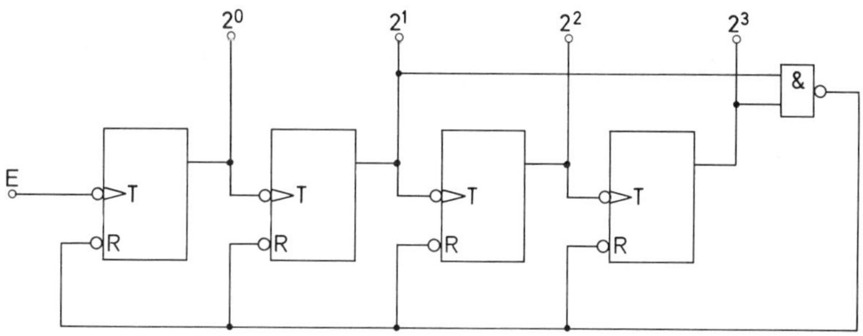

4. siehe Buchtext
5. Modulo-19-Zähler

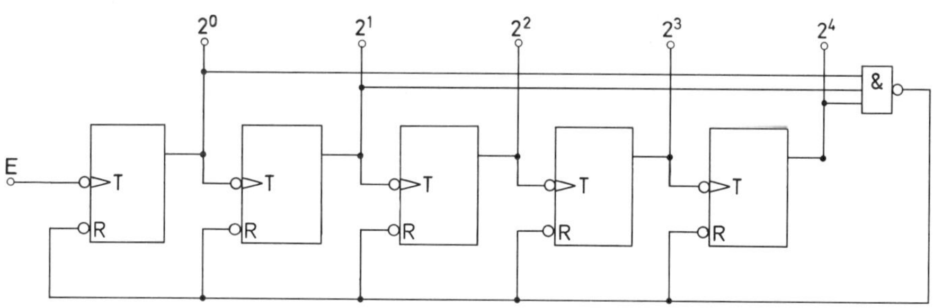

6. Umwandlung des Modulo-19-Zählers in einen Rückwärtszähler

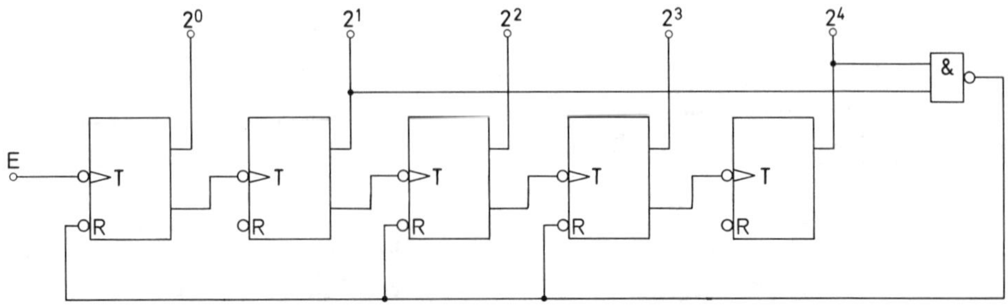

7. Der Zähler in Bild 10.68 ist ein Zähler mit umschaltbarer Zählrichtung. Er arbeitet bei X = 0 als Vorwärtszähler und bei X = 1 als Rückwärtszähler.

8. siehe Buchtext

9. Lösung siehe Bild 10.9

10.

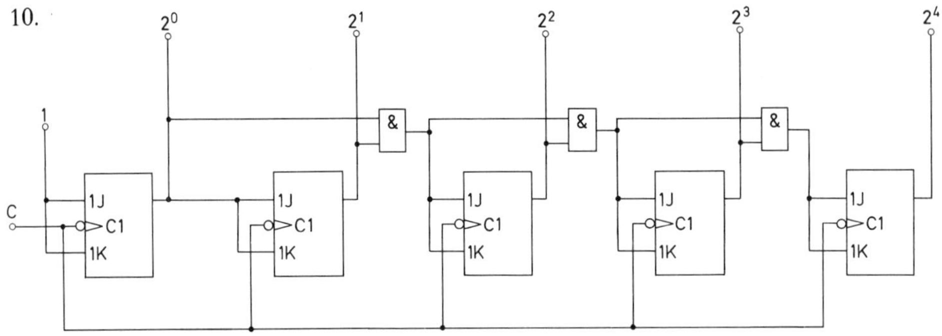

11. siehe Buchtext

12. Die $\overline{Q}$-Ausgänge des 4-Bit-Synchron-Dual-Vorwärtszählers sind als Ergebnisausgänge zu verwenden. Sind die $\overline{Q}$-Ausgänge nicht zugänglich, ist es zweckmäßig, die Q-Ausgänge zu negieren.

13. Am Ausgang mit der Wertigkeit 2^2 (3. Flipflop) kann die durch den Faktor 8 geteilte Eingangsfrequenz entnommen werden.

14. Frequenzteiler mit einem Teilerverhältnis 14 : 1

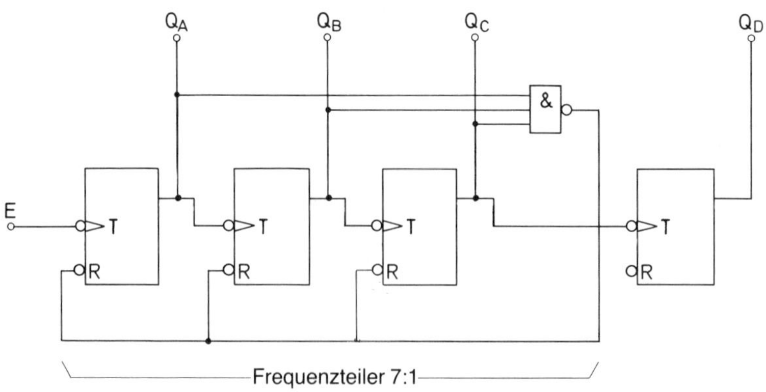

Kapitel 11

1. und 2. siehe Buchtext

3. 8-Bit-zu-1-Bit-Datenselektor

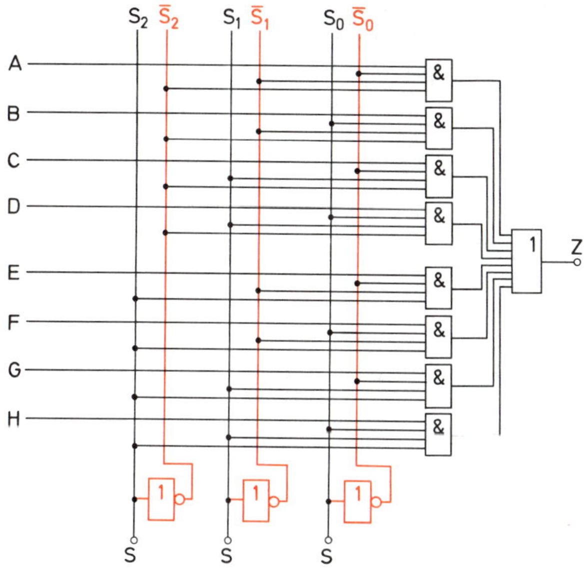

4. 3 × 4-Bit-zu-4-Bit-Datenselektor
Die Signale $A_0 \cdots A_3$, $B_0 \cdots B_3$ und $C_0 \cdots C_3$ werden wahlweise über UND-Glieder auf den Ausgang $Z_0 \cdots Z_3$ geschaltet. Es sind zwei Steuerleitungen erforderlich, da drei verschiedene Steuerbefehle benötigt werden.

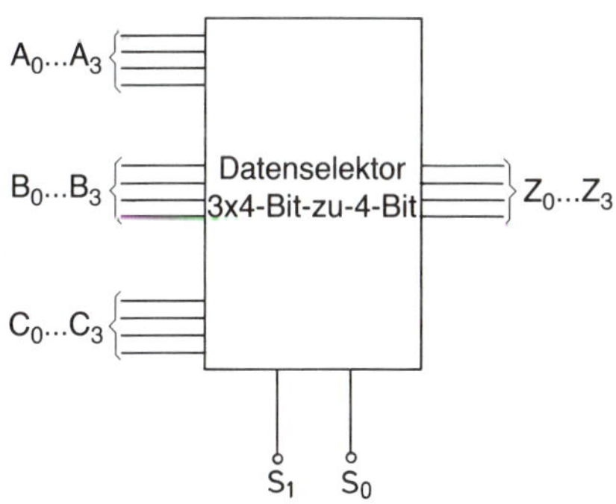

5. Schaltung eines 2-Bit-zu-2 × 2-Bit-Demultiplexers

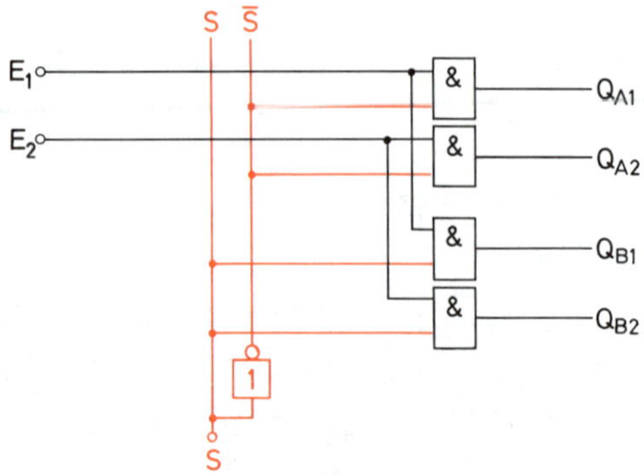

6. siehe Buchtext

7. Schaltung eines 3-Bit-Adreßkodierers

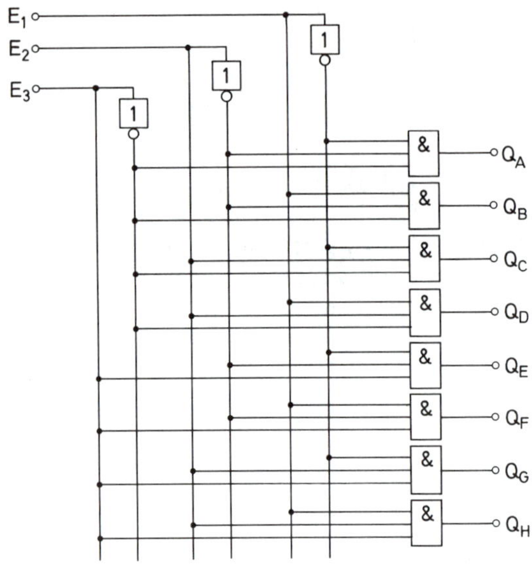

8.,9. und 10. siehe Buchtext

1. Schaltung eines 6-Bit-Schieberegisters für serielle Dateneingabe und Datenausgabe

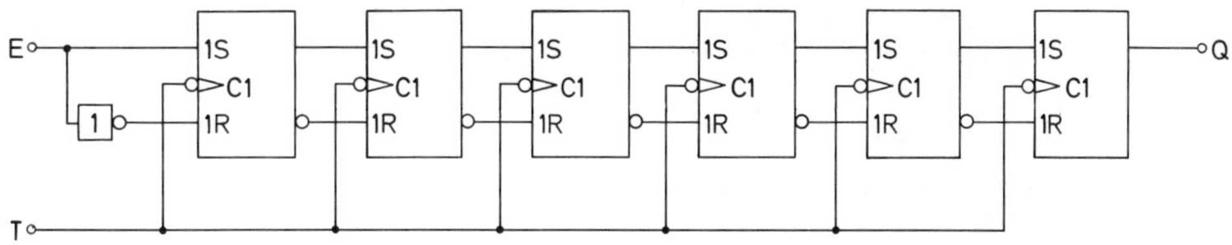

2. bis 5. siehe Buchtext
6. Die gesuchte Schaltung ist in Bild 12.18 dargestellt.
7. siehe Buchtext
8. Mit 4 X-Adreßleitungen können über 16 Adressen 16 X-Koordinatenleitungen angesteuert werden. Ein X-Adreßdekodierer ist erforderlich. Mit 4 Y-Adreßleitungen können über einen Y-Adreßdekodierer 16 Y-Koordinatenleitungen angesteuert werden. Jede der 256 Speicherzellen hat eine Speicherkapazität von 4 Bit.

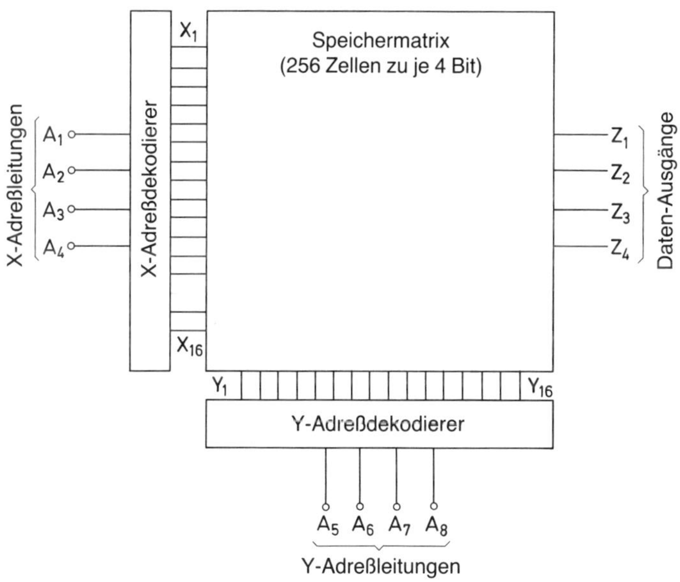

9. bis 13. siehe Buchtext

14. Aufbau einer Magnetkernspeicher-Matrix mit 6 × 6 Bit

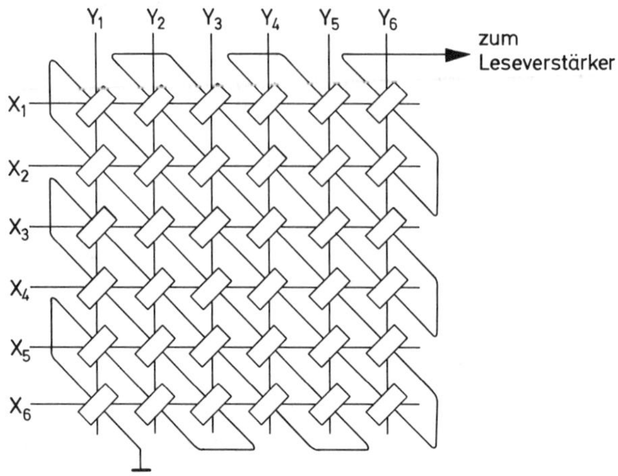

15. bis 18. siehe Buchtext

Kapitel 13

1. Der Analog-Digital-Umsetzer ist in Bild 13.3 dargestellt. Arbeitsweise siehe Buchtext
2. bis 7. siehe Buchtext

Kapitel 14

1. Die Wahrheitstabelle ist in Bild 14.1 angegeben. Die Schaltung mit Grundgliedern zeigt Bild 14.2.
2. siehe Buchtext
3. Das Schaltbild ist in Bild 14.7 dargestellt.
4. und 5. siehe Buchtext
6. Die Schaltung eines Halbsubtrahierers ist in Bild 14.14 dargestellt. Erläuterung der Arbeitsweise siehe Buchtext.

7. Schaltung eines 3-Bit-Addier-Subtrahier-Werkes

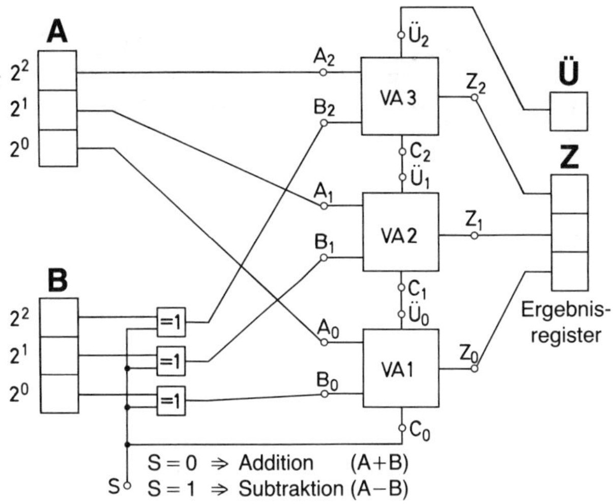

8. 1-Bit-Multiplizierer erzeugen eine UND-Verknüpfung. Die Wahrheitstabelle des 1-Bit-Multiplizierers ist in Bild 14.25 dargestellt.
9. und 10. siehe Buchtext

Kapitel 15

1. bis 3. siehe Buchtext
4. Die Schaltung eines Akkumulators mit ALU, Register und Übertragsspeicher ist in Bild 15.8 angegeben.
5. bis 12. siehe Buchtext

Kapitel 16

1. bis 9. siehe Buchtext
10. Tabelle und Bild 16.16 von Seite 529

Stichwortverzeichnis

A

B

C

D

E

J

K

L

M

N

O

P

R

S

T